国家科学技术学术著作出版基金资助出版

空间微波遥感研究与应用丛书

极化雷达理论与遥感应用

杨 健 殷君君 著

科 学 出 版 社

北 京

内 容 简 介

极化雷达理论与遥感应用是空天信息科学应用中的一个重要方向。本书从极化雷达理论的基本概念入手，深入浅出地介绍了极化雷达的基本理论和作者近年来在该领域的研究成果。

在最优极化理论中，引入了极化共零点、等功率曲线等新概念；在目标极化特征提取中，提出了相似性参数、基于极化比的目标分解方法等；在图像滤波方面，提出了等效视数估计新方法；在极化对比增强方面，提出了极化对比增强优化的数值解法，建立了广义极化对比增强模型；在目标检测方面，介绍了溢油、舰船、机场、港口、桥梁和道路等典型目标的检测方法。还介绍了作者在紧致极化 SAR 图像应用研究中的相关工作。

本书叙述从具体问题到一般化应用展开，深入浅出，并给出具体的数学推导，可供从事微波遥感领域理论研究和技术开发的科技人员，以及高等院校电子信息工程、遥感测绘等专业的师生阅读使用。

图书在版编目(CIP)数据

极化雷达理论与遥感应用/杨健，殷君君著. —北京：科学出版社，2020.3

(空间微波遥感研究与应用丛书)

ISBN 978-7-03-064520-3

Ⅰ. ①极… Ⅱ. ①杨… ②殷… Ⅲ. ①极化(电子学)-合成孔径雷达-遥感 Ⅳ. ①TN958

中国版本图书馆 CIP 数据核字(2020)第 036911 号

责任编辑：彭胜潮 赵 晶/责任校对：何艳萍
责任印制：肖 兴/封面设计：黄华斌

科学出版社 出版
北京东黄城根北街 16 号
邮政编码：100717
http://www.sciencep.com

中国科学院印刷厂 印刷

科学出版社发行 各地新华书店经销

*

2020 年 3 月第 一 版 开本：787×1092 1/16
2020 年 3 月第一次印刷 印张：20 1/4
字数：480 000

定价：198.00 元

(如有印装质量问题，我社负责调换)

《空间微波遥感研究与应用丛书》
编 委 会

丛 书 序

空间遥感从光学影像开始，经过对水汽特别敏感的多光谱红外辐射遥感，发展到了全天时、全天候的微波被动与主动遥感。被动遥感获取电磁辐射值，主动遥感获取电磁回波。遥感数据与图像不仅是获得这些测量值，也是通过这些测量值，反演重构数据图像中内含的天地海目标多类、多尺度、多维度的特征信息，进而形成科学知识与应用，这就是“遥感——遥远感知”的实质含义。因此，空间遥感从各类星载遥感器的研制与运行到天地海目标精细定量信息的智能获取，是一个综合交叉的高科技领域。

在20世纪七八十年代，中国的微波遥感从最早的微波辐射计研制、雷达技术观测应用等开始，开展了大气与地表的微波遥感研究。1992年作为“九五”规划之一，我国第一个具有微波遥感能力的风云气象卫星三号A星开始前期预研，多通道微波被动遥感信息获取的基础研究也已经开始。当时，我们与美国早先已运行的星载微波遥感差距大概是30年。

自20世纪“863”高技术计划开始，合成孔径雷达的微波主动遥感技术调研和研制开始启动。

自2000年之后，中国空间遥感技术得到了十分迅速的发展。中国的风云气象卫星、海洋遥感卫星、环境遥感卫星等微波遥感技术相继发展，覆盖了可见光、红外、微波多个频段通道，包括星载高光谱成像仪、微波辐射计、散射计、高度计、高分辨率合成孔径成像雷达等被动与主动遥感星载有效载荷。空间微波遥感信息获取与处理的基础研究和业务应用得到了迅速发展，在国际上已占据了十分显著的地位。

现在，我国已有了相当大规模的航天遥感计划，包括气象、海洋、资源、环境与减灾、军事侦察、测绘导航、行星探测等空间遥感应用。

我国气象与海洋卫星近期将包括星载新型降水测量与风场测量雷达、新型多通道微波辐射计等多种主被动新一代微波遥感载荷，具有更为精细通道与精细时空分辨率，多计划综合连续地获取大气、海洋及自然灾害监测、大气水圈动力过程等遥感数据信息，以及全球变化的多维遥感信息。

中国高分辨率米级与亚米级多极化多模式合成孔径成像雷达（SAR）也在相当迅速地发展，在一些主要的技术指标上日益接近国际先进水平。干涉、多星、宽幅、全极化、高分辨率SAR都在立项发展中。

我国正在建成陆地、海洋、大气三大卫星系列，实现多种观测技术优化组合的高效全球观测和数据信息获取能力。空间微波遥感信息获取与处理的基础理论与应用方法也得到了全面的发展，逐步占据了世界先进行列。

如果说，21世纪前十多年中国的遥感技术正在追赶世界先进水平，那么正在到来的二三十年将是与世界先进水平全面的“平跑与领跑”研究的开始。

为了及时总结我国在空间微波遥感领域的研究成果，促进我国科技工作者在该领域研究与应用水平的不断提高，我们编撰了《空间微波遥感研究与应用丛书》。可喜的是，丛书的大部分作者都是在近十多年里涌现出来的中国青年学者，取得了很好的研究成果，值得总结与提高。

我们希望，这套丛书以高质量、高品位向国内外遥感科技界展示与交流，百尺竿头，更进一步，为伟大的中国梦的实现贡献力量。

主编：**姜景山**（中国工程院院士　中国科学院国家空间科学中心）
吴一戎（中国科学院院士　中国科学院电子学研究所）
金亚秋（中国科学院院士　复旦大学）

2017 年 6 月 10 日

前　言

极化雷达自 Sinclair 教授提出以来，已经过去了 73 年。经过 Kennaugh、Huynen、Boerner 为代表的一批优秀学者的不懈努力，极化雷达的优势终于被人们所熟知，并在很多方面得到应用。另外，从 20 世纪 70 年代开始，随着合成孔径雷达(synthetic aperture radar, SAR)技术的日益成熟，SAR 的各种应用研究已日益受到各国的重视；而极化雷达测量所得到的目标信息量远远高于普通雷达，很自然就出现了极化雷达与 SAR 系统的结合，从而导致 20 世纪 80 年代极化 SAR 系统的问世。迄今为止，具有代表性的机载全极化 SAR 有美国的 AIRSAR、加拿大的 CV-580 SAR、日本的 PI-SAR-1 及 PISAR-2、德国的 E-SAR 及 F-SAR 等。

美国国家航空航天局(NASA)在 1994 年和 2000 年三次发射分别使用搭载在航天飞机上的极化 SAR 系统 SIRC/X-SAR，对包括中国在内的世界上很多区域进行了成功的测量，在国际上引起了极大的关注。目前，极化 SAR 系统已在军事、农业、林业、水文、地质、海洋、天气预报、灾害监测等很多领域得到了成功的应用。此外，星载的全极化或双极化 SAR 也相继投入使用。2002 年欧洲发射的 Envisat 搭载有可变双极化的 SAR 系统，即 A-SAR；2006 年日本发射的 ALOS-1 卫星上搭载了具有全极化观测模式的 SAR 系统，即 PALSAR-1；2007 年加拿大发射的星载 SAR 即 Radarsat-2 和欧洲发射的 TerraSAR-X 也都有全极化模式；2010 年欧洲空间局又发射了 TerraSAR-X 的姊妹星 TanDEM-X；2014 年日本再次发射了 ALOS-2 卫星，同样具有全极化的观测模式；2016 年 8 月，我国发射了搭载有全极化 SAR 的高分 3 号卫星。在今后 10 年，世界发达国家还将有一系列的星载极化 SAR 发射，因而国际雷达遥感专家称极化 SAR 将迎来黄金时期。

目前，虽然国内外已经成功研制出多个波段的机载和星载全极化 SAR 系统，但如何充分利用全极化 SAR 所提供的目标信息，将直接关系到全极化 SAR 在实际中的具体应用，开展对极化雷达的理论研究和应用基础研究是十分重要和必要的。

本书系统介绍了作者在过去 20 多年的部分研究成果，包括作者在最优极化理论、等功率曲线、目标极化特征提取、极化 SAR 斑点滤波、最优极化对比增强技术、目标检测、目标分类、紧缩极化 SAR 等方面的研究成果。本书的第 1～3 章，第 4 章 4.1 节、4.3 节、4.6 节，第 6 章 6.1 节、6.2 节由杨健执笔，其他章节由殷君君执笔整理。

本书的相关研究先后得到了国家自然科学基金(61771043、61490693、41171317、40871157、40271077)以及“高分重大专项”等多项课题的支持，本书的出版得到了“高分重大专项”民用项目“GF-3 卫星极化数据处理与分析技术”的支持，特此致谢！本书在写作过程中先后得到了姜景山院士、金亚秋院士、黄培康院士、彭应宁教授、杨汝良研究员、王雪松教授、殷红成研究员等多位学者的关心、支持与帮助，特此致谢！特别感谢西北工业大学林世明教授、日本新潟大学山口芳雄教授对杨健的悉心指导与帮助！在过去 20 多年中，作者一直得到著名的极化雷达专家、美国伊利诺伊大学芝加哥分校 W.-M. Boerner 教授的关心、指导与帮助，他曾先后 6 次到清华大学杨健的实验室进行学术访问，很可惜他于 2018 年 5 月永远离开了这个世界。特将本书献给 W.-M. Boerner 教授。

本书主要面向极化雷达和微波遥感领域从事理论和应用的研究人员和高校师生，为他们的研究提供参考。由于本书主要介绍作者的研究成果，很多国内外的优秀成果并没有介绍，加之作者水平有限，不当之处敬请谅解。

作　者

2019 年 7 月

本书主要符号对照表

符号	说明
x	变量
$\vec{x}$	矢量
$\boldsymbol{X}$	矩阵
$\vec{E}$	电场 Jones 矢量
$\boldsymbol{S}$	Sinclair 散射矩阵
$\vec{k}_{\mathrm{p}}$	Pauli 矢量
$\boldsymbol{C}$, $\boldsymbol{T}$	极化相关矩阵，极化相干矩阵
$\boldsymbol{K}$	Kennaugh 矩阵
$\vec{x}^{\mathrm{T}}$, $\boldsymbol{X}^{\mathrm{T}}$	矢量、矩阵的转置
$\vec{x}^{\mathrm{H}}$, $\boldsymbol{X}^{\mathrm{H}}$	矢量、矩阵的转置共轭
$\mathrm{Tr}(\boldsymbol{X})$	矩阵 $\boldsymbol{X}$ 的迹
$\det(\boldsymbol{X})$	矩阵 $\boldsymbol{X}$ 的行列式
$\mathrm{Re}(x)$	复数的实部
$\mathrm{Im}(x)$	复数的虚部
$\mathrm{var}(x)$	变量的方差
$\exp(x)$	指数函数
$\log x$	对数函数
$E(x)$	变量的均值
A	集合 A

目　录

第 1 章　雷达极化理论及其应用概述

传统雷达是利用反射信号的时间延时和反射波的强度来监测目标的一种系统设备。随着雷达技术的发展和计算机技术的日新月异，能够同时测量反射波相对相位的雷达系统，即所谓的极化雷达越来越受到人们的重视。使用极化雷达系统进行观测，测量的数据不再只是雷达目标的雷达横截面积(radar cross section, RCS)，而是一个 2×2 的散射矩阵。与传统雷达相比，极化雷达的突出优点在于测量数据包含了更多的目标信息量，因而在国际上引起了极大的关注。目前，极化雷达理论已经在军事、农业、林业、地质、国土资源、海洋等很多领域获得重要应用。本章将简要地概述极化雷达理论及其应用的历史及研究进展。

1.1　极化雷达的简史

说到电磁波极化，我们不能不提到光学中的偏振，因为两者的本质是一样的，所以英文都用同样的单词：polarization。对光的偏振问题的研究，最早可以追溯到公元 1000 年左右维京人利用水晶球对偏振光的观测[1,2]。17 世纪 Bartolinus 和 Huygens 深入研究了偏振光。100 多年后，Malus 在 1808 年证明了牛顿关于偏振的猜想[2]：偏振是光的本质特性，而不是由水晶或玻璃透镜等引起的。有趣的是，一些动物(如蜜蜂)能够区分光的偏振现象(甚至偏振度很低时仍然能够区分)，并将其用于飞行导航。但是我们大多数人却基本上不能靠肉眼来区分这些差别。在这个意义上，我们大都是“偏振盲”(来自于 Boerner[1]教授的观点)。但对于多雾地区的人们，据说经过特殊的训练可以识别出明显不同的偏振光[1]。

人们在电磁波极化方面的研究却是 20 世纪的事情。Wiener 于 1924～1929 年在研究量子力学时涉及了有关部分极化波的一些基本性质，这些工作对 Mueller 和 Jones 产生了较大影响。他们的这些工作为后来的极化理论提供了很好的数学工具。1946 年，Sinclair、Rumsey 和 Kennaugh 等已先后在俄亥俄州立大学进行极化雷达理论方面的开创性研究，其中 Sinclair[3]提出的散射矩阵概念和 Kennaugh[4]提出的最优极化的概念目前已成为雷达极化理论中两个非常基本且非常重要的概念。这里需要特别提到 Kennaugh，他在极化雷达方面做了大量的开拓性工作，对整个极化理论的发展产生了深远的影响。可惜在他 1983 年去世前人们并没有充分意识到其工作之重要。2003 年，IEEE 国际天线与电波传播学术年会特意安排一个专题纪念他去世 20 周年。继 Kennaugh 之后，极化方面还有 Graves、Booker、Deschamps、Kales、Copeland、Holm 等研究者[5]。而 1970 年 Huynen[6]的博士论文标志着雷达极化理论进入了一个新的阶段。该论文把四元数等符号引入雷达极化理论，从而把散射矩阵和 Mueller 矩阵用 6 个具有物理意义的参数表示出来。为了能提供一些关于目标几何特征的有用信息，Huynen 在考察了几种特殊的雷达目标(球目标、二面角目标、线目标、螺旋体目标、对称目标和 N-目标)及所对应的散射矩阵后，提出用 Mueller 矩阵的元素来描述雷达目标的形状特征。20 世纪 80 年代，Boerner 的课题组[7]证明了这些结论对于光滑的简单凸物体是正确的，但是对于一般情况，特别是复杂的目标来讲，Huynen 的结论就不再正确了，因为 Yang 等[8]曾证明，对于具有某一角度对称的目标(如 3 叶片的电风扇，它是 120° 旋转对称的)，如果雷达的视线和对称轴重合，那么它的散射矩阵与球目标的散射矩阵形式是相同的。另外，Kitayama、Yamaguchi、Yang 等[9]也曾利用线目标进行组合，构造出具有与球目标和二面角目标的散射矩阵相同的目标组合。由此可见，如果没有其他的假设，利用单一的散射矩阵企图去反演出目标的形状是不可能的。尽管 Huynen[6,10,11]的这些工作有一定的局限性，但它仍被认为是关于极化雷达反演理论的早期重要成果之一。Huynen[12-14]的第二大贡献就是提出了 Mueller 矩阵分解的概念。在他所提出的目标特征参数的基础上，他提出了一种从含有噪声的 Mueller 测量矩阵出发提取目标散射矩阵的方法：保留原来的 Mueller 矩阵的某些元素，同时改变一部分 Mueller 矩阵的元素，使得新的 Mueller 矩阵可以由一个散射矩阵计算出来。该方法有很明确的物理意义，但是该方法的分解结果有时对噪声或者测量误差非常敏感。Yang 等[8]首次注意到了这一现象并引入了稳定性分解的概念，同时提出了几种修正的方法来避免这一缺点[15, 16]。基于特征值分解，Cloude 和 Pottier[17]把任意一个目标的相干矩阵分解成三个矩阵的组合。由分解后的三个矩阵前的系数所定义的极化熵目前已经成为极化雷达遥感领域中的一个重要概念，并在地物分类以及目标检测中有着广泛的应用。此外，针对极化雷达遥感中的应用，Freeman 和 Durden[18,19]和 Yamaguchi 等[20, 21]分别提出了著名的目标三成分分解和四成分分解，它们可以应用于地物分类和目标检测等方面。与 Mueller 矩阵或相干矩阵分解相对应，散射矩阵的分解也一直受到人们的关注。早期的 Pauli 分解只是散射矩阵的简单变形，随后 Krogager 的三成分分解受到了人们的极大重视，并在目标识别或目标分类中具有一定的实际应用[22, 23]。

Huynen[6]的第三大贡献是对最优极化的研究。他把目标特征极化状态表示在 Poincare 球上，并引入了“极化叉”(现在被称为 Huynen 极化叉)的概念。如果目标能够用一个散射矩阵来描述，那么以上四种情况下的最优极化都不难求出。Huynen 的另一重要贡献就是意识到极化定向角与目标旋转之间的关系。在他的博士论文中已经明确把定向角体现在他的散射矩阵参数表示的关系式中，但是一般目标的定向角的起点与目标形状的几何关系并不清楚，后来杨健引入了广义对称度的概念解决了这一问题(1993 年《现代雷达》第 5 期)。

自 20 世纪 80 年代以来，雷达极化理论（即利用完整的电磁矢量波信息）被越来越多的研究者认可。现在雷达极化理论已成为现代雷达和成像技术的重要工具。在过去的 30 年中，已经有非常多的会议涉及雷达极化理论及其在雷达遥感中的应用，其中包括一些极化雷达国际研讨会。在这里，我们应该强调 Boerner 教授及其国际合作者的贡献：不仅包括他的课题组对雷达极化测量理论的贡献[1,24-49]，还包括他们在 20 世纪组织的许多会议(关于雷达极化)的贡献[47-49]，这些会议使得传统雷达和 SAR 领域的学者更加意识到雷达极化测量的重要性。Boerner 教授不仅是极化雷达理论及应用的积极推动者，也是极化雷达理论的积极传播者。他访问了很多国家，无私地把他所能携带的资料文件传给他人。

Boerner 教授是首先重新发现并意识到 Kennaugh[4]和 Huynen[6]工作重要性的伟大科学家之一，而这些工作直到 20 世纪 80 年代早期才被其他学者重视起来。自 1978 年以来，Boerner 和他的合作者对 Kennaugh 和 Huynen 的这些工作进行了验证。例如，基于物理光学近似的一阶修正，Chaudhuri 等[7]和 Boerner 对 Huynen 所提出的目标特征参数物理意义予以验证(Huynen[10]本人也做过类似的工作)；Foo 等[42]利用物理光学近似及其一阶修正项给出了双站情况下表面光滑凸目标的散射矩阵的计算公式，并提出了利用高频情况下单、双站雷达目标的散射矩阵提取目标散射中心的方法[43]。与此同时，Boerner 和他的合作者对 Kennaugh 和 Huynen 关于最佳极化的工作进行了深入研究，并扩展到一般的双基地情况[24-32]，而 Kennaugh[4]和 Huynen[6]当时只考虑了单基地情况下雷达极化测量的问题。后来越来越多的极化专家研究了双基地雷达极化测量问题，特别是 Czyz[50-56]、Germond 等[57,58]、Luneburg 和 Cloude[59]等学者。在双站雷达极化理论方面，杨健曾在 1999～2001 年给出了具有特殊形式的雷达目标的双站散射矩阵形式，并且日本新潟大学 Yamaguchi 教授及学生设计了对称的目标并予以实验验证。

Boerner 等[25]在天线最优极化理论方面做出了突出贡献，如曾利用极化比来求这些特征极化状态；杨健曾证明所有这些特征极化状态满足一定的几何关系，由此可以推导出一种非常简单的求解目标所有特征极化状态的公式[60,61]。对于非相干的情况，目标就不能用一个散射矩阵来描述，而是用 Mueller 矩阵或 Kennaugh 矩阵来描述。此时，匹配极化通道情况的问题仍然很简单；交叉极化通道的情况也不太复杂，对应的最优极化问题可以转化为由日本 Yamaguchi[62]教授所提出的一个特征值问题。但是对于其他两种情况，虽然可以用一些方法，如用 Boerner 教授课题组[28,30]所提出的拉格朗日乘数法解决，但是有些复杂。

应该指出的是，在所有特征极化状态中，人们过去更多地关注 CO-POL Max 和 X-POL Maxs，而对于 CO-POL Nulls 和 X-POL Nulls 没有予以足够的重视。日本 Yamaguchi 教授的课题组利用 FM-CW 雷达，并根据 CO-POL Nulls 和 X-POL Nulls 进行地下目标的探测，获得了很好的实验结果。Yang 等[64,65]曾扩展了这些概念，引入了目标共零点(CO-Null)的这一概念[63]，并把运用代数理论，得到了一些有用的结论。杨汝良[66]利用极化 SAR 遥感数据验证了目标的共零点的确可以同时抑制两类目标回波。van Zyl 研究了非相干散射回波现象[67, 68]。

含有背景杂波的优化问题称为相对最优极化或极化对比增强问题(OPCE)。对于 OPCE 问题，我们需要求出的是最优发射天线和接收天线的极化状态，使得目标与背景或者待检测目标与不需要的目标之间的接收功率之比达到最大值。在三种特殊的极化雷达通道(共极化通道、交叉极化通道和匹配极化通道)情况下，已有一些数值的求解方法，其中在交叉极化通道情况下，用 Yang 等[64,69]所提出的特征值方法最为简单；在匹配极化通道的情况下，可以用 Kostinski 和 Boerner 提出的三步法[39,40]，但最简便的是用杨健提出的求解公式进行计算[70,71]。总之，在上述三种情况下，由于接收天线的极化状态依赖于发射天线的极化状态，所以独立变量只有发射天线的极化状态。如果发射天线和接收天线的极化状态是独立的(即在 OPCE 的优化问题中有两个独立变量)，则从最优解中我们可以期望获得一个更大的功率比。对于非相干情形，Ioannidis 和 Hammers[72]使用拉格朗日乘数法研究了 OPCE 问题，但是该方法比较复杂，计算量大。接着 Cadzow[73]又提出了一种解决 OPCE 问题的比较简单的方法, Kong、Mott 等[74]验证了该方法的正确性。然而，由于 Cadzow 等提出的方法中假设互易定理成立，因此它不适用于双站情形。后来 Khan 和 Yang[75]提出了一种有效的数值方法来解决 OPCE 问题，该方法是基于匹配极化通道中最优相对极化状态公式所提出的交叉迭代方法，具有收敛快，且易于编程实现等优点，目前被广泛使用。该方法已经被法国的 Pottier 教授所研制的极化 SAR 软件 PolSARPro 所采用。

在研究全极化波时，我们可以用琼斯矢量来表示极化状态，可是对于部分极化波的情况，我们就不得不采用斯托克斯矢量。与此相对应，目标就要用 Mueller 矩阵或 Kennaugh 矩阵来表示。应该指出的是，目前斯托克斯矢量、Mueller 矩阵和 Kennaugh 矩阵的定义不统一，这很容易造成误解和混乱，为此，Boerner 教授生前曾多次呼吁大家采用统一的定义，得到了 Mott 教授、Lee 博士、Yamaguchi 教授等学者的积极响应。目前，国际上大多数极化理论专家开始采用 Mott[76]及 Lee 和 Pottier[2]书中的定义，本书也基本按照这种定义，建议大家以后也按照这种定义，其给将来学习极化雷达理论的人带来便利。顺便指出的是，Mott[76-78]教授生前完成的三部极化雷达的著作，以及美国 Lee 博士和法国 Pottier 教授的合著[2]、Yamaguchi[62,79]教授的著作、Cloude[80]的著作等不仅对于极化雷达理论，而且对于极化雷达遥感应用的发展起到了非常重要的作用。

另外，雷达极化理论和光学偏振理论已经共存了 70 余年，但它们几乎独立地使用自己的术语和方法。Hubbert 等[81-84]，Luneburg 等[85-90]和 Cloude[91-94]比较了它们在数学和物理学上的基本关系和差异。这些工作对于这两个领域来说都非常必要。

在过去的 30 多年中，雷达极化理论在遥感领域得以应用，并取得了丰富的成果。在 20 世纪最后的十几年里，不少学者在极化雷达遥感方面做了大量的工作，为后来的极化雷达遥感应用奠定了很好的基础。例如，在极化合成孔径雷达(POL-SAR)校准的问题上，Freeman 等[95-98]、van Zyl[99, 100]、Zebker 等[101-103]、Quegan 等[104]以及 Sarabandi 等[105]分别提出了几种校准技术和算法，他们的工作对于正确分析散射现象以及定量遥感非常重要。在目标后向散射和统计特性研究方面，Ulaby 等[106]做了大量研究。在极化 SAR 使用之前，另外一个重要问题是如何减少 SAR 图像中的相干斑，Lee 等[107-117]、Novak 等[118,119]、Lopes 等[120-122]众多学者先后研究了这一问题。这里应该特别提及美国海军研究实验室 J-S Lee 博士在极化雷达遥感领域的突出贡献[123-130]，他在斑点滤波、地物分类、坡度反演等方面做了很多开拓性的创新工作。这些工作，以及他和 Pottier 合写的著作[2]在极化雷达遥感领域有着非常重要的影响。20 世纪最后十几年里，许多基于极化 SAR 图像的地物分类的方法也先后被提出，特别是由 van Zyl 等[104,131,132]、Pottier[133]、Cloude 和 Pottier[134-136]、Krogager 等[137]、Kong 等[138-140]，Pierce 等[141]、Lee 等[107, 142]和 Freeman 等[18,19,143]在极化 SAR 地物分类方面做了很多开拓性的工作。与此同时，Novak[144]、Touzi[145,146]、Yamaguchi 等[147-153]分别在目标检测方面做出了很多开拓性的工作。

在 20 世纪末期，另外一个值得关注的是 Cloude 和 Papathanassiou 等提出的极化干涉 SAR 理论，它扩展了传统干涉测量的概念，在树高反演/生物量反演、地物分类等方面有重要的应用[154-156]。

我国学者在极化方面最早期的研究可能为柯有安教授在 20 世纪 60 年代初的论文。在 80 年代中期，林昌禄教授等翻译了 Mott 教授关于雷达天线极化的著作[157]并在电子科技大学培养这方面的研究生。1989 年，庄钊文成了我国第一名自主培养的关于极化雷达方面的博士，后来庄钊文教授在国防科技大学又培养出大批这方面的优秀人才(如王雪松等)。从 80 年代末期开始，西北工业大学的林世明教授带领学生杨健也开始了极化雷达理论的研究。另外，中国科学院电子学研究所、中国科学院遥感应用研究所的多位学者在极化雷达遥感的基础理论及应用方面做了大量工作，取得了很好的研究结果。

1.2　极化 SAR 简史

合成孔径雷达(synthetic aperture radar, SAR)技术就是利用所在的搭载平台的运动形成综合孔径，从而获取高分辨率的雷达图像。具体说来，SAR 将运动方向上不同位置所接收到的目标回波信号进行相干积累，合成一个比真实孔径要大得多的孔径，从而得到一个比真实波束要尖锐得多的波束，实现方位上的高分辨率，该分辨率等于真实天线尺寸的一半；SAR 在距离方向上的高分辨率是通过发射宽带线性调频信号及脉冲压缩技术来实现的，距离上的分辨率是由发射信号的带宽所决定的。SAR 成像处理属于一种特殊的雷达信号处理，其理论基础是匹配滤波，当然为了快速计算，会用到快速傅里叶变换及逆变换。

关于 SAR 的诞生，首先必须提到 1951 年 6 月美国 Goodyear 航空公司的 Carl Wiley 等的报告“用相干移动雷达信号频率分析来获得高的角分辨率”。该报告提出将多普勒频率分析应用于相干移动雷达，通过频率分析可以改善雷达的角分辨率，即“多普勒波束锐化”的思想。这一想法很快地被人们所接收，并由实验得以证实。此后不久，美国伊利诺伊大学的 Sherwin 等对以一个频率保持不变或相继脉冲间保持确切相位关系的雷达进行了研究，进一步完善了合成孔径雷达的概念。1952 年第一个实用化的 SAR 系统研制成功。1953 年安装在 DC-3 飞机上的 SAR 系统(频率为 930MHz)获取了第一幅 SAR 影像。这是合成孔径原理和合成孔径雷达发展的最初阶段。

与此同时，学者们也在进行理论的分析和探讨。1953 年夏天，在美国密歇根大学举办的学术研讨会上，一些学者提出了利用机载运动可将雷达的真实天线合成为大尺寸线性天线阵列的概念，即将运动中不同位置的天线所接收到的信号进行处理，其效果等价于一个线阵天线，从而实现方位向的高分辨率。同年 8 月，该大学雷达和光学实验室成功地研制出第一台聚焦式光学处理的机载合成孔径雷达系统，获得了第一幅全聚焦的 SAR 图像。此实验标志着 SAR 的研究开始进入了实用性阶段。需要指出的是，该大学后来发明了采用光学胶片记录 SAR 数据的方法，这种方法以及相应的光学信号处理技术在 SAR 信号采集及处理中影响深远。

20 世纪 60 年代，随着美国进行一系列的机载 SAR 实验，SAR 成像技术得到进一步的完善，SAR 的分辨率也不断提高。到了 60 年代后期，随着数字信号处理技术的出现，

SAR 的分辨率从最初的数十米提高到了数米。此外，第一台民用双波段(1.25GHz 和 9GHz)机载 SAR 系统在 Michigan 环境研究院(EMRT)研制成功。

20 世纪 70 年代，随着电子技术，特别是大规模集成电路的飞速发展，SAR 的数字成像处理成为必然的趋势。首先是在 70 年代初期使用了高速数字信号处理器进行实时数字成像处理，而到 70 年代后期，人们已经开始将合成孔径雷达安装在卫星上对地面进行大面积成像了。1978 年 6 月，美国成功地发射了一颗载有 L 波段合成孔径雷达的卫星——SEASAT 系统，从此标志着合成孔径雷达的平台已从飞机扩展到了卫星。在 20 世纪最后十多年里，发达国家先后发射了多个星载 SAR 系统，如 ERS-1/2(欧洲，C 波段)、Almaz-1(苏联，S 波段)、JERS-1(日本，L 波段)、Radarsat-1(加拿大，C 波段)等。

随着人们对极化雷达理论理解的逐步深入以及 SAR 技术的不断发展，极化雷达理论与 SAR 技术的结合就变得非常自然。20 世纪 80 年代，美国国家航空航天局喷气推进实验室(NASA JPL)的机载 AIRSAR 系统开始运行，最初的实际成像极化雷达系统的频率是在 L 波段，后来发展到 C 波段和 P 波段。这种雷达系统为科学家们提供了大量的全极化 SAR 数据。这些数据使人们进一步认识到在雷达散射问题中极化的重要性(特别应该指出的是 van Zyl 的博士论文)。这些测量的极化数据进一步刺激了人们对极化 SAR 数据的分析和应用，其中包括在不同频率和不同极化下对几个不同地区的散射极化特性的分析和解释，以及基于极化特性和不同的散射机理的目标分类。同时，Agrawal 在他的博士论文中研究了类似的极化技术在气象极化多普勒雷达系统中的应用能力。除了 NASA JPL 的机载 AIRSAR 系统之外，国际上不同机构的极化机载雷达系统也能提供各种频率的全极化或双极化 SAR 数据：丹麦遥感中心的 EMI-SAR 系统(C 波段和 L 波段)，德国航空航天中心的 E-SAR 系统(L 波段和 P 波段是全极化的，另有 X 波段和 C 波段的单极化)和 F-SAR(X、C、S、L、P 波段全是全极化的)，德国 Dornier 的 DO-SAR(C 波段、X 波段和 Ka 波段)，美国 Michigan 环境研究院的 NAWC/ERIM SAR 系统(X 波段、C 波段和 L 波段)，加拿大遥感中心的 C/X SAR(X 波段和 C 波段)，日本宇航中心与日本前通信综合研究所的 PI-SAR-1(L 波段和 X 波段)和 PI-SAR-2。

除了上述的机载极化 SAR 外，1994 年美国航天飞机搭载的 SIR-C/X-SAR 具有 3 个波段，且 L 波段和 C 波段是全极化的。它在同年 4 月和 10 月的两次成功测量，为我们提供了大量的全极化数据。2000 年，它再次发射进行全极化测量，并具有采用一(天线)发双(天线)收的极化干涉测量模式。

2002 年 3 月，欧洲空间局(简称欧空局)的 Envisat 卫星发射成功，上面搭载有可选双极化的 ASAR 系统(C 波段)。2006 年 1 月，日本成功发射了星载的全极化 SAR,即 ALOS-1 卫星上的 PALSAR-1 系统(L 波段，全极化)；2007 年 6 月，欧空局发射了 TerraSAR-X(X 波段，全极化)；2007 年 6 月，意大利发射了 Cosmo-Skymed-1(X 波段，全极化)，同年 12 月又发射了 Cosmo-Skymed-2(X 波段，全极化)；2007 年 12 月，加拿大发射了 Radarsat-2(C 波段，全极化)；2007 年和 2010 年 6 月，欧空局又发射了 TerraSAR-X 的姊妹星 TanDEM-X(X 波段，全极化)，它可以与 TerraSAR-X 联合进行干涉 SAR 测量；2008 年 10 月和 2010 年 11 月，意大利又发射了 Cosmo-Skymed-3/4(X 波段，全极化)；2012 年 4 月，印度发射了 RiSAT(C 波段，全极化)；2014 年 5 月，日本发射了 ALOS-2 卫星，上面携带有 PALSAR-2 系统(L 波段，全极化)；2016 年 5 月，欧空局发射了哨兵 1 号卫星(Sentinal-1)，上面搭载有双极化的 SAR 系统(C 波段)；2016 年 8 月，中国发射了高分 3 号卫星，上面具有全极化观测模式的 SAR 系统。未来几年，全世界还会有一系列的星载极化 SAR 系统投入运行(如 Radarsat-3、TerraSAR-L 等)。由此可见，极化 SAR 是 SAR 的一个重要的发展方向。

中国的 SAR 系统最早起步于 1976 年，其由中国科学院电子学研究所研发，20 世纪 80 年代初中国科学院电子学研究所成功研制出机载的 SAR 系统并成功获取图像，从而使中国迈出了 SAR 领域非常重要的一步。在 20 世纪最后十年里，国内一些研究所也先后研制出机载的 SAR 系统，如中国电子科技集团公司第十四研究所和第三十八研究所、中航工业雷华电子技术研究所等。进入 21 世纪，更多的研究所也研制了一些 SAR 系统，如中国航天科技集团公司一院 704 所和中国航天科技集团公司二院 23 所等。目前，国内的上述研究所基本都拥有自己研发的机载全极化的 SAR 系统，频率波段从 P 波段一直到 W 波段都有，分辨率最高可达到厘米量级，部分研究所的 SAR 系统还具有干涉测量能力。这一切都体现了我国 SAR 系统的研发水平。

在星载 SAR 方面，我国于 2006 年 4 月成功发射了首颗星载 SAR 卫星(尖兵 5 号)，这是我国 SAR 领域的又一个重大事件。后来我国又发射了一系列 SAR 卫星，SAR 图像的质量及分辨率不断提高，如 2007 年 11 月我国又发射了星载 SAR 卫星尖兵 7 号，2008 年 12 月又发射了星载 SAR 卫星尖兵 8 号等。2016 年 8 月，中国发射了全极化星载 SAR 卫星高分 3 号，具有 12 种成像模式，这是我国极化领域和 SAR 领域的另一个重大事件。

1.3 极化 SAR 的应用

与传统 SAR 相比，由于极化 SAR 可以为我们提供更为丰富的目标信息，因此极化 SAR 在军事侦察、农业估产、资源规划、环境监测、地质勘探等诸多方面具有很成功的应用。例如在军事方面，可以利用全极化 SAR 数据来检测甚至识别某些军事目标，此外还可以利用全极化 SAR 数据对地面战场环境进行侦察解译；在海洋学方面，可以利用全极化 SAR 数据对风场和海浪谱进行反演，此外还可以对冰川或海洋浮冰的类型及厚度进行反演；在林业和农业的应用方面，可利用全极化散射信息研究地表植被的参数，包括土壤湿度、植被高度、植被区域散射体的形状、地表粗糙程度以及地表坡度等。这有助于我们评估农作物的产量、了解土壤湿度以及植被的分布结构等，从而有利于我们监控作物的生长，同时可以了解绿化情况、土地使用情况。极化 SAR 还可以应用于水文和地质研究领域，它可以帮助我们寻找水源，了解有关岩石等地质构造，其对于寻找矿藏有一定的辅助作用。此外，遥感在考古学、城市规划等领域也有很多应用。例如，借助于 AIRSAR 数据，人们发现了吴哥窟新的建筑遗址，从而把吴哥窟的历史提早了 300 年。再如，借助于 SIR-C/X-SAR 数据，可以发现我国西部埋在沙土下的长城。但是，随着应用领域的不同，我们对 SAR 的极化及波段的设计要求也不同。

这里我们将对极化 SAR 应用的部分内容予以介绍，同时简要介绍清华大学杨健课题组在极化 SAR 图像处理与应用的部分成果[15,16,63-65,69-71,157-255]。至于在冰川学、水文学、考古学等方面的应用，我们这里就不予介绍。需要指出的是，很多学者(特别是国内不少同仁)的成果[256-372]没能在这里介绍，敬请谅解。

1.3.1 滤　波

斑点滤波是 SAR 应用前处理的必要环节[373]。相干斑噪声是由场景中同一分辨单元内随机分布的许多散射体的回波相干叠加形成的。相干斑的存在，使得 SAR 图像的解释不明确，图像的分类性能降低，图像内目标检测出现漏检或误报的概率增大。因此，相干斑噪声的抑制对 SAR 图像的后处理(即各种应用)来讲是重要的一步。这种噪声在信号的幅度和相位上都会出现，但具有不同的特征。有很多方法都试图消除数据中的斑点噪声，但这些方法主要应用在幅度信息中。也有一些方法试图从相位中消除斑点噪声。从幅度或相位中消除斑点噪声的方法略有不同：对于幅度而言，数据中斑点噪声的主要特征遵循乘性模型，那么这类方法必须与之相适应。从幅度中消除相干斑点的方法可分为多视和空间滤波技术，简单地说就是进行平均。这种方法虽然能消除相干斑点，但它们也存在损失分辨率的问题。应用在相位上的去相干斑点方法与应用在幅度上的去相干斑点方法相比，结果要差一些。某些技术在极化通道之间进行综合，得出一幅图像，但这样做必然会失去极化信息。在其他情况中，可用极化分集的思想来恢复强度信息。还有些技术则基于对极化通道的实部和虚部进行处理来抑制相干斑点。

通常，相干斑噪声的强弱是采用图像的标准差与其均值之比来度量的。极化白化滤波器的指导思想就是使这一比值达到最小。由叠加三个极化通道的强度图像得到的全功率图像比单极化图像具有较少的相干斑。但由于极化通道间的相关性，用该方法有时得不到好的效果。Novak 和 Burl[118]给出了一种极化白化滤波器(polarimetric whitening filter，PWF)，将全极化数据生成一幅最小噪声强度的图像。可是，该方法仅适用于单视的情况，而且输出只有一个强度通道。Lopes 和 Sery[121]及 Liu 等[374]随后给出了针对多视情况下的白化滤波器。美国海军研究实验室 Lee 博士在 SAR 图像滤波方面做出了杰出贡献[107-111]：给出了基于最小均方误差(MMSE)准则下的滤波算法，该算法适合用于单视与多视等不同情况，并得到了广泛的应用；考虑到相邻的不同类型地物之间的滤波问题，Lee 又提出了精细的 Lee 滤波算法；此外，他还提出了基于地物分类的滤波算法。需要指出的是，在一些滤波器中需要利用图像的等效视数，因而 SAR 图像等效视数的估计也是一些滤波中的必要环节。

清华大学杨健教授课题组在 SAR 滤波方面做了大量的工作：崔一等[157,158]提出了一种等效视数估计方法，并提出了一种保持功率的滤波算法；后来许彬等[159-162]对 SAR 图像滤波问题进行了更深入的研究，提出了新的非监督斑点噪声的估计方法，并提出了多种 SAR 和极化 SAR 图像斑点滤波方法，如基于稀疏编码的极化 SAR 图像滤波算法、基于块排序和变换域的 SAR 图像滤波算法、基于非局部稀疏模型的迭代滤波方法；顾晶等[64]提出了一种基于信号处理中子空间分解的斑点滤波方法，该方法同样适用于单视与多视等不同情况，可以很好地保持细节和边界特征；杨健等[163]在此基础上提出了一种改进方法；高伟等[164]提出了一种扩展的极化白化滤波器，并把它应用于目标检测；一个值得关注的滤波方法是非局部滤波方法，其核心不仅仅局限于待滤波点附近的像素，还在整个图像中寻找相似的图像块进行平均，原本该方法来源于光学图像的处理，陈炯等[165]把它引入极化 SAR 图像处理中，取得了很好的滤波效果；此外，杨健等[166]还提出了基于模糊数学的干涉 SAR 滤波算法。

1.3.2　目标散射特征的提取

在利用极化 SAR 数据进行目标分类和目标识别的研究中，目标散射特征的提取是非常关键的一步。目标散射特征的提取既是一个物理问题，也是一个数学问题；也就是说，提取的目标特征既要具有明确的物理意义，又要具有良好的类别可分离度并且便于构造与之匹配的分类器。可以说一个好的极化雷达遥感图像分类器是由有效的特征提取以及特征分类器的相互匹配共同构成的。

关于极化雷达目标散射特性的表示，前人已有不少研究成果。早年 Huynen 曾提出了一套基于 Mueller 矩阵的目标特征参数，后来在应用中 Boerner 教授注意到了极化比的重要性。目前在极化雷达遥感目标特性分析中应用的散射特征量主要有目标散射矩阵、散射相关矩阵、极化比、相位差、Krogager 目标三成分分解系数、Cameron 分解系数、Cloude 散射熵、散射角、各向异性参数、目标相似性参数、Freeman 矩阵三成分分解系数、Yamaguchi 矩阵四成分分解系数等，下面我们做一个简单的介绍。

(1) Huynen[6]在对目标散射矩阵进行对角化分解的基础上提出了一套基于 Mueller 矩阵的目标特性描述参数。对于简单人工目标，这些参数具有明确的物理意义，并且 Boerner 课题组利用修正的物理光学近似等对这些参数的物理意义予以验证[7]，但是杨健等[8]证明它不适合于描述复杂的人工目标。

(2) Cameron 提出了一种目标分解的方法[375,376]，将目标分解成很多类型，但是有一些类型的散射矩阵(如柱体)存在明显的问题。

(3) Krogager 对目标散射矩阵进行旋转，进而提出了散射矩阵的三成分分解方法[22,23]；其分解的系数分别认为是一次散射、二次散射、体散射的一种度量。由于我们无法对体散射进行确切的描述，而且随着植被的不同，甚至同一植被季节的不同，体散射有很大的差异。因此这种分解方法是有一定瑕疵的。

(4) Huynen[12-14]提出了一种从含有噪声的 Mueller 测量矩阵提取一个目标散射矩阵的方法：保留测量的 Mueller 矩阵的某些元素，同时改变一部分 Mueller 矩阵的元素，使得新的 Mueller 矩阵可以和一个散射矩阵一一对应(除了绝对相位之外)。这种方法有很明确的物理意义，但是该方法是不稳定的，有时对噪声非常敏感。杨健等[377]首次注意到了这一现象，引入了稳定性分解的定义，并提出了一种修正的方法避免这一缺点[69,377]。

(5) Cloude 提出将目标进行特征值分解，进而根据信息论中熵的定义给出极化熵的定义[17,378]，它可以认为是对目标的散乱程度或者非一致性的一种度量；此外，Cloude 还定义了散射角(阿尔法角)、反熵等。安文韬等注意到这种分解所得到的散射角也存在分解不稳定的问题，并提出了另外一个参数代替阿尔法角。

(6) Freeman 提出一种方法可以计算散射过程中的一次散射成分、二次散射成分和体散射成分[132]；同样地，由于我们无法对体散射进行确切的描述，因此我们很难找到一个矩阵去代表这种分解中的体散射。然而，由于体散射矩阵的选择不同，反过来又会影响到一次散射成分和二次散射成分的系数，因此，这种分解在逻辑上是有问题的。此外，这种分解也存在分解不稳定的问题，为此焦智灏等[379]提出了一种改进的方法。

(7) Yamaguchi[20,380]教授推广了 Freeman 的分解方法，引入了螺旋体散射成分，克服了在 Freeman 分解中反射对称性的假设($T_{13}=0$，$T_{23}=0$)的局限，所提出的 Yamaguchi 四成分分解算法是在数学上对 Freeman 分解的进一步完善，但同样存在体散射的表示问题；此外，螺旋体散射本身就包含有体散射的成分，因此依然不能解决目标分解中存在的逻辑问题。顺带指出，Yamaguchi 教授是另一位对极化雷达理论有重要贡献的科学家之一，他在探地和探雪雷达、目标特征提取、极化校正、目标检测、目标分类、灾害评估以及电磁散射等很多方面都有突出贡献[20,21,62,147-153,380-395]，为此他荣获了 2017 年 IEEE 杰出贡献奖。

(8) 杨健提出了目标相似性参数概念[157,210]，它的定义为两个目标散射矢量之间的特殊相关系数。利用相似性参数的定义，我们可以通过求取雷达目标与典型目标之间的相似性参数获得对雷达目标平均散射特性的描述，进而可以导出目标的一次散射成分、二次散射成分的度量。这种分析方法避开了体散射难以寻找适当的矩阵予以描述的问题，从而从逻辑上解决了目标分解中的一次散射成分和二次散射成分的提取问题。我们已将相似性参数应用于目标分类和目标检测中[167-171]，并取得了良好的效果。

清华大学杨健课题组在目标特征提取方面还做出了很多研究成果：杨健等分别提出了目标的旋转周期及准周期[16]、目标广义对称度与线性度(《现代雷达》1993 年第 5 期)、目标的旋转对称性参数(《系统工程与电子技术》 1992 年 12 期)、目标的稳定性分解[377]、等功率曲线[172]、等相位曲线[65]，从而可以对目标的部分几何特征予以描述；殷君君等[173]提出了一套新的目标特征参数，其是对目标散射机理的一种很好的描述，其分类效果优于传统的 Cloude 分解中的极化熵与 α 角(散射角)分类，可以很好地对体散射与二次散射进行区分；安文涛等首次注意到了目标分解中的负功率问题，并提出了两种目标分解方法[174,175]，此外还提出一个代替 α 角的新参数[176]；崔一等[177,178]提出了一些目标分解的改进方法；游彪等[179]基于范数提出了 Kennaugh 矩阵分解的一种新方法；焦智灏等[379]分别提出了目标的稳定性分解方法；李增辉等[180,181]提出了一种目标精细结构分解及反演的方法，并应用于锄耕机及几何结构反演，效果显著。

1.3.3 极化对比增强

Boerner[1]教授称最早研究极化对比增强的是苏联科学家 Kozlov[396,397]，而我们看到的文献最早可以追溯到 1979 年 Ioannidis 和 Hammers[72]的工作。随后这一工作被多位学者研究，包括 Cadzow[73]、Swartz 等[398]、Kostinski 等[399]、Lemoine 和 Sieber[400]、Tanaka、Mott 和 Boerner[401]、Mishchenko[402]等。1997 年，杨健等[182]给出了匹配极化情况时极化对比增强问题的解析解；1999 年杨健等[183]又分别给出了在共极化通道以及交叉极化通道情况时极化对比增强问题的求解方法；2000 年杨健等[184]又给出了发射天线和接收天线的极化方式独立时的极化对比增强问题的求解方法，该方法是一种交替迭代的算法，其计算速度快并且不依赖于初值的设定，因而被广泛使用；2004 年杨健等[169]又提出了广义极化对比增强模型，给出了具体的求解方法，并成功应用于森林中的道路检测；随后邓启明等[185]又提出了基于 Fisher 准则的极化对比增强模型，并给出了求解方法；杨健等[186]又把广义极化对比增强算法应用于地物分类，并获得了很好的效果；此外，杨健和殷君君等还把它用于舰船检测[167,168]。

1.3.4 目 标 分 类

20 世纪 80 年代中后期，开始有学者利用极化雷达信息进行图像分类，众多学者都希望找到充分利用目标极化散射信息的途径，以提高遥感图像分类的精度。van Zyl[104]提出运用入射波和散射波之间相位和自旋的关系进行非监督分类，将目标区分为一次散射目标、二次散射目标、混合目标和不可分目标；这种分类方法对极化信息的利用是比较粗糙的。Kong 等[138,139]学者利用目标散射矩阵的统计分析结果，在目标散射矩阵的复高斯分布的基础上构造了最大似然分类器，用于遥感图像分析；van Zyl 和 Burnette[131]提出了基于贝叶斯分类的地物分类算法；Lee 等[142]学者则将最大似然分类方法推广到雷达多视情况，应用目标散射相关矩阵的 Wishart 分布假设构造图像分类器，目前这一分类方法依旧是均匀地物分类中最重要的经典方法之一。地物分类的另一类方法是基于模糊数学的，相关文献包括[403-408]，这是模糊数学在极化雷达遥感地物分类中的成功应用。基于目标分解的地物分类是地物分类中的重要方法之一，包括基于 Freeman 三成分分解的分类方法[18,19,143,174,379,386]、基于四成分分解的分类方法、基于极化熵及散射角(Cloude 分解)或其修正形式的分类方法[133-135,176,404,409-411]。此外，还有其他一些有关分类的重要方法，包括多波段融合的方法[143,187-412]、极化效果的定量分析比较[412,413]、基于稀疏的方法[188,414,415]等。神经网络以及基于多层神经网络的深度学习算法是地物分类的另一种重要方法。Chen 等[416]研究了神经网络在极化 SAR 地物分类中的应用，近年来基于深度学习的各种算法也陆续应用于地物分类中[417,418]。

清华大学杨健课题组在极化 SAR 目标分类方面做了大量的工作：徐俊毅等[171,190]提出了基于最小鉴别信息准则的图像监督分类器，其在极化雷达遥感图像的监督分类和非监督分类中都取得了很好的效果；徐俊毅等[189]还将该算法推广到了双波段的情况，并且提出一种双波段雷达目标的简化概率模型描述。通过对实际数据进行实验，验证了该分类算法的有效性；杨帆等[188]还基于黎曼流形提出了多波段极化 SAR 图像的地物分类算法；Khan 和杨健[75]还提出了基于 EM 算法(expectation maximization algorithm)的极化 SAR 目标分类算法，其特征矢量是由相关矩阵的 6 个幅度值以及三个相位差组成，通过 EM 算法给出每一类概率密度函数的系数估计，最终可对每类地物进行分类；杨帆等[186]提出了基于广义极化对比增强的地物分类算法，其效果优于传统的基于 Wishart 分布的分类算法；高伟等[191]还提出了基于混合 Wishart 分布的地物分类算法，并将该方法推广到多波段极化 SAR 的情况，其分类精度高于传统的基于 Wishart 分布的分类算法；刘春等[187]提出了基于张量目标多线性学习的多波段极化 SAR 地物分类算法，效果显著；宋胜利等提出了基于监督鉴别字典学习及稀疏表征的 SAR 车辆分类识别算法；林慧平等[192]进而提出了 SAR 舰船目标分类方法；荣兴等[193]提出了基于马尔可夫随机场的分类算法；殷君君等[173,194]提出了基于新的特征的分类方法，并对高分 3 号的数据分类效果进行评估。

1.3.5 目 标 检 测

这部分内容包括海上目标检测、地面特殊目标检测等。下面我们做一个简单的介绍。如何利用 SAR 数据进行目标检测，是近年人们研究的一个热点。这里首先应该提到 Ward 的工作[419]，他首次于 1981 年把 K 分布引入海杂波的建模中。近些年来，这一模型或者其广义形式[420]被广泛使用。此外，还有很多其他海杂波模型，如文献[421]等。后来，人们又把广义海杂波模型用于极化 SAR 的海杂波建模中，如文献[422,423]等。近年来，Jiang 等提出了利用概率神经网络对海杂波进行建模的方法[424]；高贵等提出了多种极化 SAR 海杂波建模方法[425-427]。但是，由于大家手中还缺乏高海况的 SAR 数据，特别是高海况下的极化 SAR 数据，因此对于不同波段、不同分辨率、不同入射角、不同风速、高海况下(包括临岸区域)的杂波建模，还需要进行大量的深入研究及验证。

在利用全极化 SAR 数据进行海上船只的检测方面，Touzi 等[145,428]利用加拿大的机载极化 SAR 测量的数据研究了不同入射角情况下各种极化方式用于船只检测的效果，并将这些结果与利用极化熵所检测的效果做了比较；Novak 等提出了极化白化滤波(polarimetric whitening filter, PWF)检测器[118, 119]；此外，Touzi 等还分别提出了利用散射对称性特征的舰船检测方法[429, 430]；Nunziata 等提出了利用反射性进行舰船等人工金属目标检测的方法[431]，并提出了利用极化和紧缩极化进行溢油检测的方法[432-434]；Marino 等提出了 Huynen 极化叉检测器[435]，并提出了利用极化 SAR 数据进行海上金属平台的检测[436]；Shirvany 等提出了利用紧缩极化 SAR 的极化度进行舰船及海上溢油检测的方法[437]；此外，还有很多学者在 SAR 和极化 SAR 舰船检测、溢油检测等方面做了大量的工作[412,425-427,431-434,436-529]。

除了极化 SAR 在海上舰船检测和溢油检测之外，还有尾迹检测(如文献[426,438])、海冰或冰山检测(如文献[461,530])等。

清华大学杨健课题组在目标检测方面做了大量的工作：在道路检测方面，杨健等[169]提出了广义最优极化的数学模型，利用这一概念成功检测出森林中被树木遮挡的道路，具有很好的效果；此外，课题组周广益等[195]在线性特征方面、邓启铭等[166]在基于多波段 SAR 数据融合的道路检测方面、晋瑞锦等[196,197]在线性特征和边缘特征检测方面、刘春等[198-201]在油罐检测和港口检测以及海岸线检测方面、殷君君等[202,203]在溢油检测方面、崔一等[204,205]在杂波建模及目标检测方面、宋胜利等[206]在变化检测方面都分别做了大量的研究。课题组还在 SAR 和极化 SAR 图像的舰船目标检测方面做了大量的工作：陈炯等[15]提出了一种基于极化交叉熵的舰船目标检测算法；崔一等[204]提出了一种舰船检测时海杂波的半参数估计算法；杨健等[168]提出了一种基于广义极化对比增强的舰船目标检测方法；殷君君和杨健[167]提出了一种改进的广义极化对比增强的舰船检测算法；宋胜利等[207,208]基于变分贝叶斯理论分别提出了基于单极化和全极化的舰船目标检测方法，并提出了基于稀疏表示及鉴别字典学习的 SAR 图像目标识别方法；林慧平等提出了一种基于任务驱动的鉴别字典学习的极化 SAR 图像舰船目标检测方法[209]，并提出了一种基于 MSHOG 特征的舰船目标分类算法[192]。

1.4　本书的安排

本书第 1 章对极化雷达、极化 SAR 及其应用的历史和发展做了一个简要的回顾；第 2 章对极化中的基本概念和基本原理予以简单介绍，包括极化状态的定义、极化比、Stokes 矢量、坐标系统、Sinclair 散射矩阵、Graves 矩阵、Kennargh 矩阵等，此外，还给出了 Huynen 参数和一些典型目标的 Sinclair 散射矩阵；第 3 章着重介绍作者在最优极化理论方面的部分研究成果，包括最优极化特征状态公式、等功率曲线、目标的共零点、多站极化雷达的最优极化模型及求解方法等；第 4 章主要介绍作者在目标特征提取方面的部分成果，包括相似性参数以及一套新参数，此外还介绍了在矩阵分解方面的部分成果；第 5 章主要介绍作者在极化 SAR 图像滤波方面的成果，包括等效视数估计算法等；第 6 章介绍作者在最优极化对比增强方面的部分研究成果，包括传统极化对比增强问题的快速算法、广义极化对比增强模型，以及在地物分类及舰船检测等方面的应用；第 7 章介绍作者在目标检测方面的部分研究成果，包括溢油检测、舰船检测、机场检测、港口与桥梁检测、道路检测等检测方法；第 8 章主要介绍作者在紧缩极化 SAR 方面的部分成果，包括特征提取及应用、散射矩阵重建算法等。

近几十年来，极化 SAR 技术得到了飞速发展，其广泛应用也日益受到了人们的重视。同时，人们对 SAR 的要求也越来越高，希望能提供同一目标区域的不同频段、不同极化、不同视角的图像；另外，由于军事上无人侦察机以及小卫星上搭载的需求，SAR 的小型化也显得非常重要。总之，高分辨率、多波段、多极化、多种观测模式、小型化是 SAR 将来的发展方向。希望本书能够为从事极化理论研究以及极化雷达遥感研究的同行们及新入门的工程师和研究生或高年级学生们提供参考。但由于篇幅的限制，本书着重介绍清华大学杨健课题组的部分成果，国内很多优秀团队的优秀成果没有涉及甚至连文献也没有提到，敬请国内同行谅解。

参 考 文 献

[1] Boerner W-M. Historical development of radar polarimetry, incentives for this workshop, and overview of contributions to these proceedings// Boerner W-M et al. Direct and Inverse Methods in Radar Polarimetry. Part 1 Proc. Nato-Arw-DIMRP 88, Bad Windsheim, FR Germany, Sept. 18-24, 1988, NATO ASI Series C: Math & Phys. Sci. , vol. C-350, Kluwer Acad. Publ. The Netherlands,1992: 1-32.

[2] Lee J-S, Pottier E. Polarimetric Radar Imaging, from Basics to Applications. New York: CRC Press, 2008.（中译本：Lee J-S, Pottier E. 极化雷达成像基础与应用. 洪文译. 北京：电子工业出版社, 2013.）

[3] Sinclair G. The transmission and reception of elliptically polarized wave. Proc. IRE, 1950, 38(2): 148-151.

[4] Kennaugh E M. Polarization Properties of Radar Reflections. M. Sc. Thesis, The Ohio State University, Columbus, 1952.

[5] Holm W A, Barnes R M. On Radar Polarization Mixed State Decomposition Theorems. Proc. 1988 USA National Radar Conf. , 248-254, April 1988.

[6] Huynen J R. Phenomenological Theory of Radar Targets. Ph. D. Dissertation, Technical University, Delft, The Netherlands, 1970.

[7] Chaudhuri S K, Foo B-Y, Boerner W-M. A validation analysis of Huynen's target-descriptor interpretations of the Mueller matrix elements in polarimetric radar returns using Kennaugh's physical optics impulse response formulation. IEEE Trans. Antennas Propagat. , 1986, AP-34(1): 11-20.

[8] Yang J, Chen Y, Peng Y, et al. New formula of the polarization entropy. IEICE Trans. Commun, 2006, E89-B(3): 1033-1035.

[9] Yang J, Peng Y, Yamaguchi Y. Overview of the optimization of polarimetric contrast enhancement. Recent Research Development in Electronics, 2002, 1: 233-252.

[10] Huynen J R. Theory and measurement of surface-torsion//Boerner W M, et al. Direct and Inverse Methods in Radar Polarimetry. Dordrecht/Boston/London: NATO ASI Series C, vol. 350, Kluwer Academic Publishers, 1992: 581-623.

[11] Huynen J R. Extraction of Target Significant Parameters from Polarimetric Data. California: Report no. 103, P. Q. Research, Los Altos Hills, 1988.

[12] Huynen J R. Theory and Applications of the N-Target Decomposition Theorem. Nantes: Journees Internationales de la Polarimetrie Radar, 1990.

[13] Huynen J R. Comments on Radar Target Decomposition Theorems. California: Report no. 105, P. Q. Research, Los Altos Hills, 1988.

[14] Huynen J R. Physical reality of radar targets. Radar Polarimetry, SPIE, 1992, 1748: 86-96.

[15] Chen J, Chen Y, Yang J. Ship detection using polarization cross-entropy. IEEE Geosci. Remote Sens. Lett. , 2009, 6(4): 723-727.

[16] Yang J, Peng Y, Yamaguchi Y. Periodicity of scattering matrix and its application. IEICE Trans. Commun. , 2002, E85-B(2): 565-567.

[17] Cloude S R, Pottier E. A review of target decomposition theorems in radar polarimetry. IEEE Trans. Geosci. Remote Sensing, 1996, 34(2): 498-518.

[18] Freeman A, Durden S. A three-component scattering model for polarimetric SAR data. IEEE Trans. Geosci. Remote Sensing, 1998, 36(3): 963-973.

[19] Freeman A, Durden S. A three component scattering model to describe polarimetric SAR data. SPIE Radar Polarimetry, 1992, 1748: 213-225.

[20] Yamaguchi Y, Sato A, Boerner W-M, et al. Four-component scattering power decomposition with rotation of coherency matrix. IEEE Trans. Geoscie. Remote Sens. , 2011, 49(6): 2251-2258.

[21] Yamaguchi Y, Moriyama T, Ishido M, et al. Four-component scattering model for polarimetric SAR image decomposition. IEEE Trans. Geosci. Remote Sens, 2005, 43(8): 1699-1706.

[22] Krogager E. A new decomposition of the radar target scattering matrix. Electron. Lett. , 1990, 26(18): 1525-1526.

[23] Krogager E, Czyz Z H. Properties of the sphere, diplane, helix decomposition. Proc. 3rd Int. Workshop on Radar Polarimetry (JIPR'95), IRESTE, Univ. Nantes, France, 1995.

[24] Boerner W-M, Xi A-Q. The characteristic radar target polarization state theory for the coherent monostatic and reciprocal case using the generalized polarization transformation radio formulation. AEU, 1990, 44(4): 273-281.

[25] Boerner W-M, Yan W-L, Xi A-Q, et al. On the principles of radar polarimetry: the target characteristic polarization state theory of Kennaugh, Huynen's polarization fork concept, and its extension to the partially polarized case. IEEE Proceedings, 1991, 79(10): 1538-1550.

[26] Agrawal A P, Boerner W-M. Redevelopment of Kennaugh's target characteristic polarization state theory using the polarization transformation ratio formalist for the coherent case. IEEE Trans. Geosci. Remote Sensing, 1989, 27(1): 2-14.

[27] Davidovitz M, Boerner W-M. Extension of Kennaugh's optimal polarization concept to the asymmetric matrix case. IEEE Trans. Antennas Propagat. , 1986, AP-34(4): 569-574.

[28] Liu C-L, Zhang X, Yamaguchi Y, et al. Comparison of optimization procedures for 2×2 Sinclair, 2×2 Graves, 3×3 covariance, and 4×4 Mueller (symmetric) matrix in coherent radar polarimetry and its application to target versus background discrimination in microwave remote sensing and imaging. Radar Polarimetry, SPIE, 1992, 1748: 144-173.

[29] Kostinski A B, Boerner W-M. On the foundations of radar polarimetry. IEEE Trans. Antennas Propagat. , 1986, AP-34 (12): 1395-1404.

[30] Yan W-L, Boerner W-M. Optimal polarization states determination of the Stokes reflection matrices for the coherent case, and of the Mueller matrix for the coherent case, and of the Mueller matrix for the partially polarized case. Journal of Electromagnetic Waves and Applications, JEWA, 1991, 5(10): 1123-1150.

[31] Xi A-Q, Boerner W-M. Determination of the characteristic polarization states of the target scattering matrix [S(AB)] for the coherent, monostatic, and reciprocal propagation space. J. Opt. Soc. Amer. Part A, Optics & Image Sciences, Series 2, 1992, 9(3): 437-455.

[32] Boerner W-M, Liu C-L, Zhang X. Comparison of the optimization procedures for the 2×2 Sinclair and the 4×4 Mueller matrices in coherent polarimetry application to radar target versus background clutter discrimination in microwave sensing and imaging. Int'1. Journal on Advances in Remote Sensing, 1993, 2(1-1): 55-82.

[33] Boerner W-M. Use of polarization in electromagnetic inverse scattering. Radio Science, 1981, 16(6): 1037-1045.

[34] Boerner W-M, Mott H, Luneburg E. et al. Polarimetry in radar remote sensing-basic and applied concepts. Chapter 5 in Principles and Applications of Imaging Radar, Henderson F M, Lewis A J. vol. 2 of Manual of Remote Sensing (Reyerson R A). Third Edition. New York: John Willey & Sons, 1998.

[35] Boerner W-M, Yan W-L, Xi A-Q, et al. Basic concepts of radar polarimetry// Boerner W-M, et al. Direct and Inverse Methods in Radar Polarimetry. Dordrecht/Boston/ London: NATO ASI Series C, vol. 350, Kluwer Academic Publishers, 1992: 155-245.

[36] Boerner W-M, Molinet F A. Polarimetric Radar Inverse Scattering-Determination of the Polarimetric Scattering Matrices for Simple and Complex Shapes. Heidelberg: Springer Verlag, 1994.

[37] Tanaka M, Boerner W-M. Optimum antenna polarizations for polarimetric contrast enhancement. Proc. 1992 Int. Symp. Antennas Propagat. , 1992, 2: 545-548.

[38] Boerner W-M, Walter M, Segal A C. The concept of the polarimetric matched signal and image filters. Int'1. Journal on Advance in Remote Sensing, 1993, 2(1-I): 219-252.

[39] Kostinski A B, James B D, Boerner W-M. Polarimetric matched filter for coherent imaging. Canadian J. of Physics, 1988, 66: 871-877.

[40] Kostinski A B, Boerner W-M. On the polarimetric contrast optimization. IEEE Trans. Antennas Propagat. , 1987, AP-35(8): 988-991.

[41] Boerner W-M, Foo B Y, Eom H J. Interpretation of polarimetric copolarization phase term in radar

images obtained by JPL airborne L-band SAR system. IEEE Trans. Geosci. Remote Sensing, 1987, 25(1): 77-82.

[42] Foo B-Y, Chaudhuri S K, Boerner W-M. Polarization correction and extension of the Kennaugh-cosgriff target-ramp response equation to the bistatic case and applications to electromagnetic inverse scattering// Boerner W-M, et al. Direct and inverse Methods in radar polarimetry Dordrecht/Boston/London: NATO ASI Series C, vol. 350, Kluwer Academic Publishers, 1992: 517-535.

[43] Chaudhuri S K, Boerner W-M. A polarimetric model for the recovery of high frequency scattering centers from bistatic-monostatic scattering matrix data. IEEE Trans. Antennas Propagat., 1987, AP-35(1): 87-93.

[44] Anderson S J, Abramovich Y I, Boerner W-M. On the solvability of some inverse problems in radar polarimetry. Wideband Interferometric Sensing and Image Polarimetry, SPIE Proc. , 1997, 3120: 28-36.

[45] Boerner W-M, Verdi J S. Recent advances and future expectations in the development of wideband interferometric sensing and imaging polarimetry (WISIP) in wide-area natural and anthropogenic hazard surveillance and environmental stress change monitoring of the terrestrial and planetary covers. Wideband Interferometric Sensing and Image Polarimetry, SPIE Proc. , 1997, 3120: 352-360.

[46] Boerner W-M, et al. Inverse Methods in Electromagnetic Imaging. Proc. of NATO Advanced Research Workshop, Sept. 18-24, 1983, Bad Windsheim, FR Germany, NATO ASI Series C-350, D. Reidel Publ. Co. , Jan, 1985.

[47] Boerner W-M, et al. Direct and Inverse Methods in Radar Polarimetry. Part 1 and Part 2, Proc. NATO-ARW-DIMRP'88, Bad Windsheim, FR Germany, Sept. 18-24, 1988, NATO ASI Series C: Math & Phys. Sci. , vol. C-350, Kluwer Acad. Publ. The Netherlands, 1992.

[48] Mott H, Boerner W-M. Radar Polarimetry. SPIE'92 Int's Symposium, 1992, 1748: 20-25.

[49] Mott H, Boerner W-M. Wideband Interferometric Sensing and Image Polarimetry, WISIP-Workshop, SPIE'97AM-P&S Workshop Series, SPIE Proc. , 1997, 3120: 28-29/31.

[50] Czyz Z H. On theoretical fundations of coherent basic radar polarimetry. SPIE, Wideband Interferometric Sensing and Imaging Polarimetry, 1997, 3120: 69-105.

[51] Czyz Z H. Scattering and cascading matrices of the lossless reciprocal polarimetric two-port in microwave versus millimeterwave and optical polarimetry. SPIE, Wideband Interferometric Sensing and Imaging Polarimetry, 1997, 3120: 373-384.

[52] Czyz Z H. Polarization properties of non-symmetric matrices—a geometrical interpretation. Part VII of 'Polish radar technology', IEEE Trans. Aerospace and Electronic Systems, 1991, 27: 771-777, 781-782.

[53] Czyz Z H. The Poincare sphere of tangential phasors as two-folded Riemann surface in radar polarimetry. Nantes: PIERS, 1998.

[54] Czyz Z H. Coherent and Non-Coherent Polarimetric Radar Receiver Completely Canceling the Partially Polarized Clutter. Baveno: Proc. of the PIERS Workshop on Advances in Radar Methods, July 20-22, 1998.

[55] Czyz Z H. Characteristic Polarization States for Nonreciprocal Coherent Scattering Case. ICAP'91, IEE Conf. Publ. , 1991, no. 333, Part 1, 253-256,

[56] Czyz Z H. The polarization and phase sphere of tangential phasors and its applications. SPIE, Wideband Interferometric Sensing and Imaging Polarimetry, 1997, 3120: 268-294.

[57] Germond A-L, Pottier E, Saillard J. Nine polarimetric bistatic target equations. Electronics Letters, 1997, 33(17): 1494-1495.

[58] Germond A-L, Pottier E, Saillard J. Theoretical Results of the Bistatic Radar Polarimetry on Canonical

Targets. Nantes: PIERS, 1998.

[59] Luneburg E, Cloude S R. Bistatic scattering. SPIE, Wideband Interferometric Sensing and Imaging Polarimetry, 1997, 3120: 56-68.

[60] Yamaguchi Y, Yamamoto Y, Yamada H, et al. Classification of terrain by implementing the correlation coefficient in the circular polarizations. IEICE Trans. Commun., 2008, E91-B (1): 297-304.

[61] Ge F, Wan Q, Yang J. A super-resolution time delay estimation based on the MUSIC-type algorithm. IEICE Trans. Commun., 2002, E85-B (12): 2916-2923.

[62] Yamaguchi Y, Fundamentals of polarimetric radar and its applications. Tokyo: Realize Inc., 1998.

[63] Xiong T, Yang J, Zhang W. Interferometric phase improvement based on polarimetric data fusion. Sensors, 2008, 8 (11): 7172-7190.

[64] Gu J, Yang J, Zhang H. Speckle filtering in polarimetric SAR data based on the subspace decomposition. IEEE Trans. Geosci. Remote Sensing, 2004, 42 (8): 1635-1641.

[65] Yang J, Peng Y, Yamaguchi Y. Distribution of the received voltage's phases in the cross-polarized channel case. IEICE Trans. Commun., 2002, E85-B (6): 1223-1226.

[66] 杨汝良, 戴博伟, 谈露露, 等. 极化微波成像. 北京: 国防工业出版社, 2016.

[67] van Zyl J J, Papas C H, Elachi C. On the optimum polarizations of incoherently reflected waves", IEEE Trans. Antennas Propagat., 1987, 35 (7): 818-825.

[68] van Zyl J J, On the Importance of Polarization in Radar Scattering Problems. Ph. D. Dissertation, The California Institute of Technology, Pasadena, 1986.

[69] Yang J, Peng Y, Yamaguchi Y. On modified Huynen's decomposition of a Kennaugh matrix. IEEE Geosci. Remote Sens. Lett., 2006, 3 (3): 369-372.

[70] Liu S, Wan Q, Yang J. Asymptotic performance analysis of bearing estimate for spatially distributed source with finite bandwidth. IEE Electron. Lett. , 2002, 38 (21): 1600-1601.

[71] Yang J, Yamaguchi Y, Yamada H, et al. Development of target null theory. IEEE Trans. Geosci. Remote Sensing, 2001, 39 (2): 330-338.

[72] Ioannidis G A, Hammers D E. Optimum antenna polarizations for target discrimination in clutter. IEEE Trans. Antennas and Propagation, 1979, AP-27 (3): 357-363.

[73] Cadzow J A. Generalized Digital Matched Filtering. Virginia Beach, VA. : Proc. 12, Southeastern Symposium on System Theory, 1980.

[74] Mott H, Tanaka M, Boerner W-M. Optimization Procedures for Polarimetric Contrast Enhancement in Microwave Remote Sensing. Chiba, Japan: Proc. 1996 Int. Symp. Antennas and Propagat. , 1996.

[75] Khan K U, Yang J. Unsupervised classification of polarimetric SAR images by EM algorithm. IEICE Trans. Commun. , 2007, E90-B (12): 3632-3638.

[76] Mott H. Antennas for Radar and Communications—A Polarimetric Approach. New York: John Wiley & Sons, 1992.

[77] Mott H. Polarization in Antennas and Radar. New York: John Wiley & Sons, 1986.（中译本: Mott H. 天线和雷达中的极化. 林昌禄译. 成都: 电子科技大学出版社, 1989.）

[78] Mott H. Remote Sensing with Polarimetric Radar. New York: John Wiley & Sons, 2007.（中译本: Mott H. 极化雷达遥感. 杨汝良译. 北京: 国防工业出版社, 2017.）

[79] Yamaguichi Y. Fundamentals and Applications of Radar Polarimetry. Tokyo: Realize Press, 1998.

[80] Cloude S. Polarisation: Applications in Remote Sensing. Engelska, 2009.

[81] Hubbert J C, Chandrasekar V, Bringi V N. Radar and optical polarimetry: a comparative study. SPIE Radar Polarimetry, 1992, 1748: 31-46.

[82] Hubbert J C. A comparison of radar, optic, and specular null polarization theory. IEEE Trans. Geosci.

Remote Sensing, 1994,32(3): 658-671.

[83] Hubbert J C, Bringi V N. Specular null polarization theory: applications to radar meteorology. IEEE Trans. Geosci. Remote Sensing, 1996, 34(4): 859-873.

[84] Hubbert J C. Reply to comments on the specular null polarization theory. IEEE Trans. Geosci. Remote Sensing, 1997, 35(4): 1071-1072.

[85] Luneburg E. Comments on 'the specular null polarization theory'. IEEE Trans. Geosci. Remote Sensing, 1997, 35(4): 1070-1071.

[86] Luneburg E, Cloude S R. Radar versus optical polarimetry. SPIE, Wideband Interferometric Sensing and Imaging Polarimetry, 1997, 3120: 361-372.

[87] Luneburg E. Principles in radar polarimetry. IEICE Trans. Commun., 1995, E78-C(10): 1339-1345.

[88] Luneburg E, Ziegler V, Schroth A, et al. Polarimetric Coveriance Matrix Analysis of Random Radar Targets. Ottawa, Canada: AGARD Conf. Proc. 501, Target and Clutter Scattering and Their Effects on Military Radar Performance, 1991.

[89] Luneburg E, Chandra M, Boerner W-M. Random Target Approximations. Proc. PIERS, Noordwijk, The Netherlands: CD Kluwer Publishers, 1994.

[90] Luneburg E. Polarimetric Target Matrix Decompositions and 'Karhunen-Loeve Expansion'. Hamburg, Germany: IGARSS'99, June 28-July 2, 1999.

[91] Cloude S R. Group theory and polarization algebra. OPTIK, 1986, 75(1): 26-36.

[92] Cloude S R. Uniqueness of target decomposition theorems in radar polarimetry//Boerner W M, et al. Direct and Inverse Methods in Radar Polarimetry, Part 1, NATO-ARW. Norwell, MA: Kluwer, 1992: 267-269.

[93] Cloude S R. Lie groups in electromagnetic wave propagation and scattering. JEWA, 1992, 6(8): 947-974.

[94] Cloude S R. Recent advances in the application of group theory to polarimetry. Proceedings of PIERS, July, p. 194, JPL USA, 1993.

[95] Freeman A, van Zyl J J, Klein J D, et al. Calibration of Stokes and scattering matrix format of polarimetric SAR data. IEEE Trans. Geosci. Remote Sensing, 1992, 30(3): 531-539.

[96] Freeman A. SAR calibration: an overview. IEEE Trans. Geosci. Remote Sensing, 1992, 30(6): 1107-1121.

[97] Freeman A, Alves M, Chapman B, et al. SIR-C data quality and calibration results. IEEE Trans. Geosci. Remote Sensing, 1995, 33(4): 848-857.

[98] Freeman A, Shen Y, Werner C L. Polarimetric SAR calibration experiment using active radar calibrators. IEEE Trans. Geosci. Remote Sensing, 1990, 28(2): 848-857.

[99] van Zyl J J. A technique to calibrate polarimetric radar images using only image parameters and trihedral corner reflectors. IEEE Trans. Geosci. Remote Sensing, 1990, 28(2): 337-348.

[100] van Zyl J J. Overview of SAR polarimetry and interferometry. SPIE, Wideband Interferometric Sensing and Imaging Polarimetry, 1997, 3120: 16-27.

[101] Zebker H A, Lou Y L. Phase calibration of imaging radar polarimetric Stokes matrices. IEEE Trans. Geosci. Remote Sensing, 1990, 28(2): 246-252.

[102] Zebker H A, van Zyl J J, Durden S L, et al. Calibration imaging radar polarimetry: technique, examples, and applications. IEEE Trans. Geosci. Remote Sensing, 1990, 28: 942-961.

[103] Zebker H A, van Zyl J J, Elachi C. Polarimetric radar system design//Ulaby F T, Elachi C. Chapter 6 in Radar Polarimetry for Geoscience Applications. Norwood: Artech House Inc., 1990: 273-314.

[104] van Zyl J J. Unsupervised classification of scattering behavior using radar polarimetry data. IEEE

Trans. Geosci. Remote Sensing, 1989, 27(1): 36-45.

[105] Sarabandi K. Pierce L E, Dobson M C, et al. Polarimetric calibration of SIR-C using point and distributed targets. IEEE Trans. Geosci. Remote Sensing, 1995, 33(4): 858-866.

[106] Ulaby F T, Sarabandi K, Nashashibi A. Statical properties of the Mueller matrix of distributed targets. Special Issue IEE Proc. F, 1992, 139: 136-146.

[107] Lee J-S, Grunes M R. POL-SAR Speckle Filtering and Terrain Classification—An Overview. Nantes: PIERS Fourth International Workshop on Radar Polarimetry, 1998.

[108] Lee J-S, Grunes M R, Mango S A. Speckle reduction in multipolarization, multifrequency SAR imagery. IEEE Trans. Geosci. Remote Sensing, 1991, 29(4): 535-544.

[109] Lee J-S. Speckle suppression and analysis for Synthetic Aperture Radar images. Opt. Eng. , 1986, 25(5): 636-643.

[110] Lee J-S. Speckle analysis and smoothing of Synthetic Aperture Radar images. Comp. Graph. Image Process., 1981, 17(1): 24-32.

[111] Lee J-S. A simple speckle smoothing algorithm for Synthetic Aperture Radar images. IEEE Trans. Syst. , Man, Cybern., 1983, SMC-13(1): 85-89.

[112] Lee J S. Papathanassiou K P, Ainsworth T L, et al. A new technique for noise filtering of SAR interferometric phase images. IEEE Trans. Geosci. Remote Sensing, 1998, 36(5): 1456-1465.

[113] Lee J-S, Wen J-H, Ainsworth T L, et al. Improved sigma filter for speckle filtering of SAR imagery. IEEE Transactions on Geoscience and Remote Sensing, 2009, 47(1): 202-213.

[114] Lee J-S, Grunes M R, Schuler D L, et al. Scattering-model-based speckle filtering of polarimetric SAR data. IEEE Transactions on Geoscience and Remote Sensing, 2006, 44(1): 176-187.

[115] Lee J-S, Grunes M R, Grandi G D. Polarimetric SAR speckle filtering and its implication for classification. IEEE Transactions on Geoscience and Remote Sensing, 1999, 37(5): 2363-2373.

[116] Lee J-S, Cloude S R, Papathanassiou K P, et al. Speckle filtering and coherence estimation of polarimetric SAR interferometry data for forest applications. IEEE Transactions on Geoscience and Remote Sensing, 2003, 41(10): 2254-2263.

[117] Lee J-S, Ainsworth T L, Wang Y, et al. Polarimetric SAR speckle filtering and the extended sigma filter. IEEE Transactions on Geoscience and Remote Sensing, 2015, 53(3): 1150-1160.

[118] Novak L M, Burl M C. Optimal speckle reduction in polarimetric SAR imagery. IEEE Trans. Aerosp. Electron. Syst., 1990, 26: 293-305.

[119] Novak L M, Burl M C, Irwing W W. Optimal polarimetric processing for enhanced target detection. IEEE Trans. Aerosp. Electron. Syst. , 1993, 29: 234-243.

[120] Goze S, Lopes A. A MMSE speckle filter for full resolution SAR polarimetric data. J. Electron. Waves Applicat. , 1993, 7(5): 717-737.

[121] Lopes A, Sery F. Optimal speckle reduction for product model in multilook polarimetric SAR imagery and the Wishart distribution. IEEE Trans. Geosci. Remote Sensing, 1997, 35(3): 632-647.

[122] Lopes A, Touzi R. The principle of speckle filtering in polarimetric SAR imagery. IEEE Trans. Geosci. Remote Sensing, 1994, 32(4): 1110-1114.

[123] Lee J-S, Schuler D L, Ainsworth T L, et al. On the estimation of radar polarization orientation shifts induced by terrain slopes. IEEE Transactions on Geoscience and Remote Sensing, 2002, 40(1): 30-41.

[124] Lee J-S, Ainsworth T L, Wang Y. Polarization orientation angle and polarimetric SAR scattering characteristics of steep terrain. IEEE Transactions on Geoscience and Remote Sensing, 2018, 56(12): 7272-7281.

[125] Lee J-S, Schuler D L, Ainsworth T L. Polarimetric SAR data compensation for terrain azimuth slope

variation. IEEE Transactions on Geoscience and Remote Sensing, 2000, 38(5): 2153-2163.

[126] Lee J-S, Krogager E, Ainsworth T L, et al. Polarimetric analysis of radar signature of a manmade structure. IEEE Geoscience and Remote Sensing Letters, 2006, 3(4): 555-559.

[127] Lee J-S, Hoppel K W, Mango S A, et al. Intensity and phase statistics of multilook polarimetric and interferometric SAR imagery. IEEE Transactions on Geoscience and Remote Sensing, 1994, 32(5): 1017-1028.

[128] Lee J-S, Grunes M R, Pottier E, et al. Unsupervised terrain classification preserving polarimetric scattering characteristics. IEEE Transactions on Geoscience and Remote Sensing, 2004, 42(4): 722-731.

[129] Lee J-S, Ainsworth T L, Wang Y. Generalized polarimetric model-based decompositions using incoherent scattering models. IEEE Transactions on Geoscience and Remote Sensing, 2014, 52(5): 2474-2491.

[130] Lee J-S, Ainsworth T L. The effect of orientation angle compensation on coherency matrix and polarimetric target decompositions. IEEE Transactions on Geoscience and Remote Sensing, 2011, 49(1): 53-64.

[131] van Zyl J J, Burnette C F. Bayesian classification of polarimetric SAR images using adaptive a-priori probabilities. Int. J. Remote Sensing, 1992, 13: 835-840.

[132] van Zyl J J, Zebker H A, Elachi C. Polarimetric SAR applications//Ulaby F T, Elachi C. Chapter 7 in Radar Polarimetry for Geoscience Applications. Norwood: Artech House Inc., 1990: 315-361.

[133] Pottier E. Unsupervized Classification Scheme and Topography and Derivation of POLSAR Data Based on the <<H / A / alpha >> Polarimetric Decomposition Theorem. Nautes: PIERS Fourth International Workshop on Radar Polarimetry, 535-548, July 13-17, 1998.

[134] Cloude S R, Pottier E. An Entropy based classification scheme for land applications of polarimetric SAR. IEEE Trans. Geosci. Remote Sensing, 1997, 35(1): 68-78.

[135] Pottier E, Cloude S R. Application of the << H / A / a >> polarimetric decomposition theorem for land classification//Mott H, Boerner W M. SPIE, Wideband Interferometric Sensing and Imaging Polarimetry. San Diego, CA, July, 1997, 3120: 132-143.

[136] Pottier E. On Dr J. R. Huynen's main contributions in the development of polarimetric radar techniques, and how the "radar targets phenomenological concept" becomes a theory. Radar polarimetry, SPIE, 1992, 1748: 72-85.

[137] Krogager E, Cloude S R, Lee J-S, et al. Interpretation of high resolution polarimetric SAR data. Nantes: PIERS Fourth International Workshop on Radar Polarimetry, 1998.

[138] Kong J A, Swartz A A, Yueh H A, et al. Identification of terrain cover using the optimum polarimetric classifier. J. Electro. Waves Applic., 1988, 2(2): 171-194.

[139] Kong J A, Yueh S H, Lim H H, et al. Classification of earth terrain using polarimetric synthetic aperture radar images//Kong J A. Chapter 6 in Polarimetric Remote Sensing. New York: PIER 3, Elsevier, 1990: 3327-3370.

[140] Kong J A. Polarimetric Remote Sensing. New York: PIER 3, Elsevier, 1990.

[141] Pierce L E, Ulaby F T, Sarabandi K, et al. Knowledge-based classification of polarimetric SAR images. IEEE Trans. Geosci. Remote Sensing, 1994, 32(5): 1081-1086.

[142] Lee J-S, Grunes M R, Kwok. Classification of multi-look polarimetric SAR imagery based on complex Wishart distribution. Int. J. Remote Sensing, 1994, 15(11): 2299-2311.

[143] Freeman A. Classification of Multi-Frequency, Multi-Temporal Polarimetric SAR Images of Natural Vegetation. Proc. 2rd Int. Workshop on Radar Polarimetry, IRESTE, Univ. Nantes, France, 272-284,

September, 1992.

[144] Fry E S, Kattawar G W. Relationship between elements of the Stokes matrix. Applied Optics, 1981, 20(16): 2811-2814.

[145] Touzi R, Toan T L, Lopes A, et al. Polarimetric discriminators for SAR images. IEEE Trans. Geosci. Remote Sensing, 1992, 30(5): 973-980.

[146] van Zyl J J, Burnette C F. Data volume reduction for single-look polarimetric imaging radar data. IEEE Trans. Geosci. Remote Sensing, 1991, 28(5): 784-786.

[147] Yamaguchi Y, Mitsumoto M, Sengoku M, et al. Synthetic aperture FM-CW radar applied to the detection of objects buried in snowpack. IEEE Trans. Geosci. Remote Sensing, 1994, 32(1): 11-18.

[148] Moriyama T, Kasahara H, Yamaguchi Y, et al. Advanced polarimetric subsurface FM-CW radar. IEEE Trans. Geosci. Remote Sensing, 1998, 36(3): 725-731.

[149] Yamaguchi Y, Takayanagi Y, Boerner W-M, et al. Polarimetric enhancement in radar channel imagery. IEICE Trans. Commun. , 1995, E78-B(12): 1571-1579.

[150] Nagai T, Yamaguchi Y, Yamada H. Use of multi-Polarimetric enhanced image in SIR-C/X-SAR land-cover classification. IEICE Trans. Commun. , 1997, E80-B(11): 1696-1702.

[151] Yamaguchi Y, Moriyama T. Polarimetric detection of objections buried in snowpack by a synthetic aperture FM-CW radar. IEEE Trans. Geosci and Remote Sensing, 1996, 34(1): 45-51.

[152] Moriyama T. Yamaguchi Y. Yamada H, et al. Reduction of surface clutter by a polarimetric FM-CW radar in underground target detection. IEICE Trans. Commun. , 1995, E78-B(4): 625-629.

[153] Yamaguchi Y, Nishikawa T, Sengoku M, et al. Two-dimensional and full polarimetric imaging by a synthetic aperture FM-CW radar. IEEE Trans. Geosci and Remote Sensing, 1995, 33(2): 421-427.

[154] Cloude S R, Papathanassiou K P. Polarimetric SAR interferometry. IEEE Trans. Geosci. Remote Sensing, 1998, 36(5): 1551-1565.

[155] Cloude S R, Papathanassiou K P. Coherence Optimization in Polarimetric SAR Interferometry. Singapore: Proceedings of IGARSS, 1997.

[156] Papathanassiou K P. Polarimetric SAR Interferometry. Ph. D Thesis, Technical University Graz, Austria Jan. 1999.

[157] Cui Y, Zhou G, Yang J, et al. Unsupervised estimation of the equivalent number of looks in SAR images. IEEE Geosci. Remote Sens. Lett. , 2011, 8(4): 710-714.

[158] Cui Y, Yang J. Power-preserving polarimetric whitening filter, URSI Radio Science Bulletin, 2017, 84(2): 5-11.

[159] Xu B, Cui Y, Li Z, et al. Unsupervised speckle level estimation of SAR images using texture analysis and AR model. IEICE Trans. Commun. , 2014, E97-B(3): 691-698.

[160] Xu B, Cui Y, Zuo B, et al. Polarimetric SAR image filtering based on patch ordering and simultaneous sparse coding. IEEE Trans. Geosci. Remote Sensing, 2016, 54(7): 4079-4093.

[161] Xu B, Cui Y, Li Z, et al. Patch ordering-based SAR image despeckling via transform-domain filtering. IEEE Journal of Selected Topics in Applied Earth Observations and Remote Sensing, 2015, 8(4): 1682-1695.

[162] Xu B, Cui Y, Li Z, et al. An iterative SAR image filtering method using nonlocal sparse model. IEEE Geosci and Remote Sens. Lett. , 2015, 12(8): 1635-1639.

[163] Yang J, Deng Q, Huangfu Y. Polarimetric whitening filter for POLSAR data based on subspace decomposition. Systems Engineering and Electronics, 2008, 19(6): 1121-1126.

[164] Gao W, Yang F, Cui Y, et al. The extended polarimetric whitening filter and its application to target detection in polarimetric synthetic aperture radar images. IEEE Geosci. and Remote Sens. Lett. , 2016,

13(3): 419-423.
[165] Chen J, Chen Y, An W, et al. Non-local filtering for polarimetric SAR data: a pre-test approach. IEEE Trans. Geosci. Remote Sensing, 2011, 49(5): 1744-1754.
[166] Deng Q, Chen Y, Yang J. Joint detection of roads in multi-frequency SAR images based on particle filter. International Journal of Remote Sensing, 2010, 31(4): 1069-1077.
[167] Yin J, Yang J. An improved GOPCE and its application to ship detection. IEICE Trans. Communications, 2013, E96-B(7): 2005-2013.
[168] Yang J, Zhang H, Yamaguchi Y. GOPCE based approach to ship detection. IEEE Geosci. Remote Sens. Lett., 2012, 9(6): 1089-1093.
[169] Yang J, Dong G, Peng Y, et al. Generalized optimization of polarimetric contrast enhancement. IEEE Geosci. Remote Sensing Letters, 2004, 1(3): 171-174.
[170] Xu J, Yang J, Peng Y. Using cross-entropy for polarimetric radar discrimination problem. IEE Electron. Lett., 2002, 38(12): 593-594.
[171] Xu J, Yang J, Peng Y. Using similarity parameters for supervised polarimetric SAR image classification. IEICE Trans. Commun., 2002, E85-B(12): 2934-2942.
[172] Yang J, Yamaguchi Y, Yamada Y, et al. The characteristic polarization states and the equi-power curves. IEEE Trans. Geosci. Remote Sensing, 2002, 40(2): 305-313.
[173] Yin J, Moon W M, Yang J. Novel model-based method for identification of scattering mechanisms in polarimetric SAR data. IEEE Trans. Geosci. Remote Sensing, 2016, 54(1): 520-532.
[174] An W, Cui Y, Yang J. Three-component model-based decomposition for polarimetric SAR data. IEEE Trans. Geosci. Remote Sensing, 2010, 48(6): 2732-2739.
[175] An W, Xie C, Yuan X, et al. Four-component decomposition of polarimetric SAR images with deorientation. IEEE Geosci. Remote Sens. Lett., 2011, 8(6): 1090-1094.
[176] An W, Cui Y, Yang J, et al. Fast alternatives to H/α for polarimetric SAR. IEEE Geosci. and Remote Sens. Lett., 2010, 7(2): 343-347.
[177] Cui Y, Yamaguchi Y, Yang J, et al. On complete model-based decomposition of polarimetric SAR coherency matrix data. IEEE Trans. Geosci. Remote Sens., 2014, 52(4): 1991-2001.
[178] Cui Y, Yamaguchi Y, Yang J. Three-component power decomposition for polarimetric SAR data based on adaptive volume scatter modeling. Remote Sensing, 2012, 4(6): 1557-1574.
[179] You B, Yang J, Yin J, et al. Decomposition of the Kennaugh matrix based on a new norm. IEEE Geosci. Remote Sens. Lett., 2014, 11(5): 2001-2004.
[180] Li Z, Jin K, Xu B, et al. An improved attributed scattering model optimized by incremental sparse Bayesian learning. IEEE Trans. Geosci. Remote Sensing, 2016, 54(5): 2973-2987.
[181] Li Z, Xu B, Yang J. Polarimetric inverse scattering via incremental sparse Bayesian multitask learning. IEEE Geosci. and Remote Sens. Lett., 2016, 13(5): 691-695.
[182] Yang J, Yamaguchi Y, Yamada H. The formulae of the characteristic polarization states in the co-pol channel and the optimal polarization state for contrast enhancement. IEICE Trans. Commun., 1997, E80-B(10): 1570-1575.
[183] Yang J, Yamaguchi Y, Yamada H. The optimal problem for contrast enhancement in polarimetric radar remote sensing. IEICE Trans. Commun., 1999, E82-B(1): 174-183.
[184] Yang J, Yamaguchi Y, Boerner W-M, et al. Numerical methods for solving the optimal problem of contrast enhancement. IEEE Trans. Geosci. Remote Sensing, 2000, 38(2): 965-971.
[185] Deng Q, Chen J, Yang J. Optimization of polarimetric contrast enhancement based on Fisher criterion. IEICE Trans. Commun., 2009, E92-B(12): 3968-3971.

[186] Yang J, Xiong T, Peng Y. Polarimetric SAR image classification by using generalized optimization of polarimetric contrast enhancement. International Journal of Remote Sensing, 2006, 27(16): 3413-3424.

[187] Liu C, Yin J, Yang J, et al. Classification of multi-frequency polarimetric SAR images based on multi-linear subspace learning of tensor objects. Remote Sensing, 2015, 7(7): 9253-9268.

[188] Yang F, Gao W, Xu B, et al. Multi-frequency polarimetric SAR classification based on Riemannian manifold and simultaneous sparse representation. Remote Sensing, 2015, 7(7): 8469-8488.

[189] Xu J, Yang J, Peng Y. A new approach to dual-band polarimetric radar remote sensing image classification. Science in China, Series F-Information Sciences, 2005, 48(6): 747-760.

[190] Xu J, Yang J, Peng Y, et al. Unsupervised polarimetric SAR image classification. IEICE Trans. Commun., 2004, E87-B(4): 1048-1052.

[191] Gao W, Yang J, Ma W. Land cover classification for polarimetric SAR images based on mixture models. Remote Sensing, 2014, 6(5): 3770-3790.

[192] Lin H, Song S, Yang J. Ship classification based on MSHOG feature and task-driven dictionary learning with structured incoherent constraints in SAR images. Remote Sensing, 2018, 10(2): 190-205.

[193] Rong X, Zhang W, Yang J. A new approach to unsupervised target classification for polarimetric SAR images. IEICE Trans. Commun., 2008, E91-B(6): 2081-2084.

[194] Yin J, Yang J, Zhang Q. Assessment of GF-3 polarimetric SAR data for physical scattering mechanism analysis and terrain classification. Sensors, 2017, 17(12): 1-11.

[195] Zhou G, Cui Y, Chen Y, et al. Linear feature detection in polarimetric SAR Images. IEEE Trans. Geosci. Remote Sensing, 2011, 49(4): 143-146.

[196] Jin R, Zhou W, Yin J, et al. CFAR line detector for polarimetric SAR images using Wilks' test statistic. IEEE Geosci. Remote Sens. Lett., 2016, 13(5): 711-715.

[197] Jin R, Yin J, Zhou W, et al. Improved multiscale edge detection method for polarimetric SAR images. IEEE Geosci. Remote Sens. Lett., 2016, 13(8): 1104-1108.

[198] Liu C, Xie C, Yang J, et al. A method for coastal oil tank detection in polarimetric SAR images based on recognition of T-shaped harbor. Journal of System Engineering and Electronics, 2018, 29(3): 499-509.

[199] Liu C, Xiao Y, Yang J. A coastline detection method in polarimetric SAR images mixing the region-based and edge-based active contour models. IEEE Trans. Geosci. Remote Sensing, 2017, 55(7): 3735-3747.

[200] Liu C, Xiao Y, Yang J, et al. Harbor detection in polarimetric SAR images based on the characteristics of parallel curves. IEEE Geosci. and Remote Sens. Lett., 2016, 13(10): 1400-1404.

[201] Liu C, Yang J, Yin J. Coastline detection in SAR images using a hierarchical level set segmentation. IEEE J. Selected Topics Applications of Earth Observation Remote Sensing, 2016, 11(9): 4908-4920.

[202] Yin J, Yang J, Zhou Z-S, et al. The extended-Bragg scattering model-based method for ship and oil-spill observation using compact polarimetric SAR. IEEE J. Sel. Top. Appl. Earth Obs. Remote Sens., 2015, 8(8): 3760-3772.

[203] Yin J, Moon W M, Yang J. Model-based pseudo quad-pol reconstruction from compact polarimetry and its application to oil-spill observation. Journal of Sensors, 2015,(1): 1-8.

[204] Cui Y, Yang J, Yamaguchi Y, et al. On semiparametric clutter estimation for ship detection in SAR images. IEEE Trans. Geosci. Remote Sens., 2013, 51(5): 3170-3180.

[205] Cui Y, Zhou G, Yang J, et al. On the iterative censoring for target detection in SAR images. IEEE

Geosci. Remote Sens. Lett. , 2011, 8(4): 641-645.
[206] Song S, Jin K, Zou B, et al. A novel change detection method combined with registration for SAR images. Remote Sensing, (accepted)
[207] Song S, Xu B, Yang J. Ship detection in polarimetric SAR images via variational Bayesian inference. IEEE Journal of Selected Topics in Applied Earth Observations and Remote Sensing, 2017, 10(6): 2819-2829.
[208] Song S, Xu B, Li Z, et al. Ship detection in SAR imagery via variational Bayesian inference. IEEE Geosci. and Remote Sens. Lett. , 2016, 13(3): 319-323.
[209] Lin H, Chen H, Wang H, et al. Ship detection for polSAR images via task-driven discriminative dictionary learning. Remote Sensing, 2019, 11(7): 769.
[210] Yang J, Peng Y, Lin S. Similarity between two scattering matrices. IEE Electron. Lett. , 2001, 37(3): 193-194.
[211] Jin R, Yin J, Zhou W, et al. Level set segmentation algorithm for high-resolution polarimetric SAR images based on a heterogeneous clutter model. IEEE Journal of Selected Topics in Applied Earth Observations and Remote Sensing, 2017, 10(10): 4565-4579.
[212] Zhou W, Yeh C, Jin R, et al. ISAR imaging of targets with rotating parts based on robust principal component analysis. IET Radar, Sonar & Navigation, 2017, 11(4): 563-569.
[213] Wang Y, Li J, Yang J. Wide nonlinear chirp scaling algorithm for spaceborne stripmap range sweep SAR imaging. IEEE Trans. Geosci. Remote Sensing, 2017, 55(12): 6922-6936.
[214] Wang Y, Li J, Yang J. A novel spaceborne sliding spotlight range sweep synthetic aperture radar: system and imaging. Remote Sensing, 2017, 9(8): 1-24.
[215] Wang Y, Yang J, Li J. Theoretical application of overlapped subaperture algorithm for quasi-forward-looking parameter-adjusting spotlight SAR imaging. IEEE Geosci. Remote Sens. Lett. , 2017, 14(2): 144-148.
[216] Wang Y, Li J, Xu F, et al. A new nonlinear chirp scaling algorithm for high-squint high-resolution SAR imaging. IEEE Geosci. Remote Sens. Lett. , 2017, 14(12): 2225-2229.
[217] Wang Y, Yang J, Li J. Geometrical distortion correction for extremely high-squint parameter-adjusting synthetic aperture radar. Remote Sens. Lett. , 2017, 8(3): 254-261.
[218] Yeh C, Zhou W, Lu Y, et al. Non-cooperative target imaging and parameter estimation with narrowband radar echoes. Sensors, 2016, 16(1): 1-9.
[219] Wang R, Zeng T, Hu C, et al. Accurate range profile alignment method based on minimum entropy for inverse synthetic aperture radar image formation. IET Radar, Sonar & Navig. , 2016, 10(4): 663-671.
[220] Tian W, Wang Y, Du X, et al. Reference pattern-based track-to-track association with biased data. IEEE Trans. Aerospace and Electronic Systems, 2016, 52(1): 501-554.
[221] Zhou W, Yeh C, Jin R, et al. Rotation estimation for wide-angle inverse synthetic aperture radar imaging. Journal of Sensors, 2016, 2016: 1-12.
[222] Song S, Xu B, Yang J. SAR target recognition via supervised discriminative dictionary learning and sparse representation of the SAR-HOG feature. Remote Sensing, 2016, 8(8): 683-703.
[223] Wang Y, Li J, Sun B, et al. A novel azimuth super-resolution method by synthesizing azimuth bandwidth of multiple tracks of airborne stripmap SAR data. Sensors, 2016, 16(6): 1-14.
[224] Wang Y, Li J, Yang J, et al. Spaceborne stripmap range sweep SAR: positive terrain tracking by continuous beam scanning in elevation. Remote Sens. Lett. , 2016, 7(11): 1014-1022.
[225] Zhou W, Yeh C, Jin K, et al. ISAR imaging based on the wideband hyperbolic frequency-modulation waveform. Sensors, 2015, 15(9): 23188-23204.

[226] Yang J, Yamaguchi Y, Lee J-S, et al. On the applications of polarimetric SAR. Journal of Sensors, 2015, 1-2.

[227] Peng S, Xu J, Xia X, et al. Multiaircraft formation identification for narrowband coherent radar in a long coherent integration time. IEEE Trans. Aerospace and Electronic Systems, 2015, 51(3): 2121-2137.

[228] Chang W, Li Z, Jin K, et al. Long-distance imaging with frequency modulation continuous wave and inverse synthetic aperture radar. IET Radar, Sonar and Navigation, 2015, 9(6): 653-659.

[229] Meng C, Xu J, Liu F, et al. Multiple input and multiple output synthetic aperture radar multiple waveform separation based on oblique projection in same frequency coverage. IET Radar, Sonar and Navigation, 2015, 9(8): 1088-1096.

[230] Meng C, Xu J, Xia X, et al. MIMO-SAR waveform separation based on virtual polarization filter. Science China Information Sciences, 2015, 58(4): 1-12.

[231] Yin J, Yang J. A modified level set approach for segmentation of multiband polarimetric SAR images. IEEE Trans. Geosci. Remote Sens., 2014, 52(11): 7222-7232.

[232] Yin J, Yang J. Multi-polarization reconstruction from compact polarimetry based on modified four-component scattering decomposition. Journal of System Engineering and Electronics, 2014, 25(3): 399-410.

[233] Chang W, Li Z, Yang J, et al. Correction of dechirp distortion in long-distance target imaging with LFMCW-ISAR. IEICE Trans. Commun., 2014, E97-B(11): 2552-2559.

[234] Ma W, Yang J, Gao W. Automatic GCP extraction in mountainous areas using DEM and PolSAR data. IEEE Geosci. Remote Sens. Lett., 2014, 11(12): 2075-2079.

[235] Ma W, Yang J, Ning X, et al. A quantitative evaluation method of ground control points for remote sensing image registration. Progress in Electromagnetics Research, 2014, 34: 55-62.

[236] Tian W, Wang Y, Shan X, et al. Track-to-track association for biased data based on the reference topology feature. IEEE Signal Processing Letters, 2014, 21(4): 449-453.

[237] Tian W, Wang Y, Shan X, et al. Analytic performance prediction of track-to-track association with biased data in multi-sensor multi-target tracking scenarios. Sensors, 2013, 13(9): 12244-12265.

[238] Tian W, Wang Y, Shan X, et al. Robust sensor registration with the presence of misassociations and ill conditioning. IEICE Trans. Fundamentals of Electronics, Communications and Computer Sciences, 2013, E96-A(11): 2318-2321.

[239] Meng C, Xu J, Xia X, et al. MIMO-SAR waveform separation based on inter-pulse phase modulation and range-doppler decouple filtering. Electronics Letters, 2013, 49(6): 420-422.

[240] Cui Y, Yang J, Zhang X. et al. New CFAR target detector for SAR images based on kernel density estimation and mean square error distance. Journal of System Engineering and Electronics, 2012, 23(1): 40-46.

[241] Tian W, Yang J, Yang X. et al. Doppler centroid estimation for space-surface BiSAR. IEICE Trans. Commun., 2012, E95-B(1): 116-119.

[242] Yeh C, Yang J, Shan X M, et al. Simultaneous range and radial velocity estimation with a single narrowband LFM pulse. Journal of System Engineering and Electronics, 2012, 23(3): 372-377.

[243] Yeh C, Yang J, Peng Y, et al. Rotation estimation for ISAR targets with a space-time analysis technique. IEEE Geosci. Remote Sens. Lett., 2011, 8(5): 899-902.

[244] Zhou G, Cui Y, Liu Y, et al. A binary tree structured terrain classifier for pol-SAR images. IEICE Trans. Commun., 2011, E94-B(5): 1515-1518.

[245] Gao L, Bi F, Yang J. Visual attention based model for target detection in large-field images. Journal of

System Engineering and Electronics, 2011, 22(1): 150-156.
[246] Chen J, Jia H, Yang J, et al. Primary exploration on monitoring of river pollution based on polarimetric coherence matrix. Journal of Remote Sensing, 2011, 15(5): 1065-1078.
[247] Zhou G, Cui Y, Chen Y, et al. Novel SAR image edge detection using curvelet transform and Duda operator. Electronics Letters, 2010, 46(2): 167-169.
[248] An W, Cui Y, Zhang W, et al. Data compression for multilook polarimetric SAR Data. IEEE Geosci. and Remote Sens. Lett., 2009, 6(3): 476-480.
[249] Xiong T, Yang J, Zhang W, et al. Phase unwrapping method based on image segmentation. International Journal of Remote Sensing, 2008, 29(16): 4871- 4877.
[250] Yang J, Xiong T, Peng Y. A fuzzy approach to filtering interferometric SAR images. International Journal of Remote Sensing, 2007, 28(6): 1375-1382.
[251] Yang J, Peng Y, Yamaguchi Y. Optimal polarization problem for the multistatic radar case. IEE Electron. Lett., 2000, 36(19): 1647-1649.
[252] Kitayama K, Yamaguchi Y, Yang J, et al. Compound scattering matrix of targets aligned in the range direction. IEICE Trans. Commun., 2001, E84-B(1): 81-88.
[253] Yang J, Yamaguchi Y, Yamada H. Co-null of targets and co-null Abelian group. IEE Electron. Lett., 1999, 35(12): 1017-1019.
[254] Yang J, Yamaguchi Y, Yamada H. Simple method for obtaining characteristic polarization states. IEE Electron. Lett., 1998, 34(5): 441-443.
[255] Yang J. On Theoretical Problems in Radar Polarimetry. Ph. D Thesis, Niigata University, Japan, 1999.
[256] 张庆君. 卫星极化微波遥感技术. 北京: 宇航出版社, 2015.
[257] 庄钊文. 雷达极化信息处理及其应用. 北京: 国防工业出版社, 1999.
[258] 王雪松. 宽带极化信息处理的研究. 北京: 国防工业出版社, 2005.
[259] 李永祯, 肖顺平, 王雪松. 雷达极化抗干扰技术. 北京: 国防工业出版社, 2010.
[260] 曾清平. 极化雷达技术与极化信息应用. 北京: 国防工业出版社, 2006.
[261] 金亚秋, 徐丰. 极化散射与 SAR 遥感信息理论与方法. 北京: 科学出版社, 2008.
[262] 肖顺平, 王雪松, 代大海, 等. 极化雷达成像处理及应用. 北京: 科学出版社, 2013.
[263] 戴幻尧, 王雪松, 谢虹, 等. 雷达天线的空域极化特性及其应用. 北京: 国防工业出版社, 2015.
[264] 张红, 王超, 刘萌, 等. 极化 SAR 理论、方法与应用. 北京: 科学出版社, 2015.
[265] 王超, 张红, 陈曦, 等. 全极化合成孔径雷达图像处理. 北京: 科学出版社, 2008.
[266] 匡纲要, 陈强, 等. 极化合成孔径雷达基础理论及其应用. 长沙: 国防科技大学出版社, 2011.
[267] 郭华东等. 雷达对地观测理论与应用. 北京: 科学出版社, 2000.
[268] 付毓生, 杨晓波, 皮亦鸣, 等. 极化雷达图像增强理论. 北京: 电子工业出版社, 2008.
[269] 董庆, 郭华东. 合成孔径雷达海洋遥感. 北京: 科学出版社, 2005.
[270] 徐小剑. 雷达目标散射特性测量与处理新技术. 北京: 国防工业出版社, 2017.
[271] 代大海. 数字阵列合成孔径雷达. 北京: 国防工业出版社, 2017.
[272] 刘涛, 崔浩贵, 谢凯, 等. 极化合成孔径雷达图像解译技术. 北京: 国防工业出版社, 2017.
[273] 张直中. 机载和星载合成孔径雷达导论. 北京: 电子工业出版社, 2004.
[274] 王文钦. 多天线合成孔径雷达成像理论与方法. 北京: 国防工业出版社, 2010.
[275] 种劲松, 欧阳越, 朱敏慧. 合成孔径雷达图像海洋目标检测. 北京: 海洋出版社, 2006.
[276] 傅斌, 范开国, 陈鹏, 等. 合成孔径雷达浅海水深遥感探测技术与应用. 北京: 海洋出版社, 2010.
[277] 仇晓兰, 丁赤彪, 胡东辉. 双站 SAR 成像处理技术. 北京: 科学出版社, 2010.
[278] 袁孝康. 星载合成孔径雷达导论. 北京: 国防工业出版社, 2003.
[279] 魏忠铨, 等. 合成孔径雷达卫星. 北京: 科学出版社, 2001.

[280] 刘永坦. 雷达成像技术. 哈尔滨: 哈尔滨工业大学出版社, 1999.

[281] Ward K D. Compound representation of high resolution sea clutter. Electronics Letters, 1981, 17(16): 561-563.

[282] Jakeman E, Tough R. Generalized K distribution: a statistical model for weak scattering. JOSA A, 1987, 4(9): 1764-1772.

[283] Buono A, de Macedo C, Nunziata F, et al. Analysis on the effects of SAR imaging parameters and environmental conditions on the standard deviation of the co-polarized phase difference measured over sea surface. Remote Sensing, 2019, 11(1): 18.

[284] Gade M, Alpers W, Hühnerfuss H., et al. Imaging of biogenic and anthropogenic ocean surface films by the multifrequency/multipolarization SIR - C/X - SAR. Journal of Geophysical Research: Oceans, 1998, 103(C9): 18851-18866.

[285] Liang W, Jia Z, Qiu X, et al. Polarimetric calibration of the GaoFen-3 mission using active radar calibrators and the applicable conditions of system model for radar polarimeters. Remote Sensing, 2019, 11(2): 176.

[286] Jiang S, Qiu X, Han B, et al. A quality assessment method based on common distributed targets for GF-3 polarimetric SAR data. Sensors, 2018, 18(3): 807.

[287] Hu D, Anfinsen S N, Qiu X, et al. Unsupervised mixture-eliminating estimation of equivalent number of looks for PolSAR data. IEEE Transactions on Geoscience & Remote Sensing, 2017, 55(12): 6767-6779.

[288] Hu D, Qiu X, Anfinsen S, et al. Unsupervised estimation of the equivalent number of looks in PolSAR image with high heterogeneity. Journal of Electronics and Information Technology, 2017, 39(10): 2287-2293.

[289] She X, Qiu X, Lei B. Accurate sea-land segmentation using ratio of average constrained graph cut for polarimetric synthetic aperture radar data. Journal of Applied Remote Sensing, 2017, 11(2).

[290] Tan H, Qiu X L, Hong J. Effect of raw data compression on polarimetric information of quad polarimetric SAR. Systems Engineering and Electronics, 2015, 37(9): 2029-2034.

[291] Zhang T, Sun J T, Yang R L. Fuzzy classification of polarimetric SAR images. Systems Engineering and Electronics, 2011, 33(5): 1036-1039.

[292] Tan L, Zhang T, Yang R. Unsupervised classification method of PollnSAR data based on fuzzy clustering. Systems Engineering and Electronics, 2011, 33(2): 305-309.

[293] Tan L, Yang R, Shang J. Unsupervised PollnSAR image classification with shannon entropy parameters. Acta Electronica Sinica, 2010, 38(10): 2264-2267.

[294] Liu X, Yang R. Iteration classification method and experiment study based on unsupervised classification of fully polarimetric SAR image. Acta Electronica Sinica, 2004, 32(12): 1982-1986.

[295] Liu X, Yang Z, Yang R. Improvement research of parameter estimation in polarimetric whitening filter of full-polarization SAR image. Acta Electronica Sinica, 2003, 31(12): 1795-1799.

[296] Tan L, Chen B, Yang R. Improved three-stage algorithm off tree height retrieval with PolInSAR data. Journal of System Simulation, 2010, 22(4): 996-999.

[297] Yang R, Li K, Tu Z, et al. Full polarimetric SAR classification based on Yamaguchi scattering model. Computer Engineering and Applications, 2009, 45(36): 5-7,85.

[298] Zhang T, Hu F, Yang R. Polarimetric SAR image segmentation by an adaptive neighborhood markov random field. Journal of Test and Measurement Techol, 2009, 23(5): 462-465.

[299] Tan L, Yang R. Investigation on coregistration of polarimetric interferometry data with Cameron decomposition. Systems Engineering and Electronics, 2009, 31(6): 1284-1287.

[300] Guo S, Li Y, Zhang J, et al. Modification of polarimetric SAR interferometry target decomposition with accurate topography. IEEE Geoscience and Remote Sensing Letters, 2015, 12(7): 1476-1480.

[301] Cao F, Hong W, Wu Y, et al. An unsupervised segmentation with an adaptive number of clusters using the SPAN/H/A space and the complex Wishart clustering for fully polarimetric SAR data analysis. IEEE Transactions on Geoscience and Remote Sensing, 2007, 45(11): 3454-3467.

[302] Li Y, Hong W, Pottier E. Topography retrieval from single-pass POLSAR data based on the polarization-dependent intensity ratio. IEEE Transactions on Geoscience and Remote Sensing, 2015, 53(6): 3160-3177.

[303] Guo S, Zhang J, Li Y, et al. Effects of polarization distortion at transmission and Faraday rotation on compact polarimetric SAR system and $H/\bar{\alpha}$ decomposition. IEEE Geoscience and Remote Sensing Letters, 2015, 12(8): 1700-1704.

[304] Xue F, Lin Y, Hong W, et al. An improved H/alpha unsupervised classification method for circular polsar images. IEEE Access, 2018, 6: 34296-34306.

[305] Yan W, Yang W, Sun H, et al. Unsupervised classification of PolInSAR data based on Shannon entropy characterization with iterative optimization. IEEE Journal of Selected Topics in Applied Earth Observations and Remote Sensing, 2011, 4(4): 949-959.

[306] Cloude S R, Goodenough D G, Chen H, et al. Pauli phase calibration in compact polarimetry. IEEE Journal of Selected Topics in Applied Earth Observations and Remote Sensing, 2018, 11(12): 4906-4917.

[307] Yang W, Yin X, Song H, et al. Extraction of built-up areas from fully polarimetric SAR imagery via PU learning. IEEE Journal of Selected Topics in Applied Earth Observations and Remote Sensing, 2014, 7(4): 1207-1216.

[308] Yan T, Yang W, Yang X, et al. Polarimetric SAR despeckling by integrating stochastic sampling and contextual patch dissimilarity exploration. IEEE Journal of Selected Topics in Applied Earth Observations and Remote Sensing, 2017, 10(6): 2738-2753.

[309] Zhong N, Yang W, Cherian A, et al. Unsupervised classification of polarimetric SAR images via Riemannian sparse coding. IEEE Transactions on Geoscience and Remote Sensing, 2017, 55(9): 5381-5390.

[310] Yang X, Yang W, Song H, et al. Polarimetric SAR image classification using geodesic distances and composite kernels. IEEE Journal of Selected Topics in Applied Earth Observations and Remote Sensing, 2018, 11(5): 1606-1614.

[311] Yang W, Yang X, Yan T, et al. Region-based change detection for polarimetric SAR images using Wishart mixture models. IEEE Transactions on Geoscience and Remote Sensing, 2016, 54(11): 6746-6756.

[312] Yan W, Yang W, Sun H, et al. Unsupervised classification of PolInSAR Data based on shannon entropy characterization with iterative optimization. IEEE Journal of Selected Topics in Applied Earth Observations and Remote Sensing, 2011, 4(4): 949-959.

[313] Yang D, Du L, Liu H, et al. Extended geometrical perturbation based detectors for PolSAR image target detection in heterogeneously patched regions. IEEE Journal of Selected Topics in Applied Earth Observations and Remote Sensing, 2019, 12(1): 285-301.

[314] Zhang L, Zou B, Cai H, et al. Multiple-component scattering model for polarimetric SAR image decomposition. IEEE Geoscience and Remote Sensing Letters, 2008, 5(4): 603-607.

[315] Zhang L, Zou B, Wenyan T. Polarimetric interferometric eigenvalue similarity parameter and its application in target detection. IEEE Geoscience and Remote Sensing Letters, 2011, 8(4): 819-823.

[316] Zhang L, Sun L, Zou B, et al. Fully polarimetric SAR image classification via sparse representation and polarimetric features. IEEE Journal of Selected Topics in Applied Earth Observations and Remote Sensing, 2015, 8(8): 3923-3932.

[317] Lu D, Zou B. Improved alpha angle estimation of polarimetric SAR data. Electronics Letters, 2016, 52(5): 393-395.

[318] Zou B, Zhang Y, Cao N, et al. A four-component decomposition model for PolSAR data using asymmetric scattering component. IEEE Journal of Selected Topics in Applied Earth Observations and Remote Sensing, 2015, 8(3): 1051-1061.

[319] Zou B, Cai H, Zhang Y, et al. Building parameters extraction from spaceborne PolInSAR image using a built-up area scattering model. IEEE Journal of Selected Topics in Applied Earth Observations and Remote Sensing, 2013, 6(1): 162-170.

[320] Zou B, Lu D, Zhang L, et al. Independent and commutable target decomposition of PolSAR data using a mapping from SU(4) to SO(6). IEEE Transactions on Geoscience and Remote Sensing, 2017, 55(6): 3396-3407.

[321] Pang B, Xing S, Li Y, et al. Novel polarimetric SAR speckle filtering algorithm based on mean shift. Journal of Systems Engineering and Electronics, 2013, 24(2): 222-223.

[322] Cheng X, Shi L, Chang Y, et al. Novel polarimetric detector for target detection in heterogeneous clutter. Journal of Systems Engineering and Electronics, 2016, 27(6): 1135-1141.

[323] He M, Nian Y, Wang X, et al. Improved clutter suppression algorithm for atmospheric target detection using polarimetric doppler radar. IEEE Journal of Selected Topics in Applied Earth Observations and Remote Sensing, 2011, 4(4): 911-922.

[324] Pang C, Dong J, Wang T, et al. A polarimetric calibration error model for dual-polarized antenna element patterns. IEEE Antennas and Wireless Propagation Letters, 2016, 15: 782-785.

[325] Dai H, Wang X, Luo J, et al. A new polarimetric method by using spatial polarization characteristics of scanning antenna. IEEE Transactions on Antennas and Propagation, 2012, 60(3): 1653-1656.

[326] Pang C, Hoogeboom P, Chevalier F L, et al. Polarimetric bias correction of practical planar scanned antennas for meteorological applications. IEEE Transactions on Geoscience and Remote Sensing, 2016, 54(3): 1488-1504.

[327] Cheng X, Aubry A, Ciuonzo D, et al. Robust waveform and filter bank design of polarimetric radar. IEEE Transactions on Aerospace and Electronic Systems, 2017, 53(1): 370-384.

[328] Dai H, Chang Y, Dai D, et al. Calibration method of phase distortions for cross polarization channel of instantaneous polarization radar system. Journal of Systems Engineering and Electronics, 2010, 21(2): 211-218.

[329] Zong Z, Shi L, Wang X. Commonality used to discriminate active repetition false targets based on polarisation characteristics of antenna. IET Radar, Sonar & Navigation, 2016, 10(7): 1178-1185.

[330] Jiazhi M, Longfei S, Shunping X, et al. Mitigation of cross-eye jamming using a dual-polarization array. Journal of Systems Engineering and Electronics, 2018, 29(3): 491-498.

[331] Ma J, Shi L, Li Y, et al. Angle estimation with polarization filtering: a single snapshot approach. IEEE Transactions on Aerospace and Electronic Systems, 2018, 54(1): 257-268.

[332] Liu Y, Xing S, Li Y, et al. Jamming recognition method based on the polarisation scattering characteristics of chaff clouds. IET Radar, Sonar & Navigation, 2017, 11(11): 1689-1699.

[333] Pang B, Xing S, Li Y, et al. Novel polarimetric SAR speckle filtering algorithm based on mean shift. Journal of Systems Engineering and Electronics, 2013, 24(2): 222-223.

[334] Ma J, Shi L, Li Y, et al. Angle estimation of extended targets in main-lobe interference with

polarization filtering. IEEE Transactions on Aerospace and Electronic Systems, 2017, 53(1): 169-189.

[335] Hu W, Wang X, Li Y, et al. Synthesis of conformal arrays with matched dual-polarized patterns. IEEE Antennas and Wireless Propagation Letters, 2016, 15: 1341-1344.

[336] Chen S, Wang X, Xiao S. Urban damage level mapping based on co-polarization coherence pattern using multitemporal polarimetric SAR data. IEEE Journal of Selected Topics in Applied Earth Observations and Remote Sensing, 2018: 11(8): 2657-2667.

[337] Sato M, Chen S, Satake M. Polarimetric SAR analysis of tsunami damage following the march 11, 2011 east japan earthquake. Proceedings of the IEEE, 2012, 100(10): 2861-2875.

[338] Chen S, Wang X, Sato M. Urban damage level mapping based on scattering mechanism investigation using fully polarimetric SAR data for the 3.11 east Japan earthquake. IEEE Transactions on Geoscience and Remote Sensing, 2016, 54(12): 6919-6929.

[339] Chen S. Polarimetric coherence pattern: a visualization and characterization tool for PolSAR data investigation. IEEE Transactions on Geoscience and Remote Sensing, 2018, 56(1): 286-297.

[340] Chen S, Sato M. Tsunami damage investigation of built-up areas using multitemporal spaceborne full polarimetric SAR images. IEEE Transactions on Geoscience and Remote Sensing, 2013, 51(4): 1985-1997.

[341] Chen S, Wang X, Sato M. Uniform polarimetric matrix rotation theory and its applications. IEEE Transactions on Geoscience and Remote Sensing, 2014, 52(8): 4756-4770.

[342] Chen S, Wang X, Li Y. et al. Adaptive model-based polarimetric decomposition using PolInSAR coherence. IEEE Transactions on Geoscience and Remote Sensing, 2014, 52(3): 1705-1718.

[343] Chen S, Wang X, Xiao S, et al. General polarimetric model-based decomposition for coherency matrix. IEEE Transactions on Geoscience and Remote Sensing, 2014, 52(3): 1843-1855.

[344] Chen S, Wang X, Sato M. PolInSAR complex coherence estimation based on covariance matrix similarity test. IEEE Transactions on Geoscience and Remote Sensing, 2012, 50(11): 4699-4710.

[345] Chen S, Ohki M, Shimada M, et al. Deorientation effect investigation for model-based decomposition over oriented built-up areas. IEEE Geoscience and Remote Sensing Letters, 2013, 10(2): 273-277.

[346] Wu Y, Ji K, Yu W, et al. Region-based classification of polarimetric SAR images using Wishart MRF. IEEE Geoscience and Remote Sensing Letters, 2008, 5(4): 668-672.

[347] Dai E, Jin Y, Hamasaki T, et al. Three-dimensional stereo reconstruction of buildings using polarimetric SAR images acquired in opposite directions. IEEE Geoscience and Remote Sensing Letters, 2008, 5(2): 236-240.

[348] Xu F, Li Y, Jin Y. Polarimetric-anisotropic decomposition and anisotropic entropies of high-resolution SAR images. IEEE Transactions on Geoscience and Remote Sensing, 2016, 54(9): 5467-5482.

[349] Ya-Qiu J, Fei C. Polarimetric scattering indexes and information entropy of the SAR imagery for surface monitoring. IEEE Transactions on Geoscience and Remote Sensing, 2002, 40(11): 2502-2506.

[350] Song Q, Xu F, Jin Y. Radar image colorization: converting single-polarization to fully polarimetric using deep neural networks. IEEE Access, 2018, 6: 1647-1661.

[351] Qi R, Jin Y. Analysis of the effects of faraday rotation on spaceborne polarimetric SAR observations at P-Band. IEEE Transactions on Geoscience and Remote Sensing, 2007, 45(5): 1115-1122.

[352] Xu F, Song Q, Jin Y. Polarimetric SAR image factorization. IEEE Transactions on Geoscience and Remote Sensing, 2017, 55(9): 5026-5041.

[353] Feng X, Ya-Qiu J. Deorientation theory of polarimetric scattering targets and application to terrain surface classification. IEEE Transactions on Geoscience and Remote Sensing, 2005, 43(10): 2351-2364.

[354] Xu F, Wang H, Jin Y, et al. Impact of cross-polarization isolation on polarimetric target decomposition and target detection. Radio Science, 2015, 50(4): 327-338.

[355] Liu N, Fa W, Jin Y. No water–ice invertable in PSR of Hermite-A crater based on mini-RF data and two-layers model. IEEE Geoscience and Remote Sensing Letters, 2018, 15(10): 1485-1489.

[356] Liu F, Jiao L, Hou B, et al. POL-SAR image classification based on Wishart DBN and local spatial information. IEEE Transactions on Geoscience and Remote Sensing, 2016, 54(6): 3292-3308.

[357] Liu H, Yang S, Gou S, et al. Fast classification for large polarimetric SAR data based on refined spatial-anchor graph. IEEE Geoscience and Remote Sensing Letters, 2017, 14(9): 1589-1593.

[358] Liu F, Jiao L, Tang X, et al. Local restricted convolutional neural network for change detection in polarimetric SAR images. IEEE Transactions on Neural Networks and Learning Systems, 2019, 30(3): 818-833.

[359] Liu H, Zhu D, Yang S, et al. Semisupervised feature extraction with neighborhood constraints for polarimetric SAR classification. IEEE Journal of Selected Topics in Applied Earth Observations and Remote Sensing, 2016, 9(7): 3001-3015.

[360] Guo Y, Jiao L, Wang S, et al. Fuzzy superpixels for polarimetric SAR images classification. IEEE Transactions on Fuzzy Systems, 2018, 26(5): 2846-2860.

[361] Hou B, Kou H, Jiao L. Classification of polarimetric SAR images using multilayer autoencoders and superpixels. IEEE Journal of Selected Topics in Applied Earth Observations and Remote Sensing, 2016, 9(7): 3072-3081.

[362] Yuan X, Liu T. Texture invariant estimation of equivalent number of looks based on log-cumulants in polarimetric radar imagery. Journal of Systems Engineering and Electronics, 2017, 28(1): 58-66.

[363] Liu T, Cui H, Xi Z, et al. On log-cumulants of multilook polarimetric whitening filter for polarimetric SAR data. IET Radar, Sonar & Navigation, 2016, 10(4): 655-662.

[364] Lim H, Swartz A, Yueh H, et al. Classification of earth terrain using polarimetric synthetic aperture radar images. Journal of Geophysical Research Solid Earth, 1989, 94(B6): 7049-7057.

[365] Nezry E, Lopes A, Ducrot-Gambart D, et al. Supervised classification of k-distributed SAR images of natural targets and probability of error estimation. IEEE Transactions on Geoscience & Remote Sensing, 1996, 34(5): 1233-1242.

[366] Bombrun L, Beaulieu J M. Fisher distribution for texture modeling of polarimetric SAR data. IEEE Geoscience and Remote Sensing Letters, 2008, 5(3): 512-516.

[367] Bian X, Shao Y, Tian W, et al. Underwater topography detection in coastal areas using fully polarimetric SAR data. Remote Sensing, 2017, 9(6): 1-16.

[368] Gao Z, Gong H, Zhou X, et al. Study on the polarimetric characteristics of the Lop Nur arid area using PolSAR data. Journal of Applied Remote Sensing, 2014, 8(1).

[369] Zhi Y, Li K, Long L, et al. Rice growth monitoring using simulated compact polarimetric C-band SAR. Radio Science, 2014, 49(10).

[370] Guo X, Li K, Shao Y, et al. Inversion of rice biophysical parameters using simulated compact polarimetric SAR C-band data. Sensors, 2018, 18(7): 2271.

[371] Wu Y, Ji K, Yu W, et al. Region-based classification of polarimetric sar images using wishart MRF. IEEE Geoscience & Remote Sensing Letters, 2008, 5(4): 668-672.

[372] Fukuda S, Hirosawa H. A wavelet-based texture feature set applied to classification of multifrequency polarimetric SAR images. IEEE Transactions on Geoscience and Remote Sensing, 1999, 37(5): 2282-2286.

[373] Dubois P C, van Zyl J J. Polarization filtering of SAR data// Direct and Inverse Methods in Radar

Polarimetry, Part 2. Netherlands: Kluwer Academic Publishers, 1992: 1411-1424.

[374] Liu G, Huang S, Torre A, et al. The multilook polarimetric whitening filter for intensity speckle reduction in polarimetric SAR images. IEEE Trans. Geosci. Remote Sensing, 1998, 36(2): 1016-1020.

[375] Cameron W L, Rais H. Feature motivated polarization scattering matrix decomposition. in Proc. IEEE Int. Radar Conf. (RADAR), Arlington, VA., May 7-10, 549-557, 1990.

[376] Cameron W L, Leung L K. Derivation of a signed Cameron decomposition asymmetry parameter and relationship of Cameron to Huynen decomposition parameters. IEEE Trans. Geosci. Remote Sensing, 2011, 49(5): 1677-1688.

[377] Yang J, Yamaguchi Y, Yamada H. Stable decomposition of a Mueller matrix. IEICE, Trans. Commun., 1998, E81-B(6): 1261-1268.

[378] Cloude S R. Target decomposition theorems in radar scattering. Electronic letters, 1985, 21(1): 22-24.

[379] Jiao Z, Yang J, Yeh C, et al. Modified three component decomposition method for polarimetric SAR data. IEEE Geosci. Remote Sens. Lett., 2014, 11(1): 200-204.

[380] Yamaguchi Y, Yajima Y, Yamada H. A four-component decomposition of POLSAR images based on the coherency matrix. IEEE Geoscience Remote Sensing Letters, 2006, 3(3): 292-296.

[381] Yamaguchi Y, Boerner W-M, Eom H J, et al. On characteristic polarization states in the cross-polarized radar channel. IEEE Trans. Geosci. Remote Sensing, 1992, 30(5): 1078-1081.

[382] Yamaguchi Y, Nishikawa T, Sengoku M, et al. Fundamental study on synthetic aperture FM-CW radar polarimetry. IEICE Trans. Commun., 1994, E77-B(1): 73-80.

[383] Park S-E, Yamaguchi Y, Singh G, et al. Polarimetric SAR response of snow covered area observed by multi-temporal ALOS PALSAR fully-polarimetric mode. IEEE Trans. Geosci. Remote Sens., 2014, 52(1): 329-340.

[384] Singh G, Venkataraman G, Yamaguchi Y, et al. Capability assessment of fully polarimetric ALOS-PALSAR data for discriminating wet snow from other scattering types in mountainous regions. IEEE Trans. Geosci. Remote Sens., 2014, 52(2): 1177-1196.

[385] Singh G, Venkataraman G, Yamaguchi Y. Categorization of the glaciated terrain of Indian Himalaya using CP and FP mode SAR. IEEE-JSTARS, IEEE Journal of Selected Topics in Applied Earth Observations and Remote Sensing, 2014, 7(3): 872-880.

[386] Singh G, Yamaguchi Y, Park S-E, et al. Hybrid Freeman/eigenvalue decomposition method with extended volume scattering model. IEEE Geosci. Remete Sens. Letters, 2013, 10(1): 81-85.

[387] Singh G, Yamaguchi Y, Park S-E, et al. Monitoring of the 2011 March 11 off-Tohoku 9. 0 earthquake with super-tsunami disaster by implementing fully polarimetric high resolution POLSAR techniques. Proc. of the IEEE, 2013, 101(3): 831-846.

[388] Singh G, Yamaguchi Y, Park S-E. General four-component scattering power decomposition with unitary transformation of coherency matrix. IEEE Trans. Geosci. Remote Sens., 2013, 51(5): 3014-3022.

[389] Park S-E, Yamaguchi Y, Kim D-J. Polarimetric SAR remote sensing of the 2011 Tohoku earthquake using ALOS/PALSAR. Remote Sensing of Environment, 2013, 132: 212-220.

[390] Yamaguchi Y. Disaster monitoring by fully polarimetric SAR data acquired with ALOS-PALSAR. Proc. of the IEEE, 2012, 100(10): 2851-2860.

[391] Sato A, Yamaguchi Y, Singh G, et al. Four-component scattering power decomposition with extended volume scattering model. IEEE Geosci., Remete Sens. Letters, 2012, 9(2): 166-170.

[392] Nakamura J, Aoyama K, Ikarashi M, et al. Coherent decomposition of fully polarimetric FM-CW radar data. IEICE Trans. Commun., 2008, E91-B(7): 2374-2379.

[393] Yajima Y, Yamaguchi Y, Sato R, et al. POLSAR image analysis of wetlands using a modified four-component scattering power decomposition. IEEE Trans. Geoscience Remote Sensing, 2008, 46(6): 1667-1673.

[394] Lee S K, Hong S H, Kim S W, et al. Polarimetric features of oyster farm observed by AIRSAR and JERS-1. IEEE Trans. Geoscience Remote Sensing, 2006, 44(10): 2728-2735.

[395] Moriyama T, Yamaguchi Y, Uratsuka S, et al. A study on polarimetric correlation coefficient for feature extraction of polarimetric SAR data. IEICE Trans. Commun. , 2005, E88-B(6): 2350-2361.

[396] Kozlov A I. Radar contrast between two objects. Radioelektronika, 1992, 22(7): 63-67.

[397] Kozlov A I, Logvin A I, Zhivotovsky L A. Review of past and current research in the USSR on the fundamentals and basics of radar polarimetry and high resolution radar imaging//Boerner W M, et al. Direct and Inverse Methods in radar polarimetry. Dordrecht / Boston /London: Kluwer Academic Publishers, 1992: 45-59.

[398] Swartz A A, Yueh H A, Kong J A, et al. Optimal polarizations for achieving maximum contrast in radar images. J. Geophys. Res. , 1988, 93(B12): 15252-15260.

[399] Kostinski A B, James B D,Boerner W-M. Optimal reception of partially polarized wave. J. Opt. Soc. Am. A, 1988, 5(1): 58-64.

[400] Lemoine G G, Sieber A J. Polarimetric contrast classification of agricultural fields using MAESTRO-1 AIRSAR data. Int. J. Remote Sensing, 1994, 15(14): 2851-2869.

[401] Mott H, Boerner W-M. Polarimetric contrast enhancement coefficients for perfecting high resolution POL-SAR/SAL image feature extraction. SPIE, Wideband Interferometric Sensing and Imaging Polarimetry,1997, 3120: 106-117.

[402] Mishchenko M I. Enhanced backscattering of polarized light from discrete random media: calculations in exactly the backscattering direction. J. Opt. Soc. Amer. A, 1992, 9: 978-982.

[403] Benz U C. Supervised fuzzy analysis of single- and multichannel SAR data. IEEE Transactions on Geoscience and Remote Sensing, 1999, 37(2): 1023-1037.

[404] Park S-E, Moon W M. Unsupervised classification of scattering mechanisms in polarimetric SAR data using fuzzy logic in entropy and alpha plane. IEEE Transactions on Geoscience and Remote Sensing, 2007, 45(8): 2652-2664.

[405] Chen C-T, Chen K-S, Lee J S. The use of fully polarimetric information for the fuzzy neural classification of SAR images. IEEE Transactions on Geoscience and Remote Sensing, 2003,41(9): 2089-2100.

[406] Du L, Lee J-S. Fuzzy classification of earth terrain covers using complex polarimetric SAR data. International Journal of Remote Sensing, 1996, 17(4): 809-826.

[407] Ferro-Famil L, Pottier E, Lee J-S. Unsupervised classification of multifrequency and fully polarimetric SAR images based on the H/alpha-Wishart classifier. IEEE Transactions on Geoscience & Remote Sensing, 2001, 39(11): 2332-2342.

[408] van Zyl J, Burnette C F. Bayesian classification of polarimetric SAR images using adaptive a priori probabilities. International Journal of Remote Sensing, 1992, 13(5): 835-840.

[409] Lee J-S, Ainsworth T L, Kelly J P, et al. Evaluation and bias removal of multilook effect on entropy/alpha/anisotropy in polarimetric SAR decomposition. IEEE Transactions on Geoscience and Remote Sensing, 2008, 46(10): 3039-3052.

[410] Li Y, Yin Q, Lin Y, et al. Anisotropy scattering detection from multiaspect signatures of circular polarimetric SAR. IEEE Geoscience and Remote Sensing Letters, 2018, 15(10): 1575-1579.

[411] Chen S, Guo S, Li Y, et al. Unsupervised classification for hybrid polarimetric SAR data based on

scattering mechanisms and Wishart classifier. Electronics Letters, 2015, 51(19): 1530-1532.

[412] Skrunes S, Brekke C, Jones C E, et al. A multisensor comparison of experimental oil spills in polarimetric SAR for high wind conditions. IEEE Journal of Selected Topics in Applied Earth Observations and Remote Sensing, 2016, 9(11): 4948-4961.

[413] Lee J-S, Grunes M R, Pottier E. Quantitative comparison of classification capability: fully polarimetric versus dual and single-polarization SAR. IEEE Transactions on Geoscience and Remote Sensing, 2001, 39(11): 2343-2351.

[414] Tu S T, Chen J Y, Yang W, et al. Laplacian eigenmaps-based polarimetric dimensionality reduction for SAR image classification. IEEE Transactions on Geoscience and Remote Sensing, 2012, 50(1): 170-179.

[415] Wang Y, Liu H, Jiu B. PolSAR coherency matrix decomposition based on constrained sparse representation. IEEE Transactions on Geoscience and Remote Sensing, 2014, 52(9): 5906-5922.

[416] Chen K-S, Huang W-P, Tsay D H, et al. Classification of multifrequency polarimetric SAR imagery using a dynamic learning neural network. IEEE Transactions on Geoscience and Remote Sensing, 1996, 34(3): 814-820.

[417] Zhang Z, Wang H, Xu F, et al. Complex-valued convolutional neural network and its application in polarimetric SAR image classification. IEEE Transactions on Geoscience and Remote Sensing, 2017, 55(12): 7177-7188.

[418] Liu H, Yang S, Gou S, et al. Polarimetric SAR feature extraction with neighborhood preservation-based deep learning. IEEE Journal of Selected Topics in Applied Earth Observations and Remote Sensing, 2017, 10(4): 1456-1466.

[419] Maffett A, Wackerman C. The modified beta density function as a model for synthetic aperture radar clutter statistics. IEEE Trans. Geoscience and Remote Sensing, 1991, 29(2): 277-283.

[420] Ferrara G, Migliaccio M, Nunziata F. Generalized-K (GK)-based observation of metallic objects at sea in full-resolution synthetic aperture radar (SAR) data: A multipolarization study. IEEE Journal of Oceanic Engineering, 2011, 36(2): 195-204.

[421] Khan S, Guida R. On single-look multivariate distribution for PolSAR data. IEEE JSTARS, 2012, 5(4): 1149-1163.

[422] Jiang Q, Aitnouri E, Wang S. Automatic detection for ship target in SAR imagery using PNN-model. Canadian Journal of Remote Sensing, 2000, 26(4): 297-305.

[423] Touzi R. On the use of polarimetric SAR data for ship detection. IEEE IGARSS, 1999, 2: 812-814.

[424] Touzi R, Charbonneau F J, Hawkins R K, et al. Ship detection and characterization using polarimetric SAR. Canadian Journal of Remote Sensing, 2004, 30(3): 552-559.

[425] Gao G. A Parzen-window-kernel-based CFAR algorithm for ship detection in SAR images. IEEE Geoscience and Remote Sensing Letters, 2011, 8(3): 557-561.

[426] Li B, Liu B, Guo W, et al. Ship size extraction for sentinel-1 images based on dual-polarization fusion and nonlinear regression: push error under one pixel. IEEE Transactions on Geoscience and Remote Sensing, 2018, 56(8): 4887-4905.

[427] Xu Z, Tang B, Cheng S. Faint ship wake detection in PolSAR images. IEEE Geoscience and Remote Sensing Letters, 2018, 15(7): 1055-1059.

[428] Touzi R, Raney R, Charbonneau F. On the use of permanent symmetric scatterers for ship characterization. IEEE Transactions on Geoscience and Remote Sensing, 2004, 42(10): 2039-2045.

[429] Marino A, Cloude S, Woodhouse I. A polarimetric target detector using the Huynen fork. IEEE Transactions on Geoscience and Remote Sensing, 2010, 48(5): 2357-2366.

[430] Yu L, Chen J, Zhang Y. Progress in research on marine oil spills detection using synthetic aperture radar. Journal of Electronics & Information Technology, 2019, 41(3): 751-762.

[431] Shirvany R, Chabert M, Tourneret J. Ship and oil-spill detection using the degree of polarization in linear and hybrid/compact dual-pol SAR. IEEE Journal of Selected Topics in Applied Earth Observations and Remote Sensing, 2012, 5(3): 885-892.

[432] Collins M J, Denbina M, Minchew B, et al. On the use of simulated airborne compact polarimetric SAR for characterizing oil–water mixing of the deep water horizon oil spill. IEEE Journal of Selected Topics in Applied Earth Observations and Remote Sensing, 2015, 8(3): 1062-1077.

[433] Jones C E, Minchew B, Holt B, et al. Studies of the deepwater horizon oil spill with the UAVSAR radar. Monitoring and Modeling the Deepwater Horizon Oil Spill: A Record - Breaking Enterprise, 2011, 195: 33-50.

[434] Gens R. Oceanographic applications of SAR remote sensing. GIScience & Remote Sensing, 2008, 45(3): 275-305.

[435] Yang D, Du L, Liu H. Extended geometrical perturbation based detectors for PolSAR image target detection in heterogeneously patched regions. IEEE Journal of Selected Topics in Applied Earth Observations and Remote Sensing, 2019,12(1): 285-301.

[436] Zhang T, Yang Z, Xiong H. PolSAR ship detection based on the polarimetric covariance difference matrix. IEEE Journal of Selected Topics in Applied Earth Observations and Remote Sensing, 2017, 10(7): 3348-3359.

[437] Zhang B, Perrie W, Li X, et al. Mapping sea surface oil slicks using RADARSAT-2 quad-polarization SAR image. Geophysical Research Letters, 2011, 38(10).

[438] Biondi F. A polarimetric extension of low-rank plus sparse decomposition and radon transform for ship wake detection in synthetic aperture radar images. IEEE Geoscience and Remote Sensing Letters, 2019, 16(1): 75-79.

[439] Yang H, Cao Z, Cui Z, et al. Saliency detection of targets in polarimetric SAR images based on globally weighted perturbation filters. ISPRS Journal of Photogrammetry and Remote Sensing, 2019, 147: 65-79.

[440] Gao G, Gao S, He J, et al. Ship detection using compact polarimetric SAR based on the notch filter. IEEE Transactions on Geoscience and Remote Sensing, 2018, 56(9): 5380-5393.

[441] Gao G, Gao S, He J, et al. Adaptive ship detection in hybrid-polarimetric SAR images based on the power–entropy decomposition. IEEE Transactions on Geoscience and Remote Sensing, 2018, 56(9): 5394-5407.

[442] Gao G, Luo Y, Ouyang K, et al. Statistical modeling of PMA detector for ship detection in high-resolution dual-polarization SAR images. IEEE Trans. Geosci. Remote Sensing, 2016, 54(7): 4302-4313.

[443] Gao G, Wang X, Niu M. Statistical modeling of the reflection symmetry metric for sea clutter in dual-polarimetric SAR data. IEEE Journal of Oceanic Engineering, 2016, 41(2): 339-345.

[444] Zhang T, Marino A, Xiong H, et al. A ship detector applying principal component analysis to the polarimetric notch filter. Remote Sensing, 2018, 10(6): 948.

[445] He J, Wang Y, Liu H, et al. A novel automatic PolSAR ship detection method based on superpixel-level local information measurement. IEEE Geoscience and Remote Sensing Letters, 2018, 15(3): 384-388.

[446] Fobert M A, Spray J G, Singhroy V. Assessing the benefits of simulated RADARSAT constellation mission polarimetry images for structural mapping of an impact crater in the Canadian Shield.

Canadian Journal of Remote Sensing, 2018, 44(4): 321-336.
[447] Song D, Wang B, Chen W, et al. An efficient marine oil spillage identification scheme based on an improved active contour model using fully polarimetric SAR imagery. IEEE Access, 2018, 6: 67959-67981.
[448] Gao G, Shi G, Li G, et al. Performance comparison between reflection symmetry metric and product of multilook amplitudes for ship detection in dual-polarization SAR images. IEEE Journal of Selected Topics in Applied Earth Observations and Remote Sensing, 2017, 10(11): 5026-5038.
[449] Marino A, Velotto D, Nunziata F. Offshore metallic platforms observation using dual-polarimetric TS-X/TD-X satellite imagery: a case study in the Gulf of Mexico. IEEE Journal of Selected Topics in Applied Earth Observations and Remote Sensing, 2017, 10(10): 4376-4386.
[450] Gao G, Shi G. CFAR ship detection in nonhomogeneous sea clutter using polarimetric SAR data based on the notch filter. IEEE Transactions on Geoscience and Remote Sensing, 2017, 55(8): 4811-4824.
[451] Xi Y, Lang H, Tao Y, et al. Four-component model-based decomposition for ship targets using polSAR data. Remote Sensing, 2017, 9(6): 621.
[452] Greidanus H, Alvarez M, Santamaria C, et al. The SUMO ship detector algorithm for satellite radar images. Remote Sensing, 2017, 9(3): 246.
[453] Zhang Y, Li Y, Liang X, et al. Comparison of oil spill classifications using fully and compact polarimetric SAR images. Applied Sciences, 2017, 7(2): 193.
[454] Zhang B, Wang C, Zhang H, et al. Detectability analysis of road vehicles in Radarsat-2 fully polarimetric SAR images for traffic monitoring. Sensors, 2017, 17(2): 298.
[455] Deng L, Yan Y N, He Y, et al. An improved building detection approach using L-band POLSAR two-dimensional time-frequency decomposition over oriented built-up areas. GIScience & remote sensing, 2019, 56(1): 1-21.
[456] Ma G, Zhao Q, Wang Q, et al. On the effects of InSAR temporal decorrelation and its implications for land cover classification: the case of the ocean-reclaimed lands of the shanghai megacity. Sensors, 2018, 18(9): 2939.
[457] Ali M Z, Qazi W, Aslam N. A comparative study of ALOS-2 PALSAR and landsat-8 imagery for land cover classification using maximum likelihood classifier. The Egyptian Journal of Remote Sensing and Space Science, 2018, 21: S29-S35.
[458] Khan S, Guida R, et al. On single-look multivariate G distribution for PolSAR data. IEEE JSTARS, 2012, 5(4): 1149-1163.
[459] Han P, Chang L, Cheng Z, et al. Runways detection based on h/q decomposition and iterative Bayesian classification. Systems Engineering and Electronics, 2016, 38(9): 2048-2054.
[460] Xiang D, Tang T, Ban Y, et al. Man-made target detection from polarimetric SAR data via nonstationarity and asymmetry. IEEE Journal of Selected Topics in Applied Earth Observations and Remote Sensing, 2016, 9(4): 1459-1469.
[461] Dammann D O, Eicken H, Mahoney A R, et al. Traversing sea ice-linking surface roughness and ice trafficability through SAR polarimetry and interferometry. IEEE Journal of Selected Topics in Applied Earth Observations and Remote Sensing, 2018, 11(2): 416-433.
[462] Palubinskas G, Runge H, Reinartz P. Measurement of radar signatures of passenger cars: airborne SAR multi-frequency and polarimetric experiment. IET Radar, Sonar & Navigation, 2007, 1(2): 164-169.
[463] Li Y, Chen J, Zhang Y. Progress in research on marine oil spills detection using synthetic aperture radar. Journal of Electronics & Information Technology, 2019, 41(3): 751-762.

[464] Tong S, Liu X, Chen Q, et al. Multi-feature based ocean oil spill detection for polarimetric sar data using random forest and the self-similarity parameter. Remote Sensing, 2019, 11(4): 451.

[465] Genovez P C, Jones C E, Sant'Anna S J, et al. Oil slick characterization using a statistical region-based classifier applied to UAVSAR data. Journal of Marine Science and Engineering, 2019, 7(2): 36.

[466] Hammoud B, Ndagijimana F, Faour G, et al. Bayesian statistics of wide-band radar reflections for oil spill detection on rough ocean surface. Journal of Marine Science and Engineering, 2019, 7(1): 12.

[467] Buono A, de Macedo C, Nunziata F, et al. Analysis on the effects of SAR imaging parameters and environmental conditions on the standard deviation of the co-polarized phase difference measured over sea surface. Remote Sensing, 2019, 11(1): 18.

[468] Li Y, Zhang Y, Yuan Z, et al. Marine oil spill detection based on the comprehensive use of polarimetric SAR data. Sustainability, 2018, 10(12): 4408.

[469] Salberg A B, Larsen S Ø. Classification of ocean surface slicks in simulated hybrid-polarimetric SAR data. IEEE Transactions on Geoscience and Remote Sensing, 2018, (99): 1-12.

[470] Song S, Zhao C, An W, et al. Analysis of impacting factors on polarimetric SAR oil spill detection. Acta Oceanologica Sinica, 2018, 37(11): 77-87.

[471] Wang H, Magagi R, Goïta K. Potential of a two-component polarimetric decomposition at C-band for soil moisture retrieval over agricultural fields. Remote sensing of environment, 2018, 217: 38-51.

[472] Yu X, Zhang H, Luo C, et al. Oil spill segmentation via adversarial f-livergence learning. IEEE Transactions on Geoscience and Remote Sensing, 2018, 56(9): 4973-4988.

[473] Skrunes S, Brekke C, Jones C E, et al. Effect of wind direction and incidence angle on polarimetric SAR observations of slicked and unslicked sea surfaces. Remote Sensing of Environment, 2018, 213: 73-91.

[474] Angelliaume S, Dubois-Fernandez P C, Jones C E, et al. SAR imagery for detecting sea surface slicks: performance assessment of polarization-dependent parameters. IEEE Transactions on Geoscience and Remote Sensing, 2018, 56(8): 4237-4257.

[475] Li G, Li Y, Liu B, et al. Analysis of Scattering Properties of Continuous Slow-Release Slicks on the Sea Surface Based on Polarimetric Synthetic Aperture Radar. ISPRS International Journal of Geo-Information, 2018, 7(7): 237.

[476] Wang X, Shao Y, Tian W, et al. On the classification of mixed floating pollutants on the Yellow Sea of China by using a quad-polarized SAR image. Frontiers of Earth Science, 2018, 12(2): 373-380.

[477] Song D, Wang B, Chen W, et al. An efficient marine oil spillage identification scheme based on an improved active contour model using fully polarimetric SAR iImagery. IEEE Access, 2018, 6: 67959-67981.

[478] Banks S, Millard K, Behnamian A, et al. Contributions of actual and simulated satellite SAR data for substrate type differentiation and shoreline mapping in the Canadian Arctic. Remote Sensing, 2017, 9(12): 1206.

[479] Kumar V, McNairn H, Bhattacharya A, et al. Temporal response of scattering from crops for transmitted ellipticity variation in simulated compact-Pol SAR data. IEEE Journal of Selected Topics in Applied Earth Observations and Remote Sensing, 2017, 10(12): 5163-5174.

[480] Alpers W, Holt B, Zeng K. Oil spill detection by imaging radars: Challenges and pitfalls. Remote Sensing of Environment, 2017, 201: 133-147.

[481] Chen G, Li Y, Sun G, Zhang Y. Application of deep networks to oil spill detection using polarimetric synthetic aperture radar images. Applied Sciences, 2017, 7(10): 968.

[482] Ciecholewski M. River channel segmentation in polarimetric SAR images: watershed transform

combined with average contrast maximization. Expert Systems with Applications, 2017, 82: 196-215.
[483] Angelliaume S, Ceamanos X, Viallefont-Robinet F, et al. Hyperspectral and radar airborne imagery over controlled release of oil at sea. Sensors, 2017, 17(8): 1772.
[484] Guo H, Wu D, An J. Discrimination of oil slicks and lookalikes in polarimetric SAR images using CNN. Sensors, 2017, 17(8): 1837.
[485] Espeseth M, Skrunes S, Jones C, et al. Analysis of evolving oil spills in full-polarimetric and hybrid-polarity SAR. IEEE Transactions on Geoscience and Remote Sensing, 2017, 55(7): 4190-4210.
[486] Zheng H, Zhang Y, Wang Y, et al. The polarimetric features of oil spills in full polarimetric synthetic aperture radar images. Acta Oceanologica Sinica, 2017, 36(5): 105-114.
[487] Greidanus H, Alvarez M, Santamaria C, et al. The SUMO ship detector algorithm for satellite radar images. Remote Sensing, 2017, 9(3): 246.
[488] Zhang B, Li X, Perrie W, et al. Compact polarimetric synthetic aperture radar for marine oil platform and slick detection. IEEE Transactions on Geoscience and Remote Sensing, 2017, 55(3): 1407-1423.
[489] Genovez P C, Freitas C C, Sant'Anna S J, et al. Oil slicks detection from polarimetric data using stochastic distances between complex Wishart distributions. IEEE Journal of Selected Topics in Applied Earth Observations and Remote Sensing, 2017, 10(2): 463-477.
[490] Zhang Y, Li Y, Liang X, et al. Comparison of oil spill classifications using fully and compact polarimetric SAR images. Applied Sciences, 2017, 7(2): 193.
[491] Senthil Murugan J, Parthasarathy V. AETC: Segmentation and classification of the oil spills from SAR imagery. Environmental forensics, 2017, 18(4): 258-271.
[492] de Maio A, Orlando D, Pallotta L, et al. A multifamily GLRT for oil spill detection. IEEE Transactions on Geoscience and Remote Sensing, 2017, 55(1): 63-79.
[493] Ramsey III E, Rangoonwala A, Jones C E. Marsh canopy structure changes and the Deepwater Horizon oil spill. Remote Sensing of Environment, 2016, 186: 350-357.
[494] Singha S, Ressel R. Offshore platform sourced pollution monitoring using space-borne fully polarimetric C and X band synthetic aperture radar. Marine Pollution Bulletin, 2016, 112(1-2): 327-340.
[495] Singha S, Ressel R, Velotto D, et al. A combination of traditional and polarimetric features for oil spill detection using TerraSAR-X. IEEE Journal of Selected Topics in Applied Earth Observations and Remote Sensing, 2016, 9(11): 4979-4990.
[496] Velotto D, Bentes C, Tings B, et al. First comparison of Sentinel-1 and TerraSAR-X data in the framework of maritime targets detection: South Italy case. IEEE Journal of Oceanic Engineering,2016, 41(4): 993-1006.
[497] Buono A, Nunziata F, Migliaccio M, et al. Polarimetric analysis of compact-polarimetry SAR architectures for sea oil slick observation. IEEE Transactions on Geoscience and Remote Sensing, 2016, 54(10): 5862-5874.
[498] Latini D, Del Frate F, Jones C E. Multi-frequency and polarimetric quantitative analysis of the Gulf of Mexico oil spill event comparing different SAR systems. Remote Sensing of Environment, 2016, 183: 26-42.
[499] Zou Y, Shi L, Zhang S, et al. Oil spill detection by a support vector machine based on polarization decomposition characteristics. Acta Oceanologica Sinica, 2016, 35(9): 86-90.
[500] Cai Y, Zou Y, Liang C, et al. Research on polarization of oil spill and detection. Acta Oceanologica Sinica, 2016, 35(3): 84-89.

[501] Li H, Perrie W, Zhou Y, et al. Oil spill detection on the ocean surface using hybrid polarimetric SAR imagery. Science China Earth Sciences, 2016, 59(2): 249-257.

[502] Li H, Perrie W, He Y, et al. Analysis of the polarimetric SAR scattering properties of oil-covered waters. IEEE Journal of Selected Topics in Applied Earth Observations and Remote Sensing, 2015, 8(8): 3751-3759.

[503] Jiao X, Zhang Y, Guindon B. Synergistic use of RADARSAT-2 ultra fine and fine quad-pol data to map oilsands infrastructure land: object-based approach. International Journal of Applied Earth Observation and Geoinformation, 2015, 38: 193-203.

[504] Nunziata F, Migliaccio M, Li X. Sea oil slick observation using hybrid-polarity SAR architecture. IEEE Journal of Oceanic Engineering, 2015, 40(2): 426-440.

[505] Li Y, Lin H, Zhang Y, et al. Comparisons of circular transmit and linear receive compact polarimetric SAR features for oil slicks discrimination. Journal of Sensors, 2015: 1-14.

[506] Migliaccio M, Nunziata F, Buono A. SAR polarimetry for sea oil slick observation. International Journal of Remote Sensing, 2015, 36(12): 3243-3273.

[507] Atteia G, Collins M. Ship detection performance using simulated dual-polarization radarsat constellation mission data. International Journal of Remote Sensing, 2015, 36(6): 1705-1727.

[508] Ramsey E, Meyer B M, Rangoonwala A, et al. Oil source-fingerprinting in support of polarimetric radar mapping of Macondo-252 oil in Gulf Coast marshes. Marine Pollution Bulletin, 2014, 89(1): 85-95.

[509] Salberg A, Solberg R. Oil spill detection in hybrid-polarimetric SAR images. IEEE Transactions on Geoscience and Remote Sensing, 2014, 52(10): 6521-6533.

[510] Skrunes S, Brekke C, Eltoft T. Characterization of marine surface slicks by radarsat-2 multipolarization features. IEEE Transactions on Geoscience and Remote Sensing, 2014, 52(9): 5302-5319.

[511] Fingas M, Brown C. Review of oil spill remote sensing. Marine Pollution Bulletin, 2014, 83(1): 9-23.

[512] Li Y, Zhang Y, Chen J, et al. Improved compact polarimetric SAR quad-pol reconstruction algorithm for oil spill detection. IEEE Geoscience and Remote Sensing Letters, 2014, 11(6): 1139-1142.

[513] Pinel N, Bourlier C, Sergievskaya I. Two-dimensional radar backscattering modeling of oil slicks at sea based on the model of local balance: validation of two asymptotic techniques for thick films. IEEE Transactions on Geoscience and Remote Sensing, 2014, 52(5): 2326-2338.

[514] Bandiera F, Masciullo A, Ricci G. A Bayesian approach to oil slicks edge detection based on SAR data. IEEE Transactions on Geoscience and Remote Sensing, 2014, 52(5): 2901-2909.

[515] Wang C, Zhang H, Wu F, et al. A novel hierarchical ship classifier for COSMO-SkyMed SAR data. IEEE Geoscience and Remote Sensing Letters, 2014, 11(2): 484-488.

[516] Song H, Huang B, Zhang K. A Globally statistical active contour model for segmentation of oil slick in SAR imagery. IEEE Journal of Selected Topics in Applied Earth Observations and Remote Sensing, 2013, 6(6): 2402-2409.

[517] Ouchi K. Recent trend and advance of synthetic aperture radar with selected topics. Remote Sensing, 2013, 5(2): 716-807.

[518] Ivanov A Y, Dostovalov M Y, Sineva A A. Characterization of oil pollution around the oil rocks production site in the Caspian Sea using spaceborne polarimetric SAR imagery. Izvestiya, Atmospheric and Oceanic Physics, 2012, 48(9): 1014-1026.

[519] Wang N, Shi G, Liu L, et al. Polarimetric SAR target detection using the reflection symmetry. IEEE Geoscience and Remote Sensing Letters, 2012, 9(6): 1104-1108.

[520] Minchew B, Jones C E, Holt B. Polarimetric analysis of backscatter from the deepwater horizon oil spill using l-band synthetic aperture radar. IEEE Transactions on Geoscience and Remote Sensing, 2012, 50(10): 3812-3830.

[521] Solberg A. Remote sensing of ocean oil-spill pollution. Proceedings of the IEEE, 2012, 100(10): 2931-2945.

[522] Minchew B. Determining the mixing of oil and sea water using polarimetric synthetic aperture radar. Geophysical Research Letters, 2012, 39(16).

[523] Nunziata F, Migliaccio M, Brown C E. Reflection symmetry for polarimetric observation of man-made metallic targets at sea. IEEE Journal of Oceanic Engineering, 2012, 37(3): 384-394.

[524] Ramsey Iii E W, Rangoonwala A, Suzuoki Y, et al. Oil detection in a coastal marsh with polarimetric Synthetic Aperture Radar (SAR). Remote Sensing, 2011, 3(12): 2630-2662.

[525] Liu P, Li X, Qu J J, et al. Oil spill detection with fully polarimetric UAVSAR data. Marine Pollution Bulletin, 2011, 62(12): 2611-2618.

[526] Ferrara G, Migliaccio M, Nunziata F, et al. Generalized-K (GK)-based observation of metallic objects at sea in full-resolution synthetic aperture radar (SAR) data: a multipolarization study. IEEE Journal of Oceanic Engineering, 2011, 36(2): 195-204.

[527] Nunziata F, Migliaccio M, Gambardella A. Pedestal height for sea oil slick observation. IET Radar, Sonar & Navigation, 2011, 5(2): 103-110.

[528] Nunziata F, Gambardella A, Migliaccio M. On the Mueller scattering matrix for SAR sea oil slick observation. IEEE Geoscience and Remote Sensing Letters, 2008, 5(4): 691-695.

[529] Lombardo P, Oliver C. Optimum detection and segmentation of oil-slicks using polarimetric SAR data. IEEE Proceedings-Radar, Sonar and Navigation, 2000, 147(6): 309-321.

[530] Akbari V, Brekke C. Iceberg detection in open and ice-infested waters using C-band polarimetric synthetic aperture radar. IEEE Transactions on Geoscience and Remote Sensing, 2018, 56(1): 407-421.

第 2 章　极化基本概念和基本原理

本章主要介绍雷达极化的基本概念和基本原理，其中包括极化状态表示、极化比、Stokes 矢量、坐标系统、Sinclair 散射矩阵、Graves 矩阵、Kennaugh 矩阵等。此外，还给出了一些典型目标的功率方程、Huynen 参数和 Sinclair 散射矩阵。

2.1　极化状态表示

在无源区域的点 $\vec{r}$，谐振时间相位形式的电场矢量 $\boldsymbol{E}(\vec{r},t)$ 和磁场矢量 $\boldsymbol{H}(\vec{r},t)$ 可写成[1]

$$\boldsymbol{E}(\vec{r},t)=E(\vec{r})\exp(j\omega t) \tag{2.1a}$$

$$\boldsymbol{H}(\vec{r},t)=H(\vec{r})\exp(j\omega t) \tag{2.1b}$$

因此，Maxwell 方程可表示为

$$\nabla\times\boldsymbol{E}(\vec{r})=-j\mu\omega\boldsymbol{H}(\vec{r}) \tag{2.2a}$$

$$\nabla\times\boldsymbol{H}(\vec{r})=j\varepsilon\omega\boldsymbol{E}(\vec{r})+\sigma\boldsymbol{E}(\vec{r}) \tag{2.2b}$$

$$\nabla\cdot\boldsymbol{H}(\vec{r})=0 \tag{2.2c}$$

$$\nabla\cdot\boldsymbol{E}(\vec{r})=0 \tag{2.2d}$$

其中，假设介质是线性、各向同性的。ε、μ 和 σ 分别为介电常数、磁导率和电导率。

将式(2.2a)和式(2.2b)两边取旋度，并应用式(2.2c)和式(2.2d)的结果，可得到无源区 $\boldsymbol{E}(\vec{r})$ 和 $\boldsymbol{H}(\vec{r})$ 的向量波动方程：

$$\nabla^2\boldsymbol{E}(\vec{r})+(\omega^2\varepsilon\mu-j\omega\mu\sigma)\boldsymbol{E}(\vec{r})=0 \tag{2.3a}$$

$$\nabla^2\boldsymbol{H}(\vec{r})+(\omega^2\varepsilon\mu-j\omega\mu\sigma)\boldsymbol{H}(\vec{r})=0 \tag{2.3b}$$

式(2.3a)和式(2.3b)应用了恒等式：$\nabla\times(\nabla\times\boldsymbol{A})=\nabla(\nabla\bullet\boldsymbol{A})-\nabla^2\boldsymbol{A}$。令

$$k^2=\omega^2\varepsilon\mu-j\omega\mu\sigma \tag{2.4}$$

式(2.3a)和式(2.3b)变成：

$$\nabla^2\boldsymbol{E}(\vec{r})+k^2\boldsymbol{E}(\vec{r})=0 \tag{2.5a}$$

$$\nabla^2\boldsymbol{H}(\vec{r})+k^2\boldsymbol{H}(\vec{r})=0 \tag{2.5b}$$

球坐标下，式(2.5a)和式(2.5b)在 $\vec{a}_r$ 方向的平面波解为

$$\boldsymbol{E}_\pm(\vec{r},t)=\boldsymbol{E}_0\exp[j(\omega t\mp\vec{k}\bullet\vec{r})] \tag{2.6a}$$

$$\boldsymbol{H}_\pm(\vec{r},t)=\boldsymbol{H}_0\exp[j(\omega t\mp\vec{k}\bullet\vec{r})] \tag{2.6b}$$

式中，$\vec{k}=k\vec{a}$。根据 IEEE 定义，相位 $\exp[j(\omega t-\vec{k}\bullet\vec{r})]$ 和 $\exp[j(\omega t+\vec{k}\bullet\vec{r})]$ 分别对应波传播的正方向($+\vec{r}$)和负方向($-\vec{r}$)。

在线性、时不变、无损、各向同性媒质中，传播常数变为

$$k=\omega\sqrt{\varepsilon\mu}=\omega/v=2\pi/\lambda \tag{2.7}$$

对于单色 TEM 平面波，当它沿右手笛卡儿坐标系的正 z 轴方向传播时，在垂直于 z 轴的横截面上，实瞬间电场可用 x 和 y 表示为

$$\varepsilon(z,t)=\begin{bmatrix}\varepsilon_x(z,t)\\ \varepsilon_y(z,t)\end{bmatrix}=\begin{bmatrix}|E_x|\cos(\omega t-kz+\phi_x)\\ |E_y|\cos(\omega t-kz+\phi_y)\end{bmatrix} \tag{2.8}$$

式中，$|E_x|$ 和 $|E_y|$ 表示幅值；ϕ_x 和 ϕ_y 表示相位。令 $z=z_0$，可得平面 $z=z_0$ 内时变场满足：

$$\frac{{\varepsilon_x}^2(z_0,t)}{|E_x|^2}-2\frac{\varepsilon_x(z_0,t)}{|E_x|}\cdot\frac{\varepsilon_y(z_0,t)}{|E_y|}\cdot\cos\phi+\frac{{\varepsilon_y}^2(z_0,t)}{|E_y|^2}=\sin^2\phi \tag{2.9}$$

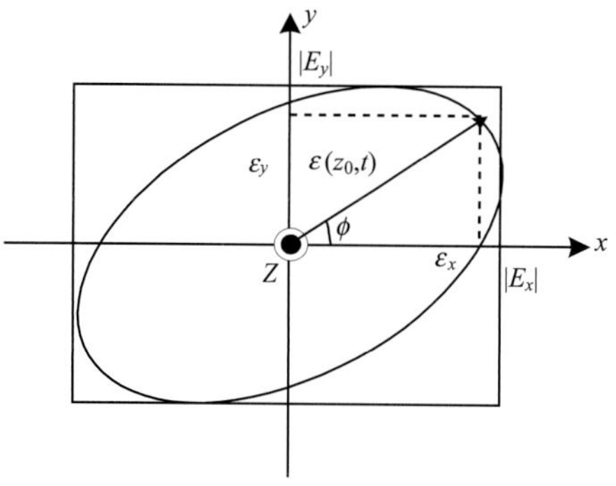

图 2.1　极化椭圆

式中，$\phi=\phi_y-\phi_x$。通常，式(2.9)表示一个椭圆(图 2.1)。对于特殊情况，(如 $\phi=0$ 或 $\phi=\pm\pi$)，式(2.9)表示一条直线。

从传播方向看，向量 $\varepsilon(z_0,t)$ 的端点随时间的增长在平面 $z=z_0$ 内呈顺时针或逆时针旋转。顺时针旋转的情况称为右手螺旋，反之则称为左手螺旋。数学上，极化椭圆的形状和方向与相对相位 $\phi=\phi_y-\phi_x$ 有关。$0<\phi<\pi$ 为左手螺旋；$-\pi<\phi<0$ 为右手螺旋。图 2.2 显示了不同 ϕ 对应的各种极化椭圆。

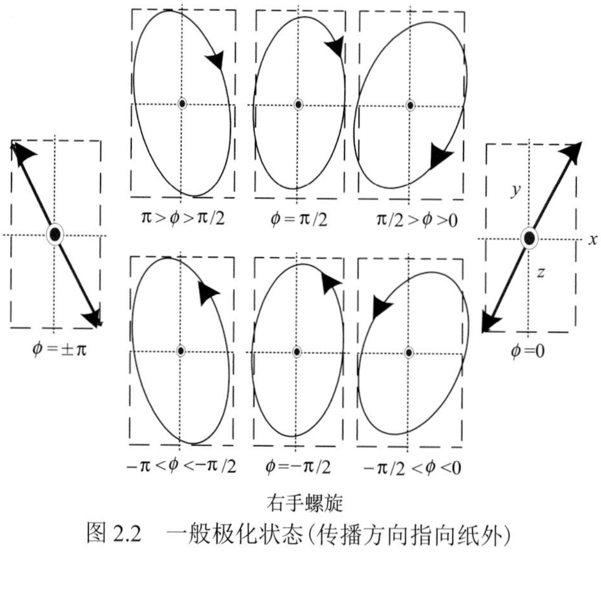

图 2.2　一般极化状态(传播方向指向纸外)

式(2.8)中，我们使用 $\varepsilon(z,t)$ 来描述沿正 z 轴方向传播的电场。现在，考虑下列电场向量 $E_{\pm}(z,t)$ 的表达式：

$$\boldsymbol{E}_{\pm}(z,t)=\begin{bmatrix}|E_{x\pm}|\exp j(\omega t\mp kz+\phi_{x\pm})\\|E_{y\pm}|\exp j(\omega t\mp kz+\phi_{y\pm})\end{bmatrix}\tag{2.10}$$

式中，+、–分别对应正 z 轴和负 z 轴方向。对于单色 TEM 波，忽略时间项，可得

$$\boldsymbol{E}_{\pm}(z)=\begin{bmatrix}|E_{x\pm}|\exp j(\mp kz+\phi_{x\pm})\\|E_{y\pm}|\exp j(\mp kz+\phi_{y\pm})\end{bmatrix}\tag{2.11}$$

由于在 z 为定值的平面上，任意一点的相位值都相同，因此空间项也可以忽略，式(2.11)中，令 z=0，有

$$\boldsymbol{E}_{\pm}(0)=\begin{bmatrix}|E_{x\pm}|\exp j\phi_{x\pm}\\|E_{y\pm}|\exp j\phi_{y\pm}\end{bmatrix}\tag{2.12a}$$

式中，$\boldsymbol{E}_{\pm}(0)$ 称为波的“Jones 矢量”，更准确地说，应该是“方向 Jones 矢量”[2]，如果提出并且忽略 ϕ_x，式(2.12a)变成：

$$\boldsymbol{E}_{\pm}(0)=\begin{bmatrix}|E_{x\pm}|\\|E_{y\pm}|\exp j\phi_{\pm}\end{bmatrix}\tag{2.12b}$$

式中，$\phi_{\pm}=\phi_{y\pm}-\phi_{x\pm}$ 称为相对相位。

Jones 矢量 $\vec{E}_{\pm}$ 包含极化椭圆的全部信息。其不仅包含形状(轨迹)和旋转信息，也包含左手或右手螺旋信息。以上方程中，下标 ± 对于确定极化椭圆是左手螺旋还是右手螺旋非常重要。Luneburg[3]在其发表的论文中强调了其重要性。

如果使用 $\vec{E}_{+}$ 和 $\vec{E}_{-}$ 描述同样的极化状态，则

$$\vec{E}_{+}=\vec{E}_{-}^{*}\tag{2.13}$$

本书中，如果向量表达式中没有出现下标+和–，则表示电场传播方向是 $\vec{E}=\vec{E}_{+}$。然而，对于后向散射的散射波则表示 $\vec{E}^{\mathrm{s}}=\vec{E}_{-}^{\mathrm{s}}$ (对于双站雷达，散射波沿另一个方向传播)。只要心中牢记这些约定，自然就不需要+和–了。

既然电场矢量端点的轨迹通常是一个椭圆，我们就可以使用该椭圆的几何参数来表示平面波的极化状态。这些几何参数如图 2.3 所示。

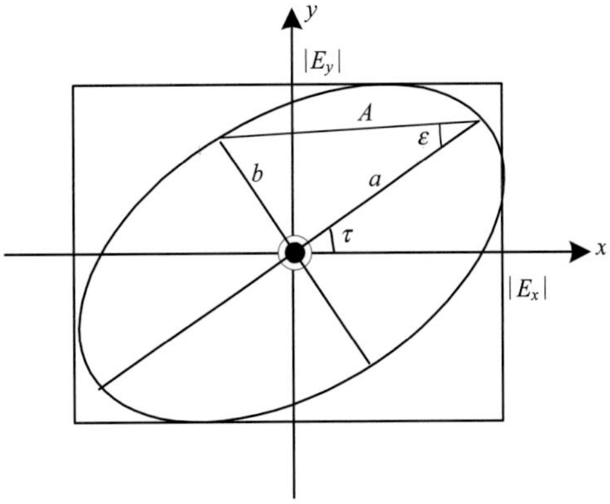

图 2.3　极化椭圆的参数

其定义如下：方向角(或倾角) τ，椭圆的长轴和 x 轴正方向的夹角 $\left(-\dfrac{\pi}{2}<\tau\leqslant\dfrac{\pi}{2}\right)$，

椭圆率角 ε：

$$\varepsilon = \pm\tan^{-1}\left(\frac{b}{a}\right) \qquad \left(-\frac{\pi}{4} < \varepsilon \leqslant \frac{\pi}{4}\right) \tag{2.14}$$

式中，a 和 b 分别为椭圆长半轴和短半轴。椭圆率角与极化状态的旋转方向和形状有关。如果 $\varepsilon > 0$，极化状态是左旋的；如果 $\varepsilon < 0$，极化状态是右旋的。特别地，$\varepsilon = \pi/4$ 表示左旋圆极化，$\varepsilon = -\pi/4$ 表示右旋圆极化，$\varepsilon = 0$ 表示线极化状态。参数 ε、τ 和不同极化状态之间的关系如图 2.4 所示。

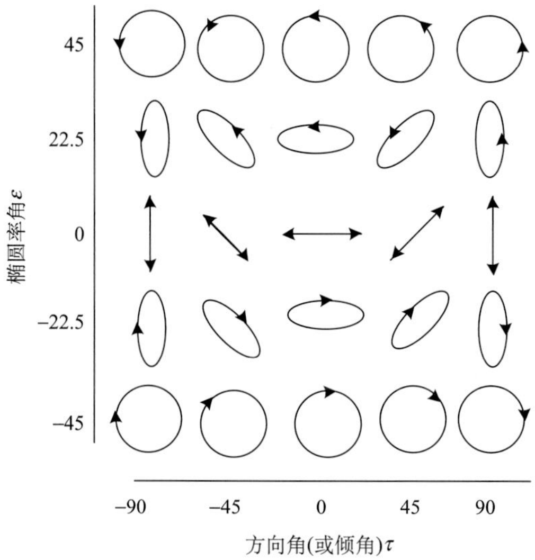

图 2.4　极化参数 ε、τ

椭圆的尺寸可表示为

$$A = \sqrt{a^2 + b^2} \tag{2.15}$$

使用以上参数，并忽略向量 $\vec{E}$ 的绝对相位，可将平面波的极化重写为[2,4,5]：

$$\vec{E} = A\begin{bmatrix} \cos\tau & -\sin\tau \\ \sin\tau & \cos\tau \end{bmatrix}\begin{bmatrix} \cos\varepsilon \\ j\sin\varepsilon \end{bmatrix} \tag{2.16}$$

其中，新的参数可由 $|E_x|$、$|E_y|$ 和 ϕ 决定：

$$A = \sqrt{|E_x|^2 + |E_y|^2}$$

$$\tan 2\tau = \frac{2|E_x||E_y|\sin\phi}{|E_x|^2 - |E_y|^2}$$

$$\sin 2\varepsilon = \frac{2|E_x||E_y|\sin\phi}{|E_x|^2 + |E_y|^2}$$

显然，对于左旋极化，$\sin 2\varepsilon > 0$；对于右旋极化，$\sin 2\varepsilon < 0$。

2.2 极化比

由于电场向量在垂直于传播方向的平面内是一个二维向量，因此可以将其分解成两个相互正交的部分。使用不同的分解极化基，电场向量具有不同的形式。极化基的选取应该遵循简单、物理意义明确的原则。因此，常常使用线极化基或圆极化基。常常将水平垂直极化向量作为极化基。通常情况下，在一个任意的极化基$\left(\vec{A}-\vec{B}\right)$中，存在两个正交的单位向量$\vec{A}$、$\vec{B}$，一个极化状态可以表示为

$$\vec{E}_{AB}=E_A\vec{A}+E_B\vec{B} \tag{2.17}$$

其中，E_A和E_B分别由下式给出：$E_A=\vec{E}_{\boldsymbol{AB}}\bullet\vec{A}^*$，$E_B=\vec{E}_{\boldsymbol{AB}}\bullet\vec{B}^*$。式中，*表示复共轭。

如果$\vec{C}$和$\vec{D}$是另一个极化基$\left(\vec{C}-\vec{D}\right)$下的两个正交单位向量，则极化状态也可以表示成：

$$\vec{E}_{CD}=E_C\vec{C}+E_D\vec{D} \tag{2.18}$$

从代数学的理论上讲，存在一个单位矩阵$\boldsymbol{U}$，使得：

$$\begin{bmatrix}E_A\\E_B\end{bmatrix}=\boldsymbol{U}\begin{bmatrix}E_C\\E_D\end{bmatrix} \tag{2.19}$$

矩阵$\boldsymbol{U}$被称为从基$\left(\vec{C}-\vec{D}\right)$到基$\left(\vec{A}-\vec{B}\right)$的坐标变换矩阵，更准确地说，可以用$\boldsymbol{U}_{\left(\vec{C}-\vec{D}\right)\to\left(\vec{A}-\vec{B}\right)}$代替式(2.19)中的$\boldsymbol{U}$。

应该指出，尽管基的选取是任意的，但是人们通常还是选择水平垂直极化向量$\left(\vec{H}-\vec{V}\right)$或者左旋圆极化和右旋圆极化向量$\left(\vec{L}-\vec{R}\right)$作为基。因此，下列变化很重要。

在极化基$\left(\vec{H}-\vec{V}\right)$下，单位左旋圆极化和右旋圆极化向量可以表示为

$$\vec{L}\left(\vec{H}-\vec{V}\right)=\frac{1}{\sqrt{2}}\begin{bmatrix}1\\j\end{bmatrix} \tag{2.20a}$$

$$\vec{R}\left(\vec{H}-\vec{V}\right)=\frac{1}{\sqrt{2}}\begin{bmatrix}1\\-j\end{bmatrix} \tag{2.20b}$$

因此，从$\left(\vec{L}-\vec{R}\right)$到$\left(\vec{H}-\vec{V}\right)$的坐标变换矩阵是

$$\boldsymbol{U}_{\left(\vec{L}-\vec{R}\right)\to\left(\vec{H}-\vec{V}\right)}=\frac{1}{\sqrt{2}}\begin{bmatrix}1&1\\j&-j\end{bmatrix} \tag{2.21}$$

相反，从$\left(\vec{H}-\vec{V}\right)$到$\left(\vec{L}-\vec{R}\right)$的坐标变换矩阵是

$$\boldsymbol{U}_{\left(\vec{H}-\vec{V}\right)\to\left(\vec{L}-\vec{R}\right)}=\boldsymbol{U}^{\mathrm{H}}_{\left(\vec{L}-\vec{R}\right)\to\left(\vec{H}-\vec{V}\right)}=\frac{1}{\sqrt{2}}\begin{bmatrix}1&-j\\1&j\end{bmatrix} \tag{2.22}$$

下面介绍一个非常重要的量：极化比。在极化基$\left(\vec{A}-\vec{B}\right)$下，其定义是

$$\rho_{AB} \overset{\Delta}{=} \frac{E_B}{E_A} = \frac{|E_B|}{|E_A|} \exp j(\varphi_B - \varphi_A) = \rho_{AB} \exp(j\varphi_{BA}) \tag{2.23}$$

极化比可以用来表示 Jones 矢量形式下的极化状态：

$$\vec{E}_{AB} = \frac{1}{1+\rho_{AB}\rho_{AB}^*}\begin{bmatrix}1 \\ \rho_{AB}\end{bmatrix} \tag{2.24}$$

极化比和变换矩阵是非常有用的，Boerner 等[2]首先认识到极化比和变换矩阵的重要性，并将其用于特征极化状态的获取。

2.3　Stokes　矢　量

前一节中，我们使用二维复向量表示极化状态。为了解决一些最优化问题，使用 George Stokes 于 1854 年提出的 Stokes 矢量来表示极化状态会很方便。物理上，Stokes 矢量既可用于描述电磁波的全极化状态，也可用于描述部分极化状态。

首先考虑完全极化波，在$\left(\vec{H}-\vec{V}\right)$极化基下，单色波的 Stokes 参数定义如下：

$$g_0 = |E_{\text{H}}|^2 + |E_{\text{V}}|^2 \tag{2.25a}$$

$$g_1 = |E_{\text{H}}|^2 - |E_{\text{V}}|^2 \tag{2.25b}$$

$$g_2 = 2|E_{\text{H}}||E_{\text{V}}|\cos\phi_{\text{VH}} = 2\,\text{Re}(E_{\text{H}}E_{\text{H}}^*) \tag{2.25c}$$

$$g_3 = 2|E_{\text{H}}||E_{\text{V}}|\sin\phi_{\text{VH}} = 2\,\text{Im}(E_{\text{H}}E_{\text{H}}^*) \tag{2.25d}$$

式中，$|E_{\text{H}}|$、$|E_{\text{V}}|$和ϕ_{VH}分别为两个正交分量E_{H}和E_{V}的幅值和相位差。由以上四个元素组成的向量称为 Stokes 矢量，容易验证：

$$g_0^2 = g_1^2 + g_2^2 + g_3^2 \tag{2.26}$$

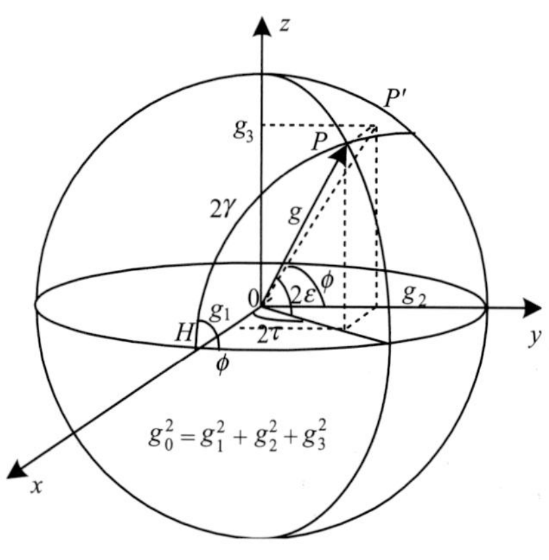

图 2.5　Poincare 球

下面根据 Poincare 的工作(1892 年)，使用极化椭圆的几何参数来表示 Stokes 矢量。由式(2.16)和式(2.25)可以证明：

$$g_0 = |E_{\text{H}}|^2 + |E_{\text{V}}|^2 = A^2 \tag{2.27a}$$

$$g_1 = g_0\cos 2\varepsilon\cos 2\tau = A^2\cos 2\varepsilon\cos 2\tau \tag{2.27b}$$

$$g_2 = g_0\cos 2\varepsilon\sin 2\tau = A^2\cos 2\varepsilon\sin 2\tau \tag{2.27c}$$

$$g_3 = g_0\sin 2\varepsilon = A^2\sin 2\varepsilon \tag{2.27d}$$

Stokes 矢量可以很容易地映射到 Poincare 球上(图 2.5)。

由式(2.25)和式(2.27)，可将 Stokes 矢量表示

成两种形式：

$$\vec{g}=\begin{bmatrix} g_0 \\ g_1 \\ g_2 \\ g_3 \end{bmatrix}=\begin{bmatrix} |E_{\mathrm{H}}|^2+|E_{\mathrm{V}}|^2 \\ |E_{\mathrm{H}}|^2-|E_{\mathrm{V}}|^2 \\ 2|E_{\mathrm{H}}||E_{\mathrm{V}}|\cos\varphi \\ 2|E_{\mathrm{H}}||E_{\mathrm{V}}|\sin\varphi \end{bmatrix}=A^2\begin{bmatrix} 1 \\ \cos 2\varepsilon\cos 2\tau \\ \cos 2\varepsilon\sin 2\tau \\ \sin 2\varepsilon \end{bmatrix} \tag{2.28}$$

下面考虑一种很普遍的情况，对于电场向量：$\vec{E}(z,t)=\begin{bmatrix} |E_x|\exp j(\omega t-kz+\varphi_x) \\ |E_y|\exp j(\omega t-kz+\varphi_y) \end{bmatrix}$，其幅值$\left(|E_x|、|E_y|\right)$和相位$\left(\varphi_x、\varphi_y\right)$都随时间而变化。因此，电场向量顶点运动的轨迹形成的椭圆也随时间而变化。我们称这种波是部分极化波，为定义部分极化波的 Stokes 矢量，采用以下相关矩阵 $\boldsymbol{J}$：

$$\boldsymbol{J}=\left\langle EE^{\mathrm{H}}\right\rangle=\begin{bmatrix} \left\langle E_{\mathrm{H}}E_{\mathrm{H}}^*\right\rangle & \left\langle E_{\mathrm{H}}E_{\mathrm{V}}^*\right\rangle \\ \left\langle E_{\mathrm{V}}E_{\mathrm{H}}^*\right\rangle & \left\langle E_{\mathrm{V}}E_{\mathrm{V}}^*\right\rangle \end{bmatrix}=\begin{bmatrix} J_{\mathrm{HH}} & J_{\mathrm{HV}} \\ J_{\mathrm{VH}} & J_{\mathrm{VV}} \end{bmatrix} \tag{2.29}$$

其中，表示时间平均；$\langle\cdots\rangle=\lim\limits_{T\to\infty}\left[\dfrac{1}{2T}\displaystyle\int_{-T}^{T}(\cdots)\mathrm{d}t\right]$；上标 H 表示共轭转置。对于未极化波，$J_{\mathrm{HH}}=J_{\mathrm{VV}}$ 并且 $J_{\mathrm{HV}}=J_{\mathrm{VH}}=0$。对于完全极化波，$\det\boldsymbol{J}=0$，使用上面的相关矩阵 $\boldsymbol{J}$，可以定义非相关情况时的 Stokes 矢量：

$$g_0=\left\langle E_{\mathrm{H}}E_{\mathrm{H}}^*\right\rangle+\left\langle E_{\mathrm{V}}E_{\mathrm{V}}^*\right\rangle=J_{\mathrm{HH}}+J_{\mathrm{VV}} \tag{2.30a}$$

$$g_1=\left\langle E_{\mathrm{H}}E_{\mathrm{H}}^*\right\rangle-\left\langle E_{\mathrm{V}}E_{\mathrm{V}}^*\right\rangle=J_{\mathrm{HH}}-J_{\mathrm{VV}} \tag{2.30b}$$

$$g_2=\left\langle E_{\mathrm{H}}E_{\mathrm{V}}^*\right\rangle-\left\langle E_{\mathrm{V}}E_{\mathrm{H}}^*\right\rangle=J_{\mathrm{HV}}-J_{\mathrm{VH}} \tag{2.30c}$$

$$g_3=j\left\langle E_{\mathrm{H}}E_{\mathrm{V}}^*\right\rangle-j\left\langle E_{\mathrm{V}}E_{\mathrm{H}}^*\right\rangle=j(J_{\mathrm{HH}}-J_{\mathrm{VV}}) \tag{2.30d}$$

一个部分极化波可以分解为一个完全非极化波和完全极化波之和，数学上有

$$\vec{g}=\begin{bmatrix} g_0 \\ g_1 \\ g_2 \\ g_3 \end{bmatrix}=A^2\begin{bmatrix} 1-p \\ 0 \\ 0 \\ 0 \end{bmatrix}+A^2\begin{bmatrix} p \\ p\cos 2\varepsilon\cos 2\tau \\ p\cos 2\varepsilon\sin 2\tau \\ p\sin 2\varepsilon \end{bmatrix} \tag{2.31}$$

式中，$A^2=g_0$；p 称为极化度，定义为

$$p=\frac{\sqrt{g_1^2+g_2^2+g_3^2}}{g_0}=\sqrt{1-\frac{4\det[J]}{\left(J_{\mathrm{HH}}+J_{\mathrm{VV}}\right)^2}} \tag{2.32}$$

p=1 表示完全极化波，p=0 表示完全未极化波，通常 $0\leqslant p\leqslant 1$。

2.4　坐 标 系 统

考虑到电磁波从目标的散射，我们需要小心定义所使用的坐标系。对于双站散射情况，必须使用两个坐标系[6]：一个用来表示入射波，另一个用来表示散射波。第一个坐标系 o_1-$x_1y_1z_1$ 比较容易确定：令原点 o_1 位于发射点，z_1 由 o_1 指向目标，x_1 和 y_1 由右手螺旋准则确定，通常 x_1 和 y_1 分别选择水平和垂直方向的单位向量。

然而，用以表示散射波的第二个坐标系则有两种不同的定义方法。确定第二个坐标系 o_2-$x_2y_2z_2$ 的方法如图 2.6(a)所示。

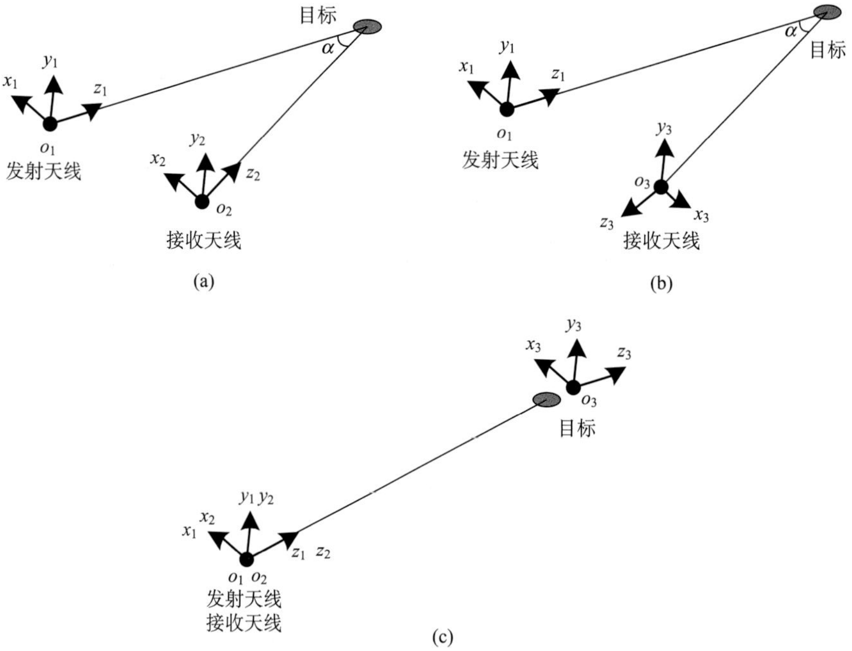

图 2.6　雷达坐标系[6]

令原点 o_2 位于接收点。y_2 平行于 y_1，并且方向和 y_1 相同。z_2 从 o_2 指向目标，x_2 由 o_2-$x_2y_2z_2$ 决定。因此，o_2-$x_2y_2z_2$ 是一个右手坐标系统。

如果坐标系 o_2-$x_2y_2z_2$ 表示散射场，则入射电场和散射电场之间的线性关系可以用 Sinclair 散射矩阵来描述。这种情况在下一章进行讨论。如果发射机和接收机位于同一点。如双站角 α=0，坐标系 o_1-$x_1y_1z_1$ 和 o_2-$x_2y_2z_2$ 重合[图 2.6(c)]。在这种情况下，只需要一个坐标系 o_1-$x_1y_1z_1$，这就是通常所说的 BSA。

第二种表示方法如图 2.6(b)所示，散射坐标系 o_3-$x_3y_3z_3$ 满足右手法则，$x_3=-x_2$，z_3 从目标指向接收机。当研究散射波的 Stokes 参数和极化比时，在一个 z 轴指向波传播方向的右手坐标系下表示这些参数很方便[5]。

当 $\alpha=\pi$ 时，坐标系 o_3-$x_3y_3z_3$ 平行于 o_1-$x_1y_1z_1$，如图 2.6(c)所示，这两个坐标系通常在最优极化中使用，称为 FSA。

2.5　Sinclair 散射矩阵

如果使用图 2.6(a)中的坐标系 o_2-$x_2y_2z_2$ 表示散射场，入射电场和散射电场之间的关系可表示为

$$\vec{E}^{\mathrm{s}}_{x_2-y_2}=\boldsymbol{S}_{(1-2)}\vec{E}^{\mathrm{i}}_{(x_1-y_1)} \tag{2.33}$$

$$\boldsymbol{S}_{(1-2)}=\begin{bmatrix} s_{x_2x_1} & s_{x_2y_1} \\ s_{y_2x_1} & s_{y_2y_1} \end{bmatrix} \tag{2.34}$$

式中，$\vec{E}^{\mathrm{i}}_{(x_1-y_1)}$ 和 $\vec{E}^{\mathrm{s}}_{x_2-y_2}$ 分别为入射波和散射波的极化状态在坐标平面 o_1-x_1y_1 和 o_2-x_2y_2 的二维复向量表示形式。$\boldsymbol{S}_{(1-2)}$ 是一个 2×2 复矩阵，称为 Sinclair 散射矩阵。数学上，可以把 Sinclair 散射矩阵看成一个线性算子，它将入射波向量转换成反射波向量。对于单站情况，因为只需要一个坐标系 o_1-$x_1y_1z_1=o_2$-$x_2y_2z_2$ [图 2.6(c)]，所以一般用 o-xyz 表示坐标系，并使用下列表达式来表示 Sinclair 散射矩阵：

$$\boldsymbol{S}_{(x-y)}=\begin{bmatrix} s_{xx} & s_{xy} \\ s_{yx} & s_{yy} \end{bmatrix} \tag{2.35}$$

在单站和各向同性媒质的情况下，互易定理成立。因此，散射矩阵是对称的，即 $s_{xy}=s_{yx}$。通常使用 $\left(\vec{H}-\vec{V}\right)$ 或 $(\vec{x}-\vec{y})$ 来表示相关的极化基。对于 BSA 情况，入射波、散射波和 Sinclair 散射矩阵都在这个基下表示。

现在，考虑上面对称 Sinclair 散射矩阵在 $\left(\vec{C}-\vec{D}\right)$ 基下的形式，分别用 $\vec{E}^{\mathrm{i}}_{(x-y)}$、$\vec{E}^{\mathrm{s}}_{(x-y)}$ 和 $\vec{E}^{\mathrm{i}}_{(C-D)}$、$\vec{E}^{\mathrm{s}}_{(C-D)}$ 表示在 $(\vec{x}-\vec{y})$ 和 $\left(\vec{C}-\vec{D}\right)$ 基下的入射场和散射场，可得

$$\vec{E}^{\mathrm{i}}_{(x-y)}=\boldsymbol{U}_{(C-D)\to(x-y)}\vec{E}^{\mathrm{i}}_{(C-D)} \tag{2.36a}$$

$$\vec{E}^{\mathrm{s}}_{(x-y)}=\boldsymbol{U}^{*}{}_{(C-D)\to(x-y)}\vec{E}^{\mathrm{s}}_{(C-D)} \tag{2.36b}$$

式中，$\boldsymbol{U}_{(\vec{C}-\vec{D})\to(\vec{x}-\vec{y})}$ 表示从 $\left(\vec{C}-\vec{D}\right)$ 到 $(\vec{x}-\vec{y})$ 的坐标变换矩阵。根据以上假设可知：

$$\vec{E}^{\mathrm{s}}_{x-y}=\boldsymbol{S}_{(x-y)}\vec{E}^{\mathrm{i}}_{(x-y)} \tag{2.37}$$

将式(2.36)代入式(2.37)有

$$\boldsymbol{U}^{*}{}_{(C-D)\to(x-y)}\vec{E}^{\mathrm{s}}_{(C-D)}=\boldsymbol{S}_{(x-y)}\boldsymbol{U}_{(C-D)\to(x-y)}\vec{E}^{\mathrm{i}}_{(C-D)} \tag{2.38}$$

即

$$\vec{E}^{\mathrm{s}}_{(C-D)}=\boldsymbol{U}^{\mathrm{t}}{}_{(C-D)\to(x-y)}\boldsymbol{S}_{(x-y)}\boldsymbol{U}_{(C-D)\to(x-y)}\vec{E}^{\mathrm{i}}_{(C-D)} \tag{2.39a}$$

或者

$$\vec{E}^{\mathrm{s}}_{(C-D)}=\boldsymbol{U}^{*}{}_{(x-y)\to(C-D)}\boldsymbol{S}_{(x-y)}\boldsymbol{U}^{\mathrm{H}}{}_{(x-y)\to(C-D)}\vec{E}^{\mathrm{i}}_{(C-D)} \tag{2.39b}$$

因此，基 $\left(\vec{C}-\vec{D}\right)$ 下的 Sinclair 散射矩阵是

$$\boldsymbol{S}_{(C-D)}=\boldsymbol{U}^{*}{}_{(x-y)\to(C-D)}\boldsymbol{S}_{(x-y)}\boldsymbol{U}^{\mathrm{H}}{}_{(x-y)\to(C-D)} \tag{2.40a}$$

式中，$\boldsymbol{U}_{(x-y)\to(C-D)}$ 表示从基 $(\vec{x}-\vec{y})$ 到 $(\vec{C}-\vec{D})$ 的坐标变换矩阵。如果用 $\boldsymbol{V}$ 代替 $\boldsymbol{U}^*_{(x-y)\to(C-D)}$，则式(2.40a)可简化为

$$\boldsymbol{S}_{(C-D)}=\boldsymbol{V}\boldsymbol{S}_{(x-y)}\boldsymbol{V}^{\mathrm{t}} \tag{2.40b}$$

式(2.40)是雷达极化中的一个重要公式。它也可以通过以下电压方程得到[3,7]：

$$V=\boldsymbol{S}\vec{E}^{\mathrm{i}}\cdot\vec{b} \tag{2.41}$$

式中，$\vec{E}^{\mathrm{i}}$ 和 $\vec{b}$ 分别表示入射电场和接受机的极化状态。向量和 Sinclair 散射矩阵都在同一个基下表示。

在光学的偏振理论中，$\vec{E}^{\mathrm{s}}$ 和 $\vec{E}^{\mathrm{i}}$ 沿同样的方向传播[图 2.6(c)中正方向 $z_1=z_3$]，这样，两个不同基下散射波的关系就同入射波之间的关系一样。注意到这个区别，并使用上面的方法，可以很容易知道两个基下 Jones 散射矩阵是相似的，如

$$\boldsymbol{Js}_{(C-D)}=\boldsymbol{U}_{(x-y)\to(C-D)}\boldsymbol{Js}_{(x-y)}\boldsymbol{U}^{-1}_{(x-y)\to(C-D)} \tag{2.42}$$

式中，$\boldsymbol{Js}_{(C-D)}$ 和 $\boldsymbol{Js}_{(x-y)}$ 分别表示基 $(\vec{C}-\vec{D})$ 和 $(\vec{x}-\vec{y})$ 下的 Jones 散射矩阵。

下面考虑 Sinclair 散射矩阵变换的两个重要例子。第一个例子，使用 $\boldsymbol{S}_{L-R}$ 表示基 $(\vec{L}-\vec{R})$ 下的 Sinclair 散射矩阵：

$$\boldsymbol{S}_{L-R}=\boldsymbol{V}\boldsymbol{S}_{(x-y)}\boldsymbol{V}^{\mathrm{t}} \tag{2.43}$$

式中，$\boldsymbol{V}=\boldsymbol{U}^*_{(H-V\to L-R)}=\dfrac{1}{\sqrt{2}}\begin{bmatrix}1 & j\\ 1 & -j\end{bmatrix}$，于是有

$$\begin{aligned}
s_{LL}&=\frac{1}{2}(s_{xx}-s_{yy})+js_{xy}\\
s_{LR}&=\frac{1}{2}(s_{xx}+s_{yy})\\
s_{RL}&=\frac{1}{2}(s_{xx}+s_{yy})\\
s_{RR}&=\frac{1}{2}(s_{xx}-s_{yy})-js_{xy}
\end{aligned} \tag{2.44}$$

第二个例子是基 $(\vec{x}-\vec{y})$ 在单站条件下以视线为轴旋转 θ 角，成为新基 $(\vec{x}'-\vec{y}')$ 时，Sinclair 散射矩阵的变化情况。相关变化矩阵是

$$\boldsymbol{U}_{(x-y)\to(x'-y')}=\begin{bmatrix}\cos\theta & \sin\theta\\ -\sin\theta & \cos\theta\end{bmatrix} \tag{2.45}$$

使用式(2.40a)，可知新基 $(\vec{x}'-\vec{y}')$ 下的 Sinclair 散射矩阵具有如下形式：

$$\boldsymbol{S}_{(x'-y')}=\begin{bmatrix}\cos\theta & \sin\theta\\ -\sin\theta & \cos\theta\end{bmatrix}\boldsymbol{S}_{x-y}\begin{bmatrix}\cos\theta & -\sin\theta\\ \sin\theta & \cos\theta\end{bmatrix} \tag{2.46}$$

这是雷达极化理论中的又一个重要等式。

对于对称 Sinclair 矩阵，Huynen 首先提出了另一种表达方式，即

$$\boldsymbol{S}=\boldsymbol{J}(\psi)\boldsymbol{K}(\tau)\boldsymbol{L}(v)\begin{bmatrix} m & 0 \\ 0 & m\tan^2\gamma \end{bmatrix}e^{2j\rho}\boldsymbol{L}(v)\boldsymbol{K}(\tau)\boldsymbol{J}(\psi) \tag{2.47}$$

其中，矩阵 $\boldsymbol{J}(\psi)$、$\boldsymbol{K}(\tau)$ 和 $\boldsymbol{L}(v)$ 分别由下式给出：

$$\boldsymbol{J}(\psi)=\begin{bmatrix} \cos\psi & -\sin\psi \\ \sin\psi & \cos\psi \end{bmatrix},\quad \boldsymbol{K}(\tau)=\begin{bmatrix} \cos\tau & -j\sin\tau \\ -j\sin\tau & \cos\tau \end{bmatrix},\quad \boldsymbol{L}(v)=\begin{bmatrix} e^{jv} & 0 \\ 0 & e^{-jv} \end{bmatrix}$$

在上面等式中，ψ、τ、v、m、γ 和 ρ 被称为 Huynen 目标参数。这些参数具有固定的物理意义：ψ 是方向角或定向角，它独立于目标形状，但是与目标位置有关。容易证明，如果目标以视线为轴旋转 θ 角，则方位角会从 ψ 变成 $\theta+\psi$；τ、v、m 和 γ 是描述目标结构的四个重要参数。在上面的公式中，相位 ρ 的绝对值对测量目标的形状并不重要，但是在“极化干涉雷达”中，绝对相位扮演着重要的角色。从 $\boldsymbol{J}(\psi)$、$\boldsymbol{K}(\tau)$ 和 $\boldsymbol{L}(v)$ 的定义中可以知道，$\boldsymbol{J}(\psi)$ 是实正交的，$\boldsymbol{K}(\tau)$ 是对称的且 $\boldsymbol{K}(\tau)K^*(\tau)=I$，$\boldsymbol{L}(v)$ 是对角相位矩阵，它的行列式的值是 1。

2.6　Graves 矩阵、Kennaugh 矩阵和功率方程

反射波的功率密度可以表示为

$$P_{\mathrm{s}}=\|\boldsymbol{E}_{\mathrm{s}}\|^2=\boldsymbol{E}_{\mathrm{i}}^{\mathrm{H}}\boldsymbol{S}^{\mathrm{H}}\boldsymbol{S}\boldsymbol{E}_{\mathrm{i}}=\boldsymbol{E}_{\mathrm{i}}^{\mathrm{H}}\boldsymbol{G}\boldsymbol{E}_{\mathrm{i}} \tag{2.48}$$

式中，$\boldsymbol{G}$ 称为 Graves 矩阵[8]，其定义如下：

$$\boldsymbol{G}=\boldsymbol{S}^{\mathrm{H}}\boldsymbol{S}=\begin{bmatrix} |s_{xx}|^2+|s_{yx}|^2 & s_{xx}^*s_{xy}+s_{yx}^*s_{yy} \\ s_{xx}s_{xy}^*+s_{yx}s_{yy}^* & |s_{xy}|^2+|s_{yy}|^2 \end{bmatrix} \tag{2.49}$$

既然该矩阵与反射波的功率密度有关，因此它也被称为功率矩阵或功率密度矩阵。对于任意向量 $\vec{E}_{\mathrm{i}}$，$P_{\mathrm{s}}=\vec{E}_{\mathrm{i}}^{\mathrm{H}}\boldsymbol{G}\vec{E}_{\mathrm{i}}\geqslant 0$。因此，Graves 矩阵 $\boldsymbol{G}$ 是共轭半正定的。

下面考虑三种特殊情况下接收天线所收到的功率。假设 $\vec{a}$ 和 $\vec{b}$ 分别是发射天线和接收天线的极化状态；$\vec{g}$ 和 $\vec{h}$ 是相应的 Stokes 矢量。因此，接收机接收到的功率是

$$P=\left\|\boldsymbol{S}\vec{a}\cdot\vec{b}\right\|^2=\frac{1}{2}\boldsymbol{K}\vec{g}\cdot\vec{h} \tag{2.50}$$

式中，$\boldsymbol{K}$ 为 Kennaugh 矩阵。通常情况下，散射矩阵和 Kennaugh 矩阵的关系如下：

$$\boldsymbol{K}=\frac{1}{2}\boldsymbol{Q}^*\boldsymbol{W}\boldsymbol{Q}^{\mathrm{H}} \tag{2.51}$$

其中，

$$
\boldsymbol{Q}^* = \begin{bmatrix} 1 & 0 & 0 & 1 \\ 1 & 0 & 0 & -1 \\ 0 & 1 & 1 & 0 \\ 0 & -j & -j & 0 \end{bmatrix}, \quad \boldsymbol{W} = \boldsymbol{S} \otimes \boldsymbol{S}^* = \begin{bmatrix} |s_{xx}|^2 & s_{xy}^* s_{xx} & s_{xx}^* s_{xy} & |s_{xy}|^2 \\ s_{yx}^* s_{xx} & s_{yy}^* s_{xx} & s_{yx}^* s_{xy} & s_{yy}^* s_{xy} \\ s_{xx}^* s_{yx} & s_{xy}^* s_{yx} & s_{xx}^* s_{yy} & s_{xy}^* s_{yy} \\ |s_{yx}|^2 & s_{yy}^* s_{yx} & s_{yx}^* s_{yy} & |s_{yy}|^2 \end{bmatrix}
$$

在后一个等式中 $\otimes$ 表示 Kronecker 积。由式(2.51)可以得到 Kennaugh 矩阵的元素是

$$
\begin{aligned}
k_{00} &= \frac{1}{2}\left(|s_{xx}|^2 + |s_{xy}|^2 + |s_{yx}|^2 + |s_{yy}|^2\right) \\
k_{01} &= \frac{1}{2}\left(|s_{xx}|^2 - |s_{xy}|^2 + |s_{yx}|^2 - |s_{yy}|^2\right) \\
k_{02} &= \mathrm{Re}\left(s_{xx}s_{xy}^* + s_{yx}s_{yy}^*\right) \\
k_{03} &= \mathrm{Im}\left(s_{xx}s_{xy}^* + s_{yx}s_{yy}^*\right) \\
k_{10} &= \frac{1}{2}\left(|s_{xx}|^2 + |s_{xy}|^2 - |s_{yx}|^2 - |s_{yy}|^2\right) \\
k_{11} &= \frac{1}{2}\left(|s_{xx}|^2 - |s_{xy}|^2 - |s_{yx}|^2 + |s_{yy}|^2\right) \\
k_{12} &= \mathrm{Re}\left(s_{xx}s_{xy}^* - s_{yx}s_{yy}^*\right) \\
k_{13} &= \mathrm{Im}\left(s_{xx}s_{xy}^* - s_{yx}s_{yy}^*\right) \\
k_{20} &= \mathrm{Re}\left(s_{xx}s_{yx}^* + s_{xy}s_{yy}^*\right) \\
k_{21} &= \mathrm{Re}\left(s_{xx}s_{yx}^* - s_{xy}s_{yy}^*\right) \\
k_{22} &= \mathrm{Re}\left(s_{xx}s_{yy}^* + s_{xy}s_{yx}^*\right) \\
k_{23} &= \mathrm{Im}\left(s_{xx}s_{yy}^* + s_{yx}s_{xy}^*\right) \\
k_{30} &= \mathrm{Im}\left(s_{xx}s_{yx}^* + s_{xy}s_{yy}^*\right) \\
k_{31} &= \mathrm{Im}\left(s_{xx}s_{yx}^* - s_{xy}s_{yy}^*\right) \\
k_{32} &= \mathrm{Im}\left(s_{xx}s_{yy}^* - s_{yx}s_{xy}^*\right) \\
k_{33} &= -\mathrm{Re}\left(s_{xx}s_{yy}^* - s_{xy}s_{yx}^*\right)
\end{aligned} \tag{2.52}
$$

对于对称 Sinclair 散射矩阵情况，$s_{xy} = s_{yx}$。Kennaugh 矩阵也是对称的，同时，Kennaugh 矩阵也可以用 Huynen 的符号表示：

$$
\boldsymbol{K} = \begin{bmatrix} A_0 + B_0 & C_\psi & H_\psi & F \\ C_\psi & A_0 + B_\psi & E_\psi & G_\psi \\ H_\psi & E_\psi & A_0 - B_\psi & D_\psi \\ F & G_\psi & D_\psi & -A_0 + B_\psi \end{bmatrix} \tag{2.53}
$$

其中，

$$B_\psi = B\cos 4\psi - E\sin 4\psi$$

$$E_\psi = E\cos 4\psi + B\sin 4\psi$$

$$D_\psi = D\cos 2\psi + G\sin 2\psi$$

$$G_\psi = G\cos 2\psi - D\sin 2\psi$$

$$C_\psi = C\cos 2\psi$$

$$H_\psi = C\sin 2\psi$$

A_0、B_0、B、C、D、E、F 和 G 被称为 Huynen 参数，具体含义如下：

(1) $A_0 = Q_0 f\cos^2 2\tau$ 被称为目标对称性的描述子；

(2) $B_0 = Q_0(1+\cos^2 2\gamma - f\cos^2 2\tau)$ 被称为目标结构的描述子；

(3) $B_0 - B = Q_0 f(1-\cos 4\tau)$ 被称为目标非对称性的描述子；

(4) $B_0 + B = 2Q_0 f(1+\cos^2 2\gamma - f)$ 被称为目标不规则性的描述子；

(5) $C = 2Q_0 f\cos 2\gamma\cos 2\tau$ 被称为目标的形状因子；

(6) $D = Q_0\sin^2 2\gamma\sin 4v\cos 2\tau$ 被称为目标局部曲率差的量度；

(7) $E = -Q_0\sin^2 2\gamma\sin 4v\cos 2\tau$ 被称为目标表面扭曲度；

(8) $F = 2Q_0 f\sin 2\tau\cos 2\gamma$ 被称为目标螺旋性的度量；

(9) $G = Q_0 f\sin 4\tau$ 被称为目标对称部分和非对称部分之间的连接参数。

在上面的表达式中，$Q_0 = \dfrac{m^2}{8\cos^2\gamma}$，$f = 1-\sin^2 2\gamma\sin^2 2v$ 。

从式(2.52)或者式(2.53)可知，对于对称 Sinclair 散射矩阵情况，有

$$k_{00} = k_{11} + k_{22} + k_{33} \tag{2.54}$$

1. 共极化通道

对于共极化通道，发送和接收极化状态相同，即 $\vec{a} = \vec{b}$ 或 $\vec{g} = \vec{h}$ 。因此，共极化通道接收功率可以写成：

$$P = \left\|\boldsymbol{S}\vec{a}\cdot\vec{a}\right\|^2 = \frac{1}{2}\boldsymbol{K}_{\mathrm{c}}\vec{g}\cdot\vec{g} \tag{2.55}$$

式中，$\boldsymbol{K}_{\mathrm{c}} = \boldsymbol{K}$ ，称为共极化通道 Kennaugh 矩阵。

2. 交叉极化通道

对于交叉极化通道，接收和发射极化状态相互正交，即 $\vec{b} = \begin{bmatrix} 0 & 1 \\ -1 & 0 \end{bmatrix}\vec{a}^*$, 或者

$$\vec{h}=\begin{bmatrix}1&0&0&0\\0&-1&0&0\\0&0&-1&0\\0&0&0&-1\end{bmatrix}\vec{g}$$

因此，交叉极化通道接收功率是

$$P_x=\frac{1}{2}\boldsymbol{V}_x\boldsymbol{K}\vec{g}\bullet\vec{g}=\frac{1}{2}\boldsymbol{K}_x\vec{g}\bullet\vec{g} \tag{2.56}$$

式中，$\boldsymbol{K}_x=\boldsymbol{V}_x\boldsymbol{K}$，称为交叉极化通道的 Kennaugh 矩阵，有

$$\boldsymbol{V}_x=\begin{bmatrix}1&0&0&0\\0&-1&0&0\\0&0&-1&0\\0&0&0&-1\end{bmatrix}$$

3. 匹配极化通道

在匹配极化通道，接收和发送极化状态满足下列等式：

$$\vec{b}=\left(\boldsymbol{S}\vec{a}\right)^*\Big/\left\|\boldsymbol{S}\vec{a}\right\|$$

因此，接收功率为

$$P_{\mathrm{m}}=\boldsymbol{V}_{\mathrm{m}}\boldsymbol{K}\vec{g}\bullet\vec{g}=\boldsymbol{K}_{\mathrm{m}}\vec{g}\bullet\vec{g} \tag{2.57}$$

式中，$\boldsymbol{K}_{\mathrm{m}}=\boldsymbol{V}_{\mathrm{m}}\boldsymbol{K}$，称为匹配通道的 Kennaugh 矩阵，有

$$\boldsymbol{V}_{\mathrm{m}}=\begin{bmatrix}1&0&0&0\\0&0&0&0\\0&0&0&0\\0&0&0&0\end{bmatrix},\qquad \boldsymbol{K}_{\mathrm{m}}=\begin{bmatrix}k_{00}&k_{01}&k_{02}&k_{03}\\0&0&0&0\\0&0&0&0\\0&0&0&0\end{bmatrix}$$

2.7 标 准 目 标

1. 平面、球和角反射器

平面(垂直入射)、球和角反射器是三种简单的目标(图 2.7)，在坐标系 $o\text{-}xyz$ 下，它们的 Sinclair 散射矩阵是

$$\boldsymbol{S}=a\begin{bmatrix}1&0\\0&1\end{bmatrix} \tag{2.58}$$

相应地，Kennaugh 矩阵是

$$\boldsymbol{K} = |a|^2 \begin{bmatrix} 1 & 0 & 0 & 0 \\ 0 & 1 & 0 & 0 \\ 0 & 0 & 1 & 0 \\ 0 & 0 & 0 & -1 \end{bmatrix} \tag{2.59}$$

共极化通道接收功率的极化特征图如图 2.8 所示。

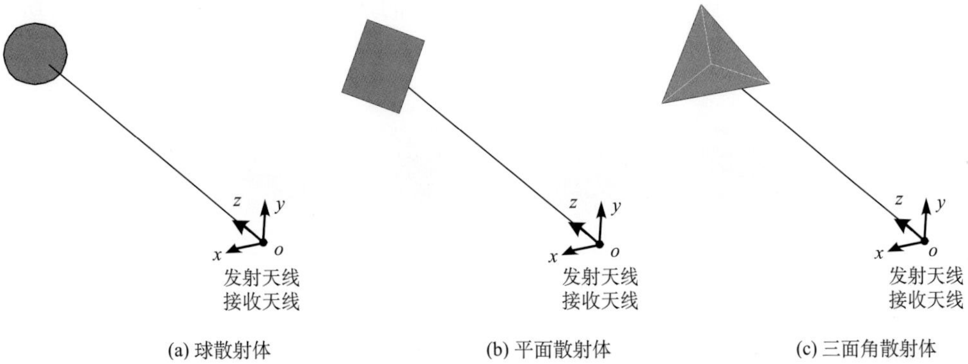

图 2.7　球散射体、平面散射体和三面角散射体的后向散射

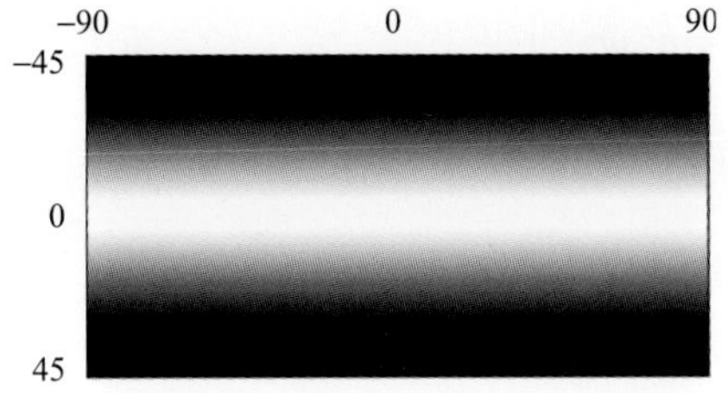

图 2.8　球散射体、平面散射体和三面角散射体共极化通道接收功率的特征图

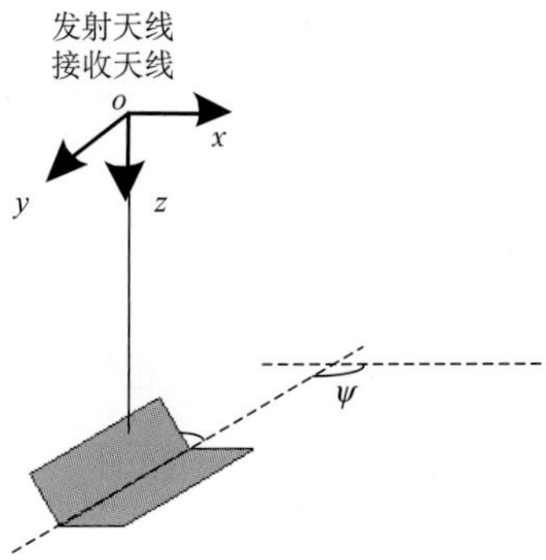

图 2.9　二面角的后向散射

2. 角反射体(二面体)

角反射体或二面体由两个正交平面组成(图 2.9)。通常，其散射矩阵是

$$\boldsymbol{S} = a \begin{bmatrix} \cos 2\psi & \sin 2\psi \\ \sin 2\psi & -\cos 2\psi \end{bmatrix} \tag{2.60}$$

式中，ψ为定向角，即二面角与水平轴的夹角。相应的 Kennaugh 矩阵是

$$
\boldsymbol{K}=|a|^2\begin{bmatrix}1 & 0 & 0 & 0\\ 0 & \cos 4\psi & \sin 4\psi & 0\\ 0 & \sin 4\psi & -\cos 4\psi & 0\\ 0 & 0 & 0 & 1\end{bmatrix} \tag{2.61}
$$

共极化接收通道一些具有特殊方向角的二面体的接收功率极化信号如图 2.10 所示。

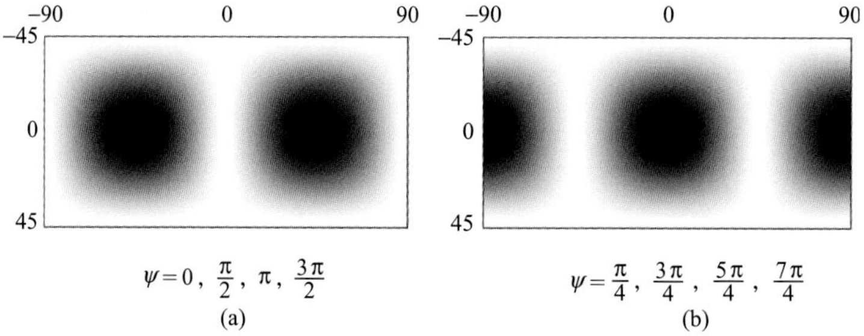

图 2.10　二面角反射器在共极化通道接收功率的特征图

3. 线目标

细长线目标的 Sinclair 极化散射矩阵具有以下形式：

$$
\boldsymbol{S}=a\begin{bmatrix}\cos^2\psi & \sin\psi\cos\psi\\ \sin\psi\cos\psi & \sin^2\psi\end{bmatrix} \tag{2.62}
$$

可见，这是一个奇异矩阵，相应的 Kennaugh 矩阵是

$$
\boldsymbol{K}=\frac{|a|^2}{2}\begin{bmatrix}1 & \cos 2\psi & \sin 2\psi & 0\\ \cos 2\psi & \cos^2 2\psi & 0.5\sin 4\psi & 0\\ \sin 2\psi & 0.5\sin 4\psi & \sin^2 2\psi & 0\\ 0 & 0 & 0 & 0\end{bmatrix} \tag{2.63}
$$

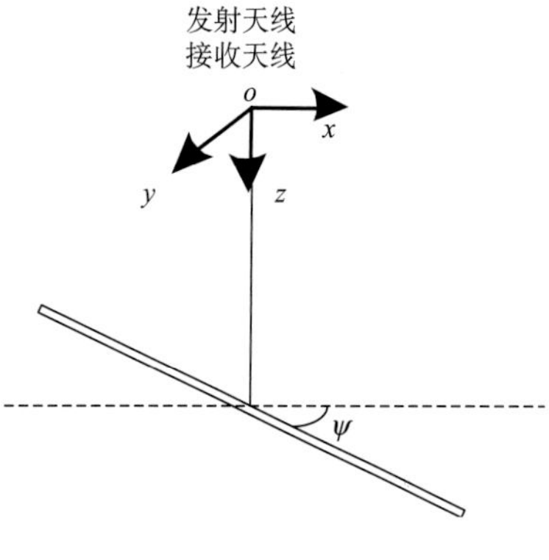

图 2.11　线散射体的后向散射

共极化接收通道一些具有特殊方向角的二面体的接收功率极化信号如图 2.12 所示。

4. 对称目标

如果目标关于包含从发射天线到目标视线的平面对称，可以证明其散射矩阵具有某种特殊形式。令发射极化状态是水平的，记为$\vec{E}_H^{\mathrm{i}}$。入射波$\vec{E}_H^{\mathrm{i}}$将引起

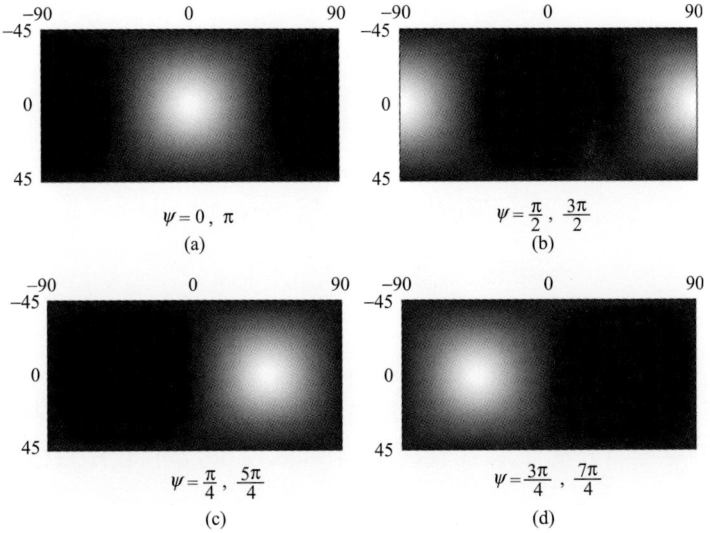

图 2.12　线散射体共极化通道接收功率的特征图

如图 2.13 所示的目标表面电流。显然，当各单元面电流重新辐射时，所产生的电场的垂直分量将消失。因此，散射波的垂直分量为 0。这就意味着 Sinclair 对称目标散射矩阵理论上应该是

$$\boldsymbol{S}=\begin{bmatrix} a & 0 \\ 0 & b \end{bmatrix} \tag{2.64}$$

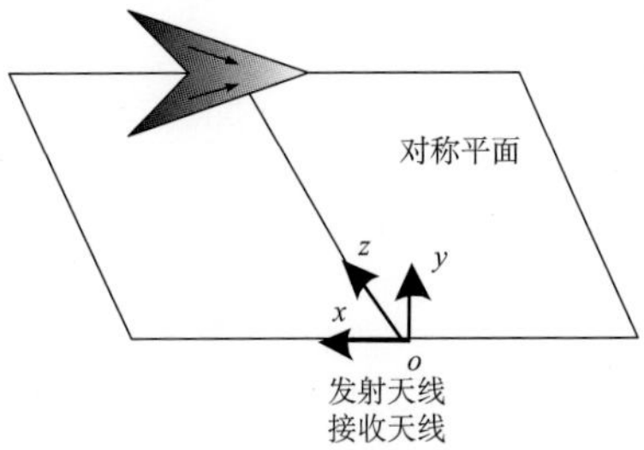

图 2.13　水平对称平面内的对称目标

相应的 Kennaugh 矩阵变成：

$$\boldsymbol{K}=\frac{1}{2}\begin{bmatrix} |a|^2+|b|^2 & |a|^2-|b|^2 & 0 & 0 \\ |a|^2-|b|^2 & |a|^2+|b|^2 & 0 & 0 \\ 0 & 0 & \operatorname{Re}(ab^*) & \operatorname{Im}(ab^*) \\ 0 & 0 & \operatorname{Im}(ab^*) & -\operatorname{Re}(ab^*) \end{bmatrix} \tag{2.65}$$

显然，球、线反射体和二面角都可认为是特殊的对称目标。

5. H-目标

考虑在基 $\left(\vec{L}-\vec{R}\right)$ 下表示的散射矩阵：

$$\boldsymbol{S}_{(L-R)}=\begin{bmatrix} s_{LL} & 0 \\ 0 & s_{RR} \end{bmatrix}, \tag{2.66}$$

由 2.5 节的结果可知，在基 $(\vec{x}-\vec{y})$ 下，上述散射矩阵可表示为

$$\boldsymbol{S}_{(x-y)}=\boldsymbol{U}^*_{(L-R)\to(x-y)}\boldsymbol{S}_{(L-R)}\boldsymbol{U}^{\mathrm{H}}_{(x-y)\to(L-R)} \tag{2.67}$$

其中，$\boldsymbol{U}_{(L-R)\to(x-y)}$ 由式(2.21)给出：$\boldsymbol{U}_{(L-R)\to(x-y)}=\frac{1}{\sqrt{2}}\begin{bmatrix}1 & 1\\ j & -j\end{bmatrix}$

代入式(2.67)可得

$$\boldsymbol{S}_{(x-y)}=\frac{1}{2}\begin{bmatrix}s_{LL}+s_{RR} & j(s_{RR}-s_{LL})\\ j(s_{RR}-s_{LL}) & -(s_{LL}+s_{RR})\end{bmatrix} \tag{2.68a}$$

可将其简化为

$$\boldsymbol{S}=\begin{bmatrix}a & b\\ b & -a\end{bmatrix} \tag{2.68b}$$

当$b\neq 0$时，这种目标被称为“H-目标”或“非对称目标”。它与从非对称粗糙表面反射回来的非对称目标噪声分量有关。比较式(2.64)和式(2.66)，可将“H-目标”认为是$\left(\vec{L}-\vec{R}\right)$基中的对称目标。

现在考虑两种特殊情况：Huynen 首先提出的左螺旋体和右螺旋体，其散射矩阵如下。

左旋螺旋体：

$$\boldsymbol{S}_{(H-V)}=\frac{1}{2}\begin{bmatrix}1 & j\\ j & -1\end{bmatrix},\quad \left(\boldsymbol{S}_{(L-R)}=\frac{1}{2}\begin{bmatrix}0 & 0\\ 0 & 1\end{bmatrix}\right) \tag{2.69a}$$

右旋螺旋体：

$$\boldsymbol{S}_{(H-V)}=\frac{1}{2}\begin{bmatrix}1 & -j\\ -j & -1\end{bmatrix},\quad \left(\boldsymbol{S}_{(L-R)}=\frac{1}{2}\begin{bmatrix}1 & 0\\ 0 & 0\end{bmatrix}\right) \tag{2.69b}$$

如果入射波是水平或垂直极化的右螺旋体，目标散射回来的散射波就是左或右旋圆极化的；反之，如果入射波是左或右旋圆极化，散射波就是水平或垂直极化的。

上述螺旋体目标的 Kennaugh 矩阵如下。

左旋螺旋体：

$$\boldsymbol{K}=\begin{bmatrix}0.5 & 0 & 0 & -0.5\\ 0 & 0 & 0 & 0\\ 0 & 0 & 0 & 0\\ -0.5 & 0 & 0 & 0.5\end{bmatrix} \tag{2.70a}$$

右旋螺旋体：

$$\boldsymbol{K}=\begin{bmatrix}0.5 & 0 & 0 & 0.5\\ 0 & 0 & 0 & 0\\ 0 & 0 & 0 & 0\\ 0.5 & 0 & 0 & 0.5\end{bmatrix} \tag{2.70b}$$

具有某些特殊方位角的右旋螺旋体和左旋螺旋体在共极化通道接收功率的极化信号如图 2.14 所示。

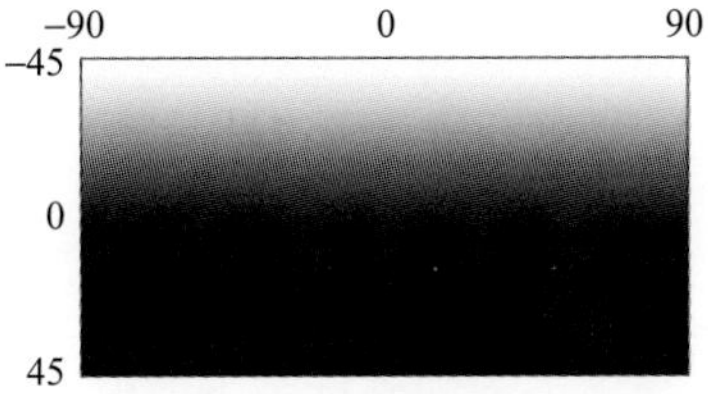

(a) 左螺旋体

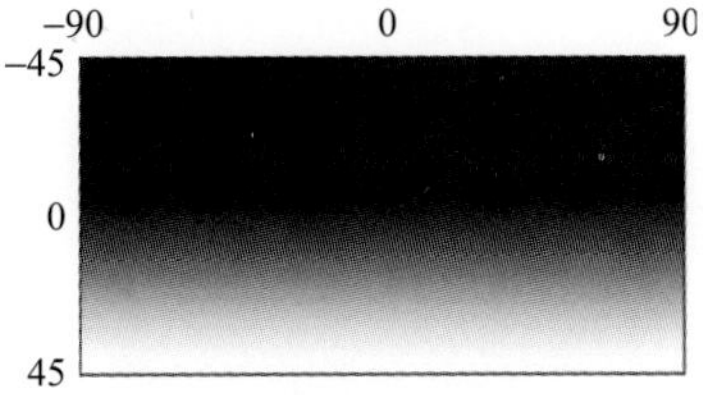

(b) 右螺旋体

图 2.14　左、右螺旋体接收功率的特征图

2.8　散射矩阵的测量与校正

散射矩阵可以通过两种方式进行测量：第一种方式是通过交替发射水平极化和垂直极化的电磁波，而每次接收天线的水平接收通道和垂直接收通道都进行信号接收，把所有测量的数据放在一起就构成了散射矩阵，这种方式称为时分，也是最常见的一种方式；第二种方式是频分，就是同时发射频率不相交的或者通过编码发射相互正交的水平极化和垂直极化的电磁波，同样每次接收天线的水平接收通道和垂直接收通道都进行信号接收，把所有的测量数据放在一起就构成了散射矩阵。

由于受雷达的天线极化隔离度、幅度不平衡、相位不平衡、测量噪声等因素的影响，测量的目标散射矩阵往往与理想的目标散射存在差异，因而就需要进行极化校正。设实际测量的目标散射矩阵为 $\boldsymbol{Z}$ ，理想的目标散射矩阵为 $\boldsymbol{S}$ ，于是两者之间存在如下的关系式：

$$\boldsymbol{Z} = Ae^{j\phi}\boldsymbol{RST} + \boldsymbol{N} = Ae^{j\phi}\begin{pmatrix} 1 & \delta_2 \\ \delta_1 & f_1 \end{pmatrix}\begin{pmatrix} S_{\mathrm{hh}} & S_{\mathrm{hv}} \\ S_{\mathrm{vh}} & S_{\mathrm{vv}} \end{pmatrix}\begin{pmatrix} 1 & \delta_3 \\ \delta_4 & f_2 \end{pmatrix} + \begin{pmatrix} N_{\mathrm{hh}} & N_{\mathrm{hv}} \\ N_{\mathrm{vh}} & N_{\mathrm{vv}} \end{pmatrix} \tag{2.71}$$

式中，A 与系统的绝对增益相关，相位 ϕ 表示绝对相位，前者需要通过内定标确定；而 δ_i 表示天线的极化隔离度，属于校正中待确定参数；f_i 表示雷达的幅度及相位不平衡参数，属于待确定参数；N_{ij} 表示噪声。在实际极化校正过程中，往往是通过有源定标器或无源定标器进行校正。星载极化 SAR 系统，对定标要求高，可采用极化有源定标器进行精确定标。采用极化有源定标器，可以直接给出式(2.71)中的 $\boldsymbol{S}$ ，如 $\boldsymbol{S} = \begin{bmatrix} 0 & 0 \\ 1 & 0 \end{bmatrix}$。采用不同极化特性的有源定标器，最终很容易确定出式(2.71)中的待定参数。

由于有源定标器价格昂贵，因此实际极化校正中也常采用二面角和三面角进行校准。最常见的办法是采用一组三面角以及一些不同姿态摆放的二面角，由于已知它们的理想散射矩阵及实际测量散射矩阵，通过最小二乘法便可以确定出这些待定参数。

对于星载的极化 SAR 系统，如果雷达频率较低，如 L 波段及以下频段，特别是在 P 波段，电离层的法拉第旋转效应以及电离层闪烁将不得不考虑，此时除了系统极化参数校正之外，还必须对电离层的影响予以校正。

2.9 小　结

本章从电磁波传播入手，分别介绍了极化、散射矩阵、Graves 矩阵、Kennaugh 矩阵等概念，给出了一些特殊目标的散射矩阵，还给出了不同坐标系下散射矩阵的变换公式等。此外，我们还介绍了 Huynen 目标特征参数、散射矩阵的校正等。需要指出的是，有一些论文也提出了一些校准方法，但往往不如上述所介绍的方法实用。

参 考 文 献

[1] IEEE Standard Number 149-1979: Standard Test Procedures 1973, Revision of IEEE Stds. 145-1969. Definitions of Terms for Antennas. New York: Published by the Institute of Electrical and Electronics Engineers, Inc., 1979.

[2] Boerner W-M, Yan W-L, Xi A-Q, et al. Basic concepts of radar polarimetry//Boerner W M. Direct and Inverse Methods in Radar Polarimetry. Dordrecht/Boston/London: Kluwer Academic Publishers, 1992: 155-245.

[3] Luneburg E. Principles in radar polarimetry. IEICE Trans. Commun., 1995, E78-C(10): 1339-1345.

[4] Huynen J R. Phenomenological Theory of Radar Targets. Delft: Ph. D. Dissertation, Technical University, Delft, The Netherlands, 1970.

[5] Mott H. Antennas for Radar and Communications—A Polarimetric Approach. New York: John Wiley & Sons, 1992.

[6] Yang J. On Theoretical Problems in Radar Polarimetry. Ph.D Thesis, Niigata University, Japan, 1999.

[7] Yamaguchi Y. Fundamentals of Polarimetric Radar and Its Applications. Tokyo: Realize Inc., 1998.

[8] Graves C D. Radar polarization power scattering matrix. Proc. IRE, 1956, 44(5): 248-252.

第 3 章　最优极化、等功率曲线与共极化零点

3.1　引　　言

在单站雷达情况下，Kennaugh[1]首次提出了对称散射矩阵情况下天线的最优极化理论。这一理论后由 Huynen[2]、Boerner 以及他们的合作者[3-11]，van Zyl、Mott、Lueneburg、Cloude 以及 Yamaguchi 等[12,13]进行了深入的研究。在对称完全相干的散射矩阵情况下，已知存在五对特征极化状态：两个在共极化通道下雷达接收功率为零的共极化零点，一个在共极化通道下雷达接收最大功率的共极化最大值点，一个在共极化通道下雷达接收临界功率的共极化鞍点，两个在交叉极化通道下雷达接收零功率的交叉极化零点，两个在交叉极化通道下雷达接收临界功率的交叉极化鞍点和两个在交叉极化通道下雷达接收最大功率的交叉极化最大值点。然而，共极化鞍点和最大值点与交叉极化零点有相同的极化状态；因此，对称完全相干散射矩阵共存在八个不同的物理特征极化状态。在 Poincaré 球上，共极化零点、共极化最大值点和共极化鞍点组成一个有趣的图形，称为 Huynen 极化叉[2]。

到目前为止，虽然已经有几种方法被用来决定特征极化状态，但是我们仍期望最终能找到一套“严格和完备的公式”[3,4]。另外，由于 Poincaré 球为极化的效果提供了直观的图形上的帮助，它和 Stokes 矢量在雷达极化理论中被频繁使用。因此，用 Stokes 矢量形式来表达特征极化状态是非常重要的。

在交叉极化的情况下，Yamaguchi 等[12]提供了一种基于特征值问题的简便方法来获取交叉极化的零点、最大值点和鞍点(在 Stokes 矢量形式下)。但是到目前为止还没有求共极化零点、最大值点和鞍点的 Stokes 矢量的简单方法。因此，找到一组能通过更直接的方法来获取共极化通道下特征极化状态的 Stokes 矢量的公式或方法是十分重要的。本章将解决这个问题。

在双站雷达情况下，目标的散射矩阵是非对称的。Davidovitz、Boerner、Czyz、Lueneburg、Cloude 等先后研究了对应的天线最优极化问题。可是，多站雷达天线的最优极化问题目前还没有人进行系统的研究。本章将建立多站雷达天线最优极化的数学模型，并给出具体的求解方法。

本章的主要内容安排如下。

3.2 节提出一种基于对称散射矩阵获取共极化最大值点、鞍点和零点的方法[14,15]。这种方法给出了共极化最大值点、鞍点和零点的 Stokes 矢量形式的直接表达式。

3.3 节简要总结 Yamaguchi 的结论后，给出一个特殊矩阵的特征值。这个结果对本章接下来的部分是十分有用的。

3.4 节讨论在对称完全相干散射矩阵情况下，特征极化状态在 Poincaré 球上的几何关

系[14,15-17]。然后，基于这种关系，提出一个获取所有特征极化状态(以 Stokes 矢量形式)的非常简单的解析表达式。在这个公式中，我们会发现共极化零点是对称散射矩阵最基本的特征极化状态，其他特征极化状态能够通过此方法从共极化零点的表达式直接得到。最后给出一个例子。其计算结果和其他最优化方法得出的结果是一致的，从而证明所给方法是有效的。

3.5 节和 3.6 节对三个特殊通道的等功率曲线进行系统的研究[15]。这里的“等功率曲线”定义为 Poincaré 球上的一条特殊曲线，在该曲线上相应的接收功率具有相同的值。Kennaugh 和 Huynen 把此问题视为共极化通道单参量的情况。Mott 基于极化匹配因素深入研究了这个问题，但他没有使用特征极化状态下的等功率曲线的概念。3.5 节和 3.6 节将讨论等功率曲线与特征极化状态，这对于分析 Poincaré 球上接收功率的分布是十分重要的。此外，还将看到特征极化状态是如何由等功率曲线产生的。由此提供了一种介绍特征极化状态的新方法，这种方法和 Kennaugh、Huynen、Boerner 和 Yamaguchi 等的方法有明显的区别。

3.7 节将引入目标共极化零点的概念[15,18,19]，并给出一些重要结论。

最后将单站情况扩展到双多站情况，对双多站雷达天线的最优极化问题进行研究，建立数学模型并给出求解方法，并比较双多站与单站雷达情况下有关结论的异同。

3.2　共极化通道下特征极化状态的公式

3.2.1　共极化最大值点和共极化鞍点

设

$$\boldsymbol{S}=\begin{bmatrix} s_1 & s_2 \\ s_2 & s_3 \end{bmatrix} \tag{3.1}$$

表示一个互易情况下雷达目标的散射矩阵，并用矢量 $\vec{a}$ 表示发射天线的极化状态($\|\vec{a}\|=1$)。则共极化通道下的接收功率为

$$P_c=\left|\boldsymbol{S}\vec{a}\cdot\vec{a}\right|^2 \tag{3.2}$$

并且匹配极化通道下的接收功率由式(3.3)给出：

$$P_m=\|\boldsymbol{S}\,\vec{a}\,\|^2=\boldsymbol{S}^{\mathrm{H}}\boldsymbol{S}\,\vec{a}\cdot\vec{a}^* \tag{3.3}$$

令 $\vec{g}=\left[1,g_1,g_2,g_3\right]^{\mathrm{T}}$ 表示 $\vec{a}$ 的 Stokes 矢量，则匹配极化通道下的接收功率可以重新写为

$$P_m=\frac{1}{2}\left(\left|s_1\right|^2+2\left|s_2\right|^2+\left|s_3\right|^2\right)+v_1g_1+v_2g_2+v_3g_3 \tag{3.4}$$

其中，

$$v_1=\frac{1}{2}\left(|s_1|^2-|s_3|^2\right),\quad v_2=\mathrm{Re}\left(s_1s_2^*+s_2s_3^*\right)$$
$$v_2=\mathrm{Re}\left(s_1s_2^*+s_2s_3^*\right),\quad v=\sqrt{v_1^2+v_2^2+v_3^2} \tag{3.5}$$

本节中假定 $v\neq 0$。在式(3.2)中由 Cauchy-Schwarz 不等式，很容易证明 P_c 取得最大值的充分必要条件为

$$\vec{a}=\frac{(\boldsymbol{S}\vec{a})^*}{\|\boldsymbol{S}\vec{a}\|} \tag{3.6}$$

因此，匹配极化最大值点，也就是使 P_m 为最大的极化状态，其与共极化最大值点相同。再次对式(3.4)应用 Cauchy-Schwarz 不等式，可知 P_m 取最大值当且仅当：

$$g_i=v_i/v,\ i=1,2,3 \tag{3.7}$$

因此，共极化最大值点为

$$\vec{g}=\left[1,v_1/v,v_2/v,v_3/v\right]^{\mathrm{T}} \tag{3.8}$$

其中，v_i 和 v 由式(3.5)给出。

同样地，P_m 取最小值的充要条件为

$$g_i=-v_i/v,\ i=1,2,3 \tag{3.9}$$

因为共极化鞍点同匹配极化最小点相同，所以共极化鞍点为

$$\vec{g}=\left[1,-v_1/v,-v_2/v,-v_3/v\right]^{\mathrm{T}} \tag{3.10}$$

式(3.8)和式(3.10)为共极化最大值点和共极化鞍点的公式，由此可以直接获得前面所述的用 Stokes 矢量形式给出的特征极化状态。

3.2.2　共极化零点

可以直接证明 $P_c=|\boldsymbol{S}\vec{a}\cdot\vec{a}|^2$ 为零的充要条件为

$$\boldsymbol{S}\vec{a}=\lambda\begin{bmatrix}a_2\\-a_1\end{bmatrix}=\lambda\begin{bmatrix}0&1\\-1&0\end{bmatrix}\vec{a} \tag{3.11}$$

或者

$$\begin{bmatrix}0&-1\\1&0\end{bmatrix}\boldsymbol{S}\vec{a}=\lambda\vec{a} \tag{3.12}$$

这个特征值问题可以很容易解决。两个特征向量 $\vec{a}_{1,2}$ 和共极化零点有关。从式(3.12)可以得出：

$$\lambda_{1,2}=\pm\sqrt{s_2^2-s_1s_3} \tag{3.13}$$

以及

$$\vec{a}_{1,2}=\frac{1}{\sqrt{|s_3|^2+|\lambda_{1,2}+s_2|^2}}\begin{bmatrix}-s_3\\ \lambda_{1,2}+s_2\end{bmatrix},\left(|s_3|^2+|\lambda_{1,2}+s_2|^2\neq 0\right) \tag{3.14}$$

或者

$$\vec{a}_{1,2}=\frac{1}{\sqrt{|s_1|^2+|\lambda_{1,2}-s_2|^2}}\begin{bmatrix}\lambda_{1,2}-s_2\\ s_1\end{bmatrix},\left(|s_3|^2+|\lambda_{1,2}+s_2|^2=0\right) \tag{3.15}$$

注意到：

$$g_1=j\,\boldsymbol{L}\vec{a}\cdot\vec{a}^*,\ g_2=-j\,\boldsymbol{K}\vec{a}\cdot\vec{a}^*,\ g_3=j\,\boldsymbol{J}\vec{a}\cdot\vec{a}^* \tag{3.16}$$

这里的 $\boldsymbol{I}$ 、 $\boldsymbol{J}$ 、 $\boldsymbol{K}$ 和 $\boldsymbol{L}$ 为 Pauli 矩阵，定义为

$$\boldsymbol{I}=\begin{bmatrix}1&0\\0&1\end{bmatrix},\boldsymbol{J}=\begin{bmatrix}0&-1\\1&0\end{bmatrix},\boldsymbol{K}=\begin{bmatrix}0&\mathrm{j}\\\mathrm{j}&0\end{bmatrix},\boldsymbol{L}=\begin{bmatrix}-\mathrm{j}&0\\0&\mathrm{j}\end{bmatrix}$$

从式(3.16)出发，可以得出以下结果。

(1)若 $s_3\neq 0$ ，则共极化零点为

$$g_1=\frac{|s_3|^2-|\lambda_{1,2}+s_2|^2}{|s_3|^2+|\lambda_{1,2}+s_2|^2},\quad g_2=\frac{-2\operatorname{Re}\left(s_3^*\left(\lambda_{1,2}+s_2\right)\right)}{|s_3|^2+|\lambda_{1,2}+s_2|^2}$$

$$g_3=\frac{-2\operatorname{Im}\left(s_3^*\left(\lambda_{1,2}+s_2\right)\right)}{|s_3|^2+|\lambda_{1,2}+s_2|^2} \tag{3.17}$$

(2)若 $s_1\neq 0$ ，则共极化零点为

$$g_1=\frac{|\lambda_{1,2}-s_2|^2-|s_1|^2}{|\lambda_{1,2}-s_2|^2+|s_1|^2},\quad g_2=\frac{2\operatorname{Re}\left[s_1^*\left(\lambda_{1,2}-s_2\right)\right]}{|\lambda_{1,2}-s_2|^2+|s_1|^2}$$

$$g_3=\frac{-2\operatorname{Im}\left[s_1^*\left(\lambda_{1,2}-s_2\right)\right]}{|\lambda_{1,2}-s_2|^2+|s_1|^2} \tag{3.18}$$

(3)若 $s_1=s_3=0$ ，则目标散射矩阵为 $\boldsymbol{S}=s_2\begin{bmatrix}0&1\\1&0\end{bmatrix}$ ，并且可知，共极化零点为

$$g_1=\pm 1,\ g_2=0,\ g_3=0 \tag{3.19}$$

接下来考虑非对称散射矩阵的情况。令目标的散射矩阵为

$$\boldsymbol{T}=\begin{bmatrix}t_1&t_2\\t_3&t_4\end{bmatrix}$$

那么如果我们把非对称的散射矩阵 $\boldsymbol{T}$ 用对称的散射矩阵 $\boldsymbol{S}(\boldsymbol{T})=\begin{bmatrix}t_1&\dfrac{t_2+t_3}{2}\\\dfrac{t_2+t_3}{2}&t_4\end{bmatrix}$ 代替，则共极化通道下的接收功率会保持不变。因此，共极化通道下 $\boldsymbol{T}$ 的特征极化状态也可通过

将上述公式应用于对称矩阵 $\boldsymbol{S}(\boldsymbol{T})$ 得到。

3.3　$\boldsymbol{J}_k$ 矩阵的特征值

我们假定在本章的以后部分，所讨论的散射矩阵均为对称的。在交叉极化通道，接收功率可以表达为

$$P_x = \frac{1}{2}\vec{g}_{\mathrm{t}}^{\mathrm{T}} \boldsymbol{K}_X \vec{g}_{\mathrm{t}} \tag{3.20}$$

其中，下标 t 表示“发射”(天线的极化状态)。$\boldsymbol{K}_X$ 为交叉极化通道下的 Kennaugh 矩阵(也称为修正的 Kennaugh 矩阵)，定义为

$$\boldsymbol{K}_X = \begin{bmatrix} k_{00} & k_{01} & k_{02} & k_{03} \\ -k_{01} & -k_{11} & -k_{12} & -k_{13} \\ -k_{02} & -k_{12} & -k_{22} & -k_{23} \\ -k_{03} & -k_{13} & -k_{23} & -k_{33} \end{bmatrix}$$

令

$$\vec{X} = [g_1, g_2, g_3]^{\mathrm{T}}$$

以及

$$\boldsymbol{J}_k = \begin{bmatrix} k_{11} & k_{12} & k_{13} \\ k_{12} & k_{22} & k_{23} \\ k_{13} & k_{23} & k_{33} \end{bmatrix} \tag{3.21}$$

则(3.20)可以写为

$$P_x = \frac{1}{2}\left(k_{00} - \vec{X}^{\mathrm{T}} \boldsymbol{J}_k \vec{X}\right) \tag{3.22}$$

其中，Stokes 向量 $\vec{X}$ 满足：

$$g_1^2 + g_2^2 + g_3^2 = 1$$

通过解特征值方程：

$$\boldsymbol{J}_k \vec{X} = \lambda \vec{X} \tag{3.23}$$

可以得到三个特征向量 $\vec{X}_i\,(i=1,2,3)$。显然，$\pm\vec{X}_i\,(i=1,2,3)$ 为交叉极化的最大值点、鞍点和零点。根据交叉零点的定义，由式(3.22)可知与交叉极化零点相对应的特征值为

$$\lambda_n = k_{00} \tag{3.24}$$

用 λ_m 和 λ_s 分别代表交叉极化最大值点和鞍点的特征值。由代数理论可知：

$$\lambda_n + \lambda_m + \lambda_s = \operatorname{trace} \boldsymbol{J}_k = k_{11} + k_{22} + k_{33}$$

$$\lambda_n \lambda_m \lambda_s = \det \boldsymbol{J}_k \tag{3.25}$$

注意到 $k_{11} + k_{22} + k_{33} = k_{00}$。因此，从式(3.24)和式(3.25)可知：

$$\lambda_s + \lambda_m = 0\text{，}\quad \lambda_s \lambda_m = \det \boldsymbol{J}_k / k_{00} \tag{3.26}$$

由 $\lambda_s \geqslant \lambda_m$，可得

$$\lambda_s = \sqrt{\frac{\det \boldsymbol{J}_k}{-k_{00}}} \geqslant 0,\quad \lambda_m = -\sqrt{\frac{\det \boldsymbol{J}_k}{-k_{00}}} \leqslant 0 \tag{3.27}$$

这样就求得矩阵 $\boldsymbol{J}_k$ 的所有特征值。3.4 节中将用到以上结果。

3.4　获取特征极化状态的简便方法

完全相干对称散射矩阵的特征极化状态存在一些关系。Kennaugh 首次注意到了这些关系。此后，Huynen 试图用他所引入的方法证明这些关系并导出了著名的“极化叉”的概念。Boerner 等基于极化比的概念拓展了这项工作。本章将导出完全相干对称散射矩阵情况下 Poincaré 球上的特征极化状态的几何关系，由此给出一种获得所有 Stokes 向量形式的特征极化状态的简单方法。

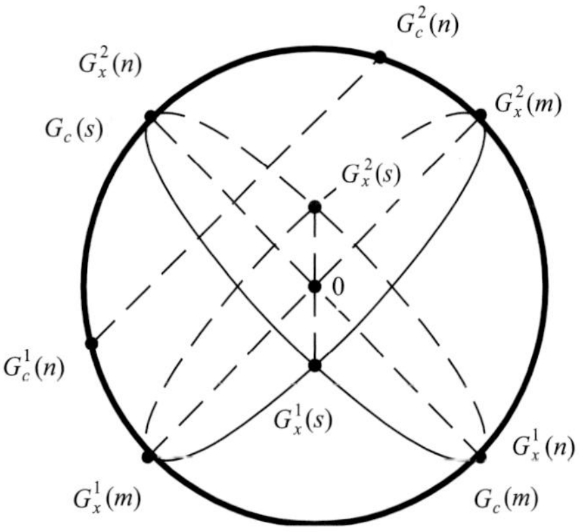

图 3.1　Poincaré 球上的特征极化状态

在 Poincaré 球上，用 $\vec{G}_c(m)$、$\vec{G}_c(s)$ 和 $\vec{G}_c^{1,2}(n)$ 分别表示共极化最大值点、鞍点和零点。用 $\vec{G}_x^{1,2}(m)$、$\vec{G}_x^{1,2}(s)$ 和 $\vec{G}_x^{1,2}(n)$ 分别表示交叉极化最大值点、鞍点和零点(图 3.1)。这里，$\vec{G}_c(m)$、$\vec{G}_c(s)$、$\vec{G}_c^{1,2}(n)$、$\vec{G}_x^{1,2}(m)$、$\vec{G}_x^{1,2}(s)$ 和 $\vec{G}_x^{1,2}(n)$ 以 Stokes 子向量形式表示，其顶点分别表示为 $G_c(m)$、$G_c(s)$、$G_c^{1,2}(n)$、$G_x^{1,2}(m)$、$G_x^{1,2}(s)$ 和 $G_x^{1,2}(n)$。

本节假设 $\vec{G}_c^2(n) \neq \pm\vec{G}_c^1(n)$。在此假设下，典型极化状态的几何关系可以写为

R1.1: $\vec{G}_x^1(n) = \vec{G}_c(m)$，$\vec{G}_x^2(n) = \vec{G}_c(s)$；

R2.1: $\vec{G}_c^1(n)$ 和 $\vec{G}_c^2(n)$ 关于线段 $\overline{G_c(m)G_c(s)}$ 对称；

R3.1: $\vec{G}_x^{1,2}(m)$ 和线段 $\overline{G_c^1(n)G_c^2(n)}$ 平行；

R4.1: $\vec{G}_x^{1,2}(s)$ 既垂直于线段 $\overline{G_c^1(n)G_c^2(n)}$，也垂直于 $\overline{G_x^1(n)G_x^2(n)}$。

下面将证明上面的关系。

1. R1.1 的证明

令 $\vec{a}$ 表示交叉极化零点，则 $\boldsymbol{S}\vec{a} \cdot \vec{a}^{\perp} = 0$，得到 Kennaugh 的伪特征值等式：

$$\boldsymbol{S}\vec{a} = \lambda \begin{bmatrix} 0 & 1 \\ -1 & 0 \end{bmatrix} \vec{a}^{\perp} = \lambda \vec{a}^{*} \tag{3.28}$$

其中，$\vec{a}^{\perp}$ 定义为 $\vec{a}^{\perp}=\begin{bmatrix}0 & -1\\ 1 & 0\end{bmatrix}\vec{a}^{*}$，得到

$$\boldsymbol{S}^{\mathrm{H}}\boldsymbol{S}\vec{a}=|\lambda|^{2}\vec{a} \tag{3.29}$$

比较式(3.3)～式(3.7)和式(3.28)、式(3.29)，可得 R1.1 成立。

2. R2.1 的证明

由假设 $\boldsymbol{G}_c^2(n)\neq\pm\boldsymbol{G}_c^1(n)$，很容易证明 $|s_1|+|s_3|\neq 0$。当 $s_3\neq 0$ 时，由式(3.13)可以得出 $\lambda_1=-\lambda_2$ 和 $\lambda_1^2=\lambda_2^2=s_2^2-s_1s_3$。此结果代入式(3.17)，易证：

$$\vec{G}_c^1(n)+\vec{G}_c^2(n)=\frac{-2|s_3|^2 v\vec{G}_c(m)}{\left(|s_3|^2+|\lambda_1+s_2|^2\right)\left(|s_3|^2+|\lambda_2+s_2|^2\right)} \tag{3.30}$$

当 $s_1\neq 0$ 时，由式(3.18)可以得出：

$$\vec{G}_c^1(n)+\vec{G}_c^2(n)=\frac{-2|s_1|^2 v\vec{G}_c(m)}{\left(|s_1|^2+|\lambda_1-s_2|^2\right)\left(|s_1|^2+|\lambda_2-s_2|^2\right)} \tag{3.31}$$

注意到 $\vec{G}_c^1(n)$ 和 $\vec{G}_c^2(n)$ 幅度相同。由式(3.31)可以得出 R2.1 成立。

3. R3.1 的证明

令 $\vec{v}=[k_{01},k_{02},k_{03}]^{\mathrm{T}}$，使用符号：

$$\boldsymbol{J}_k=\begin{bmatrix}k_{11} & k_{12} & k_{13}\\ k_{12} & k_{22} & k_{23}\\ k_{13} & k_{23} & k_{33}\end{bmatrix}$$

并在此对下面的优化问题使用拉格朗日乘数法：

$$\begin{cases}\text{minimize} & \dfrac{1}{2}\boldsymbol{g}^{\mathrm{T}}[K]_c\,\boldsymbol{g}\\ \text{subject to} & g_1^2+g_2^2+g_3^2=1\end{cases} \tag{3.32}$$

可以证明存在两个实数 η_1 和 η_2 满足：

$$\boldsymbol{J}_k\vec{G}_c^1(n)+\vec{v}=\eta_1\vec{G}_c^1(n),\quad \boldsymbol{J}_k\vec{G}_c^2(n)+\vec{v}=\eta_2\vec{G}_c^2(n) \tag{3.33}$$

由共极化零点的定义，可得

$$\boldsymbol{J}_k\vec{G}_c^{1,2}(n)\cdot\vec{G}_c^{1,2}(n)+2\vec{v}\cdot\vec{G}_c^{1,2}(n)+k_{00}=0$$

把式(3.33)代入上式，很容易得到 $\eta_1=-k_{00}-\vec{v}\cdot\vec{G}_c^1(n)$ 以及 $\eta_2=-k_{00}-\vec{v}\cdot\vec{G}_c^2(n)$。注意到 $\vec{v}=v\vec{G}_c(m)$，其中 $v=\|\vec{v}\|$。由 R2.1 可以得出 $\eta_1=\eta_2$，记为 η。因此，由式(3.33)可以得出

$$\boldsymbol{J}_k\left(\vec{G}_c^1(n)-\vec{G}_c^2(n)\right)=\eta\left(\vec{G}_c^1(n)-\vec{G}_c^2(n)\right) \tag{3.34}$$

其中，$\eta=-k_{00}-\vec{v}\cdot\vec{G}_c^{1,2}(n)\leqslant -k_{00}+\|\vec{v}\|\leqslant 0$。将式(3.34)和式(3.23)以及式(3.27)相比较，可以推出$\eta=\lambda_m$，表明 R3.1 成立。

4. R4.1 的证明

由于$\boldsymbol{J}_k$为实对称矩阵并且当$\vec{G}_c^2(n)\neq\pm\vec{G}_c^1(n)$时无多重特征值，因此矩阵$\boldsymbol{J}_k$的特征向量$\vec{G}_x^{1,2}(s)$、$\vec{G}_x^{1,2}(m)$和$\vec{G}_x^{1,2}(n)$是相互正交的。由此正交性和 R1.1、R2.1、R3.1 可以得出 R4.1 成立。

根据以上的关系以及式(3.17)和式(3.18)，则完全相干对称散射矩阵的特征极化状态可以由以下的简单方法得到。

(1) 共极化零点$\vec{G}_c^{1,2}(n)$由式(3.17)和式(3.18)给出。

(2) 共极化最大值点$\vec{G}_c(m)$为

$$\vec{G}_c(m)=-\left[\vec{G}_c^1(n)+\vec{G}_c^2(n)\right]\Big/\left\|\vec{G}_c^1(n)+\vec{G}_c^2(n)\right\| \tag{3.35}$$

(3) 共极化鞍点$\vec{G}_c(s)$为

$$\vec{G}_c(s)=\left[\vec{G}_c^1(n)+\vec{G}_c^2(n)\right]\Big/\left\|\vec{G}_c^1(n)+\vec{G}_c^2(n)\right\| \tag{3.36}$$

(4) 交叉极化零点$\vec{G}_x^{1,2}(n)$为

$$\vec{G}_x^1(n)=\vec{G}_c(m),\quad \vec{G}_x^2(n)=\vec{G}_c(s) \tag{3.37}$$

(5) 交叉极化最大值点$\vec{G}_x^{1,2}(m)$为

$$\vec{G}_x^{1,2}(m)=\pm\overrightarrow{G_c^1(n)G_c^2(n)}\Big/\left\|\overrightarrow{G_c^1(n)G_c^2(n)}\right\| \tag{3.38}$$

(6) 交叉极化鞍点$\vec{G}_x^{1,2}(s)$为

$$\vec{G}_x^{1,2}(s)=\pm\left[\vec{G}_c^1(n)\times\vec{G}_c^2(n)\right]\Big/\left\|\vec{G}_c^1(n)\times\vec{G}_c^2(n)\right\| \tag{3.39}$$

其中，$\times$表示向量积。请注意本节中假定$\vec{G}_c^2(n)\neq\pm\vec{G}_c^1(n)$。至于$\vec{G}_c^2(n)=\pm\vec{G}_c^1(n)$的情况将在 3.6 节讨论。

通过以上方法，可以很容易得到 Stokes 矢量形式的所有特征极化状态。下面举一个例子来说明此方法的有效性。

例3.1：$\boldsymbol{S}=\begin{bmatrix}2j & 0.5\\ 0.5 & -j\end{bmatrix}$为一个雷达目标的散射矩阵。由式(3.17)，可以得到共极化零点为$\vec{G}_c^1(n)=\left[-\frac{1}{3},\frac{\sqrt{7}}{3},-\frac{1}{3}\right]^{\mathrm{T}}$和$\vec{G}_c^2(n)=\left[-\frac{1}{3},-\frac{\sqrt{7}}{3},-\frac{1}{3}\right]^{\mathrm{T}}$。则由式(3.35)～式(3.39)，很容易得到以下结果。

共极化最大值点：$\vec{G}_c(m)=\left[\frac{\sqrt{2}}{2},0,\frac{\sqrt{2}}{2}\right]^{\mathrm{T}}$；

共极化鞍点：$\vec{G}_c(s)=\left[-\frac{\sqrt{2}}{2},0,-\frac{\sqrt{2}}{2}\right]^{\mathrm{T}}$；

交叉极化最大值点：$\vec{G}_x^1(m)=[0,1,0]^{\mathrm{T}}$ 和 $\vec{G}_x^2(m)=[0,-1,0]^{\mathrm{T}}$；

交叉极化鞍点：$\vec{G}_x^1(s)=\left[\frac{\sqrt{2}}{2},0,-\frac{\sqrt{2}}{2}\right]^{\mathrm{T}}$ 和 $\vec{G}_x^2(s)=\left[-\frac{\sqrt{2}}{2},0,\frac{\sqrt{2}}{2}\right]^{\mathrm{T}}$；

交叉极化零点：$\vec{G}_x^1(n)=\left[\frac{\sqrt{2}}{2},0,\frac{\sqrt{2}}{2}\right]^{\mathrm{T}}$ 和 $\vec{G}_x^2(n)=\left[-\frac{\sqrt{2}}{2},0,-\frac{\sqrt{2}}{2}\right]^{\mathrm{T}}$。

这个结果与其他最优化方法所得到的结果相同，由此证明所提方法是有效的。图 3.2 给出了 Poincaré 球上所有特征极化状态。

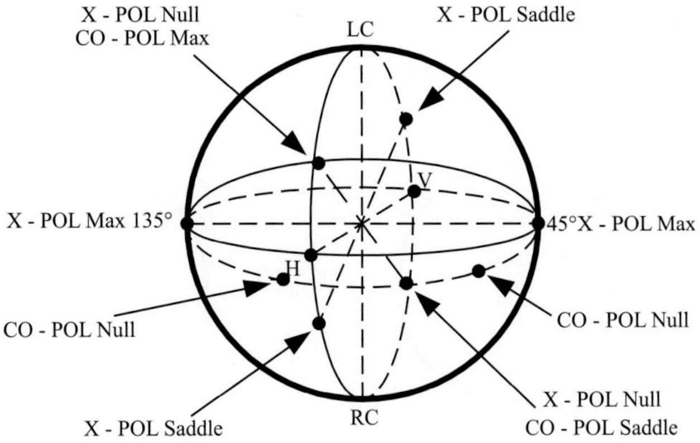

图 3.2　例 3.1 中 Poincaré 球上的特征极化状态

3.5　接收功率的等功率曲线

本节仍然假定 $\vec{G}_c^2(n)\neq\pm\vec{G}_c^1(n)$。对于 $\vec{G}_c^2(n)=\pm\vec{G}_c^1(n)$ 的情况，将在 3.6 节讨论。

3.5.1　共极化通道情况

在共极化通道的情况下，令 C 为任意常数并且 $0\leqslant C\leqslant\max P_c$，则

$$\begin{cases}P_c=\dfrac{1}{2}\vec{g}^{\mathrm{T}}\boldsymbol{K}_c\vec{g}=C\\ g_1^2+g_2^2+g_3^2=1\end{cases}\tag{3.40}$$

表示 Poincaré 球上的一条曲线。因为曲线上每一个点对应的接收功率都相同，所以称为共极化通道下的等功率曲线。现在来考查等功率曲线的形状。使用式(3.21)的符号，可以将共极化通道下的接收功率写为

$$
\begin{aligned}
P_c &= \frac{1}{2}\vec{g}^{\mathrm{T}}\boldsymbol{K}_c\vec{g} = \frac{1}{2}\left(\boldsymbol{J}_k\vec{X}\cdot\vec{X} + 2\vec{v}\cdot\vec{X} + k_{00}\right) \\
&= \frac{1}{2}\left(\boldsymbol{J}_{k+}\vec{X}\cdot\vec{X} + 2\vec{v}\cdot\vec{X}\right)
\end{aligned} \tag{3.41}
$$

其中，$\boldsymbol{J}_{k+}$ 为

$$
\boldsymbol{J}_{k+} = \begin{bmatrix} k_{11}+k_{00} & k_{12} & k_{13} \\ k_{12} & k_{22}+k_{00} & k_{23} \\ k_{13} & k_{23} & k_{33}+k_{00} \end{bmatrix} \tag{3.42}
$$

根据代数学理论，$P_c = \left(\boldsymbol{J}_{k+}\vec{X}\cdot\vec{X} + 2\vec{v}\cdot\vec{X}\right)/2 = C$ 表示一个二次曲面，其形状由矩阵 $\boldsymbol{J}_{k+}$ 决定。由式(3.24)、式(3.27)和 R3.1 的证明，可以很容易地得到矩阵 $\boldsymbol{J}_{k+}$ 的特征值：

$$
\lambda_1^+ = 2k_{00} > 0, \quad \lambda_2^+ = -\vec{v}\cdot\vec{G}_c^2(n) > 0
$$

$$
\lambda_3^+ = 2k_{00} + \vec{v}\cdot\vec{G}_c^2(n) > 0 \tag{3.43}
$$

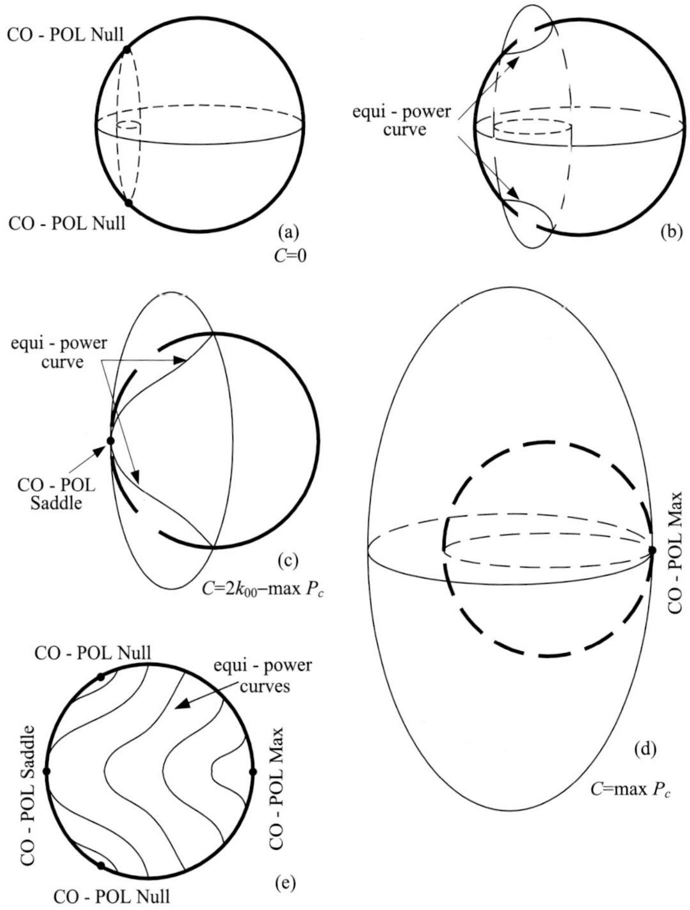

图 3.3　共极化通道的等功率曲线和特征极化状态

因此，$P_c = \left(\boldsymbol{J}_{k+}\vec{X}\cdot\vec{X} + 2\vec{v}\cdot\vec{X}\right)/2 = C$ 是一个椭球面，并且式(3.40)表示的等功率曲线是一个椭球面和 Poincaré 球的交集部分。图 3.3(b) 和图 3.3(e) 给出 Poincaré 球上共极化通道下的等功率曲线。令 C 取 $0\sim\max P_c$ 的不同值，就可以得出共极化通道下的典型极化状态，这和其他方法是完全不同的。

当 $C=0$ 时，椭球面和 Poincaré 球相切于两个点：共极化零点(图 3.3(a))；当 $C=\max P_c$ 时，椭球面和 Poincaré 球相切于一个点：共极化最大值点(图 3.3(d))；当 $C=2k_{00}-\max P_c$ 时，椭球面和 Poincaré 球相切于一个点：共极化鞍点[图 3.3(c)]。总之，共极化通道下的特征极化状态可以看成是特殊的椭球面和 Poincaré 球的接触点。

显然椭球面的中心和主方向与常数 C 相互独立。因此，对任意常数 $C\left(0\leqslant C\leqslant\max P_c\right)$，相应的椭球面有三个固定的主方向(与 $\vec{G}_x(s)$、$\vec{G}_x(m)$ 和 $\vec{G}_x(n)$ 相同)和一个固定中心。根据解析几何理论，可知椭球面 $P_c = \left(\boldsymbol{J}_{k+}\vec{X}\cdot\vec{X} + 2\vec{v}\cdot\vec{X}\right)/2 = C$ 的中心 $\boldsymbol{c}$ 由下式决定：

$$\boldsymbol{J}_{k+}\vec{c} = -\vec{v}$$

显然，椭球面的中心位于线段 $\overline{OG_c(s)}$ 上。可以证明椭球面和 Poincaré 球的中心间的距离为 v/k_{00}。

3.5.2　交叉极化通道情况

在交叉极化通道下，令 C 为任意常数并且 $0\leqslant C\leqslant\max P_c$，则

$$\begin{cases} P_x = \dfrac{1}{2}\vec{g}^{\mathrm{T}}\boldsymbol{K}_x\vec{g} = C \\ g_1^2 + g_2^2 + g_3^2 = 1 \end{cases} \tag{3.44}$$

表示 Poincaré 球上的一条曲线，称为交叉极化通道下的等功率曲线。由式(3.22)，交叉极化通道下的接收功率可以写为

$$P_x = \frac{1}{2}\left(k_{00} - \boldsymbol{J}_k\vec{X}\cdot\vec{X}\right) = \frac{1}{2}\boldsymbol{J}_{k-}\vec{X}\cdot\vec{X}$$

其中，

$$\boldsymbol{J}_{k-} = -\begin{bmatrix} k_{11}-k_{00} & k_{12} & k_{13} \\ k_{12} & k_{22}-k_{00} & k_{23} \\ k_{13} & k_{23} & k_{33}-k_{00} \end{bmatrix} \tag{3.45}$$

由式(3.24)、式(3.27)、式(3.42)和式(3.43)可知，矩阵 $\boldsymbol{J}_{k-}$ 的特征值为

$$\lambda_1^- = 0,\quad \lambda_2^- = 2k_{00} + \vec{v}\cdot\vec{G}_c^2(n) > 0$$
$$\lambda_3^- = -\vec{v}\cdot\vec{G}_c^2(n) > 0 \tag{3.46}$$

因此，$P_x = \boldsymbol{J}_{k-}\vec{X}\cdot\vec{X}/2 = C$ 表示一个椭圆柱面，并且交叉极化通道下的等功率曲线是一个椭圆柱面和 Poincaré 球的交线(图 3.4(b) 和图 3.4(e))。当 $C=0$ 时，圆柱面退化为一

条线，等功率曲线退化为两个点：交叉极化零点(图 3.4(a))；当 $C = \max P_x$ 时，等功率曲线退化为另外两点：交叉极化最大值点(图 3.4(d))；当 $C = 2k_{00} - \max P_x$ 时，柱面与 Poincaré 球相切于两点：交叉极化鞍点(图 3.4(c))。一般情况下，椭圆柱面与 Poincaré 球相交成交叉极化通道下的等功率曲线(图 3.4(b) 和图 3.4(e))。这样，就可以使用上述等功率曲线产生交叉极化通道下的三种特征极化状态。

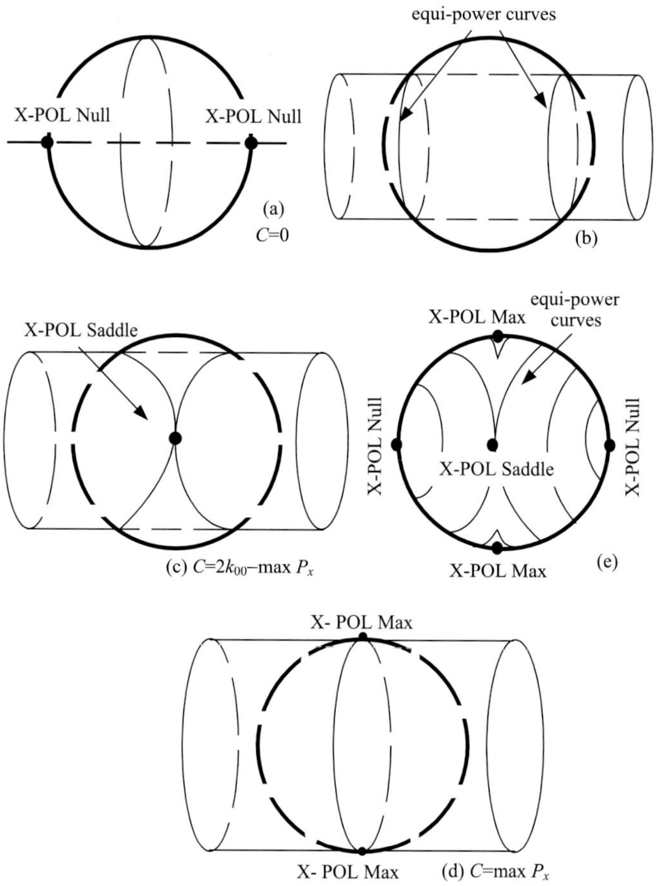

图 3.4　交叉极化通道的等功率曲线和特征极化状态

需要指出的是，对于任意常数 C，椭圆柱面 $P_x = \boldsymbol{J}_{k-}\vec{X}\cdot\vec{X}/2 = C$ 的中心线是 $\vec{X} = \vec{v}t$，且交叉极化零点在这条线上。

3.5.3　匹配极化通道情况

根据式(3.4)，匹配极化雷达通道的接收功率为

$$P_m = \frac{1}{2}\left(|s_1|^2 + 2|s_2|^2 + |s_3|^2\right) + v_1 g_1 + v_2 g_2 + v_3 g_3 \tag{3.47}$$

若 $v=\sqrt{v_1^2+v_2^2+v_3^2}=0$，那么接收功率为一个常数 $\left(|s_1|^2+2|s_2|^2+|s_3|^2\right)/2$。现在我们假定 $v\neq 0$。对于一个任意常数 $C\left(\min P_m\leqslant C\leqslant \max P_m\right)$，则式(3.48)

$$\begin{cases} P_m=\dfrac{1}{2}\left(|s_1|^2+2|s_2|^2+|s_3|^2\right)+v_1g_1+v_2g_2+v_3g_3=C \\ g_1^2+g_2^2+g_3^2=1 \end{cases} \tag{3.48}$$

代表一个圆，称为匹配极化通道下的等功率圆[图 3.5(b)和图 3.5(d)]。这个等功率圆是由平面 $P_m=C$ 切 Poincaré 球所得的。当 $C=\min P_m$ 时，平面 $P_m=C$ 与 Poincaré 球相切于一点：匹配极化最小点[图 3.5(a)]；当 $C=\max P_m$ 时，平面 $P_m=C$ 与 Poincaré 球相切于另一点：匹配极化最大值点[图 3.5(c)]；当 $\min P_m\leqslant C\leqslant \max P_m$ 时，平面与 Poincaré 球相交出等功率圆[图 3.5(b)和图 3.5(d)]。

令 $C=\left(|s_1|^2+2|s_2|^2+|s_3|^2\right)/2+v\cos\theta$，则 θ 具有几何意义，如图 3.5(b)所示。显然，θ 的取值为 $0\leqslant\theta\leqslant\pi$。$\theta=0$ 和 $\theta=\pi$ 分别对应匹配极化最大值点和最小值点。

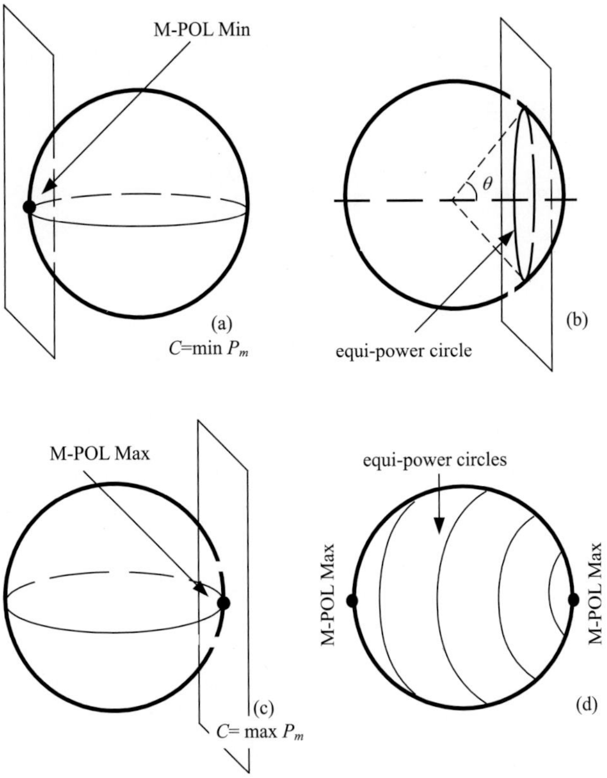

图 3.5　匹配极化通道的等功率曲线和特征极化状态

3.6　两种特殊情况下的特征极化状态和等功率曲线

本节将研究两种特殊情况下的特征极化状态和等功率曲线：$\vec{G}_c^2(n)=\vec{G}_c^1(n)$ 和 $\vec{G}_c^2(n)=-\vec{G}_c^1(n)$。

3.6.1　$\vec{G}_c^2(n)=-\vec{G}_c^1(n)$ 的情况

首先，证明以下推论：

$v=\sqrt{v_1^2+v_2^2+v_3^2}=0$ 成立的充要条件是 $\vec{G}_c^2(n)=-\vec{G}_c^1(n)$，其中 v_i 的定义见式(3.5)。

证明：

若 $s_1=s_3=0$，很容易验证 $\vec{G}_c^2(n)=-\vec{G}_c^1(n)$ 以及 $v=0$。

若 $s_3\neq 0$，由式(3.30)和 $\vec{v}=v\vec{G}_c(m)$ 可得

$$\vec{G}_c^1(n)+\vec{G}_c^2(n)=\frac{-2|s_3|^2}{\left(|s_3|^2+|\lambda_1+s_2|^2\right)\left(|s_3|^2+|\lambda_2+s_2|^2\right)}\boldsymbol{v} \tag{3.49}$$

同样地，若 $s_1\neq 0$，由式(3.31)可得

$$\vec{G}_c^1(n)+\vec{G}_c^2(n)=\frac{-2|s_1|^2}{\left(|s_1|^2+|\lambda_1-s_2|^2\right)\left(|s_1|^2+|\lambda_2-s_2|^2\right)}\vec{v} \tag{3.50}$$

综合所有情况，可以推出以上结论。

1) 散射矩阵形式

3.5.3 节中指出，当 $v=\sqrt{v_1^2+v_2^2+v_3^2}=0$ 时共极化通道下的接收功率为常数，很容易验证平面(或球)和直二面角具有这个性质。由 $v=\sqrt{v_1^2+v_2^2+v_3^2}=0$ 和式(3.5)可知，散射矩阵具有以下性质：

$$|s_1|=|s_3|,\quad s_1s_2^*+s_2s_3^*=0 \tag{3.51}$$

因此，散射矩阵可以写成以下形式：

$$\boldsymbol{S}=A\begin{bmatrix} r_1 & r_2\,\mathrm{e}^{j\theta} \\ r_2\,\mathrm{e}^{j\theta} & -r_1\,\mathrm{e}^{j2\theta} \end{bmatrix} \tag{3.52}$$

式中，A 为一个复数；r_1、r_2 和 θ 为实数。从以上表述，可以验证矩阵

$$\boldsymbol{S}=\begin{bmatrix} \mathrm{e}^{j\theta} & 0 \\ 0 & \pm\mathrm{e}^{-j\theta} \end{bmatrix} \tag{3.53}$$

也有同样的性质。

2)典型极化状态和等功率曲线

在共极化通道下，式(3.43)变成 $\lambda_1^+ = 2k_{00}$、$\lambda_2^+ = 0$ 及 $\lambda_3^+ = 2k_{00}$。因此，二次曲面 $P_c = \left(\boldsymbol{J}_{k+}\vec{X}\cdot\vec{X} + 2\vec{v}\cdot\vec{X}\right)/2 = C$ 为一个柱面。令 C 取不同的常数，就可以得到共极化通道下相应的等功率曲线族，它们是一系列圆(图 3.6)。当 $C = 0$ 时，柱面退化成通过 Poincaré 球上两点的一条直线：共极化零点[图 3.6(a)]；当 $C = \max P_c$ 时，等功率曲线是一个与 Poincaré 球有相同中心的圆，称为共极化最大值点圆[图 3.6(c)]。由于 $\overline{G_c^1(n)G_c^2(n)}$ 垂直于共极化最大值圆所在的平面，平面的表达式为 $\vec{G}_c^1(n)\cdot\vec{X} = 0$，因此共极化最大值圆的表达式可以写为

$$\begin{cases}\vec{G}_c^1(n)\cdot\vec{X} = 0 \\ g_1^2 + g_2^2 + g_3^2 = 1\end{cases} \tag{3.54}$$

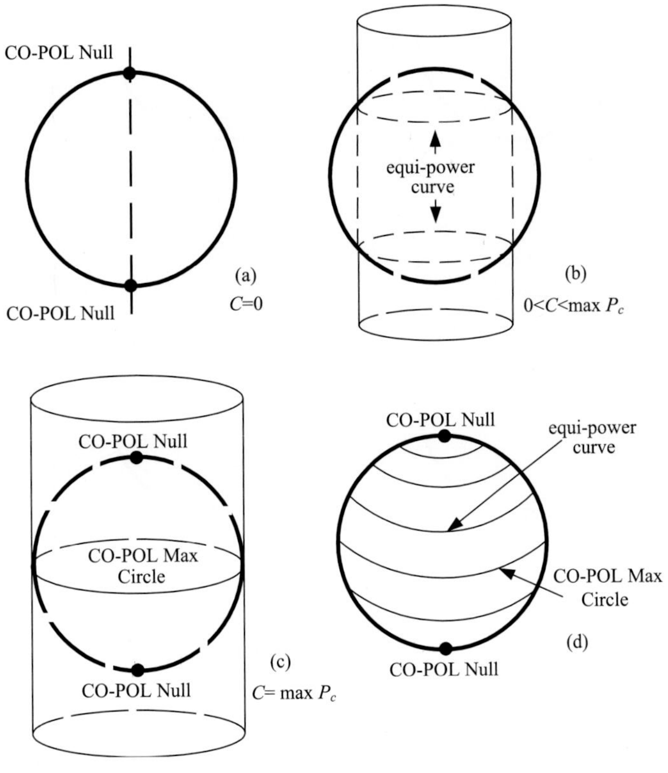

图 3.6　当 $\vec{G}_c^2(n) = -\vec{G}_c^1(n)$ 时共极化通道的等功率曲线

通过以上分析，可以得出：

对于 $\vec{G}_c^2(n) = -\vec{G}_c^1(n)$ 的情况，共极化通道下的特征极化状态为：一对共极化零点和一个共极化最大值圆。前者可由式(3.17)～式(3.19)得到，后者由式(3.54)给出。

现在考虑交叉极化通道的情况。当 $\vec{G}_c^2(n) = -\vec{G}_c^1(n)$ 时，由式(3.46)可知矩阵 $\boldsymbol{J}_{k-}$ 的特

征值为 $\lambda_1^- = 0$、$\lambda_2^- = 2k_{00}$ 及 $\lambda_3^- = 0$。因此，$P_x = \boldsymbol{J}_{k-}\vec{X}\cdot\vec{X}/2 = C$ 退化为两个平面。当 $C = 0$ 时，两个平面重合，与 Poincaré 球相交于一个圆[图 3.7(a)]，称为交叉极化零点圆[图 3.7(a)]。显然，此圆和共极化最大值圆相同[图 3.6(c)]。若 $P_x = \boldsymbol{J}_{k-}\vec{X}\cdot\vec{X}/2 = k_{00}$ 和 $C = k_{00}$ 表示两个平面，与 Poincaré 球相切于两点：交叉极化最大值点[图 3.7(c)]，即共极化零点[图 3.6(a)]。图 3.7 给出了交叉极化通道下的等功率曲线。

通过以上分析，可以得出以下结论：

对于 $\vec{G}_c^2(n) = -\vec{G}_c^1(n)$ 的情况，交叉极化通道下的特征极化状态为一个交叉极化零点圆和一对交叉极化最大值点。交叉极化零点圆的表达式由式(3.54)给出。交叉极化最大值点即共极化的零点，由式(3.17)～式(3.19)给出。

由图 3.6 和图 3.7，可以很容易得出两图之间的相同之处，可以直接验证：

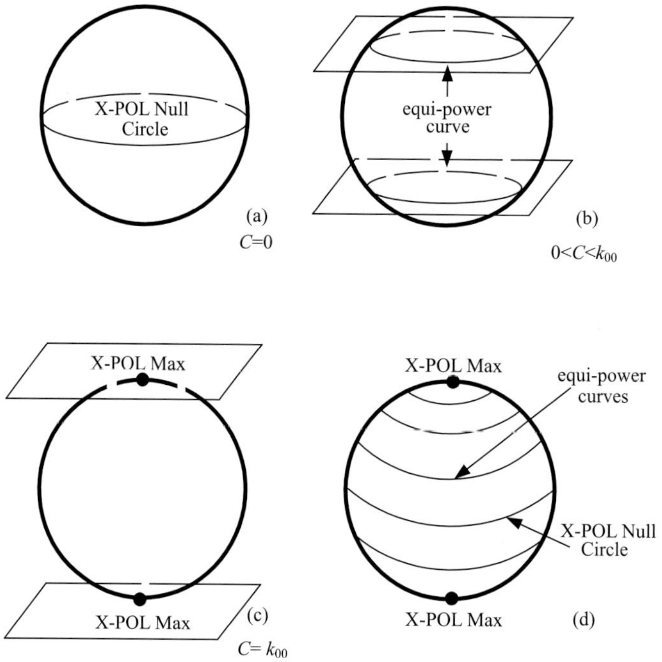

图 3.7　当 $\vec{G}_c^2(n) = -\vec{G}_c^1(n)$ 时交叉极化通道的等功率曲线

$$\begin{cases} P_c = \dfrac{1}{2}\boldsymbol{J}_{k+}\vec{X}\cdot\vec{X} = C \\ g_1^2 + g_2^2 + g_3^2 = 1 \end{cases} \tag{3.55}$$

和

$$\begin{cases} P_x = \dfrac{1}{2}\boldsymbol{J}_{k-}\vec{X}\cdot\vec{X} = k_{00} - C \\ g_1^2 + g_2^2 + g_3^2 = 1 \end{cases} \tag{3.56}$$

表示相同的曲线。令 $C = k_{00}/2$，可知存在一对圆使得共极化通道和交叉极化通道下的接收功率有着相同的值 $k_{00}/2$，称为一对共等功率圆，或 COE 圆(图 3.8)。它们的表达式为

$$\begin{cases} \vec{G}_c^1(n)\cdot\vec{X} = \pm\dfrac{\sqrt{2}}{2} \\ g_1^2 + g_2^2 + g_3^2 = 1 \end{cases} \tag{3.57}$$

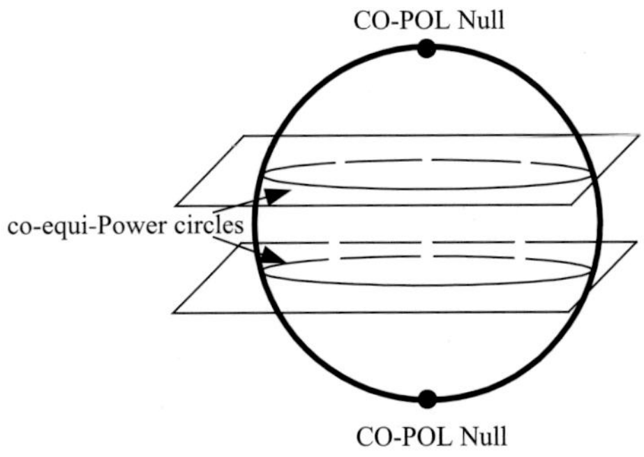

图 3.8　当 $\vec{G}_c^2(n) = -\vec{G}_c^1(n)$ 时的共等功率曲线

3.6.2　$\vec{G}_c^2(n) = \vec{G}_c^1(n)$ 的情况

由式(3.13)和式(3.14)可以直接证明 $\vec{G}_c^2(n) = \vec{G}_c^1(n)$ 和 $s_2^2 - s_1 s_3 = 0$ 等价。因此，当 $\vec{G}_c^2(n) = \vec{G}_c^1(n)$ 时，散射矩阵的秩为 1，称这类目标为秩 1 目标。直线和螺旋体是典型的秩 1 目标。

现在考查共极化通道下秩 1 目标的等功率曲线。由 $s_2^2 - s_1 s_3 = 0$ 可以证明 $v = k_{00}$ 和 $\vec{v}\cdot\vec{G}_c^1(n) = -k_{00}$。因此，式(3.43)变成 $\lambda_1^+ = 2k_{00}$、$\lambda_2^+ = k_{00}$ 和 $\lambda_3^+ = k_{00}$。由代数理论可知，二次曲面 $P_c = \left(\boldsymbol{J}_{k+}\vec{X}\cdot\vec{X} + 2\vec{v}\cdot\vec{X}\right)/2 = C$ 为一个椭球面。对任意常数 C，椭球面的中心 $\vec{c}$ 是固定的，其由等式 $\boldsymbol{J}_{k+}\vec{c} = -\vec{v}$ 决定。可以证明，椭球面和 Poincaré 球的中心的距离为 0.5。令 C 取不同的值，就得到共极化通道下的等功率曲线族，从而构成一组圆[图 3.9(c)和图 3.9(d)]。当 $C = 0$ 时，椭球面和 Poincaré 球相交于一点：两重共极化零点[图 3.9(a)]；当 $C = \max P_c = 2k_{00}$ 时，等功率曲线和 Poincaré 球相交于另一点，即共极化最大值点[图 3.9(b)]。显然，$\vec{G}_c(m) = -\vec{G}_c^{1,2}(n)$。

从这些分析，可以得出以下结论。

对于 $\vec{G}_c^2(n) = \vec{G}_c^1(n)$ 的情况，共极化通道下的典型极化状态为二重共极化零点和共极化最大值点。它们都可以由 3.4 节提出的方法得到。

在交叉极化通道下，若 $\vec{G}_c^2(n) = \vec{G}_c^1(n)$，由式(3.46)可知，矩阵 $\boldsymbol{J}_{k-}$ 的特征值为 $\lambda_1^- = 0$、$\lambda_2^- = k_{00}$ 和 $\lambda_3^- = k_{00}$。因此，$P_x = \boldsymbol{J}_{k-}\vec{X}\cdot\vec{X}/2 = C$ 表示一个柱面，相应的等功率曲线为一对圆[图 3.10(b)]。当 $C = 0$ 时，此柱面退化成一条直线，并通过 Poincaré 球上的两点：交叉极化零点[图 3.10(a)]，由式(3.58)给出：

$$\vec{G}_x^{1,2} = \pm\left[v_1/v, v_2/v, v_3/v\right]^{\mathrm{T}} \tag{3.58}$$

当 $C = \max P_x = k_{00}/2$ 时，等功率曲线为一个圆，并和 Poincaré 球有相同的中心点，称此圆为交叉极化最大值圆[图 3.10(c)]。因为 $\overline{G_x^1(n)G_x^2(n)}$ 垂直于交叉极化最大值圆所在的平面，所以平面方程为 $\vec{v}\cdot\vec{X} = 0$。因此，交叉极化最大值圆的方程可以写为

$$\begin{cases} \vec{v}\cdot\vec{X} = 0 \\ g_1^2 + g_2^2 + g_3^2 = 1 \end{cases} \tag{3.59}$$

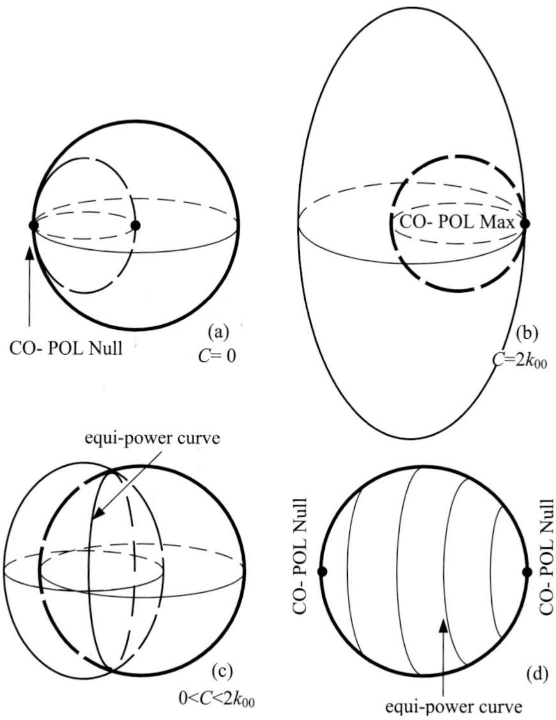

图 3.9　当 $\vec{G}_c^2(n)=\vec{G}_c^1(n)$ 时共极化通道的等功率曲线

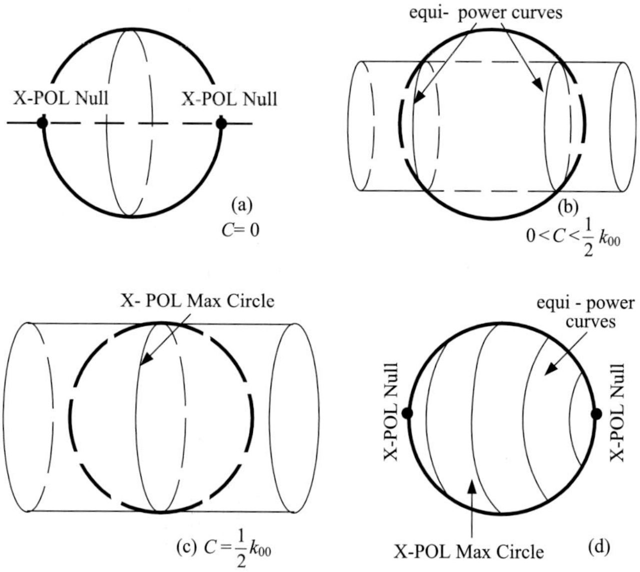

图 3.10　当 $\vec{\boldsymbol{G}}_c^2(n)=\vec{\boldsymbol{G}}_c^1(n)$ 时交叉极化通道的等功率曲线

由以上分析可以得出：

对于 $\vec{G}_c^2(n)=\vec{G}_c^1(n)$ 的情况，交叉极化通道下的特征极化状态为一对交叉极化零点和一个交叉极化最大值圆。前者由式(3.58)给出，后者可由式(3.59)得到。

由图 3.9 和图 3.10，可以发现两者的相似性。可以直接验证：

$$\begin{cases} P_c = \dfrac{1}{2}\boldsymbol{J}_{m+}\vec{X}\cdot\vec{X} + \vec{v}\cdot\vec{X} = C \\ g_1^2 + g_2^2 + g_3^2 = 1 \end{cases} \tag{3.60}$$

和

$$\begin{cases} P_x = \dfrac{1}{2}\boldsymbol{J}_{m-}\vec{X}\cdot\vec{X} = \sqrt{2Ck_{00}} - C \\ g_1^2 + g_2^2 + g_3^2 = 1 \end{cases} \tag{3.61}$$

表示同一条曲线。令 $P_c = P_x$，可以得到一条共等功率圆(或称为 COE 圆)和一个特殊的点：COE 点，它们分别和 $C = k_{00}/2$ 以及 $C = 0$ 相对应(图 3.11)。在 COE 点，$P_c = P_x = 0$。因此，COE 点也可称为 COE 零点。显然，对于秩 1 目标，其 COE 圆和交叉极化最大值圆相同。

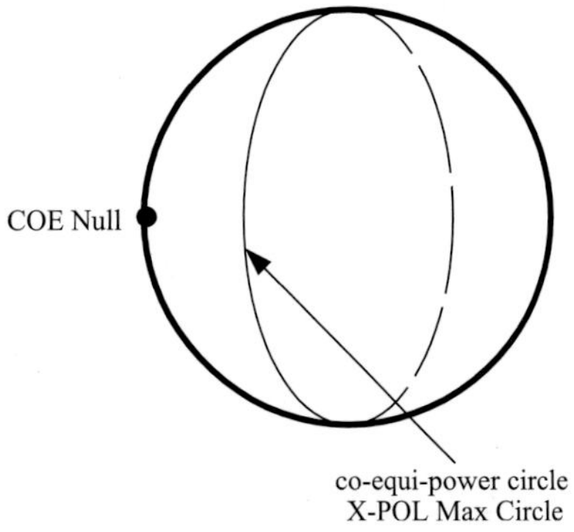

图 3.11　当 $\vec{G}_c^2(n) = \vec{G}_c^1(n)$ 时的共等功率曲线

3.7　极化零点理论

对于对称的散射矩阵情形，Co-POL Nulls 和 X-POL Nulls 已经被很多学者所研究，特别是 Kennaugh[1]、Huynen[2]、Boerner 等学著[3-11]和 Yang 等学者[14,15]。在共极化通道或者交叉极化通道，发射天线和接收天线的极化方式是相同的或者正交的，Co-POL Nulls 和 X-POL Nulls 被定义为接收功率为零的发射天线的极化状态(不考虑热噪声及杂波)。但是对于发射天线和接收天线的极化状态相互独立时的情况尚没有研究，本节将对该问题进行深入研究，提出目标的共零点以及目标共零点群的概念[15,18,19]。

3.7.1　对称散射矩阵情况下的目标共零点

容易证明，对于一个点目标，有无数发射天线与接收天线的极化组合使得其接收信号为零(不考虑杂波及热噪声等)。

定义 3.1：用 $\boldsymbol{S}_1$ 和 $\boldsymbol{S}_2$ 来表示两个点目标(目标 1 和目标 2)的 Sinclair 散射矩阵。如果 $\vec{a}$ 和 $\vec{b}$ 满足等式 $\boldsymbol{S}_1\vec{a}\cdot\vec{b} = 0$ 且 $\boldsymbol{S}_2\vec{a}\cdot\vec{b} = 0$，那么称 $(\vec{a},\ \vec{b})$ 为目标 1 和目标 2 的一个共零点对(co-null)，或 $\boldsymbol{S}_1$ 和 $\boldsymbol{S}_2$ 的一个共零点对。此外，如果 $\vec{a}$ 和 $\vec{b}$ 也满足等式 $\boldsymbol{S}_3\vec{a}\cdot\vec{b} = 0$，则称 $(\vec{a},\ \vec{b})$ 为 $\boldsymbol{S}_1$、$\boldsymbol{S}_2$ 和 $\boldsymbol{S}_3$ 的一个共零点对。

由这个定义，可以推出如下结论：

(C1)　$\boldsymbol{S}_1$ 和 $\boldsymbol{S}_2$ 线性无关。$(\vec{a}_1, \vec{a}_2)$ 是 $\boldsymbol{S}_1$ 和 $\boldsymbol{S}_2$ 的一个共零点对，当且仅当 $\vec{a}_1$ 和 $\vec{a}_2$ 是特征值等式 $\boldsymbol{S}_1\vec{a} = \lambda\boldsymbol{S}_2\vec{a}$ 的两个特征向量。

证明：令$\left(\vec{a},\ \vec{b}\right)$为$\boldsymbol{S}_1$和$\boldsymbol{S}_2$的一个共零点对，则由$\boldsymbol{S}_1\vec{a}\cdot\vec{b}=0$和$\boldsymbol{S}_2\vec{a}\cdot\vec{b}=0$可得

$$\boldsymbol{S}_1\vec{a}=\lambda_1\begin{bmatrix}0 & -1\\ 1 & 0\end{bmatrix}\vec{b}$$

$$\boldsymbol{S}_2\vec{a}=\lambda_2\begin{bmatrix}0 & -1\\ 1 & 0\end{bmatrix}\vec{b} \tag{3.62}$$

由此可得

$$\boldsymbol{S}_1\vec{a}=\lambda\boldsymbol{S}_2\vec{a} \tag{3.63}$$

相似地，利用两个散射矩阵的对称性，可得

$$\boldsymbol{S}_1\vec{b}=\lambda\boldsymbol{S}_2\vec{b} \tag{3.64}$$

由上两式，可以推导出结论(**C1**)。

两点注意：

(1)对于对称的散射矩阵，在$\boldsymbol{S}\vec{a}\cdot\vec{b}=0$中，传输和接收的极化状态$\vec{a}$和$\vec{b}$的顺序可以忽略，因为假设互易定理成立。根据结论(C1)可知，倘若不考虑向量的模，两任意不相关的散射矩阵有且只有一对共零点对。

(2)(**C1**)不仅提供了一种得到两目标共零点对的方法，而且提供了对特征值等式$\boldsymbol{S}_1\vec{a}=\lambda\boldsymbol{S}_2\vec{a}$的一种新的物理解释。特别地，令$\boldsymbol{S}=\boldsymbol{S}_1$且$\boldsymbol{S}_2=\begin{bmatrix}1 & 0\\ 0 & 1\end{bmatrix}$，可以观察到$\boldsymbol{S}\vec{a}=\lambda\vec{a}$的特征向量组成了一个目标(对应散射矩阵$\boldsymbol{S}$)和一个球或平面(对应单位散射矩阵)的共零点对。这是对$\boldsymbol{S}\vec{a}=\lambda\vec{a}$的一种新的解释。

用以上结果容易得到两个目标的共零点对。表3.1展示了一些典型目标的共零点对。

表 3.1　一些典型目标的共零点对

目标	水平线目标 $\begin{bmatrix}1 & 0\\ 0 & 0\end{bmatrix}$	平面/三面角/球 $\begin{bmatrix}1 & 0\\ 0 & 1\end{bmatrix}$	二面角 $\begin{bmatrix}1 & 0\\ 0 & -1\end{bmatrix}$	左旋螺旋体 $\begin{bmatrix}1 & j\\ j & -1\end{bmatrix}$	右旋螺旋体 $\begin{bmatrix}1 & -j\\ -j & -1\end{bmatrix}$
水平线目标 $\begin{bmatrix}1 & 0\\ 0 & 0\end{bmatrix}$		$\left(\begin{bmatrix}1\\ 0\end{bmatrix},\begin{bmatrix}0\\ 1\end{bmatrix}\right)$	$\left(\begin{bmatrix}1\\ 0\end{bmatrix},\begin{bmatrix}0\\ 1\end{bmatrix}\right)$	$\left(\begin{bmatrix}\frac{1}{\sqrt{2}}\\ \frac{j}{\sqrt{2}}\end{bmatrix},\begin{bmatrix}0\\ 1\end{bmatrix}\right)$	$\left(\begin{bmatrix}\frac{1}{\sqrt{2}}\\ \frac{-j}{\sqrt{2}}\end{bmatrix},\begin{bmatrix}0\\ 1\end{bmatrix}\right)$
平面/三面角/球 $\begin{bmatrix}1 & 0\\ 0 & 1\end{bmatrix}$	$\left(\begin{bmatrix}1\\ 0\end{bmatrix},\begin{bmatrix}0\\ 1\end{bmatrix}\right)$		$\left(\begin{bmatrix}1\\ 0\end{bmatrix},\begin{bmatrix}0\\ 1\end{bmatrix}\right)$	$\left(\begin{bmatrix}\frac{1}{\sqrt{2}}\\ \frac{j}{\sqrt{2}}\end{bmatrix},\begin{bmatrix}\frac{1}{\sqrt{2}}\\ \frac{j}{\sqrt{2}}\end{bmatrix}\right)$	$\left(\begin{bmatrix}\frac{1}{\sqrt{2}}\\ \frac{-j}{\sqrt{2}}\end{bmatrix},\begin{bmatrix}\frac{1}{\sqrt{2}}\\ \frac{-j}{\sqrt{2}}\end{bmatrix}\right)$
二面角 $\begin{bmatrix}1 & 0\\ 0 & -1\end{bmatrix}$	$\left(\begin{bmatrix}1\\ 0\end{bmatrix},\begin{bmatrix}0\\ 1\end{bmatrix}\right)$	$\left(\begin{bmatrix}1\\ 0\end{bmatrix},\begin{bmatrix}0\\ 1\end{bmatrix}\right)$		$\left(\begin{bmatrix}\frac{1}{\sqrt{2}}\\ \frac{j}{\sqrt{2}}\end{bmatrix},\begin{bmatrix}\frac{1}{\sqrt{2}}\\ \frac{-j}{\sqrt{2}}\end{bmatrix}\right)$	$\left(\begin{bmatrix}\frac{1}{\sqrt{2}}\\ \frac{j}{\sqrt{2}}\end{bmatrix},\begin{bmatrix}\frac{1}{\sqrt{2}}\\ \frac{-j}{\sqrt{2}}\end{bmatrix}\right)$

续表

目标	水平线目标 $\begin{bmatrix}1 & 0\\0 & 0\end{bmatrix}$	平面/三面角/球 $\begin{bmatrix}1 & 0\\0 & 1\end{bmatrix}$	二面角 $\begin{bmatrix}1 & 0\\0 & -1\end{bmatrix}$	左旋螺旋体 $\begin{bmatrix}1 & j\\j & -1\end{bmatrix}$	右旋螺旋体 $\begin{bmatrix}1 & -j\\-j & -1\end{bmatrix}$
左旋螺旋体 $\begin{bmatrix}1 & j\\j & -1\end{bmatrix}$	$\left(\begin{bmatrix}\frac{1}{\sqrt{2}}\\\frac{j}{\sqrt{2}}\end{bmatrix},\begin{bmatrix}0\\1\end{bmatrix}\right)$	$\left(\begin{bmatrix}\frac{1}{\sqrt{2}}\\\frac{j}{\sqrt{2}}\end{bmatrix},\begin{bmatrix}\frac{1}{\sqrt{2}}\\\frac{j}{\sqrt{2}}\end{bmatrix}\right)$	$\left(\begin{bmatrix}\frac{1}{\sqrt{2}}\\\frac{j}{\sqrt{2}}\end{bmatrix},\begin{bmatrix}\frac{1}{\sqrt{2}}\\\frac{-j}{\sqrt{2}}\end{bmatrix}\right)$		$\left(\begin{bmatrix}\frac{1}{\sqrt{2}}\\\frac{j}{\sqrt{2}}\end{bmatrix},\begin{bmatrix}\frac{1}{\sqrt{2}}\\\frac{-j}{\sqrt{2}}\end{bmatrix}\right)$
右旋螺旋体 $\begin{bmatrix}1 & -j\\-j & -1\end{bmatrix}$	$\left(\begin{bmatrix}\frac{1}{\sqrt{2}}\\\frac{-j}{\sqrt{2}}\end{bmatrix},\begin{bmatrix}0\\1\end{bmatrix}\right)$	$\left(\begin{bmatrix}\frac{1}{\sqrt{2}}\\\frac{-j}{\sqrt{2}}\end{bmatrix},\begin{bmatrix}\frac{1}{\sqrt{2}}\\\frac{-j}{\sqrt{2}}\end{bmatrix}\right)$	$\left(\begin{bmatrix}\frac{1}{\sqrt{2}}\\\frac{j}{\sqrt{2}}\end{bmatrix},\begin{bmatrix}\frac{1}{\sqrt{2}}\\\frac{-j}{\sqrt{2}}\end{bmatrix}\right)$	$\left(\begin{bmatrix}\frac{1}{\sqrt{2}}\\\frac{j}{\sqrt{2}}\end{bmatrix},\begin{bmatrix}\frac{1}{\sqrt{2}}\\\frac{-j}{\sqrt{2}}\end{bmatrix}\right)$	

(C2) 如果$\left(\vec{a},\ \vec{b}\right)$是$\boldsymbol{S}_1$和$\boldsymbol{S}_2$的共零点对，那么$\left(\vec{a},\ \vec{b}\right)$同样是$\boldsymbol{S}_1$、$\boldsymbol{S}_2$和$\gamma_1\boldsymbol{S}_1+\gamma_2\boldsymbol{S}_2$的共零点对，其中$\gamma_1$和$\gamma_2$是任意两复数。

该结果可以由下式轻松证明：

$$(\gamma_1\boldsymbol{S}_1+\gamma_2\boldsymbol{S}_2)\vec{a}\cdot\vec{b}=\gamma_1\boldsymbol{S}_1\vec{a}\cdot\vec{b}+\gamma_2\boldsymbol{S}_2\vec{a}\cdot\vec{b}$$

(C3) 两个不同的秩为 1 的散射矩阵$\begin{bmatrix}1 & \rho_1\\\rho_1 & \rho_1^2\end{bmatrix}$和$\begin{bmatrix}\rho_2^2 & \rho_2\\\rho_2 & 1\end{bmatrix}$的共零点对：

$$\left(\frac{1}{\sqrt{1+|\rho_1|^2}}\begin{bmatrix}-\rho_1\\1\end{bmatrix},\frac{1}{\sqrt{1+|\rho_2|^2}}\begin{bmatrix}1\\-\rho_2\end{bmatrix}\right)$$

由共零点对的定义，上述结果容易被证明。结论(C3)指出了当$\vec{a}$和$\vec{b}$线性无关时，两个秩为 1 的散射矩阵和它们的共零点对$\left(\vec{a},\ \vec{b}\right)$之间存在简单的关系。

(C4) $\left(\vec{a},\ \vec{b}\right)$为$\boldsymbol{S}_1$和$\boldsymbol{S}_2$的共零点对。如果$\vec{a}$和$\vec{b}$线性无关，则存在两个秩为 1 的散射矩阵也以$\left(\vec{a},\ \vec{b}\right)$为共零点对。

证明：将$\left(\vec{a},\ \vec{b}\right)$以$\left(\frac{1}{\sqrt{1+|\rho_1|^2}}\begin{bmatrix}-\rho_1\\1\end{bmatrix},\frac{1}{\sqrt{1+|\rho_2|^2}}\begin{bmatrix}1\\-\rho_2\end{bmatrix}\right)$的形式表示，利用(**C3**)，可以得到两个需求的秩为 1 的散射矩阵，表示为$\begin{bmatrix}1 & \rho_1\\\rho_1 & \rho_1^2\end{bmatrix}$和$\begin{bmatrix}\rho_2^2 & \rho_2\\\rho_2 & 1\end{bmatrix}$。

(C5) 令$\boldsymbol{S}_0=\begin{bmatrix}0 & 0\\0 & 0\end{bmatrix}$为一个特殊的散射矩阵，那么所有拥有共同共零点对$\left(\vec{a},\ \vec{b}\right)$的散射矩阵全体，组成一个阿贝尔群，称为共零点对阿贝尔群。在这种情况下，共零点对$\left(\vec{a},\ \vec{b}\right)$也叫做共零点对阿贝尔群的共零点对。与此同时，一个共零点对阿贝尔群是一个二维线性空间(在复平面上)。

根据阿贝尔群的定义，可以证明(**C5**)。

(**C5**) 描述了共零点对阿贝尔群中的所有目标共享同样的零点。由(**C2**)或是阿贝尔群的定义可知，在一个共零点对阿贝尔群中有无穷多个目标。如果选择一个群中的共零点对作为发送和接收天线的极化状态，则可以抑制该共零点对阿贝尔群中所有目标的散射回波。该结论对于杂波中的目标辨别或极化对比度增强非常有用。

(**C6a**) 令 $\left(\vec{a},\ \vec{b}\right)$ 为一个阿贝尔群的共零点对。如果 $\vec{a}$ 和 $\vec{b}$ 线性无关，那么存在两个秩为 1 的散射矩阵满足群中每一个散射矩阵可以表示为它们的线性组合。

证明：不失一般性，假设：

$$\vec{a}=\frac{1}{\sqrt{1+|\rho_1|^2}}\begin{bmatrix}-\rho_1\\1\end{bmatrix}$$

$$\vec{b}=\frac{1}{\sqrt{1+|\rho_2|^2}}\begin{bmatrix}1\\-\rho_2\end{bmatrix}$$

那么容易证明 $\begin{bmatrix}1 & -\rho_1\\-\rho_1 & \rho_1^2\end{bmatrix}$ 和 $\begin{bmatrix}\rho_2^2 & -\rho_2\\-\rho_2 & 1\end{bmatrix}$ 为有共零点对 $\left(\vec{a},\ \vec{b}\right)$ 的两矩阵。由于 $\vec{a}$ 和 $\vec{b}$ 线性无关，$\begin{bmatrix}1 & -\rho_1\\-\rho_1 & \rho_1^2\end{bmatrix}$ 和 $\begin{bmatrix}\rho_2^2 & -\rho_2\\-\rho_2 & 1\end{bmatrix}$ 也可以被证明为线性无关。由(**C2**)可知，$\left\{c_1\begin{bmatrix}1 & -\rho_1\\-\rho_1 & \rho_1^2\end{bmatrix}+c_2\begin{bmatrix}\rho_2^2 & -\rho_2\\-\rho_2 & 1\end{bmatrix}\right\}$ 是一个有共零点对 $\left(\vec{a},\ \vec{b}\right)$ 的集合。令 G 表示有共零点对 $\left(\vec{a},\ \vec{b}\right)$ 的阿贝尔群，那么 G 也是一个二维线性空间。注意 $\begin{bmatrix}1 & -\rho_1\\-\rho_1 & \rho_1^2\end{bmatrix}$ 和 $\begin{bmatrix}\rho_2^2 & -\rho_2\\-\rho_2 & 1\end{bmatrix}$ 为 G 中两个无关的矩阵，所以得到 $G=\left\{c_1\begin{bmatrix}1 & -\rho_1\\-\rho_1 & \rho_1^2\end{bmatrix}+c_2\begin{bmatrix}\rho_2^2 & -\rho_2\\-\rho_2 & 1\end{bmatrix}\right\}$，从而结论得证。

(**C3**) 指出了如果 $\vec{a}$ 和 $\vec{b}$ 线性无关，两秩为 1 的散射矩阵和它们的共零点对 $\left(\vec{a},\ \vec{b}\right)$ 间存在一个简单的关系。通过(**C3**)、(**C4**)和(**C6a**)，可以利用群的共零点对直接写出共零点对阿贝尔群的一般形式。因此，秩为 1 的散射矩阵在共零点对阿贝尔群中非常重要。

(**C6b**) 如果一个阿贝尔群 G 有共零点对 $\left(\vec{a},\ \vec{b}\right)$，那么存在一个秩为 1 的散射矩阵和一个非奇异散射矩阵，使得每一个该群内的散射矩阵都能用两者的线性组合来表示。

证明：令 $\vec{a}=\begin{bmatrix}a_1\\a_2\end{bmatrix}$，由该群的共零点对，容易得到群 G 中一个秩为 1 的散射矩阵 $\boldsymbol{S}_1=\vec{a}_\perp\vec{a}_\perp^t$，

其中，$\vec{a}_\perp=\begin{bmatrix}0 & -1\\1 & 0\end{bmatrix}\vec{a}$。

(1) 如果 $a_1a_2=0$，则 $\boldsymbol{S}_2=\begin{bmatrix}0 & 1\\1 & 0\end{bmatrix}\in G$；

(2) 如果 $a_1a_2 \neq 0$，则 $\boldsymbol{S}_2 = \begin{bmatrix} a_2^2 & 0 \\ 0 & -a_1^2 \end{bmatrix} \in G$。

显然 $\boldsymbol{S}_1$ 和 $\boldsymbol{S}_2$ 线性无关，所以每一个在群 G 中的散射矩阵都可以用 $\boldsymbol{S}_1$ 和 $\boldsymbol{S}_2$ 的线性组合表示。

(C7a) 令 $\boldsymbol{S}$ 的 CO-POL Null 为 $\left(\vec{a},\ \vec{b}\right)$。如果 $\vec{a}$ 和 $\vec{b}$ 线性无关，则存在两个线性无关的秩为 1 的矩阵 $\boldsymbol{S}_1$、$\boldsymbol{S}_2$，使得：

(1) $\boldsymbol{S}$ 和 $\boldsymbol{S}_1$ 的共零点对为 $\left(\vec{a},\ \vec{a}\right)$；

(2) $\boldsymbol{S}$ 和 $\boldsymbol{S}_2$ 的共零点对为 $\left(\vec{b},\ \vec{b}\right)$；

(3) $\boldsymbol{S}_1$ 和 $\boldsymbol{S}_2$ 的共零点对为 $\left(\vec{a},\ \vec{b}\right)$。

证明：由共零点对和秩为 1 的矩阵的关系可知，两个线性无关的秩为 1 的矩阵 $\boldsymbol{S}_1 = \vec{a}_\perp \vec{a}_\perp^t$ 和 $\boldsymbol{S}_2 = \vec{b}_\perp \vec{b}_\perp^t$ 具有以上性质。

结论 **(C7a)** 显示了共零点对和 CO-POL Null 的关系。相似地，下述结论显示了共零点对和 X-POL Null 的关系，其可以利用 X-POL Null 的定义和共零点对与秩为 1 矩阵的关系来证明。

(C7b) 令 $\boldsymbol{S}$ 的 X-POL Null 为 $\vec{a}$ 和 $\vec{a}^\perp$，其中 $\vec{a}^\perp = \begin{bmatrix} 0 & -1 \\ 1 & 0 \end{bmatrix} \vec{a}^*$ 表示复共轭，则存在两个线性无关的秩为 1 的散射矩阵 $\boldsymbol{S}_1$、$\boldsymbol{S}_2$，使得：

(1) $\boldsymbol{S}$、$\boldsymbol{S}_1$ 和 $\boldsymbol{S}_2$ 的共零点对为 $\left(\vec{a},\vec{a}^\perp\right)$；

(2) $\boldsymbol{S}_1\boldsymbol{S}_2^* = \begin{bmatrix} 0 & 0 \\ 0 & 0 \end{bmatrix}$。

(C8a) 如果一个阿贝尔群有共零点对 $\left(\vec{a},\ \vec{a}\right)$，则存在一个秩为 1 的散射矩阵 $\boldsymbol{S}_1$ 使得该群中每一个奇异的散射矩阵可以被表示为 $c\,\boldsymbol{S}_1$,其中 c 为一个复常数。

证明：根据共零点对和秩为 1 的散射矩阵的关系，由零点 $\left(\vec{a},\ \vec{a}\right)$ 可知，$\boldsymbol{S}_1 = \vec{a}_\perp \vec{a}_\perp^t$ 是一个秩为 1 的奇异矩阵。如果该群中存在一个秩为 1 的散射矩阵不能被表示为 $c\,\boldsymbol{S}_1$，便会导致该共零点对阿贝尔群中有两个线性无关的秩为 1 的矩阵。由 (C3) 和 (C6a) 导出该群的共零点对可以写为 $\left(\vec{a},\ \vec{b}\right)$，其中 $\vec{a}$ 和 $\vec{b}$ 线性无关。这与 (C8a) 的条件不符。因此，该群中每个奇异的散射矩阵可以被表示为 $c\boldsymbol{S}_1$。

(C8b) 令 G_{aa} 和 G_{bb} 分别表示两个共零点对为 $\left(\vec{a},\ \vec{a}\right)$ 和 $\left(\vec{b},\ \vec{b}\right)$ 的共零点对阿贝尔群，如果 $\vec{a}$ 和 $\vec{b}$ 线性无关，那么存在群 G_{aa} 中的一个秩为 1 的散射矩阵 $\boldsymbol{S}_1$ 和群 G_{bb} 中的一个秩为 1 的散射矩阵 $\boldsymbol{S}_2$，使得：

(1) $\boldsymbol{S}_1$ 和 $\boldsymbol{S}_2$ 线性无关；

(2) 在群 G_{ab} 中每一个散射矩阵都可以表示为 $\boldsymbol{S}_1$ 和 $\boldsymbol{S}_2$ 的线性组合，其中 G_{ab} 表示共零点对为 $\left(\vec{a},\ \vec{b}\right)$ 的共零点对阿贝尔群。

反之，如果群 G_{aa}、G_{bb} 和 G_{ab} 分别有共零点对 $\left(\vec{a},\ \vec{a}\right)$、$\left(\vec{b},\ \vec{b}\right)$ 和 $\left(\vec{a},\ \vec{b}\right)$，且 $\vec{a}$ 和 $\vec{b}$

线性无关，则群 G_{ab} 存在两个线性无关的秩为 1 的散射矩阵 $\boldsymbol{S}_a$ 和 $\boldsymbol{S}_b$，使得群 G_{aa}（或 G_{bb}）中每个奇异的散射矩阵都能表示为 $c\boldsymbol{S}_a$（或 $c\boldsymbol{S}_b$），其中 c 为一个复常数。

由共零点对和秩为 1 散射矩阵的关系可以证明该结论。

(C8c) 令 G_{aa} 和 G_{bb} 分别表示两个共零点对为 $(\vec{a},\ \vec{a})$ 和 $(\vec{b},\ \vec{b})$ 的共零点对阿贝尔群，如果 $\vec{a}$ 和 $\vec{b}$ 线性无关，那么群 G_{aa} 和 G_{bb} 的交集为一个子群或一维空间。除了 $\boldsymbol{S}_0=\begin{bmatrix}0&0\\0&0\end{bmatrix}$，该子群中任意一个非奇异散射矩阵的 CO-POL Null 为 $\vec{a}$ 和 $\vec{b}$。

利用结论 **(C8a)** 和 **(C8b)** 以及共零点对和秩为 1 的矩阵的关系可以证明该结论。

(C9) 令 G_1 和 G_2 分别为共零点对为 $(\vec{a}_1,\ \vec{b}_1)$ 和 $(\vec{a}_2,\ \vec{b}_2)$ 的两个共零点对阿贝尔群。如果 $\vec{a}_2=\begin{bmatrix}\cos\theta&\sin\theta\\-\sin\theta&\cos\theta\end{bmatrix}\vec{a}_1$ 且 $\vec{b}_2=\begin{bmatrix}\cos\theta&\sin\theta\\-\sin\theta&\cos\theta\end{bmatrix}\vec{b}_1$，那么对任意一个散射矩阵 $\boldsymbol{S}_1\in G_1$，在 G_2 中都存在一个散射矩阵 $\boldsymbol{S}_2$，使得 $\boldsymbol{S}_2=\begin{bmatrix}\cos\theta&\sin\theta\\-\sin\theta&\cos\theta\end{bmatrix}\boldsymbol{S}_1\begin{bmatrix}\cos\theta&\sin\theta\\-\sin\theta&\cos\theta\end{bmatrix}$。在这种情况下，群 G_2 被称为群 G_1 的旋转群，旋转角度为 θ，记作 $G_2=G_1(\theta)$。

(C10) 如果球（$\begin{bmatrix}1&0\\0&1\end{bmatrix}$）属于一个共零点对阿贝尔群 G，那么 $G\left(\pm\frac{\pi}{2}\right)=G$。

证明：令 $\boldsymbol{S}=\begin{bmatrix}s_1&s_2\\s_3&s_4\end{bmatrix}$ 为 G 空间中的一个散射矩阵。由于球目标属于 G 空间，也就是说，$\begin{bmatrix}s_1+s_2&0\\0&s_1+s_2\end{bmatrix}\in G$，我们可以由线性空间的定义得到：

$$\begin{bmatrix}s_2&-s_2\\-s_2&s_1\end{bmatrix}=\begin{bmatrix}s_1+s_2&0\\0&s_1+s_2\end{bmatrix}-\begin{bmatrix}s_1&s_2\\s_3&s_4\end{bmatrix}\in G$$

上述结果表明，对任意一个散射矩阵 $\boldsymbol{S}$，其按照 $\pm\frac{\pi}{2}$ 角度旋转的旋转散射矩 $\begin{bmatrix}s_3&-s_2\\-s_2&s_1\end{bmatrix}$ 也属于 G 空间。因此，$G\left(\pm\frac{\pi}{2}\right)=G$。

相反，如果 $G\left(\pm\frac{\pi}{2}\right)=G$，同样可以用上述方法证明 $\begin{bmatrix}1&0\\0&1\end{bmatrix}\in G$。

由 **(C10)** 的假设可以得到，G 空间的共零点对 $(\vec{a},\ \vec{b})$ 满足：

$$\vec{a}\cdot\vec{b}=0$$

或

$$\vec{b}=\begin{bmatrix}0&-1\\1&0\end{bmatrix}\vec{a}=\vec{a}_{\perp}。$$

这意味着接收和发射天线的极化状态具有相同的椭圆率角和两个有 $\frac{\pi}{2}$ 区别的定向角。

例 3.2：由共零点对的定义或表 3.1 可知，$\left(\begin{bmatrix}1\\0\end{bmatrix},\begin{bmatrix}0\\1\end{bmatrix}\right)$是线$\left(\begin{bmatrix}1&0\\0&0\end{bmatrix}\right)$和$\left(\begin{bmatrix}0&0\\0&1\end{bmatrix}\right)$，球或平面$\left(\begin{bmatrix}1&0\\0&1\end{bmatrix}\right)$和双平面$\left(\begin{bmatrix}1&0\\0&-1\end{bmatrix}\right)$的共零点对。此外，$\left(\begin{bmatrix}1\\0\end{bmatrix},\begin{bmatrix}0\\1\end{bmatrix}\right)$是阿贝尔群$G_s=\left\{\begin{bmatrix}a&0\\0&b\end{bmatrix}\right\}$的共零点对。在这个群中，所有的散射矩阵可以被表示为两条线$\left(\begin{bmatrix}1&0\\0&0\end{bmatrix}\right)$和$\left(\begin{bmatrix}0&0\\0&1\end{bmatrix}\right)$的线性组合。根据 Huynen 表象学理论（Huynen's phenomenological theory）[4]，$\bigcup_{-\frac{\pi}{2}<\theta<\frac{\pi}{2}}G_s(\theta)$组成了对称目标类。注意$\begin{bmatrix}1&0\\0&1\end{bmatrix}$（球或平面）属于任意旋转群$G_s(\theta)$。由**(C10)**可以限制$\theta$的范围为$0<\theta<\dfrac{\pi}{2}$，也就是说，对称目标类可以表示为$\bigcup_{0<\theta<\frac{\pi}{2}}G_s(\theta)$。

另一个重要的阿贝尔群是G_H，它的共零点对为$\left(\begin{bmatrix}\frac{1}{\sqrt{2}}\\\frac{j}{\sqrt{2}}\end{bmatrix},\begin{bmatrix}\frac{1}{\sqrt{2}}\\\frac{-j}{\sqrt{2}}\end{bmatrix}\right)$。显然双平面（有不同的方向角）和螺旋结构（$\begin{bmatrix}1&j\\j&-1\end{bmatrix}$和$\begin{bmatrix}1&-j\\-j&-1\end{bmatrix}$）属于这个群。该群通常的形式为$G_H=\left\{\begin{bmatrix}a&b\\b&-a\end{bmatrix}\right\}$。它有一个有趣的性质$G_H(\theta)=G_H$，其中$\theta$为任意角度。由 Huynen 现象学理论[4]可知，除了双平面，群中的其他目标组成了 H-target 类。由共零点对的定义可知，H-target 的回波可以通过使用$\begin{bmatrix}\frac{1}{\sqrt{2}}\\\frac{j}{\sqrt{2}}\end{bmatrix}$和$\begin{bmatrix}\frac{1}{\sqrt{2}}\\\frac{-j}{\sqrt{2}}\end{bmatrix}$作为发送和接收极化状态来抑制。该结论与 Mott 的结果相同。

(C11) $\boldsymbol{S}_1$、$\boldsymbol{S}_2$和$\boldsymbol{S}_3$线性无关。如果$\boldsymbol{S}$被分解为

$$\boldsymbol{S}=c_1\boldsymbol{S}_1+c_2\boldsymbol{S}_2+c_3\boldsymbol{S}_3$$

那么，$c_1=\dfrac{\boldsymbol{S}\vec{a}_{23}\cdot\vec{b}_{23}}{\boldsymbol{S}_1\vec{a}_{23}\cdot\vec{b}_{23}}$，$c_2=\dfrac{\boldsymbol{S}\vec{a}_{13}\cdot\vec{b}_{13}}{\boldsymbol{S}_2\vec{a}_{13}\cdot\vec{b}_{13}}$，$c_3=\dfrac{\boldsymbol{S}\vec{a}_{12}\cdot\vec{b}_{12}}{\boldsymbol{S}_3\vec{a}_{12}\cdot\vec{b}_{12}}$

其中，$\left(\vec{a}_{ij},\vec{b}_{ij}\right)$表示散射矩阵$\boldsymbol{S}_i$和$\boldsymbol{S}_j$的共零点对，$i,j=1,2,3$，$i\neq j$。

证明：由$\boldsymbol{S}=c_1\boldsymbol{S}_1+c_2\boldsymbol{S}_2+c_3\boldsymbol{S}_2$，有

$$\boldsymbol{S}\vec{a}_{23}\cdot\vec{b}_{23}=c_1\boldsymbol{S}_1\vec{a}_{23}\cdot\vec{b}_{23}+c_2\boldsymbol{S}_2\vec{a}_{23}\cdot\vec{b}_{23}+c_3\boldsymbol{S}_3a_{23}\cdot b_{23}$$

注意$\left(\vec{a}_{23},\vec{b}_{23}\right)$为散射矩阵$\boldsymbol{S}_2$和$\boldsymbol{S}_3$的共零点对，它满足：

$$\boldsymbol{S}_2\vec{a}_{23}\cdot\vec{b}_{23}=0\text{ 和 }\boldsymbol{S}_3\vec{a}_{23}\cdot\vec{b}_{23}=0$$

因此，我们得到 $c_1 = \dfrac{\boldsymbol{S}\vec{a}_{13} \cdot \vec{b}_{13}}{\boldsymbol{S}_1\vec{a}_{13} \cdot \vec{b}_{13}}$ 。

类似地，可以推导出 $c_2 = \dfrac{\boldsymbol{S}\vec{a}_{13} \cdot \vec{b}_{13}}{\boldsymbol{S}_2\vec{a}_{13} \cdot \vec{b}_{13}}$， $c_3 = \dfrac{\boldsymbol{S}\vec{a}_{12} \cdot \vec{b}_{12}}{\boldsymbol{S}_3\vec{a}_{12} \cdot \vec{b}_{12}}$ 。

注意，当表 3.1 中的散射矩阵被选择用来目标分解时，表 3.1 中共零点对都可以直接使用。

(C11) 提供了一种在通常目标分解中寻找系数的方法。其优点在于 **(C11)** 为我们提供了一种系数的简洁表达形式。从这种形式中可以很容易地观察到目标分解和共零点对的联系。

3.7.2　一般散射矩阵情形的目标的共零点对

本节将上述结果扩展到一般的散射矩阵情形。这里“一般的散射矩阵情形”意思为“对散射矩阵的形式没有任何限制”，包括对称和非对称散射矩阵。

(C12) $\boldsymbol{S}_1$ 和 $\boldsymbol{S}_2$ 线性无关。$\left(\vec{a}, \vec{b}\right)$ 是 $\boldsymbol{S}_1$ 和 $\boldsymbol{S}_2$ 的一个共零点对，当且仅当存在一个常数 λ 满足 $\boldsymbol{S}_1\vec{a} = \lambda\boldsymbol{S}_2\vec{a}$ 且 $\boldsymbol{S}_1^t\vec{b} = \lambda\boldsymbol{S}_2^t\vec{b}$ 。

这个结论的证明与 **(C1)** 类似。从该结论可得出两个不对称散射矩阵有两个共零点对。

(C13) 若 $\left(\vec{a}_1, \vec{b}_1\right)$ 和 $\left(\vec{a}_2, \vec{b}_2\right)$ 是 $\boldsymbol{S}_1$ 和 $\boldsymbol{S}_2$ 的共零点对，则 $\left(\vec{a}_1, \vec{b}_1\right)$ 和 $\left(\vec{a}_2, \vec{b}_2\right)$ 同时也是 $\boldsymbol{S}_1$、$\boldsymbol{S}_2$ 和 $\gamma_1\boldsymbol{S}_1 + \gamma_2\boldsymbol{S}_2$ 的共零点对，其中 γ_1 和 γ_2 是任意两个复数。

(C14) 两个不同的秩为 1 的散射矩阵 $\begin{bmatrix} 1 & \rho_1 \\ \alpha_1 & \alpha_1\rho_1 \end{bmatrix}$ 和 $\begin{bmatrix} \alpha_2\rho_2 & \alpha_2 \\ \rho_2 & 1 \end{bmatrix}$ 的共零点对为

$$\left(\frac{1}{\sqrt{1+|\rho_1|^2}}\begin{bmatrix} -\rho_1 \\ 1 \end{bmatrix}, \frac{1}{\sqrt{1+|\alpha_2|^2}}\begin{bmatrix} 1 \\ -\alpha_2 \end{bmatrix}\right) \text{和} \left(\frac{1}{\sqrt{1+|\rho_2|^2}}\begin{bmatrix} 1 \\ -\rho_2 \end{bmatrix}, \frac{1}{\sqrt{1+|\alpha_1|^2}}\begin{bmatrix} -\alpha_1 \\ 1 \end{bmatrix}\right)。$$

这个结论表明在共零点对和两个不同的秩为 1 的散射矩阵之间也存在简单的关系。

(C15) 将 $\boldsymbol{S}_0 = \begin{bmatrix} 0 & 0 \\ 0 & 0 \end{bmatrix}$ 视为特殊的散射矩阵，则所有具有两个不同的共零点对 $\left(\vec{a}_1, \vec{b}_1\right)$ 和 $\left(\vec{a}_2, \vec{b}_2\right)$ 的散射矩阵(包括对称和非对称散射矩阵)形成一个阿贝尔群，称为双共零点对阿贝尔群。在此情况下，两个共零点对也被称为(双共零点对阿贝尔)群的共零点对。

(C16) 将 $\boldsymbol{S}_0 = \begin{bmatrix} 0 & 0 \\ 0 & 0 \end{bmatrix}$ 视为特殊的散射矩阵，则所有具有相同共零点对 $\left(\vec{a}, \vec{b}\right)$ 的散射矩阵(包括对称和非对称散射矩阵)形成一个阿贝尔群，称为单共零点对阿贝尔群。在此情况下，共零点对 $\left(\vec{a}, \vec{b}\right)$ 也被称为(单共零点对阿贝尔)群的共零点对。

(C17) 两个单共零点对阿贝尔群的交集是双共零点对阿贝尔群。

该结论指出了单共零点对阿贝尔群与双共零点对阿贝尔群之间的关系。

(C18) $\vec{a}$ 和 $\vec{b}$ 线性无关。如果 $(\vec{a},\ \vec{b})$ 和 $(\vec{b},\ \vec{a})$ 是双共零点对阿贝尔群 G 的共零点对，则 G 中所有的散射矩阵是对称的。换句话说，G 是共零点对阿贝尔群。

证明：令 $\boldsymbol{S}=\begin{bmatrix} s_1 & s_2 \\ s_3 & s_4 \end{bmatrix}$ 是 G 中任意一个散射矩阵。设 $\vec{a}=(a_1,a_2)^t$，$\vec{b}=(b_1,b_2)^t$，则由给定的条件可得

$s_2a_1b_2+s_3a_2b_1=s_2a_2b_1+s_3a_1b_2$

或

$s_2(a_1b_2-a_2b_1)=s_3(a_1b_2-a_2b_1)$。

由于 $\vec{a}$ 和 $\vec{b}$ 是线性无关的，$(a_1b_2-a_2b_1)\neq 0$，因此 $s_2=s_3$。

(C18) 给出了共零点对阿贝尔群与双共零点对阿贝尔群之间的关系。

(C19a) 对于任意单共零点对阿贝尔群，存在三个线性独立的非奇异散射矩阵，使得该群中的每个散射矩阵可以表示为它们的线性组合。

由该结论可知，一个单共零点对阿贝尔群也是一个三维线性空间。

(C19b) 对于任意双共零点对阿贝尔群，存在两个线性独立的非奇异散射矩阵，使得该群中的每个散射矩阵可以表示为它们的线性组合。

由该结论可知，一个双共零点对阿贝尔群也是一个二维线性空间。

(C20a) 对于任意单共零点对阿贝尔群 G，存在一个共零点对阿贝尔群(对称散射矩阵的集合)是 G 的子群。

(C20b) 对于任意双共零点对阿贝尔群 G，在 G 中存在一个对称散射矩阵 $\boldsymbol{S}$，使得所有对称散射矩阵可以被描述为 $c\boldsymbol{S}$。

(C21) 如果 $\boldsymbol{S}_1$、$\boldsymbol{S}_2$、$\boldsymbol{S}_3$ 和 $\boldsymbol{S}_4$ 满足下列条件：

(1) $\boldsymbol{S}_1$、$\boldsymbol{S}_2$、$\boldsymbol{S}_3$ 和 $\boldsymbol{S}_4$ 线性无关；

(2) $\boldsymbol{S}_2$、$\boldsymbol{S}_3$ 和 $\boldsymbol{S}_4$ 有共零国际对 $(\vec{a}_1,\ \vec{b}_1)$，$\boldsymbol{S}_1$、$\boldsymbol{S}_3$ 和 $\boldsymbol{S}_4$ 有共零点对 $(\vec{a}_2,\ \vec{b}_2)$，$\boldsymbol{S}_1$、$\boldsymbol{S}_2$ 和 $\boldsymbol{S}_4$ 有共零点对 $(\vec{a}_3,\ \vec{b}_3)$，$\boldsymbol{S}_1$、$\boldsymbol{S}_2$ 和 $\boldsymbol{S}_3$ 有共零点对 $(\vec{a}_4,\ \vec{b}_4)$。

那么任意一个散射矩阵可以被分解为

$$\boldsymbol{S}=c_1\boldsymbol{S}_1+c_2\boldsymbol{S}_2+c_3\boldsymbol{S}_2+c_4\boldsymbol{S}_4$$

其中，

$$c_i=\frac{\boldsymbol{S}\vec{a}_i\cdot\vec{b}_i}{\boldsymbol{S}_i\vec{a}_i\cdot\vec{b}_i},\ i=1,2,3,4$$

(C21) 容易用目标的共零点对的定义证明。它描述了一般散射矩阵情况下目标分解和目标的共零点对之间的关系。

3.8　多站雷达中的天线最优极化

本节假设一个多站雷达系统是由一个发射天线和多个接收天线所组成。这些接收天线被放置在不同的地方，因而当发射天线和接收天线不在同一个位置时，发射天线和每

个接收天线一起可以被认为是一个双站雷达系统。一旦选好坐标系，一个目标对应于每一个接收天线(和发射天线)有一个散射矩阵。很显然，目标的散射矩阵除了与目标的特性(如形状、材料、照射面等)有关外，还与发射天线和接收天线的位置以及它们的坐标系有关。

现在假设 $\vec{a}$ 和 $\vec{b}_k\ (k=1,2,\cdots,n)$ 分别为发射天线和第 k 个接收天线的极化状态。不失一般性，假设所有极化状态的幅度都是 1，$\|\vec{a}\|=\|\vec{b}_k\|=1, k=1,2,\cdots,n$。设 $\boldsymbol{S}_k$ 表示目标对应于发射天线及第 k 个接收天线的散射矩阵，则第 k 个接收天线所收到的功率是

$$P_k=\left|\boldsymbol{S}_k\vec{a}\cdot\vec{b}_k\right|^2 \tag{3.65}$$

所有接收天线所收到的总功率为

$$P_{\text{total}}=\sum_{k=1}^{n}\left|\boldsymbol{S}_k\boldsymbol{a}\cdot\boldsymbol{b}_k\right|^2 \tag{3.66}$$

因而，把多站雷达天线的最优极化问题的数学模型描述为

$$\begin{aligned}&\text{maximize} && \sum_{k=1}^{n}\left|\boldsymbol{S}_k\vec{a}\cdot\vec{b}_k\right|^2\\ &\text{subject to} && \|\vec{a}\|=\|\vec{b}_k\|=1,\ k=1,2,\cdots,n\end{aligned} \tag{3.67}$$

式中，$\|\ \|$ 表示 2 范数。从上述的数学模型中可以发现，所有的接收天线以及发射天线的极化状态是独立的。利用 Cauchy-Schwarz 不等式可知，仅当式(3.68)成立时，P_{total} 才有可能最大。

$$\vec{b}_k=\frac{1}{\|\boldsymbol{S}_k\vec{a}\|}\left(\boldsymbol{S}_k\vec{a}\right)^*, k=1,2,\cdots,n \tag{3.68}$$

式中，上标*表示复数共轭。将式(3.68)代入式(3.66)可得

$$\begin{aligned}P_{\text{total}}&=\sum_{k=1}^{n}\|\boldsymbol{S}_k\vec{a}\|^2=\sum_{k=1}^{n}\vec{a}^{\text{H}}\boldsymbol{S}_k^{\text{H}}\boldsymbol{S}_k\vec{a}\\&=\vec{a}^{\text{H}}\left(\sum_{k=1}^{n}\boldsymbol{S}_k^{\text{H}}\boldsymbol{S}_k\right)\vec{a}\end{aligned} \tag{3.69}$$

式中，上标 H 表示埃尔米特共轭。很显然，$\sum\limits_{k=1}^{n}\boldsymbol{S}_k^{\text{H}}\boldsymbol{S}_k$ 是一个埃尔米特矩阵，因而它有两个非负的特征值。设 $\vec{u}$ 为矩阵 $\sum\limits_{k=1}^{n}\boldsymbol{S}_k^{\text{H}}\boldsymbol{S}_k$ 的最大特征值所对应的特征向量，则

$$\vec{a}_{\max}=\frac{1}{\|\vec{u}\|}\vec{u} \tag{3.70}$$

就是使总的接收功率达到最大的发射天线的最优极化状态。将式(3.70)代入式(3.68)，可得第 k 个接收天线的最优极化状态为

$$\vec{b}_k = \frac{1}{\|\boldsymbol{S}_k\vec{u}\|}\left(\boldsymbol{S}_k\vec{u}\right)^*,\ k = 1,2,\cdots,n \tag{3.71}$$

应该指出的是，式(3.69)也可以被认为是从目标到各个接收天线的散射场的总功率密度，因而使散射场的总功率密度达到最大的发射天线的最优极化状态与使总的接收功率达到最大的发射天线的最优极化状态相同。在数学模型式(3.67)中，接收天线的极化状态与发射天线的极化状态是相互独立的。从式(3.68)～式(3.70)可以知道这一结论与单站的情况是相似的。因为在单站雷达情况下，散射场的功率密度达到最大的发射天线的最优极化状态相当于匹配极化通道下的最大值点，即 M-POL Max 与使接收功率达到最大的发射天线的最优极化相同。但是如果考虑多站雷达功率的最小值时，情况就完全不同了。

如果接收天线的极化状态与发射天线的极化状态是相互独立的，那么对于任意一个发射天线极化状态 $\vec{a}$ ，令

$$\vec{b}_k = \frac{1}{\|\boldsymbol{S}_k\vec{a}\|}\begin{bmatrix} 0 & 1 \\ -1 & 0 \end{bmatrix}\boldsymbol{S}_k\vec{a}, \quad k = 1,2,\cdots,n \tag{3.72}$$

则由式(3.65)和式(3.66)可知，总的接收功率为零。这意味着共有无穷多种情况使总的接收功率达到最小值。

另外，如果假设发射天线和接收天线的极化状态满足式(3.68)，那么总的接收功率满足式(3.69)。令 $\vec{v}$ 表示矩阵 $\sum_{k=1}^{n}\boldsymbol{S}_k^{\mathrm{H}}\boldsymbol{S}_k$ 的最小特征值所对应的特征向量，那么：

$$\vec{a}_{\min} = \frac{1}{\|\vec{v}\|}\vec{v} \tag{3.73}$$

就是使总接收功率达到最小的发射天线的极化状态。注意：矩阵 $\sum_{k=1}^{n}\boldsymbol{S}_k^{\mathrm{H}}\boldsymbol{S}_k$ 是埃尔米特型的，所以 $\vec{a}_{\max}$ 和 $\vec{a}_{\min}$ 是正交的，即

$$\vec{a}_{\min} = \begin{bmatrix} 0 & 1 \\ -1 & 0 \end{bmatrix}\vec{a}_{\max}^* \tag{3.74}$$

一般情况下，它所对应的最小总功率不为零。

接下来，考虑下面两种情况：

$$\vec{b}_k = \vec{a}, \quad k = 1,2,\cdots,n \tag{3.75}$$

$$\vec{b}_k = \begin{bmatrix} 0 & 1 \\ -1 & 0 \end{bmatrix}\vec{a}^*, \quad k = 1,2,\cdots,n$$

这时对应的最优化问题可以用 Kennaugh 矩阵和 Stokes 矢量表示出来。采用拉格朗日乘数法可以得到相应的最优极化状态。详细的步骤已省去，有兴趣的读者可以参考 Boerner 的论文。

3.9 小 结

本章研究了对称散射矩阵情况下的 Kennaugh 特征极化状态理论。3.2 节给出了共极化最大值点、鞍点和零点的直接表达式(以 Stokes 向量形式给出)[20]。接着 3.4 节用数学方法证明了一些 Poincaré 球上的特征极化状态间几何关系的结果[14-20]。基于这些关系，本章提出一套特征极化状态的简单公式[17,18]。通过所给出的公式可以发现，对于一个对称散射矩阵，共极化零点是最基本的特征极化状态，其他的特征极化状态可以很容易地通过共极化零点的 Stokes 向量得到。通过具体例子验证了所给方法的有效性。

3.3 节基于代数学原理得到了一个重要矩阵的特征值。用这个结果研究了 Poincaré 球上的等功率曲线问题，这在研究极化雷达威力时具有重要的作用。3.5 节和 3.6 节给出了三种通常情况下 Poincaré 球上的等功率曲线[19]，并且说明了由等功率曲线产生的特征极化状态。对于 $\vec{G}_c^2(n)\neq\pm\vec{G}_c^1(n)$ 的情况(即共极化零点不相同，并且它们不处于 Poincaré 球上相反位置)，可以发现所有的特征极化状态都可以看成是 Poincaré 球和一些不同常数 C 的二次曲面的交点。然而，$\vec{G}_c^2(n)=\pm\vec{G}_c^1(n)$ 时的特征极化状态和那些 $\vec{G}_c^2(n)\neq\pm\vec{G}_c^1(n)$ 时的情况不同。对于 $\vec{G}_c^2(n)=+\vec{G}_c^1(n)$ 的情况，存在着一个交叉极化最大值圆使雷达在交叉极化通道上接收到最大功率；对于 $\vec{G}_c^2(n)=-\vec{G}_c^1(n)$ 的情况，也存在一个圆，称为交叉极化零点圆或共极化最大值圆，使得在交叉极化通道下雷达的接收功率为零，而在共极化通道下雷达接收到最大功率。交叉极化最大值圆以及交叉极化零点圆/共极化最大值圆的表达式分别由式(3.59)和式(3.54)给出。

本章中所给出的特征极化状态的方法和传统的方法完全不同。这里的方法提供了一种对 Poincaré 球上极化状态的几何解释或者说是可视化的途径。此外，等功率曲线的概念也为分析 Poincaré 球上接收功率的贡献提供了一个有效的工具。3.7 节介绍了目标的零点理论[18,19,21]。这不仅仅是共极化零点和交叉极化零点概念的一个重要扩充，而且对于研究两种不同的目标及目标群的零点具有重要的意义。

3.8 节中，根据 Kennaugh 最优极化理论被扩展到多站雷达的情况，建立了它的数学模型，并给出了其求解方法，此外，还比较了其与单站雷达情况下有关结论的异同[20]。

参 考 文 献

[1] Kennaugh E M. Polarization Properties of Radar Reflections. M.Sc. Thesis, The Ohio State University, Columbus, 1952.

[2] Huynen J R. Phenomenological Theory of Radar Targets. Ph.D. Dissertation, Technical University, Delft, The Netherlands, 1970.

[3] Boerner W-M, Xi A-Q. The characteristic radar target polarization state theory for the coherent monostatic and reciprocal case using the generalized polarization transformation radio formulation. AEU, 1990, 44(4): 273-281.

[4] Boerner W-M, Yan W-L, Xi A-Q, et al. On the principles of radar polarimetry: the target characteristic polarization state theory of Kennaugh, Huynen's polarization fork concept, and its extension to the partially polarized case. IEEE Proceedings, 1991, 79(10): 1538-1550.

[5] Agrawal A P, Boerner W-M. Redevelopment of Kennaugh's target characteristic polarization state theory using the polarization transformation ratio formalist for the coherent case. IEEE Trans. Geosci. Remote Sensing, 1989, 27(1): 2-14.

[6] Davidovitz M, Boerner W-M. Extension of Kennaugh's optimal polarization concept to the asymmetric matrix case. IEEE Trans. Antennas Propagat., 1986, AP-34(4): 569-574.

[7] Liu C-L, Zhang X, Yamaguchi Y, et al. Comparison of 2×2 Sinclair, 2×2 Graves, 3×3 covariance, and 4×4 Mueller (symmetric) matrix in coherent radar polarimetry and its application to target versus background discrimination in microwave remote sensing and imaging. Radar Polarimetry, SPIE, 1992, 1748: 144-173.

[8] Kostinski A B, Boerner W-M. On the foundations of radar polarimetry. IEEE Trans. Antennas Propagat., 1986, AP-34(12): 1395-1404.

[9] Yan W-L, Boerner W-M. Optimal polarization states determination of the Stokes reflection matrices for the coherent case, and of the Mueller matrix for the coherent Case, and of the Mueller Matrix for the partially polarized case. Journal of Electromagnetic Waves and Applications, JEWA, 1991, 5(10): 1123-1150.

[10] Xi A-Q, Boerner W-M. Determination of the characteristic polarization states of the target scattering matrix [S(AB)] for the coherent, monostatic, and reciprocal propagation space. J. Opt. Soc. Amer. Part A, Optics & Image Sciences, Series 2, 1992, 9(3): 437-455.

[11] Boerner W-M, Liu C-L, Zhang X. Comparison of the optimization procedures for the 2×2 Sinclair and the 4×4 Mueller matrices in coherent polarimetry application to radar target versus background clutter discrimination in microwave sensing and imaging. Int'l. Journal on Advances in Remote Sensing, 1993, 2(1): 55-82.

[12] Yamaguchi Y, Boerner W-M, Eom H J, et al. On characteristic polarization states in the cross-polarized radar channel. IEEE Trans. Geosci. Remote Sensing, 1992, 30(5): 1078-1081.

[13] Yamaguchi Y. Fundamentals of Polarimetric Radar and Its Applications. Tokyo: Realize Inc., 1998.

[14] Yang J, Yamaguchi Y, Yamada H. The formulae of the characteristic polarization states in the co-pol channel and the optimal polarization state for contrast enhancement. IEICE Trans. Commun., 1997, E80-B(10): 1570-1575.

[15] Yang J. On Theroritical Problems in Radar Polarimetry. Ph.D thesis, Niigata University, Japan, 1999.

[16] Yang J, Yamaguchi Y, Yamada Y, et al. The characteristic polarization states and the equi-power curves. IEEE Trans. Geosci. Remote Sensing, 2002, 40(2): 305-313.

[17] Yang J, Yamaguchi Y, Yamada H. Simple method for obtaining characteristic polarization states. IEE Electron. Lett., 1998, 34(5): 441-443.

[18] Yang J, Yamaguchi Y, Yamada H, et al. Development of target null theory. IEEE Trans. Geosci. Remote Sensing, 2001, 39(2): 330-338.

[19] Yang J, Yamaguchi Y, Yamada H. Co-null of targets and co-null Abelian group. IEE Electron. Lett., 1999, 35(12): 1017-1019.

[20] Yang J, Peng Y, Yamaguchi Y. Optimal polarization problem for the multistatic radar case. IEE Electron. Lett, 2000, 36(19): 1647-1649.

[21] Kitayama K, Yamaguchi Y, Yang J, et al. Compound scattering matrix of targets aligned in the range direction. IEICE Trans. Commun., 2001, E84-B(1): 81-88.

第 4 章　散射特征描述及特征提取

4.1　引　　言

目标特征提取是目标分类识别中最关键的一步。目标散射特征的提取既是一个物理问题，也是一个数学问题；也就是说，提取的目标特征既要具有明确的物理意义，又要具有良好的类别可分离度并且便于构造与之匹配的分类器。可以说一个好的极化雷达遥感图像分类器是由有效的特征提取以及特征与分类器的相互匹配共同构成的，如果特征选取得当，只需要简单的分类器便可以得到很好的分类效果。早年 Huynen[1]曾基于 Mueller 矩阵(或 Kennaugh 矩阵)提出了一套目标特征参数用以描述目标的几何特征；随后 Boerner 教授的课题组利用一阶修正的物理光学近似予以解释并评价估[2]。然而，杨健等[3]引入目标的旋转周期及准周期的概念后，一个最直接的结果就是在理论上证明具有旋转周期(沿雷达的视线旋转)的任何目标都可能有与球体完全一样的散射矩阵，无论这个目标表面是多么的不光滑以及多么的扭曲，从而说明 Huynen 所提出的这套参数是有问题的。Boerner 和 Xi[4]注意到极化比的重要性，其也是度量目标的另一个重要的参数。此外，散射矩阵的特征值、相关矩阵、散射矩阵各元素之间的相位差、各种目标分解的分解系数、Cloude 散射熵、散射角、各向异性参数、目标相似性参数等都是度量目标散射特性的重要参数。

本章将介绍目标对称性的基本概念，以及对应的散射相干矩阵表示方法、Cloude 分解、Huynen 分解、修正的 Huynen 分解、相似性参数，其中重点介绍参数 $\Delta\alpha_{\mathrm{B}} / \alpha_{\mathrm{B}}$。

4.2　目标散射对称性

在后向散射对准(backscatter alignment，BSA)、散射互易条件下，一个目标有 N 个独立的观测样本，则可以得到目标平均的散射相干矩阵，如下所示：

$$
\begin{aligned}
\boldsymbol{T} &= \frac{1}{N}\sum_{i=1}^{N}\left(\bar{k}_p\right)_i\left(\bar{k}_p\right)_i^{\mathrm{H}} \\
&= \frac{1}{2}\left\langle\begin{bmatrix}
\left|S_{\mathrm{HH}}+S_{\mathrm{VV}}\right|^2 & \left(S_{\mathrm{HH}}+S_{\mathrm{VV}}\right)\left(S_{\mathrm{HH}}-S_{\mathrm{VV}}\right)^* & 2\left(S_{\mathrm{HH}}+S_{\mathrm{VV}}\right)S_{\mathrm{HV}}^* \\
\left(S_{\mathrm{HH}}+S_{\mathrm{VV}}\right)^*\left(S_{\mathrm{HH}}-S_{\mathrm{VV}}\right) & \left|S_{\mathrm{HH}}-S_{\mathrm{VV}}\right|^2 & 2\left(S_{\mathrm{HH}}-S_{\mathrm{VV}}\right)S_{\mathrm{HV}}^* \\
2\left(S_{\mathrm{HH}}+S_{\mathrm{VV}}\right)^* S_{\mathrm{HV}} & 2\left(S_{\mathrm{HH}}-S_{\mathrm{VV}}\right)^* S_{\mathrm{HV}} & 4\left|S_{\mathrm{HV}}\right|^2
\end{bmatrix}\right\rangle \\
&= \begin{bmatrix}
2A_0 & C-jD & H+jG \\
C+jD & B_0+B & E+jF \\
H-jG & E-jF & B_0-B
\end{bmatrix}
\end{aligned}
\tag{4.1}
$$

式中，A_0、B_0、B、C、D、E、F、G、H 为 Huynen[1]参数；$\vec{k}_p$ 为目标散射的 Pauli 矢量；$\boldsymbol{T}$ 为半正定的 Hermitian 矩阵。从中可以看出，对于任意的散射相干矩阵，需要用 9 个参数(Huynen 参数)对其进行特征描述。在对介质散射特性进行分析时，常常需要对后向散射的对称性进行假设，以简化物理模型的理论分析以及寻求参数的动态范围。

在极化 SAR 理论中，主要有四种对称性假设：散射互易性假设、反射对称性假设、旋转对称性假设和方位向对称性假设。对于单站极化 SAR 系统，一般认为满足散射互易性，即 $S_{\mathrm{HV}}=S_{\mathrm{VH}}$，因此得到的散射相干矩阵如式(4.1)所示。

假设一个目标由大量独立散射点组成，在雷达波束入射平面内，如图 4.1 所示，对于任意散射点 P，目标上都有关于某 AA' 轴镜面对称的散射点 Q 与之匹配，则称此目标满足反射对称性。注意：此时 AA' 不需要与 H 坐标轴或 V 坐标轴平行，AA' 轴与 H 轴之间的夹角即目标的定向角 θ。

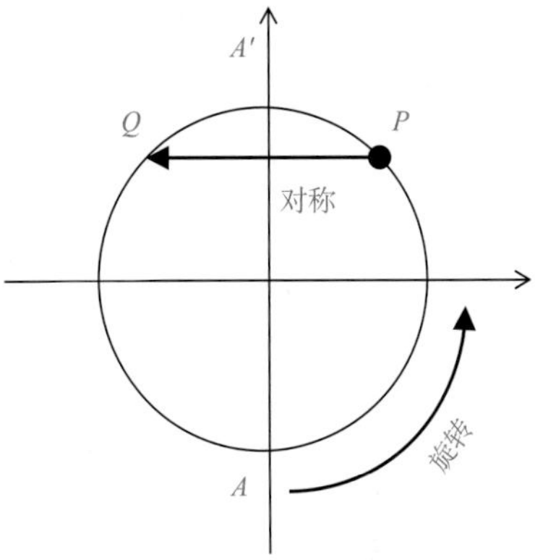

图 4.1　反射对称和旋转对称[3]

对于具有反射对称性的物体，其散射相干矩阵是这些互为镜面的点(P，Q)的叠加。假设目标的最大对称轴 AA' 与坐标轴平行，即 $\theta=0°$ 时，P 点和 Q 点对应的散射矢量和目标的散射相干矩阵如式(4.2)所示：

$$
\begin{aligned}
&\vec{k}_P=\begin{bmatrix}k_0\\k_1\\k_2\end{bmatrix}\Rightarrow\vec{k}_Q=\begin{bmatrix}k_0\\k_1\\-k_2\end{bmatrix}\\
&\Rightarrow\boldsymbol{T}=\boldsymbol{T}_P+\boldsymbol{T}_Q=\begin{bmatrix}T_{11}&T_{12}&T_{13}\\T_{12}^*&T_{22}&T_{23}\\T_{13}^*&T_{23}^*&T_{33}\end{bmatrix}+\begin{bmatrix}T_{11}&T_{12}&-T_{13}\\T_{12}^*&T_{22}&-T_{23}\\-T_{13}^*&-T_{23}^*&T_{33}\end{bmatrix}=\begin{bmatrix}T_{11}&T_{12}&0\\T_{12}^*&T_{22}&0\\0&0&T_{33}\end{bmatrix}
\end{aligned}
\tag{4.2}
$$

具有旋转对称性的物体，是指绕着雷达视线旋转任意角度 θ，其散射相干矩阵具有不变性。对于标准散射体模型，只有平面、左螺旋体和右螺旋体三个标准散射分量具有旋转不变性，因此旋转对称散射体的散射相干矩阵可以认为是此三个散射成分的线性组合，即

$$
\begin{aligned}
&k_{\mathrm{s}}=\begin{bmatrix}1\\0\\0\end{bmatrix},\ k_{\mathrm{l}}=\frac{1}{\sqrt{2}}\begin{bmatrix}0\\1\\j\end{bmatrix},\ k_{\mathrm{r}}=\frac{1}{\sqrt{2}}\begin{bmatrix}0\\1\\-j\end{bmatrix}\\
&\Rightarrow\boldsymbol{T}=a\cdot\vec{k}_{\mathrm{s}}\vec{k}_{\mathrm{s}}^{\mathrm{H}}+b\cdot\vec{k}_{\mathrm{l}}\vec{k}_{\mathrm{l}}^{\mathrm{H}}+c\cdot\vec{k}_{\mathrm{r}}\vec{k}_{\mathrm{r}}^{\mathrm{H}}=\begin{bmatrix}a&0&0\\0&b+c&-j(b-c)\\0&j(b-c)&b+c\end{bmatrix}
\end{aligned}
\tag{4.3}
$$

最后考虑目标的方位向对称散射，方位向对称是指目标对于任意的旋转角度 θ，都可以找到互为镜面的反射对称散射点(P, Q)。简言之，若一个散射体既满足反射对称性，

又满足旋转对称性，则其具有方位向对称散射的特点，此时散射相干矩阵可以表示为

$$\begin{aligned}\boldsymbol{T}&=\begin{bmatrix}a & 0 & 0\\ 0 & b+c & -j(b-c)\\ 0 & j(b-c) & b+c\end{bmatrix}+\begin{bmatrix}a & 0 & 0\\ 0 & b+c & j(b-c)\\ 0 & -j(b-c) & b+c\end{bmatrix}\\&=\begin{bmatrix}2A_0 & 0 & 0\\ 0 & B_0 & 0\\ 0 & 0 & B_0\end{bmatrix}\end{aligned}\tag{4.4}$$

从中可以看出，具有方位向对称性的散射体具有最大的去极化度。

4.3 散射矩阵的相似性参数

4.3.1 相似性参数

在单站互易的情况下，设目标的散射矩阵为

$$\boldsymbol{S}=\begin{bmatrix}S_{\mathrm{HH}} & S_{\mathrm{HV}}\\ S_{\mathrm{VH}} & S_{\mathrm{VV}}\end{bmatrix}，其中S_{\mathrm{HV}}=S_{\mathrm{VH}}\tag{4.5}$$

令θ表示该目标的定向角，定义如下散射矩阵：

$$\boldsymbol{S}^0=\boldsymbol{J}(-\theta)\boldsymbol{S}\boldsymbol{J}(\theta)\equiv\begin{bmatrix}S_{\mathrm{HH}}^0 & S_{\mathrm{HV}}^0\\ S_{\mathrm{VH}}^0 & S_{\mathrm{VV}}^0\end{bmatrix}\tag{4.6}$$

其中，

$$\boldsymbol{J}(\theta)=\begin{bmatrix}\cos\theta & -\sin\theta\\ \sin\theta & \cos\theta\end{bmatrix}$$

根据 Huynen[1]的目标表象理论，可知$\boldsymbol{S}^0$表示目标在零定向角的位置。由目标的散射矩阵$\boldsymbol{S}$很容易得到$\boldsymbol{S}^0$，令

$$\vec{k}=\frac{1}{\sqrt{2}}(S_{\mathrm{HH}}^0+S_{\mathrm{VV}}^0,S_{\mathrm{HH}}^0-S_{\mathrm{VV}}^0,2S_{\mathrm{HV}}^0)^{\mathrm{T}}\tag{4.7}$$

那么$\vec{k}$是具有 0° 定向角的 Pauli 散射矢量，为了简化计算，本节在后面的描述中省略系数$1/\sqrt{2}$。

现在假设有两个目标散射矩阵$\boldsymbol{S}_1$和$\boldsymbol{S}_2$，设它们对应的修正 Pauli 散射矢量分别为$\vec{k}_1$和$\vec{k}_2$，那么定义这两个目标的(或这两个散射矩阵的)相似性参数为[5]

$$r(\boldsymbol{S}_1,\boldsymbol{S}_2)=\frac{\left|(\vec{k}_1^*)^{\mathrm{T}}\vec{k}_2\right|^2}{\|\vec{k}_1\|_2^2\|\vec{k}_2\|_2^2}\tag{4.8}$$

式中，$\|\ \|_2^2$表示矢量中各分量的绝对值的平方和，即 2 范数的平方。很显然，两个目标

的相似参数实际上是一种相关系数的平方。这样做的好处是可以避免开方计算。

两个目标的相似参数具有下面的性质：

(1) $r\left(\boldsymbol{J}(\theta_1)\boldsymbol{S}_1\boldsymbol{J}(-\theta_1),\boldsymbol{J}(\theta_2)\boldsymbol{S}_2\boldsymbol{J}(-\theta_2)\right)=r\left(\boldsymbol{S}_1,\boldsymbol{S}_2\right)$。其中，$\theta_1$ 和 θ_2 表示两个任意的角度。

(2) $r(a_1\boldsymbol{S}_1,a_2\boldsymbol{S}_2)=r\left(\boldsymbol{S}_1,\boldsymbol{S}_2\right)$。其中，$a_1$ 和 a_2 为两个任意的复数。

(3) $0\leqslant r\left(\boldsymbol{S}_1,\boldsymbol{S}_2\right)\leqslant 1$。其中，当且仅当 $\boldsymbol{S}_2=a\boldsymbol{J}(\theta)\boldsymbol{S}_1\boldsymbol{J}(-\theta)$ 时，$r\left(\boldsymbol{S}_1,\boldsymbol{S}_2\right)=1$。

(4) 设 $\boldsymbol{S}_1$、$\boldsymbol{S}_2$ 和 $\boldsymbol{S}_3$ 是三个两两互不相关的散射矩阵，即

$$r\left(\boldsymbol{S}_1,\boldsymbol{S}_2\right)=r\left(\boldsymbol{S}_1,\boldsymbol{S}_3\right)=r\left(\boldsymbol{S}_2,\boldsymbol{S}_3\right)=0 \tag{4.9}$$

那么对任意一个矩阵 $\boldsymbol{S}$，有

$$r\left(\boldsymbol{S},\boldsymbol{S}_1\right)+r\left(\boldsymbol{S},\boldsymbol{S}_2\right)+r\left(\boldsymbol{S},\boldsymbol{S}_3\right)=1 \tag{4.10}$$

前三条性质很容易证明，这里仅指出第四条性质的证明思路：将 $\boldsymbol{S}$、$\boldsymbol{S}_1$、$\boldsymbol{S}_2$ 和 $\boldsymbol{S}_3$ 都表示成具有 0° 定向角的 Pauli 散射矢量的形式，分别记为 $\vec{k}$、$\vec{k}_1$、$\vec{k}_2$ 和 $\vec{k}_3$，然后将 $\vec{k}$ 表示成 $\vec{k}_1$、$\vec{k}_2$ 和 $\vec{k}_3$ 的线性组合，再根据 $\boldsymbol{S}_1$、$\boldsymbol{S}_2$ 和 $\boldsymbol{S}_3$ 的正交性以及 $\boldsymbol{S}$ 和自身的完全相似性便可证明。

对上述的性质给出一些物理解释。我们知道，假如一个目标的散射矩阵是 $\boldsymbol{S}$，假如该目标绕雷达的视线旋转一个角度 θ，那么该目标在新位置的散射矩阵是 $\boldsymbol{J}(\theta)\boldsymbol{S}\boldsymbol{J}(-\theta)$。第一条性质说明，改变目标的定向角不会改变两个目标之间的相似性。

第二条性质说明两个目标之间的相似性不依赖于目标反射的强度或者功率。对于某些目标，如球体、平面、二面角等，这一性质说明两个目标之间的相似性不依赖于目标尺寸的大小。

第三条性质给出了相似参数的范围，特别是当且仅当一个目标经过适当的旋转后，如果其散射矩阵和另一个目标的散射矩阵仅仅相差一个常数，那么这两个目标才是完全相似的。

第四条性质指出一个任意目标的散射矩阵和三个两两正交的目标散射矩阵的相似参数之和为 1，说明任意四个目标之间一定存在某种相似性。

4.3.2　目标特征提取

令 $\boldsymbol{S}=\boldsymbol{S}_1$，$\boldsymbol{S}_2=\mathrm{diag}(1,1)$，那么可以得到目标与一个平面的相似参数为[5]

$$\begin{aligned} r_1 &= r\left[\boldsymbol{S},\mathrm{diag}(1,1)\right] \\ &= \frac{\left|S_{\mathrm{HH}}^0+S_{\mathrm{VV}}^0\right|^2}{2\left(\left|S_{\mathrm{HH}}^0\right|^2+\left|S_{\mathrm{VV}}^0\right|^2+2\left|S_{\mathrm{HV}}^0\right|^2\right)} \\ &= \frac{\left|S_{\mathrm{HH}}+S_{\mathrm{VV}}\right|^2}{2\left(\left|S_{\mathrm{HH}}\right|^2+\left|S_{\mathrm{VV}}\right|^2+2\left|S_{\mathrm{HV}}\right|^2\right)} \end{aligned} \tag{4.11}$$

式中，S_{HH}、S_{HV} 和 S_{VV} 为散射矩阵 $\boldsymbol{S}$ 的元素。对于任意一个 N 目标 $\boldsymbol{S}_N=\begin{bmatrix} a & b \\ b & -a \end{bmatrix}$，很容易证明它与平面的相似性参数为 0，即

$$r\left[\mathrm{diag}(1,1),\boldsymbol{S}_N\right]=0 \tag{4.12}$$

利用式(4.8)，还可以推导出一个目标与一个二面角 $\mathrm{diag}(1,-1)$ 的相似性参数为[5]

$$\begin{aligned} r_2 &= r\left[\boldsymbol{S},\mathrm{diag}(1,-1)\right] \\ &= \frac{\left|S_{\mathrm{HH}}^0-S_{\mathrm{VV}}^0\right|^2}{2\left(\left|S_{\mathrm{HH}}^0\right|^2+\left|S_{\mathrm{VV}}^0\right|^2+2\left|S_{\mathrm{HV}}^0\right|^2\right)} \end{aligned} \tag{4.13}$$

其中，S_{HH}^0、S_{HV}^0 和 S_{VV}^0 由式(4.6)所确定。对于任意一个对称性目标 $\boldsymbol{S}_{\mathrm{S}}$，可知其散射矩阵满足：

$$\boldsymbol{S}_{\mathrm{S}}^0=\begin{bmatrix} S_{\mathrm{HH}}^0 & 0 \\ 0 & S_{\mathrm{VV}}^0 \end{bmatrix} \tag{4.14}$$

由式(4.11)和式(4.13)很容易证明：

$$r\left[\mathrm{diag}(1,1),\boldsymbol{S}_{\mathrm{S}}\right]+r\left[\mathrm{diag}(1,-1),\boldsymbol{S}_{\mathrm{S}}\right]=1 \tag{4.15}$$

目标与左、右螺旋体 $\boldsymbol{S}_{\mathrm{L}}=\begin{bmatrix} 1 & i \\ i & -1 \end{bmatrix}$ 和 $\boldsymbol{S}_{\mathrm{R}}=\begin{bmatrix} 1 & -i \\ -i & -1 \end{bmatrix}$ 的相似性参数分别为

$$\begin{aligned} r_3 &= r\left(\boldsymbol{S},\boldsymbol{S}_{\mathrm{L}}\right) \\ &= \frac{\left|(S_{\mathrm{HH}}^0-S_{\mathrm{VV}}^0)-2jS_{\mathrm{HV}}^0\right|^2}{4(\left|S_{\mathrm{HH}}^0\right|^2+\left|S_{\mathrm{VV}}^0\right|^2+2\left|S_{\mathrm{HV}}^0\right|^2)} \\ &= \frac{\left|(S_{\mathrm{HH}}-S_{\mathrm{VV}})-2jS_{\mathrm{HV}}\right|^2}{4(\left|S_{\mathrm{HH}}\right|^2+\left|S_{\mathrm{VV}}\right|^2+2\left|S_{\mathrm{HV}}\right|^2)} \end{aligned} \tag{4.16}$$

$$\begin{aligned} r_4 &= r\left(\boldsymbol{S},\boldsymbol{S}_{\mathrm{R}}\right) \\ &= \frac{\left|(S_{\mathrm{HH}}^0-S_{\mathrm{VV}}^0)+2jS_{\mathrm{HV}}^0\right|^2}{4(\left|S_{\mathrm{HH}}^0\right|^2+\left|S_{\mathrm{VV}}^0\right|^2+2\left|S_{\mathrm{HV}}^0\right|^2)} \\ &= \frac{\left|(S_{\mathrm{HH}}-S_{\mathrm{VV}})+2jS_{\mathrm{HV}}\right|^2}{4(\left|S_{\mathrm{HH}}\right|^2+\left|S_{\mathrm{VV}}\right|^2+2\left|S_{\mathrm{HV}}\right|^2)} \end{aligned} \tag{4.17}$$

对于任意一个目标散射矩阵 $\boldsymbol{S}$，根据式(4.11)、式(4.16)和式(4.17)，很容易验证：

$$r\left[\boldsymbol{S},\mathrm{diag}(1,1)\right]+r\left(\boldsymbol{S},\boldsymbol{S}_{\mathrm{L}}\right)+r\left(\boldsymbol{S},\boldsymbol{S}_{\mathrm{R}}\right)=1 \tag{4.18}$$

这一结论还可以由性质(4)来证明，这是因为下面的正交性是成立的。

$$r\left[\mathrm{diag}(1,1),\boldsymbol{S}_{\mathrm{L}}\right]=r\left[\mathrm{diag}(1,1),\boldsymbol{S}_{\mathrm{R}}\right]=r\left(\boldsymbol{S}_{\mathrm{L}},\boldsymbol{S}_{\mathrm{R}}\right)=0 \tag{4.19}$$

在特殊情况下，如目标的散射矩阵属于 N 目标类，即 $\boldsymbol{S}=\boldsymbol{S}_N$，那么由式(4.12)和式(4.18)容易得到：

$$r\left(\boldsymbol{S}_N,\boldsymbol{S}_{\mathrm{L}}\right)+r\left(\boldsymbol{S}_N,\boldsymbol{S}_{\mathrm{R}}\right)=1 \tag{4.20}$$

此外，利用式(4.8)还可以推导出任意一个目标与其他目标的相似性参数。例如，令 $\boldsymbol{S}_2=\mathrm{diag}(1,0)$，得到目标与线性目标的相似性参数为

$$r_5=r\left[\boldsymbol{S},\mathrm{diag}(1,0)\right]=\frac{\left|S_{\mathrm{HH}}^0\right|^2}{\left|S_{\mathrm{HH}}^0\right|^2+\left|S_{\mathrm{VV}}^0\right|^2+2\left|S_{\mathrm{HV}}^0\right|^2} \tag{4.21}$$

上面的这些参数在分析目标的散射特征时非常有用。例如，当分析目标的一次反射和二次反射时，r_1 和 r_2 非常重要；当分析一个目标的螺旋性时，r_3 和 r_4 是有用的。

4.3.3　实验验证

旧金山地区的全极化 SAR 图像(NASA/JPL AIRSAR L-波段)被用来进行验证，如图 4.2 所示，实验中对全极化 SAR 图像进行监督分类。其方法如下：首先，对图像进行滑动窗平均滤波，结果如图 4.3 所示。其次，利用多元统计中的主成分分析法，计算出每类训练样本的主成分。最后，计算出每相邻 $n\times n$ 个像素的主成分，并将其与各类训练样本的主成分进行比较，从而把目标进行分类。

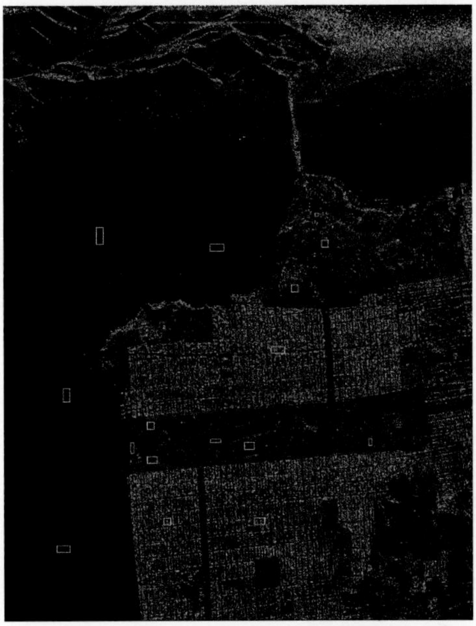

图 4.2　功率图(滤波前)

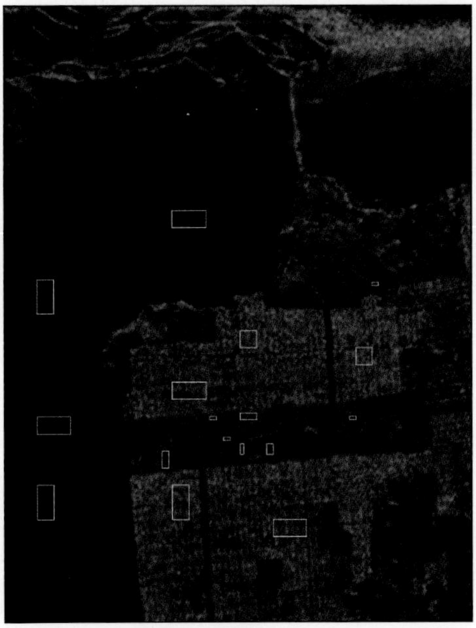

图 4.3　功率图(滤波后)

目标的一次和二次反射系数能很好地对海洋和城市进行区分(图 4.4 和图 4.5)，但不能很好地区分草地和海洋，极化熵(将在 4.4 节介绍)却能很好地对草地和海洋进行区分。

为此，利用这些参数以及功率和熵，构成了目标分类时的特征向量。

图 4.4　一次反射系数

图 4.5　二次反射系数

实验结果表明，当滑动窗口大小为 5 且 $n=5$ 时，能得到很好的分类效果(图 4.6)，正确判断率在 95%以上，由此表明相似性参数可以有效地描述目标特征。

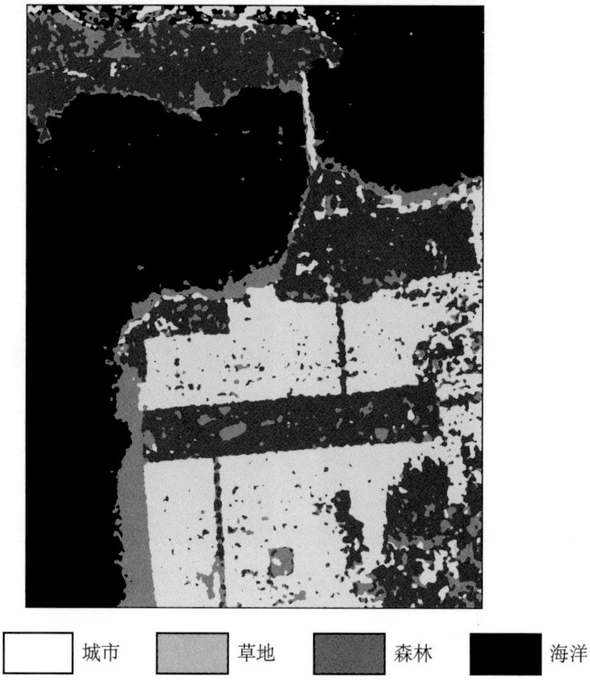

图 4.6　分类结果

4.4　Cloude-Pottier 非相干分解

对一般的散射相干矩阵 $\boldsymbol{T}$ 进行特征值分解，可以得到：

$$\boldsymbol{T}=\sum_{i=1}^{3}\lambda_i e_i e_i^{\mathrm{H}}=\boldsymbol{U}_3\begin{bmatrix}\lambda_1 & 0 & 0\\ 0 & \lambda_2 & 0\\ 0 & 0 & \lambda_3\end{bmatrix}\boldsymbol{U}_3^{\mathrm{H}} \tag{4.22}$$

其中，

$$\lambda_1\geqslant\lambda_2\geqslant\lambda_3;$$

$$\begin{aligned}\boldsymbol{U}_3&=\begin{bmatrix}\vec{e}_1 & \vec{e}_2 & \vec{e}_3\end{bmatrix}\\&=\begin{bmatrix}\cos\alpha_1 & \cos\alpha_2 & \cos\alpha_3\\ \sin\alpha_1\cos\psi_1 e^{j\delta_1} & \sin\alpha_2\cos\psi_2 e^{j\delta_2} & \sin\alpha_3\cos\psi_3 e^{j\delta_3}\\ \sin\alpha_1\sin\psi_1 e^{j\gamma_1} & \sin\alpha_2\sin\psi_2 e^{j\gamma_2} & \sin\alpha_3\sin\psi_3 e^{j\gamma_3}\end{bmatrix}\end{aligned}$$

由此特征值分解得到的三个正交的子矩阵与散射总功率 span 有如下关系：

$$\boldsymbol{T}=\boldsymbol{T}_1+\boldsymbol{T}_2+\boldsymbol{T}_3,\quad \text{where}\quad \boldsymbol{T}_i=\lambda_i e_i e_i^{\mathrm{H}},\quad \text{span}=\lambda_1+\lambda_2+\lambda_3 \tag{4.23}$$

可以看出，极化总功率 span 分散在三个特征值之中，总功率的分散特性可以看成是去极化度的一种度量。$\boldsymbol{T}_i\,(i=1,2,3)$ 可以看成是三个统计独立的、由 $\vec{e}_{i(i=1,2,3)}$ 确定的“完全”极化状态，每种极化状态出现的概率由相应的特征值 $\lambda_{i(i=1,2,3)}$ 决定。因此，极化状态的分散特性可以由一个标量度量，即极化熵 (H)[6]：

$$H=\sum_{i=1}^{3}-p_i\log_3 p_i,\quad H\in[0,1]$$

其中　(4.24)

$$p_i=\lambda_i\Big/\sum_{j=1}^{3}\lambda_j,\quad p_i\in[0,1]$$

H 衡量了目标的去极化程度，此时允许散射矩阵 $\boldsymbol{T}$ 具有极化交叉项，H 具有旋转不变性。除了功率分散特征之外，还需要衡量目标平均的散射机制。每一个 $\vec{e}_{i(i=1,2,3)}$ 都表示一种独立的极化状态，取对应的 $\cos\alpha_i$ 作为旋转不变的极化参数描述算子，则可以得到概率平均的极化 α 角：

$$\alpha=p_1\alpha_1+p_2\alpha_2+p_3\alpha_3 \tag{4.25}$$

由此得到了一对极化参数 H/α，用以分别描述目标的平均去极化度和极化散射机制。除了用极化熵H描述去极化信息外，对于具有反射对称性的介质，它的去极化信息也存在于两个较小的特征值中。由此定义另外一个参数来描述具有反射对称性目标的去极化信息，即极化反熵(anisotropy) A：

$$A = \frac{\lambda_2 - \lambda_3}{\lambda_2 + \lambda_3} \tag{4.26}$$

反熵 A 描述了目标的散射对称性离方位向对称的距离。$A=0$ 表明目标散射机理很复杂或者是确定性的散射过程；$A=1$ 表示目标具有中等程度的散射复杂性。用极化熵 H 和极化角 α 可以解释目标的去极化特性和极化散射特性，将 H/α 散点分布平面分成 8 个区域，每个区域表示不同的散射机理，如图 4.7 所示。

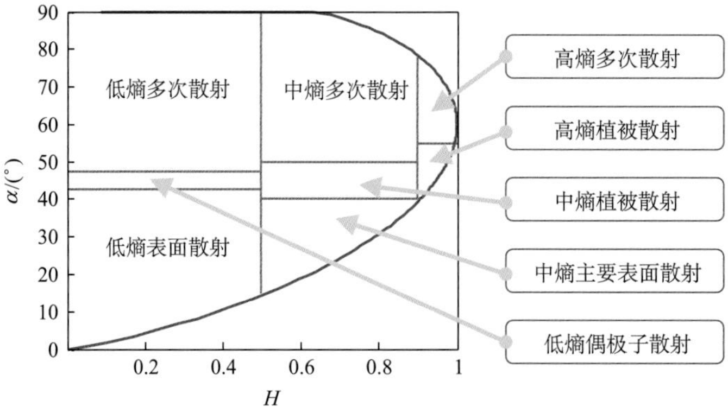

图 4.7　H/α 二维分布平面[3]

顺便指出，极化熵的计算较为复杂，为了减少计算量还可以用近似公式[7]。此外，An 等[8]注意到了 α 角的不稳定性，引入了一套等价于 H/α 的新参数，克服了 α 角不稳定的缺点，其分类效果与使用 H/α 进行分类的效果相当。

4.5　基于共极化比的特征参数

极化 SAR 应用的重要环节是极化 SAR 图像的解译。不同目标在极化 SAR 图像中表现出不同的散射和极化特性，极化 SAR 目标解译是极化 SAR 应用的基础。在自然地物的随机散射过程中，目标的后向散射波是部分极化的，即出现了去极化现象，因此需要用二阶统计量描述目标的平均极化特征。

在对目标平均极化状态的描述中，Cloude-Pottier 的非相干分解参数是极化 SAR 图像分析的基本工具。由此非相干分解得到的极化熵(H)、极化角(α)，以及反熵(A)分别描述了目标的去极化程度、平均散射机理，以及平均散射过程距离方位向对称散射的距离。在对目标散射机理进行描述时，根据介质散射的物理模型，通常将其分为一次散射(奇次散射)、二次散射(偶次散射)，以及体散射过程。其中，一次散射和二次散射也被称为平面散射，这两种散射具有确定性的物理散射模型，具有 0 去极化效应，即极化熵 $H=0$。在完全理想的情况下，物理边界在平面散射中会产生 π 的相位差，由此可以构成相应的标准散射矩阵：

$$
\boldsymbol{S}=\begin{bmatrix} S_{\mathrm{HH}} & S_{\mathrm{HV}} \\ S_{\mathrm{VH}} & S_{\mathrm{VV}} \end{bmatrix}=\begin{bmatrix} 1 & 0 \\ 0 & (-1)^{n+1} \end{bmatrix} \Rightarrow \begin{cases} \rho_{\mathrm{Trihedral}}=\dfrac{S_{\mathrm{VV}}}{S_{\mathrm{HH}}}=1 \\ \rho_{\mathrm{Dihedral}}=\dfrac{S_{\mathrm{VV}}}{S_{\mathrm{HH}}}=-1 \end{cases} \tag{4.27}
$$

其中，$n=1$表示一次散射，$n=2$表示二面角散射。从式(4.27)中可以看出，一次散射和二次散射的共极化比ρ分别位于在单位圆的最右端和最左端，如图 4.8 所示，暂将此圆称为“共极化比圆”。

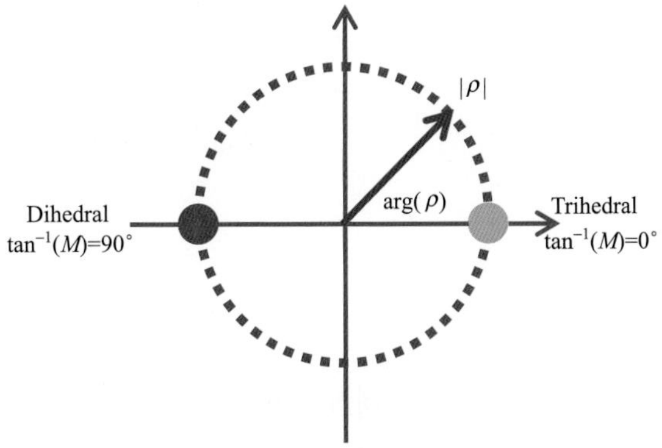

图 4.8　共极化比圆

对于自然地物的随机散射场，其后向散射波的极化椭圆是随时间和空间变化的，因此需要一系列平均参数描述波的散射机理和去极化特性。去极化过程的本质也是能量的分散过程，是指散射能量从确定性的目标散射到随机散射的耦合，可以用极化熵H描述。去极化过程能够产生交叉极化通道的能量，反之则不成立。例如，式(4.27)经过定向角旋转能够产生极化交叉项，但此极化交叉项可以通过矩阵旋转而消除，所以旋转后矩阵对应的仍旧是确定性的散射。对目标平均散射机理的描述可以用α角，它能够表示散射体的平均散射类型。一次散射、体散射，以及二次散射过程都有相应的物理模型描述，它们所对应的α角从 0° 逐渐变化到 90° 。然而H/α都是旋转不变参数，不能描述目标在传感器坐标系中的旋转行为。

本节将介绍一种新的目标物理散射机制描述的方法[9]，其中考虑到了目标的去极化特性、物理散射机制，以及相对于雷达航迹的姿态，并利用经典的H/α散射分布平面对此新方法进行验证。

4.5.1　一种新的目标特征描述方法

在前面已经介绍了目标的散射矩阵$\boldsymbol{S}$以及散射矢量表示方法。Pauli 矢量直接与目标的物理散射特性有关，因此在极化 SAR 目标物理散射特征分析中常常利用 Pauli 基对目标进行特征提取。在 Cloude-Pottier 分解中，极化α角利用了每个特征向量的第一个元素。但实际中，目标的物理散射特性与特征向量$\bar{e}_i$的三个元素都相关。本节将介绍我们提出的目标特征描述方法[9]，该方法同时用到了此特征向量的三个元素，从而可以很好地区分不同的散射机制。对于标准目标的散射，可以得到共极化比分布，如图 4.8 所示。考虑对于自然目标的随机散射，是否也可以利用此共极化比圆区分不同的散射特性。

假设目标具有对称性，即其散射矩阵 $\boldsymbol{S}$ 可以严格的旋转对角化，此时其最大极化方向的椭圆率 $\tau = 0$ [10]。当目标的最大对称轴与传感器坐标轴平行时，即目标定向角 $\theta = 0°$，其散射相关矩阵 T 如式(4.2)所示，由此可以得到一个具有旋转不变性的参数 M，若进一步假设各个散射体的 $|S_{\mathrm{HH}}|^2$ 相等，则有

$$M = \frac{T_{22} + T_{33}}{T_{11}} = \frac{B_0}{A_0} = \frac{\left\langle |S_{\mathrm{HH}} - S_{\mathrm{VV}}|^2 \right\rangle}{\left\langle |S_{\mathrm{HH}} + S_{\mathrm{VV}}|^2 \right\rangle} = \frac{\left\langle |S_{\mathrm{HH}}|^2 \left| \dfrac{S_{\mathrm{VV}}}{S_{\mathrm{HH}}} - 1 \right|^2 \right\rangle}{\left\langle |S_{\mathrm{HH}}|^2 \left| \dfrac{S_{\mathrm{VV}}}{S_{\mathrm{HH}}} + 1 \right|^2 \right\rangle} = \frac{\left\langle |\rho - 1|^2 \right\rangle}{\left\langle |\rho + 1|^2 \right\rangle} \tag{4.28}$$

其中，

$$\rho = \frac{S_{\mathrm{VV}}}{S_{\mathrm{HH}}} = |\rho| e^{j\phi}, \qquad \phi = \phi_{\mathrm{VV}} - \phi_{\mathrm{HH}}$$

A_0、B_0 是 Huynen 参数，M 与共极化比 $|\rho|$ 和共极化通道相位差 ϕ 有关，$\phi \in [-\pi, \pi]$。$|\rho|$ 在地表参数反演理论中具有重要的作用，依据粗糙表面 Bragg 理论模型，共极化比可以消除土壤湿度反演中粗糙度参数的影响，仅是雷达波束入射角和介质介电常数的函数。共极化通道相位差 ϕ 可以区分平面散射和二面角散射过程[式(4.27)]。在单视情况下，即 Rank($\boldsymbol{T}$)=1，M 与共极化比 ρ 直接相关，且 $M \in [0, +\infty]$。为方便对目标进行描述，由此定义另一个参数减小其数值动态范围：

$$\arctan(M) = \arctan\left(\left| \frac{\rho - 1}{\rho + 1} \right|^2 \right), \text{ 其中}, \mathrm{rctan}(M) \in \left[0, \frac{\pi}{2} \right] \tag{4.29}$$

图 4.9 示意了 $\arctan(M) / |\rho| / \phi$ 三者在圆柱坐标系下的理论关系，其中令 $|\rho| \in [0, 2]$ 表示极坐标轴，ϕ 位于相位坐标轴，$\arctan(M)$ 位于高度轴。对于一次散射，其共极化通道相位差 $|\phi| < \pi/2$，位于此散射点分布平面的右部分；对于二次散射，其共极化通道相位差 $|\phi| > \pi/2$，位于此散射点分布平面的左部分；对于体散射，由于去极化作用较强，$\arctan(M)$ 主要分布在 45° 范围附近。

对于一般的散射对称性目标，其散射矩阵如下所示：

$$\boldsymbol{T} = \left\langle \vec{k}_p \vec{k}_p^{\mathrm{H}} \right\rangle = \begin{bmatrix} T_{11} & T_{12} & T_{13} \\ T_{12}^* & T_{22} & T_{23} \\ T_{13}^* & T_{23}^* & T_{33} \end{bmatrix} = \boldsymbol{Q}(2\theta)^{\mathrm{T}} \begin{bmatrix} t_{11} & t_{12} & 0 \\ t_{12}^* & t_{22} & 0 \\ 0 & 0 & t_{33} \end{bmatrix} \boldsymbol{Q}(2\theta) \tag{4.30}$$

其中，

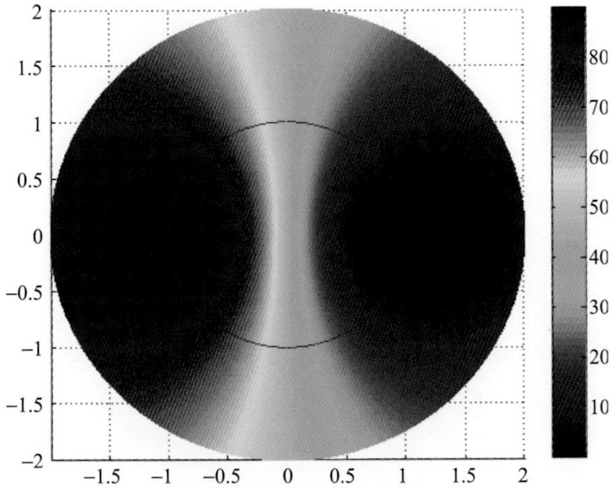

图 4.9　$\arctan(M)/|\rho|/\phi$ 在圆柱坐标系中的分布图

$$\begin{cases} t_{11}=\left\langle |h+v|^2 \right\rangle \\ t_{22}+t_{33}=\left\langle |h-v|^2 \right\rangle \\ t_{12}=\left\langle (h+v)(h-v)^* \right\rangle \end{cases},\quad \boldsymbol{Q}(2\theta)=\begin{bmatrix} 1 & 0 & 0 \\ 0 & \cos 2\theta & \sin 2\theta \\ 0 & -\sin 2\theta & \cos 2\theta \end{bmatrix}$$

式中，h 和 v 为散射矩阵 $\boldsymbol{S}$ 的对角化系数；$\vec{k}_p=\dfrac{1}{\sqrt{2}}\begin{bmatrix} S_{\mathrm{HH}}+S_{\mathrm{VV}} & S_{\mathrm{HH}}-S_{\mathrm{VV}} & 2S_{\mathrm{HV}} \end{bmatrix}^{\mathrm{T}}$，是 Pauli 矢量；$\langle\cdots\rangle$ 表示集平均。从式(4.30)中可以定义一个新参数 α_{B}，它是一个旋转不变量，如式(4.31)所示：

$$\alpha_{\mathrm{B}}=\arctan\left(\frac{T_{22}+T_{33}}{T_{11}}\right) \tag{4.31}$$

进一步地，

$$\alpha_{\mathrm{B}}=\arctan\left(\frac{|\rho_{\mathrm{r}}-1|^2+2|\rho_{\mathrm{r}}|(1-|r_{\mathrm{c}}|)\cos\phi_{\mathrm{r}}}{|\rho_{\mathrm{r}}+1|^2-2|\rho_{\mathrm{r}}|(1-|r_{\mathrm{c}}|)\cos\phi_{\mathrm{r}}}\right) \tag{4.32}$$

其中，

$$\begin{aligned} \rho_{\mathrm{r}}&=|\rho_{\mathrm{r}}|e^{j\phi_{\mathrm{r}}}=\sqrt{\frac{\left\langle |v|^2 \right\rangle}{\left\langle |h|^2 \right\rangle}}e^{j(\langle \phi_{\mathrm{VV}}-\phi_{\mathrm{HH}} \rangle)} \\ r_{\mathrm{c}}&=\frac{\left\langle hv^* \right\rangle}{\sqrt{\left\langle |h|^2 \right\rangle\left\langle |v|^2 \right\rangle}} \end{aligned} \tag{4.33}$$

从式(4.33)中可以看出，α_{B} 由两个统计参数决定，ρ_{r} 和 r_{c}，它们分别代表平均共极化通道比和共极化通道相关系数。在具有 0° 定向角的二阶散射相关矩阵中，这两个参数可以直接获得。然而，利用 α_{B} 很难直接描述目标的散射相干性。因此，定义了一个物理参数，用于描述目标的散射非相干性，如式(4.34)所示：

$$\Delta\alpha_{\mathrm{B}}=\alpha_{\mathrm{B}}-\alpha_0 \tag{4.34}$$

其中，

$$\alpha_0=\arctan\left(\frac{\left|\rho_{\mathrm{r}}-1\right|^2}{\left|\rho_{\mathrm{r}}+1\right|^2}\right) \tag{4.35}$$

α_0 在物理意义上与 arctan(M) 具有相同的意义，$\Delta\alpha_{\mathrm{B}}$ 可以用来描述目标的散射随机性。它的符号由共极化通道相位差决定。如果在一个分辨单元里，所有散射体都具有相同的散射机制并且定向角与介电常数具有一致性，则共极化相关系数 r_{c} 的值较大，$\Delta\alpha_{\mathrm{B}}$ 接近于 0°。

采用仿真数据，图 4.10 表示了 α_{B} 随共极化通道相关系数 r_{c} 的变化情况。仿真数据形式为

$$\left\langle\left|S_{\mathrm{HH}}\right|^2\right\rangle\begin{bmatrix}1 & \rho_{\mathrm{r}}\left|r_{\mathrm{c}}\right| \\ \rho_{\mathrm{r}}^*\left|r_{\mathrm{c}}\right| & \left|\rho_{\mathrm{r}}\right|^2\end{bmatrix}$$

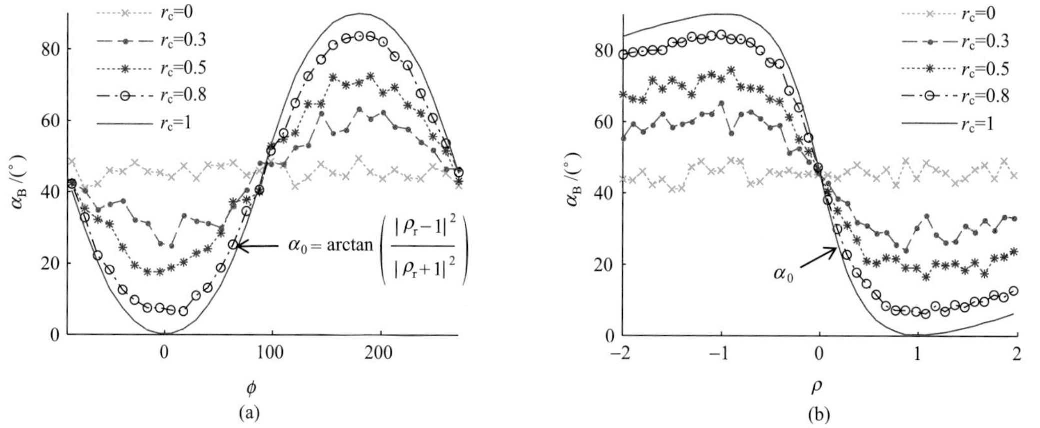

图 4.10　仿真数据 α_{B} 随 r_{c} 的变化情况

从图 4.10 中可以看出，随着共极化通道相关系数的减小，α_{B} 逐渐趋近于 45°。α_0 的数值可以由 ρ_{r} 唯一确定，表征单秩散射，$\Delta\alpha_{\mathrm{B}}$ 表示实际散射和单秩散射之间的距离。

(1) 对于二次散射过程，因为它的物理模型主要由共极化通道相位差为±π 的特性描述，因此，依据上式，$\Delta\alpha_{\mathrm{B}}$ 应该小于 0°。

(2) 对于一次散射过程和体散射过程，由于它们的绝对共极化通道相位差小于 π/2，因此，依据上式，$\Delta\alpha_{\mathrm{B}}$ 应该大于 0°。

在 4.5.2 节中，将分别从表面散射和体散射的物理模型讨论具有不同散射机制散射体的 α_{B} / ρ_{r} / ϕ_{r} 或 arctan(M) / $|\rho|$ / ϕ 的变化情况。

4.5.2　表面散射和体散射模型

电磁波在均匀介质中传播，而在两种均匀介质的分界面会发生透射及反射，利用电磁波这种在介质交界面上所发生的后向散射，就可以实现电磁波对介质的测量。因此，首先要了解电磁波在介质分界面透射以及反射的物理模型。在雷达极化测量中，两种均匀介质一般指空气和土壤表面，同时也会发生在土壤和建筑物、树干、树枝之间的多次反射。雷达接收到的散射系数与电磁波的波长、入射角、极化方式、介质的介电常数以及介质表面粗糙度有关。电磁波的典型的物理散射模型有三种，它们也是基于模型的目标分解技术的基础[6]，如图 4.11 所示，分别为二次散射模型、粗糙平面散射模型以及体散射模型。

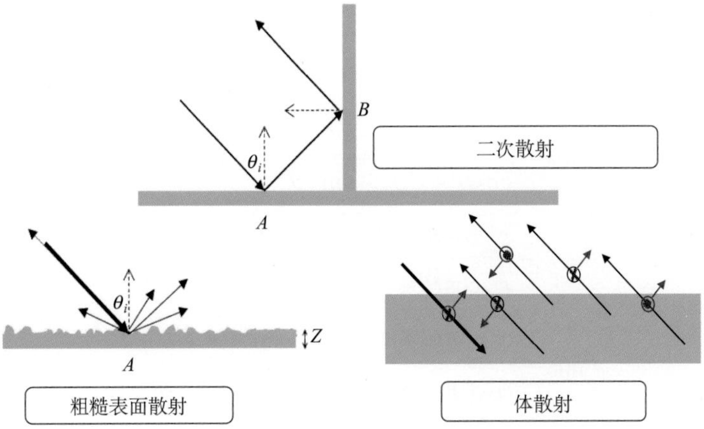

图 4.11　物理散射模型几何简图

1. 二次散射过程

先介绍电磁波在完全光滑表面所发生的反射现象。为了简化物理模型，假设自然地物都是非磁性的介质，即令其相对磁导率为 1。由于电磁波的入射波通常在自由空间内传播，因此可以进一步假设入射波所在的介质空间(空气)的相对介电常数为 1。由此根据麦克斯韦(Maxwell)方程组，可以得到电磁波在完全光滑表面所发生的镜面反射过程，即菲涅尔(Fresnel)反射，如图 4.11 二面角散射模型中在 A 点发生的示意图。在传感器坐标系(BSA 约定)下，式(4.36)即为 Fresnel 反射在雷达散射问题中常用的表达形式如下[3]：

$$\boldsymbol{S} = A\begin{bmatrix} S_{\mathrm{HH}} & 0 \\ 0 & S_{\mathrm{VV}} \end{bmatrix} \Rightarrow \begin{cases} S_{\mathrm{HH}} = \dfrac{\sqrt{\varepsilon - \sin^2\theta_i} - \cos\theta_i}{\sqrt{\varepsilon - \sin^2\theta_i} + \cos\theta_i} \\ S_{\mathrm{VV}} = \dfrac{\varepsilon\cos\theta_i - \sqrt{\varepsilon - \sin^2\theta_i}}{\varepsilon\cos\theta_i + \sqrt{\varepsilon - \sin^2\theta_i}} \end{cases} \tag{4.36}$$

式中，θ_i为波束入射角；ε为土壤的介电常数；A为不与极化有关的反射常数。从式(4.36)中可以看出，介质对电磁波的反射受到极化方式(H/V)的影响。在光滑平面情况下($\theta_i \neq 0$)，单站雷达接收不到任何后向能量。考虑一种重要而特殊的情况，即雷达波束沿着法线的方向入射($\theta_i = 0$)，就可以得到标准镜面散射的 Sinclair 矩阵：

$$\boldsymbol{S} = A\begin{bmatrix} 1 & 0 \\ 0 & 1 \end{bmatrix} \tag{4.37}$$

在倾斜平面中，由镜面散射产生的反射雷达接收不到任何形式的能量，但是当目标的几何结构发生了改变，电磁波发生了多次反射，就可以产生很强的后向散射能量。二次散射是雷达极化中常见的物理反射现象，标准的二面角散射由两次 Fresnel 反射构成，入射波和反射波传播方向角度改变 π，其物理模型的散射矩阵表示如下：

$$\boldsymbol{S} = \begin{bmatrix} S_{\text{HH}} & 0 \\ 0 & S_{\text{VV}} \end{bmatrix} = A\begin{bmatrix} R_{\text{HHA}} R_{\text{HHB}} & 0 \\ 0 & -R_{\text{VVA}} R_{\text{VVB}} \end{bmatrix}$$

其中

$$\begin{aligned} R_{\text{HHA}} &= \frac{\cos\theta_i - \sqrt{\varepsilon_A - \sin^2\theta_i}}{\cos\theta_i + \sqrt{\varepsilon_A - \sin^2\theta_i}} \\ R_{\text{VVA}} &= \frac{\varepsilon_A \cos\theta_i - \sqrt{\varepsilon_A - \sin^2\theta_i}}{\varepsilon_A \cos\theta_i + \sqrt{\varepsilon_A - \sin^2\theta_i}} \\ R_{\text{HHB}} &= \frac{\cos(90-\theta_i) - \sqrt{\varepsilon_B - \sin^2(90-\theta_i)}}{\cos(90-\theta_i) + \sqrt{\varepsilon_B - \sin^2(90-\theta_i)}} \\ R_{\text{VVB}} &= \frac{\varepsilon_B \cos(90-\theta_i) - \sqrt{\varepsilon_B - \sin^2(90-\theta_i)}}{\varepsilon_B \cos(90-\theta_i) + \sqrt{\varepsilon_B - \sin^2(90-\theta_i)}} \end{aligned} \tag{4.38}$$

在理想导体情况下，即 $\varepsilon \to \infty$时(如微波频谱内的金属平面)，二面角散射对所有的入射角情况都有如下标准 Sinclair 矩阵形式：

$$\boldsymbol{S} = A\begin{bmatrix} 1 & 0 \\ 0 & -1 \end{bmatrix} \tag{4.39}$$

图 4.12 示例了二面角散射过程在不同入射角情况下共极化比的变化情况，第一个例子令 ε_A=4.7 – j0.5， ε_B=40 – j10；第二个例子令 ε_A=4.7 – j2， ε_B=20 – j20。从中可以看出，对于不同的入射角，二面角反射的共极化比小于 1，共极化通道相位差$|\phi| > 90°$，当入射角增加到一定角度后，即到达 Brewster 角(这两个例子是 65° 附近)，会发生相位关于 π/2 轴对称的转变[11]。图 4.13 示例了ρ随介电常数和入射角变化的情况，其中令 ε_B=20， ε_A 的变化范围在1 ~ 80。从图 4.13 中可以看出，在一般雷达入射角 20° ~ 70°，对于二面角散射过程有

(1) 共极化比幅值$|\rho| < 1$；

(2) 共极化通道相位差ϕ趋于180°；

(3) α_B 由 $|\rho|$ 和 ϕ 确定，大于 45°。

因此，在共极化比圆平面内，它分布在圆的左半部分。

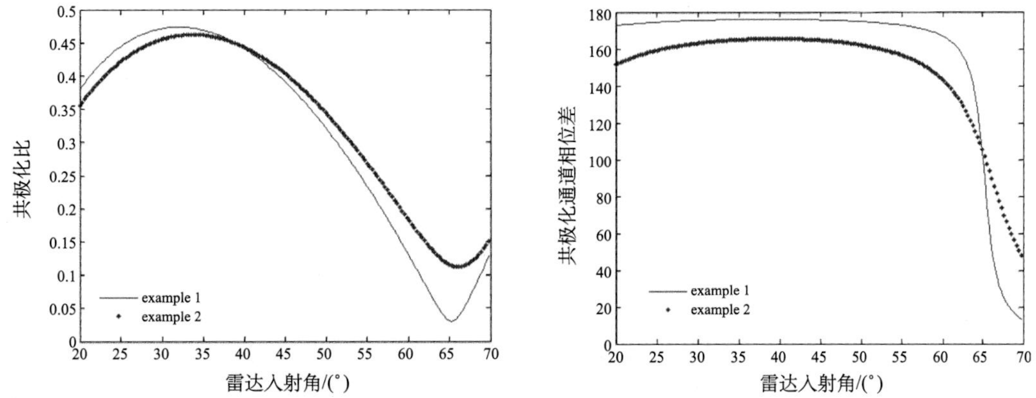

图 4.12　二面角散射共极化比幅度和相位差

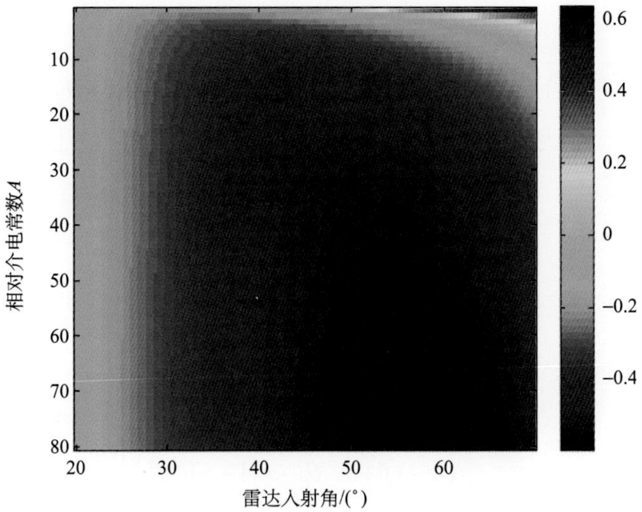

图 4.13　二面角散射模型的共极化比 ρ

2. 粗糙平面散射过程

一般自然地表相对于雷达波长都是非光滑的，雷达波在粗糙介质表面发生了漫散射过程，如图 4.11 中粗糙平面散射模型，也被称为一次散射模型。在粗糙面，电磁波有直接的后向散射能量。在一定的地表粗糙度条件下，粗糙表面的直接后向散射场可以看成是光滑平面散射的小扰动，由此建立的模型称为小扰动模型(small perturbation model，SPM)模型，或称为 Bragg 模型。Bragg 模型的适用条件是由雷达波长和表面粗糙度决定的，当满足如下条件时，认为 Bragg 模型适用，即

$$ks < 0.3 \tag{4.40}$$

其中，

$$k = \frac{2\pi}{\lambda}$$

$$s = \left(\frac{1}{N-1} \left(\sum_{i=1}^{N} (z_i)^2 - N(\bar{z})^2 \right) \right)^{1/2}$$

式中，z 为表面高度；s 为地表高层起伏方差；k 为雷达波数；λ 为电磁波波长。理论上，自然表面的后向散射模型可以描述成平面元模型和 Bragg 模型的叠加，由于平面元结构(即镜面散射)仅适用于接近垂直入射的情况，因此自然地物表面的电磁波散射一般用 Bragg 模型来描述。在 Bragg 模型中，首先将一个随机表面分量分解成一系列傅里叶谱分量，然后假设后向散射回波主要由这些分量构成，后向散射波构成了与入射波的 Bragg 谐振。谐振产生的波长是 $\lambda_{\mathrm{B}} = n\lambda / (2\sin\theta_i), n = 1, 2, \cdots$ 第一项(n=1)导致最强的共振散射波，在满足瑞利判据的要求时(即 $h < \lambda / (8\cos\theta_i)$，这里 h 表示粗糙表面的高层方差)，根据电磁散射扰动原理可以得到 Bragg 粗糙平面的一阶后向散射系数[9]：

$$\sigma_{xy} = 8k^4 h^2 \cos^4 \theta_i W(2k\sin\theta_i) |B_{xy}|^2 \tag{4.41}$$

式中，(x, y) 分别表示入射天线和接收天线的极化方式；$W(2k\sin\theta)$ 为粗糙表面自相关函数归一化的功率谱；B_{xy} 为一阶 Bragg 散射系数。由 Bragg 模型描述的平面散射矩阵表示如下：

$$\boldsymbol{S} = \begin{bmatrix} S_{\mathrm{HH}} & S_{\mathrm{HV}} \\ S_{\mathrm{VH}} & S_{\mathrm{VV}} \end{bmatrix} = A \begin{bmatrix} R_{\mathrm{HH}} & 0 \\ 0 & R_{\mathrm{VV}} \end{bmatrix}$$

其中

$$R_{\mathrm{HH}} = \frac{\cos\theta_i - \sqrt{\varepsilon - \sin^2\theta_i}}{\cos\theta_i + \sqrt{\varepsilon - \sin^2\theta_i}} \tag{4.42}$$

$$R_{\mathrm{VV}} = \frac{(\varepsilon - 1)\left[\sin^2\theta_i - \varepsilon\left(1 + \sin^2\theta_i\right)\right]}{\left(\varepsilon\cos\theta_i + \sqrt{\varepsilon - \sin^2\theta_i}\right)^2}$$

式中，A 为表面粗糙度的函数。从式(4.42)可以看出，Bragg 散射的 HH 分量与 Fresnel 散射的 HH 分量相等，而两者的 VV 分量不等。另外，在 Fresnel 反射过程中出现的 Brewster 角效应在 Bragg 散射中消失。图 4.14 示意了粗糙平面 Bragg 散射随入射角变化的情况，图 4.14 中的三条曲线分别对应于 $\varepsilon = 3.3 - j0.25$，$\varepsilon = 4.7 - j0.5$，以及 $\varepsilon = 75 - j20$ 三种情况。从图 4.14 中可以看出，对于 Bragg 平面散射，共极化比幅度均大于 1，共极化通道相位差 $|\phi| < 90°$，相位发生转变的效应消失。图 4.15 示意了粗糙平面散射的共极化比随雷达入射角和介电常数的变化情况。对于粗糙平面散射，总结如下：

(1) 共极化比幅值 $|\rho| > 1$；

(2) 共极化通道相位差 ϕ 趋于 0°；

(3) α_B 由 $|\rho|$ 和 ϕ 确定，小于 45°。

因此，在共极化比圆平面内，它分布在圆的右半部分。

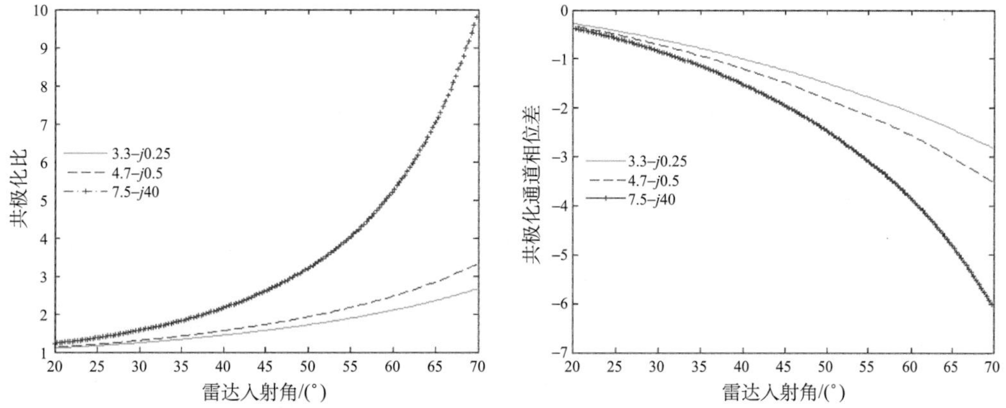

图 4.14　Bragg 一阶平面散射模型的共极化比幅度和相位差

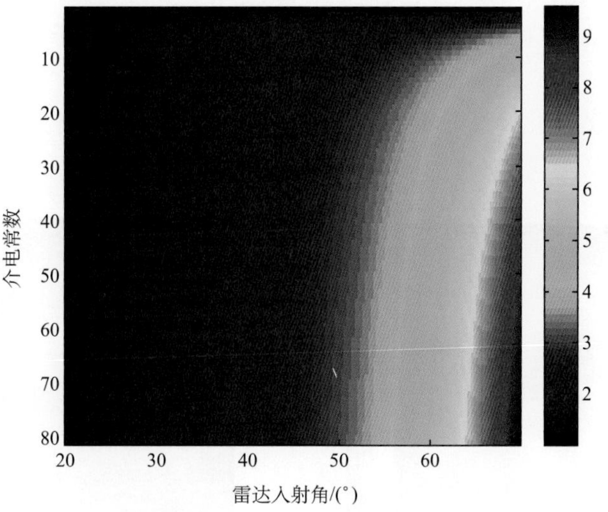

图 4.15　Bragg 散射共极化比 ρ

3. 体散射过程

除了发生在介质边界的散射现象(平面散射、二次散射)外，还有一种重要的极化散射现象，即体散射，如图 4.11 所示。体散射发生在非均匀的、局部介电特性变化的大量随机散射体中。体散射模型比较复杂，在局部散射中发生了多次散射过程，具有较强的去极化效应。在植被的后向散射环境中，体散射成分所占比重较大。对于体散射目标，设其后向散射系数由大量随机的小球状粒子共同贡献，则将此各向异性具有随机旋转角度的散射粒子的散射相干矩阵进行平均，可以得到具有对称结构的体散射相干矩阵模型。设大量体散射粒子具有一个主要的定向角方向 θ，单个粒子绕着此 θ 具有随机的取向，随机取向的分布宽度为2Δ，则积分平均后的体散射模型为

$$\boldsymbol{T}_{\mathrm{vol}}=\begin{bmatrix} T_{11} & T_{12} & 0 \\ T_{12}^{*} & T_{22} & 0 \\ 0 & 0 & T_{33} \end{bmatrix} \rightarrow \begin{cases} T_{11}=2+\dfrac{4}{3}X+\dfrac{4}{15}X^{2}, T_{12}=\operatorname{sinc}(2\Delta)\left(\dfrac{2}{3}X+\dfrac{4}{15}X^{2}\right) \\ T_{22}=\dfrac{2}{15}X^{2}\left[1+\operatorname{sinc}(4\Delta)\right], T_{33}=\dfrac{2}{15}X^{2}\left[1-\operatorname{sinc}(4\Delta)\right] \\ X>0 \end{cases} \tag{4.43}$$

式中，X 为粒子各向异向性的程度，即去极化因子。此处的 $\boldsymbol{T}_{\mathrm{vol}}$ 具有反射对称结构。在森林植被的体散射结构中，针叶林带或者树枝的散射过程属于扁长椭球体散射模型，X 值较大，具有较高的极化熵 H，极化角 α 接近 45°，典型的体 Freeman 三成分分解[12]体散射模型属于这种情况；而阔叶林带属于扁圆(平)椭球体散射模型，X 值相对较小，同时极化熵 H 和极化角 α 也相对较小。

体散射模型中，共极化通道相位差的均值 $\phi_{\mathrm{r}}=0°$。因此，仅考虑体散射模型的 α_{B} 和 $|\rho_{\mathrm{r}}|$ 随着去极化因子 X 和粒子随机取向的分布宽度 2Δ 的变化情况，如图 4.16 所示，其中横坐标表示 Δ，纵坐标表示 X，高度轴分别表示 $|\rho_{\mathrm{r}}|$ 和 α_{B}。从图 4.16 中可以看出：

(1) 共极化比 $|\rho_{\mathrm{r}}|$ 随着粒子随机扰动程度 Δ 的增大而逐渐趋于 1，随着去极化因子 X 的增大而逐渐减小。

(2) α_{B} 不随着 Δ 变化，而随着 X 的增大而增大，最后逐渐增大到 45°。

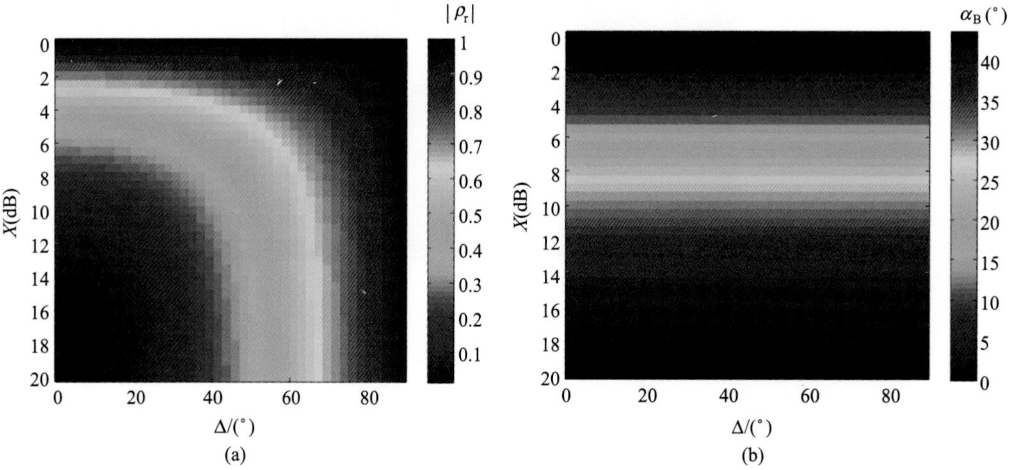

图 4.16　体散射模型的 $|\rho_{\mathrm{r}}|$ 和 α_{B} 与散射参数的关系

体散射模型中，$|\rho_{\mathrm{r}}|$ 和 α_{B} 随着分布宽度和去极化因子的变化情况与 H/α 随这两个因数变化的情况类似，但是 α 角随着 Δ 略有变化，而 α_{B} 是随机取向分布 Δ 的不变量。考虑两个典型的情况，即当去极化因子 $X=$ 6dB(对应于扁平/圆椭球体散射模型)和 $X=$ 20dB(对应于扁长椭球体散射模型)，即只考虑粒子的形状参数时，对应的极化角 α 分别

为 20° 和 45°，而对应的 α_B 分别为 15.85° 和 43.57°。可以看出，α_B 对不同粒子的区分度要大一些。对于典型的 Freeman 体散射模型[12]，有 $|\rho_r|=1$，$\alpha_B=45°$。

总结：对于大量随机椭球状粒子的散射，根据粒子形状(X)和随机取向分布(Δ)的不同，体散射过程分布在共极化比圆的右半部分，单位圆内，以 X 轴为中心对称分布。

4.5.3　定向角旋转对散射点分布的影响

4.5.2 节介绍了 $\alpha_B/|\rho_r|/\phi_r$ 的三种典型物理散射模型的分布，考察的是目标标准姿态时的情况，即目标的最大对称轴与传感器坐标轴平行(定向角 $\theta=0°$)时的情况。下面分析当目标存在一个主要定向角方向时，不同散射机制在共极化比圆中的分布位置改变情况。

对于具有对称结构的散射体，其任意旋转矩阵具有如下一般形式：

$$\boldsymbol{S}(\theta)=\begin{bmatrix}\cos\theta & -\sin\theta\\ \sin\theta & \cos\theta\end{bmatrix}\begin{bmatrix}S_{\mathrm{HH}} & 0\\ 0 & S_{\mathrm{VV}}\end{bmatrix}\begin{bmatrix}\cos\theta & \sin\theta\\ -\sin\theta & \cos\theta\end{bmatrix} \tag{4.44}$$

与其对应的散射相干矩阵可以表示为

$$\boldsymbol{T}(\theta)=\begin{bmatrix}2A_0 & (C-jD)\cos2\theta & (C-jD)\sin2\theta\\ (C+jD)\cos2\theta & B_0(1+\cos4\theta) & B_0\sin4\theta\\ (C+jD)\sin2\theta & B_0\sin4\theta & B_0(1-\cos4\theta)\end{bmatrix}$$

$$\begin{aligned}&\text{with}\\ &A_0=\frac{1}{4}\left|S_{\mathrm{HH}}+S_{\mathrm{VV}}\right|^2\\ &B_0=\frac{1}{4}\left|S_{\mathrm{HH}}-S_{\mathrm{VV}}\right|^2\\ &C=\mathrm{Re}\left(\frac{1}{2}\left(S_{\mathrm{HH}}+S_{\mathrm{VV}}\right)\left(S_{\mathrm{HH}}-S_{\mathrm{VV}}\right)^*\right)\\ &D=-\mathrm{Im}\left(\frac{1}{2}\left(S_{\mathrm{HH}}+S_{\mathrm{VV}}\right)\left(S_{\mathrm{HH}}-S_{\mathrm{VV}}\right)^*\right)\end{aligned} \tag{4.45}$$

式中，A_0、B_0、C、D 为 Huynen 参数；$\mathrm{Rank}\left[\boldsymbol{T}(\theta)\right]=1$。从中可以看出，由于受到定向角的影响，共极化和交叉极化的交叉项出现了非 0 值。由式(4.45)可知，α_B 是旋转不变量，即散射点在高度轴上的分布不随着定向角的改变而变化，但散射点在共极化比平面上的位置受到定向角的影响。

下面考察 $\rho=S_{\mathrm{VV}}/S_{\mathrm{HH}}=|\rho|e^{j\phi}$ 与定向角 θ 的关系，分别从一次/二次确定性散射模型以及体散射模型两个方面分析，设定向角 $\theta\in[-\pi/4，\pi/4]$。

一次/二次散射的情况，如图 4.17 所示。从图 4.17 中可以看出，由于受到定向角的影响，二面角散射和一次散射的分布位置都发生了转变。二面角散射随定向角的旋转，在单位圆内由左侧移动到右侧的(1,0)点上；而一次散射随定向角的旋转，在单位圆外由右侧移动到(1,0)点上。从图 4.17 中还可以看出，二次散射过程的分布位置受定向角旋转

的影响较大。虽然分布位置随着目标姿态的变化而改变,但二次散射过程始终分布在单位圆内,而一次散射过程始终分布在单位圆之外。从一次、二次散射的点分布轨迹(主要由共极化通道相位差ϕ决定)可以判断出目标的旋转效应,即如果有$\alpha_B \to 90°$的二次散射过程分布在单位圆内的右半部分,则说明此二次散射过程相对于雷达航迹方向有一个主要的定向角方向。也可以看出,旋转二面角散射的共极化通道相位差$|\phi|$可以小于90°。

$$
\begin{cases}
\text{case1} & \rho = 0.4e^{j170°} \\
\text{case2} & \rho = 0.55e^{j160°} \\
\text{case3} & \rho = 0.7e^{j140°} \\
\text{case4} & \rho = 0.9e^{j130°} \\
\text{case5} & \rho = 1.0e^{j45°} \\
\text{case6} & \rho = 1.1e^{j25°} \\
\text{case7} & \rho = 1.3e^{j20°} \\
\text{case8} & \rho = 1.5e^{j10°} \\
\text{case9} & \rho = 1.7e^{j5°}
\end{cases}
\quad \theta \in \left[-\frac{\pi}{4}, \frac{\pi}{4} \right]
$$

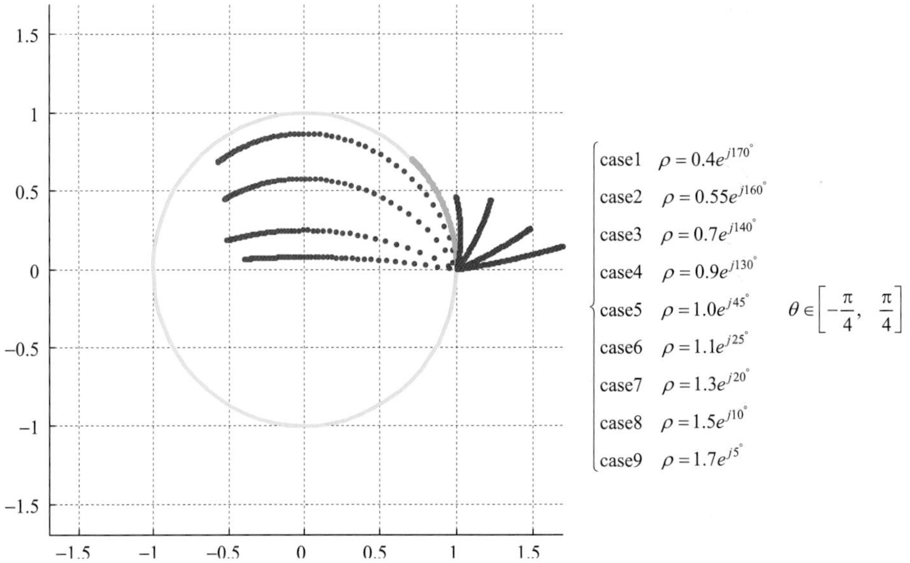

图 4.17　一次/二次散射过程随定向角变化的分布轨迹

对于体散射模型式(4.43),其散射机理α_B由X决定,ϕ的均值为0°。仅考虑共极化比幅度$|\rho_r|$随去极化因子X和旋转角度θ之间的关系,如图4.18所示。从图4.18中可以

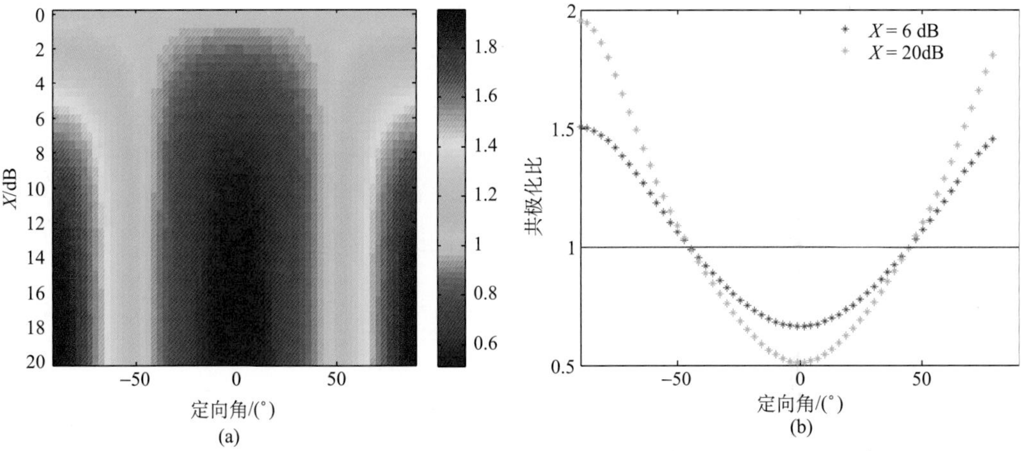

图 4.18　体散射模型$|\rho_r|$与主定向角θ的关系(a)及两种特殊情况$|\rho_r|$与θ的变化关系(b)

看出，体散射过程的去极化程度越大，共极化比受到定向角旋转的影响越大。对于随机分布粒子的两种典型结构，扁长粒子和扁圆粒子，分别取去极化因子 $X = 20\text{dB}$ 和 $X = 6\text{dB}$ [3]，具有扁长结构的散射体受定向角旋转的影响更加敏感。当 $X = 6\text{dB}$ 时，$|\rho_r| \in [0.66, 1.51]$；当 $X = 20\text{dB}$ 时，$|\rho_r| \in [0.51, 1.96]$。对于森林植被地区的体散射，树枝/树叶/树干的主要方向都不与传感器坐标轴平行，树枝和树叶向斜上方向生长，可以认为植被的茎叶有一个主要定向角方向，体散射粒子在其周围随机分布。因此，对于随机定向的体散射过程，共极化比 $|\rho_r|$ 在单位圆两侧对称分布，散射点在单位圆两侧分布的宽度越宽，表明散射体的去极化效应越强，与之对应的极化熵 H 越大。

4.5.4　$\Delta\alpha_B / \alpha_B$ 物理散射平面

从 4.5.3 节分析中可以看出，定向角影响了共极化比的提取，进而影响了 $\Delta\alpha_B$ 的正确性。对于任意一般散射相干矩阵 $\boldsymbol{T}$，$\Delta\alpha_B$ 和 α_B 的计算步骤如下：

(1) 旋转 $\boldsymbol{T}$ 到 0° 定向角[9]；

(2) 依据具有 0° 定向角的散射相干矩阵，分别利用式(4.31)和式(4.33)计算 α_B 和 ρ_r；

(3) 依据式(4.34)计算 $\Delta\alpha_B$。

$\Delta\alpha_B / \alpha_B$ 方法是依据平均物理散射机制求解散射非一致性和主导散射机制，而 H/α 方法是依据特征值分解求散射混乱程度和平均物理散射机制。H/α 方法和 $\Delta\alpha_B / \alpha_B$ 方法都可以将物理散射机制分成 8 类，$\Delta\alpha_B / \alpha_B$ 方法在对目标散射特性上的解释与 H/α 方法一致。图 4.19 给出了 $\Delta\alpha_B / \alpha_B$ 物理散射机制分割平面，目标物理散射机制可以分成 8 类目标，这 8 类目标的分割界限是依据 H/α 方法及实测数据和经典物理散射模型而得到的。$\Delta\alpha_B / \alpha_B$ 平面的分类区域和 H/α 平面的分类区域具有一一对应性。在得到 $\Delta\alpha_B$ 和 α_B 的值之后，即可依据图 4.19 进行散射机制分类。

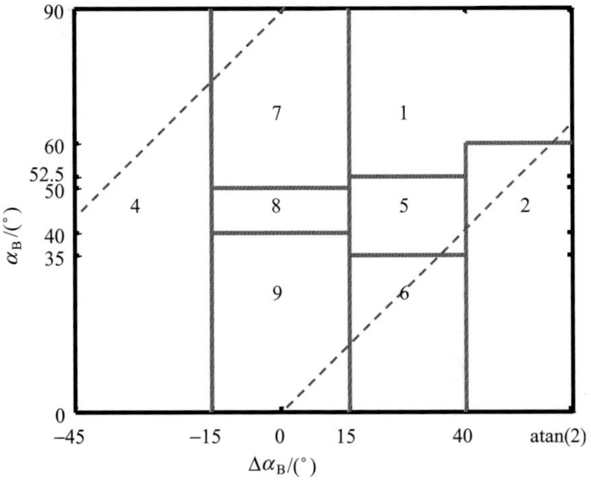

图 4.19　$\Delta\alpha_B / \alpha_B$ 物理散射机制分割平面

区域 1：高熵多次散射；区域 2：高熵植被散射；区域 4：高熵二次散射；区域 5：中熵植被散射；区域 6：中熵表面散射为主；区域 7：低熵二次散射；区域 8：低熵偶极子散射；区域 9：低熵表面散射。倾斜的蓝色线条是边界线

1. α_B 分类界面

α_B 分类界面是依据实测数据和极化 α 的阈值进行确定的，利用 C-波段 Radarsat-2，2008 年 4 月 9 日获取的旧金山地区的全极化 SAR 数据进行统计而得到[9]。α_B 和极化 α 角的关系如图 4.20 所示。α_B 的阈值利用低、中、高熵区域的 α 分界面附近的像素值得到。对于图 4.7 中的区域 7、8 和 9，α_B 的分类界面是 40° 和 50°；对于图中的区域 4、5 和 6，α_B 的分类界面是 35° 和 52.5°；对于图中的区域 1 和 2，α_B 的分类界面是 60°。

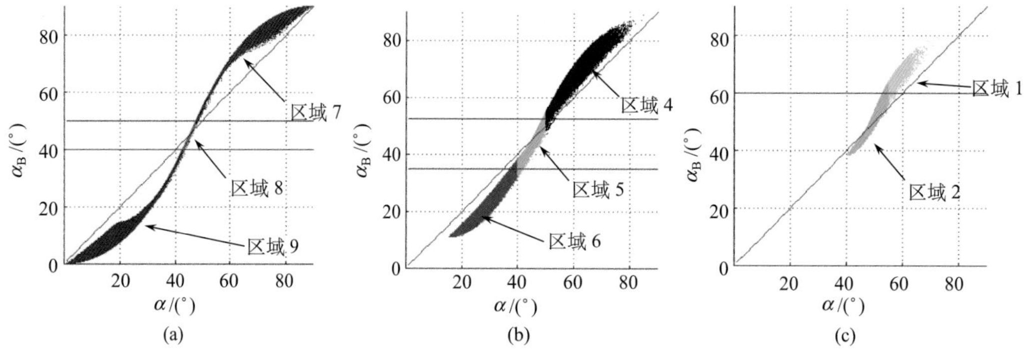

图 4.20　α_B 和 α 散点图

(a) 低熵区域；(b) 中熵区域；(c) 高熵区域

2. $\Delta\alpha_B$ 分类界面

$\Delta\alpha_B$ 与共极化通道相关系数 r_c 密切相关。对于均匀区域，目标散射差异性较小，即 H 较小且 $|r_c|$ 值较大，$|\Delta\alpha_B|$ 值较小；对于非均匀区域，目标散射差异性较大，即 H 较大且 $|r_c|$ 值较小，$|\Delta\alpha_B|$ 值较大。利用三个物理散射模型以及极化熵典型值（$H=0.5$ 和 $H=0.9$）来确定 $\Delta\alpha_B$ 对低、中、高散射差异性的分界面。所应用的模型如式(4.43)和式(4.46)所示。

$$T_{\text{vol1}}=\begin{bmatrix}1+a & 0 & 0\\ 0 & 1-a & 0\\ 0 & 0 & 1-a\end{bmatrix},\quad a\in[0,1]$$
$$T_{\text{d}}=\begin{bmatrix}|\alpha|^2 & \alpha & 0\\ \alpha^* & 1 & 0\\ 0 & 0 & 0\end{bmatrix},\quad |\alpha|\in[0,1] \tag{4.46}$$

$\boldsymbol{T}_{\text{vol1}}$ 模型具有方位向对称性，它的平均共极化比 ρ_r 为 1，对应的 α_0 值为 0。当体散射的形状参数 a 从 0 变化到 1 时，α_B 的值会从它的极大值 $\arctan(2)\approx 63.4°$ 变化到它的极小值 $0°$。因此，$\Delta\alpha_B$ 的最右边界线为 $63.4°$。$\boldsymbol{T}_{\text{d}}$ 是二次散射模型，对于标准二次散射模型，α_0 值为 $90°$；对于一般二次散射模型 $\boldsymbol{T}_{\text{d}}$，一个极限的情况发生在 $\alpha=1$ 时，此时 α_B

的值为二次散射情况下的最小值 45°。因此，$\Delta\alpha_B$ 最左边界限为 –45°。

在式(4.43)的体散射模型中，$X>0$ 是去极化因子，$\Delta\in[0°,90°]$ 是粒子定向角的取值范围。通过改变 X 和 Δ 的值，可以得到 H 和 $\Delta\alpha_B$ 的关系，如图 4.21 所示。从图 4.21 中可以看出，$|\Delta\alpha_B|$ 随着 H 的增大而增大。当 $H=0.5$ 时，$|\Delta\alpha_B|$ 的中值是15°；当 $H=0.9$ 时，$|\Delta\alpha_B|$ 的中值是 40°。因为 $\Delta\alpha_B$ 的值既可以是正值，也可以是负值，所以依据典型的 H 阈值，将 $\Delta\alpha_B$ 的阈值设置为 ±15° 和 ±40°。然而，最左边的阈值是 –45°，且在实际中只有很少的点落在 $[-45°,-40°]$，所以将 –40° 阈值取消。

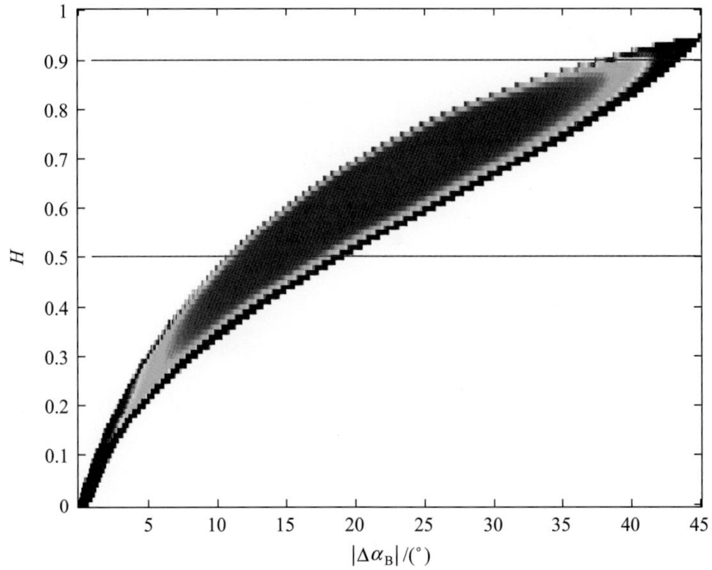

图 4.21　$|\Delta\alpha_B|$ (X 轴)和 H(Y 轴)的关系曲线

3. 倾斜界面

具有散射对称性的散射相干矩阵可以写成如下形式：

$$\left\langle |S_{HH}|^2 \right\rangle \begin{bmatrix} 1 & \rho_r|r_c| \\ \rho_r^*|r_c| & |\rho_r|^2 \end{bmatrix} \tag{4.47}$$

图 4.10 给出了 α_B 随 r_c 在不同共极化比下的变化情况。从图 4.10 中可以看出，在 $\rho_r=\pm1$ 时，α_B 距离 α_0 的距离最远，即 $\Delta\alpha_B$ 的值最大。因此，考虑两类非常特殊的散射情况，在 $\rho_r=\pm1$ 时，考察 α_B 和 $\Delta\alpha_B$ 的关系，以此确定倾斜边界。随着 r_c 的变化，图 4.22 给出了 α_B 和 $\Delta\alpha_B$ 的运动轨迹。$\rho_r=\pm1$ 分别对应着标准三面角散射和标准二面角散射，这两个标准散射体对应着 $(0°,0°)$ 和 $(0°,90°)$ 点。通过改变 $|r_c|$ 的值，可以得到两条倾斜直线。随着 $|r_c|$ 的减小，散射去相干程度增大，散射点逐渐离开 $\Delta\alpha_B=0°$ 轴；对于二次散射类别的目标(红线)，散射体分布在 $\Delta\alpha_B/\alpha_B$ 平面的左边；对于一次散射类别的目标(蓝线)，

散射体分布在 $\Delta\alpha_B / \alpha_B$ 轴的右边。对于以一次散射过程和体散射过程为主导的自然地物，共极化通道相位差 $|\phi_r|$ 小于 90°，所以 $\Delta\alpha_B$ 大于 0；对于以二次散射过程为主导的地物，$|\phi_r|$ 大于 90°，所以 $\Delta\alpha_B$ 小于 0。

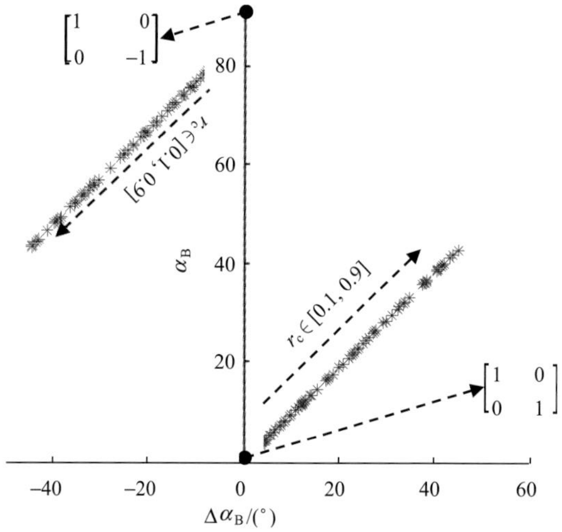

图 4.22　α_B 和 $\Delta\alpha_B$ 随 $|r_c|$ 的运动轨迹

蓝线表示一次散射类别的散射体；红线表示二次散射类别的散射体

4.5.5　$\Delta\alpha_B / \alpha_B$ 平面在地物分类中的应用

H/α 平面和 $\alpha_B / \Delta\alpha_B$ 平面都是不基于后向散射强度的物理散射机制分类平面。利用 Radarsat-2 旧金山地区和福州数据验证 $\alpha_B / \Delta\alpha_B$ 方法的有效性，应用的数据参数见表 4.1。这些数据都是单视复数据，应用窗口大小为 7×7 大小的精细 Lee 滤波进行降噪，对应的光学图像以及 Pauli 基分解图如图 4.23 所示。在旧金山测试数据中，主要有三类地物，海洋、森林和城市。对于城市区域，由于人工建筑物群相对于雷达入射角具有不同的姿态，因此在图 4.23 中可以看出两个明显不同的建筑物区域块，如图 4.23(a)中的区域 1 和区域 2。区域 2 的城市区域由于建筑物的排列取向与雷达飞行方向具有近 45° 的夹角，因此区域 2 在 Pauli 基分解图上与森林区域具有相近的颜色，本书中将区域 2 称为倾斜

表 4.1　Radarsat-2 全极化 SAR 数据技术参数

地点	入射角/(°)	像素个数	像素大小/m	获取时间/(年.月.日)
旧金山地区	28.02 ~ 29.82	1453×1387	4.7×4.8	2008.04.09
福州(Data 1)	34.43 ~ 36.03	6120×3332	4.7×4.8	2013.10.20
福州(Data 2)	34.43 ~ 36.03	6120×3332	4.7×4.8	2013.11.13

注：Data 1 和 Data 2 代表不同时间获取的数据。

建筑物区域。福州区域地物比较复杂，城市建筑物分布较为分散，区域山地较多。该测试区域主要包含山区、城镇、农田、水域和海岸草地等。图 4.23(c)中方框内的区域是一个感兴趣的区域。

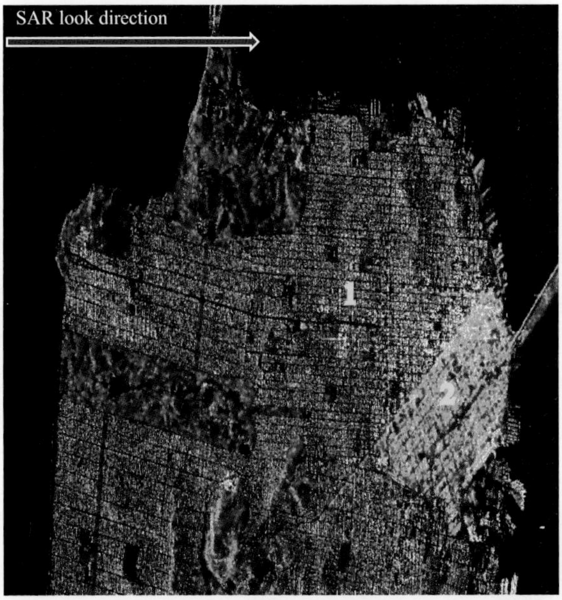

(a)

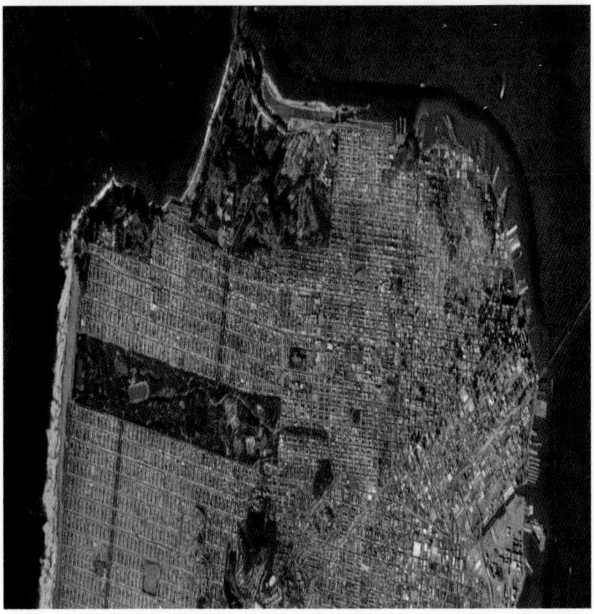

(b)

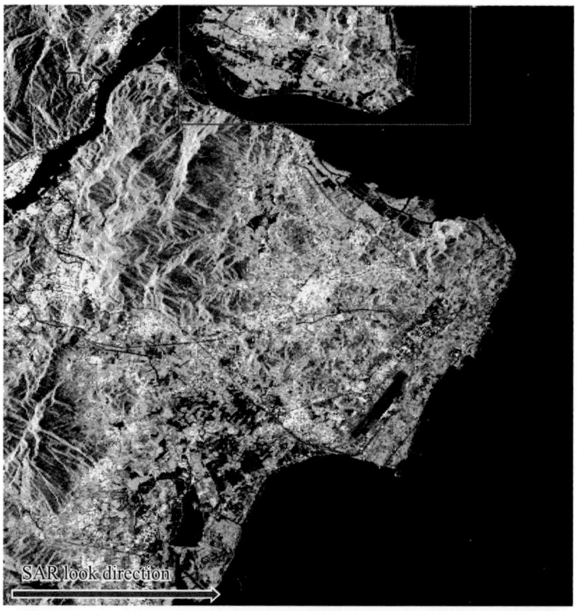

(c)

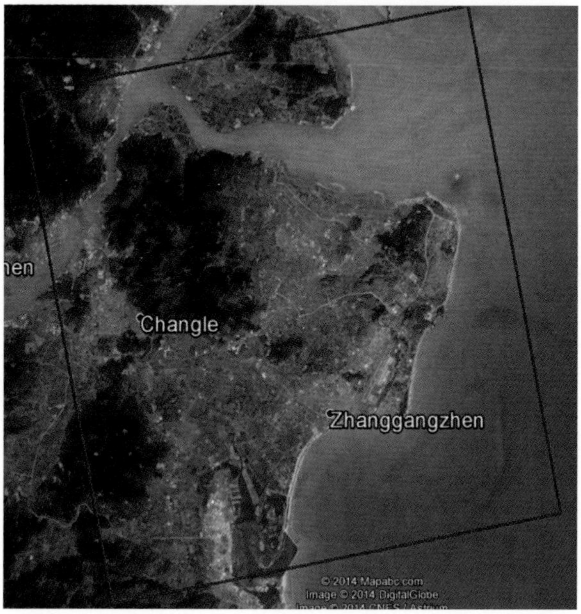

(d)

图 4.23　Radarsat-2 Pauli 基分解图

(a) 旧金山数据；(b) 旧金山 Google Earth 图像；(c) 2013 年 10 月 20 日福州数据；(d) 福州 Google Earth 图像

利用上述测试数据，将进行如下实验：

(1) α_B 和 $\Delta\alpha_B$ 参数对不同地物的鉴别能力；

(2) $\Delta\alpha_B / \alpha_B$ 平面和 H/α 平面的分类结果比较；

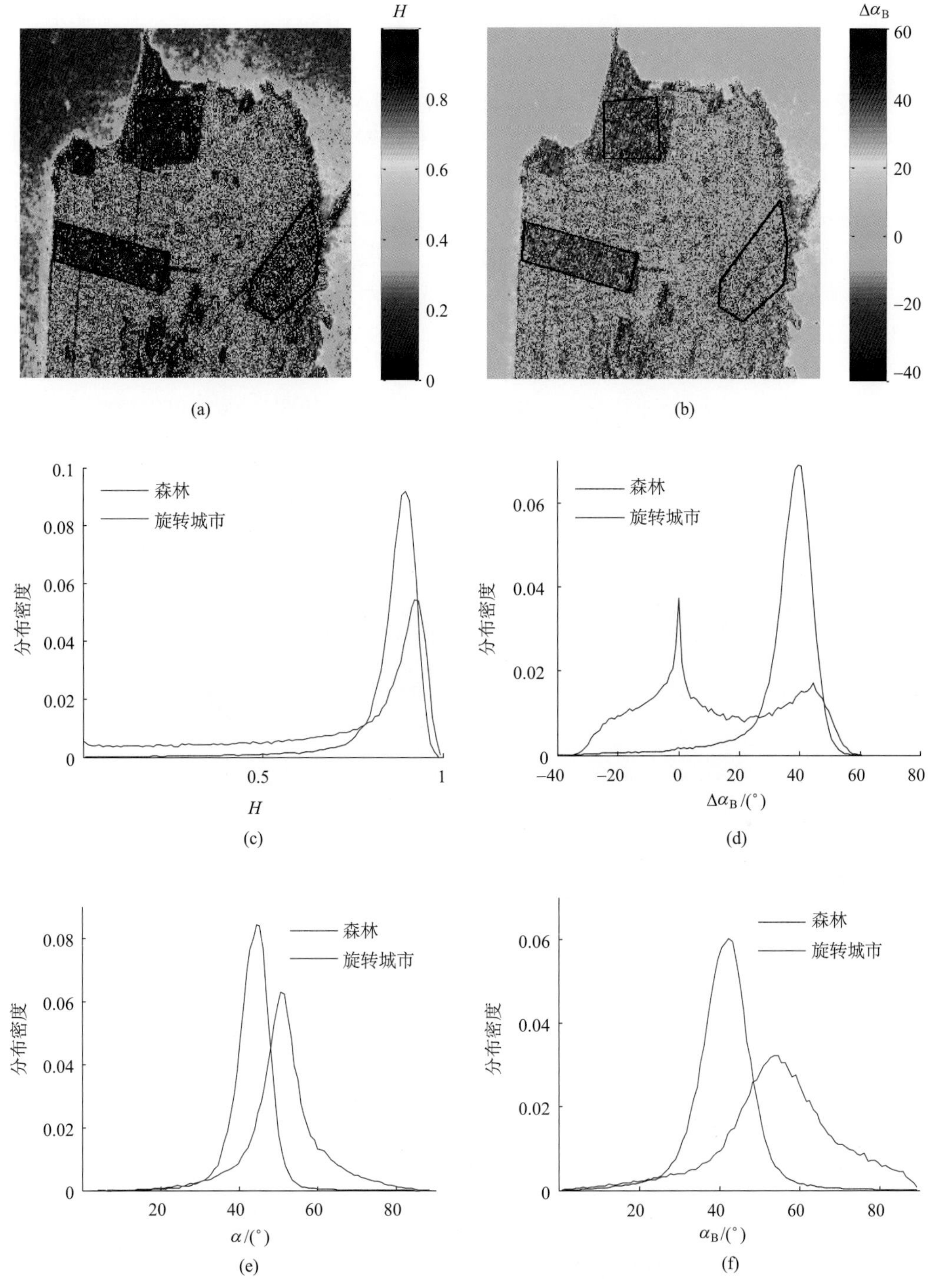

图 4.24　不同参数对森林和旋转城市区域的鉴别

(a) 极化熵 H 图；(b) $\Delta\alpha_B$ 图；(c)～(f) 分别是 H、$\Delta\alpha_B$、α 和 α_B 的直方图曲线

(3) $\Delta\alpha_B / \alpha_B$ 平面和 H/α 平面与复 Wishart 分类器的联合应用；

(4) $\Delta\alpha_B / \alpha_B$ 平面和 H/α 平面对多时相数据的处理。

复 Wishart 分类器的迭代停止条件设置为：两次迭代过程中，像素个数改变少于总像素数个数的 1%。

图 4.24(a) 和图 4.24(b) 给出了旧金山地区的 H 和 $\Delta\alpha_B$ 图，森林和旋转城市区域在 $\Delta\alpha_B$ 图上可以较为清晰地区分出来，但是在 H 图上，森林和旋转城市区域难以区分。图 4.24(c)～图 4.24(f) 显示了框内区域的森林和旋转城市的分布直方图，从中可看出，相对于 H 和 α 参数，$\Delta\alpha_B$ 和 α_B 对森林和旋转城市区分效果更好。对于这两类地物，平均 α 值之差为 7.95°，而平均 α_B 值之差为 13.56°。如果应用图 4.24(c)～图 4.24(f) 直方图对森林和旋转城市进行区分，则 H 和 α 的误分概率(两直方图曲线下重叠的部分)分别为 61.3%和 32.2%；而 $\Delta\alpha_B$ 和 α_B 的误分概率分别为 40.8%和 30.1%。可以看出，相对于 H，$\Delta\alpha_B$ 在区分森林和旋转城市上具有更好的效果。

基于 H/α 和 $\Delta\alpha_B/\alpha_B$ 平面的分类结果如图 4.25 所示。从图 4.25 中可以看出，$\Delta\alpha_B/\alpha_B$ 方法将更多的城市像素点分到区域 4 和区域 7 中。在 H/α 和 $\Delta\alpha_B/\alpha_B$ 分类平面中，区域 4 和区域 7 代表二次散射为主导的过程。从测试数据中选择四类典型地物区域进行定量分析，如图 4.25 框图中的区域，这些区域分别对应海洋表面、森林、城市和倾斜城市区域。

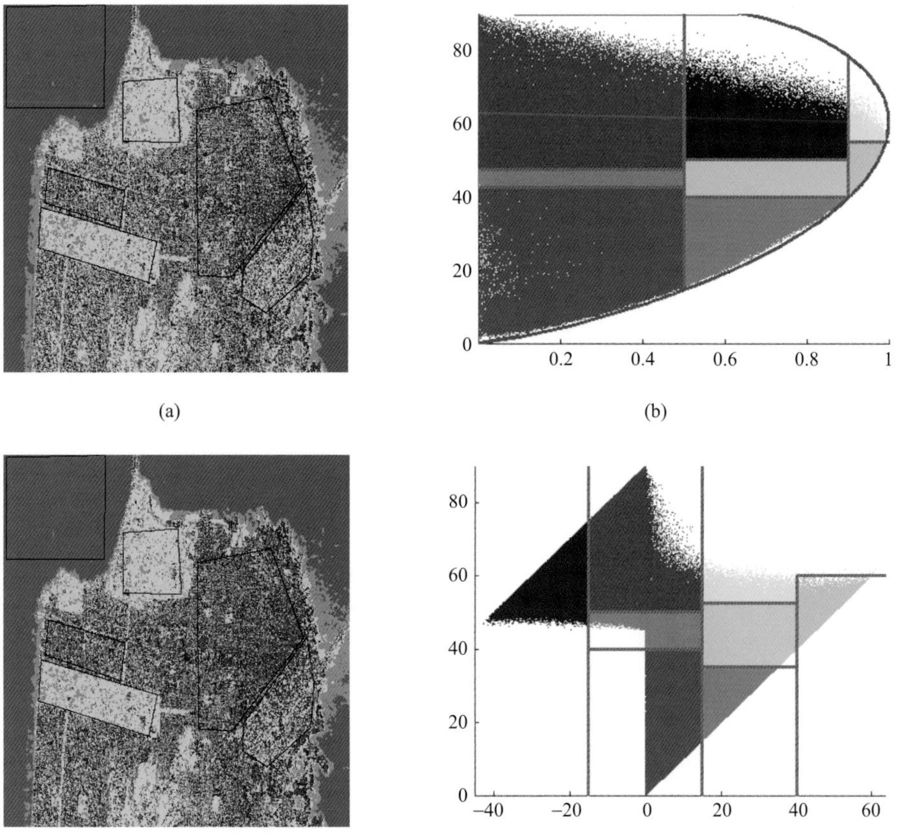

图 4.25　H/α 的分类结果(a)和散点图(b)及 $\Delta\alpha_B / \alpha_B$ 的分类结果(c)和散点图(d)

考察不同典型区域对应的主要散射类别，由于海面以一次散射过程为主，森林区域以体散射过程为主，城市区域以二次散射过程为主，因此，采用基于物理散射机制解释的方法计算平均正确分类概率，即对于海面区域，认为像素点分布在一次散射过程为主导的区域(区域 9)为正确分类；对于森林区域，认为像素点分布在体散射过程为主导的区域(区域 2 和区域 5)为正确分类；对于城市区域，认为像素点分布在二次散射过程为主导的区域(区域 4 和区域 7)为正确分类。从表 4.2 中可以看出，$\Delta\alpha_B/\alpha_B$ 方法对城市区域的二次散射过程具有较好的检测效果，其中，城市 1 代表建筑物排列取向与传感器飞行方向一致的城市区域，城市 2 代表倾斜城市区域，CA(classification accuracy)表示分类正确概率，OA(overall accuracy)表示整体平均正确分类概率，$z1$～$z9$ 分别代表区域 1～区域 9 的分类区域。

表 4.2　不同地物 H/α 平面和 $\Delta\alpha_B/\alpha_B$ 平面物理散射机制比例(%)

H/α 分类方法										
%	$z1$	$z2$	$z4$	$z5$	$z6$	$z7$	$z8$	$z9$	CA	OA
海洋	0	0	0	0	0.11	0	0	99.89	99.89	64.27
森林	0.11	32.93	1.93	45.44	17.32	0.58	0.14	1.56	78.37	
城市 1	0.06	0.34	19.89	29.16	7.71	24.26	4.47	14.10	44.15	
城市 2	4.77	28.22	22.69	19.13	3.58	13.58	2.16	5.87	36.27	
$\Delta\alpha_B/\alpha_B$ 分类方法										
%	$z1$	$z2$	$z4$	$z5$	$z6$	$z7$	$z8$	$z9$	CA	OA
海洋	0	0	0	0	0.01	0	0	99.99	99.99	68.77
森林	0.62	37.70	0.67	40.73	13.46	2.93	0.72	3.18	78.43	
城市 1	0.11	2.68	11.73	11.69	5.45	39.04	12.01	17.28	50.77	
城市 2	5.23	17.52	7.39	13.16	2.48	42.74	3.95	7.52	50.13	

注：$z1\sim z9$ 是 H/α 和 $\Delta\alpha_B/\alpha_B$ 散射平面中的散射区域。

基于最大似然估计的 Wishart 分类器在地物分类应用中具有较好的效果，但迭代复 Wishart 分类器需要进行初始化。H/α 平面和 $\Delta\alpha_B/\alpha_B$ 平面都可以作为复 Wishart 分类器的初始化分类平面，相应分类结果如图 4.26 所示。从图 4.26 中可以看出，分类结果中利用黑色方框标出的区域具有较大的区别，该区域的放大图如图 4.26(c)和图 4.26(d)所示。从结果可以看出，复 Wishart 分类器受到分类初始化的影响。将 H/α 平面和 $\Delta\alpha_B/\alpha_B$ 平面与复 Wishart 分类器联合使用对不同区域内像素的分类结果进行对比，见表 4.3。注意，分类到第 $ci(i=1,\cdots,9)$ 类的像素点是由初始分类平面中的 $zi(i=1,\cdots,9)$ 区域迭代得到的。因为这是基于物理散射机制的非监督分类，考察典型区域各个散射机制迭代结果的类别百分比，并将具有最大百分比的类别看成是该区域的正确分类。由于城市区域的散射机制较为复杂，因此若两类结果的类别百分比相差不大，则将这两类选为城市区域的正确分类。从表 4.3 中可以看出，在相同迭代停止的条件下，$\Delta\alpha_B/\alpha_B$ 平面与复 Wishart 分类器联合使用的效果较好。

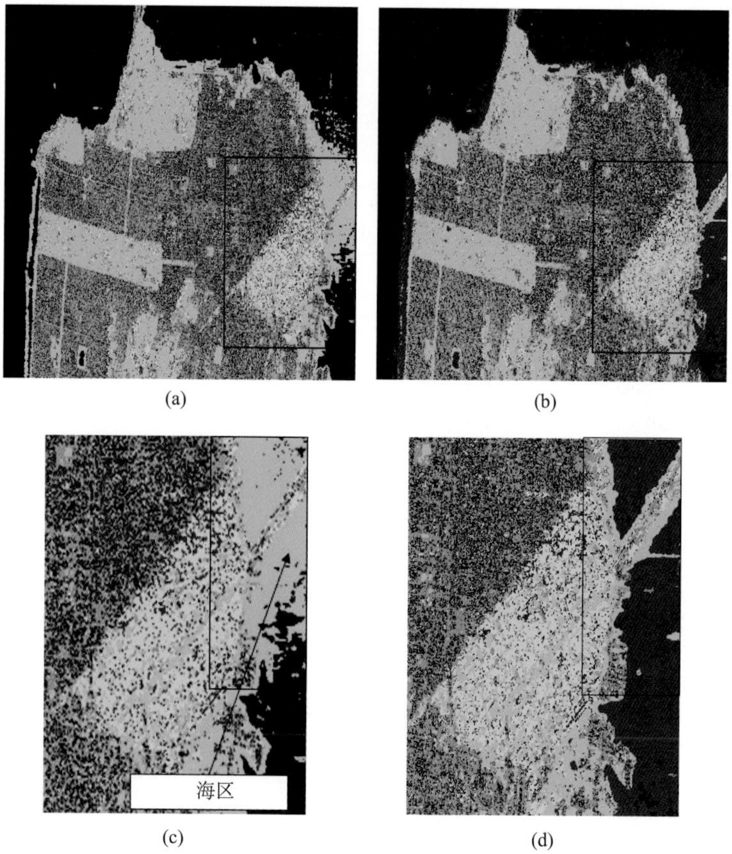

图 4.26 分类结果

H/α -Wishart 分类器结果(a)与 $\Delta\alpha_B/\alpha_B$ -Wishart 分类器结果(b)及(c)和(d)对应着(a)和(b)结果的局部放大图

表 4.3 H/α -Wishart 分类器和 $\Delta\alpha_B/\alpha_B$ -Wishart 分类器结果中不同区域各类别所占比例(%)

H/α -Wishart 分类器结果										
%	*c*1	*c*2	*c*4	*c*5	*c*6	*c*7	*c*8	*c*9	CA	OA
海洋	0	0.23	0	0	0.08	0	0	99.69	99.69	73.83
森林	7.63	81.93	0.43	8.65	0.89	0.10	0.34	0.03	81.93	
城市 1	4.76	1.17	20.79	37.18	15.67	3.60	16.84	0	57.97	
城市 2	61.43	14.37	1.41	9.09	0.82	9.24	3.65	0	61.43	
$\Delta\alpha_B/\alpha_B$ -Wishart 分类器结果										
%	*c*1	*c*2	*c*4	*c*5	*c*6	*c*7	*c*8	*c*9	CA	OA
海洋	0	0.05	0.03	0	1.09	0	0.01	98.81	98.81	78.0
森林	4.39	87.71	0.93	6.22	0.26	0.11	0.38	0	87.71	
城市 1	6.20	1.49	31.30	36.55	0	4.23	20.24	0	67.85	
城市 2	53.84	27.18	1.05	6.41	0	8.85	2.68	0	53.84	

注：$ci(i=1,\cdots,9)$ 为初始化类别 $zi(i=1,\cdots,9)$ 的迭代结果。

福州地区的地物类型比较复杂，为了得到较好的分析结果，本节采用基于区域的后处理方法对分类结果进行处理。后处理的目的是去除结果中的离散点，使分类结果更为清楚。具体方式如下：对于分类结果，采用滑动窗的方法考察窗口中心像素点的类别是否与窗口中绝大多数像素的类别一致，若一致，则保留窗口中心像素点类别；若不一致，则将窗口中心像素点类别设置为 0。利用这种方法，可以较为清晰地观测并评价一个区域的主要分类类别。本节中选用的窗口大小为51×51。

对于福州地区，有两个时相的数据，对这两幅数据分别采用 H/α -Wishart 分类器和 $\Delta\alpha_{\mathrm{B}}/\alpha_{\mathrm{B}}$ -Wishart 分类器进行分类。利用 H/α -Wishart 分类器，两个时相数据分类结果的一致概率为 56.87%，而利用 $\Delta\alpha_{\mathrm{B}}/\alpha_{\mathrm{B}}$ -Wishart 分类器，两个时相数据分类结果的一致

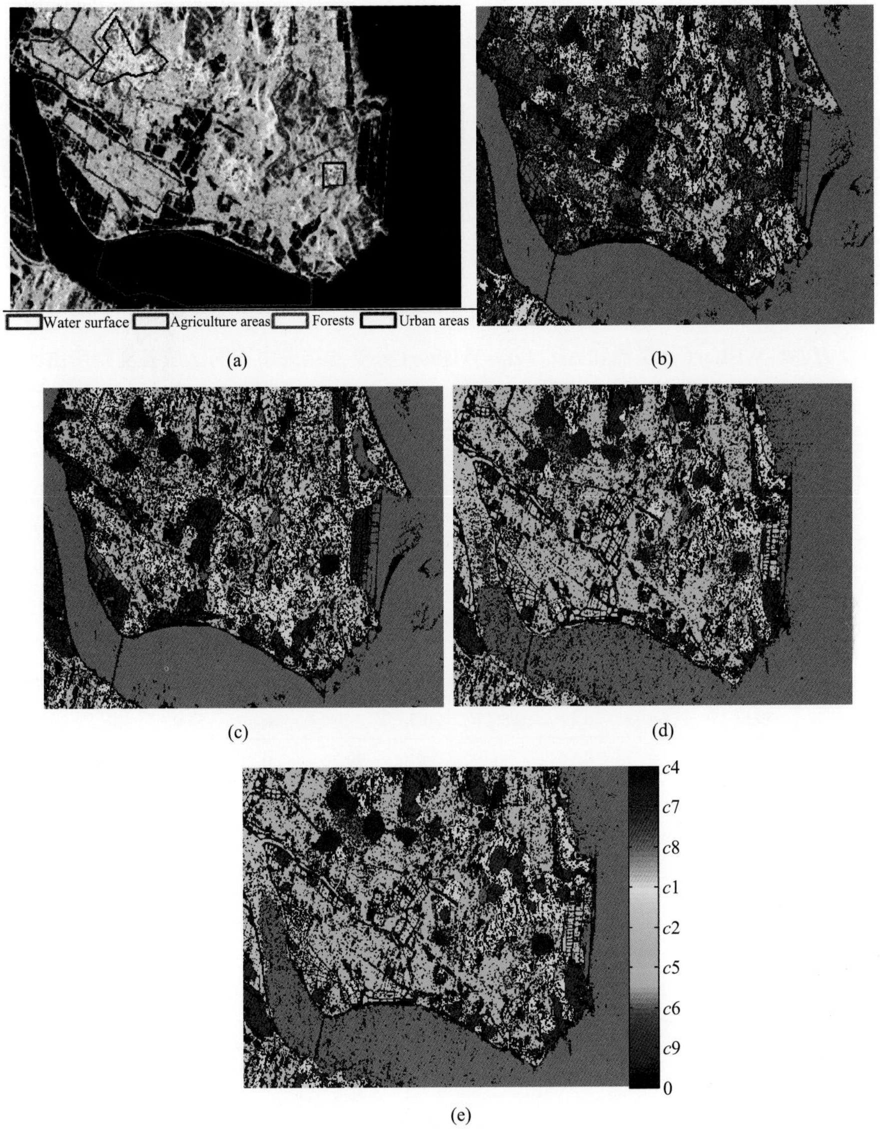

图 4.27　琅岐岛区域分类结果

(a) Pauli 基分解图；(b) 2013 年 10 月 20 日数据的 H/α -Wishart 分类器结果；(c) 2013 年 10 月 20 日数据的 $\Delta\alpha_{\mathrm{B}}/\alpha_{\mathrm{B}}$ -Wishart 分类器结果；(d) 2013 年 11 月 13 日数据的 H/α -Wishart 分类器结果；(e) 2013 年 11 月 13 日数据的 $\Delta\alpha_{\mathrm{B}}/\alpha_{\mathrm{B}}$ - Wishart 分类器结果

概率为 78.25%。图 4.23(c) 中的感兴趣区域是琅岐岛，该区域主要包含的地物类型为：城镇建筑物、山地、农田和水域。该区域的 Pauli 基分解图、H/α-Wishart 和 $\Delta\alpha_B/\alpha_B$-Wishart 分类结果如图 4.27 所示。利用图 4.27(a) 中框选出来的典型区域考察区域内各类别的比例，结果见表 4.4。除了山地，每一个区域都用一种类别表示，山地用两种类别表示。然而，由于数据获取的日期不同，不同时相数据分类结果中的山地用不同的类别表示。对于 Data 1，$c1$ 和 $c2$ 具有最小的 Wishart 距离；对于 Data 2，$c1$ 和 $c9$ 具有最小的 Wishart 距离。这种差异性或许是由天气因素而造成的，Data1 在晴朗天气获取，而 Data 2 在雨天获取。对整个福州地区的数据进行分类，考察城市建筑物的分类结果。建筑物的散射特性相对于自然地物的散射特性受天气因素影响较小，其散射特性相对较为稳定。从福州数据中可以看出，城镇建筑物区域较为分散，建筑物多数分布在山脚下和农田旁边。建筑物区域的参考图依据 Google Earth 数据手动描绘出，图 4.28(a) 给出了参考区域的最小外接矩形，图 4.28(b)～图 4.28(e) 给出了分类结果中城市区域的最小外接矩形。依据表 4.4，分类结果中的 $c4$ 和 $c7$ 两类目标被认为是检测到的建筑物目标。　图 4.28(b) 中的椭圆标出了误分现象，表明山脊部分有可能被误分成城镇建筑物。依据建筑物区域参考图，表 4.5 给出了建筑物类别的分类精度。

表 4.4　H/α-Wishart 分类器和 $\Delta\alpha_B/\alpha_B$-Wishart 分类器结果中不同区域各类别所占比例(%)

数据和分类器	地物类型	$c1$	$c2$	$c4$	$c5$	$c6$	$c7$	$c8$	$c9$	CA	OA
(Data1) H/α-Wishart	水域	0	0	0	0	100	0	0	0	100	76.85
	农田	3.02	0.02	0	50.57	0	0	46.14	0.24	50.57	
	山地	0.37	89.34	0	1.37	0	0	8.91	0	89.71	
	城镇	44.47	1.30	30.86	0	0	0	23.37	0	30.86	
(Data1) $\Delta\alpha_B/\alpha_B$-Wishart	水域	0	0	0	0	100	0	0	0	100	84.28
	农田	42.32	0	0	57.68	0	0	0	0	57.68	
	山地	51.78	45.88	0	2.34	0	0	0	0	97.66	
	城镇	5.19	0.14	68.47	20.50	0	0	5.69	0	68.47	
(Data2) H/α-Wishart	水域	0	0.74	0	0	99.26	0	0	0	99.26	96.15
	农田	0.03	0	0	99.97	0	0	0	0	99.97	
	山地	67.8	0	0	1.04	0	0	0	31.16	98.69	
	城镇	2.38	0	0	11.07	0	67.03	19.51	0	67.03	
(Data2) $\Delta\alpha_B/\alpha_B$-Wishart	水域	0	0.03	0	0	99.97	0	0	0	99.97	96.65
	农田	0.25	0	0	99.75	0	0	0	0	99.75	
	山地	56.54	0	0	0.42	0	0	0	43.05	99.59	
	城镇	3.03	0	70.02	11.77	0	0	15.19	0	70.02	

注：Data1 表示 2013 年 10 月 20 日获取的数据；Data2 表示 2013 年 11 月 13 日获取的数据。

表 4.5　福州城市建筑物目标的检测精度(%)

Data1	User's accuracy	Producer's accuracy	Data2	User's accuracy	Producer's accuracy
H/α-Wishart	93.91	48.44	H/α-Wishart	99.41	63.10
$\Delta\alpha_B/\alpha_B$-Wishart	97.98	73.35	$\Delta\alpha_B/\alpha_B$-Wishart	99.33	70.12

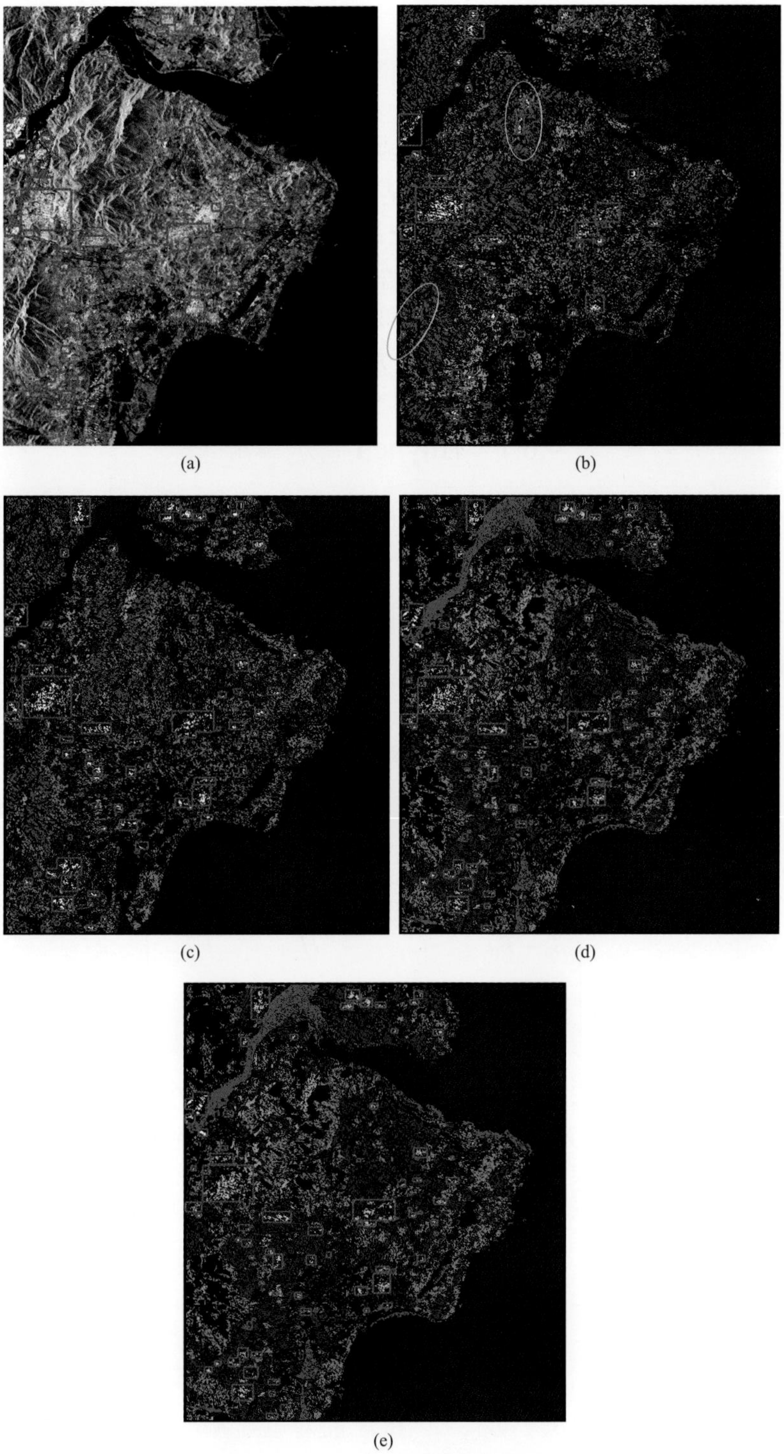

图 4.28　福州数据的城镇分类结果

(a) 建筑物区域参考图；(b) 2013 年 10 月 20 日数据的 H/α -Wishart 分类器结果；(c) 2013 年 10 月 20 日数据的 $\Delta\alpha_B/\alpha_B$ -Wishart 分类器结果；(d) 2013 年 11 月 13 日数据的 H/α -Wishart 分类器结果；(e) 2013 年 11 月 13 日数据的 $\Delta\alpha_B/\alpha_B$ -Wishart 分类器结果

4.6　Huynen 矩阵分解及修正方法

在很多情况下(如极化 SAR 多视处理，或者极化雷达对于振动目标的测量)，雷达所测量的数据以 Kennaugh 矩阵(或其等价的某一矩阵)的形式给出。但是在分析目标的极化散射特性时，常常要用到散射矩阵。因此，一个很重要的问题是：如何从 Kennaugh 矩阵中提取散射矩阵。为此 Huynen[13]曾给出了一个分解方法，但杨健等曾经指出，该方法在某些情况下是不稳定的[14,15]，为此杨健等曾提出了一个数值方法[14,15]。由于该方法比较复杂，杨健又提出了一个简单的分解方法[15,16]。

4.6.1　Huynen 分解

设 $\bar{\boldsymbol{K}}$ 为测量的 Kennaugh 矩阵，则 Huynen 的分解为

$$\bar{\boldsymbol{K}} = \boldsymbol{K}_0 + \boldsymbol{K}_n \tag{4.48}$$

式中，$\boldsymbol{K}_0$ 为所需要提取的目标 Kennaugh 矩阵，它可以和一个散射矩阵对应；$\boldsymbol{K}_n$ 为剩余项，可以理解为包含在 $\bar{\boldsymbol{K}}$ 中的噪声。设

$$\bar{\boldsymbol{K}} = \begin{bmatrix} A_0 + B_0 & C & H & F \\ C & A_0 + B & E & G \\ H & E & A_0 - B & D \\ F & G & D & -A_0 + B_0 \end{bmatrix} \tag{4.49}$$

则 $\boldsymbol{K}_0$ 可设为

$$\boldsymbol{K}_0 = \begin{bmatrix} A_0 + B_0^s & C & H & F^s \\ C & A_0 + B^s & E^s & G \\ H & E^s & A_0 - B^s & D \\ F^s & G & D & B_0^s - A_0 \end{bmatrix} \tag{4.50}$$

其中，A_0、C、H、G 和 D 由式(4.49)给出，其他参数改变致使 $\boldsymbol{K}_0$ 可以对应一个散射矩阵，于是：

$$\begin{aligned} 2A_0(B_0^s + B^s) &= C^2 + D^2 \\ 2A_0(B_0^s - B^s) &= H^2 + G^2 \\ 2A_0 E^s &= CH - DG \\ 2A_0 F^s &= CG + DH \end{aligned} \tag{4.51}$$

如果 A_0 非常小，则参数 B_0^s、B^s、E^s 和 F^s 将对矩阵 $\bar{\boldsymbol{K}}$ 非常敏感，因此按照上述方法所提取的 $\boldsymbol{K}_0$ 矩阵可能并不是我们所需要的 Kennaugh 矩阵。此外，当 $A_0 = 0$ 时，Huynen 方法不再适用。我们看一个例子：

假设给出一个 Sinclair 散射矩阵 $\boldsymbol{S}=\begin{bmatrix}1 & 0.1j\\ 0.1j & -0.99+0.02j\end{bmatrix}$，则对应的 Kennaugh 矩阵为

$$\boldsymbol{K}=\begin{bmatrix}1.00025 & 0.00975 & 0.002 & -0.199\\ 0.00975 & 0.98025 & -0.002 & -0.001\\ 0.002 & -0.002 & -0.98 & -0.02\\ -0.199 & -0.001 & -0.02 & 1\end{bmatrix}$$

现在考虑一个平均 Kennaugh 矩阵 $\langle\boldsymbol{K}\rangle$，它是由随机的一系列复数散射矩阵 $\boldsymbol{S}_{\mathrm{r}}=\begin{bmatrix}1+\Delta\mathrm{sn}_1 & 0.1i+\Delta\mathrm{sn}_2\\ 0.1i+\Delta\mathrm{sn}_2 & -0.99+0.02i+\Delta\mathrm{sn}_3\end{bmatrix}$平均而得到的，其中 $\Delta\mathrm{sn}_k\ (k=1,2,3)$ 代表零均值的复高斯型噪声，它与 $\boldsymbol{K}$ 类似，但是在 1×1、3×3 和 4×4 的元素处有一些小区别：

$$\langle\boldsymbol{K}\rangle=\begin{bmatrix}1.00125 & 0.00975 & 0.002 & -0.199\\ 0.00975 & 0.98025 & -0.002 & -0.001\\ 0.002 & -0.002 & -0.9795 & -0.02\\ -0.199 & -0.001 & -0.02 & 1.0005\end{bmatrix}$$

使用 Huynen 的方法，得到了如下的分解结果：

$$\begin{aligned}\langle\boldsymbol{K}\rangle&=\boldsymbol{K}_{\mathbf{0}}+\boldsymbol{K}_n\\ &=\begin{bmatrix}0.33372 & 0.00975 & 0.00200 & -0.06633\\ 0.00975 & 0.32706 & -0.00067 & -0.00100\\ 0.00200 & -0.00067 & 0.32631 & -0.02000\\ -0.06633 & -0.00100 & -0.02000 & 0.33297\end{bmatrix}\\ &\quad+\begin{bmatrix}0.66753 & 0 & 0 & -0.13267\\ 0 & 0.65319 & -0.00133 & 0\\ 0 & -0.00133 & -0.65319 & 0\\ -0.13267 & 0 & 0 & 0.66753\end{bmatrix}\end{aligned}$$

其中，第一部分表示来自 $\langle\boldsymbol{K}\rangle$ 的目标被提取的 Kennaugh 矩阵 $\boldsymbol{K}_{\mathbf{0}}$，其对应的 Sinclair 散射矩阵为 $\boldsymbol{S}_0=\begin{bmatrix}0.58321 & 0.00114+0.05772j\\ 0.00114+0.05772j & -0.56521+0.03429j\end{bmatrix}$。很显然，这与最初的目标散射矩阵有很大差异。这充分说明了 Huynen 矩阵分解的不稳定性。为了度量目标分解的稳定性，杨健等引入了如下定义[14,15]：

定义 4.1：记 $\boldsymbol{K}^0$ 为一个对应于 Sinclair 散射矩阵的 Kennaugh 矩阵，$\Delta\boldsymbol{K}$ 记为一个 4×4 的噪声矩阵。通过某种分解方法，矩阵 $\langle\boldsymbol{K}\rangle=\boldsymbol{K}^0+\Delta\boldsymbol{K}$ 被分解成 $\boldsymbol{K}_{\mathbf{0}}$ 和 $\boldsymbol{K}_n$ 两部分(即 $\langle\boldsymbol{K}\rangle=\boldsymbol{K}_0+\boldsymbol{K}_n$)，其中 $\boldsymbol{K}_{\mathbf{0}}$ 也能对应于一个相干 Sinclair 散射矩阵。把 $\alpha=\left\|\boldsymbol{K}^0-\boldsymbol{K}_0\right\|/\left\|\Delta\boldsymbol{K}\right\|$ 定义为该方法的噪声敏感因子(与 $\boldsymbol{K}^0$ 和 $\Delta\boldsymbol{K}$ 有关)。如果存在正数 A，使得 $\left\|\boldsymbol{K}^0-\boldsymbol{K}_0\right\|\leqslant A\left|\Delta\boldsymbol{K}\right|$ 对所有的 $\boldsymbol{K}^0$ 和 $\Delta\boldsymbol{K}$ 都成立，那么其最小值 $A_{\min}$ 被称为稳定性下确界。

如果 $A_{\min}$ 不大(如 $A_{\min} \leqslant 5$)，那么该分解被称为(Kennaugh 矩阵的)一次稳定分解，其中 $\|*\|$ 代表矩阵的范数，它被定义为矩阵里所有元素平方和的平方根的值。

定义 4.2：如果存在一个 Kennaugh 矩阵 $\boldsymbol{K}^0$ (对应于一个相干 Sinclair 散射矩阵)和一个 4×4 的噪声矩阵 $\langle\Delta\boldsymbol{K}\rangle$，使得对应的噪声敏感因子($\alpha = \|\boldsymbol{K}^0 - \boldsymbol{K}_0\| / \|\Delta\boldsymbol{K}\|$)非常大(如 $\alpha \geqslant 10$)，那么该分解被称为(Kennaugh 矩阵的)一次不稳定分解。

在上述例子中，对应的噪声敏感因子 α 的值为 1088.84540，由此可见 Huynen 矩阵分解是不稳定的。

4.6.2　修正的 Huynen 分解

从上面的例子可以看出，如何从 Kennaugh 测量矩阵中提取出一个所需要的散射矩阵是非常重要的，为此需要提出稳定的 Kennaugh 矩阵分解。杨健等[14]首先给出了一种基于最小二乘法的分解方法，它是稳定的，在稳定性定义中该方法所对应的 $A_{\min}$ 不超过 2。但是该方法较为复杂，因而有必要给出一种简单的分解算法。本节将介绍杨健等提出的简单分解方法[15,16]。

考虑相干的情况：

$$\boldsymbol{S} = \begin{bmatrix} S_{\mathrm{HH}} & S_{\mathrm{HV}} \\ S_{\mathrm{VH}} & S_{\mathrm{VV}} \end{bmatrix} \tag{4.52}$$

式(4.52)代表一个单站情况下的目标的散射矩阵，并且 $S_{\mathrm{HV}} = S_{\mathrm{VH}}$。现在引入变换：

$$T(\boldsymbol{S}) \equiv \begin{bmatrix} 1 & 0 \\ 0 & i \end{bmatrix} \boldsymbol{S} \begin{bmatrix} 1 & 0 \\ 0 & i \end{bmatrix} \equiv \begin{bmatrix} S_{\mathrm{HH}} & iS_{\mathrm{HV}} \\ iS_{\mathrm{VH}} & -S_{\mathrm{VV}} \end{bmatrix} \tag{4.53}$$

其中，$i^2 = -1$。上面的矩阵对应的 Kennaugh 矩阵为

$$K[T(\boldsymbol{S})] = \begin{bmatrix} 1 & 0 & 0 & 0 \\ 0 & 1 & 0 & 0 \\ 0 & 0 & 0 & 1 \\ 0 & 0 & -1 & 0 \end{bmatrix} K(\boldsymbol{S}) \begin{bmatrix} 1 & 0 & 0 & 0 \\ 0 & 1 & 0 & 0 \\ 0 & 0 & 0 & -1 \\ 0 & 0 & 1 & 0 \end{bmatrix} \tag{4.54}$$

比较 $K(\boldsymbol{S})$ 和 $K[T(\boldsymbol{S})]$，容易得到：

(1) $K(\boldsymbol{S})$ 或者 $\boldsymbol{S}$ 对应的 A_0 为

$$A_0(\boldsymbol{S}) \equiv A_0[M(\boldsymbol{S})] = \frac{1}{4}|S_{\mathrm{HH}} + S_{\mathrm{VV}}|^2 \tag{4.55}$$

(2) $K[T(\boldsymbol{S})]$ 或者 $T(\boldsymbol{S})$ 对应的 A_0 为

$$A_0[T(\boldsymbol{S})] \equiv A_0\{M[T(\boldsymbol{S})]\} \frac{1}{4}|S_{\mathrm{HH}} - S_{\mathrm{VV}}|^2 \tag{4.56}$$

对于小 $A_0(\boldsymbol{S})$ 的情况，由式(4.55)和式(4.56)可知，$|S_{\mathrm{HH}}|$ 不是很小时，$A_0[T(\boldsymbol{S})]$ 远远大于 $A_0(\boldsymbol{S})$；$|S_{\mathrm{HH}}|$ 很小时，散射矩阵 $\boldsymbol{S}$ 可以旋转 $\pi/4$ 而成为一个新的散射矩阵

$\boldsymbol{R} = \boldsymbol{S}(\pi/4)$：

$$\boldsymbol{R} = \boldsymbol{S}(\frac{\pi}{4}) = \begin{bmatrix} \cos\frac{\pi}{4} & -\sin\frac{\pi}{4} \\ \sin\frac{\pi}{4} & \cos\frac{\pi}{4} \end{bmatrix} \boldsymbol{S} \begin{bmatrix} \cos\frac{\pi}{4} & \sin\frac{\pi}{4} \\ -\sin\frac{\pi}{4} & \cos\frac{\pi}{4} \end{bmatrix} \equiv \begin{bmatrix} r_{\mathrm{HH}} & r_{\mathrm{HV}} \\ r_{\mathrm{VH}} & r_{\mathrm{VV}} \end{bmatrix} \tag{4.57}$$

则对应的 Kennaugh 矩阵为

$$K(\boldsymbol{R}) = \begin{bmatrix} 1 & 0 & 0 & 0 \\ 0 & 0 & 1 & 0 \\ 0 & -1 & 0 & 0 \\ 0 & 0 & 0 & 1 \end{bmatrix} K(\boldsymbol{S}) \begin{bmatrix} 1 & 0 & 0 & 0 \\ 0 & 0 & -1 & 0 \\ 0 & 1 & 0 & 0 \\ 0 & 0 & 0 & 1 \end{bmatrix} \tag{4.58}$$

易知：$r_{\mathrm{HH}} = \frac{1}{2}(S_{\mathrm{HH}} - 2S_{\mathrm{HV}} + S_{\mathrm{VV}})$。$A_0(\boldsymbol{S})$ 很小，且 $|S_{\mathrm{HH}}|$ 也很小，则对应于 $T(\boldsymbol{R})$ 的 $A_0[T(\boldsymbol{R})]$ 远远大于 $A_0(\boldsymbol{S})$。

基于以上分析，本书提出了如下的 Kennaugh 矩阵分解方法。

第一步：假如 Kennaugh 矩阵 $\bar{\boldsymbol{K}}$ 的 A_0 不是很小，如 $A_0 > m_{00}/10$，其中 m_{00} 是 $\bar{\boldsymbol{K}}$ 主对角线的第一个元素，则直接应用 Huynen 分解；否则，采用下面的步骤。

第二步：如果 $A_0 \leqslant m_{00}/10$，定义

$$\boldsymbol{T}_1 = \begin{bmatrix} 1 & 0 & 0 & 0 \\ 0 & 1 & 0 & 0 \\ 0 & 0 & 0 & 1 \\ 0 & 0 & -1 & 0 \end{bmatrix} \bar{\boldsymbol{K}} \begin{bmatrix} 1 & 0 & 0 & 0 \\ 0 & 1 & 0 & 0 \\ 0 & 0 & 0 & -1 \\ 0 & 0 & 1 & 0 \end{bmatrix} \tag{4.59}$$

$$\boldsymbol{T}_2 = \begin{bmatrix} 1 & 0 & 0 & 0 \\ 0 & 1 & 0 & 0 \\ 0 & 0 & 0 & 1 \\ 0 & 0 & -1 & 0 \end{bmatrix} \bar{\boldsymbol{K}}\boldsymbol{R} \begin{bmatrix} 1 & 0 & 0 & 0 \\ 0 & 1 & 0 & 0 \\ 0 & 0 & 0 & -1 \\ 0 & 0 & 1 & 0 \end{bmatrix} \tag{4.60}$$

其中，$\bar{\boldsymbol{K}}\boldsymbol{R} = \begin{bmatrix} 1 & 0 & 0 & 0 \\ 0 & 0 & 1 & 0 \\ 0 & -1 & 0 & 0 \\ 0 & 0 & 0 & 1 \end{bmatrix} \bar{\boldsymbol{K}} \begin{bmatrix} 1 & 0 & 0 & 0 \\ 0 & 0 & -1 & 0 \\ 0 & 1 & 0 & 0 \\ 0 & 0 & 0 & 1 \end{bmatrix}$

第三步：如果大于或等于 $A_0(T_2)$，则对 $\boldsymbol{T}_1$ 应用 Huynen 分解，记

$$\boldsymbol{T}_1 = T_1(\boldsymbol{K})_0 + T_1(\boldsymbol{K})_n \tag{4.61}$$

则 Kennaugh 矩阵 $\bar{\boldsymbol{K}}$ 分解为

$$\begin{aligned}\bar{\boldsymbol{K}} &= \boldsymbol{R}_1^{-1} T_1\left(\boldsymbol{K}\right)_0 \boldsymbol{R}_1 + \boldsymbol{R}_1^{-1} T_1\left(\boldsymbol{K}\right)_n \boldsymbol{R}_1 \\ &\equiv \boldsymbol{K}_0 + \boldsymbol{K}_n\end{aligned} \tag{4.62}$$

其中，$\boldsymbol{R}_1^{-1} = \boldsymbol{R}_1^{t} = \begin{bmatrix} 1 & 0 & 0 & 0 \\ 0 & 1 & 0 & 0 \\ 0 & 0 & 0 & -1 \\ 0 & 0 & 1 & 0 \end{bmatrix}$。

假如 $A_0(T_1)$ 小于 $A_0(T_2)$，则对 $\boldsymbol{T}_2$ 使用 Huynen 分解，记

$$\boldsymbol{T}_2 = T_2(\boldsymbol{K})_0 + T_2(\boldsymbol{K})_n \tag{4.63}$$

则 Kennaugh 矩阵 $\bar{\boldsymbol{K}}$ 分解为

$$\begin{aligned}\bar{\boldsymbol{K}} &= \boldsymbol{R}_2\boldsymbol{R}_1^{-1} T_2\left(\boldsymbol{K}\right)_0 \boldsymbol{R}_1\boldsymbol{R}_2^{-1} + \boldsymbol{R}_2\boldsymbol{R}_1^{-1} T_2\left(\boldsymbol{K}\right)_n \boldsymbol{R}_1\boldsymbol{R}_2^{-1} \\ &\equiv \boldsymbol{K}_0 + \boldsymbol{K}_n\end{aligned} \tag{4.64}$$

其中，$\boldsymbol{R}_2^{-1} = \boldsymbol{R}_2^{t} = \begin{bmatrix} 1 & 0 & 0 & 0 \\ 0 & 0 & -1 & 0 \\ 0 & 1 & 0 & 0 \\ 0 & 0 & 0 & 1 \end{bmatrix}$。

通过上一节的算例分析比较修正的 Huynen 分解方法。如果采用本节我们所提出的修正的 Huynen 分解方法，则所提取的 Kennaugh 矩阵为

$$\boldsymbol{K}_{0\mathrm{MH}} = \begin{bmatrix} 1.0052 & 0.0098 & 0.002 & -0.199 \\ 0.0098 & 0.9853 & -0.002 & 0.001 \\ 0.002 & -0.002 & -0.9850 & -0.02 \\ -0.199 & 0.001 & -0.02 & 1.0049 \end{bmatrix}$$

对应的散射矩阵为

$$\boldsymbol{S}_{0\mathrm{MH}} = \begin{bmatrix} 1.0025 & 0.0985i \\ 0.0985i & -0.9927 + 0.0199i \end{bmatrix}$$

其非常接近于最初随机散射矩阵 $\boldsymbol{S}_{\mathrm{r}}$ 的均值，说明提出的修正的 Huynen 分解方法的确能够克服 Huynen 矩阵分解的不稳定问题。

4.7　小　　结

本章除了简要介绍相似性参数[5]、Huynen[13]分解及修正分解(Yang 分解[15, 16])、Cloude[6]分解等外，还重点介绍了本实验室提出的一种对称反射目标特征描述新方法[9]，该方法依据像素点在单位圆柱坐标系中的分布位置判断目标的散射性质以及旋转特性。以二次散射过程为主的散射体主要分布在单位圆内左侧，以一次散射过程为主的散射主要分布在单位圆外右侧，而体散射过程在单位圆右侧关于单位圆边界对称分布。体散射过程对称分布宽度越宽，表明体散射过程的去极化作用越强，此区域对应的极化熵越大，

而 α_B 趋于 45°。散射点在单位圆内从左侧向右侧分布位置的改变，体现了目标的旋转效应，同时由于多次散射过程的增加，具有旋转特性的区域(如相对于雷达航迹具有一定夹角的城市城区)，其体散射成分增大。极化 H/α 分布平面验证了提出方法对目标特征描述的有效性，相较于 H/α 平面，$\Delta\alpha_B/\alpha_B$ 平面更容易区分出旋转城区和森林区域，这对于地物分类非常重要。

目标分解是提取目标特征的重要途径之一。典型的代表包括 Freeman 分解[12]、Yamaguchi 分解[17]、An 分解[18]等其他改进的分解[19-21]。但是由于体散射无法用一个合适的矩阵表示，选择不同的体散射模型不仅仅影响体散射分解系数本身，而且还影响到一次和二次散射成分的大小，这些分解方法显然在逻辑上存在问题。相似性参数在逻辑上解决了这一问题，为我们进行目标特征提取提供了一个新途径。此外，相似性参数在地物分类、极化对比增强等方面也有重要的应用[22-26]。

参 考 文 献

[1] Huynen J R. Phenomenological Theory of Radar Targets. Ph. D. Dissertation, Technical University, Delft, The Netherlands, 1970.

[2] Chaudhuri S K, Foo B-Y, Boerner W-M. A validation analysis of Huynen's target-descriptor interpretations of the Mueller matrix elements in polarimetric radar returns using Kennaugh's physical optics impulse response formulation. IEEE Trans. Antennas Propagat., 1986, AP-34(1): 11-20.

[3] Yang J, Peng Y, Yamaguchi Y. Periodicity of scattering matrix and its application. IEICE Trans. Commun., 2002, E85-B(2): 565-567.

[4] Boerner W-M, Xi A-Q. The characteristic radar target polarization state theory for the coherent monostatic and reciprocal case using the generalized polarization transformation radio formulation. AEU, 1990, 44(4): 273-281.

[5] Yang J, Peng Y, Lin S. Similarity between two scattering matrices. IEE Electron. Lett., 2001, 37(3): 193-194.

[6] Cloude S R, Pottier E. A review of target decomposition theorems in radar polarimetry. IEEE Trans. Geosci. Remote Sens., 1996, 34(2): 498-518.

[7] Yang J, Chen Y, Peng Y, et al. New formula of the polarization entropy. IEICE Trans. Commun., 2006, E89-B(3): 1033-1035.

[8] An W, Cui Y, Yang J, et al. Fast alternatives to H/α for polarimetric SAR. IEEE Geosci. and Remote Sens. Lett., 2010, 7(2): 343-347.

[9] Yin J, Moon W M, Yang J. Novel model-based method for identification of scattering mechanisms in polarimetric SAR data. IEEE Trans. Geosci. Remote Sens., 2016, 54(1): 520-532.

[10] Cameron W L, Youssef N, Leyng L K. Simulated polarimetric signatures of primitive geometrical shapes. IEEE Trans. Geosciences Remote Sensing,1996, 34(3): 793-803.

[11] Freeman A. Fitting a two-component scattering model to polarimetric SAR data from forests. IEEE Trans. Geosci. Remote Sens., 2007, 45(8): 2583-2592.

[12] Freeman A, Durden S L. A three-component scattering model for polarimetric SAR. IEEE Trans. Geosci. Remote Sens., 1998, 36(3): 963-973.

[13] Huynen J R. Comments on Radar Target Decomposition Theorems. Los Altos Hills, California: Report no.105, P. Q. Research, 1988.

[14] Yang J, Yamaguchi Y, Yamada H. Stable decomposition of a Mueller matrix. IEICE, Trans. Commun.,

1998, E81-B(6): 1261-1268.

[15] Yang J. On Theoretical Problems in Radar Polarimetry. Ph.D thesis, Niigata University, Japan, 1999.

[16] Yang J, Peng Y, Yamaguchi Y. On modified Huynen's decomposition of a Kennaugh matrix. IEEE Geosci. Remote Sens. Lett., 2006, 3(3): 369-372.

[17] Yamaguchi Y, Yajima Y, Yamada H. A four-component decomposition of POLSAR images based on the coherency matrix. IEEE Geosci. Remote Lett., 2006, 3(3): 292-296.

[18] An W, Cui Y, Yang J. Three-component model-based decomposition for polarimetric SAR data. IEEE Trans. Geosci. Remote Sensing, 2010, 48(6): 2732-2739.

[19] Chen S, Wang X, Li Y, et al. Adaptive model-based polarimeric decomposition using PolInSAR coherence. IEEE Trans. Geosci. Remote Sensing, 2013, 52(3): 1705-1719.

[20] Cui Y, Yamaguchi Y, Yang J. Three-component power decomposition for polarimetric SAR data based on adaptive volume scatter modeling. Remote Sensing, 2012, 4(6): 1557-1574.

[21] An W, Xie C, Yuan X, et al. Four-component decomposition of polarimetric SAR images with deorientation. IEEE Geosci. Remote Sens. Lett., 2011, 8(6): 1090-1094.

[22] Yang J, Zhang H, Yamaguchi Y. GOPCE based approach to ship detection. IEEE Geosci. Remote Sens. Lett., 2012, 9(6): 1089-1093.

[23] Yang J, Xiong T, Peng Y. Polarimetric SAR image classification by using generalized optimization of polarimetric contrast enhancement. International Journal of Remote Sensing, 2006, 27(16): 3413-3424.

[24] Yang J, Dong G, Peng Y, et al. Generalized optimization of polarimetric contrast enhancement. IEEE Geosci. Remote Sensing Letters, 2004, 1(3): 171-174.

[25] Xu J, Yang J, Peng Y. Using similarity parameters for supervised polarimetric SAR image classification. IEICE Trans. Commun., 2002, E85-B(12): 2934-2942.

[26] Deng Q, Chen J, Yang J. Optimization of polarimetric contrast enhancement based on Fisher criterion. IEICE Trans. Commun., 2009, E92-B(12): 3968-3971.

第 5 章　极化 SAR 图像滤波

SAR 图像滤波是 SAR 应用的一个预处理环节，其对后端的应用具有重要的作用。美国海军实验室 Lee 在 SAR 和极化 SAR 图像滤波方面做出了突出贡献，提出了多种滤波方法，其中包括著名的 Lee 滤波。在 SAR 图像滤波中，等效视数是很多滤波算法中需要用到的一个重要参数，因而对它的估计也是一个重要问题。本章除了介绍两种经典的滤波算法之外，还重点介绍本课题组许彬[1]在等效视数估计以及在滤波算法方面的成果。

5.1　非监督等效视数估计

5.1.1　引　　言

在 SAR 图像处理的很多应用中，等效视数的精确估计起着非常重要的作用。在斑点滤波方面，等效视数是滤波算法重要的输入参数之一，决定着斑点抑制的性能。同时，等效视数也是一个用来衡量斑点滤波性能的重要指标。此外，等效视数在目标检测[2]、地物分类[3]、干涉图估计[4]等应用中也起着很重要的作用。因此，如何精确地估计等效视数是一个非常值得研究的问题。本章将介绍一种基于纹理分析和 AR 模型的非监督等效视数估计方法。该方法将等效视数估计问题转变为对数 SAR 图像的噪声方差估计问题。为了提高等效视数估计精度，利用纹理分析来去除斑点发育不完全的区域，如城市区域等。然后，用二维的 AR 模型来进行噪声方差的估计。

5.1.2　对数 SAR 图像统计

SAR 图像的斑点噪声常用乘性噪声模型来建模，如下所示：

$$I = Rv \tag{5.1}$$

式中，I 为观测到的 SAR 图像的强度；R 为目标的后向散射系数；v 为斑点噪声，则斑点噪声 v 也服从 Gamma 分布：

$$p_v(v) = \frac{L^L v^{L-1}}{\Gamma(L)} \exp(-vL), \ v \geqslant 0 \tag{5.2}$$

对 I、R 和 v 分别进行对数变换，即 $\tilde{I} = \ln I$、$\tilde{R} = \ln R$ 和 $\tilde{v} = \ln v$，则有

$$\tilde{I} = \tilde{R} + \tilde{v} \tag{5.3}$$

对数斑点噪声 $\tilde{v}$ 的概率密度函数[5]为

$$
\begin{aligned}
p_{\tilde{v}}(\tilde{v}) &= p_v\left[\exp(\tilde{v})\right]\exp(\tilde{v}) \\
&= \frac{L^L}{\Gamma(L)}\exp\left[L\tilde{v} - L\exp(\tilde{v})\right]
\end{aligned}
\tag{5.4}
$$

$\tilde{v}$ 的均值和方差与等效视数 L 具有一一对应的关系：

$$E(\tilde{v}) = \psi^{(0)}(L) - \ln(L) \tag{5.5}$$

$$\operatorname{var}(\tilde{v}) = \psi^{(1)}(L) \tag{5.6}$$

式中，$\psi^{(m)}(L)$ 为 m 阶的 PolyGamma 函数：

$$\psi^{(m)}(L) = \frac{d^{m+1}}{dx^{m+1}}\ln\left[\Gamma(x)\right] \tag{5.7}$$

图 5.1 给出了 L=1, 2, 4, 8 时，SAR 斑点噪声和对数斑点噪声的概率密度函数。从图 5.1 中可以看出，随着等效视数的增大，对数斑点噪声是渐进高斯的，这也是信号独立的 SAR 斑点滤波方法的基础。等效视数越大，采用信号独立的加性噪声模型得到的滤波效果就越好。

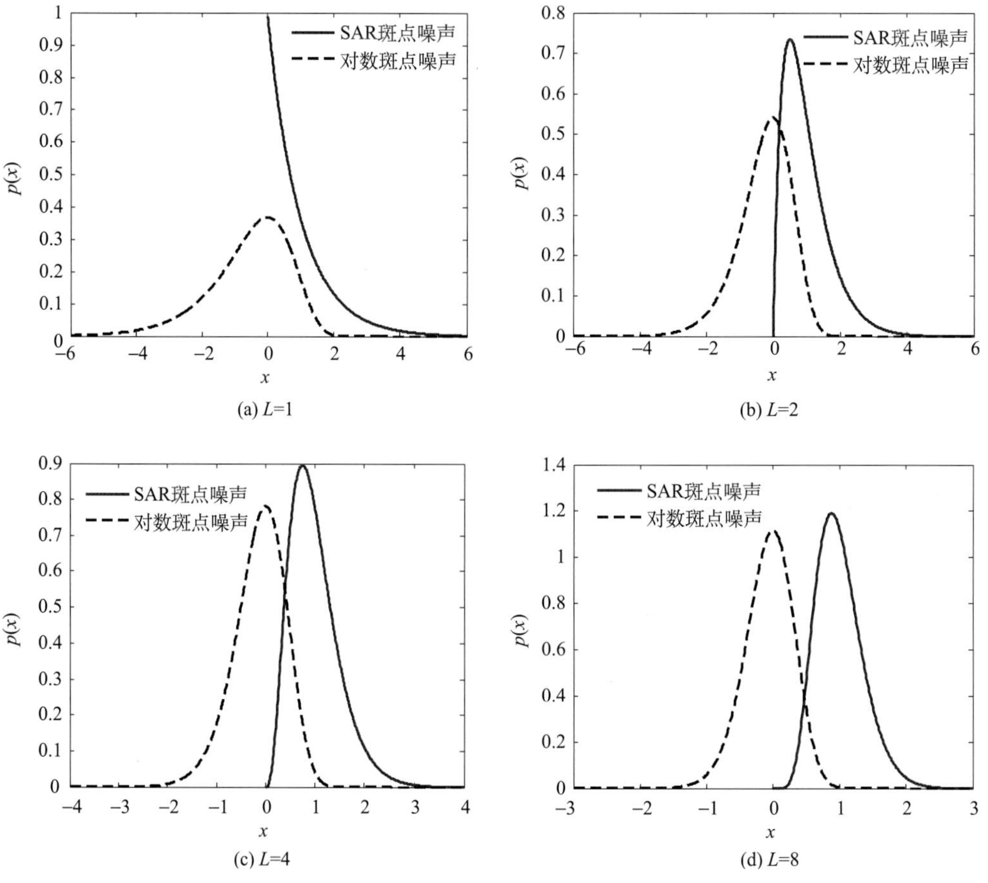

图 5.1　SAR 斑点噪声和对数斑点噪声的概率密度函数

考虑到对数斑点噪声的均值非零，可以建立如下的偏差补偿加性噪声模型：

$$y = x + n \tag{5.8}$$

其中，

$$y = \ln I - \psi^{(0)}(L) + \ln L \tag{5.9}$$

$$x = \ln R \tag{5.10}$$

$$n = \ln v - \psi^{(0)}(L) + \ln L \tag{5.11}$$

这样，n 就是一个零均值的加性噪声过程，而对斑点噪声的滤除则可以作用在 y 上。

5.1.3　对数 SAR 图像噪声估计

式(5.6)意味着 var[ln$v$]与等效视数 L 之间存在着一一对应的关系。如果能够获得 var[ln$v$]，那么等效视数就可以通过式(5.6)进行数值求解。因此，等效视数的估计问题可以等价转换为对数斑点噪声方差的估计问题。

本章中将式(5.8)改写成如下形式，

$$u = s + n \tag{5.12}$$

其中，

$$u = \ln I \tag{5.13}$$

$$s = \ln R + \psi^{(0)} L - \ln L \tag{5.14}$$

u 的自相关函数(auto correlation function, ACF)在坐标(0,0)处的值为

$$r_{0,0} = E\left(u^2\right) \tag{5.15}$$

类似地，s 的自相关函数在坐标(0, 0)处的值为

$$\overline{r}_{0,0} = E\left(s^2\right) \tag{5.16}$$

因为 s 和 n 是互相独立的，所以加性噪声的方差为

$$\begin{aligned} \operatorname{var}(n) &= E\left(u^2\right) - E\left(s^2\right) - \left[E(n)\right]^2 \\ &= r_{0,0} - \overline{r}_{0,0} \end{aligned} \tag{5.17}$$

其中，$r_{0,0}$ 可以很容易地通过 u 获得。那么，剩下的问题就是估计 $\overline{r}_{0,0}$。

为了解决该问题，本书采用的基本思路是利用 u 的自相关函数对坐标(0,0)附近的值进行插值来估计 $\overline{r}_{0,0}$。广义地理解，该问题就是一个稳态过程的自相关函数估计问题。对于这样的问题，AR 模型是一个非常简单且有效的方法。因此，本书也将利用 AR 模型来解决 $\overline{r}_{0,0}$ 的估计问题。然而，加性噪声 n 通常是空间相关的。因此，不能采用噪声自相关函数有效范围内的值来估计 $\overline{r}_{0,0}$。图 5.2 给出 n、u 和 s 沿着 x 轴的自相关函数。其中，A_x 是噪声自相关函数的有效范围。Cui 等[6]给出一个简单的方法来估计噪声自相关函数

的有效范围。首先，对 u 进行高通滤波。这里，高通滤波器 h 采用 Laplace 算子：

$$h=\begin{bmatrix}1 & -2 & 1\\ -2 & 4 & -2\\ 1 & -2 & 1\end{bmatrix} \tag{5.18}$$

经过高通滤波后，滤波结果 w 主要和噪声 n 相关，并且可以近似表达成

$$w \approx n * h \tag{5.19}$$

式中，*代表卷积运算。

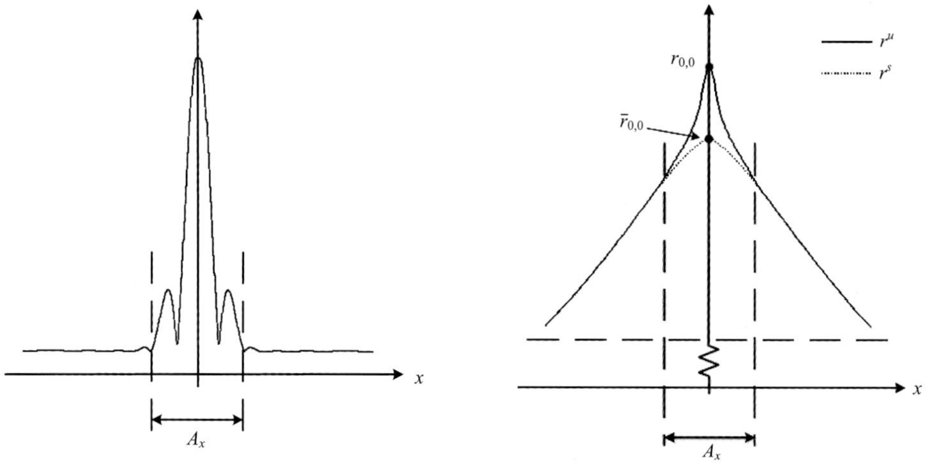

(a) n沿着x轴的自相关函数　　(b) u和s沿着x轴的自相关函数

图 5.2　n、u 和 s 沿着 x 轴的自相关函数及 A_x 噪声自相关函数的有效范围

假设 r^n 和 r^w 分别是 n 和 w 的自相关函数，l_x 和 l_y 分别是 r^n 沿着 x 轴和 y 轴的滞后长度。如果 r^n 的有效范围是 $(2l_x+1)\times(2l_y+1)$，那么 r^w 的有效范围就是 $(2l_x+5)\times(2l_y+5)$。因此，噪声自相关函数的有效范围可以由 r^w 的有效范围导出。为了提高有效范围估计的精度，可以对 r^w 进行 10 倍的插值。这里，可以利用补零 FFT 或线性调频 z 变换进行插值。为了决定 r^w 的有效范围，本书认为当 r^w 的幅度大于某个预先给定的阈值时是有效的。经验性地，$r_{0,0}$ 的 1%是一个合适的阈值。为了简单起见，这里只考虑 r^w 的主瓣和第一旁瓣来估计有效范围。一般来说，有效范围的边界呈椭圆形状。

5.1.4　利用纹理分析和 AR 模型进行噪声方差估计

1. 纹理分析

等效视数是和 Gamma 分布噪声模型密切相关的参数。在纹理丰富的区域，斑点噪声并不是完全发育的，其会导致对等效视数的低估计。因此，在进行等效视数估计之前，需要先排除这些纹理丰富的区域。纹理信息在城市区域非常丰富，而在平坦区域比较少。

既然纹理特征可以用来进行图像分类[7-9]，那么也可以通过分析 SAR 图像的纹理信息来选取平坦区域进行等效视数估计。

灰度共生矩阵(gray-level co-occurrence matrix, GLCM)是一个用来描述纹理特征的有效工具。灰度共生矩阵中的元素表示灰度级之间的共生概率：

$$p_{ij}(d,\theta)=\frac{S_{ij}}{\sum_{i,j=1}^{G} S_{ij}} \tag{5.20}$$

式中，i 和 j 为灰度级；d 为像素间的距离；θ为像素间的方向角；G 为灰度级的数目；S_{ij} 为灰度级 i 和 j 之间的共生数。Haralick 等[7]从灰度共生矩阵中提取出了 28 个纹理特征。这里使用纹理熵(ENT)来进行纹理分析：

$$\mathrm{ENT}=-\sum_{i=1}^{G}\sum_{j=1}^{G} p_{ij}\ln p_{ij} \tag{5.21}$$

为了能辨识合理的候选区域，将输入 SAR 图像分成 $K\times K$ 的不重叠块。对于每一个块，利用式(5.20)和式(5.21)计算出相应的纹理熵。纹理熵越小的块，受纹理的影响也就越小。因此，选取对应着较小熵的若干块作为候选区域进行等效视数估计。实际中，可以固定选取对应着较小熵的前 30%的块来进行等效视数估计。通过许多幅 SAR 图像对这个参数进行了测试，发现这个选取是很有效的。此外，需要注意的是，在利用灰度共生矩阵进行纹理分析之前，需要先将输入 SAR 图像的灰度级量化到 0～255。虽然不同的量化方法会改变每一块区域计算出的纹理熵，但是并不会改变这些纹理熵的相对大小。因此，本书选取 Zhou 等[9]提取的方法来进行简单的量化。

2. AR 模型

对于每一个经过纹理分析选取出的 $K\times K$ 的块，需要进行对数 SAR 图像噪声方差估计。根据式(5.17)，估计出每个块的 $\overline{r}_{0,0}$。这里采用二维 AR 模型[11-13]来估计 $\overline{r}_{0,0}$。对于每一个 $K\times K$ 的块，其自相关函数为

$$r_{i,j}=E\left[u_{x,y}u_{x+i,y+j}\right] \tag{5.22}$$

自相关函数的大小为 $N\times N$，其中，

$$N=2K-1 \tag{5.23}$$

每个块的自相关函数是对称的，因此采用前向线性预测模型来估计 $\overline{r}_{0,0}$。在二维情况下，前向线性预测 $\overline{r}_{i,j}$ 为

$$\overline{r}_{i,j}=\sum_{k=0}^{p}\sum_{l=0}^{q} c_{k,l}r_{i-k,j-l}\ ,\ (k,l)\neq(0,0) \tag{5.24}$$

式中，$c_{k,l}$ 为线性预测系数；(p,q)为二维 AR 模型的阶。需要注意的是，(i,j)的范围为

$$S_1=\{-N\leqslant i\leqslant N,-N\leqslant j\leqslant N\}\setminus A \tag{5.25}$$

式(5.25)中，A 代表 r^{v} 的有效范围；\代表集合差。

式(5.24)可以写成矢量运算的形式：

$$\overline{r}_{i,j}=\boldsymbol{r}_{i,j}^{\mathrm{T}}\boldsymbol{c} \tag{5.26}$$

式(5.26)中，上标 T 代表矩阵转置；$\boldsymbol{r}_{i,j}$ 和 $\boldsymbol{c}$ 分别列在式(5.27)和式(5.28)中：

$$\boldsymbol{r}_{i,j}=\left[r_{i,j-1}\cdots r_{i,j-q},r_{i-1,j}\cdots r_{i-1,j-q}\vdots\cdots\vdots r_{i-p,j}\cdots r_{i-p,j-q}\right]^{\mathrm{T}} \tag{5.27}$$

$$\boldsymbol{c}=\left[c_{0,1}\cdots c_{0,q},c_{1,0}\cdots c_{1,q}\vdots\cdots\vdots c_{p,0}\cdots c_{p,q}\right]^{\mathrm{T}} \tag{5.28}$$

前向线性预测误差 $e_{i,j}$ 为

$$e_{i,j}=r_{i,j}-\boldsymbol{r}_{i,j}^{\mathrm{T}}\boldsymbol{c} \tag{5.29}$$

由式(5.25)可知，式(5.29)中(i,j)的范围为

$$S_2=\{(k,l)\mid p-N\leqslant k\leqslant N,q-N\leqslant l\leqslant N\}\setminus S_3 \tag{5.30}$$

其中，S_3 与 r_v 的有效范围相关，即

$$S_3=\bigcup_{(i,j)\in A}\{(k,l)\mid i\leqslant k\leqslant p+i,j\leqslant l\leqslant q+j\} \tag{5.31}$$

前向线性预测误差矢量为

$$\boldsymbol{e}=\boldsymbol{a}-\boldsymbol{R}\boldsymbol{c} \tag{5.32}$$

其中，$\boldsymbol{e}$、$\boldsymbol{R}$ 和 $\boldsymbol{a}$ 分别为

$$\boldsymbol{e}=(\cdots e_{i,j}\cdots)^{\mathrm{T}}{}_{(i,j)\subset S_2} \tag{5.33}$$

$$\boldsymbol{R}=(\cdots \boldsymbol{r}_{i,j}\cdots)^{\mathrm{T}}{}_{(i,j)\subset S_2} \tag{5.34}$$

$$\boldsymbol{a}=(\cdots r_{i,j}\cdots)^{\mathrm{T}}{}_{(i,j)\in S_2} \tag{5.35}$$

现在需要解决的问题是 $\boldsymbol{e}^{\mathrm{T}}\boldsymbol{e}$ 的最小化。线性预测系数的最优解为

$$\boldsymbol{c}=(\boldsymbol{R}^{\mathrm{T}}\boldsymbol{R})^{-1}\boldsymbol{R}^{\mathrm{T}}\boldsymbol{a} \tag{5.36}$$

有了线性预测系数，$\overline{r}_{0,0}$ 可以很容易地获得。实验中发现 A 一般为

$$A=\{(-1,0),(0,0),(1,0),(0,-1),(0,1)\} \tag{5.37}$$

此时，$\overline{r}_{-1,0}$、$\overline{r}_{0,-1}$ 和 $\overline{r}_{0,0}$ 可以通过式(5.38)～式(5.40)得到：

$$\overline{r}_{-1,0}=\boldsymbol{r}_{-1,0}^{\mathrm{T}}\boldsymbol{c} \tag{5.38}$$

$$\overline{r}_{0,-1}=\boldsymbol{r}_{0,-1}^{\mathrm{T}}\boldsymbol{c} \tag{5.39}$$

$$\overline{r}_{0,0}=\boldsymbol{r}_{0,0}^{\mathrm{T}}\boldsymbol{c}+a_{0,1}(\overline{r}_{0,-1}-r_{0,-1})+a_{1,0}(\overline{r}_{-1,0}-r_{-1,0}) \tag{5.40}$$

得到每个 $K\times K$ 个块的噪声方差后，将方差估计结果的均值作为对数 SAR 图像噪声方差估计的最终结果，然后通过数值方法即可求出等效视数的结果。

5.1.5　算法流程和参数选取

本小节介绍的非监督 SAR 图像等效视数估计算法的具体流程如下[13]。

1. 输入：SAR 图像(强度图像)

具体步骤如下。

(1) 纹理分析：①对 SAR 图像进行灰度级量化。②把量化后的图像分成 $K\times K$ 的不重叠块。③利用式(5.20)和式(5.21)来计算灰度共生矩阵和纹理熵。④选取对应着较小纹理熵的 30%的块来进行后续的噪声估计。

(2) 对原始的 SAR 图像(未进行量化)进行对数变换。

(3) 对对数 SAR 图像的噪声估计：①在对数 SAR 图像中，计算每一个由纹理分析得到的图像块的自相关函数。②对于每一个选取块，用式(5.27)、式(5.30)、式(5.34)和式(5.35)来计算 $\boldsymbol{R}$ 和 $\boldsymbol{a}$，并用式(5.36)来计算线性预测系数。这样就可以很容易获得 $\overline{r}_{0,0}$。③对于每一个选取块，用式(5.17)估计出噪声方差。所有选取块所估计出的噪声方差的均值就是最终的对数 SAR 图像噪声方差的估计结果。

(4) 根据式(5.6)，利用数值方法求解出等效视数。

2. 输出：估计的等效视数

下面介绍算法中一些参数的选取。在式(5.20)中，G 和 (d,θ) 的选取会影响纹理熵的值，但是对每个图像块的纹理熵的大小顺序影响非常小。因此，这两个参数对纹理分析的结果影响比较小。这里把 (d,θ) 设置为(1,0)。Ulaby 等[9]在利用纹理信息进行 SAR 图像分类时指出，G=20 是一个很好的选择。因此，本章的算法也采用这一参数选取。综合考虑到计算复杂度以及估计的精度，将 SAR 图像分成 31×31 的不重叠块，并用阶数 (p,q) 为(5,5)的 AR 模型来进行噪声方差估计。

至于 r^v 的有效范围，采用 5.1.3 节所描述的方法来进行估计。以旧金山测试图像[图 5.4(a)]为例，图 5.3(a)给出 r^w 的曲面图。图 5.3(b)中的黑色区域是 r^w 的有效范围。从 r^v 和 r^w 的有效范围之间的关系可知，r^v 的有效范围为

$$A=\{(-1,0),(0,0),(1,0),(0,-1),(0,1)\} \tag{5.41}$$

从其他的测试图像中可以得到相同的结果。因此，我们在算法中固定 A 如式(5.41)所示。

5.1.6　实验验证

1. 实验数据

如图 5.4 所示，使用十幅从不同 SAR 系统获得的 SAR 图像来测试新方法的性能。

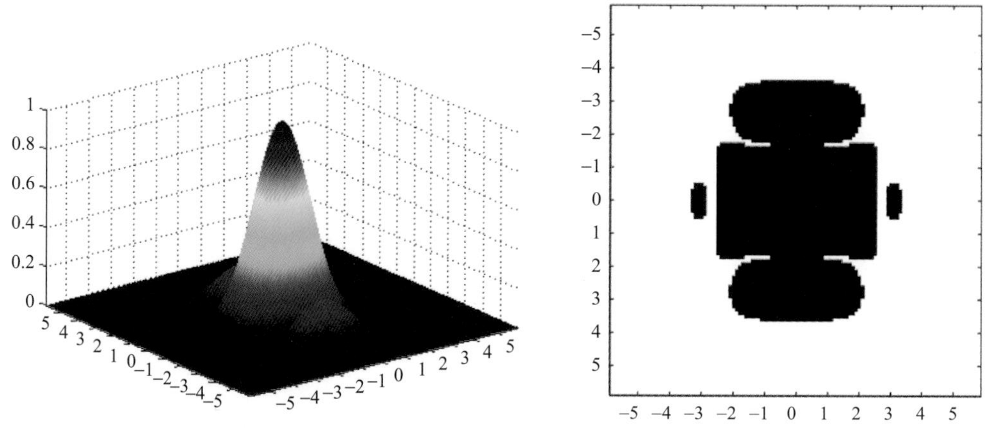

(a) 旧金山测试图像的r^w　　　　(b) r^w的有效范围

图 5.3　旧金山测试图像的 r^w 以及 r^w 的有效范围

(a)

(b)

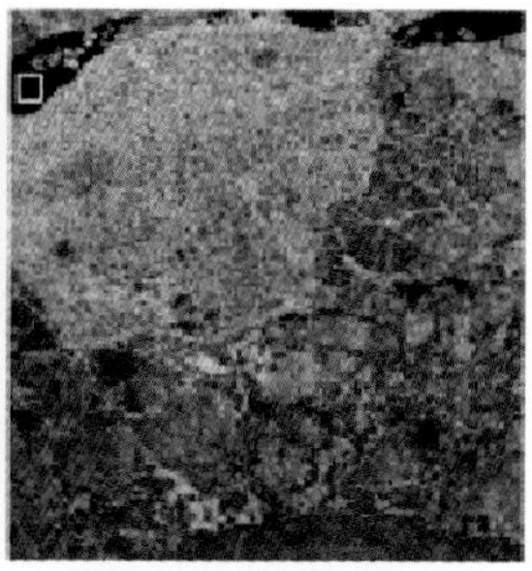
(c)

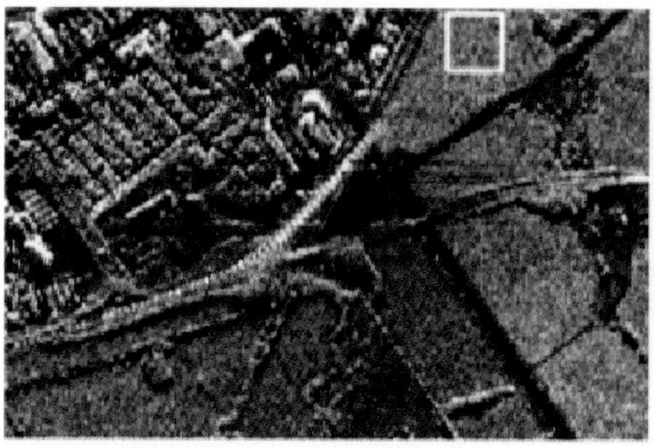
(d)

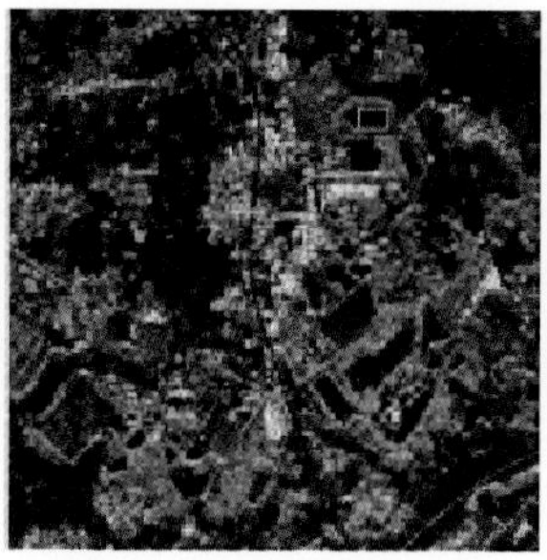
(e)

(f)

(g)

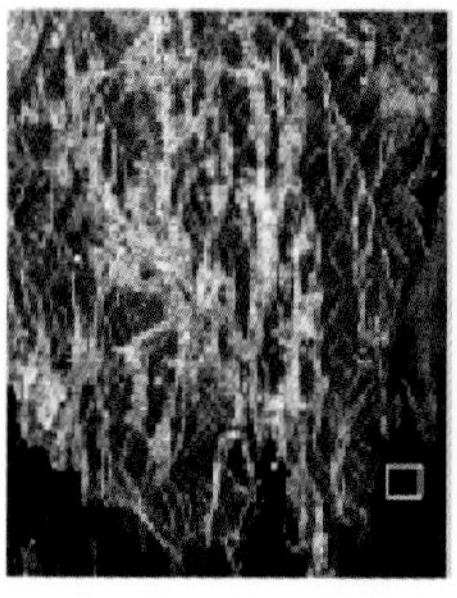
(h)

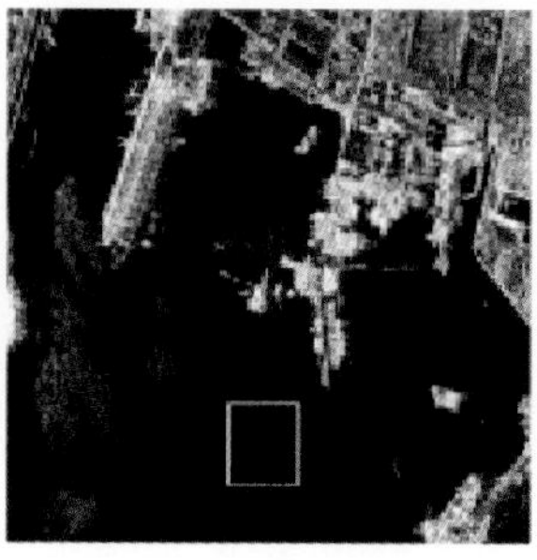
(i)

(j)

图 5.4　十幅用于测试新方法性能的实测 SAR 图像

这些图像的详细信息(如传感器、极化、成像区域等)列在了表 5.1 中。为了进一步阐述用 AR 模型来进行等效视数估计的优势，本书也仿真了 1000 幅 SAR 图像来评估新方法的性能。每一幅仿真的图像包含一个被 4 视的 Gamma 噪声所污染的匀质区域(大小为 128×128)。

表 5.1　实测 SAR 图像的详细信息

序号	传感器	极化	成像区域
1	AIRSAR	VV	San Francisco, USA
2	AIRSAR	VV	Sydney, AUS
3	Convair	HH	Ice Area, CAN
4	Convair	HH	Ottawa, CAN
5	PISAR	HH	Tsukuba, JPN
6	SIR-C	VV	Tienshan, CHN
7	PALSAR	HH	Beijing, CHN
8	Radarsat-2	HH	Dalian, CHN
9	TerraSAR-X	HH	Dalian, CHN
10	TerraSAR-X	HH	Dalian, CHN

2. 结果与讨论

实验中，将本节介绍的非监督 SAR 图像等效视数估计算法和其他两种非监督等效视数估计方法进行比较，来进行估计效果的评估。第一种方法是 Cui 等[6]提出的基于高通滤波器(HPF)和图像降采样的方法。第二种方法是 Foucher 等[14]提出的基于核概率密度函数(KDE)的方法。此外，本书还对每幅 SAR 图像的等效视数进行了监督估计，即人工选取匀质区域，然后用公式 $L = E(I)^2 / \mathrm{var}(I)$ 计算等效视数值。这里选取的匀质区域在图 5.4 中用白色方框标出。本书把监督估计的结果当作等效视数的参考值，用其来评估不同非监督估计算法的结果。表 5.2 给出标称视数以及各个方法所估计出的等效视数结果。这里标称视数是方位向和距离向处理视数的乘积。为了说明 AR 模型在噪声方差估计方面的优势，本书同样给出不进行纹理分析时新方法的估计结果。每幅图像的最好估计结果都在表 5.2 中用黑体字标出来。

表 5.2　等效视数估计结果

序号	标称视数	监督估计	本节方法	本节方法(不进行纹理分析)	方法 1 (HPF)	方法 2 (KDE)
1	4	2.89	3.21	2.70	2.48	0.95
2	18	8.19	8.60	4.18	2.91	0.33
3	10	5.40	5.07	4.57	4.14	3.03
4	10	4.89	4.88	4.06	2.28	0.27
5	4	1.84	1.46	1.36	1.37	1.00

续表

序号	标称视数	监督估计	本节方法	本节方法(不进行纹理分析)	方法 1 (HPF)	方法 2 (KDE)
6	4	2.58	2.46	2.49	2.42	2.04
7	6	4.72	4.43	4.08	4.12	2.89
8	4	2.51	2.54	2.09	2.10	0.71
9	1	0.98	1.04	1.03	1.00	0.98
10	1	0.99	1.04	1.02	0.99	0.89

方法 2 假定 SAR 图像中大部分区域都是匀质的。然而，这个假定在纹理丰富的地物区域是不成立的。以纹理丰富的城市区域为例，城市区域的 SAR 图像是高度异质的，通常用 Fisher 分布[15,16]来进行建模。从表 5.2 中可以发现，方法 2 对于大部分测试图像都会造成低估计。对于那些匀质区域假定不成立的图像，方法 2 的低估计尤其明显。在这方面，本节介绍的方法和方法 1 的结果要好很多。

本质上，本节方法和方法 1 都是估计对数 SAR 图像的噪声方差。方法 1 需要假定 SAR 图像的斑点是完全发育的。本节介绍的方法通过纹理分析预先选取平坦区域，只需要假定选取的平坦区域的斑点噪声是完全发育的即可。因此，当 SAR 图像中存在大量的纹理丰富区域时，该方法要比方法 1 能够获得更好的结果。对于两幅单视 SAR 图像，本节方法和方法 1 的结果差不多。而对于其他几幅多视 SAR 图像，本节方法的结果要更好。尤其是对于第二幅和第四幅 SAR 图像，本节方法的结果要明显好得多。这两幅图像里都有大量的城市区域，而城市区域的斑点是发育不完全的。因此，方法 1 的结果比较差，而本节方法先通过纹理分析将城市区域排除，再进行等效视数估计，从而可以获得较好的结果。此外，从表 5.2 的第 4 列和第 5 列中可以发现，本节方法要比不进行纹理分析的结果好很多。这也说明了纹理分析在精确等效视数估计中起着非常重要的作用。

分析 AR 模型在等效视数估计中的作用。从表 5.2 的第 5 列和第 6 列中可以看出，本节方法在不进行纹理分析时能够获得和方法 1 相近的结果。对于前四幅图像，本节方法的结果要好很多。因此，可以发现用 AR 模型来进行噪声估计更好。此外，我们还使用 1000 幅仿真图像来进一步说明这一点。表 5.3 给出监督估计、本节方法(不进行纹理分析)以及方法 1 分别对仿真图像进行等效视数估计的结果。在估计结果的均值方面，AR 模型能够获得和监督估计方法非常接近的结果，同时要比方法 1 略好些。在估计结果的方差方面，AR 模型获得的结果是最好的。根据实测数据和仿真数据的结果可以发现，AR 模型是一个精度很高的方法。同时，AR 模型也非常易于实现，运行效率很高。因此，AR 模型非常适合用于等效视数估计。表 5.4 给出基于纹理分析和 AR 模型的等效视数估计算法的计算时间。该方法在 Matlab 平台上运行，所用电脑的处理器为 Intel Core i5，具有 2.80GHz 主频和 8.00GB 内存。该方法的计算时间和图像大小成正比，处理一个大小为 1000×1000 的 SAR 图像只需要不到 2s 的时间。可见，本节介绍的方法的运行时间很快。

表 5.3　仿真图像等效视数估计结果的均值和方差

	监督估计	本节方法(不进行纹理分析)	方法 1(HPF)
均值	3.9986	3.9985	3.9951
方差	0.0025	0.0021	0.0063

表 5.4　本节方法的图像大小和计算时间

序号	图像大小	计算时间(s)
1	900×1024	2.01
2	601×889	1.05
3	544×523	0.56
4	222×342	0.21
5	1000×1000	1.91
6	256×256	0.15
7	666×400	0.53
8	500×400	0.44
9	1000×1000	2.01
10	1200×1200	2.81

5.1.7　极化 SAR 图像非监督等效视数估计

对于视数为 L 的极化 SAR 数据 $\boldsymbol{C}$，$\boldsymbol{C}$ 服从复 Wishart 分布。设 q 是散射相关矩阵 $\boldsymbol{C}$ 的维度，当 $L>q-1$ 时，在极化 SAR 数据中有类似于式(5.6)的结果[17]：

$$\operatorname{var}\left(\ln\left|\boldsymbol{C}\right|\right)=\sum_{i=0}^{q-1}\psi^{(1)}\left(L-i\right) \tag{5.42}$$

可以看出，在单极化情况下，即 $q=1$，式(5.42)退化成式(5.6)。因此，前面介绍的 SAR 图像非监督等效视数估计方法可以很容易地推广到极化 SAR 图像中。只需要对 5.1.5 节中的算法流程进行以下三个改动即可。

(1)将纹理分析步骤中的 SAR 图像替换为极化 SAR 图像的 span；

(2)将噪声估计步骤中的对数 SAR 图像替换为 $\ln\left|\boldsymbol{C}\right|$；

(3)将数值求解步骤中的式(5.6)替换为式(5.42)。

需要注意的是，式(5.42)只适用于 $L>q-1$(对于极化 SAR 数据，q=3)的情况。针对这种情况，一个可行的方案是，选取极化 SAR 数据的 HH 通道进行单极化 SAR 非监督等效视数估计。当 $L>2$ 时，再利用式(5.43)估计 L。当 $1<L\leqslant 2$ 时，利用式(5.44)估计 L。

$$\operatorname{var}\left(\ln\left|\boldsymbol{C}\right|\right)=\psi^{(1)}\left(L\right)+\psi^{(1)}\left(L-1\right)+\psi^{(1)}\left(L-2\right) \tag{5.43}$$

$$\operatorname{var}\left(\ln\left|\boldsymbol{C}^{(2)}\right|\right)=\psi^{(1)}\left(L\right)+\psi^{(1)}\left(L-1\right) \tag{5.44}$$

HH 通道图像和 VV 通道图像受系统热噪声的影响较小，成像质量更好。因此，这里的 $\boldsymbol{C}^{(2)}$ 只包括 HH 通道和 VV 通道的信息：

$$\boldsymbol{C}^{(2)}=\begin{bmatrix} \left\langle |S_{\mathrm{HH}}|^2 \right\rangle & \left\langle S_{\mathrm{HH}} S_{\mathrm{VV}}^* \right\rangle \\ \left\langle S_{\mathrm{VV}} S_{\mathrm{HH}}^* \right\rangle & \left\langle |S_{\mathrm{VV}}|^2 \right\rangle \end{bmatrix} \tag{5.45}$$

本节选取与图 5.4(b)和图 5.4(c)所对应的两幅极化 SAR 图像来测试新方法对极化 SAR 数据等效视数的估计效果。这两幅极化 SAR 图像的 Pauli 分解伪彩色上色图如图 5.5 所示。本书极化 SAR 图像的显示采用 Pauli 分解伪彩色上色的方式，即彩色图的 R、G、B 三通道分别用 $|S_{\mathrm{HH}}-S_{\mathrm{VV}}|$、$2|S_{\mathrm{HV}}|$、$|S_{\mathrm{HH}}+S_{\mathrm{VV}}|$ 进行上色。

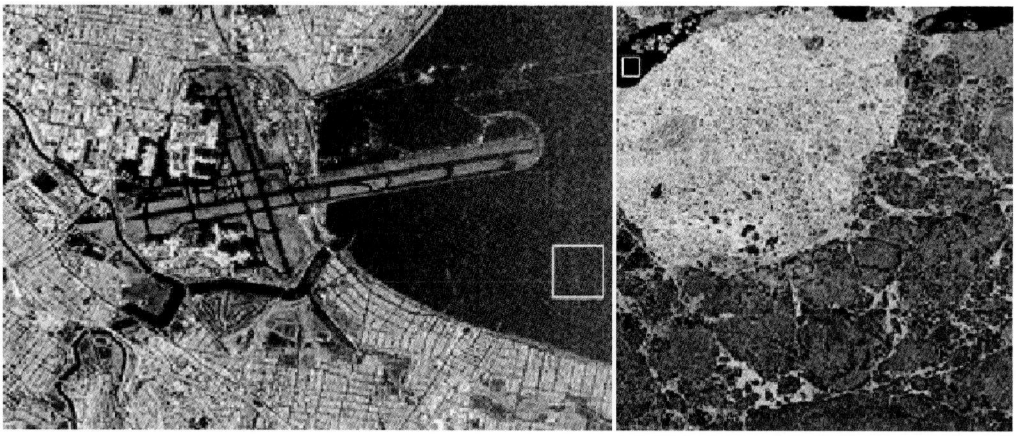

(a)　　(b)

图 5.5　两幅用于测试新方法性能的实测极化 SAR 图像

由于 Cui 等[6]提出的方法(即 5.1.6 节中的方法 1)也是基于式(5.6)进行噪声估计。因此，本节利用式(5.42)将该方法扩展到极化 SAR 图像中，并利用公式：

$$L=\frac{\mathrm{Tr}\left(\langle \boldsymbol{C} \rangle\right)^2}{\left\langle \mathrm{Tr}\left(\boldsymbol{C}\boldsymbol{C}\right)\right\rangle-\mathrm{Tr}\left(\langle \boldsymbol{C} \rangle \langle \boldsymbol{C} \rangle\right)}$$

进行等效视数的监督估计，并把监督估计结果作为参考值。表 5.5 给出这两幅极化 SAR 图像的等效视数估计结果。其结果和表 5.2 十分一致。图 5.5(a)中存在大量的城市区域，因此，本节方法的结果要比方法 1 好很多。而图 5.5(b)中的斑点噪声发育较为完全，因此，两个方法的结果都比较接近监督估计的结果。总的来说，本节介绍方法在极化 SAR 图像中的估计结果更好。同时，核心的噪声估计步骤只是将对数 SAR 图像替换为 $\ln|\boldsymbol{C}|$。所以，在极化 SAR 情况下，计算复杂度并没有增加多少，整体的计算时间和 SAR 情况差不多。

表 5.5　极化 SAR 图像等效视数估计结果

序号	标称视数	监督估计	本节方法	方法 1(HPF)
1	18	7.71	6.72	3.05
2	10	4.67	5.25	3.85

5.1.8　小　结

本节介绍了一种基于纹理分析和 AR 模型的非监督等效视数估计方法。首先，利用对数 SAR 图像统计，将等效视数估计问题转变为对数 SAR 图像噪声方差估计问题。然后，通过纹理分析来避免使用纹理丰富的区域(如城市区域等)进行噪声估计。最后，采用二维的 AR 模型来进行噪声方差估计。

使用实测和仿真的 SAR 图像来验证新方法的有效性。实验结果证实了纹理分析和 AR 模型相结合的方法可以有效地提高非监督等效视数估计的精度。同时，本节介绍的方法的运行速度也很快，适用于一些实际应用中，此外，还将该方法简单地扩展到了极化 SAR 图像中，得到了和 SAR 图像中类似的结论。

5.2　经典滤波方法

5.2.1　Lee　滤　波

该滤波算法是由 Lee[18]于 1981 年提出的，该算法的核心思想是基于对局部图像统计特性的估计，以最小化均方误差为准则，估计原始信号。SAR 图像中斑点噪声采用前面提到的乘性模型，图像上越亮的区域代表被斑点噪声污染得越厉害。Lee 滤波算法采用的是完全发育的乘性斑点噪声模型[19]，将式(5.1)重写如下：

$$I = Rv \tag{5.46}$$

式中，I 为观测值；噪声 v 均值为 1，方差为 σ_v^2，且与原始信号 R 互相独立。

在缺乏精确模型的情况下，使用 SAR 图像本身从匀质区的滤波窗口内得到局部区域的均值和方差来估计信号的先验均值和方差，根据上述模型以及信号和噪声的不相关性可知：

$$\bar{R} = \bar{I} / \bar{v} = \bar{I} \tag{5.47}$$

$$\sigma_R^2 = \frac{\sigma_I^2 + \bar{I}^2}{\sigma_v^2 + \bar{v}^2} - \bar{R}^2 = \frac{\sigma_I^2 - \sigma_v^2 \bar{I}^2}{\sigma_v^2 + 1} \tag{5.48}$$

式中，$\bar{I}$ 和 σ_I^2 分别为图像局部区域的均值与方差。

将式(5.46)在 $(\bar{R},\bar{v})$ 处作一阶泰勒展开，使其线性化，得

$$I = \bar{v}R + \bar{R}(v - \bar{v}) \tag{5.49}$$

设 R 的估计值为 $\hat{R}$，基于最小化均方误差准则(MMSE)及无偏估计可得到相应的滤波算法：

$$\hat{R}=\bar{R}+k\left(I-\bar{v}\bar{R}\right) \tag{5.50}$$

其中，

$$k=\frac{\bar{v}\sigma_R^2}{\bar{R}^2\sigma_v^2+\bar{v}^2\sigma_R^2}=\frac{\sigma_R^2}{\bar{R}^2\sigma_v^2+\sigma_R^2} \tag{5.51}$$

原始信号的方差 σ_R^2 可以通过式(5.48)近似估计；斑点噪声的方差可通过 SAR 成像处理时的视数得到，即 $\sigma_v^2=1/L$，也可在图像中选取一小块均匀区域统计其灰度信息获得。

由 Lee 滤波公式可以看出，对于较为均匀的区域，$\sigma_R^2\approx 0$，从而 $\hat{R}=\bar{R}$，即中心像素的估计值为周围临近像素的均值，因此斑点噪声得到了平滑，达到了较好的去噪效果；而对于变化较大的区域，如不同目标的边界处，R 的方差 σ_R^2 要远大于 $\bar{R}^2\sigma_v^2$，于是 R 倾向于保持原值不变，即 $\hat{R}\approx I$。

Lee 滤波算法的优点是计算简单、速度快，只要知道斑点噪声的先验均值和方差，就可以运用此方法进行滤波。它的缺点是边缘区域的斑点噪声没有得到很好的平滑。此外，在处理窗口较大的情况下，图像边缘模糊，会损失掉一些细节信息。为了有效抑制边缘区域内的斑点噪声，Lee[20]又提出了一种利用边缘检测改进的滤波算法。其基本原理同上，只是对包含边缘的局部区域，利用局部梯度信息确定边缘的取向，对边缘两侧的区域分别做平滑处理，这样既压制了噪声，又保持了主要的边缘信息。

5.2.2 极化白化滤波器

1. 单视极化 SAR 数据的 PWF

Novak 和 Burl[21]基于最小化标准差与均值的比这一准则给出了一种极化白化滤波器。散射矩阵 $\boldsymbol{S}$ 表示为

$$\boldsymbol{S}=\begin{bmatrix} S_{\mathrm{HH}} & S_{\mathrm{HV}} \\ S_{\mathrm{VH}} & S_{\mathrm{VV}} \end{bmatrix} \tag{5.52}$$

在互易的情况下，$S_{\mathrm{HV}}=S_{\mathrm{VH}}$，将其向量化得到：

$$\boldsymbol{X}=\begin{bmatrix} S_{\mathrm{HH}} \\ S_{\mathrm{HV}} \\ S_{\mathrm{VV}} \end{bmatrix} \tag{5.53}$$

该散射向量可以认为是满足复高斯分布的，通常其相关矩阵 $\boldsymbol{C}=E\left(\boldsymbol{X}\boldsymbol{X}^{\mathrm{H}}\right)$ 在散射对称条件下，可认为具有如下的形式：

$$\boldsymbol{C}=\sigma_{\mathrm{HH}}\begin{bmatrix}1 & 0 & \rho\sqrt{\gamma}\\ 0 & \varepsilon & 0\\ \rho^{*}\sqrt{\gamma} & 0 & \gamma\end{bmatrix} \tag{5.54}$$

其中，

$$\begin{aligned}&\sigma_{\mathrm{HH}}=E\left(|S_{\mathrm{HH}}|^{2}\right)\\ &\varepsilon=\frac{E\left(|S_{\mathrm{HV}}|^{2}\right)}{E\left(|S_{\mathrm{HH}}|^{2}\right)}\\ &\gamma=\frac{E\left(|S_{\mathrm{VV}}|^{2}\right)}{E\left(|S_{\mathrm{HH}}|^{2}\right)}\\ &\rho=\frac{E\left(S_{\mathrm{HH}}S_{\mathrm{VV}}^{*}\right)}{\sqrt{E\left(|S_{\mathrm{HH}}|^{2}\right)E\left(|S_{\mathrm{VV}}|^{2}\right)}}\end{aligned} \tag{5.55}$$

式中，$E(\cdot)$表示统计平均。

为了将 $\boldsymbol{X}$ 的三个复元素 S_{HH} 、S_{HV} 和 S_{VV} 处理为具有最小斑点强度的功率图像，Novak 和 Burl 通过一个二次型构建了一幅图像：

$$y=\boldsymbol{X}^{\mathrm{H}}\boldsymbol{A}\boldsymbol{X} \tag{5.56}$$

式中，$\boldsymbol{A}$ 为一个加权矩阵，且是正定的埃尔米特矩阵，从而保证 y 为正。

将图像像素值的标准差与均值之比，即等效视数作为滤波的性能度量指标，使之最小化，以去除斑点噪声：

$$\min\frac{\operatorname{std}(y)}{E(y)}=\min\frac{\sqrt{\operatorname{var}\left(\boldsymbol{X}^{\mathrm{H}}\boldsymbol{A}\boldsymbol{X}\right)}}{E\left(\boldsymbol{X}^{\mathrm{H}}\boldsymbol{A}\boldsymbol{X}\right)}=\min\frac{\sqrt{\operatorname{Tr}\left[(\boldsymbol{CA})^{2}\right]}}{\operatorname{Tr}(\boldsymbol{CA})}=\min\frac{\sqrt{\sum_{i=1}^{3}\lambda_i^{2}}}{\sum_{i=1}^{3}\lambda_i} \tag{5.57}$$

式中，$\operatorname{std}(\cdot)$表示标准差；$\operatorname{var}(\cdot)$表示方差；$\operatorname{Tr}(\cdot)$表示矩阵的迹；$\lambda_1$、$\lambda_2$、$\lambda_3$ 为矩阵 $\boldsymbol{CA}$ 的三个特征值。显然，当三个特征值相等时，式(5.57)达到最小。因此，$\boldsymbol{A}=\boldsymbol{C}^{-1}$ 是一个白化滤波器，称为极化白化滤波器。最小斑点强度的图像就可通过如下的方法得到：

$$y=\boldsymbol{X}^{\mathrm{H}}\boldsymbol{C}^{-1}\boldsymbol{X} \tag{5.58}$$

将式(5.54)代入可得

$$y=\frac{|S_{\mathrm{HH}}|^{2}}{\sigma_{\mathrm{HH}}(1-|\rho|^{2})}+\frac{|S_{\mathrm{VV}}|^{2}}{\sigma_{\mathrm{HH}}(1-|\rho|^{2})\gamma}+\frac{|S_{\mathrm{HV}}|^{2}}{\sigma_{\mathrm{HH}}\varepsilon}-\frac{2\operatorname{Re}\left(\rho S_{\mathrm{HH}}^{*}S_{\mathrm{VV}}\right)}{\sigma_{\mathrm{HH}}(1-|\rho|^{2})\sqrt{\gamma}} \tag{5.59}$$

由式(5.59)可以看出，最小斑点强度图像实际上是将 S_{HH} 、S_{HV} 和 S_{VV} ，即散射矩阵各元素进行最优加权的结果，同时也包含了散射矩阵各元素之间的相关信息。

2. 多视极化 SAR 数据的 PWF

对于多视 SAR 图像情况，令 $\boldsymbol{Y}$ 为 N 视极化协方差矩阵，其定义为

$$\boldsymbol{Y}=\frac{1}{N}\sum_{i=1}^{N}\boldsymbol{X}_i\boldsymbol{X}_i^{\mathrm{H}} \tag{5.60}$$

Liu 等[22]证明用于多视极化 SAR 数据的最小斑点图像能通过多视极化协方差矩阵的组合来构建，其表示为

$$y_{\mathrm{ml}}=\frac{Y_{11}}{\sigma_{\mathrm{HH}}(1-|\rho|^2)}+\frac{Y_{22}}{\sigma_{\mathrm{HH}}\varepsilon}+\frac{Y_{33}}{\sigma_{\mathrm{HH}}(1-|\rho|^2)\gamma}-\frac{2\operatorname{Re}\left(Y_{13}\rho^*\right)}{\sigma_{\mathrm{HH}}(1-|\rho|^2)\sqrt{\gamma}} \tag{5.61}$$

式中，Y_{ij} 为 $\boldsymbol{Y}$ 的第 i 行第 j 列元素；下标 ml 表示多视。

从式(5.61)中可以发现，滤波后的图像是 $\boldsymbol{Y}$ 的元素的最优组合。因为极化协方差矩阵的所有元素都是 Mueller 矩阵元素的线性组合，也可如下表示滤波后的图像：

$$y_{\mathrm{ml}}=\boldsymbol{w}^{\mathrm{T}}\begin{bmatrix} m_{11}\\ m_{22}\\ m_{12}\\ m_{33}\\ m_{34}\end{bmatrix} \tag{5.62}$$

式中，m_{ij} 为 Mueller 矩阵的第 i 行第 j 列元素；w 为加权向量，表示如下：

$$\boldsymbol{w}=\begin{bmatrix} w_1\\ w_2\\ w_3\\ w_4\\ w_5\end{bmatrix}=\begin{bmatrix} \dfrac{\gamma+1}{2\gamma(1-|\rho|^2)}+\dfrac{\operatorname{Re}(\rho)}{(1-|\rho|^2)\sqrt{\gamma}}+\dfrac{1}{2\varepsilon}\\ \dfrac{1}{(1-|\rho|^2)}-\dfrac{1}{\gamma(1-|\rho|^2)}\\ \dfrac{\gamma+1}{2\gamma(1-|\rho|^2)}-\dfrac{\operatorname{Re}(\rho)}{(1-|\rho|^2)\sqrt{\gamma}}-\dfrac{1}{2\varepsilon}\\ -\dfrac{2\operatorname{Re}(\rho)}{(1-|\rho|^2)\sqrt{\gamma}}\\ \dfrac{2\operatorname{Im}(\rho)}{(1-|\rho|^2)\sqrt{\gamma}}\end{bmatrix} \tag{5.63}$$

其中，ε、γ 和 ρ 按式(5.55)定义，并且：

$$\sigma_{\mathrm{HH}}=E\left(\frac{m_{11}+m_{22}}{2}+m_{12}\right)$$

$$\sigma_{\mathrm{VV}}=E\left(\frac{m_{11}+m_{22}}{2}-m_{12}\right)$$

$$
\begin{aligned}
\sigma_{\mathrm{HV}} &= E\left(\frac{m_{11}-m_{22}}{2}\right) \\
E\left(S_{\mathrm{HH}}S_{\mathrm{VV}}^{*}\right) &= E\left(\frac{m_{33}-m_{44}}{2}+jm_{34}\right)
\end{aligned}
\tag{5.64}
$$

式中，j 表示虚数单位。

5.3 基于块排序和联立稀疏表达的滤波方法

5.3.1 引　　言

本节介绍一种基于块排序和联立稀疏表达的极化 SAR 图像变换域滤波方法[12]。首先，针对极化相关矩阵建立一个信号依赖的加性噪声模型，并利用复 Wishart 分布推导极化相关矩阵每个元素的噪声方差。然后，将块排序算法推广到极化 SAR 中，对提取的滑动图形块进行排序。利用联立稀疏表达对排序后的图像块进行降噪。由于每个元素的噪声方差都不一样，我们在联立正交匹配追踪(S-OMP)算法的基础上，发展了加权的联立正交匹配追踪(WS-OMP)算法，以解决非均匀噪声的联立稀疏表达问题。最终结果通过对滤波后的图像块进行逆排序和子图平均获得。

极化 SAR 变换域滤波是一个很有挑战性的问题，现有的极化 SAR 滤波方法几乎都是空间域滤波方法。导致这一现象的原因主要有两个：①SAR 图像相干斑固有的特性导致斑点噪声和信号是相依赖的；②极化 SAR 数据具有多个通道，斑点噪声不仅存在于各通道图像中，还存在于各通道之间的复相关中。因此，SAR 图像滤波中常用的对数变换方法在极化 SAR 图像中不再适用。本节将介绍一种基于变换域方法的极化 SAR 图像滤波方法。

5.3.2 极化 SAR 数据的加性噪声模型

极化 SAR 滤波的主要目的是从观测到的极化相关矩阵 $\boldsymbol{C}$ 中重建实际的相关矩阵 $\boldsymbol{\Sigma}$。极化 SAR 数据的斑点统计依赖于其复相关系数，非对角线元素的噪声统计和对角线元素的噪声统计差别很大。因此，如何对矩阵 $\boldsymbol{C}$ 的非对角线元素进行降噪是极化 SAR 图像斑点滤波中关键的问题。本节采用一种加性噪声模型，将斑点噪声看作是一种信号依赖的加性噪声。

通常，矩阵 $\boldsymbol{C}$ 的对角线元素可以用乘性噪声模型[23]来建模。例如

$$
\boldsymbol{C}_{11} = \boldsymbol{\Sigma}_{11} w \tag{5.65}
$$

式中，w 服从单位均值的 Gamma 分布。式(5.65)也可以写成加性的信号依赖的形式[24]：

$$
\boldsymbol{C}_{11} = \boldsymbol{\Sigma}_{11} + \boldsymbol{Z}_{11} \tag{5.66}
$$

式中，$\boldsymbol{Z}_{11}$ 为 $\boldsymbol{C}_{11}$ 的信号依赖的加性噪声：

$$
\boldsymbol{Z}_{11} = \boldsymbol{\Sigma}_{11}\left(w-1\right) \tag{5.67}
$$

矩阵 $\boldsymbol{C}$ 的非对角线元素可以表示成加性和乘性噪声模型的组合，也可以写成如式(5.66)所示的信号依赖的模式。这样有

$$\boldsymbol{C}=\boldsymbol{\Sigma}+\boldsymbol{Z} \tag{5.68}$$

式中，$\boldsymbol{Z}$ 为 $\boldsymbol{C}$ 的信号依赖的加性噪声。这里，$\boldsymbol{Z}$ 是零均值的，其对角线元素的方差为

$$\operatorname{var}\left[\boldsymbol{Z}_{kk}\right]=\boldsymbol{\Sigma}_{kk}^{2}/L \quad (k=1,2,3) \tag{5.69}$$

$\boldsymbol{Z}$ 的对角线元素的方差为

$$\begin{aligned}&\operatorname{var}\left[\operatorname{Re}\left(\boldsymbol{Z}_{kl}\right)\right]=\frac{1}{2L}\left[\operatorname{Re}\left(\boldsymbol{\Sigma}_{kl}\right)^{2}-\operatorname{Im}\left(\boldsymbol{\Sigma}_{kl}\right)^{2}+\boldsymbol{\Sigma}_{kk}\boldsymbol{\Sigma}_{ll}\right]\\&\operatorname{var}\left[\operatorname{Im}\left(\boldsymbol{Z}_{kl}\right)\right]=\frac{1}{2L}\left[\operatorname{Im}\left(\boldsymbol{\Sigma}_{kl}\right)^{2}-\operatorname{Re}\left(\boldsymbol{\Sigma}_{kl}\right)^{2}+\boldsymbol{\Sigma}_{kk}\boldsymbol{\Sigma}_{ll}\right]\\&(k,l)\in\{(1,2),(1,3),(2,3)\}\end{aligned} \tag{5.70}$$

在本节的附录中给出了式(5.69)和式(5.70)从特征函数的角度的推导过程。因此，当得到 $\boldsymbol{\Sigma}$ 时，就能估计出噪声方差。一个简单的估计 $\boldsymbol{\Sigma}$ 的方法是将 $B_1\times B_1$ 的 Boxcar 滤波器应用于输入的极化 SAR 图像。然而，在一些能量强的孤立点目标的周围，方差会过估计。为了避免过估计，在噪声方差估计之前，可将这些孤立点目标的值先设为 0。这样在这些点周围的噪声方差会被低估计。相应地，滤波时的平滑程度会相对较低，这样可以获得较好的点目标保持能力。

为了检测这些能量强的孤立点目标，先用一个 $B_2\times B_2$ 的中值滤波器对输入的极化 SAR 图像的span进行中值滤波，得到滤波结果 span_{med}。当像素满足式(5.71)时，则被认为是孤立点目标：

$$\frac{\text{span}}{\text{span}_{\text{med}}}>\lambda \tag{5.71}$$

式中，λ 为预先设定的阈值。本节中，$B_1=5$、$B_2=5$、$\lambda=5$ (关于参数选取的细节，请参看 5.3.4 节)。图 5.6 给出一个孤立点检测的例子。图 5.6(b)和图 5.6(c)分别是图 5.6(a)的span和 span_{med}。图 5.6(d)中，孤立点被很好地检测出。因此，用式(5.71)可以进行孤立点的检测。

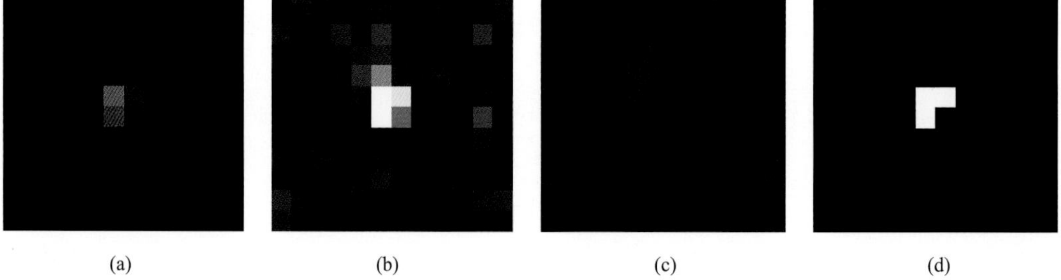

(a)　(b)　(c)　(d)

图 5.6　孤立点检测

(a) 12×12 的图像块；(b) span；(c) span_{med}；(d) 检测结果

假设矩阵 $\boldsymbol{c}$、$\boldsymbol{s}$ 和 $\boldsymbol{z}$ 可以写成如下的矢量形式：

$$\boldsymbol{c}=\left[C_{11}\ \ C_{22}\ \ C_{33}\ \ \mathrm{Re}\left(C_{12}\right)\ \mathrm{Re}\left(C_{13}\right)\ \mathrm{Re}\left(C_{23}\right)\ \mathrm{Im}\left(C_{12}\right)\ \mathrm{Im}\left(C_{13}\right)\ \mathrm{Im}\left(C_{23}\right)\right] \tag{5.72}$$

$$\boldsymbol{s}=\left[\Sigma_{11}\ \ \Sigma_{22}\ \ \Sigma_{33}\ \ \mathrm{Re}\left(\Sigma_{12}\right)\ \mathrm{Re}\left(\Sigma_{13}\right)\ \mathrm{Re}\left(\Sigma_{23}\right)\ \mathrm{Im}\left(\Sigma_{12}\right)\ \mathrm{Im}\left(\Sigma_{13}\right)\ \mathrm{Im}\left(\Sigma_{23}\right)\right] \tag{5.73}$$

$$\boldsymbol{z}=\left[Z_{11}\ \ Z_{22}\ \ Z_{33}\ \ \mathrm{Re}\left(Z_{12}\right)\ \mathrm{Re}\left(Z_{13}\right)\ \mathrm{Re}\left(Z_{23}\right)\ \mathrm{Im}\left(Z_{12}\right)\ \mathrm{Im}\left(Z_{13}\right)\ \mathrm{Im}\left(Z_{23}\right)\right] \tag{5.74}$$

将极化 SAR 图像的每个像素看成是一个 1×9 的矢量。这样，加性噪声模型可以写成：

$$\boldsymbol{c}=\boldsymbol{s}+\boldsymbol{z} \tag{5.75}$$

后续的滤波方法将采用该模型。

5.3.3　块排序和联立稀疏表达

1. 基于块排序的图像滤波框架

图 5.7 给出原始的基于块排序[25,26]的图像滤波框架。在该框架中，先从输入图像中提取滑动的图像块，并对这些图像块进行排序。然后，对排序后的图像块进行滤波(Ram 等采用的是空间域滤波方法[25,26])。通过对滤波后的图像块进行逆排序和子图平均，即可得到最终的滤波结果。这里，逆排序是块排序的逆过程，而子图平均则是对滤波后的图像块进行加权平均。下面分别对 SAR 图像以及极化 SAR 图像的块排序方法进行介绍。

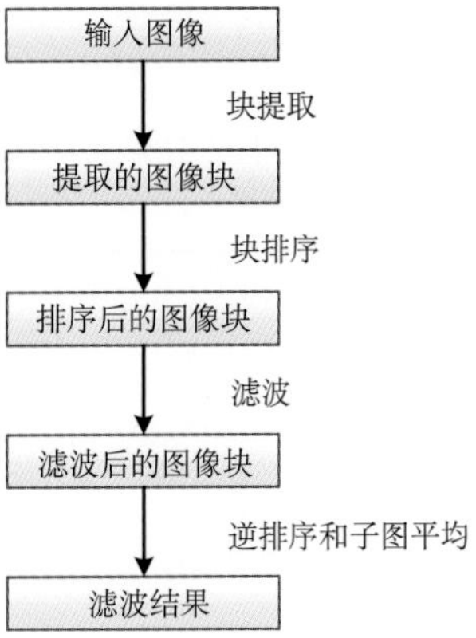

图 5.7　基于块排序的图像滤波框架

2. 适用于 SAR 图像的块排序算法

采用式(5.8)的加性噪声模型，即 I 为 SAR 强度图(大小为 $N_1\times N_2$)，y 为偏差补偿后的对数 SAR 图像。从 y 中提取大小为 $\sqrt{m}\times\sqrt{m}$ 的滑动图像块。如果滑动步长为 $SL^{(p)}$，则图像块的数目为

$$N^{(p)}=\left(\left\lceil\frac{N_1-\sqrt{m}}{SL^{(p)}}\right\rceil+1\right)\left(\left\lceil\frac{N_2-\sqrt{m}}{SL^{(p)}}\right\rceil+1\right) \tag{5.76}$$

式中，$\lceil\cdot\rceil$ 为向上取整函数。令 $\boldsymbol{y}_i\left(i=1,\cdots,N^{(p)}\right)$ 为图像块的列向量表达形式。

原始的块排序算法[27]利用欧式距离作为相似性度量，并利用循环平移方法[28]来增加随机性。然而，高斯距离在 SAR 图像中并不适用。Deledalle 等提出的块相似性测度(BSM)[29,30]是一个适用于 SAR 图像的相似性测度。本书也采用 BSM 作为块排序中的相似性测度。图像块 $\boldsymbol{y}_i$ 和 $\boldsymbol{y}_l$ 之间的 BSM 为

$$\mathrm{BSM}_{i,l}=(2L-1)\sum_j \ln\left[\frac{\boldsymbol{a}_i(j)}{\boldsymbol{a}_l(j)}+\frac{\boldsymbol{a}_l(j)}{\boldsymbol{a}_i(j)}\right] \tag{5.77}$$

式中，$\boldsymbol{a}_i$ 为对应于 $\boldsymbol{y}_i$ 的 SAR 幅度图像块，即

$$\boldsymbol{a}_i(j)=\sqrt{\exp\left[\boldsymbol{y}_i(j)+\psi^{(0)}(L)-\ln(L)\right]} \tag{5.78}$$

为了降低块排序的计算复杂度，本书采用了以下两个措施：

(1)去除了循环平移步骤；

(2)将块排序时的搜索范围限制在当前块的 $C\times C$ 的邻域范围。

图 5.8 给出了适用于 SAR 图像的简化块排序算法。在图 5.8 中，“| |”代表集合中元素的个数；“\”表示集合差操作。

假设矩阵 $\boldsymbol{Y}$ 和 $\boldsymbol{Z}$ 分别代表排序前和排序后的图像块所组成的矩阵，即

$$\boldsymbol{Y}=\begin{bmatrix}\boldsymbol{y}_1 & \cdots & \boldsymbol{y}_{N^{(p)}}\end{bmatrix} \tag{5.79}$$

$$\boldsymbol{Z}=\begin{bmatrix}\boldsymbol{z}_1 & \cdots & \boldsymbol{z}_{N^{(p)}}\end{bmatrix} \tag{5.80}$$

则有

$$\boldsymbol{Z}=\boldsymbol{Y}\boldsymbol{P}_{\Omega} \tag{5.81}$$

式中，$\boldsymbol{P}_{\Omega}$ 为对应于集合 Ω 的 $N^{(p)}\times N^{(p)}$ 置换矩阵；集合 Ω 为排序后图像块的序号集。

输入：图像块 $\boldsymbol{y}_i\left(i=1,\cdots,N^{(p)}\right)$。

参数：搜索范围 $C\times C$。

选取第一个图像块为起始块，即 $\Omega(1)=1$。

for $i=1$ to $N^{(p)}-1$ do

令 $\boldsymbol{y}_{\Omega(i)}$ 为当前的图像块，Q_i 为以 $\boldsymbol{y}_{\Omega(i)}$ 为中心的搜索范围的下标集合。

if $|Q_i\setminus\Omega|\geqslant 1$，then

利用式(5.77)计算 $\boldsymbol{y}_{\Omega(i)}$ 和 $\boldsymbol{y}_l$ 的 BSM，其中，$l\in Q_i\setminus\Omega$。

选取对应于最小的 BSM 的图像块 $\boldsymbol{y}_{\hat{l}}$。

else

选取空间上距离 $\boldsymbol{y}_{\Omega(i)}$ 最近的图像块 $\boldsymbol{y}_{\hat{l}}$，其中，$\hat{l}\notin\Omega$。

end if

$\Omega(i+1)=\hat{l}$。

end for

输出结果：排序后图像块的序号集 Ω。

图 5.8　简化的块排序算法流程

3. 适用于极化 SAR 图像的块排序方法

从大小为 $N_1 \times N_2$ 的极化 SAR 图像中提取大小为 $\sqrt{m} \times \sqrt{m}$ 的滑动图像块。如果滑动步长为 SL，则图像块的数目为

$$N^{(p)} = \left(\left\lceil \frac{N_1 - \sqrt{m}}{SL} \right\rceil + 1 \right) \left(\left\lceil \frac{N_2 - \sqrt{m}}{SL} \right\rceil + 1 \right) \tag{5.82}$$

基于复 Wishart 分布的似然比检验，Chen 等[31]给出了两个图像块 $\boldsymbol{P}_1(i)\,(i=1,\cdots,\mathrm{m})$ 和 $\boldsymbol{P}_2(i)\,(i=1,\cdots,m)$ 的相似性：

$$H = \sum_{i=1}^{n} \left(\ln \left| \boldsymbol{P}_1(i) \right| + \ln \left| \boldsymbol{P}_2(i) \right| - 2\ln \left| \boldsymbol{P}_1(i) + \boldsymbol{P}_2(i) \right| \right) \tag{5.83}$$

需要注意的是，当 $L \leqslant 2$ 时，相关矩阵的行列式值可能为 0。在这种情况下，式(5.83)的相似性度量没有意义。为了应对这种情况，本书先对输入的极化 SAR 图像进行 3×3 的 Boxcar 滤波，再用滤波结果来计算两个图像块的相似性，这样可避免矩阵的行列式值为 0。

5.3.3 节详述了如何将块排序算法推广到 SAR 图像中，即只需要将相似性测度替换为式(5.83)就可将该算法推广到极化 SAR 图像中。极化 SAR 图像的每个像素可看作 1×9 的矢量，则 $\sqrt{m} \times \sqrt{m}$ 的图像块则可看成 9 个 m×1 的矢量 $\boldsymbol{q}_i\,(i=1,\cdots,9)$ 或 m×9 的矩阵 $\boldsymbol{Q}$：

$$\boldsymbol{Q} = [\boldsymbol{q}_1 \quad \cdots \quad \boldsymbol{q}_9] \tag{5.84}$$

令 $\boldsymbol{X}$ 和 $\boldsymbol{Y}$ 分别为排序前后的图像块：

$$\boldsymbol{X} = \left[\boldsymbol{Q}_1 \quad \cdots \quad \boldsymbol{Q}_{N^{(p)}} \right] \tag{5.85}$$

$$\boldsymbol{Y} = \left[\boldsymbol{Q}_1^{(p)} \quad \cdots \quad \boldsymbol{Q}_{N^{(p)}}^{(p)} \right] \tag{5.86}$$

后续的滤波过程主要针对排序后的图像块 $\boldsymbol{Y}$。

4. 针对非均匀噪声的联立稀疏表达

一般来说，大部分图像滤波算法都是针对均匀噪声设计的。然而，从式(5.69)和式(5.70)可以看出，极化 SAR 图像中的噪声是非均匀的。因此，需要采用针对非均匀噪声的稀疏模型[32]：

$$\min_{\boldsymbol{\alpha}_i} \left\| \boldsymbol{\alpha}_i \right\|_0 \quad \text{s.t.} \quad \left\| \frac{1}{\boldsymbol{\sigma}_i} \otimes \left(\boldsymbol{y}_i - \boldsymbol{D}\boldsymbol{\alpha}_i \right) \right\|_2^2 \leqslant m \tag{5.87}$$

式中，$\boldsymbol{D}$ 为字典矩阵，可以通过 K-SVD 算法[33]进行学习；$\boldsymbol{y}_i \in \boldsymbol{R}^m$ 为矩阵 $\boldsymbol{Y}$ 的列向量，代表噪声信号；$\boldsymbol{\sigma}_i \in \boldsymbol{R}^m$ 为对应于 $\boldsymbol{y}_i$ 的噪声标准差；$1/\boldsymbol{\sigma}_i$ 为 $\boldsymbol{\sigma}_i$ 的逐点倒数；$\otimes$ 为两个矢量的逐点乘积。其也可以用 OMP 算法求解。

实际上，针对均匀噪声的稀疏模型可以写成：

$$\min_{\boldsymbol{\alpha}_i} \|\boldsymbol{\alpha}_i\|_0 \quad \text{s.t.} \quad \left\| \frac{1}{\sigma}\left(\boldsymbol{y}_i - \boldsymbol{D}\boldsymbol{\alpha}_i\right) \right\|_2^2 \leqslant m \tag{5.88}$$

因此，只要把$1/\sigma \cdot \left(\boldsymbol{y}_i - \boldsymbol{D}\boldsymbol{\alpha}_i\right)$替换成$1/\boldsymbol{\sigma}_i \otimes \left(\boldsymbol{y}_i - \boldsymbol{D}\boldsymbol{\alpha}_i\right)$，即可将针对均匀噪声的稀疏模型变为针对非均匀噪声的稀疏模型。

同理，针对非均匀噪声，联立稀疏表达模型为

$$\min_{\boldsymbol{\varLambda}} \|\boldsymbol{\varLambda}\|_{0,\infty} \quad \text{s.t.} \sum_{i\in G} \left\| \frac{1}{\boldsymbol{\sigma}_i} \otimes \left(\boldsymbol{y}_i - \boldsymbol{D}\boldsymbol{\alpha}_i\right) \right\|_2^2 \leqslant gm \tag{5.89}$$

式中，G为相似图像块组成的图像组；g为图像组G中信号的个数；$\boldsymbol{\varLambda}$为

$$\boldsymbol{\varLambda} = (\cdots \boldsymbol{\alpha}_i \cdots)_{i\in G} \tag{5.90}$$

对于极化SAR图像，每个图像块可以认为是9个相关的信号。这些相关信号是在同一块区域获取的，因此相似性较高。此外，$\boldsymbol{Y}$中相邻图像块的相似性也很高。用$N^{(G)}$个相邻图像块组成一个图像组，这样每个图像组有$9N^{(G)}$个信号，即$g=9N^{(G)}$。为了解决问题(5.89)，只需要考虑$\boldsymbol{\sigma}_i$，对S-OMP算法进行权重的改进即可。我们称改进过的S-OMP算法为加权的联立正交匹配追踪算法(WS-OMP)。图5.9给出了WS-OMP算法流程。由于这个权重的改进很简单，本节将不对WS-OMP算法进行深入的讨论。针对极化SAR图像的非均匀噪声，将用WS-OMP算法来对噪声图像块$\boldsymbol{Y}$进行滤波。

输入：字典$\boldsymbol{D}=\left[\boldsymbol{d}_1 \ \cdots \ \boldsymbol{d}_k\right]$，噪声信号$\boldsymbol{y}_i\left(i=1,\cdots,g\right)$，与$\boldsymbol{y}_i$对应的噪声标准差$\boldsymbol{\sigma}_i\left(i=1,\cdots,g\right)$。

初始化：

初始迭代$l=0$

初始解$\boldsymbol{\alpha}_i^0=\boldsymbol{0}\left(i=1,\cdots,g\right)$

初始解支撑集$\varOmega^0=\varnothing$

初始残余量$\boldsymbol{r}_i^0=\dfrac{1}{\boldsymbol{\sigma}_i}\otimes \boldsymbol{y}_i\left(i=1,\cdots,g\right)$

迭代：

while $\sum_{i=1}^{g}\left\|\boldsymbol{r}_i^l\right\|_2^2 > gm$ do

for $j=1$ to k do

for $i=1$ to g do

计算$\hat{\boldsymbol{d}}_j=\boldsymbol{\sigma}_i\otimes\boldsymbol{d}_j$。

利用最优解$t=\hat{\boldsymbol{d}}_j^{\mathrm{T}}\boldsymbol{r}_i^l \Big/ \left\|\hat{\boldsymbol{d}}_j\right\|_2^2$计算误差$\varepsilon\left(j,i\right)=\min_t\left\|\hat{\boldsymbol{d}}_j t-\boldsymbol{r}_i^l\right\|_2^2$。

end for

计算$\varepsilon'\left(j\right)=\sum_{i=1}^{g}\varepsilon\left(j,i\right)$。

end for

$l \Leftarrow l+1$。

$\hat{j}=\arg\min_{j}\varepsilon'(j)$。

更新 $\Omega^{l}=\Omega^{l-1}\cup\{\hat{j}\}$。

for $i=1$ to g do

for $j=1$ to k do

$\hat{\boldsymbol{d}}_j=\boldsymbol{\sigma}_i\otimes\boldsymbol{d}_j$。

end for

得到新的字典 $\hat{\boldsymbol{D}}=\left[\hat{\boldsymbol{d}}_1 \quad \cdots \quad \hat{\boldsymbol{d}}_k\right]$。

更新解 $\boldsymbol{\alpha}_i^l=\arg\min_{\boldsymbol{\alpha}_i}\left\|\frac{1}{\boldsymbol{\sigma}_i}\otimes\boldsymbol{y}_i-\hat{\boldsymbol{D}}\boldsymbol{\alpha}_i\right\|_2^2$ s.t. $\text{Support}\{\boldsymbol{\alpha}_i\}=\Omega^l$。

更新残余量 $\boldsymbol{r}_i^l=\frac{1}{\boldsymbol{\sigma}_i}\otimes\left(\boldsymbol{y}_i-\boldsymbol{D}\boldsymbol{\alpha}_i^l\right)$。

end for

end while

输出结果：$\hat{\boldsymbol{\alpha}}_i=\boldsymbol{\alpha}_i^l\ (i=1,\cdots,g)$

图 5.9　WS-OMP 算法流程

5.3.4　算法和参数选取

在参数选取中，首先，估计每个通道的噪声方差。然后，提取滑动图像块并对图像块进行排序。利用针对非均匀噪声的联立稀疏表达模型对排序后的图像块进行滤波。最终的结果可以通过对滤波后的图像进行逆排序和子图平均获得。图 5.10 给出了该方法的具体算法流程。表 5.6 给出了该方法所使用的参数集。这些参数已经过验证，在本节的实验验证中将采用这些参数。

输入：极化 SAR 图像 I，等效视数 L。

噪声方差估计：

利用式(5.71)进行孤立点检测，将这些点的值设置为 0，从而得到图像 I'。

对 I' 进行 $B_1\times B_1$ 的 Boxcar 滤波，估计出 $\boldsymbol{\Sigma}$。

利用式(5.69)和式(5.70)进行噪声估计，计算出噪声的标准差。

块提取：

对 I 进行 3×3 的 Boxcar 滤波，得到 I_{B}。

分别从 I 和 I_{B} 中提取 $\sqrt{m}\times\sqrt{m}$ 的图像块 $\boldsymbol{X}$ 和 $\boldsymbol{X}_{\mathrm{B}}$。

块排序：

从 $\boldsymbol{X}_{\mathrm{B}}$ 得到排序集 Ω。

对 $\boldsymbol{X}$ 进行排序，得到排序后的图像块 $\boldsymbol{Y}$。

联立稀疏表达降噪：

用 $N^{(G)}$ 个相邻图像块构成图像组

利用图 5.9 的算法对图像组进行联立稀疏表达降噪，得到滤波块 $\hat{\boldsymbol{Y}}$ 。

逆排序和子图平均：

对 $\hat{\boldsymbol{Y}}$ 进行逆排序和子图平均，得到滤波结果 $\hat{I}$ 。

输出结果：最终滤波结果 $\hat{I}$ 。

图 5.10　基于块排序和联立稀疏表达的极化 SAR 图像斑点滤波算法流程

表 5.6　本节方法所用的参数集

B_1	B_2	λ	m	SL	k	D	$N^{(G)}$
5	5	5	64	2	256	DCT	8

表 5.7　阈值 λ 与等效视数和虚警概率 P_{fa} 的关系

P_{fa}	L=1	L=2	L=3	L=4	L=5	L=6
10^{-5}	7.23	4.21	3.25	3.07	2.65	2.41
10^{-4}	5.83	3.70	2.88	2.60	2.34	2.20
10^{-3}	4.48	2.99	2.51	2.23	2.06	1.94
10^{-2}	3.26	2.35	2.03	1.87	1.75	1.67

在噪声方差估计阶段，有三个参数需要设置：B_1、B_2 和 λ。B_1 和 B_2 不能太大，否则容易导致噪声估计偏差较大。本节采用的窗大小为 5×5，可以认为 5×5 的窗内像素是均匀的。这一选取和极化 SAR 图像滤波中常用的 Boxcar 滤波器大小是一致的。因此，可将 B_1 和 B_2 均设置为 5。阈值 λ 用于检测孤立点，其与噪声图像的等效视数相关。表 5.7 给出 λ 与等效视数和虚警概率 P_{fa} 之间的关系。从式(5.71)中可以看出，很难从理论上得到 λ 与等效视数和虚警概率之间的关系。因此，利用 Lee 和 Pottier[34]提出的蒙特卡洛仿真方法来得到表 5.7 的关系。从表 5.7 可以看出，当 $L \geqslant 2$ 时，只要设置 λ 大于 4.21，就可使虚警概率达到 10^{-5}。而当 L=1 时，要使虚警概率达到 10^{-5}，需要设置 λ 为 7.23。如果在应用中需要保持弱目标点，可以将虚警概率设置为 10^{-3} 或 10^{-2}。相应的阈值 λ 可以设置为 3 左右。本节设置 λ 为 5，这样可以保证在 L=1 时达到 10^{-3} 的虚警概率，在 $L \geqslant 2$ 时达到 10^{-5} 的虚警概率。

从式(5.83)中发现，8×8 的图像块可以保证计算两个图像块相似性的精度，进而保证块排序的精度。当等效视数较小时，可以选取更大的图像块，如 10×10 或 12×12 的图像块。然而，大的图像块会显著地增加联立稀疏表达的计算时间。因此，这里采用 8×8 的图像块，即 m=64。从式(5.82)中可以得到：

$$N^{(p)}\Big|_{SL=2} \approx \frac{1}{4} N^{(p)}\Big|_{SL=1} \tag{5.91}$$

本节介绍的方法的计算时间和图像块的数量成正比。因此，当 SL=2 时，计算时间只是 SL=1 时计算时间的四分之一。在联立稀疏表达阶段，后面实验中采用大小为 64×256 的过完备 DCT 字典，并用 8 个图像块组成一个图像组，即 k=256，$N^{(G)}$=8。如果根据图像对字典进行学习，得到的字典会更加适合于联立稀疏表达。然而，在非均匀噪声情况下，进行字典学习是一个很有挑战性的问题。因此，我们只是简单地使用 DCT 字典。

5.3.5　实 验 验 证

实验验证使用仿真和实测的极化 SAR 数据来验证本节介绍的方法的有效性。仿真图像是利用 Lee 和 Pottier[34]提出的蒙特卡洛仿真方法来生成的。因此，仿真的相干斑是完全发育的，服从复 Wishart 分布。我们也利用两幅 4 视的由 AIRSAR 获取的实测极化 SAR 图像来验证新方法的滤波性能。第一幅图像[参见图 5.11(a)]获取于美国的旧金山地区，我们从中选取了大小为 400×400 的区域。第二幅图像[参见图 5.11(b)]获取于荷兰的 Flevoland 地区，我们从中选取了大小为 400×600 的区域。

其他四个极化 SAR 滤波方法也用于分析比较，分别是精细 Lee[35]滤波、IDAN[36]、NLM-Pretest[31]和 NLSAR[37]。精细 Lee 滤波采用 7×7 的带方向的窗，IDAN 采用最大尺寸为 50 的自适应邻域。NLM-Pretest 和 NLSAR 中的参数与相关文献中给出的一致。本节介绍的方法所采用的参数与表 5.6 中一致。我们利用 PolSARpro 软件获得精细 Lee 滤波和 IDAN 的滤波结果。在图 5.11 中，白框内的区域用于估计等效视数。旧金山图像的等效视数结果为 2.91，Flevoland 图像的等效视数结果为 2.97。估计得到的等效视数将作为各滤波算法的输入参数。

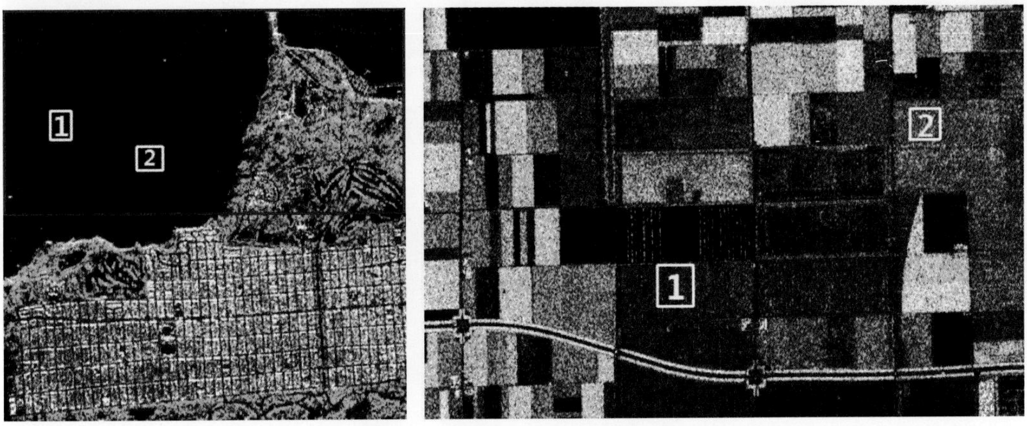

(a) 旧金山　　(b) Flevoland

图 5.11　实测极化 SAR 数据，Pauli 分解伪彩色上色图像

1. 仿真图像结果

本节进行一次蒙特卡洛仿真实验。首先，从实测极化 SAR 图像 Flevoland[图 5.11(b)]中选取 7 块均匀区域。对于每块均匀区域，利用集平均估计相关矩阵。这样可以得到 7 个相关矩阵代表这些均匀区域。图 5.12(a)给出了一个大小为 493×493 的分割后的图像。该图像有 7 个不同类别，其对应着 7 个相关矩阵。对于图 5.12(a)中的每个像素，根据相

应的相关矩阵，利用蒙特卡洛仿真方法来仿真含噪声的像素。图 5.12(b)给出了等效视数为 2 的仿真图像。在图 5.12(a)中，白框内的区域用于等效视数估计。

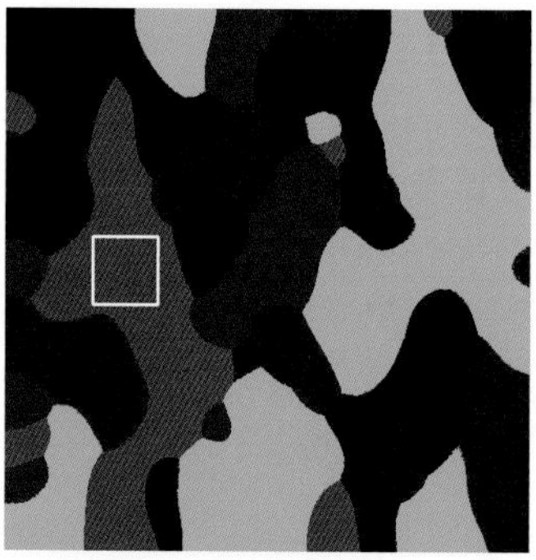

(a) 无噪图

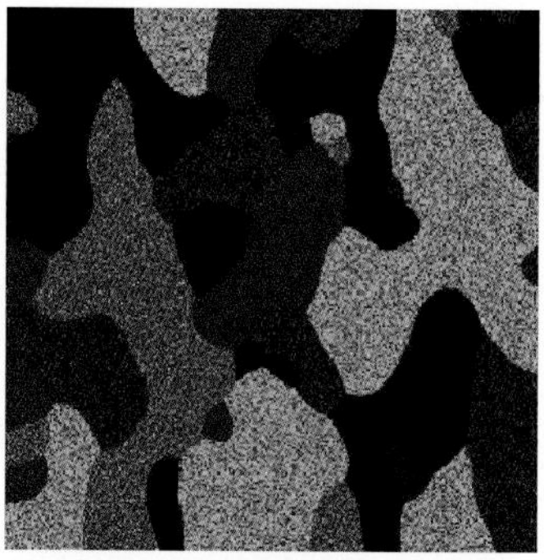

(b) 噪声图

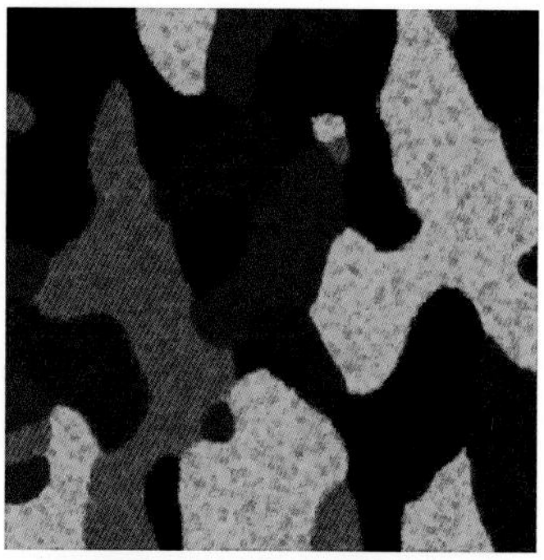

(c) 精细Lee滤波

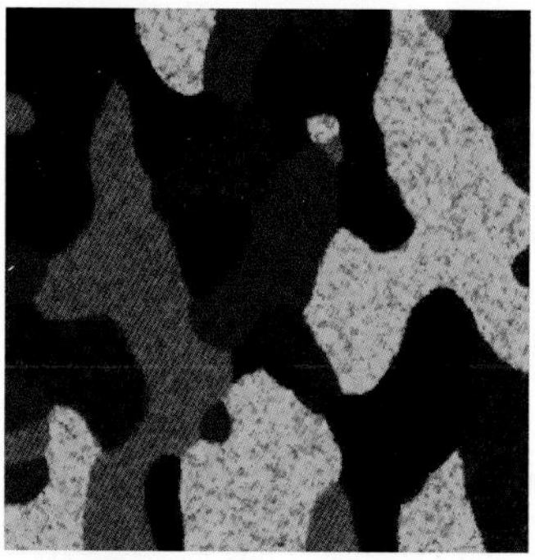

(d) IDAN

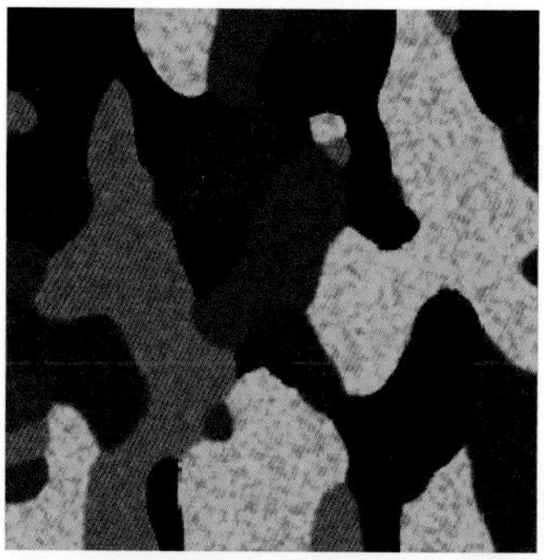

(e) NLM-Pretest

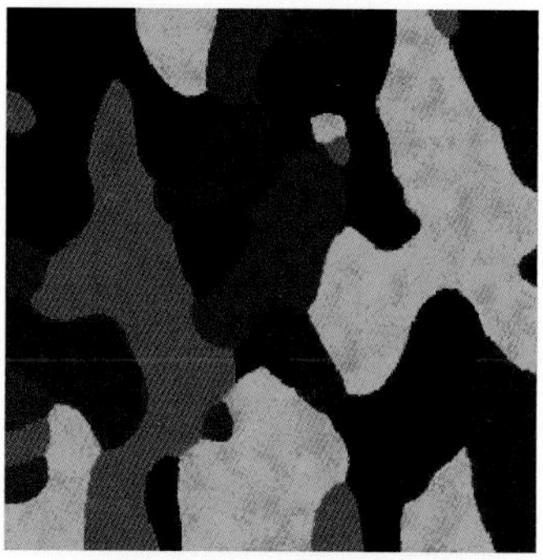

(f) NLSAR

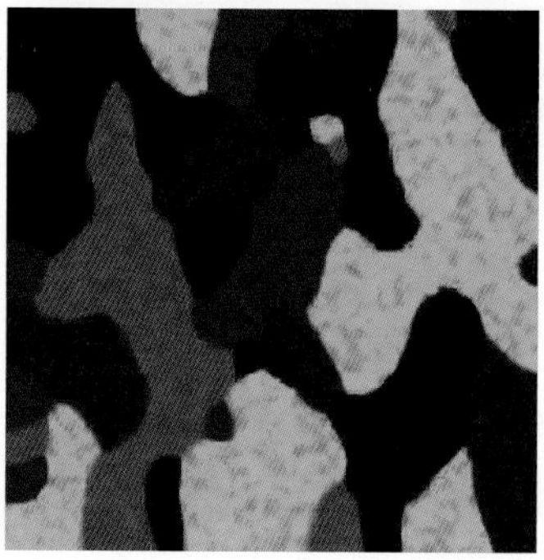

(g) 新方法

图 5.12　仿真图像滤波结果(L=2，白框内区域用于等效视数估计)

图 5.12 给出仿真数据滤波后的图像，用 Pauli 分解进行伪彩色上色。可以发现，NLSAR 在斑点抑制和细节保持方面都有很好的性能。本节介绍的方法也有很强的斑点抑制能力，但是对一些边缘有模糊。其他三个方法也会模糊细节。为了分析边缘的保持能力，用 Canny 算子对原始图像和滤波图像的 HH 极化通道进行边缘检测，检测结果如图 5.13 所示。Canny 算子的检测性能依赖于其参数的设置。本小节实验中对每个滤波结果都调节 Canny 算子的参数，使得检测的边缘性能最好。精细 Lee 滤波和 NLM-Pretest

在平坦区域产生了许多虚假边缘。本节方法和 IDAN 在平坦区域产生了稍许虚假边缘，同时模糊掉了一些细节。图 5.13(f) 和图 5.13(a) 最接近。因此，NLSAR 具有最好的边缘保持能力。

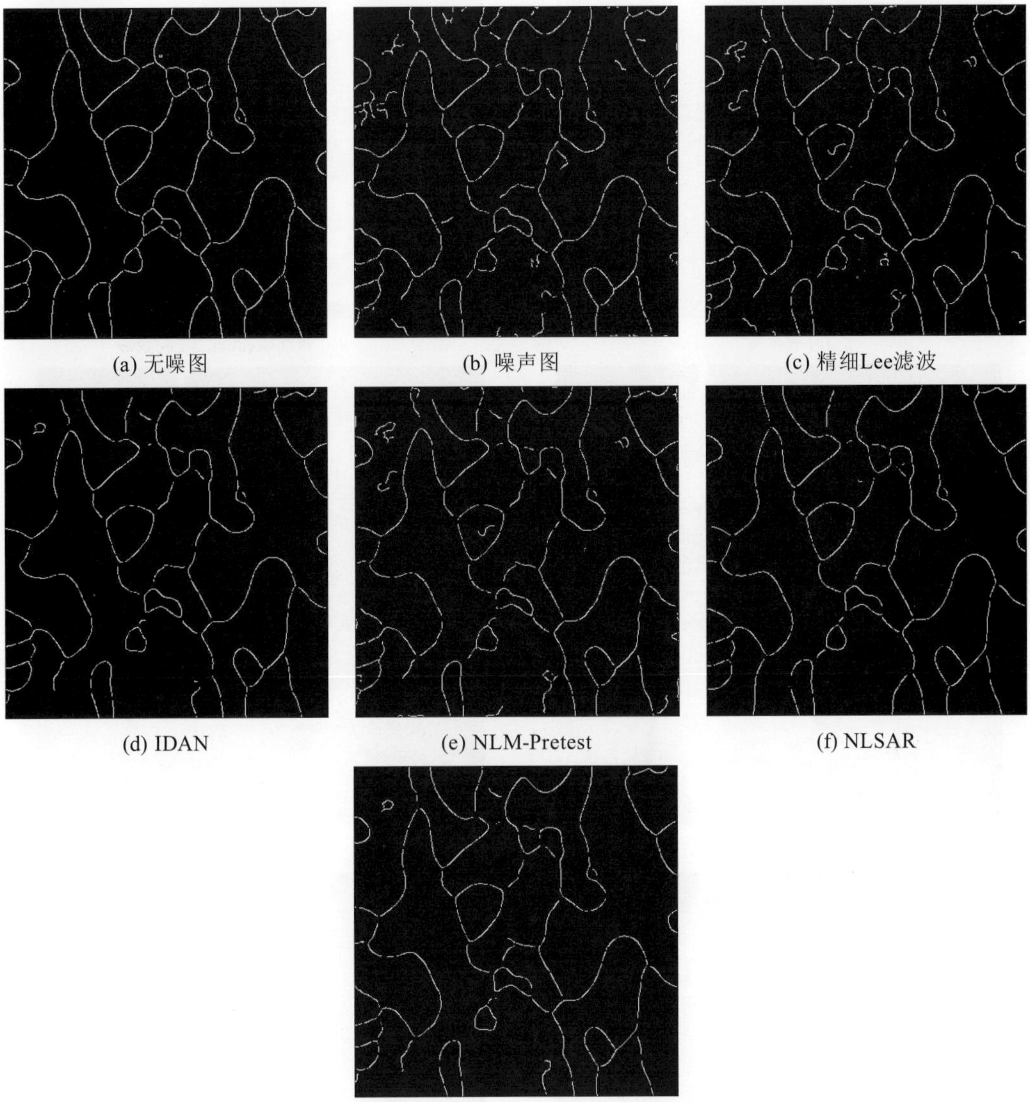

(a) 无噪图　(b) 噪声图　(c) 精细Lee滤波

(d) IDAN　(e) NLM-Pretest　(f) NLSAR

(g) 新方法

图 5.13　用 Canny 算子对仿真图像滤波结果的 HH 通道进行边缘检测

2. 实测图像结果

图 5.14 中给出旧金山图像的滤波结果。精细 Lee 滤波器模糊了城市区域的边缘，在边缘附近引入了许多人工痕迹。IDAN 和 NLM-Pretest 也模糊了城市区域的一些细节。本节介绍的方法和 NLSAR 在城市区域的细节保持方面性能更优。为了分析点目标的保持能力，在图 5.14(a) 中选取了三个区域，这三个区域已用红圆圈标注出来。NLM-pretest、

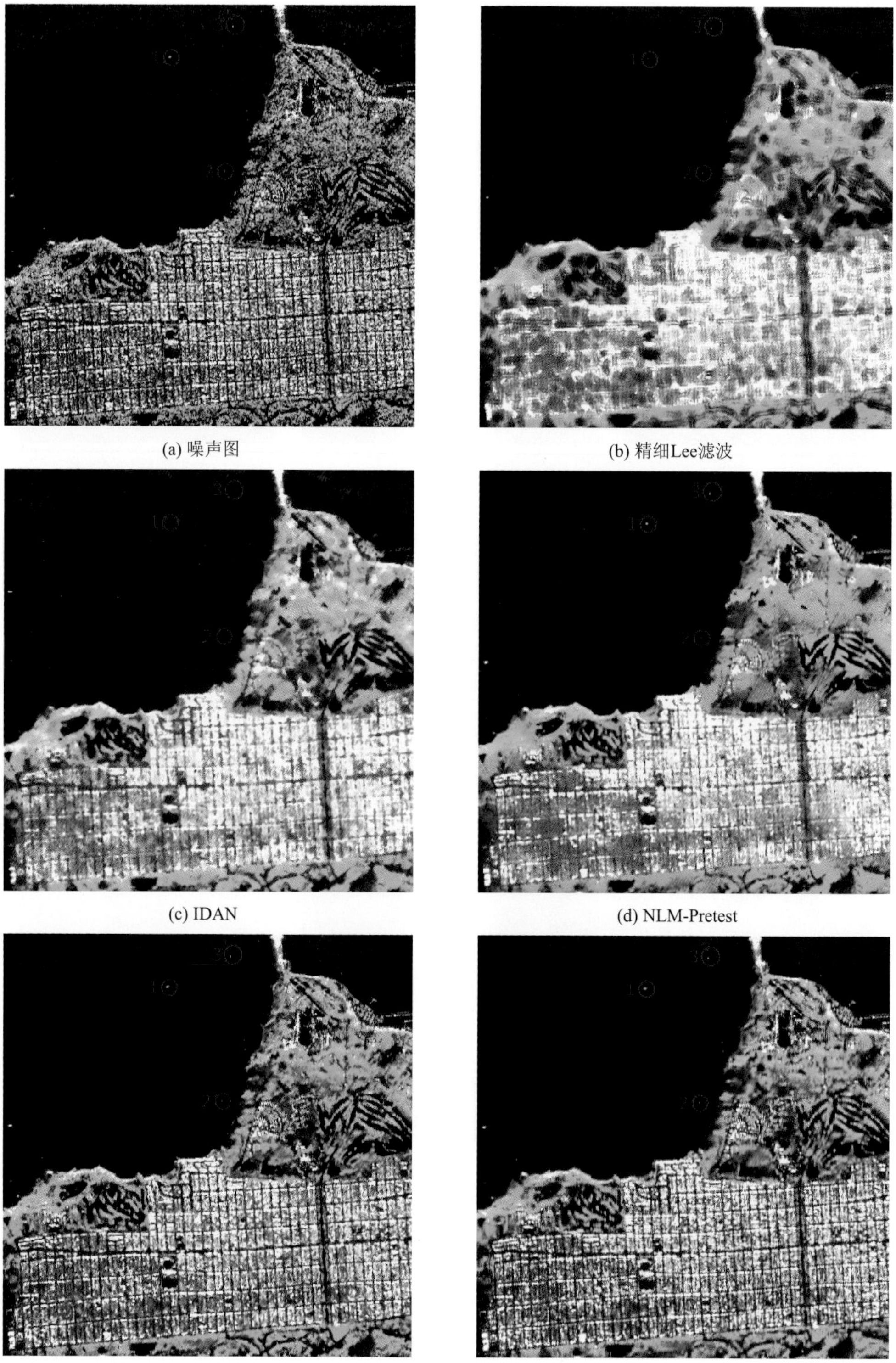

(a) 噪声图　(b) 精细Lee滤波

(c) IDAN　(d) NLM-Pretest

(e) NLSAR　(f) 新方法

图 5.14　旧金山图像的滤波结果

NLSAR 和本节介绍的方法可以很好地保持区域 1 中的点目标，但是其他方法将该亮点模糊了。区域 2 中的点目标可以在图 5.14(b)、图 5.14(d)～(f) 找到。区域 3 中有两个点目标，一个强目标和一个弱目标。在图 5.14(b)、图 5.14(d)～(f) 可以清晰地看到强目标，但是只有 NLSAR 和本节介绍的方法可以保持弱目标。图 5.15 给出 Flevoland 图像的滤波结果。这里主要关注图 5.15(a) 中白框内的区域。该区域滤波结果的放大图如图 5.16 所示。图 5.16 中，IDAN 几乎把所有细节都模糊了，精细 Lee 滤波器也模糊掉了许多细节。NLM-Pretest 模糊掉少量的细节。本节介绍的方法和 NLSAR 则表现得更优，几乎保持了所有的细节。

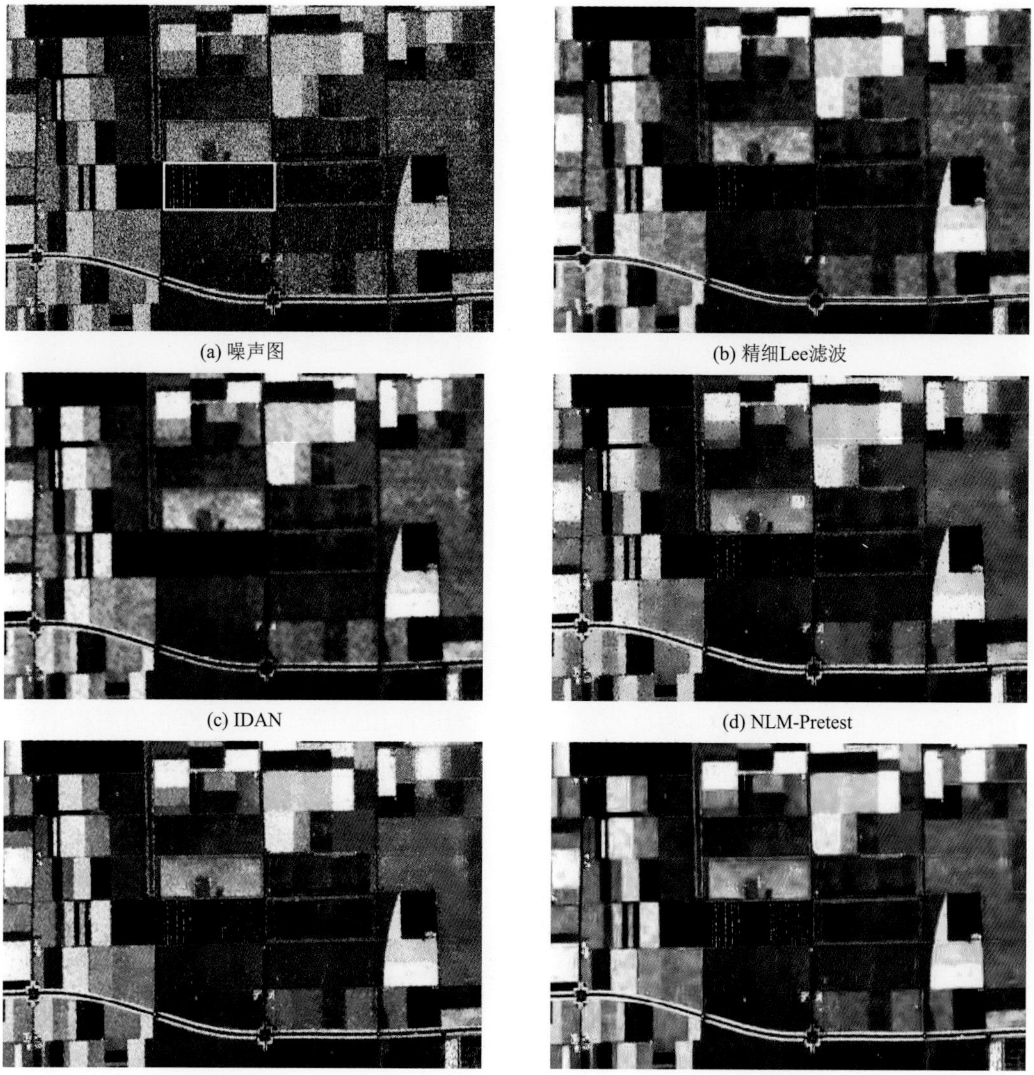

(a) 噪声图　(b) 精细Lee滤波

(c) IDAN　(d) NLM-Pretest

(e) NLSAR　(f) 新方法

图 5.15　Flevoland 图像的滤波结果

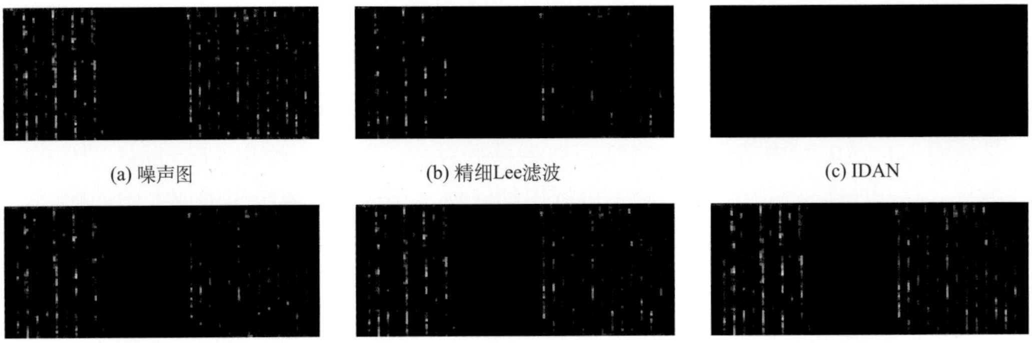

(a) 噪声图　(b) 精细Lee滤波　(c) IDAN

(d) NLM-Pretest　(e) NLSAR　(f) 新方法

图 5.16　图 5.15(a) 中白框内区域滤波结果放大图

实测图像滤波结果表明，本节介绍的方法在均匀区域和非均匀区域的滤波性能都很好。对于均匀区域(如旧金山中的海洋区域和 Flevoland 中的农田区域)，斑点噪声发育完全，服从复 Wishart 分布。由式(5.69)和式(5.70)估计出的噪声方差较精确，联立稀疏表达性能也较好。因此，该方法在均匀区域具有很强的斑点抑制能力。对于非均匀区域(如城市区域等)，斑点噪声发育不完全。由式(5.69)和式(5.70)估计出的噪声方差偏低。因此，非均匀区域的滤波深度越浅，该方法的细节保持能力也就越好。

5.3.6　极化 SAR 滤波算法在干涉 SAR 中的推广

本节介绍的极化 SAR 斑点滤波算法可以很容易地推广到多通道 SAR(如干涉 SAR、极化干涉 SAR 等)图像滤波中。本小节将给出该算法在干涉 SAR 图像滤波中的推广，并用实测数据验证这一推广的有效性。

干涉 SAR 的两副天线接收到的复信号可以表示为

$$s_k = |s_k|\exp(i\varphi_k),\ k = 1,2 \tag{5.92}$$

式中，φ_k 为复信号 s_k 的相位。相位差 $\varphi = \varphi_1 - \varphi_2$ 为干涉相位[38]，反映了地物的高程信息。而数字高程模型(DEM)反演是干涉 SAR 重要的应用之一。因此，本节主要讨论斑点滤波对干涉 SAR 相位图的影响。

类似于极化 SAR 数据，也可将干涉 SAR 数据写成复矢量的形式[39]：

$$\boldsymbol{k} = \begin{bmatrix} s_1 & s_2 \end{bmatrix}^{\mathrm{T}} \tag{5.93}$$

由此可以得到 2×2 的相关矩阵：

$$\boldsymbol{J} = \left\langle \boldsymbol{k}\boldsymbol{k}^{\mathrm{H}} \right\rangle = \begin{bmatrix} \left\langle s_1 s_1^* \right\rangle & \left\langle s_1 s_2^* \right\rangle \\ \left\langle s_2 s_1^* \right\rangle & \left\langle s_2 s_2^* \right\rangle \end{bmatrix} \tag{5.94}$$

干涉 SAR 中一个用于衡量两副天线相关性的重要参数是干涉复相干：

$$\gamma = \frac{\left\langle s_1 s_2^* \right\rangle}{\sqrt{\left\langle |s_1|^2 \right\rangle \left\langle |s_2|^2 \right\rangle}} = \frac{J_{12}}{\sqrt{J_{11} J_{22}}} \tag{5.95}$$

这里，复相干的相位就是干涉相位 φ。复相干的幅度 $|\gamma|$ 又叫做相干，反映了该像素干涉相位的可靠程度。复相干的幅度越大，则对应的干涉相位越可靠，DEM 反演精度越高。

与极化 SAR 数据一样，干涉 SAR 数据的相关矩阵 $\boldsymbol{J}$ 也服从给出的复 Wishart 分布。本节介绍的极化 SAR 斑点滤波方法是基于复 Wishart 分布提出的。因此，对于同样服从复 Wishart 分布的干涉 SAR 数据，该方法也是适用的。干涉 SAR 图像中每个像素可看作 1×4 的矢量。此外，本节介绍的方法需要改变的地方还有两点：

(1) 对于干涉 SAR 数据，J_{11} 和 J_{22} 相差很小。因此，可以将孤立点目标检测中使用的 span 换成 J_{11}。

(2) 计算图像块相似性时，也可以只用 J_{11}，将式(5.83)替换为式(5.77)。

我们选取采集于天山地区的 L 波段 SIR-C 的单视干涉 SAR 数据进行实验。图 5.17(a)显示了天山地区主天线的 SAR 图像。测试图像包含农田、山地、森林等地物。用本节推广的斑点滤波方法对测试数据进行滤波，滤波结果如图 5.17(b)所示。可以看出，斑点噪声得到了很好的抑制。同时，森林区域和其他区域的对比度明显增强。用于测试的数据是单视的，因此，直接用原始数据计算复相干无意义。在图 5.18(a)中，取 3×3 的窗估计原始图的复相干。而在图 5.18(b)中，并没采用滑动窗估计滤波结果的复相干。从图 5.18 可以看出，滤波后，复相干的幅度相对降低；同时，不同地物类别的复相干幅度区分度变得相对明显，说明本节推广的方法对干涉 SAR 数据是有效的。

(a) 原始图

(b) 滤波结果

图 5.17　天山地区主天线图像及滤波结果

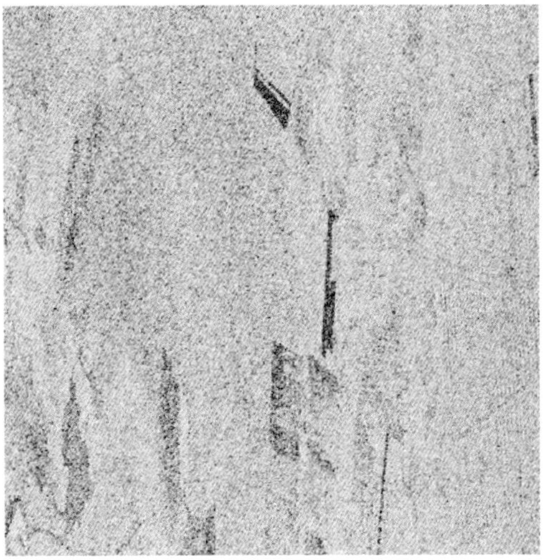

(a) 原始图（使用3×3的窗）

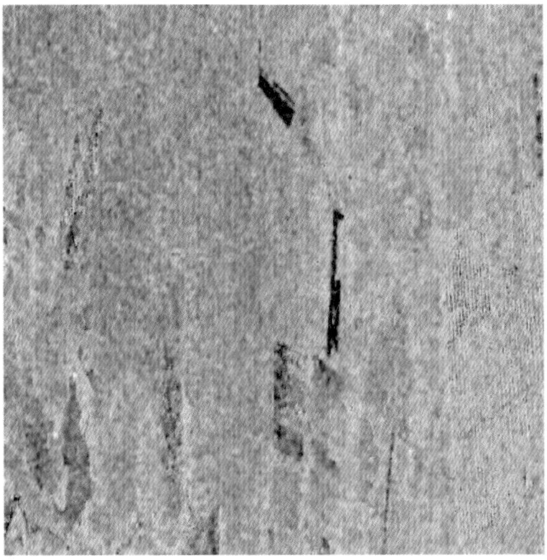

(b) 滤波结果

图 5.18 天山地区干涉数据的复相干幅度

图 5.19 给出原始数据和滤波结果的干涉相位图。可以看出，原始数据的干涉相位图中有大量的噪声，而滤波后的干涉条纹图噪声很小，相位也相对平滑。用 Goldstein 等[40]提出的枝切法对干涉条纹图进行相位解缠。相位解缠的结果如图 5.20 所示。可以看出，图 5.20(a) 中存在着大量的残差点[40]，而图 5.20(b) 中只有少量的残差点。对残差点数量进行统计，图 5.20(a) 中有 121 548 个残差点，而图 5.20(b) 中残差点数量为 484。通过斑点滤波，可以去除 99.6%的残差点。这说明本节推广的干涉 SAR 滤波方法对干涉相位图具有很好的降噪效果。

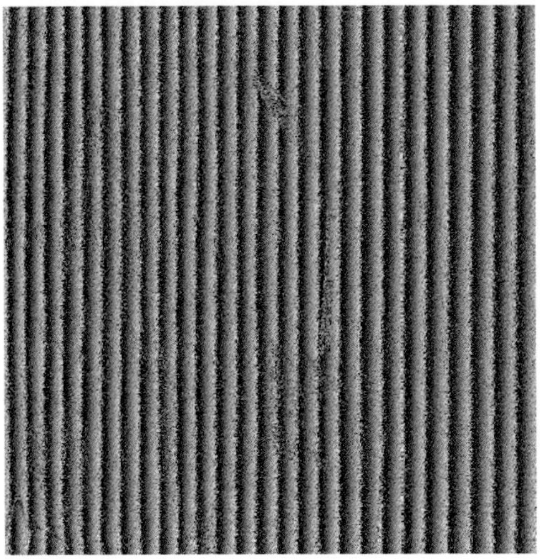

(a) 原始图

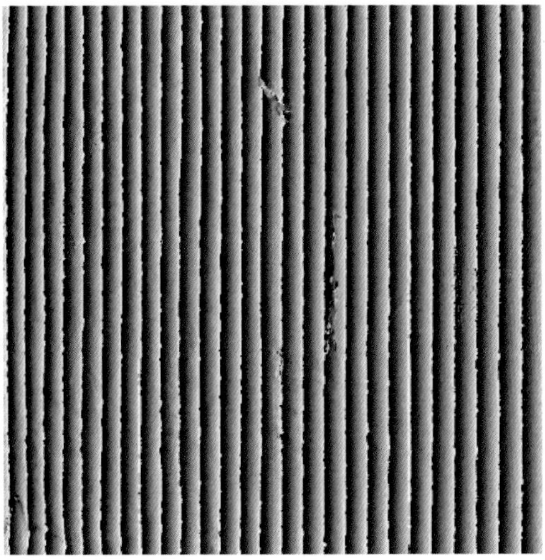

(b) 滤波结果

图 5.19 天山地区干涉数据的干涉相位图

(a) 原始图　　(b) 滤波结果

图 5.20　天山地区数据干涉相位解缠后的相位图

5.3.7 小　　结

本节介绍了一种极化 SAR 图像的变换域滤波方法。针对全极化 SAR 数据，基于复 Wishart 分布得到信号依赖的加性噪声模型，并将块排序算法扩展到极化 SAR 图像中。在信号依赖的加性噪声模型下，对排序后的图像块采用针对非均匀噪声的联立稀疏表达降噪。最终结果通过对滤波后的图像块进行逆排序和子图平均获得。

通过用仿真和实测极化 SAR 图像验证了本节介绍的方法的有效性，实验结果表明，该方法在强度参数、复相关参数和散射相干性方面都有很好的性能，同时也具有很好的边缘保持能力。

5.3.8 附　　录

对式(5.69)和式(5.70)进行推导。令矩阵 $\boldsymbol{A}=\boldsymbol{LC}$，则变量 $A_{11},\cdots,A_{33}$，$2\mathrm{Re}(A_{12}),\cdots,2\mathrm{Re}(A_{23})$，$2\mathrm{Re}(A_{12}),\cdots,2\mathrm{Re}(A_{23})$ 的特征函数[41]为

$$\begin{aligned}\varPhi_A(\boldsymbol{\Theta}) &= E\left\{\exp\left[j\mathrm{Tr}\left(\boldsymbol{A\Theta}\right)\right]\right\} \\ &= \left|\boldsymbol{\Sigma}\right|^{-L}\left|\boldsymbol{\Sigma}^{-1}-j\boldsymbol{\Theta}\right|^{-L} \\ &= \left|\boldsymbol{I}-j\boldsymbol{\Sigma\Theta}\right|^{-L}\end{aligned} \tag{5.96}$$

式中，$\boldsymbol{I}$ 为单位矩阵；$\boldsymbol{\Theta}$ 为 Hermitian 矩阵。令

$$\boldsymbol{\Theta}=\begin{bmatrix}\theta & 0 & 0\\ 0 & 0 & 0\\ 0 & 0 & 0\end{bmatrix} \tag{5.97}$$

可以得到 A_{11} 的特征函数：

$$\begin{aligned}\Phi_{A_{11}}(\theta)&=E\left[\exp\left(jA_{11}\theta\right)\right]\\&=\left(1-j\boldsymbol{\Sigma}_{11}\theta\right)^{-L}\end{aligned} \tag{5.98}$$

因此计算出 A_{11} 的一阶矩和二阶矩：

$$E\left[A_{11}\right]=\left[\frac{1}{j}\frac{\mathrm{d}\Phi_{A_{11}}(\theta)}{\mathrm{d}\theta}\right]\Bigg|_{\theta=0}=L\boldsymbol{\Sigma}_{11} \tag{5.99}$$

$$E\left[A_{11}^2\right]=\left[-\frac{\mathrm{d}^2\Phi_{A_{11}}(\theta)}{\mathrm{d}\theta^2}\right]\Bigg|_{\theta=0}=\left(L^2+L\right)\boldsymbol{\Sigma}_{11}^2 \tag{5.100}$$

这样，A_{11} 的方差为

$$\operatorname{var}\left[A_{11}\right]=L\boldsymbol{\Sigma}_{11}^2 \tag{5.101}$$

则 $\boldsymbol{Z}_{11}$ 的方差为

$$\begin{aligned}\operatorname{var}\left[Z_{11}\right]&=\operatorname{var}\left[C_{11}\right]\\&=\operatorname{var}\left[A_{11}\right]/L^2\\&=\Sigma_{11}^2/L\end{aligned} \tag{5.102}$$

同理，也可以得到 Z_{22} 和 Z_{33} 的方差。令

$$\boldsymbol{\Theta}=\begin{bmatrix}0 & \theta/2 & 0\\ \theta/2 & 0 & 0\\ 0 & 0 & 0\end{bmatrix} \tag{5.103}$$

可以得到 $\mathrm{Re}(A_{12})$ 的特征函数：

$$\begin{aligned}\Phi_{\mathrm{Re}(A_{12})}(\theta)&=E\left\{\exp\left[j\,\mathrm{Re}\left(A_{12}\right)\theta\right]\right\}\\&=\left(1+\frac{1}{4}\theta^2\Sigma_{11}\Sigma_{22}-\frac{1}{4}\theta^2\,\mathrm{Re}\left(\Sigma_{12}\right)^2-\frac{1}{4}\theta^2\,\mathrm{Im}\left(\Sigma_{12}\right)^2-j\,\mathrm{Re}\left(\Sigma_{12}\right)\theta\right)^{-L}\end{aligned} \tag{5.104}$$

可以计算出 $\mathrm{Re}(A_{12})$ 的一阶矩和二阶矩：

$$E\left[\mathrm{Re}\left(A_{12}\right)\right]=L\,\mathrm{Re}\left(\Sigma_{12}\right) \tag{5.105}$$

$$E\left[\mathrm{Re}\left(A_{12}\right)^2\right]=L^2\,\mathrm{Re}\left(\Sigma_{12}\right)^2+\frac{L}{2}\left[\mathrm{Re}\left(\Sigma_{12}\right)^2-\mathrm{Im}\left(\Sigma_{12}\right)^2+\Sigma_{11}\Sigma_{22}\right] \tag{5.106}$$

$\mathrm{Re}(A_{12})$ 的方差为

$$\operatorname{var}\left[\mathrm{Re}\left(A_{12}\right)\right]=\frac{L}{2}\left[\mathrm{Re}\left(\Sigma_{12}\right)^2-\mathrm{Im}\left(\Sigma_{12}\right)^2+\Sigma_{11}\Sigma_{22}\right] \tag{5.107}$$

$\mathrm{Re}(Z_{12})$的方差为

$$\mathrm{var}\left[\mathrm{Re}\left(Z_{12}\right)\right]=\frac{1}{2L}\left[\mathrm{Re}\left(\Sigma_{12}\right)^2-\mathrm{Im}\left(\Sigma_{12}\right)^2+\Sigma_{11}\Sigma_{22}\right] \tag{5.108}$$

同理，可以得到$\mathrm{Re}(Z_{13})$和$\mathrm{Re}(Z_{23})$的方差。令

$$\boldsymbol{\Theta}=\begin{bmatrix} 0 & j\theta/2 & 0 \\ -j\theta/2 & 0 & 0 \\ 0 & 0 & 0 \end{bmatrix} \tag{5.109}$$

可以得到$\mathrm{Im}(A_{12})$的特征函数：

$$\begin{aligned}\Phi_{\mathrm{Im}(A_{12})}(\theta)&=E\left\{\exp\left[j\,\mathrm{Im}\left(A_{12}\right)\theta\right]\right\}\\&=\left(1+\frac{1}{4}\theta^2\Sigma_{11}\Sigma_{22}-\frac{1}{4}\theta^2\,\mathrm{Re}\left(\Sigma_{12}\right)^2-\frac{1}{4}\theta^2\,\mathrm{Im}\left(\Sigma_{12}\right)^2-j\,\mathrm{Im}\left(\Sigma_{12}\right)\theta\right)^{-L}\end{aligned} \tag{5.110}$$

通过计算$\mathrm{Im}(A_{12})$的一阶矩和二阶矩，同样可以得到$\mathrm{Im}(A_{12})$的方差。然而，观察式(5.104)和式(5.110)可以发现，用$\mathrm{Im}(A_{12})$替换$\mathrm{Re}(A_{12})$即可从式(5.104)得到式(5.110)。因此，可以直接得到$\mathrm{Im}(Z_{12})$的方差为：

$$\mathrm{var}\left[\mathrm{Re}\left(Z_{12}\right)\right]=\frac{1}{2L}\left[\mathrm{Re}\left(\Sigma_{12}\right)^2-\mathrm{Im}\left(\Sigma_{12}\right)^2+\Sigma_{11}\Sigma_{22}\right] \tag{5.111}$$

同理，可以得到$\mathrm{Im}(Z_{13})$和$\mathrm{Im}(Z_{23})$的方差。

5.4 小　　结

本章主要介绍了经典的 Lee 滤波器、极化白化滤波器，重点介绍了基于 AR 模型的等效视数估计算法，以及基于块排序和联立稀疏表达的滤波算法。虽然所提出的这种滤波算法计算较为复杂，但是滤波效果明显优于其他已有的滤波方法。此外，该方法还可以推广到极化干涉 SAR 的滤波方面。

参 考 文 献

[1] 许彬. 基于稀疏表达的 SAR 图像斑点滤波方法研究. 清华大学博士学位论文, 2016.

[2] Touzi R, Lopes A, Bousquet P. A statistical and geometrical edge detector for SAR images. IEEE Trans. Geosci. Remote Sens., 1988, 26: 764-773.

[3] Skriver H. Crop classification by multitemporal C-band L-band single-band dual-polarization and fully polarimetric SAR. IEEE Trans. Geosci. Remote Sens., 2012, 50(6): 2138-2149.

[4] Deledalle C A, Denis L, Tupin F. NL-InSAR: nonlocal interferogram estimation. IEEE Trans. Geosci. Remote Sens., 2011, 49(4): 1441-1452.

[5] Xie H, Pierce L E, Ulaby F T. Statistical properties of logarithmically transformed speckle. IEEE Trans. Geosci. Remote Sens., 2002, 40(3): 721-727.

[6] Cui Y, Zhou G, Yang J, et al. Unsupervised estimation of the equivalent number of looks in SAR images. IEEE Geosci. Remote Sens. Letters, 2011, 8(4): 710-714.

[7] Haralick R M, Shanmugan K, Dinstein I. Textural features for image classification. IEEE Transactions

on Systems, Man, and Cybernetics, 1973, SMC-3(6): 610-621.

[8] Zhou G, Cui Y, Liu Y, et al. A binary tree structured terrain classifier for Pol-SAR images. IEICE Trans. Commun., 2011, E94-B(5): 1515-1518.

[9] Ulaby F T, Kouyate F, Brisco B, et al. Texture information in SAR images. IEEE Trans. Geosci. Remote Sens., 1986, 24(2): 235-245.

[10] Zhou G, Zhong H, Yang J. A novel method of visualization for SAR images. Proc. Int. Conf. Intell. Computation Technology and Automation, 2011, 2: 373-376.

[11] Sim K S, Nidal S K. Image signal-to-noise ratio estimation using the autoregressive model. Scanning, 2004, 26: 135-139.

[12] Cadzow J A, Ogino K. Two-dimensional spectral estimation. IEEE Trans. Acoust. Speech, Signal Processing, 1981, ASSP-29: 396-401.

[13] Aksasse B, Radouane L. Two-dimensional autoregressive (2-D AR) model order estimation. IEEE Trans. Signal Process., 1999, 47(7): 2072-2077.

[14] Foucher S, Boucher J M, Benie G B. Maximum likelihood estimation of the number of looks in SAR images. Proc. Int. Conf. Microw. Radar Wireless Commun., 2000, 2: 657-660.

[15] Bombrun L, Beaulieu J M. Fisher distribution for texture modeling of polarimetric SAR data. IEEE Geosci. Remote Sens. Letters, 2008, 5(3): 512-516.

[16] Bombrun L, Vasile G, Gay M, et al. Hierarchical segmentation of polarimetric SAR images using heterogeneous clutter models. IEEE Trans. Geosci. Remote Sens., 2011, 49(2): 726-737.

[17] Anfinsen S N, Doulgeris A P, Eltoft T. Estimation of the equivalent number of looks in polarimetric synthetic aperture radar imagery. IEEE Trans. Geosci. Remote Sens., 2009, 47(11): 3795-3809.

[18] Lee J S. Speckle analysis and smoothing of synthetic aperture radar images. Computer Graphic and Image Processing, 1981, 17(1): 24-32.

[19] Ulaby F T, Kouyate F, Brisco B, et al. Textural information in SAR images. IEEE Transactions on Geoscience and Remote Sensing, 1986, 24(2): 235-245.

[20] Lee J S. Refined filtering of image noise using local statistics. Computer graphics and image processing, 1981, 15(4): 380-389.

[21] Novak L M, Burl M C. Optimal speckle reduction in polarimetric SAR imagery. IEEE Transactions on Aerospace and Electronic Systems, 1990, AES-26(2): 293-305.

[22] Liu G, Huang S, Torre A, et al. The multilook polarimetric whitening filter (MPWF) for intensity speckle reduction in polarimetric SAR images. IEEE Transactions on Geoscience and Remote Sensing, 1998, 36(3): 1016-1020.

[23] Oliver C, Quegan S. Understanding Synthetic Aperture Radar Images with CDROM. 2nd-ed. Raleigh, NC: SciTech, 2004.

[24] Kuan D T, Sawchuk A A, Strand T C, et al. Adaptive noise smoothing filter for images with signal-dependent noise. IEEE Trans. Pattern Anal. Mach. Intell., 1985, PAMI-7(2): 165-177.

[25] Frost V S, Stiles J A, Shanmugan K S, et al. A model for radar images and its application to adaptive digital filtering of multiplicative noise. IEEE Trans. Pattern Anal. Mach. Intell., 1982, PAMI-4(2): 157-166.

[26] Kuan D T, Sawchuk A A, Strand T C, et al. Adaptive noise smoothing filter for images with signal-dependent noise. IEEE Trans. Pattern Anal. Mach. Intell.. 1985, PAMI-7(2): 165-177.

[27] Ram I, Elad M, Cohen I. Image processing using smooth ordering of its patches. IEEE Trans. Image Process., 2013, 22(7): 2764-2774.

[28] Coifman R R, Donoho D L. Translation-Invariant De-Noising. Wavelets and Statistics. New York, NY,

USA: Springer-Verlag, 1995.

[29] Parrilli S, Poderico M, Angelino C V, et al. A nonlocal SAR image denoising algorithm based on LLMMSE wavelet shrinkage. IEEE Trans. Geosci. Remote Sens., 2012, 50(2): 606-616.

[30] Deledalle C, Denis L, Tupin F. Iterative weighted maximum likelihood denoising with probabilistic patch-based weights. IEEE Trans. Image Process., 2009, 18(12): 2661-2672.

[31] Chen J, Chen Y, An W, et al. Nonlocal filtering for polarimetric SAR data: a pretest approach. IEEE Trans. Geosci. Remote Sens., 2011, 49(5): 1744-1754.

[32] Mairal J, Elad M, Sapiro G. Sparse representation for color image restoration. IEEE Trans. Image Process., 2008, 17(1): 53-69.

[33] Aharon M, Elad M, Bruckstein A M. The K-SVD: an algorithm for designing of overcomplete dictionaries for sparse representations. IEEE Trans. Signal Process., 2006, 54(11): 4311-4322.

[34] Lee J S, Pottier E. Polarimetric Radar Imaging: from Basics to Applications. Boca Raton, FL: CRC Press, 2009.

[35] Lee J S, Grunes M R, de Grandi G. Polarimetric SAR speckle filtering and its impact on terrain classification. IEEE Trans. Geosci. Remote Sens., 1999, 37(5): 2363-2373.

[36] Vasile G, Trouve E, Lee J S, et al. Intensity-driven adaptive neighborhood technique for polarimetric and interferometric SAR parameters estimation. IEEE Trans. Geosci. Remote Sens., 2006, 44(6): 1609-1621.

[37] Deledalle C, Denis L, Tupin F, et al. NL-SAR: a unified nonlocal framework for resolution preserving (Pol) (In) SAR denoising. IEEE Trans. Geosci. Remote Sens., 2015, 53(4): 2021-2038.

[38] Rosen P A, Hensley S, Joughin I R, et al. Synthetic aperture radar interferometry. Proceedings of IEEE, 2000, 88(3): 333-382.

[39] 熊涛. 极化干涉合成孔径雷达应用的关键技术研究. 清华大学博士学位论文, 2009.

[40] Goldstein R M, Zebker H A, Werner C L. Satellite radar interferometry: two-demensional phase unwrapping. Radio Science, 1988, 23(4): 713-720.

[41] Goodman N R. Statistical analysis based on a certain multi-variate complex Gaussian distribution (an introduction). Ann. Math. Stat., 1963, 34(1): 152-177.

第 6 章　最优极化对比增强技术

6.1　引　　言

本章主要介绍极化 SAR 图像的最优极化对比增强(optimization of polarimetric contract enhancement, OPCE)技术[1]。有效的检测器需要增大两类目标之间的对比度，基于此思想，1987 年 Kostinski 和 Boerner[2]提出了最优极化对比增强(OPCE)技术来抑制背景杂波的干扰，其基本思想是通过优化雷达收发天线的极化状态，使不同目标在功率特征图上的对比度达到最大。OPCE 模型仅应用了功率信息对目标间对比度进行优化增强，为了使目标对比增强技术更具有一般性，同时进一步增大目标间差异，2004 年杨健扩展了 OPCE 方法，提出了广义相对最优极化(GOPCE)问题，即 GOPCE 模型[3]。GOPCE 模型中包含了两部分，分别是表征散射机理的极化参数融合项以及雷达的接收功率项。

本章介绍基于对比增强技术的极化 SAR 理论和应用问题，主要考虑针对不同应用目的优化准则函数的选择。首先，介绍 OPCE 和 GOPCE 的基本概念及如何求解融合系数；其次，针对地物分类[4]和海上舰船目标检测[5]的不同应用目的，介绍基于广义 Fisher 准则的 GOPCE 优化方法。

6.2　最优极化对比增强技术

6.2.1　GOPCE　方　法

对于极化 SAR 数据，设某一个像素点的 Kennaugh 矩阵为 $\boldsymbol{K}_x$，则对于任意的发射天线和接收天线的 Stokes 矢量 $\bar{g}$ 和 $\bar{h}$，雷达的接收功率 P_x 可以表示为[6]

$$P_x = \frac{1}{2}\bar{h}^{\mathrm{T}}\boldsymbol{K}_x\bar{g} \tag{6.1}$$

式中，$\bar{g} = \begin{bmatrix}1 & g_1 & g_2 & g_3\end{bmatrix}^{\mathrm{T}}$ 和 $\bar{h} = \begin{bmatrix}1 & h_1 & h_2 & h_3\end{bmatrix}^{\mathrm{T}}$ 分别表示雷达发射天线和接收天线的 Stokes 矢量；$\boldsymbol{K}_x$ 为 4×4 的对称矩阵。设目标和杂波的 Kennaugh 矩阵分别为 $\boldsymbol{K}_{\mathrm{A}}$ 和 $\boldsymbol{K}_{\mathrm{B}}$，OPCE 问题指的是通过寻求最优的接收天线和发射天线的极化状态矢量 $\bar{h}$ 和 $\bar{g}$，使得目标和杂波的接收功率对比度达到最大。OPCE 问题的目标函数如下：

$$\max\left\{\frac{\bar{h}^{\mathrm{T}}[\boldsymbol{K}_{\mathrm{A}}]\bar{g}}{\bar{h}^{\mathrm{T}}[\boldsymbol{K}_{\mathrm{B}}]\bar{g}}\right\} \quad \text{s.t.} \quad \begin{cases} g_1^2 + g_2^2 + g_3^2 = 1 \\ h_1^2 + h_2^2 + h_3^2 = 1 \end{cases} \tag{6.2}$$

式中，s.t.表示约束条件。$\bar{h}$ 和 $\bar{g}$ 可以通过杨健提出的交叉迭代方法快速求解[7]。OPCE 模型中仅应用了目标的功率信息，没有用到反映散射机理的极化参数信息。为了进一步增大目标和背景杂波之间的对比度，杨健提出了 GOPCE 模型，如下所示：

$$GP_x = \left[\sum_{i=1}^{3} x_i r_i\right]^2 \times \vec{h}^{\mathrm{T}} \left[\boldsymbol{K}_x\right] \vec{g} \tag{6.3}$$

式中，$\vec{r} = \left[r_1, r_2, H\right]^{\mathrm{T}}$ 为极化参数矢量；$\vec{x} = \left[x_1, x_2, x_3\right]^{\mathrm{T}}$ 为需要优化的融合系数向量；$\|\vec{x}\| = 1$。在 GP_x 中应用的三个极化参数分别反映了目标的不同散射特性，r_1 和 r_2 分别表示目标和平面散射以及二面角散射的相似性参数[8]，H 表示由特征值分解得到的极化熵[9]s，则 GOPCE 问题即求解如下优化问题：

$$\begin{aligned}
&\max\left\{\frac{\left(\vec{x}^{\mathrm{T}}\vec{r}_{\mathrm{A}}\right)^2}{\left(\vec{x}^{\mathrm{T}}\vec{r}_{\mathrm{B}}\right)^2} \times \frac{\vec{h}^{\mathrm{T}}\boldsymbol{K}_{\mathrm{A}}\vec{g}}{\vec{h}^{\mathrm{T}}\boldsymbol{K}_{\mathrm{B}}\vec{g}}\right\} \\
&\text{s.t.:}\quad \begin{aligned} g_1^2 + g_2^2 + g_3^2 &= 1 \\ h_1^2 + h_2^2 + h_3^2 &= 1 \\ x_1^2 + x_2^2 + x_3^2 &= 1 \end{aligned}
\end{aligned} \tag{6.4}$$

GP_x 模型中包含了两部分，极化参数融合项 $\left(\vec{x}^{\mathrm{T}}\vec{r}\right)^2$，以及原始 OPCE 问题中对应的功率项。最优的系数向量 $\vec{x}$ 可以通过求解广义特征值得到。模型中包含了三个极化参数，分别介绍如下。

r_1 和 r_2 是相似性参数，可以用来表征两个目标散射特性间的相似程度，在前述章节我们已经进行了介绍。根据 Huynen 理论[10]，可以将目标旋转到 0° 定向角，以便提取旋转不变信息。根据极化相似性参数的定义，可以得到目标的后向散射过程与标准平面散射以及与标准二面角散射的相似度，它们分别用 r_1 和 r_2 表示[8]，将两个参数重写如下：

$$\begin{aligned}
r_1 &= r\left(\boldsymbol{S}^0, \mathrm{diag}(1,1)\right) = \frac{\left|s_{\mathrm{HH}}^0 + s_{\mathrm{VV}}^0\right|^2}{2\left(\left|s_{\mathrm{HH}}^0\right|^2 + \left|s_{\mathrm{VV}}^0\right|^2 + 2\left|s_{\mathrm{HV}}^0\right|^2\right)} \\
r_2 &= r\left(\boldsymbol{S}^0, \mathrm{diag}(1,-1)\right) = \frac{\left|s_{\mathrm{HH}}^0 - s_{\mathrm{VV}}^0\right|^2}{2\left(\left|s_{\mathrm{HH}}^0\right|^2 + \left|s_{\mathrm{VV}}^0\right|^2 + 2\left|s_{\mathrm{HV}}^0\right|^2\right)}
\end{aligned} \tag{6.5}$$

式中，$r_1 \in [0,1]$、$r_2 \in [0,1]$。这两个相似性参数都可以对海面舰船目标进行分析：在中低海况下，雷达入射角范围在 20°～60° 时，海面以 Bragg 一次散射为主，因此海面区域的 r_1 较大而 r_2 较小；舰船目标由于具有很多二面角目标，并且在船身-海面之间也可以形成二次反射过程，以二次散射过程为主，因此舰船目标的 r_1 较小而 r_2 较大。极化熵（H）已经成为分析极化 SAR 数据的基本工具，它衡量了目标后向散射波的去极化特性。海面区域由于以一次散射过程为主，H 值较小；舰船目标由于伴随有多次散射过程，H 值通常较大。r_1 和 r_2 是基于确定性散射模型的参数，表示目标确定性散射机制的比重，而极化熵 H 是目标平均散射机制的参数。$\left[r_1, r_2, H\right]$ 表示了目标极化特性的不同方面，可以将具有不同散射机制的目标(如海洋、舰船、农田、森林、城市等)在此极化特征空间上进行区分。

6.2.2 GOPCE 的解

从式(6.4)中可以看出，在 GOPCE 模型中有三个系数需要优化，即 $\bar{g}$、$\bar{h}$ 和 $\bar{x}$。对融合系数$\bar{x}$的优化可以利用广义特征值分解得到，$\bar{x}$的解即最大特征根对应的特征向量。收发天线的最优极化状态 $\bar{g}$、$\bar{h}$ 可以利用交叉迭代的方法求解[7]。对于式(6.2)中的优化函数，若设极化状态 $\bar{h}$ 已知，则 $\bar{g}$ 的优化过程如下所示。将目标函数式展开得到：

$$D_{\mathrm{m}} = \max\left\{\frac{r_{a0} + r_{a1}g_1 + r_{a2}g_2 + r_{a3}g_3}{r_{b0} + r_{b1}g_1 + r_{b2}g_2 + r_{b3}g_3}\right\} \tag{6.6}$$

式中，$r_{ai}, r_{bi}, {}_{i=0,\cdots,3}$ 为展开系数。对上式优化等价于求取：

$$D_{\mathrm{m}} \geqslant \frac{r_{a0} + r_{a1}g_1 + r_{a2}g_2 + r_{a3}g_3}{r_{b0} + r_{b1}g_1 + r_{b2}g_2 + r_{b3}g_3} \tag{6.7}$$

或者，

$$(r_{a0} - D_{\mathrm{m}}r_{b0}) + (r_{a1} - D_{\mathrm{m}}r_{b1})g_1 + (r_{a2} - D_{\mathrm{m}}r_{b2})g_2 + (r_{a3} - D_{\mathrm{m}}r_{b3})g_3 \leqslant 0 \tag{6.8}$$

若使式(6.8)等号成立(即 D_{m} 等于两类目标需要优化的最大对比度)，则当且仅当优化后的系数为

$$g_i = \frac{r_{ai} - D_{\mathrm{m}}r_{bi}}{\sqrt{\sum_{i=1}^{3}(r_{ai} - D_{\mathrm{m}}r_{bi})^2}} \quad (i = 1,2,3) \tag{6.9}$$

其中，

$$D_{\mathrm{m}} = \frac{z_{12} + \sqrt{z_{12}^2 - z_1 z_2}}{z_2}, \quad \begin{cases} z_1 = r_{a0}^2 - r_{a1}^2 - r_{a2}^2 - r_{a3}^2 \\ z_2 = r_{b0}^2 - r_{b1}^2 - r_{b2}^2 - r_{b3}^2 \\ z_{12} = r_{a0}r_{b0} - r_{a1}r_{b1} - r_{a2}r_{b2} - r_{a3}r_{b3} \end{cases}$$

由此，交叉迭代法的具体步骤如下：

(1)初始化 $\bar{h}_0$ 和 $\bar{g}_0$，设迭代次数为 $k(k = 0)$。

(2)固定 $\bar{h}_k$，利用式(6.9)优化 $\bar{g}_{k+1}$。

(3)固定 $\bar{g}_{k+1}$，利用式(6.9)优化 $\bar{h}_{k+1}$。

(4)判断是否满足 $\|\bar{g}_{k+1} - \bar{g}_k\| < \varepsilon$ 并且 $\|\bar{h}_{k+1} - \bar{h}_k\| < \varepsilon$；若满足，迭代终止；若不满足，返回步骤(2)。其中，ε 是给定的任意小值。

6.3　Fisher-GOPCE 方法

为了提高解的稳定性以及进一步增强目标和杂波之间的对比度，可以改进 GOPCE 模型，改进的模型主要改变了三个极化参数$\left[r_1, r_2, H\right]$的融合方式[4]：

$$\mathrm{MGP}_x=\sum_{i=0}^{3} x_i r_i \times \bar{h}^{\mathrm{T}}\left[\boldsymbol{K}_x\right] \bar{g} \quad \text{s.t.:} \begin{cases} x_0^2=x_1^2+x_2^2+x_3^2 \\ r_0^2=r_1^2+r_2^2+H^2 \end{cases} \tag{6.10}$$

式中，$x_0=1$。令$\bar{x}=\left(1 \quad x_1 \quad x_2 \quad x_3\right)^{\mathrm{T}}$，$\bar{r}=\left(r_0 \quad r_1 \quad r_2 \quad H\right)^{\mathrm{T}}$，若利用对比度最大的准则函数(即$\max\left(\bar{x}^{\mathrm{T}} \bar{r}_{\mathrm{A}} / \bar{x}^{\mathrm{T}} \bar{r}_{\mathrm{B}}\right)$)优化极化参数的融合系数$\bar{x}$，则其求解方式与匹配极化下的 OPCE 的问题相同，可以利用式(6.9)求解。为了得到最佳的对比度效果，这里采用线性判别式准则对系数进行优化。

在线性判别式分析中，为了使两类目标的类间差异尽可能大，类内差异尽可能小，通常用 Fisher 准则来寻找最优的判决规则。Fisher 准则定义在 N 维的欧几里得空间中，利用投影后数据的统计性质(均值和方差)衡量判别式的优劣。在目标检测理论中，Novak[11]提出了对最佳检测的要求，即一方面使得目标和杂波的对比度达到最大，另一方面使杂波的方差尽可能的小；但在目标分类应用中，需要同时对两类目标的方差进行约束。由此看出，对于不同的应用目的应该构造不同的准则函数。这种对目标分布有特殊要求的准则函数可以利用广义 Fisher 准则函数[12]进行构造。设目标的特征向量为$\bar{p}$，则对于 A、B 两类目标，广义 Fisher 准则的一般形式为

$$F(\bar{x})=\max\left(\frac{\left\{\bar{x}^{\mathrm{T}}\left[E\left(\bar{p}_{\mathrm{A}}\right)-E\left(\bar{p}_{\mathrm{B}}\right)\right]\right\}^2}{\bar{x}^{\mathrm{T}}\left[a \Sigma_{\mathrm{A}}+(1-a) \Sigma_{\mathrm{B}}\right] \bar{x}}\right) \quad \text{where} \quad a \in[0,1] \tag{6.11}$$

式中，Σ_{A} 和 Σ_{B} 均为样本方差；$\bar{x}$ 为待优化的系数；$E(\bullet)$表示求统计均值。对于目标检测问题，常常只需要约束背景杂波的方差，因此可令$a=0$；对于地物分类问题，对两类目标的需求一致，因此令$a=0.5$。

利用广义 Fisher 准则优化改进的 GOPCE 模型，以目标检测应用为例，给出系数$\bar{g}$、$\bar{h}$和$\bar{x}$的优化求解过程。对于式(6.10)中的模型，先对收发天线的最优极化状态$\bar{h}$和$\bar{g}$进行优化：

$$\max\left\{\frac{\left[E\left(\bar{h}^{\mathrm{T}} \boldsymbol{K}_{\mathrm{A}} \bar{g}\right)-E\left(\bar{h}^{\mathrm{T}} \boldsymbol{K}_{\mathrm{B}} \bar{g}\right)\right]^2}{\operatorname{var}\left(\bar{h}^{\mathrm{T}} \boldsymbol{K}_{\mathrm{B}} \bar{g}\right)}\right\} \quad \text{s.t.:} \begin{cases} 1=h_1^2+h_2^2+h_3^2 \\ 1=g_1^2+g_2^2+g_3^2 \end{cases} \tag{6.12}$$

式中，$\operatorname{var}(\bullet)$表示求统计方差。若获得最优极化状态之后，可以通过式(6.1)计算出每个像素的雷达接收功率 P_x，此时改进的 GOPCE 模型变为$\mathrm{MGP}_x=\sum_{i=0}^{3} x_i \cdot\left(r_i P_x\right)$。然后利用如下准则函数进一步优化极化系数融合向量$\bar{x}$：

$$\max\left(\frac{\left[E\left(\vec{x}^{\mathrm{T}}\overline{pr}_{\mathrm{A}}\right)-E\left(\vec{x}^{\mathrm{T}}\overline{pr}_{\mathrm{B}}\right)\right]^2}{\operatorname{var}\left(\vec{x}^{\mathrm{T}}\overline{pr}_{\mathrm{B}}\right)}\right)\quad \text{s.t.:}\begin{cases}1=x_1^2+x_2^2+x_3^2\\ \vec{x}=\begin{bmatrix}1 & x_1 & x_2 & x_3\end{bmatrix}^{\mathrm{T}}\\ \overline{pr}=\begin{bmatrix}P_x r_0 & P_x r_1 & P_x r_2 & P_x H\end{bmatrix}^{\mathrm{T}}\end{cases}\tag{6.13}$$

式(6.12)和式(6.13)的两个准则函数形式相同，因此以式(6.13)的准则函数示例优化过程。将式(6.13)表示成如下形式：

$$\max\left\{\frac{\vec{x}^{\mathrm{T}}\Delta\overline{pr}_{\mathrm{AB}}\Delta\overline{pr}_{\mathrm{AB}}^{\mathrm{T}}\vec{x}}{\vec{x}^{\mathrm{T}}\left(\boldsymbol{R}_{\mathrm{B}}-\vec{u}_{\mathrm{B}}\vec{u}_{\mathrm{B}}^{\mathrm{T}}\right)\vec{x}}\right\}\tag{6.14}$$

式中，$\Delta\overline{pr}_{\mathrm{AB}}=E\left(\overline{pr}_{\mathrm{A}}\right)-E\left(\overline{pr}_{\mathrm{B}}\right)$；$\boldsymbol{R}_{\mathrm{B}}=E\left(\overline{pr}_{\mathrm{B}}\cdot\overline{pr}_{\mathrm{B}}^{\mathrm{T}}\right)$；$\vec{u}_{\mathrm{B}}=E\left(\overline{pr}_{\mathrm{B}}\right)$。式(6.14)中的最优系数矢量$\vec{x}$可以用交叉迭代的方法求解出；同理，也可以求解出最优的$\vec{h}$和$\vec{g}$。

本小节介绍的基于广义 Fisher 准则的目标对比增强过程总结如下[4]：

(1) 根据给定的测试区域的散射相干矩阵计算三个极化参数(r_1、r_2、H)；

(2) 选择目标和杂波样本，分别记为集合 A 和集合 B；

(3) 应用式(6.12)和交叉迭代方法优化极化状态矢量$\vec{h}$和$\vec{g}$；

(4) 利用式(6.1)计算雷达接收功率 P_x；

(5) 应用式(6.13)和交叉迭代方法优化最优的极化参数融合系数$\vec{x}$；

(6) 利用式(6.10)得到最终的极化 SAR 融合图像 MGP_x。

6.4 最优极化对比增强技术的应用

利用最优极化对比增强技术可以进行道路检测、海上目标检测，以及地物分类等应用。首先考察广义 Fisher-GOPCE 方法对目标对比增强的效果。所应用的测试数据是全极化 Radarsat-2 旧金山地区数据的两个子区域，测试区域的 Google Earth 图像和全极化 Pauli 基图像如图 6.1 前两列的子图像所示。对图 6.1 观察可知，这两幅子图像分别主要包含了水域和地面植被、森林和城市两组典型地物，分别选取水域和森林植被为背景，考察提出方法的对比增强效果，并与两种典型目标检测方法的优化结果进行对比。作为比较的方法是 2011 年提出的一种 GOPCE 目标检测方法[13]和经典的 PWF 方法[14]。由于考察的是两类目标的对比增强效果，设式(6.11)中$a=0$。由三种方法得到的极化融合结果如图 6.1 后三个图像所示。图 6.1 中每一行数据从左至右分别表示 Google Earth 图像、全极化 Pauli 基分解图像、本节方法 MGP_x 的融合结果、2011 年 GOPCE 方法的结果，以及 PWF 融合结果。表 6.1 给出了三种方法的目标/背景对比度以及背景方差的定量评价。从表 6.1 和图 6.1 中可以看出，基于广义 Fisher 准则的改进 GOPCE 方法(MGP_x)具有最大的目标间对比度以及最小的背景方差，因此具有较好的目标增强效果。下面分别考察最优极化对比增强技术在地物分类和舰船检测中的应用。

1. 崔等[13]提出的舰船检测算法

崔的模型与式(6.3)中的模型一致，包含两部分：极化参数融合项以及传统的 OPCE

项。对于传统的 OPCE 项，其收发天线极化状态的优化方式不变；对于极化参数融合项的系数$\bar{x}$，则利用如下准则函数进行优化：

$$\max \frac{E\left(\boldsymbol{x}^{\mathrm{T}} \boldsymbol{r}_{\mathrm{A}}\right)^2 - E\left(\boldsymbol{x}^{\mathrm{T}} \boldsymbol{r}_{\mathrm{B}}\right)^2}{\operatorname{var}\left(\boldsymbol{x}^{\mathrm{T}} \boldsymbol{r}_{\mathrm{B}}\right)} \quad \text{s.t.} \quad \|\boldsymbol{x}\| = 1 \tag{6.15}$$

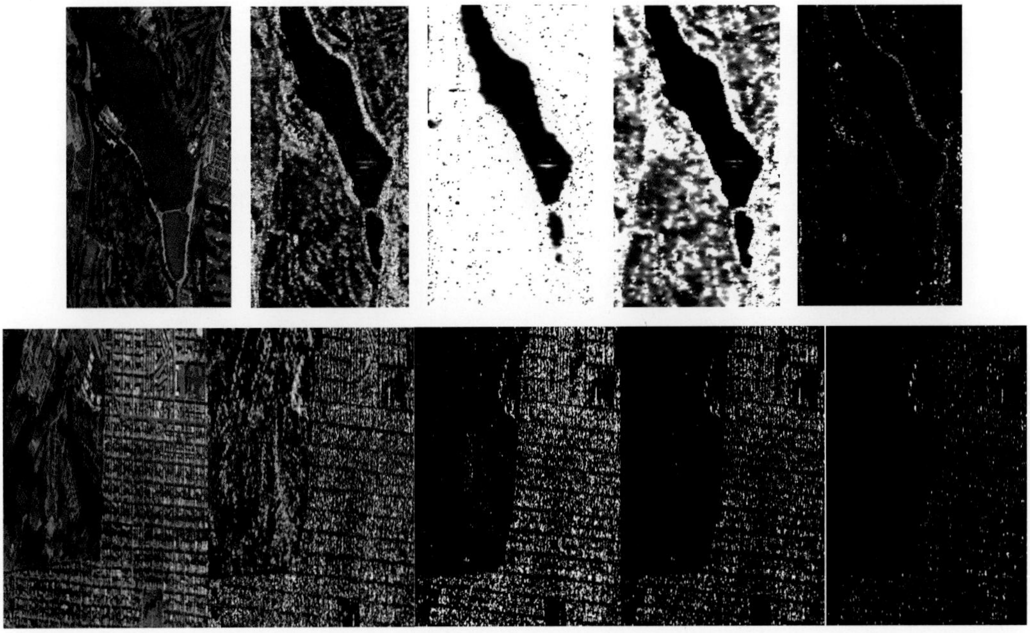

图 6.1　测试数据和目标对比增强结果

从左至右图像依次是：Google Earth 图像；测试数据的 Pauli 基图像；MGP_x；y_c；y_{PWF}

表 6.1　背景方差和目标/背景对比度

水域和陆地	MGP_x	y_c	y_{PWF}
背景方差	3.98×10^{-11}	1.20×10^{-10}	0.09
目标/背景对比度	4.62×10^{3}	0.99×10^{3}	44.21
森林和城区	MGP_x	y_c	y_{PWF}
背景方差	3.77×10^{-6}	7.27×10^{-5}	2.39
目标/背景对比度	219	57	14

式中，$\bar{x}=[x_1 \quad x_2 \quad x_3]^{\mathrm{T}}$；$\bar{r}=[r_1 \quad r_2 \quad H]^{\mathrm{T}}$。式(6.15)本质上是广义 Rayleigh 商问题，可以利用解广义特征值的方法求解最优的系数向量。与传统的 OPCE 和 GOPCE 处理方法相比，崔一的方法能够提高目标的检测性能。事实上，崔一的方法是在目标-杂波对比度以及杂波方差之间的一种折衷。在得到 3 个优化系数向量之后，极化 SAR 数据的融合结

果为 $y_{\mathrm{c}}=\left[\sum_{i=1}^{3}x_i r_i\right]^2\times\bar{h}^{\mathrm{T}}\left[\boldsymbol{K}_x\right]\bar{g}$。

2. 极化白化滤波器(PWF) [14]

极化白化滤波器是目标检测中经典的方法，它通过极化的方式使得融合后图像的斑点噪声降低，前述章节已经详细介绍过单视和多视情况下的 PWF 方法。在多视情况下，PWF 检测器的输出结果为

$$y_{\mathrm{PWF}}=\mathrm{Tr}\left(\boldsymbol{V}^{-1}\boldsymbol{T}\right) \tag{6.16}$$

式中，$\boldsymbol{T}$ 表示极化 SAR 数据的散射相干(相关)矩阵；在目标检测应用中，$\boldsymbol{V}$ 表示海面杂波的统计协方差矩阵。注意，5.2.2 节给出的是在散射对称条件下的推导结果。

6.4.1 Fisher-GOPCE 方法在地物分类中的应用

前面介绍的 Fisher 准则求解的是对两类目标鉴别/检测的最佳判决平面。对于多类地物的分类问题，这里采用一种类似于单边二叉树的分类方法。由于对应的是分类问题，因此令式(6.11)中 $a=0.5$。此分类方法是一种基于功率的有序分类方法，具体分类流程如下：

(1) 计算测试区域的一次散射相似性参数 r_1、二次散射相似性参数 r_2 和极化熵 H。

(2) 选定训练样本，按照功率由小到大的顺序将其标定为 $C_1,C_2,\cdots,C_n$ 等类别。

(3) 对整幅图像进行初始分类。在初始分类中采用两两分类的单边二叉树方法，可以使得功率差距较大的两类目标在分类的结果中没有混叠。具体方法如下。

步骤 1：令 $B=C_1$，$A=C_2+\cdots+C_n$ 作为初始的两类目标，利用 Fisher 准则优化融合系数 $\bar{x}_{01},\bar{h}_{01},\bar{g}_{01}$，将其代入式(6.10)中得到每个像素点的 MGP_x，然后按照下面的判别方法进行判别，即可得到第一类的初始分类的结果，第一类目标具有最低的平均功率。

设有两类目标 A 和 B 的训练样本，目标 A 的平均功率大于目标 B 的平均功率，阈值选取以及判别准则为

$$\mathrm{th}=\frac{E\left(\mathrm{MGP_A}\right)+E\left(\mathrm{MGP_B}\right)}{2},\quad \mathrm{if}\left(\mathrm{MGP}_i<\mathrm{th}\right),\quad \mathrm{then}\quad i\in B \tag{6.17}$$

步骤 2：去掉第一类的初始分类结果，重新令 $B=C_2$，$A=C_3+\cdots+C_n$ 作为两类目标，按照前述的优化方法分别得到 $\bar{x}_{02},\bar{h}_{02},\bar{g}_{02}$，按照步骤 1 的方法将剩下的样本继续分为两类，得到第二类目标的初始分类结果。

步骤 3：如此类推，直到将最后两类目标分开为止，初始分类结果记为 $C_{01},C_{02},\cdots,C_{0n}$。

(4) 对于第 i 类的初始分类结果 C_{0i}，利用相邻的两类目标 C_i 和 C_{i+1} 的训练样本在第 i 类中继续进行分类，利用式(6.17)将第 i 类初始分类结果 C_{0i} 分成目标 1 和目标 2。若目标 1 的平均功率小于目标 2 的平均功率，则将目标 2 划分到第 i+1 类中，目标 1 即是此

步骤中第 i 类的结果 C_{1i}。对于每一类初始分类结果 $C_{0i}\left(i=1,\cdots,n-1\right)$ 重复上述过程，则可以得到利用功率相邻的两类目标的训练样本进行分类的结果 $C_{11},C_{12},\cdots,C_{1n}$。

(5) 对于每一类 $C_{ki}\left(i=1,\cdots,n-1;\ k=1,\cdots,m\right)$，利用和它相邻的第 $C_{k(i+1)}$ 类的全体数据进行优化，计算 $\bar{x}_{ki},\bar{h}_{ki},\bar{g}_{ki}$，将其继续分成目标 1 和目标 2，之后重复第(4)步中后半部分过程，则可得到利用每类别全体数据的基于 MGP_x 的分类结果 $C_{k1},C_{k2},\cdots,C_{kn}$。其中，$k$ 代表迭代次数。

(6) 判断是否达到收敛条件。若是，迭代循环结束；否则，返回第(5)步。收敛条件可以设为迭代循环的次数，或者相邻两次迭代过程中每一类别数目的改变百分比。

实验中选用 NASA/JPL 实验室 AIRSAR 系统获得的 L 波段旧金山全极化数据进行分类，该数据为四视处理数据，大小为 900×700 像素。成像区域中主要包含了 4 类目标，按照平均功率由小到大的顺序对各类进行排序分别为：海洋、拟自然地物(包含裸地、草地等)、森林、城区。本实验中也将此 SAR 图像分为 4 类。分类过程利用原始的极化数据，未对数据进行任何滤波处理。图 6.2 为原始数据的 span 图以及所选定的训练样本区域，从中可以清楚地观测出图像的边缘、纹理以及地物的形状结构。

图 6.2　AIRSAR 旧金山数据 span 图以及训练样本区域

首先对地物进行初始分类，对初始分类的结果，利用功率相邻的两类目标的训练样本，执行分类方法中的第(3)步，利用此步得到的分类结果进行全局优化，执行分类方法中的第(4)步，迭代的收敛条件设为相邻两次迭代过程中，每一类目标数目的改变量小于原来数目的 1%。图 6.3 给出了最终的分类结果，从图 6.3 中可以看出提出的分类方法对地物的形状、边界等具有较好的表述，对原始数据中大块的植被和城区的纹理分得更加细致，有利于肉眼识别。为了对比说明，图 6.4 中给出了基于 Wishart 分布的最大似然

(maximum likelihood, ML) 分类[15]结果。

直观比较图 6.3 和图 6.4 可以看出，本节介绍的 Fisher-GOPCE 模型的迭代分类方法效果较好。

在基于最优极化对比增强的多类地物分类研究中，本小节利用改进的 GOPCE 模型和广义 Fisher 准则，基于二叉树功率有序的方法对地物进行分类，能确保功率不相邻的两类目标在分类结果中的混叠现象尽量小。该方法能很好地保持地物的细节以及边界信息，实际极化 SAR 数据验证了该分类方法的有效性和可靠性。

图 6.3　Fisher-GOPCE 分类方法的结果

图 6.4　基于 Wishart 分布的最大似然分类方法的结果

6.4.2　Fisher-GOPCE 方法在舰船检测中的应用

SAR 具有大范围场景观测的特点，基于 SAR 图像的海洋监测一直是 SAR 应用的一个主要方向。本小节利用改进的 GOPCE 方法对海面舰船目标进行检测，设式(6.11)中 $a=0$。实验采用 2011 年 6 月 23 日塘沽港 Radarsat-2 C 波段的全极化 SAR 数据进行验证。此数据经过了 3×3 矩形窗的处理，图 6.5 示意了测试区域的总功率(span)图，此区域中包含 420×580 个像素点，从图 6.5 中可以看出海面有若干舰船目标。图 6.5 中的白线框 1 内区域为海面样本，白线框 2 内的区域中有若干较小的目标。卫星过境时海面风速为 3～4 级并且有雾。为了验证 Fisher-GOPCE 算法的性能，应用了 Cui 等[13]提出的方法以及 PWF 方法[14]进行对比。

本实验中舰船样本点选择 $r_2 > 0.9$ 的像素区域集合。利用 Fisher-GOPCE 优化方法对舰船和杂波的对比进行优化，得到的最优的向量系数如下所示：

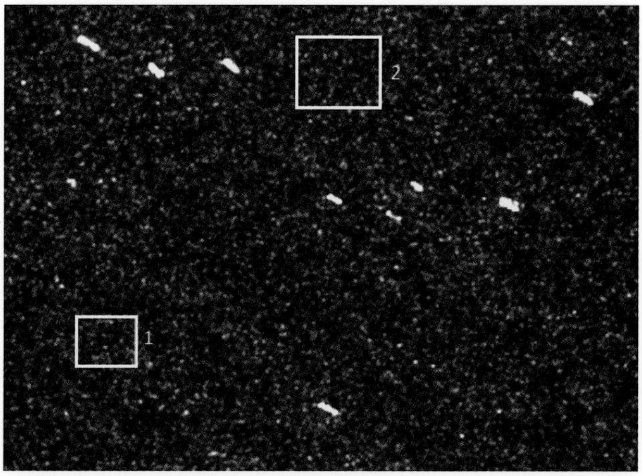

图 6.5　测试区域的 span 图

$$\vec{g} = [1 \quad 0.9987 \quad -0.0274 \quad -0.0427]^{\mathrm{T}}$$
$$\vec{h} = [1 \quad -0.9985 \quad 0.0515 \quad -0.0166]^{\mathrm{T}}$$
$$\vec{x} = [1 \quad -0.9796 \quad -0.0349 \quad -0.1978]^{\mathrm{T}}$$

此时由式(6.10)就可以计算出各个像素点的极化数据融合强度 MGP_x。利用崔一的方法和 PWF 方法对此测试区域进行处理，设得到的融合图像分别记为 y_{c} 和 y_{PWF}，图 6.6 显示了三种处理方法的融合结果，图中矩形框内的舰船目标在三幅子图像中的强度依次减弱，可见 MGP_x 可以明显地增强弱目标。

(a)　(b)　(c)

图 6.6　极化 SAR 图像融合结果
(a)　MGP_x 图像；(b) y_{c} 图像；(c)　y_{PWF} 图像

定量分析海杂波的方差以及舰船-杂波的对比度，其结果见表 6.2。从表 6.2 和图 6.6 的对比中可以看出，基于 GOPCE 的方法有益于舰船目标的增强。

表 6.2　杂波方差以及舰船-杂波的对比度

舰船和海面	MGP_x	y_{c}	y_{PWF}
杂波方差	5.94×10^{-10}	3.67×10^{-8}	0.4
目标-杂波对比度	9.34×10^{3}	0.43×10^{3}	46.32

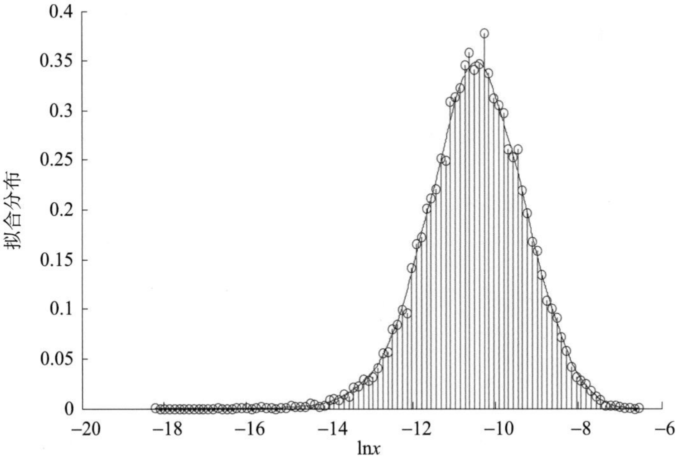

(a) MGP_x

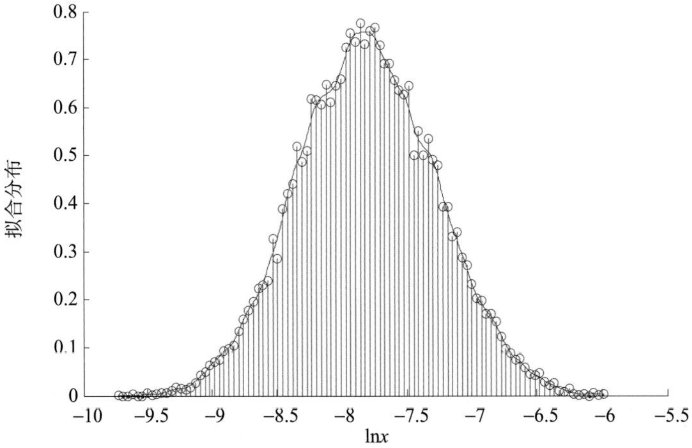

(b) y_c

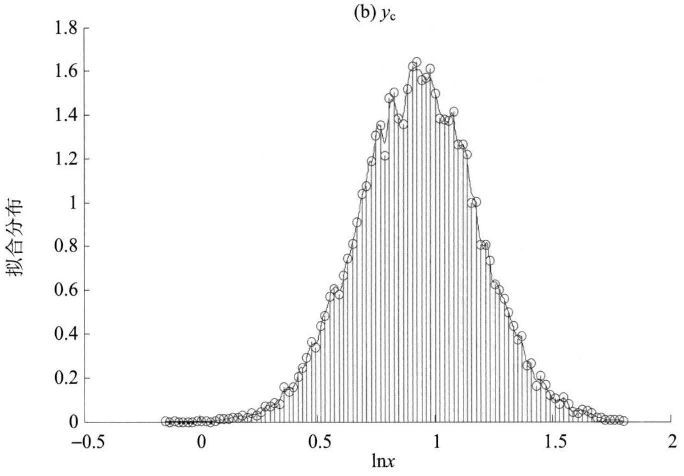

(c) y_{PWF}

图 6.7　利用 Parzen 窗函数以及对数正态分布核函数估计的杂波概率密度分布图

利用 Parzen 窗[16]估计 MGP_x、y_c 和 y_{PWF} 的概率密度分布。由于计算得到的三个变量都是正数，因此采用对数正态分布的窗函数对变量的分布进行估计。在 Parzen 窗估计法中，窗函数的带宽 h_n 对估计精度的影响很大，若 h_n 太大则概率密度估计的分辨率降低，若 h_n 太小则估计的结果稳定性不够。若变量服从高斯分布，理论上得到的窗函数最优宽度为 $h_n=\left(4/3N\right)^{0.2}\sigma$ 。其中，σ 表示被估计变量的方差，N 表示样本数。利用白线框 1 中的海杂波区域估计以上三个参数的概率密度分布，如图 6.7 所示。从图 6.7 中可以看出，海面 MGP_x 的方差较小。给定虚警率 $p_{fa}=10^{-4}$ ，结合图中估计的概率密度分布，舰船目标检测结果如图 6.8 所示。

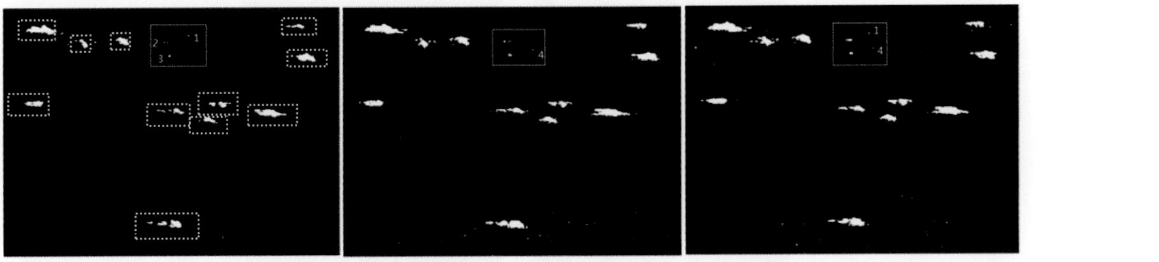

(a)　(b)　(c)

图 6.8　舰船检测结果

(a) MGP_x 检测器；(b) y_{c} 检测器；(c) PWF 检测器

由于斑点噪声的影响，小目标的检测往往是极化 SAR 目标检测的难点，常常产生漏检现象。图 6.8 白色方框内有 4 个潜在的小目标点，通过分析可知，点 1～点 3 可以确定是实际的舰船目标，而点 4 是否是目标还需进一步确定。极化 SAR 的一个优势是它可以利用不同极化通道之间的相关信息分析目标的极化散射特性。因此，本实验中利用一组极化参数来分析图中白方框内的区域，此区域的 Pauli 分解图如图 6.9(a) 所示。根据二面角散射过程和 Bragg 一次散射过程的不同物理性质，选择如下极化参数进行分析：$\left\langle\left|S_{\mathrm{HH}}-S_{\mathrm{VV}}\right|^2\right\rangle$，$\left|\mathrm{Re}\left\langle\left(S_{\mathrm{HH}}-S_{\mathrm{VV}}\right)S_{\mathrm{HV}}^*\right\rangle\right|$，$\left|\mathrm{Im}\left\langle\left(S_{\mathrm{HH}}-S_{\mathrm{VV}}\right)S_{\mathrm{HV}}^*\right\rangle\right|$，$\left(\left\langle\left|S_{\mathrm{HH}}-S_{\mathrm{VV}}\right|^2\right\rangle+4\left\langle\left|S_{\mathrm{HV}}\right|^2\right\rangle\right)\Big/\left\langle\left|S_{\mathrm{HH}}+S_{\mathrm{VV}}\right|^2\right\rangle$，$r_1$ 和 r_2，结果如图 6.9(b)～图 6.9(g) 所示。强度值 $\left\langle\left|S_{\mathrm{HH}}-S_{\mathrm{VV}}\right|^2\right\rangle$ 表示目标二次散射分量的大小，从图中可以很容易看出目标点 1 和点 2 的存在；根据二面角旋转理论，可知 $\left|\mathrm{Re}\left\langle\left(S_{\mathrm{HH}}-S_{\mathrm{VV}}\right)S_{\mathrm{HV}}^*\right\rangle\right|$ 是与目标定向角旋转有关的量，舰船目标的此参数较大；在目标的四成分分解中，$\left|\mathrm{Im}\left\langle\left(S_{\mathrm{HH}}-S_{\mathrm{VV}}\right)S_{\mathrm{HV}}^*\right\rangle\right|$ 表征螺旋体散射分量参数，可以用来描述目标的散射非对称性，而海面的 Bragg 散射具有散射对称性；在 X-Bragg 散射模型中，可以用 $\left(\left\langle\left|S_{\mathrm{HH}}-S_{\mathrm{VV}}\right|^2\right\rangle+4\left\langle\left|S_{\mathrm{HV}}\right|^2\right\rangle\right)\Big/\left\langle\left|S_{\mathrm{HH}}+S_{\mathrm{VV}}\right|^2\right\rangle$ 描述目标的非 Bragg 散射特性，此参数即为极化 α_{B} [17]角，此值越大，表征目标与 Bragg 散射的差异越大；海面区域的平面散射相似性参数 r_1 较大，舰船目标的二面角散射相似性参数 r_2 也较大。为了便于显示舰船目标，图 6.9(f) 和图 6.9(g) 中分别显示了 $1-r_1$ 和 r_2 的图像。从对图 6.9 的分析中可知，点 4 不是舰船目标。

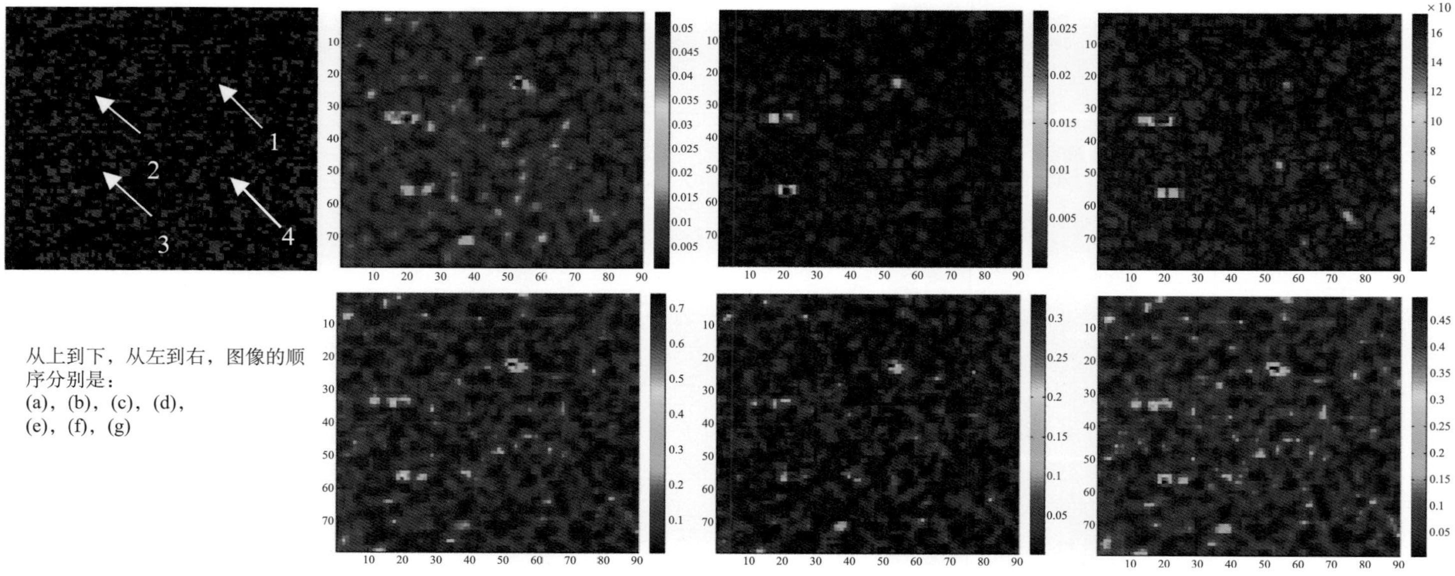

图 6.9　图 6.5 方框 2 小区域的极化 SAR 数据

(a) Pauli 分解图；(b) $\left\langle \left|S_{HH}-S_{VV}\right|^2 \right\rangle$；(c) $\left|\mathrm{Re}\left\langle (S_{HH}-S_{VV})S_{HV}^* \right\rangle\right|$；(d) $\left|\mathrm{Im}\left\langle (S_{HH}-S_{VV})S_{HV}^* \right\rangle\right|$；(e) α_B；(f) $1-r_1$；(g) r_2

结合图 6.9 的分析结果可以看出，本章介绍的基于 Fisher 准则的改进 GOPCE 方法可以同时从目标杂波对比度以及杂波方差两方面约束优化雷达的接收功率项和极化参数融合项，从而可以有效地检测出小目标并且减少虚警，其具有较好的检测性能。

6.5 小　结

本章主要研究了基于最优极化对比增强技术的极化 SAR 图像应用问题，针对不同的应用目的，应该构造不同的 Fisher 准则函数来优化 GOPCE 模型中的融合系数。对于地物分类和海上目标检测两种典型的应用，考察了改进的 Fisher-GOPCE 方法的性能。在地物分类中，介绍了一种基于单边二叉树的功率有序的多类地物分类方法；在海上舰船目标检测中，实验验证 GOPCE 方法能够有效地增强弱目标，并且降低海面虚警。本章的基本内容是目标增强技术，因此所介绍的方法可扩展到基于目标增强理论的极化 SAR 图像道路检测、桥梁检测、人工建筑物检测、地形起伏较小地区的森林/非森林区域分类等应用中。

参 考 文 献

[1] Yang J. On Theoretical Problems in Radar Polarimetry. Niigata, Japan: Niigata University Ph. D. Dissertation, 1999.

[2] Kostinski A B, Boerner W M. On the polarimetric contrast optimization. IEEE Transactions on Antennas and Propagation, 1987, 35(8): 988-991.

[3] Yang J, Dong G, Peng Y, et al. Generalized polarimetric contrast enhancement. IEEE Geosci. Remote Sensing Lett. , 2004, 1(3): 171-174.

[4] 殷君君, 安文涛, 杨健. 基于极化散射参数与 Fisher-OPCE 的监督目标分类. 清华大学学报(自然科学版), 2011, 51(12): 1782-1786.

[5] Yin J, Yang J, Xie C, et al. An improved generalized optimization of polarimetric contrast enhancement and its application to ship detection. IEICE Transactions on Communications, 2013.

[6] Yang J, Zhang H, Yamaguchi Y, GOPCE based approach to ship detection. IEEE Geosci. Remote Sensing Lett., 2012, 9(6): 1089-1093.

[7] Yang J, Yamaguchi Y, Boerner W M, et al. Numerical methods for solving the optimal problem of contrast enhancement. IEEE Transactions on Geoscience and Remote Sensing, 2000, 38(2): 965-971.

[8] Yang J, Peng Y N, Lin S M. Similarity between two scattering matrices. Electronics Letters, 2001, 37(3): 193-194.

[9] Cloude S R, Pottier E. An entropy based classification scheme for land applications of polarimetric SAR. IEEE Trans. Geosci. Remote Sens. , 1997, 35(1): 68-78.

[10] Huynen J R, Phenomenological Theory of Radar Targets. Delft, The Nether lands: Technical University Ph. D. Dissertation, 1970.

[11] Novak L M. Target detection studies using fully polarimetric data collected by the Lincoln Laboratory MMW SAR // International Conference Radar 92, 1992:167-170.

[12] Kolakowska A, Malina W. Fisher sequential classifiers. IEEE Transactions on Systems, Man, and Cybernetics–Part B, 2005, 35(5): 988-998.

[13] Cui Y, Liu Y M, Yang J. Ship detection in polarimetric SAR images based on modified generalized

optimization of the polarimetric contrast enhancement. Journal of Tsinghua University, 2011, 51(3): 424-427.

[14] Novak L M, Burl M C, Irving W W. Optimal polarimetric processing for enhanced target detection. IEEE Transactions on Aerospace and Electronic Systems. , 1993, 29:234-244.

[15] Lee J S, Grunes M R, Kwok R, Classification of multi-look polarimetric SAR imagery based on complex Wishart distribution, Int. J. Remote Sens. , 1994, 15(11) : 2299-2311.

[16] Wasserman L. All of Nonparametric Statistics. Springer Texts in Statistics. Berlin: Springer, 2006.

[17] Yin J, Moon W M, Yang J. Novel model-based method for identification of scattering mechanisms in polarimetric SAR data. IEEE Trans. Geosci. Remote Sens. , 2016, 54(1): 520-532.

第7章 目 标 检 测

目标检测是极化雷达应用的重要方面，由于斑点噪声、分辨率和成像几何形变的影响，目标检测问题一直是雷达图像应用中的难点。当前，关于目标检测的研究主要集中在具有单一成像场景的海面舰船目标检测方面，而关于陆地目标及海岸目标检测的研究有限，在舰船检测研究方面，高海况情况下的检测和具有低后向散射特性的目标检测仍旧是当前研究中的难点。目标检测的基本流程包括图像预处理、特征提取、杂波建模和检测方法等部分。其中，图像预处理和特征提取在前述章节已经进行了介绍，本章主要介绍杂波统计建模方法和典型目标的检测方法。对于不同的目标和观测场景，所提取的特征、采用的方法和技术路线各不相同。

本章的主要内容安排如下。

7.1 节对 SAR 和极化 SAR 的匀质和非匀质物理散射模型进行了总结，之后给出了典型的杂波拟合模型及参数估计方法。

7.2 节针对溢油检测问题，总结了极化 SAR 图像溢油检测的主要数据处理流程和典型的溢油检测极化特征。

7.3 节介绍两种舰船目标检测方法，用以提高目标检测的完整性和适应无舰船目标样本情况下的检测问题。

7.4 节针对大场景范围内的机场自动检测问题，介绍基于机场 ROI 精细分割和基于机场跑道几何特征的 ROI 辨识方法。

7.5 节针对水域周围的固定设施检测问题，根据港口的几何特征，介绍基于岸线特征点和平行曲线特征的港口检测方法，以及基于水域跟踪和岸线特征点的桥梁检测方法。

7.6 节基于 Bayes 跟踪及粒子滤波框架，介绍极化 SAR 图像的道路检测方法，并且该方法可以用于多波段极化 SAR 数据的联合检测。

7.1 典型地物杂波统计建模

7.1.1 匀质与非匀质物理散射模型

作为一种相干成像系统，SAR 测量到的复散射系数是散射单元中所有随机独立散射体的复散射系数之和。这一物理叠加过程在数学上抽象为二维随机游走(two-dimensional random walk)问题。关于散射体的幅度、相位以及散射单元中散射体的数量的统计学假设称为物理散射模型。物理散射模型决定了二维随机游走问题中合矢量的分布，也即散射单元复散射系数的分布。本节将讨论匀质与非匀质两类物理散射模型。

1. 匀质物理散射模型

匀质物理散射模型是描述成像介质散射特性的最基本的散射模型，一般适用于成像分辨率较低的场合，包含以下四条基本假设[1]：

(1)每一个散射单元中都随机分布着大量散射体；

(2)散射体之间相互独立且同分布；

(3)散射体的幅度与相位之间相互独立；

(4)散射体的相位服从均匀分布。

根据假设(1)，当散射单元内散射体数量趋于无穷大时，复散射系数的极限分布可以用来描述散射单元的统计特性。假设(3)表明散射介质的粗糙程度与电磁波的波长可比。根据假设(3)，散射体的实部、虚部独立同分布，并且均值为0。由以上四条假设可以推导出匀质物理散射模型下散射单元复散射系数的分布。假设散射单元中有 N 个散射体，散射体的实部、虚部分别为$\{x_1,x_2,\cdots,\ x_N\}$和$\{y_1,y_2,\cdots,\ y_N\}$。其中，x_i、y_i独立同分布，并且方差均为$\sigma^2/2$。在能量归一化条件下，将散射体数量趋于无穷大，应用中心极限定理，散射单元的实部和虚部的极限分布收敛于高斯分布，即

$$X=\frac{1}{\sqrt{N}}\sum_{n=1}^{N}x_n\xrightarrow{d}N(0,\sigma^2/2) \tag{7.1}$$

$$Y=\frac{1}{\sqrt{N}}\sum_{n=1}^{N}y_n\xrightarrow{d}N(0,\sigma^2/2) \tag{7.2}$$

其中，X与Y独立同分布。于是在极限情况下，散射单元的复散射系数$Z=X+jY$服从圆对称复高斯分布$\mathrm{CN}\left(0,\sigma^2\right)$：

$$p(Z)=\frac{1}{\pi\sigma^2}\exp\left(-\frac{|Z|^2}{\sigma^2}\right) \tag{7.3}$$

散射单元的强度$I=X^2+Y^2$服从指数分布$\exp\left(1/\sigma^2\right)$：

$$p(I)=\frac{1}{\sigma^2}\exp\left(-\frac{I}{\sigma^2}\right),\quad I>0 \tag{7.4}$$

经过多视处理后的强度服从 Gamma 分布$\Gamma\left(\mathrm{L},\sigma^2/L\right)$：

$$p(I)=\frac{L^L I^{L-1}}{\Gamma(L)\sigma^{2L}}\exp\left(-\frac{LI}{\sigma^2}\right),\quad I>0 \tag{7.5}$$

式中，L为视数；$\Gamma(\cdot)$为 Gamma 函数。

2. 非匀质物理散射模型

低分辨率成像时，每个散射单元都包含大量的散射体，所有散射单元中的散射体数量近似相等。随着成像分辨率的提高，散射单元的尺度逐渐变小，使得散射单元中的散

射体数量也相应减少。由此带来的影响是各个散射单元中散射体数量的差异越发显著，如图 7.1 所示。

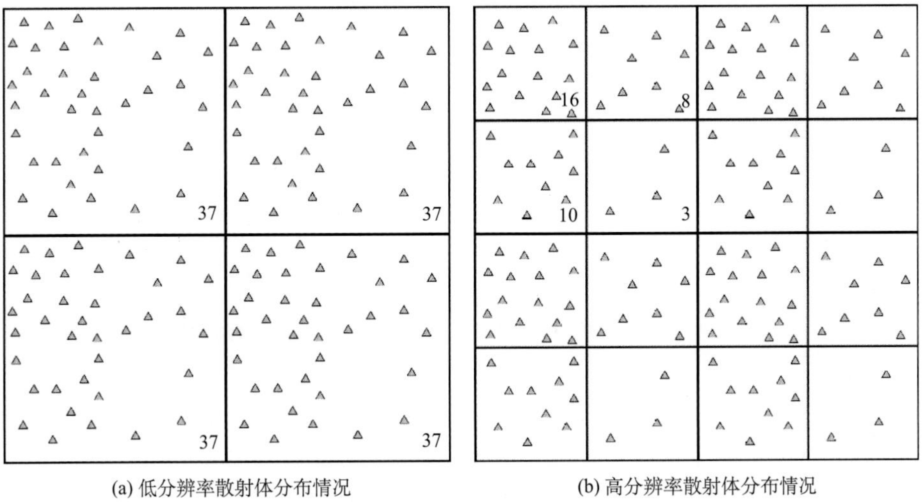

图 7.1　物理散射模型示意图[2]

这时匀质物理散射模型中的假设(1)不再成立。为了描述散射单元中散射体数量的起伏特性，假设散射体数量服从某一离散分布，并将散射体数量的均值趋于无穷大，此时复散射系数的极限分布可以用来描述散射单元的统计特性。与这类假设相对的物理散射模型称为非匀质物理散射模型。以下是一种数学上易处理的非匀质物理散射模型包含的四条假设[3]：

(1)散射单元中随机分布着大量散射体，散射体的数量服从负二项分布；

(2)散射体之间相互独立且同分布；

(3)散射体的幅度与相位之间相互独立；

(4)散射体的相位服从均匀分布。

在四条假设中，除假设(1)外，其他三条假设与匀质物理散射模型相同。基于这四条假设可以推导出该非匀质物理散射模型下，散射单元复散射系数的分布。假设散射体数量 N 服从均值为 $\overline{N}$ 、形状参数为 α 的负二项分布：

$$p(N)=\binom{N+\alpha-1}{N}\frac{\left(\overline{N}/\alpha\right)^{N}}{\left(1+\overline{N}/\alpha\right)^{N+\alpha}},\alpha,N\in\mathbb{Z},\alpha\geqslant 1,N\geqslant 1 \tag{7.6}$$

经过一系列推导后[3]，得到散射单元的幅度分布为 K 分布：

$$p(A)=\frac{2b}{\Gamma(\alpha)}\left(\frac{bA}{2}\right)^{\alpha}K_{\alpha-1}(bA),\ A>0 \tag{7.7}$$

式中，$K_v(z)$ 表示阶数为 v 的第二类修正 Bessel 函数；$b=2\sqrt{\alpha/E\left(A^2\right)}$。当 $\alpha\to\infty$ 时，

K 分布的极限是匀质模型中的 Rayleigh 分布。值得注意的是，式(7.7)中的分布恰好为两个 Gamma 分布随机变量乘积的分布，即

$$I = t\bar{I}N \tag{7.8}$$

式中，t 表示形状参数为 α、均值为 1 的 Gamma 分布随机变量；N 为均值为形状参数为 L、均值为 1 的 Gamma 分布随机变量。可以认为，在非匀质物理散射模型中，散射单元的随机性来源于两个方面：其一为散射体数量起伏造成的随机性，对应于式(7.8)中的 t，其称为纹理变量；其二为散射体自身复散射系数的随机性，即相干斑噪声，对应于式(7.8)中的 N。由于两部分随机性的来源不同，可以认为 t 与 N 相互独立。这一模型称为 SAR 数据的纹理乘积模型。

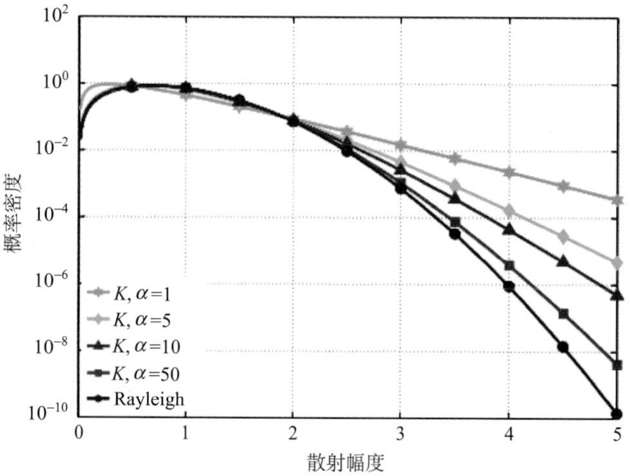

图 7.2　匀质与非匀质物理散射模型散射幅度分布[2]

从散射体数量起伏角度切入，可以直观地理解散射体的分布情况对散射单元统计特性的影响。本小节的最后就上述负二项分布模型稍做展开，更进一步讨论匀质和非匀质物理散射模型之间的关系。图 7.2 对比了匀质模型下的 Rayleigh 分布与非匀质模型下不同 α 值对应的 K 分布。从图 7.2 中可以看出，非匀质模型对应的散射强度分布属于重拖尾分布。当 α 值越小时，拖尾越重，模型的非匀质性越强；反之，当 α 值越大时，拖尾越轻，模型的非匀质性越弱。实际上，拖尾分布与散射体数量的分布有密切的关系。图 7.3 画出了当 α 取 1、5、10、50 时负二项的概率分布。从图 7.3 中可以看到，当 α 取值越大时，负二项分布越集中于均值附近，各散射单元的散射体数量越相近，模型更接近于匀质；当 α 取值越小时，有相当一部分散射单元的散射体数量显著小于均值，这些散射单元更容易出现较高的散射强度，如图 7.4 所示。正是这些散射单元使得模型变为非匀质，并且加重了强度分布的拖尾。

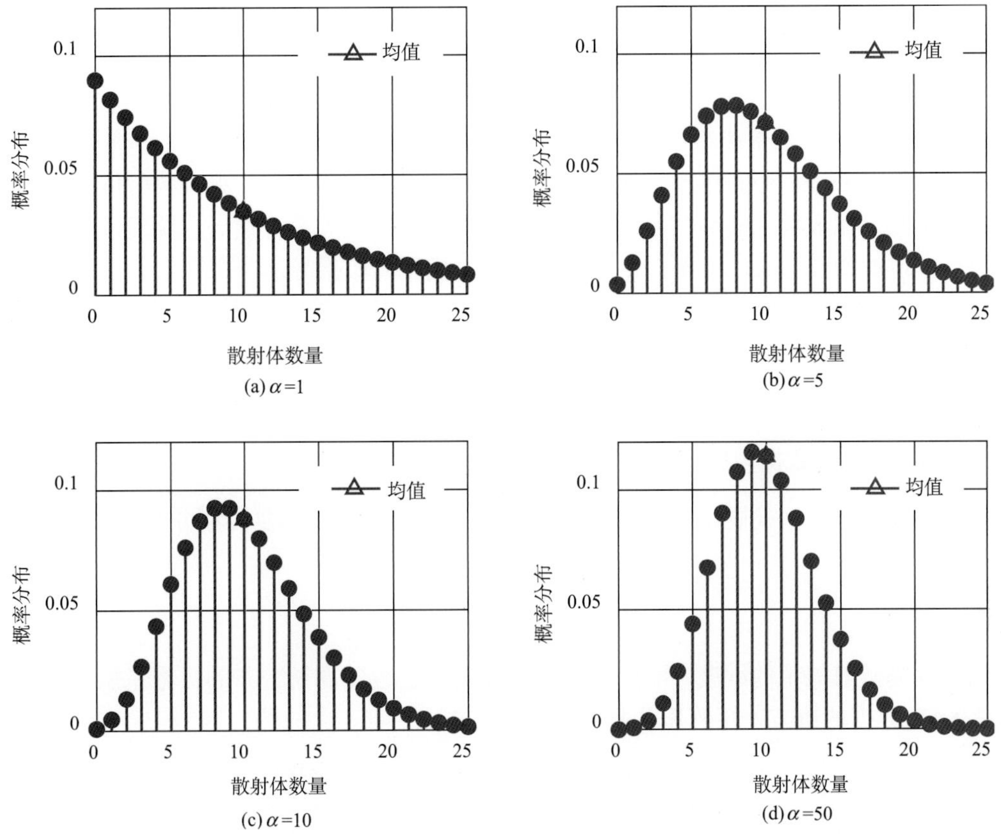

图 7.3　负二项分布示意图[2]

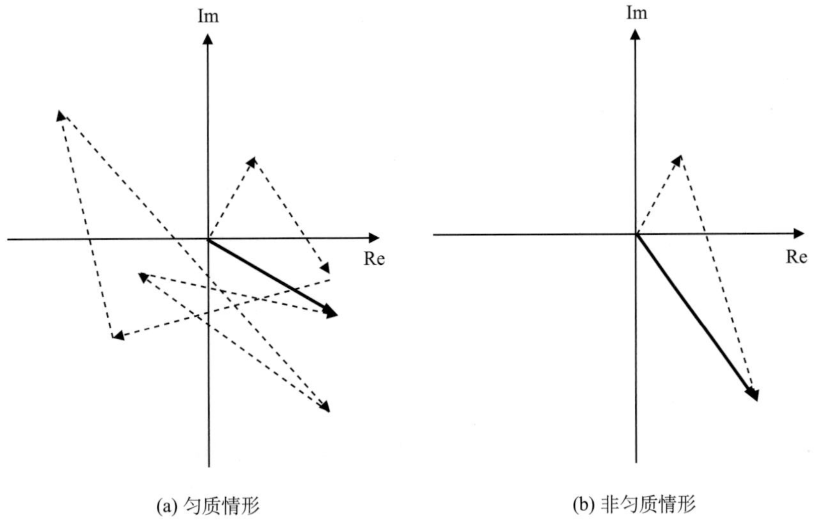

图 7.4　匀质与非匀质物理散射模型复散射系数示意图[2]

7.1.2　极化 SAR 数据统计模型

7.1.1 节从物理散射模型入手，说明了在散射体数量服从负二项分布时，散射单元的强度可以用 Gamma 分布纹理乘积模型建模。目前已有的研究中，只有散射体数量的负二项分布假设在数学上能够推导出与纹理乘积模型的对应关系。然而，纹理乘积模型自身也有一定的物理意义，并不一定要从物理散射模型开始推导。

纹理变量表示介质的非匀质性对散射单元平均散射强度的调制效应，对纹理变量的分布做不同的假设就得到了相应的极化 SAR 数据纹理乘积模型。本小节将对单视和多视极化 SAR 数据的统计模型进行总结。

1. 极化 SAR 数据匀质统计模型

在匀质区域，单视极化 SAR 数据的散射矢量 k 服从圆对称复高斯分布：

$$p\left(\vec{k};\boldsymbol{C}\right)=\frac{\exp\left\{-\vec{k}^{\mathrm{H}}\boldsymbol{C}^{-1}\vec{k}\right\}}{\pi^{D}\left|\boldsymbol{C}\right|} \tag{7.9}$$

式中，D 为散射矢量的维度，即极化通道的数量；$\boldsymbol{C}$ 为复高斯分布的协方差矩阵。多视极化 SAR 数据的协方差矩阵服从复 Wishart 分布：

$$p\left(\boldsymbol{Z};\boldsymbol{C}\right)=\frac{L^{LD}\left|\boldsymbol{Z}\right|^{L-D}\exp\left\{-L\mathrm{Tr}\left(\boldsymbol{C}_{\mathrm{m}}^{-1}\boldsymbol{Z}\right)\right\}}{\Gamma_{D}\left(L\right)\left|\boldsymbol{C}_{\mathrm{m}}\right|^{L}} \tag{7.10}$$

式中，$L>D$ 为视数；$\Gamma(\cdot)$ 表示复多元 Gamma 函数，其表达式为

$$\Gamma_{D}\left(L\right)=\pi^{D(D-1)/2}\Gamma\left(L\right)\Gamma\left(L-1\right)\cdots\Gamma\left(L-D+1\right) \tag{7.11}$$

2. 极化 SAR 数据非匀质统计模型

在非匀质区域，一般用纹理乘积模型来描述极化 SAR 数据的统计特性。纹理乘积模型最初用于 SAR 数据的统计建模，当多通道的极化 SAR 系统出现以后，该模型也被扩展用于极化 SAR 数据的统计建模。对于单视极化 SAR 数据，纹理乘积模型将极化散射矢量表示为一个单位均值的纹理随机变量 t 与一个协方差矩阵为 $\boldsymbol{C}$ 的复高斯矢量 $\vec{x}$ 的乘积，即

$$\vec{k}=t\vec{x}=\sqrt{t}\left(x_{\mathrm{HH}},\sqrt{2}x_{\mathrm{HV}},x_{\mathrm{VV}}\right)^{\mathrm{T}} \tag{7.12}$$

多视极化 SAR 数据由单视极化 SAR 数据经过非相干平均得到，即

$$\boldsymbol{Z}=\frac{1}{L}\sum_{l=1}^{L}\vec{k}_{l}\vec{k}_{l}^{\mathrm{H}}=\frac{1}{L}\sum_{l=1}^{L}t_{l}\vec{x}_{l}\vec{x}_{l}^{\mathrm{H}} \tag{7.13}$$

假设纹理变量的空间相关性高于相干斑噪声，于是可以近似地认为式(7.13)中 t_l 与下标 l 无关，即

$$\boldsymbol{Z} = \frac{t}{L}\sum_{l=1}^{L}\vec{x}_l\vec{x}_l^{\mathrm{H}} = t\boldsymbol{X} \tag{7.14}$$

如果 $\vec{x}_l$ 相互独立，那么 $\boldsymbol{X}$ 服从均值为 $\boldsymbol{C}$ 、自由度为 L 的复 Wishart 分布。式(7.14)即多视极化 SAR 数据的纹理乘积模型，其中，L 表示参与平均的像素数量，是一个整数。但是实际上，由于相邻像素的相干斑噪声有一定相关性，多视平均后，相干斑噪声复 Wishart 分布的自由度要小于平均像素的数量，因而相干斑噪声复 Wishart 分布的自由度 L 也可能为分数。当纹理变量 t 服从不同的分布时，对应于不同的极化 SAR 数据统计模型。选择的纹理分布一般应当能够推导出解析形式的极化 SAR 数据概率密度函数。目前，常用的纹理分布有 Gamma 分布、逆 Gamma 分布、Fisher 分布和广义 Gamma 分布，与之对应的极化 SAR 数据统计分布分别为 K 分布、G^0 分布、Kummer U 分布和 L 分布。一个特例是常数纹理，它对应于极化 SAR 数据的匀质统计模型。表 7.1 总结了常用的纹理分布以及相应的极化 SAR 数据分布的概率密度函数。

7.1.3　典型杂波拟合模型

7.1.1 节和 7.1.2 节介绍了 SAR 以及极化 SAR 数据的典型杂波统计模型，除此之外，目标检测中检验统计量的杂波建模还常常涉及参数化模型方法和非参数化模型方法。参数化模型方法如对数正态分布、混合对数正太分布和 Alpha-Stable 分布等；非参数化模型方法已经有很多研究，其特点是根据数据的特点进行拟合，拟合的效果一般比较接近实际的杂波分布，如 Parzen 窗函数法。现将这些统计分布模型和参数估计方法介绍如下。

1. 对数正态分布

对数正态分布的概率密度函数如下[4]：

$$p(x) = \frac{1}{x\sigma\sqrt{2\pi}}\mathrm{e}^{-\frac{(\ln x-\mu)^2}{2\sigma^2}}, \quad x > 0 \tag{7.15}$$

事实上，若随机变量 X 服从对数正态分布，即其概率密度函数满足式(7.15)时，随机变量 Y=ln(X)就服从以 μ 为均值、σ^2 为方差的正态分布，对数正态分布由此得名。图 7.5 为在 $\mu = 0$ 时不同参数 σ 下的对数正态分布的概率密度函数。

对数正态分布的参数估计非常简单，若 $\boldsymbol{X} = \{x_1, x_2, \cdots, x_n\}$ 为服从对数正态分布的独立同分布样本，则可首先利用对数变换将其变成独立同分布的高斯样本，然后估计出均值和方差。对数正态分布的参数估计式具体为

$$\begin{aligned} \mu &= \frac{1}{n}\sum_{i=1}^{n}\ln(x_i) \\ \sigma &= \sqrt{\frac{1}{n-1}\sum_{i=1}^{n}\left[\ln(x_i) - \mu\right]^2} \end{aligned} \tag{7.16}$$

表 7.1　极化 SAR 数据纹理乘积模型[2]

纹理分布	概率密度函数	数据分布	概率密度函数
常数	$p(t)=\delta(t-1)$ $t>0$	Wishart	$p(\boldsymbol{Z})=\dfrac{L^{LD}\lvert\boldsymbol{Z}\rvert^{L-D}\exp\left\{-L\mathrm{Tr}\left(\boldsymbol{C}_{\mathrm{m}}^{-1}\boldsymbol{Z}\right)\right\}}{\Gamma_D(L)\lvert\boldsymbol{C}_{\mathrm{m}}\rvert^{L}}$
Gamma	$p(t;\alpha)=\dfrac{\alpha^{\alpha}}{\Gamma(\alpha)}t^{\alpha-1}\exp(-\alpha t)$ $t>0,\alpha>0$	K	$p(\boldsymbol{Z})=\dfrac{2\lvert\boldsymbol{Z}\rvert^{L-D}(L\alpha)^{(\alpha+LD)/2}}{\Gamma_D(L)\lvert\boldsymbol{C}\rvert^{L}\Gamma(\alpha)}\dfrac{K_{\alpha-LD}\left(2\sqrt{L\alpha\mathrm{Tr}\left(\boldsymbol{C}^{-1}\boldsymbol{Z}\right)}\right)}{\mathrm{Tr}\left(\boldsymbol{C}^{-1}\boldsymbol{Z}\right)^{-(\alpha-LD)/2}}$
逆 Gamma	$p(t;\alpha)=\dfrac{(\alpha-1)^{\alpha}}{\Gamma(\alpha)}t^{\alpha-1}\exp\left(-\dfrac{\alpha-1}{t}\right)$ $t>0,\alpha>0$	G^0	$p(\boldsymbol{Z})=\dfrac{L^{LD}\lvert\boldsymbol{Z}\rvert^{L-D}\Gamma(LD+\alpha)}{\Gamma_D(L)\lvert\boldsymbol{C}\rvert^{L}\Gamma(\alpha)(\alpha-1)^{-\alpha}}\left[L\mathrm{Tr}\left(\boldsymbol{C}^{-1}\boldsymbol{Z}\right)+(\alpha-1)\right]^{-\alpha-LD}$
Fisher	$p(t;\alpha,\lambda)=\dfrac{\alpha^{\alpha}\Gamma(\alpha+\lambda)}{(\lambda-1)^{\alpha}\Gamma(\alpha)\Gamma(\lambda)}t^{\alpha-1}\left(1+\dfrac{\alpha t}{\lambda-1}\right)^{-(\alpha+\lambda)}$ $t>0,\alpha>0,\lambda>1$	Kummer U	$p(\boldsymbol{Z})=\dfrac{L^{LD}\lvert\boldsymbol{Z}\rvert^{L-D}}{\Gamma_D(L)\lvert\boldsymbol{C}\rvert^{L}}\dfrac{\Gamma(\alpha+\lambda)}{\Gamma(\alpha)\Gamma(\lambda)}\left(\dfrac{\alpha}{\lambda m}\right)^{LD}\Gamma(LD+\lambda)U(a,b,z)$ $a=LD+\lambda,b=1+LD-\alpha,z=\dfrac{L\mathrm{Tr}\left(\boldsymbol{C}^{-1}\boldsymbol{Z}\right)\alpha}{\lambda m}$ $U(a,b,z)=\dfrac{1}{\Gamma(\alpha)}\int_0^{\infty}\exp(-zx)x^{\alpha-1}(1+x)^{b-a-1}\mathrm{d}x$
广义 Gamma	$p(t;\alpha,\lambda,\mu)=\dfrac{\lvert\lambda\rvert}{\mu\Gamma(\alpha)}\left(\dfrac{t}{\mu}\right)^{\alpha\lambda-1}\exp\left(-\left(\dfrac{t}{\mu}\right)^{\lambda}\right)$ $t>0,\alpha>0,\lambda\neq0,\mu>0$	L	$p(\boldsymbol{Z})=\dfrac{2\lvert\lambda\rvert L^{LD}\lvert\boldsymbol{Z}\rvert^{L-D}}{\mu^{LD}\Gamma_D(L)\lvert\boldsymbol{C}\rvert^{L}\Gamma(\alpha)}L\left(\lambda,\lambda\alpha-LD,\dfrac{L\mathrm{Tr}\left(\boldsymbol{C}^{-1}\boldsymbol{Z}\right)}{\mu}\right)$ $L(p,q,b)=\dfrac{1}{2}\int_0^{\infty}x^{-q-1}\exp\left(-x^{-p}-bx\right)\mathrm{d}x$

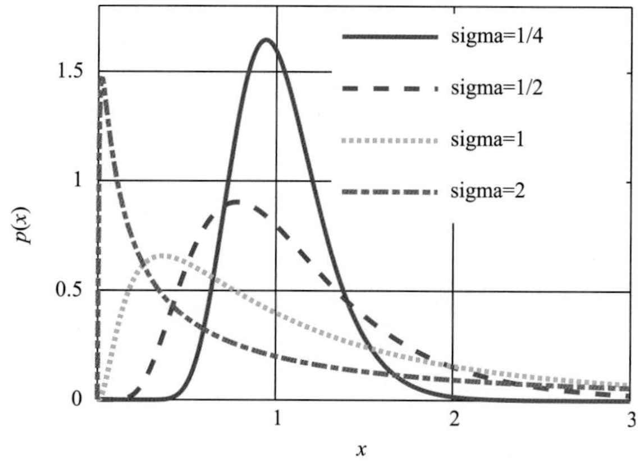

图 7.5　不同参数 σ 下的对数正态分布概率密度函数（$u=0$）

2. 混合对数正态分布

讨论混合对数正态分布，由于检测得到的结果是恒非负，因此使用对数正态而不是正态分布，混合对数正态分布(lognormal mixture distribution，LMD)的分布函数[5]如下所示：

$$
\begin{gathered}
p(x)=\sum_{k=1}^{K}\lambda_k p(x\mid\sigma_k,\mu_k)\\
\sum_{k=1}^{K}\lambda_k=1,\lambda_k\geqslant 0,\quad p(x\mid\sigma_k,\mu_k)=\frac{1}{\sqrt{2\pi}x\sigma_k}\exp\left[-\frac{(\ln x-\mu_k)^2}{2\sigma_k^2}\right]
\end{gathered}
\tag{7.17}
$$

做变换 $y=\ln x$，得到 y 的分布如下：

$$
\begin{gathered}
p(y)=\sum_{k=1}^{K}\lambda_k p(y\mid\sigma_k,\mu_k),\quad \sum_{k=1}^{K}\lambda_k=1,\lambda_k\geqslant 0\\
p(y\mid\sigma_k,\mu_k)=\frac{1}{\sqrt{2\pi}\sigma_k}\exp\left[-\frac{(y-\mu_k)^2}{2\sigma_k^2}\right]
\end{gathered}
\tag{7.18}
$$

进行混合对数正态分布拟合的方法具体如下。

步骤 1：对数变换。

$$
X=\{x_1,x_2,\cdots,x_N\}\overset{y_n=\ln x_n}{\Rightarrow}Y=\{y_1,y_2,\cdots,y_N\}\Rightarrow\lambda_k,\sigma_k,\mu_k \tag{7.19}
$$

步骤 2：EM 算法参数估计。

初始化：从 Y 中任意选出 K 个样本作为 $\mu_k^{[0]}$，$\pi_k^{[0]}=1/K$，$\sigma_k^{[0]}=\sqrt{\mathrm{var}(Y)}$；

For　$i=0$∶$M_{\max}$

$$
\begin{aligned}
&\gamma_{nk}^{[i]}=\frac{\pi_k^{[i]}\cdot p\left(y_n\left|\mu_k^{[i]},\sigma_k^{[i]}\right.\right)}{\sum_{j=1}^{K}\pi_j^{[i]}\cdot p\left(y_n\left|\mu_j^{[i]},\sigma_j^{[i]}\right.\right)},n=1,2,\cdots,N,k=1,2,\cdots,K\\
&N_k^{[i+1]}=\sum_{n=1}^{N}\gamma_{nk}^{[i]}\\
&\mu_k^{[i+1]}=\frac{1}{N_k^{[i+1]}}\sum_{n=1}^{N}\gamma_{nk}^{[i]}\cdot y_n\\
&\sigma_k^{[i+1]}=\sqrt{\frac{1}{N_k^{[i+1]}}\sum_{n=1}^{N}\gamma_{nk}^{[i]}\cdot\left(y_n-\mu_k^{[i+1]}\right)^2}\\
&\pi_k^{[i+1]}=\frac{N_k^{[i+1]}}{N}
\end{aligned}
\tag{7.20}
$$

3. Alpha-Stable 分布

α 稳定分布[6]是一类显式定义特征函数，而非概率密度函数的分布，假设满足此分布的随机变量X，其特征函数的参数为$0<\alpha\leqslant 2,\ \gamma\geqslant 0,\ -1\leqslant\beta\leqslant 1$，则其特征函数的定义如式(7.21)所示：

$$
\begin{aligned}
&\phi(t)=\exp\left\{jat-\gamma|t|^{\alpha}\left[1+j\beta\,\mathrm{sgn}(t)\omega(t,\alpha)\right]\right\}\\
&\omega(t,\alpha)=\begin{cases}\tan(\pi\alpha/2), & \alpha\neq 1\\ (2/\pi)\log|t|, & \alpha=1\end{cases}\\
&\mathrm{sgn}(t)=\begin{cases}1, & t>0\\ 0, & t=0\\ -1, & t<0\end{cases}
\end{aligned}
\tag{7.21}
$$

式(7.21)中，参数$\alpha\in(0,2]$称为特征指数，它决定该分布脉冲特性的程度。α 值越小，所对应分布的拖尾越厚，因此脉冲特性越显著。相反，随着α 值变大，所对应分布的拖尾变薄，且脉冲特性减弱。为了表明不同拖尾厚度的稳定分布，常称稳定分布为α 稳定分布。当$\alpha=2$时，特征函数式$\phi(t)$变为$\phi(t)=\exp\left(jat-\gamma|t|^2\right)$，与均值为$a$、方差为$2\gamma$的高斯分布相同，即高斯分布是$\alpha$ 稳定分布的一个特例。当$\alpha=1$且$\gamma=0$时为柯西(Cauchy)分布。为了区分$\alpha=2$的高斯分布与$1<\alpha<2$的非高斯稳定分布，定义后者为分数低阶α 稳定(FLOA)分布。参数$-l<\beta<1$称为对称参数，用于确定分布的斜度。$\beta=0$对应于对称分布，简称为$S\alpha S$。高斯分布和柯西分布都属于$S\alpha S$分布。参数γ为分散系数，又称为尺度系数，它是关于样本相对于均值的分散程度的度量，类似于高斯分布中的方差。不过，在高斯情况下，分散系数的数值是方差的一半。参数α称为位置参数。考虑到分布的特征函数是其概率密度函数的 Fourier 变换，因此式(7.21)中的$\exp\{j\alpha t\}$基本上对应于概率密度函数在x轴上的平移。对于$S\alpha S$分布，若$l<\alpha\leqslant 2$，则

α 表示均值；若 $0<\alpha\leqslant 1$，则 α 表示中值；若满足 $\alpha=0$，且 $\gamma=l$，则 α 稳定分布称为标准 α 稳定分布。

由于 a 稳定分布的特征函数是由 4 个参数来确定的，我们用 $S_\alpha(\gamma,\beta,a)$ 来表示稳定分布，并记为

$$X\sim S_\alpha(\gamma,\beta,a) \tag{7.22}$$

当 X 为对称 α 稳定分布时，有 $\beta=0$，记为

$$X\sim S\alpha S \tag{7.23}$$

对于 $S\alpha S$ 分布，由于其参数少了一个，因此估计起来比较容易，但是大部分检测杂波的分布不是对称分布，所以将其变换到对数域后进行参数估计，这里选用对数法进行估计，简述如下。由于：

$$E\left(|X|^p\right)=E\left(e^{p\log|X|}\right)=C(p,\alpha)\gamma^{p/\alpha} \tag{7.24}$$

引入负阶矩的概念后，式(7.24)在 $p=0$ 处连续。定义 $Y=\log|X|$，则 $E\left(e^{pY}\right)$ 为 Y 的矩生成函数，且

$$E\left(e^{pY}\right)=\sum_{k=0}^{\infty}E\left(Y^k\right)\frac{p^k}{k!}=C(p,\alpha)\gamma^{p/\alpha} \tag{7.25}$$

因此，Y 的任何阶矩都是有限的，并且满足：

$$E\left(Y^k\right)=\frac{d^k}{dp^k}\left[C(p,\alpha)\gamma^{p/\alpha}\right]|_{p=0} \tag{7.26}$$

化简后有

$$E(Y)=C_{\mathrm{e}}\left(\frac{1}{\alpha}-1\right)+\frac{1}{\alpha}\log\gamma \tag{7.27}$$

式中，C_{e}=0.57721566…，为 Euler 常数，且有

$$\begin{aligned}&\operatorname{var}(Y)=E(Y-EY)^2=\frac{\pi^2}{6}\left(\frac{1}{\alpha^2}+\frac{1}{2}\right)\\&E(Y-EY)^3=3\zeta(3)\left(\frac{1}{\alpha^3}-1\right)\end{aligned} \tag{7.28}$$

式中，$\zeta(\cdot)$ 为 Riemann Zeta 函数，且 $\zeta(3)=1.20202569\cdots$，则

$$E(Y-EY)^4=\pi^4\left(\frac{3}{20\alpha^4}+\frac{1}{12\alpha^2}+\frac{19}{240}\right)$$

Y 的高阶矩总是存在的，并且二阶矩和高阶矩只与 α 有关。这一特性为参数估计提供了一个简单的方法。我们可以通过式(7.29)来估计 Y 的均值和方差，公式如下：

$$\overline{Y} = \frac{\sum_{i=1}^{N} Y_i}{N}$$
$$\hat{\sigma}_Y^2 = \frac{\sum_{i=1}^{N}\left(Y_i - \overline{Y}\right)^2}{N-1} \tag{7.29}$$

式中，N 为样本总数；Y_i 为独立同分布的观测值。这样，参数 α 和 γ 就可以经由式(7.27)和式(7.28)估计得到。因为 Y 被定义为 $\log|X|$，所以这种参数方法被称为对数法[7]。

4. 基于 Parzen 窗非参数化杂波分布模型

Parzen 窗法[8]，也叫核概率密度函数估计法，是一种非参数化的概率密度函数估计方法。该方法以数据样本为中心，利用窗函数来对概率密度函数进行插值拟合处理。当数据样本数 N 足够大时，该方法能够给出产生数据样本的概率密度准确的估计。当 $N \to \infty$ 时，用窗方法估计的概率分布函数收敛到真实的概率分布。

对样本集合 $X = \{x_1, x_2, \cdots, x_M\}$，利用 Parzen 窗法对其概率密度函数进行估计，有式(7.30)：

$$\hat{p}_X(x) = \frac{1}{Mh}\sum_{i=1}^{M} \mathrm{ke}\left(\frac{x - x_i}{h}\right) \tag{7.30}$$

其中，$\mathrm{ke}(u)$ 为 Parzen 窗函数；h 为核函数的宽度。理论上，窗函数有很多种选择，这里选择最常用的 Gauss 窗函数进行估计，具体如下：

$$\mathrm{ke}(u) = \frac{1}{\sqrt{2\pi}} \mathrm{e}^{-\frac{u^2}{2}} \tag{7.31}$$

将式(7.31)代入式(7.30)得到拟合分布的表达式，具体如下：

$$\hat{p}_X(x) = \frac{1}{\sqrt{2\pi}Mh}\sum_{i=1}^{M} \mathrm{e}^{-\frac{(x-x_i)^2}{2h^2}} \tag{7.32}$$

使用 Parzen 窗函数法估计一组数据样本的概率密度函数时，理论上可以得到最优的窗宽度[9]，具体如下：

$$h_{\mathrm{opt}} = \left(\frac{c_2}{c_1^2 AN}\right)^{1/5} \tag{7.33}$$

式(7.33)中各参数见式(7.34)：

$$c_1 = \int_{-\infty}^{\infty} u^2 \mathrm{ke}(u)\mathrm{d}u,\quad c_2 = \int_{-\infty}^{\infty} \mathrm{ke}^2(u)\mathrm{d}u,\quad A = \int_{-\infty}^{\infty} [p''(u)]^2 \mathrm{d}u \tag{7.34}$$

如果要估计的概率密度函数 $p(u)$ 服从 Gauss 分布，有 $c_1 = 1, c_2 = 1/\left(2\sqrt{\pi}\right)$，$A = 3/\left(8\sqrt{\pi}\sigma^5\right)$，其中 σ^2 为被估计概率密度的方差，则式(7.33)变为式(7.34)。

$$h_{\text{opt}} = \left(\frac{4}{3N} \right)^{1/5} \sigma \tag{7.35}$$

用窗方法对 Gauss 概率分布进行估计时，使用式(7.35)的窗宽度是最优的。在极化 SAR 数据图像中检测器的值通常是恒正的。选定一块像素较多的杂波区域，对区域内检测值取对数，其统计分布近似成 Gauss 分布。利用上面的方法在对数域进行拟合，可以克服此拟合方法对于负数有概率的缺点，并且由于使用了对数，拟合的动态范围相对减小，因此拟合的难度下降。同时，由于对数域的分布都相对对称，因此利用 Gauss 核拟合的准度相对较好，同时对于大部分情况，分布接近 Gauss 分布，所以可以使用式(7.35)用来估计 Gauss 分布的最优参数作为拟合的参数。

7.2 溢 油 检 测

7.2.1 引　　言

随着海洋运输业务的快速增长以及海洋勘探的增加，人类的社会活动造成海洋污染的情况也在急速加剧。近些年来，不断有关于石油钻井平台或燃油运输船只出现事故，从而造成严重的环境污染的报道。例如，2010 年英国 BP 公司在墨西哥湾的钻井平台事故，2011 年上半年的渤海湾蓬莱 19-3 油田漏油事故，以及 2011 年新西兰“雷纳”号油船燃油泄漏事故等。此外，除由媒体报道的事故中的漏油现象外，在大型货船运输过程中的非法排放现象也是很严重的，而且此类现象一般不会被大众知道。油船在运输过程中由于受到港口设施、时间、金钱等因素的影响，经各个方面的权衡，很可能在海上航行期间向海中排放燃油或者废弃油，从而对环境造成污染。此类非法排放造成的污染现象占每年海洋溢油污染现象的 80%。因此，对海面的油污进行实时监测是很有必要的。

在海洋遥感应用中，主要应用的是 C 波段的 SAR 卫星进行海面监测。因为 SAR 与海面之间的交互作用主要是通过 Bragg 波共振完成的，海洋表面 Bragg 波通常是由风速引起的厘米波段的重力毛细波，在 C 波段时，雷达波与海面重力毛细波的共振强度较大，从而后向散射系数也较大。根据 Bragg 谐振条件：

$$\lambda_{\text{B}} = n\lambda \big/ 2\sin\theta \quad n = 1, 2, \cdots \tag{7.36}$$

可知产生共振的 Bragg 波长 λ_{B} 在 C 波段(5.3GHz)时分布在 3.23～8.1cm(随着入射角的不同而不同，n=1)。雷达波后向散射能量的大小与海洋表面粗糙度有关，粗糙度越大后向散射能量越大。当海洋表面存在油膜等表面活性物质时，它们会改变海面的膨胀系数(即表面膜的黏弹性)，从而对海洋表面 Bragg 波造成衰减，但是不同表面膜的衰减性质不同。海洋表面生物膜的黏弹性衰减系数可以用 Marangoni 衰减理论描述[10]，油膜由于可以衰减海洋表面的 Bragg 波，因此在 SAR 图像上表现为暗区域，即具有较低的后向散射特性。相比于周围的海域环境，油膜的后向散射系数较低，但是其他海洋现象，如低风速区域、海洋流、生物膜区域、船尾迹、降雨等现象也同样具有低的后向散射特性，因此利用 SAR 的油膜监测任务除了将油膜检测出来之外，还需要将油膜区域同其他“类似物”(具有低后向散射特性的非油膜区域）区分开。在利用传统的单极化 SAR 系统对海洋油膜进行监测时，由于信息量有限，虚警率较高；而利用极化信息，可以在提高油膜检测概率的同时大大降低虚警率。图 7.6 给出了一些典型的极化 SAR 图像中的低后向散射现象。

在利用 SAR 以及极化 SAR 技术对目标进行检测的过程中，主要应用到的技术手段包括以下几种。

（1）滤波：滤波可以提高目标和背景之间的辐射分辨率，但是在降低了图像斑点噪声的同时，图像空间分辨率（或者是目标的边缘信息）也随之降低，可以说滤波技术是图像辐射分辨率以及空间分辨率的权衡。

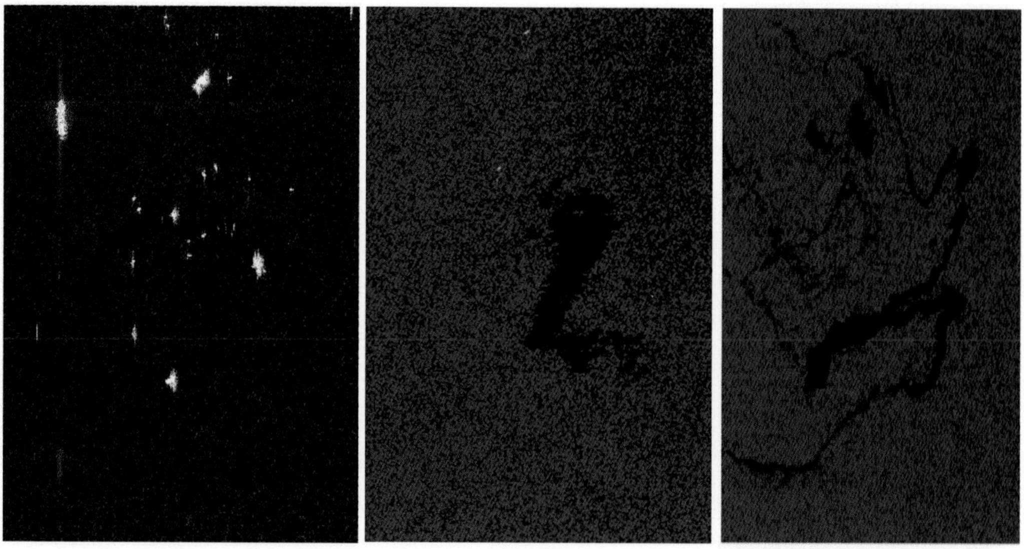

(a)　　(b)　　(c)

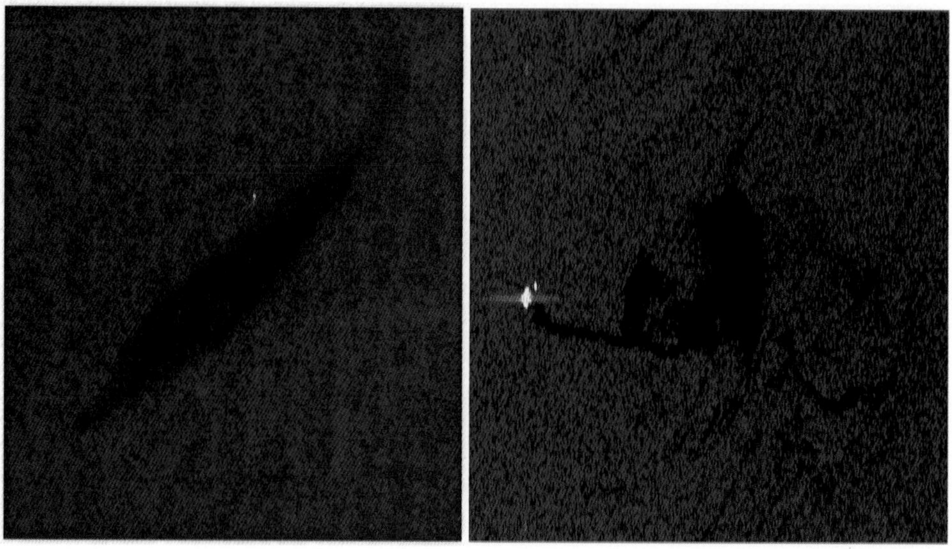

(d)　　(e)

(f) (g) (h)

图7.6 极化SAR图像中的海面低后向散射特性

(a) 2011年8月19日渤海湾蓬莱19-3油田区域的Radarsat-2漏油数据；(b)～(h) 1994年航天飞机搭载的C波段SIR-C/X-SAR的数据；(b)和(d)是实验中的油膜数据；(c)和(e) 非法漏油现象；(f)～(h) 实验中的拟生物膜数据(油醇)

(2)特征提取：无论是检测、分类，还是目标识别中，都需要对目标特定的特征进行描述，利用这些特征进行后续的处理。目标的极化SAR特征大致可以分为三类：散射特性、极化特性，以及统计特性。当然对油膜进行识别时还可以利用形态学的特征，如区域的连通性、扩散特性、边缘特性等。在仅利用单极化SAR系统对海面溢油现象进行检测时，主要应用的是形态学的特性、衰减特性，以及统计特性。在利用极化SAR系统对溢油现象进行检测时，可以应用目标的极化特性、衰减特性、形态学特性，以及统计特性。

(3)检测算法：目前对海洋表面溢油现象进行检测的算法依据数据源的不同主要分为两类。对于单通道的SAR图像，油膜检测主要利用油膜的后向衰减特性，但海面状况复杂，不仅仅只有油膜会产生低后向散射特性。仅利用衰减特性的检测算法虚警率较高(主要是受到油膜类似物的影响)。因此，通过衰减特性的溢油检测方法通常是SAR图像海面溢油检测中的第一步，之后还需利用其他手段进一步判别筛选出来的待选区域。对于极化SAR图像，由于极化SAR系统可以测量到目标完全的后向散射信息，因此可以利用极化信息将油膜与其他类似物区分开，这一结论已经经过很多文献证实。但是仅利用极化信息的油膜检测算法(如Mueller矩阵滤波方法[11]、H-α分解方法[12]、共极化通道相位差方法[13]、极化signature方法[14]等)对于不同的SAR图像适用性不同，即对某些SAR图像具有较好的检测效果，但在海况较高时会产生较高的虚警。

针对SAR海洋油膜的三方面特征，对油膜进行检测通常是将不同的特征结合起来进行联合检测，图7.7给出了极化SAR海面溢油检测的一般处理流程。在油膜的三个主要特征中，衰减特征是油膜最主要以及最直观的表象，因此衰减特征可以作为海洋油膜检测的先验信息。一般溢油检测均是先依据衰减特征选出油膜待选区域，之后依据其他辅助数据或特征进一步进行判断。

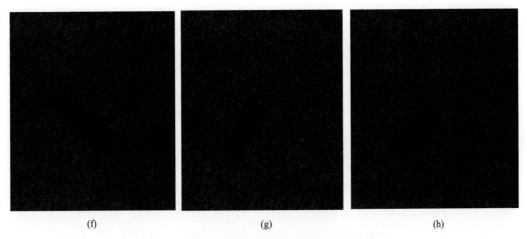

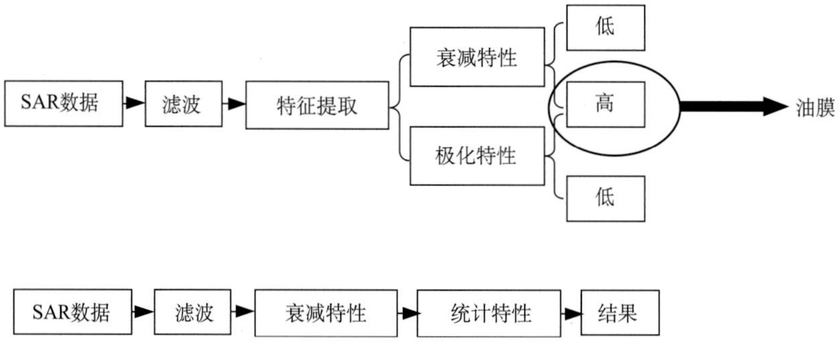

图 7.7　极化 SAR 海面溢油检测处理流程图

7.2.2　特征提取

1. 衰减特征

海洋表面的 Bragg 波很容易被有机物表面膜衰减，这种物理现象通常用单分子表面膜的 Marangoni 衰减理论[10]描述，它是 Bragg 共振短波波数的函数。雷达波在海面油膜中后向散射系数的衰减等于 Bragg 共振短波在海面粗糙功率谱中的衰减，并且油膜的衰减特性同时与风速、风向有关系，定义油膜的后向衰减比为

$$r=\frac{\sigma_0^f}{\sigma_0^c}=\frac{W\left(k_{\text{sea}}\right)}{W\left(k_{\text{oil}}\right)}=f\left(k,V_{\text{wind}},S_{\text{wind}}\right) \tag{7.37}$$

式中，σ_0^f 和 σ_0^c 分别表示海面和油膜的后向散射系数。油膜以及生物膜的后向衰减特性如图 7.8 所示。从图 7.8 中可以看出，油膜的衰减系数相对于拟生物膜数据的衰减系数平均要高一些，但是仅依据衰减特性不能对油膜进行正确的检测。当油膜较少厚度较薄时，油膜的衰减系数有可能低于生物膜的衰减系数值。

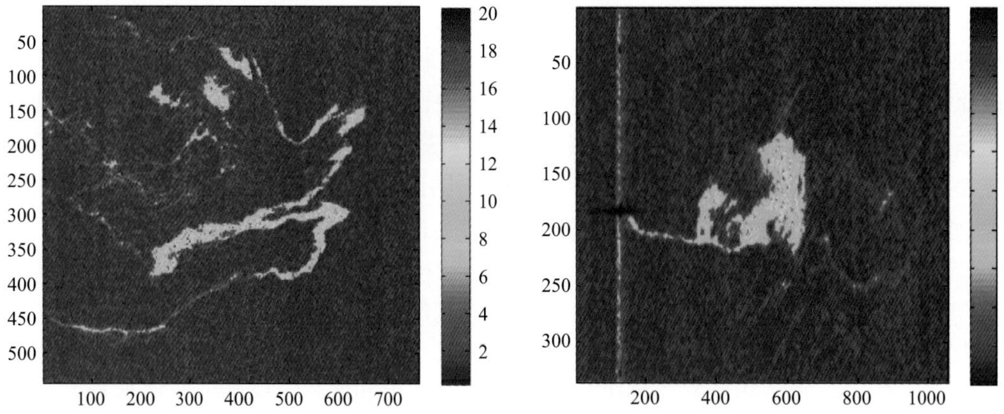

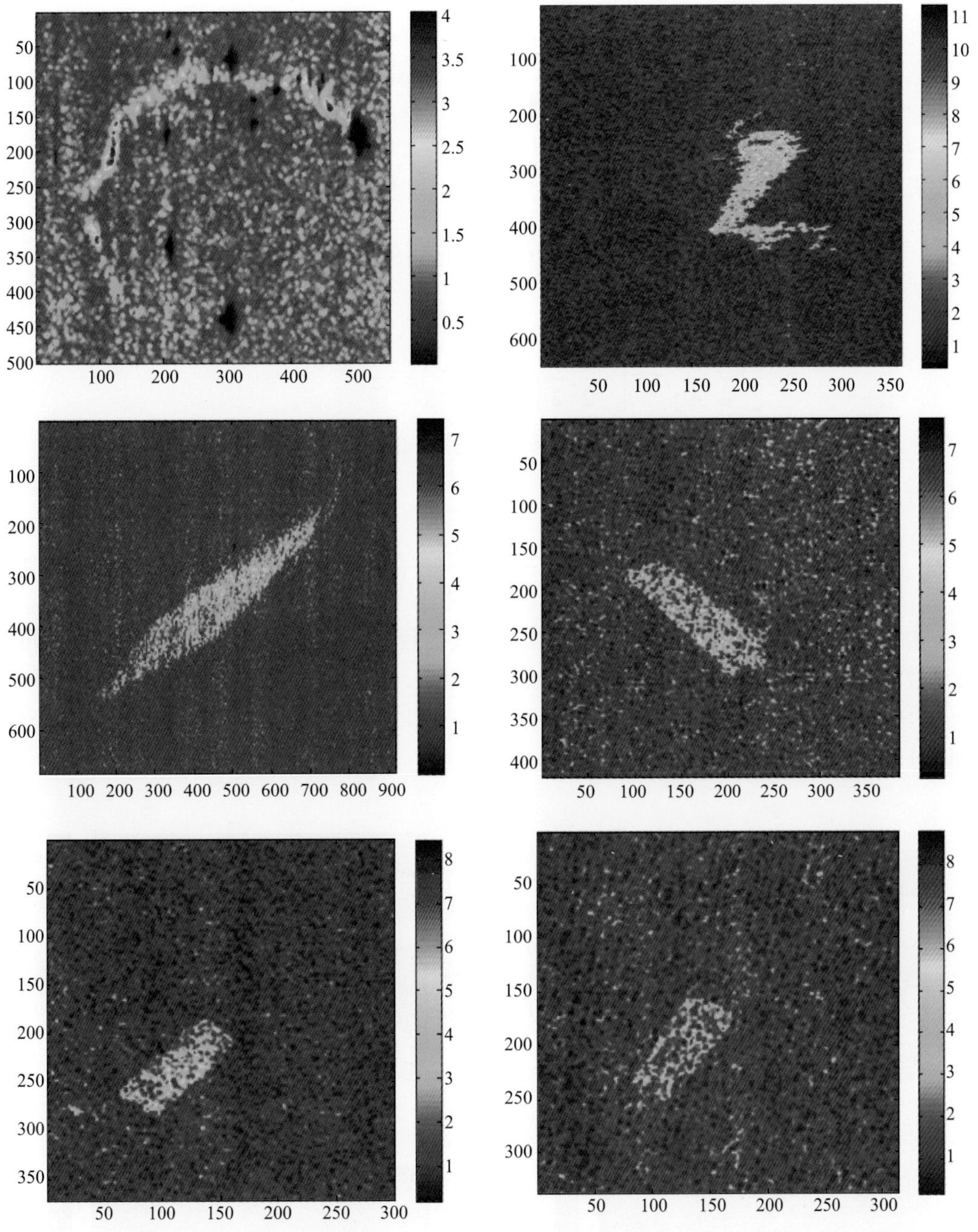

图 7.8　油膜及油膜类似物的衰减特性

2. 极化特征

适用于对油膜进行分析的极化特征有：极化 signature[14]、油膜的非 Bragg 散射特性[15]、极化特征值分解方法[12,16]、Mueller 矩阵滤波方法[11]以及共极化通道相关系数等。

1) 极化 signature

极化 signature 是用来表征目标极化特征的方法，最早由 van Zyl 提出。雷达的接受功率与目标的后向散射矩阵以及发射和接收天线的极化状态有关。若用 $\vec{h}$ 和 $\vec{g}$ 分别表示接收天线和发射天线的 Stokes 矢量，则共极化时雷达接收功率可以表示为

$$P(\varepsilon,\tau)=\frac{1}{2}\vec{h}^{T}(\varepsilon,\tau)[K]\vec{g}(\varepsilon,\tau) \tag{7.38}$$

其中，

$$\varepsilon\in\left[-\frac{\pi}{4},\frac{\pi}{4}\right],\tau\in\left[-\frac{\pi}{2},\frac{\pi}{2}\right]$$

$$\vec{h}(\varepsilon,\tau)=\vec{g}(\varepsilon,\tau)=\begin{bmatrix}1 & \cos 2\tau\cos 2\varepsilon & \sin 2\tau\cos 2\varepsilon & \sin 2\varepsilon\end{bmatrix}^{\mathrm{T}}$$

则可以定义极化 signature pedestal 高度：

$$h_p=\frac{\max\left(P(\varepsilon,\tau)\right)}{\min\left(P(\varepsilon,\tau)\right)} \tag{7.39}$$

实验数据的极化 signature pedestal 以及最大接收功率结果如图 7.9 所示。从图 7.9 中可以看出，油膜区域的极化基架高度均在 0.5 以上，而拟生物膜的极化基架高度值均小于 0.2。因此，当利用衰减特性分辨不出油膜时，可以利用极化信息将油膜以及油膜类似物区分开。

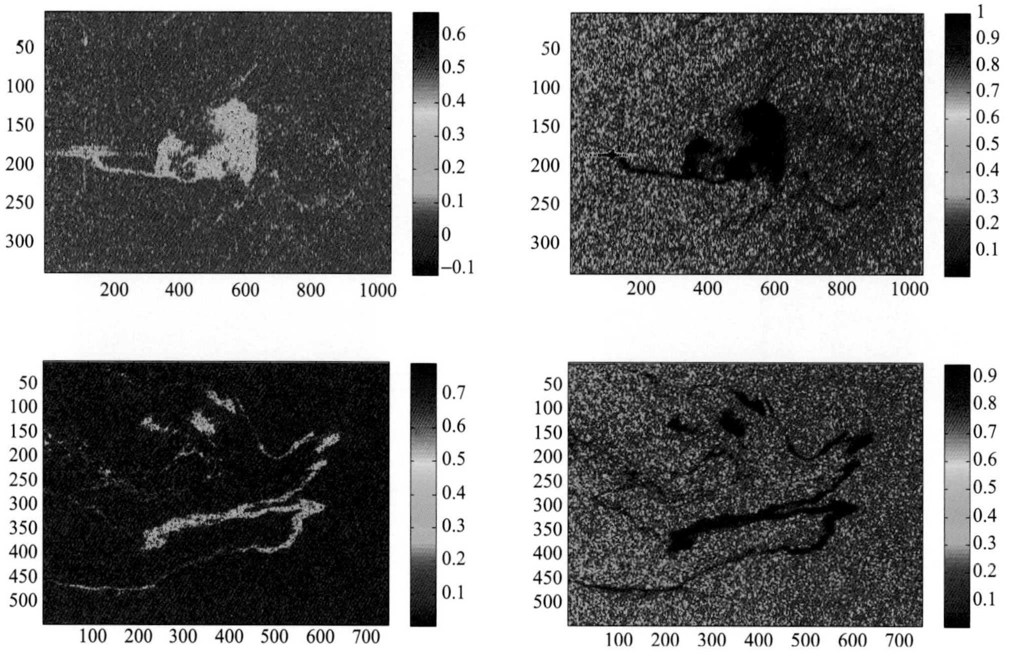

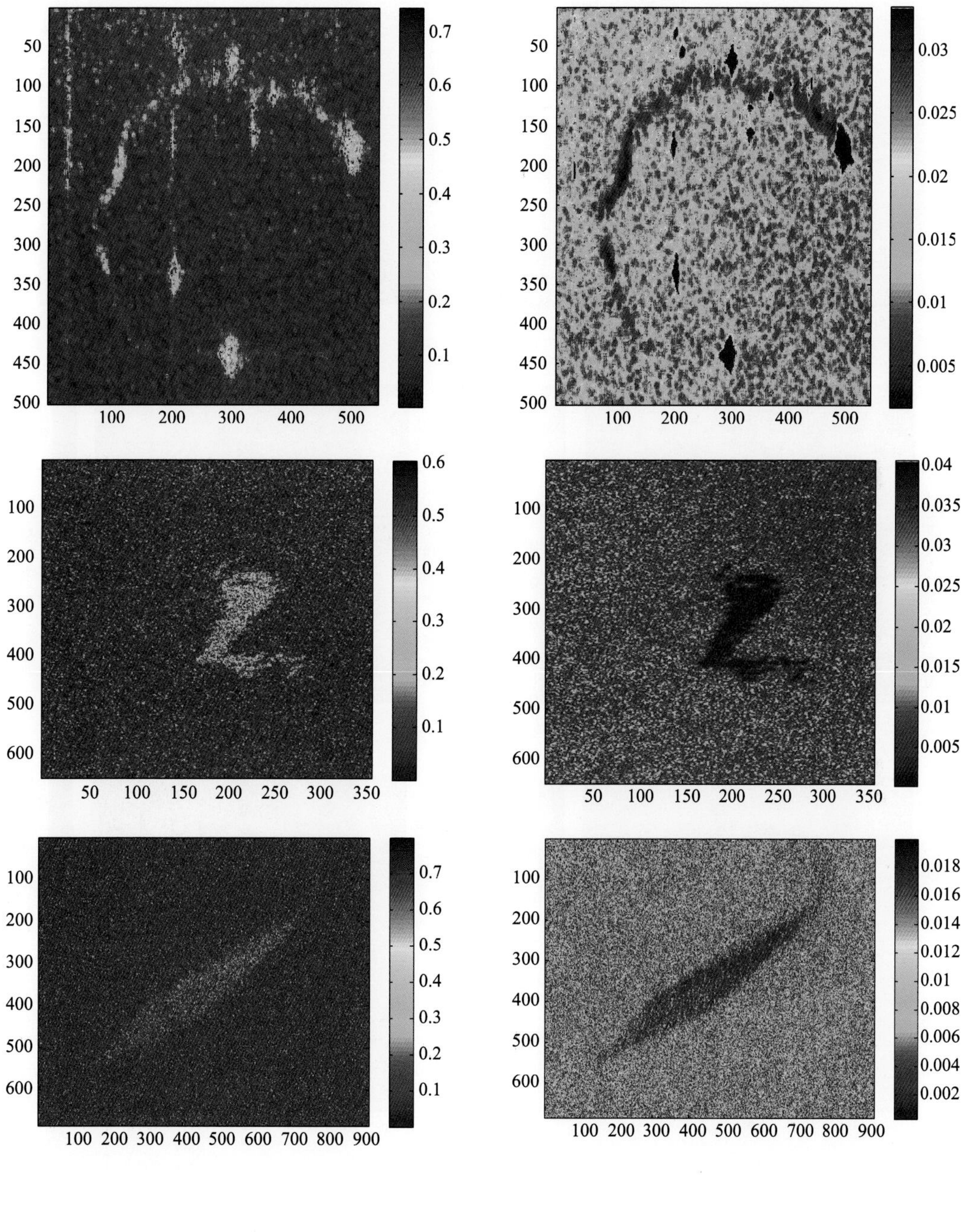
50 100 150 200 250 300 350 400 450 500
100 200 300 400 500
0.7 0.6 0.5 0.4 0.3 0.2 0.1
50 100 150 200 250 300 350 400 450 500
100 200 300 400 500
0.03 0.025 0.02 0.015 0.01 0.005
100 200 300 400 500 600
50 100 150 200 250 300 350
0.6 0.5 0.4 0.3 0.2 0.1
100 200 300 400 500 600
50 100 150 200 250 300 350
0.04 0.035 0.03 0.025 0.02 0.015 0.01 0.005
100 200 300 400 500 600
100 200 300 400 500 600 700 800 900
0.7 0.6 0.5 0.4 0.3 0.2 0.1
100 200 300 400 500 600
100 200 300 400 500 600 700 800 900
0.018 0.016 0.014 0.012 0.01 0.008 0.006 0.004 0.002

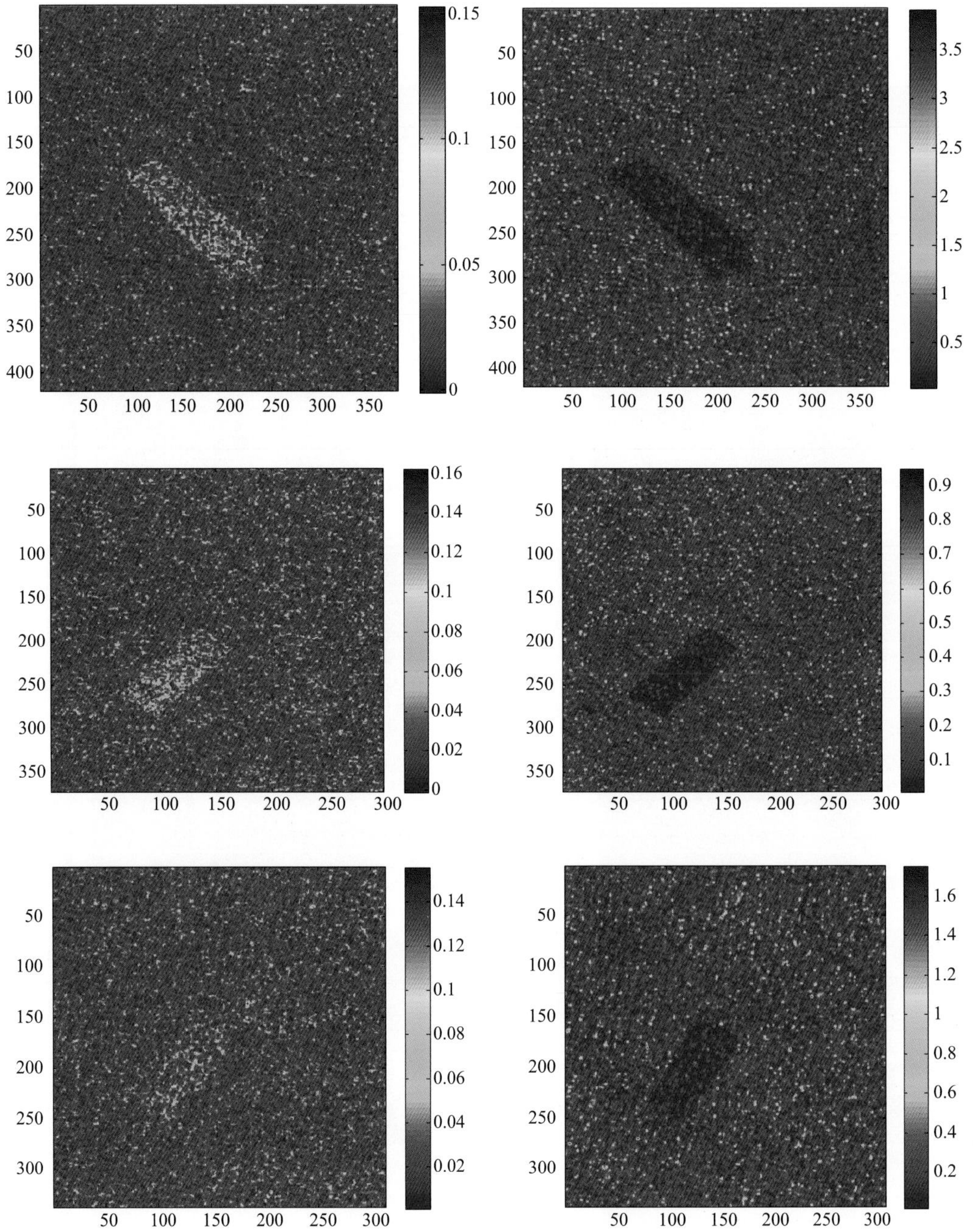

图 7.9　极化 signature pedestal 和最大接收功率

第一列数据表示极化 signature pedestal；第二列数据表示最大接收功率

2) 极化特征值分解

目标的特征值分解已经是极化分析中的基本工具。特征值分解可以分解得到表征目标极化散射特性的三个参数：极化熵 H、极化角 α，以及极化反熵 A。H 是表示目标去极化程度的物理量，当 $H=1$ 时，表示完全随机的散射，可以用 $H=1$ 描述噪声；当 $H=0$ 时，表示确定性目标的散射；$H\in[0\ 1]$，H 越大表示散射越混乱。α 角可以表示一个散射单元的平均散射过程，$\alpha\in[0°,90°]$，$\alpha<45°$ 表示粗糙表面的一次散射过程，α 处于中等程度表示偶极子散射过程，随着 α 角的增大，散射过程以二次散射为主。目前，已经有关于应用 H/α 分解的海面目标分类方法，但是 H/α 分解在海面环境比较复杂时容易受到舰船目标的强散射旁瓣影响。测试数据的 H/α 分解图如图 7.10 所示。从图 7.10 中可以看出，油膜目标的 H 和 α 值都比较大，但是在复杂环境时(如第五行数据)它容易受到杂波的影响。从后三行数据中可以看出，拟生物膜的 α 角几乎与周围海域区分不开且 H 值均小于 0.5，说明拟生物膜的散射还是以一次散射过程为主($\alpha<45°$)。

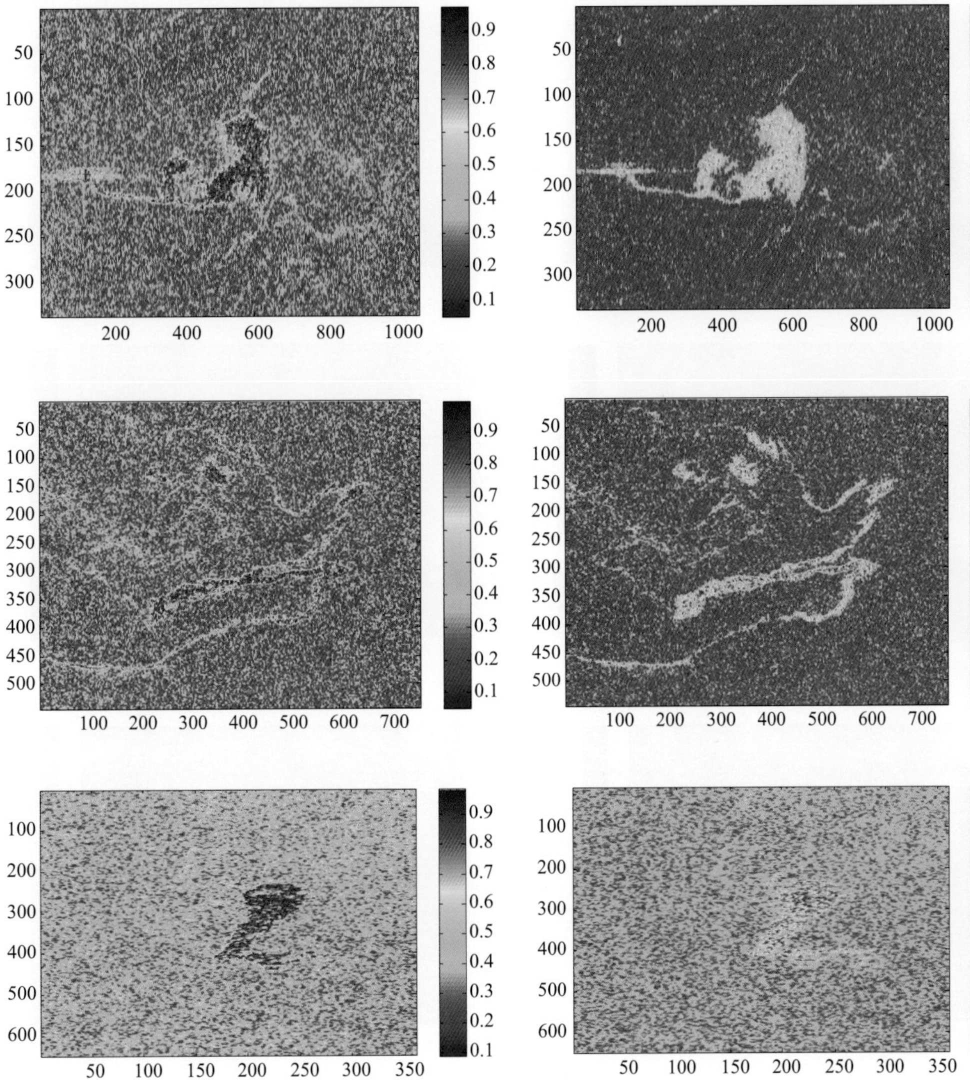

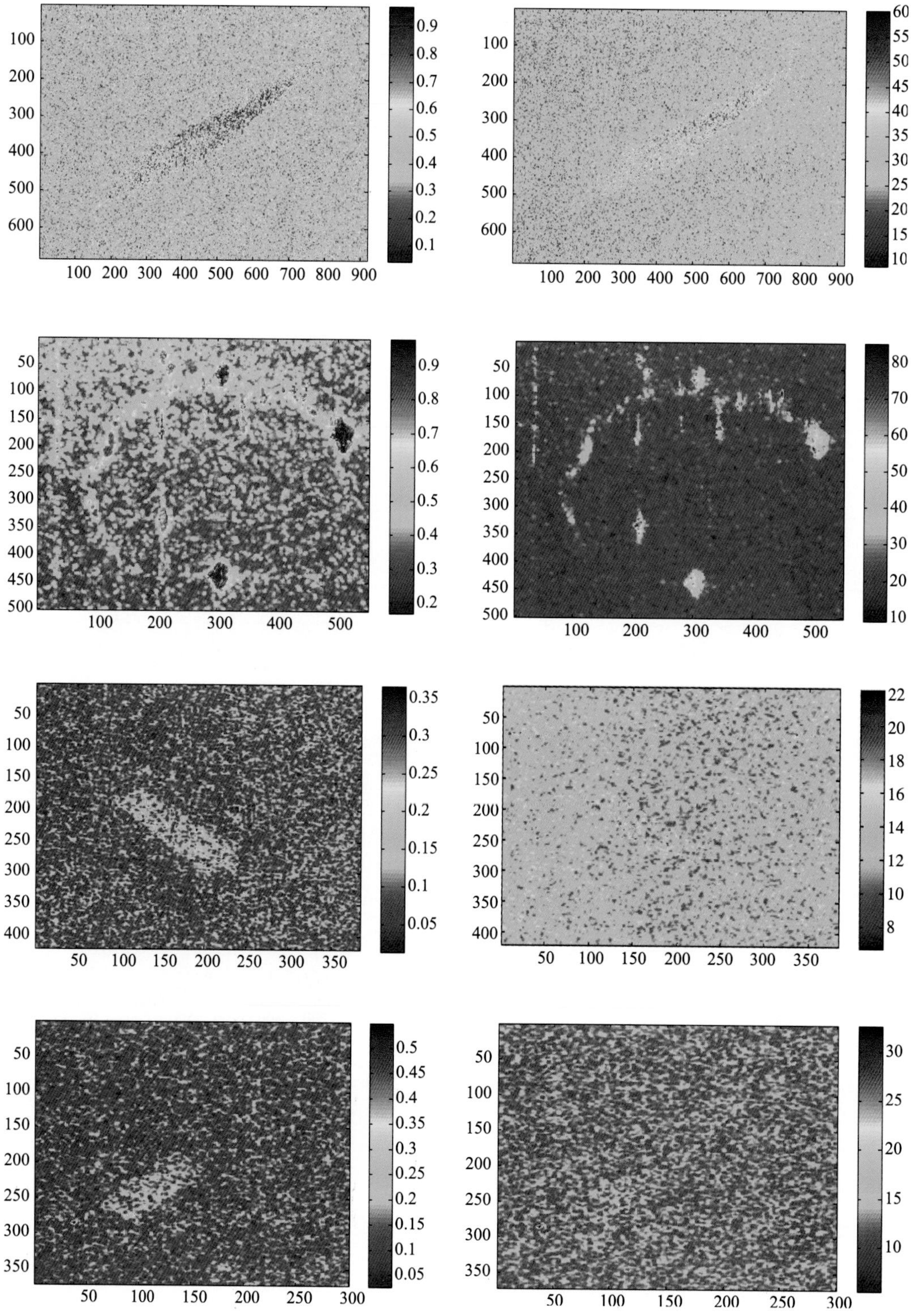
100 200 300 400 500 600
100 200 300 400 500 600 700 800 900
0.9 0.8 0.7 0.6 0.5 0.4 0.3 0.2 0.1
100 200 300 400 500 600
100 200 300 400 500 600 700 800 900
60 55 50 45 40 35 30 25 20 15 10
50 100 150 200 250 300 350 400 450 500
100 200 300 400 500
0.9 0.8 0.7 0.6 0.5 0.4 0.3 0.2
50 100 150 200 250 300 350 400 450 500
100 200 300 400 500
80 70 60 50 40 30 20 10
50 100 150 200 250 300 350 400
50 100 150 200 250 300 350
0.35 0.3 0.25 0.2 0.15 0.1 0.05
50 100 150 200 250 300 350 400
50 100 150 200 250 300 350
22 20 18 16 14 12 10 8
50 100 150 200 250 300 350
50 100 150 200 250 300
0.5 0.45 0.4 0.35 0.3 0.25 0.2 0.15 0.1 0.05
50 100 150 200 250 300 350
50 100 150 200 250 300
30 25 20 15 10

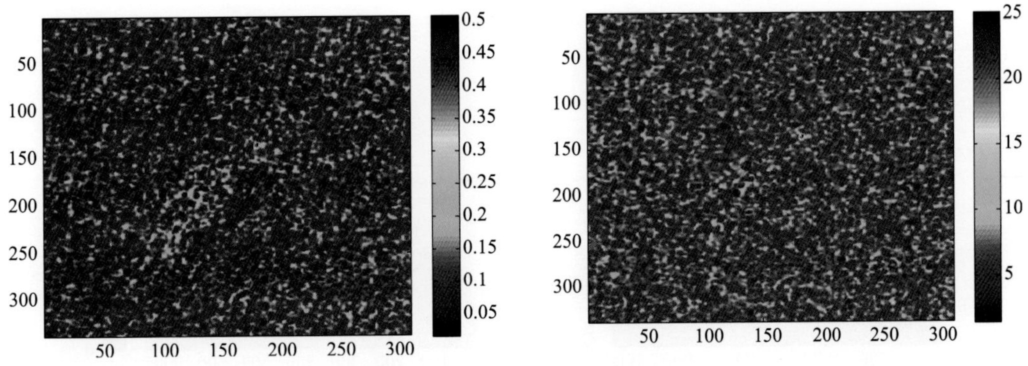

图 7.10 海面数据的 H/α 分解图

第一列数据表示极化熵 H 的结果；第二列数据表示极化角 α 的结果

3) 油膜的非 Bragg 散射特性

海面的电磁特性主要属于 Bragg 一次散射过程范畴，而油膜和舰船目标均不符合 Bragg 散射模型。因此，可以利用海面的 Bragg 散射特性区分 Bragg 散射区域以及非 Bragg 散射区域，利用此方法也可以将海面、舰船以及油膜目标分离开来。在 4.5.2 节已经介绍了粗糙平面散射过程的 Bragg 散射模型，现重写如下：

$$\boldsymbol{S}=\begin{bmatrix} S_{\mathrm{HH}} & S_{\mathrm{HV}} \\ S_{\mathrm{VH}} & S_{\mathrm{VV}} \end{bmatrix}=m_{\mathrm{s}}\begin{bmatrix} R_{\mathrm{HH}}(\theta,\varepsilon) & 0 \\ 0 & R_{\mathrm{VV}}(\theta,\varepsilon) \end{bmatrix}$$
$$R_{\mathrm{HH}}(\theta,\varepsilon)=\frac{\cos\theta-\sqrt{\varepsilon-\sin^2\theta}}{\cos\theta+\sqrt{\varepsilon-\sin^2\theta}};R_{\mathrm{VV}}(\theta,\varepsilon)=\frac{(\varepsilon-1)\left[\sin^2\theta-\varepsilon\left(1+\sin^2\theta\right)\right]}{\left(\varepsilon\cos\theta+\sqrt{\varepsilon-\sin^2\theta}\right)^2} \tag{7.40}$$

式中，R_{HH} 和 R_{VV} 为一阶 Bragg 散射系数，HH 和 VV 分别表示极化状态。Bragg 模型归一化的后向散射系数为

$$\sigma_0=T_{ij}\psi(k_{\mathrm{B}});\quad T_{ij}=\left|R_{ij}\right|^2 16\pi k_0^4\cos^4\theta \tag{7.41}$$

但是 Bragg 模型的应用范围比较小，后又经扩展成为 X-Bragg 模型。这里主要依据 X-Bragg 模型对海面的 Bragg 散射特性进行分析。4.5 节介绍了两个目标物理散射特征参数。其中，满足 X-Bragg 散射的条件为

$$\alpha_{\mathrm{B}}=\arctan\left(\frac{T_{22}+T_{33}}{T_{11}}\right)<45° \tag{7.42}$$

海面的非 Bragg 散射特性图如图 7.11 所示。油膜的后向散射过程比较混乱，受到噪声的影响比较大，舰船目标属于二次散射过程，从图 7.11 中可以看出，利用非 Bragg 散射特性可以同时将油膜以及舰船目标从海洋背景中区分出来。生物膜的 Bragg 散射特性(见图中最后三幅图像)几乎与海面一致，这进一步说明了可以利用极化信息对油膜和油膜类似物进行鉴别，参数 α_{B} 对海面目标物理散射特性描述有效。

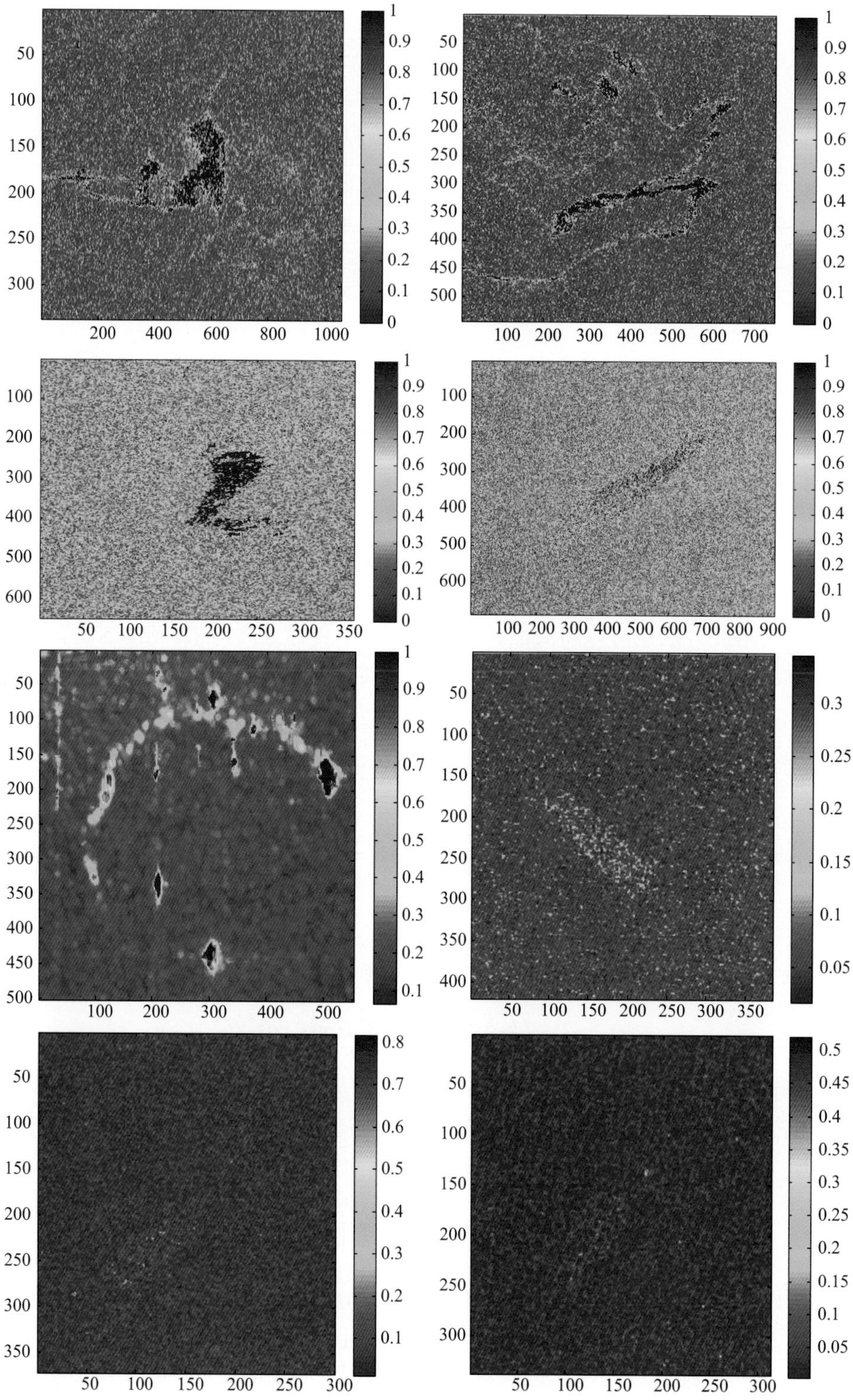

图 7.11　油膜、舰船，以及拟生物膜的非 Bragg 散射特性 α_B 角

4) Mueller 矩阵滤波方法

1989 年，van Zyl 提出了利用 Muller 矩阵的非监督分类方法，将 Kennaugh 矩阵的最后一行数据乘以–1 就可以得到 Mueller 矩阵，但是 Kennaugh 矩阵和 Mueller 矩阵所表示的物理意义不同。van Zyl 利用 Mueller 矩阵表示目标的极化散射特性，将观测目标的散射特性大致分为三类：奇次散射过程、偶次散射过程，以及体散射过程。2008 年，F. Nunziata 利用 Mueller 矩阵对海洋油膜进行提取，通过分析可知，利用 Mueller 矩阵可以对油膜数据进行分析。油膜的后向散射属于混乱的随机散射，一般认为是体散射过程。因此，基于 Mueller 矩阵滤波的方法可以提出用如下极化比的形式表示目标的体散射特性：

$$r_{\mathrm{m}} = \mathrm{Re}\left(\left\langle S_{\mathrm{HH}} S_{\mathrm{VV}}^{*} \right\rangle\right) \Big/ \left\langle \left| S_{\mathrm{HV}} \right|^{2} \right\rangle \tag{7.43}$$

如果 $r_{\mathrm{m}} < 1$，则可以认为是体散射过程。利用 r_{m} 描述海面的散射过程如图 7.12 所示，图 7.12 中表示的是 $1/r_{\mathrm{m}}$ 的值。从图 7.12 中可以看出，利用 Mueller 矩阵滤波的方法对油膜的分析有效。

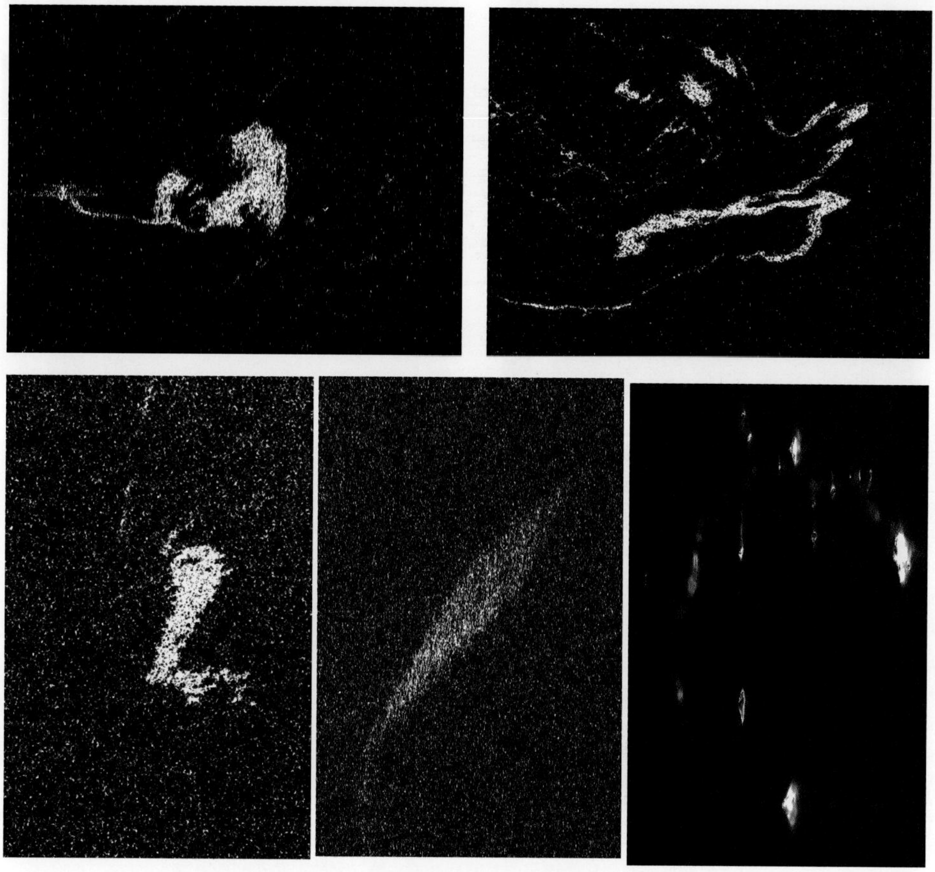

图 7.12　实验数据 Mueller 矩阵滤波结果

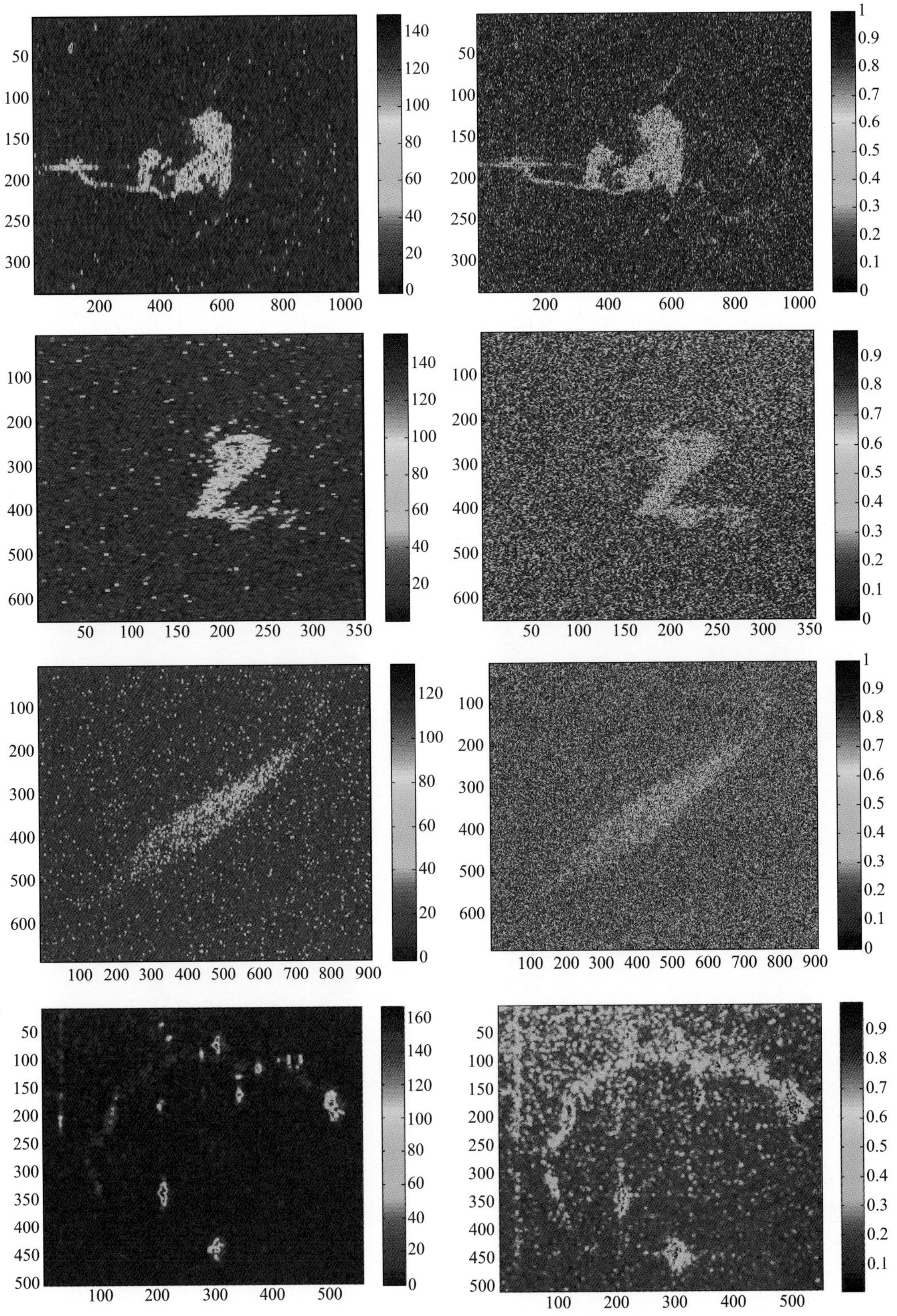

图 7.13　共极化通道相关特性

第一列数据是共极化通道相位差的标准差，第二列数据是非相关系数

5) 共极化通道相关系数

海洋表面的极化散射过程以一次散射过程为主。Bragg 一阶散射模型的特点是，共极化通道的相关系数较高，且共极化通道的相位差(co-polarized phase difference, CPD) 分布在零度附近。当海面被有机物膜覆盖时，共极化通道相关系数对有机物膜表面的不同衰减特性敏感。共极化通道相关系数以及相位差重写如下：

$$r_{\mathrm{HHVV}}=\frac{\left\langle\left|S_{\mathrm{HH}}S_{\mathrm{VV}}^{*}\right|\right\rangle}{\sqrt{\left\langle\left|S_{\mathrm{HH}}\right|^{2}\right\rangle\left\langle\left|S_{\mathrm{VV}}\right|^{2}\right\rangle}},\ \phi_{\mathrm{c}}=\phi_{\mathrm{HH}}-\phi_{\mathrm{VV}} \tag{7.44}$$

通常用 CPD 的标准差描述共极化通道的相位特性 ϕ_{c} 。一般来讲，海面的共极化相位差的标准差小于 45° ，相关系数大于 0.5；而油膜数据的 CPD 概率密度函数分布较宽，其标准差较大，且共极化通道相关系数较小。测试数据的共极化通道的相关特性如图 7.13 所示，其中，非相关系数的定义为 $1-r_{\mathrm{HHVV}}$ 。

7.2.3 小　　结

本节从油膜的后向散射特征以及极化特征介绍了油膜在 SAR 图像中的表现特点。在基于衰减特性的油膜检测方法中，一般需要小入射角、VV 极化方式。在 VV 极化时，油膜的后向衰减系数分布在 2.2～7.1dB，风速过大或者风速过小都不适合油膜检测。同时受到海面中其他现象的影响，通过衰减比的检测通常作为后续检测的先验条件。

基于极化特征的检测方法可以区分油膜以及生物膜，但是对于不同的海况以及海域环境，不同的极化特征适用的条件不同。例如，较为复杂的环境中，既有大型的清油船又有油膜，若想对油膜面积进行精确的提取，仅利用极化信息是很困难的，这时候就要结合油膜的衰减特性对溢油进行检测。

7.3 舰 船 检 测

7.3.1 基于功率条件熵和 Parzen 窗的检测方法

为提高极化 SAR 遥感图像对海面舰船目标的检测性能，本节介绍一种基于条件熵的舰船目标检测方法[17]。首先将多视极化 SAR 数据进行特征值分解，然后使用特征向量得到对应分量的相似性参数，利用特征值和相似性参数构造事件的概率和条件概率，从而构造功率条件熵。最后，基于 Parzen 窗函数进行阈值搜索，实现检测。

1. 基于功率条件熵的极化检测器

海上目标的重要特点是与其周围海域物理特性的显著差异，邻近海域的杂波具有一定的物理统计特性。如果能提取一个充分反映海上当前像素和周围海域的物理统计特性差异的检测量作为检测特征，可以期望得到好的检测效果。

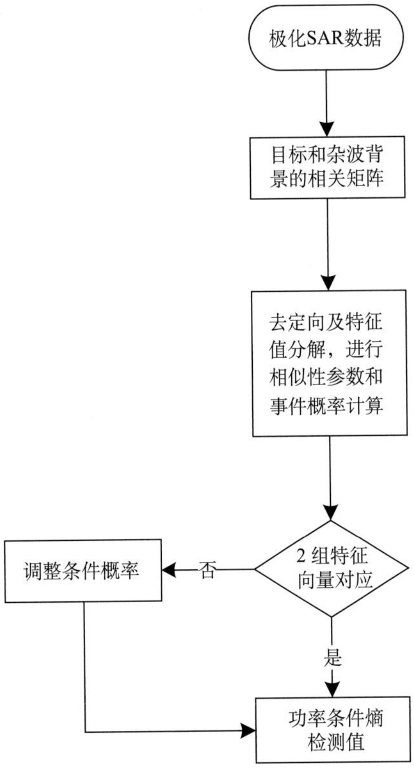

图 7.14　功率条件熵算法流程

在提取极化特征中，熵的思想已有成功的应用。两个随机变量已知一个，另外一个变化所带来的信息量可用条件熵来描述，以此为思想可得到新的有效的极化特征。

首先，使用定向角旋转[18]和 Cloude 极化特征分解[16]，得到了多视 PolSAR 数据的 3 个极化特征散射成分。对求取的特征成分求相似性参数[19]，根据相似性参数和特征值构造事件的条件概率，从而计算功率条件熵[20]。该算法的流程如图 7.14 所示。

条件熵的定义与熵相似，都是基于极化相干矩阵的特征值分解。因为需要使用相似性参数，所以首先将 PolSAR 数据进行定向角旋转，然后利用窗结构计算目标的相干矩阵 $\boldsymbol{T}_1^0$ 和杂波的相干矩阵 $\boldsymbol{T}_2^0$，如图 7.15 所示。其中，目标像素和杂波之间设置一定的隔离带，其目的是避免杂波内混入目标的物理特征。窗结构的大小参数根据图像的分辨率和具体目标的尺寸而定。

对目标的相干矩阵 $\boldsymbol{T}_1^0$ 和杂波的相干矩阵 $\boldsymbol{T}_2^0$ 进行特征分解，具体如下：

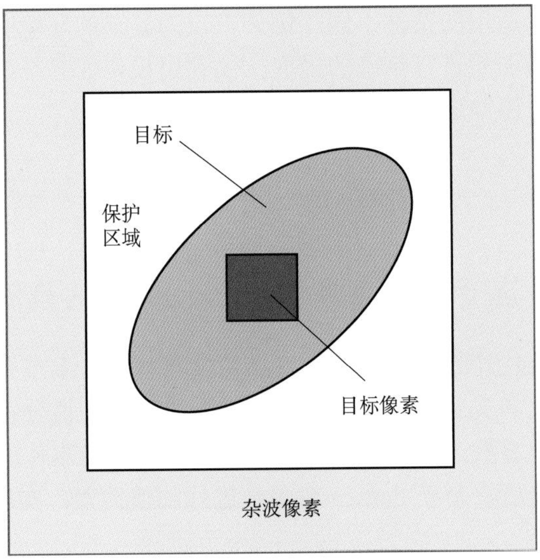

图 7.15　带隔离带的窗结构

$$\begin{aligned}\boldsymbol{T}_1^0 &= \sum_{i=1}^{3}\lambda_{1i}\vec{v}_i\vec{v}_i^{\mathrm{H}} = \boldsymbol{V}\boldsymbol{\Lambda}_1\boldsymbol{V}^{\mathrm{H}} \\ \boldsymbol{T}_2^0 &= \sum_{j=1}^{3}\lambda_{2j}\vec{u}_j\vec{u}_j^{\mathrm{H}} = \boldsymbol{U}\boldsymbol{\Lambda}_2\boldsymbol{U}^{\mathrm{H}}\end{aligned} \tag{7.45}$$

其中，$\lambda_{11} \geqslant \lambda_{12} \geqslant \lambda_{13}$，$\lambda_{21} \geqslant \lambda_{22} \geqslant \lambda_{23}$。

设集 X 代表背景，集 Y 代表目标，定义条件概率为 $p(x \mid y) = r(\vec{u},\vec{v}) = \left\|\vec{u}^{\mathrm{H}}\vec{v}\right\|^2$。其中，$x \in X$，$y \in Y$，$r(\vec{u},\vec{v})$ 代表特征向量间的相似性参数[19]。根据相似性参数的性质，如果 $\vec{k}_1$、$\vec{k}_2$ 和 $\vec{k}_3$ 是 3 个非零且两两不相似的 Pauli 矢量，即

$$r(\vec{k}_1,\vec{k}_2) = r(\vec{k}_1,\vec{k}_3) = r(\vec{k}_2,\vec{k}_3) = 0 \tag{7.46}$$

那么对任意一个非零的 Pauli 矢量 $\vec{k}$，有

$$r(\vec{k},\vec{k}_1) + r(\vec{k},\vec{k}_2) + r(\vec{k},\vec{k}_3) = 1 \tag{7.47}$$

因此，

$$\sum_{i=1}^{3} p(x_i \mid y) = 1 \tag{7.48}$$

设集 Y_0 代表目标特征值的分布，定义：

$$p(y_0) = \frac{\lambda_{1i}}{\mathrm{span}},\quad \text{其中}\quad \mathrm{span} = \sum_{i=1}^{3}\lambda_{1i} \tag{7.49}$$

定义条件熵(conditional entropy, CE)如下：

$$\mathrm{CE} = \sum_{Y} P(y_0)H(X \mid y) = \sum_{i=1}^{3}\frac{\lambda_{1i}}{\mathrm{span}}\sum_{j=1}^{3} -\left\|\boldsymbol{u}_j^{\mathrm{H}}\boldsymbol{v}_i\right\|^2 \ln\left(\left\|\boldsymbol{u}_j^{\mathrm{H}}\boldsymbol{v}_i\right\|^2\right) \tag{7.50}$$

由于 span 表示目标的极化总功率，所以将集 Y_0 的归一化因子除去，记为功率条件熵(span conditional entropy, SCE)即

$$\mathrm{SCE} = \mathrm{span}H(X \mid Y) = \sum_{i=1}^{3}\lambda_{1i}\sum_{j=1}^{3} -\left\|\vec{u}_j^{\mathrm{H}}\vec{v}_i\right\|^2 \ln\left(\left\|\vec{u}_j^{\mathrm{H}}\vec{v}_i\right\|^2\right) \tag{7.51}$$

为了突出目标和背景依特征值大小对应特征向量的相似性参数，做如下规定：

$$p(x_j \mid y_i) = \frac{1 - p(x_i \mid y_i)}{2}, i \neq j, p(x_i \mid y_i) < 0.2, H(X \mid y_i) < 0.5 \tag{7.52}$$

根据熵的性质，可得 CE 的性质如下：

(1) $0 \leqslant CE \leqslant \ln 3$；

(2) 当且仅当目标和背景依特征值大小对应特征向量相同时，$\mathrm{CE} = 0$，表明目标对应像素和背景对应像素特征向量对应吻合；

(3) 当且仅当目标和背景任意特征向量的相似性参数都为 1/3 时，$\mathrm{CE} = \ln 3$，表明目标和背景的特征向量的相似性差。

从性质(2)和(3)可以看出，条件熵可以反映目标像素和背景的差异。

2. 实验验证

选用 Radarsat-2 星载 SAR 系统的极化 SAR 数据，该数据测量于 2011 年 6 月 23 日中国天津塘沽港区域。图 7.16 是该极化 SAR 图像的极化总功率(span)图像，图像为近海区域，海况较高，有若干舰船目标。其中，白框框出的是近海的一个杂波区域，杂波区域均匀，可用来计算杂波的统计特性，作为数据模拟和检测阈值的依据。由于 CE 非负，所以 SCE 是非负的检测器，span 等功率检测器也有这一特点，将检测器得到的结果取自然对数，检测器 SCE 的直方图和 Parzen 窗函数拟合如图 7.17 所示。

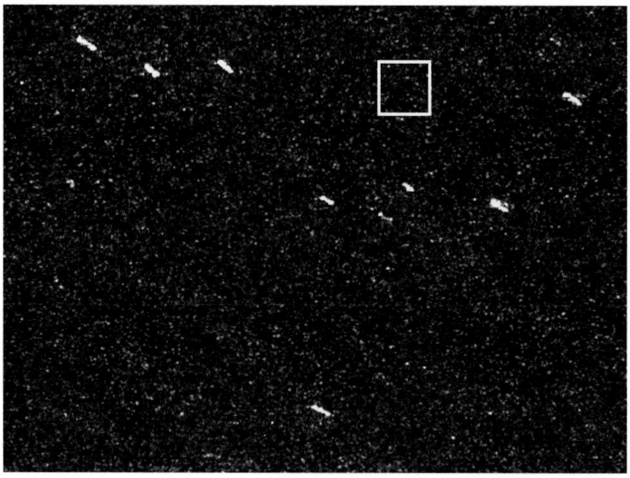

图 7.16　塘沽港附近区域的极化 SAR 总功率图像[17]

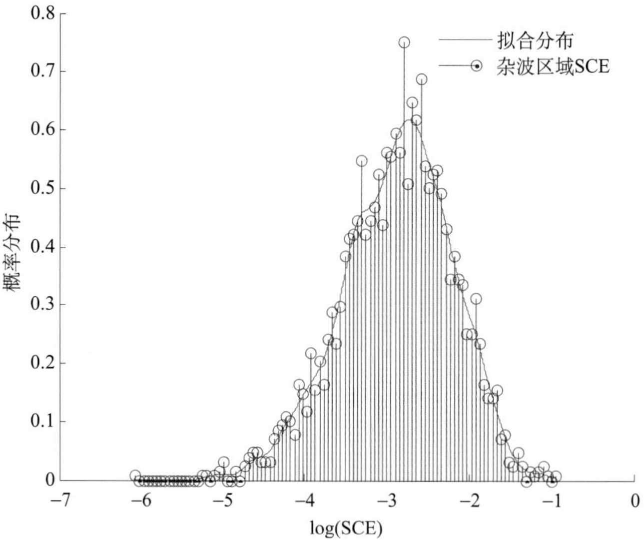

图 7.17　杂波区域参数 SCE 直方图和分布拟合[17]

因为杂波区域数据量大，所以可以看出杂波区域的检测值呈现高斯正态分布，可以用式(7.32)和式(7.35)对其分布进行模拟，式(7.35)中的方差用数据的方差来计算。从图7.17中可以看出，Parzen窗函数法可以很好地模拟杂波区域检测器的概率分布。一般情况下，拟合的杂波检测值的概率分布函数随虚警率是严格单调下降的，所以本书使用二分法来搜索阈值。之后取指数，就是检测器的阈值。利用上述方法，得到虚警率 $p_{fa}=10^{-5}$ 时检测器的检测结果，如图7.18所示。从结果中可以看出，SCE可检测出更大的目标区域，并且检测出的虚警大大减小，从而验证了SCE的有效性。

(a)

(b)

图7.18 span检测结果(a) 和SCE检测结果(b)[17]

7.3.2 基于GOPCE的检测方法

第6章已经介绍了OPCE方法，该方法是一类重要的极化SAR应用方法。在舰船检

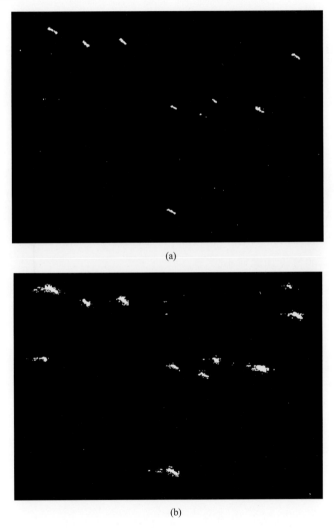

测中，可以较容易地得到海面杂波的 Kennaugh 矩阵，但不易确定舰船的 Kennaugh 矩阵。因此，本小节介绍一种在舰船目标未知时的 GOPCE 舰船检测方法。

对于极化 SAR 舰船检测，对比增强可以使从功率图像上的海杂波中较为清晰地分辨出舰船目标。本小节方法的目的是选取最优的融合参数，使得海面区域融合图的方差最小，压缩海杂波，使得舰船目标凸显，从而便于检测。

1. 算法步骤

此方法包含两步：

(1)利用传统 OPCE 方法进行海面和舰船目标对比增强。

设 TA 和 TB 代表两种目标，并设$[\boldsymbol{K}(\mathrm{TA})]$和$[\boldsymbol{K}(\mathrm{TB})]$为 TA 和 TB 的 Kennaugh 矩阵的平均值。对于传统的 OPCE 问题，需要得到使 TA 和 TB 功率对比度最大的最优极化状态$\vec{g}=(1,\ g_1,\ g_2,\ g_3)^{\mathrm{T}}$和$\vec{h}=(1,\ h_1,\ h_2,\ h_3)^{\mathrm{T}}$。OPCE 的优化函数见式(6.2)，具体如下：

$$\begin{aligned}&\text{maximize}\ \ \vec{h}^{\mathrm{T}}\left[\boldsymbol{K}(\mathrm{TA})\right]\vec{g}\,/\,\vec{h}^{\mathrm{T}}\left[\boldsymbol{K}(\mathrm{TB})\right]\vec{g}\\&\text{subject to}:\ \ g_1^2+g_2^2+g_3^2=1,\quad h_1^2+h_2^2+h_3^2=1\end{aligned}$$

使用迭代算法[21]，可以得到最优极化状态$\vec{h}_{\mathrm{m}}$和$\vec{g}_{\mathrm{m}}$。传统的 OPCE 可以用于增强极化 SAR 图像所有的像素对应的接收功率对比度。对于舰船检测，可以构造舰船的平均 Kennaugh 矩阵$[\boldsymbol{K}(\mathrm{TA})]$，并从一块海面获得海域的平均 Kennaugh 矩阵$[\boldsymbol{K}(\mathrm{TB})]$。在下面的小节中，将论述如何得到矩阵$[\boldsymbol{K}(\mathrm{TA})]$。在得到后$P=\vec{h}_{\mathrm{m}}^{\mathrm{T}}[\boldsymbol{K}]\vec{g}_{\mathrm{m}}$易知，相对于舰船的接收功率，海面的接收功率变小。

(2)约束广义接收功率使海面杂波方差最小。

GOPCE 模型包含最优接收功率和物理散射参数两部分，如式(6.3)所示，重写如下：

$$\mathrm{GP}=\left[\sum_{i=1}^{3}x_i r_i\right]^2\times\vec{h}_{\mathrm{m}}^{\mathrm{T}}[\boldsymbol{K}]\vec{g}_{\mathrm{m}}$$

式中，$\vec{r}=[r_1,r_2,H]^{\mathrm{T}}$分别表示一次相似性参数、二次相似性参数和极化熵。原始 GOPCE 模型及模型的解见 6.2 节。本小节以杂波区域方差最小为优化目标，求解融合系数$\vec{x}=(x_1,x_2,x_3)^{\mathrm{T}}$，优化函数如下：

$$\begin{aligned}&\text{minimize var}\left(\left[\sum_{i=1}^{3}x_i r_i\right]^2\times\vec{h}_{\mathrm{m}}^{\mathrm{T}}[\boldsymbol{K}]\vec{g}_{\mathrm{m}}\right)\\&\text{s.t.}:\ \ x_1^2+x_2^2+x_3^2=1\end{aligned}\tag{7.53}$$

注意，使用的方差函数是针对海面区域进行计算的。得到x_1、x_2和x_3之后，可以计算检验统计量GP。

2. 舰船目标的 Kennaugh 矩阵

下面构造舰船目标的 Kennaugh 矩阵，来解决 OPCE 中舰船目标的极化信息不易确定的问题。对于舰船，其散射主要由三面角的一次散射、二面角的二次散射和舰船与海面之间的多次散射过程构成。因此，假设舰船目标的散射矩阵如下：

$$[\boldsymbol{K}(\mathrm{TA})]=a[\boldsymbol{K}]_{\mathrm{plate}}+b[\boldsymbol{K}(0)]_{\mathrm{diplate}}+c[\boldsymbol{K}(\theta)]_{\mathrm{diplate}}+d[\boldsymbol{K}]_{\mathrm{multi}} \tag{7.54}$$

式中，第一项为平面的 Kennaugh 矩阵$[\boldsymbol{K}]_{\mathrm{plate}}$，代表舰船的直接反射和三面角反射；第二项和第三项是 0°定向角和特定旋转角度定向角情况下的二面角 Kennaugh 矩阵$[\boldsymbol{K}(0)]_{\mathrm{diplate}}$和$[\boldsymbol{K}(\theta)]_{\mathrm{diplate}}$，代表舰船的二次反射；第四项表示舰船和海面之间的的多次散射。二次散射过程被表示成第二项和第三项之和，一般而言，第四项很小，因此可以被忽略。使用 Krogager 分解及相似性参数r_1和r_2，对 Radarsat-2 天津极化 SAR 图像中标定的 10 艘舰船进行分析，使用式(7.55)并利用最小 Mueller 矩阵差(舰船目标真实的$[\boldsymbol{K}(TA)]$矩阵与 3 种典型目标组合的$[\boldsymbol{K}(TA)]$矩阵)的范数准则，以及利用最小二乘方法得到参考系数a、b、c。

$$\min\left(\left\|[\bar{\boldsymbol{K}}(\mathrm{TA})]-\left(a[\boldsymbol{K}]_{\mathrm{plate}}+b[\boldsymbol{K}(0)]_{\mathrm{diplate}}+c[\boldsymbol{K}(\theta)]_{\mathrm{diplate}}\right)\right\|_F\right) \tag{7.55}$$

由上得到如下的参数范围，$a\in[0.40,0.64]$，$b\in[0.31,0.56]$，$c\in[0.04,0.11]$。在散射分解和相似性参数统计中，二次散射过程参数$b\in[0.31,0.56]$，对应的二面角定向角范围为$|\theta|\leqslant 15°$，$c\in[0.04,0.11]$，对应其他情况的二次散射。需要指出的是，在海面平静或几乎平静时，一次散射是海面区域主要散射成分，所以海况较小时，要相应地进行参数变动。

3. 实验验证

本实验中使用参数$a=0.4$、$b=0.5$、$c=0.1$、$d=0$。另外，注意到二面角的 Kennaugh 矩阵具有如下性质：

$$[\boldsymbol{K}(0°)]_{\mathrm{diplate}}=[\boldsymbol{K}(90°)]_{\mathrm{diplate}}=[\boldsymbol{K}(180°)]_{\mathrm{diplate}}=[\boldsymbol{K}(360°)]_{\mathrm{diplate}}$$

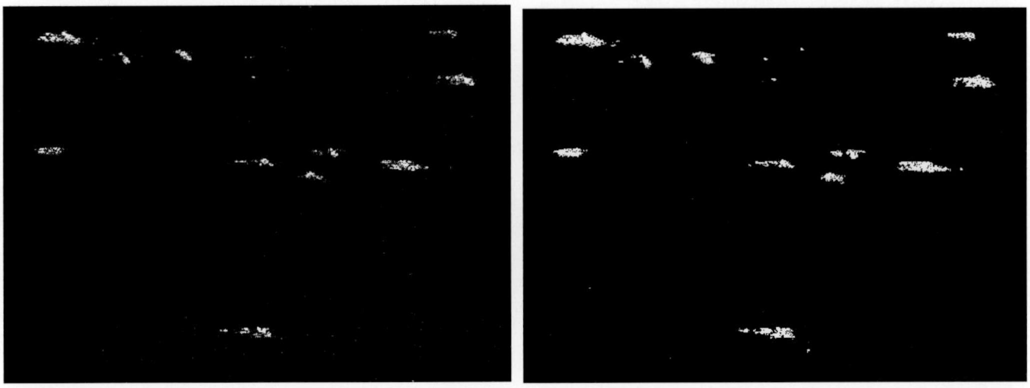

(a)　(b)

图 7.19　GP 图(a)和 GP 检测结果(b)[17]

因为$\left[\boldsymbol{K}(0°)\right]_{\text{diplate}}$和$\left[\boldsymbol{K}(45°)\right]_{\text{diplate}}$具有二面角目标的最大差异，因此本节实验中选取$\theta = 45°$。

使用迭代算法，得到 OPCE 的最优的极化状态为

$$\bar{g}_{\text{m}} = (1,\ 0.2541,\ 0.9666,\ -0.0328)^{\text{T}}$$

$$\bar{h}_{\text{m}} = (1,\ -0.1276,\ -0.9914,\ -0.0276)^{\text{T}}$$

得到最优参数向量$\bar{x}_{\text{m}} = (0,\ -0.7,\ 0.7141)^{\text{T}}$。图 7.19 给出了 GP 图像和检测结果，可看出此方法很好地抑制了海杂波，舰船检测错判率很小。

7.4 机场检测

7.4.1 引　　言

作为重要的交通设施和军事目标，机场目标的正确检测对于军事侦察、精确打击和飞机导航等都具有重大意义。机场跑道作为机场设施中最核心的结构，它的正确检测和识别有助于给予敌方机场最致命的打击和破坏；在基于计算机视觉的无人机自主着陆系统中，利用跑道识别能够对飞机进行导航，确保飞机安全着陆。

针对机场目标的自动检测问题，本节介绍[22]一种大范围复杂场景下极化 SAR 图像机场和跑道检测方法。首先，利用 Freeman 分解得到多视极化 SAR 图像面散射、二次散射和体散射三种散射机制的分量，以三个分量作为像素点的特征，利用模糊 C 均值聚类(FCM)算法对图像进行分割，经过形态学处理得到疑似机场目标区域(region of interest, ROI)。然后，采用$\mathcal{L}$-LS 方法[22,23]对各个 ROI 进行精细分割，以提取完整的机场跑道区域，为后续的机场辨识及跑道提取做准备。最后为 ROI 辨识阶段，根据机场面积大小、长宽比及有无跑道来判定当前 ROI 是否为机场目标，同时确定跑道位置，提取跑道参数。在此阶段，利用一种基于精确分割图像投影曲线峰值特征的跑道提取方法。采用多幅实测极化 SAR 数据进行验证，实验结果验证了该算法的有效性。

7.4.2 机场 ROI 提取

本小节中，首先通过基于 Freeman 分解的 FCM 聚类算法对机场 ROI 进行粗提取，然后通过$\mathcal{L}$-LS[23]方法对 ROI 进行精细分割，精确提取跑道区域，为后续的 ROI 辨识打下良好的基础。

1. ROI 粗提取

地物中的目标大致可分为二面角散射和面散射混合的城市建筑，以面散射为主的海洋、裸地及人造路面等，以体散射为主的森林区域，面散射和体散射混合的植被、农田区域以及以二面角散射为主的大型金属目标。机场区域主要由跑道、停机坪以及航站楼三大部分组成，这三种地物的散射主导机制非常显著，因此可以利用 Freeman 分解对多

视极化 SAR 相干矩阵进行分解，得到面散射(P_S)、二次散射(P_D)、体散射(P_V)三个分量，以[P_S， P_D， P_V]作为像素点的特征。

FCM 聚类算法无须训练样本，只需人工给定初始聚类数目，通过迭代使相同类之间的相似度最大，不同类之间的相似度最小[24]。相比传统的聚类算法，它引入了模糊信息，是基于目标函数的模糊聚类算法理论中发展较为成熟的一种算法，被广泛应用在图像分割领域。本书以[P_S， P_D， P_V]作为像素点的特征，对多视极化 SAR 图像进行 FCM 聚类，实现地物的初步分类，具体算法步骤如下。

(1) 设定初始聚类数目 m 和初始聚类中心 $\vec{c}_j(j=1,2,\cdots,m)$，为确保聚类结果的精确性，可将 m 设定为一个较大的值，本书选定 $m=10$；

(2) 像素点 $\vec{x}_i=[P_S,P_D,P_V]_i$ 关于第 j 类样本的隶属度为

$$u_{ij}=\frac{1/\left\|\vec{x}_i-\vec{c}_j\right\|_2^2}{\sum_{j=1}^{m}1/\left\|\vec{x}_i-\vec{c}_j\right\|_2^2} \tag{7.56}$$

(3) 将式(7.56)的结果代入式(7.57)更新聚类中心：

$$\vec{c}_j=\frac{\sum_{i=1}^{N}u_{ij}^2\vec{x}_i}{\sum_{i=1}^{N}u_{ij}^2} \tag{7.57}$$

(4) 判断是否满足迭代收敛条件，若是，则停止迭代，否则，转至步骤(2)。

迭代结束后，若聚类结果中某两类的聚类中心距离较近，可进行合并。图 7.20(a)给出了 Radarsat-2 系统获得的新加坡地区实测极化 SAR 图像 Freeman 分解伪彩色图，图 7.20(b)为基于 Freeman 分解的 FCM 聚类结果。

由于机场跑道后向散射系数较小，在极化 SAR 图像中表现为暗区域，因此可将聚类结果中聚类中心 $\text{span}=P_S+P_D+P_V$ 值最低的一类作为疑似机场目标区域，用白色区域表示，其他类合并为背景类，用黑色区域表示，得到如图 7.20(c)所示的分割结果。利用形态学处理，根据面积大小去除明显不在机场面积范围内的小面积孤立杂点以及大面积海域，将与机场面积较为接近的连通域标记为 ROI，得到机场 ROI 掩膜区域，如图 7.20(d)所示。由图 7.20(d)可以看出，基于 Freeman 分解的 FCM 聚类能够有效地提取机场 ROI，且运算速度较快，其适合大范围场景下机场 ROI 的快速提取。

2. ROI 精细分割

由于机场通常包含航站楼等建筑区域和停机坪等植被区域，且周围往往有停车场、储油罐等配套设施，场景较为复杂，有必要采用建模范围较广的数据模型，因此，对于上一小节中粗提取得到的 ROI 掩膜区域，采用基于 $\mathcal{L}$ 分布的水平集分割($\mathcal{L}$-LS)方法[23]进行精细分割，以提取完整的跑道区域。采用四相 $\mathcal{L}$-LS 方法，以 ROI 粗提取得到的二

(a) Freeman分解伪彩色图

(b) FCM分类结果

(c) 分割span值最低的一类

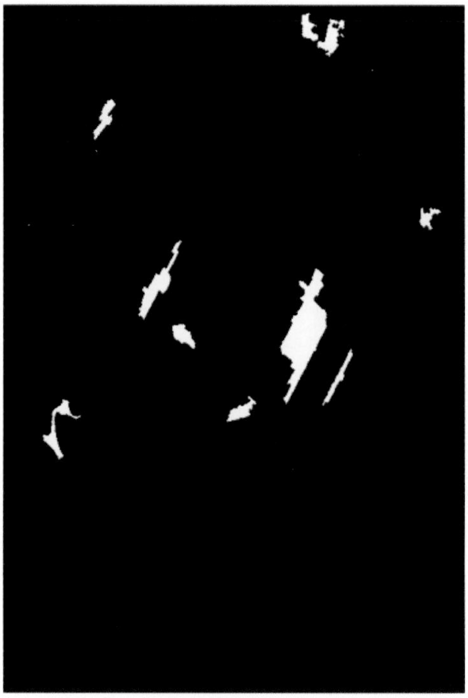

(d) 机场ROI掩膜区域

图 7.20　Radarsat-2 实测极化 SAR 图像机场 ROI 粗提取[22]

值聚类结果作为$\mathcal{L}$-LS 的初始分割，并将相似度较高的类别合并。图 7.21(a)～(d)给出了几个机场区域的精确分割结果。同样，将 span 值最低的一类作为跑道区域，用白色像素点表示，其他区域用黑色像素点表示，另外，由于跑道是一个完整的连通区域，因此可以保留面积最大的连通域作为目标区域，图 7.21(e)～(f)为最终的 ROI 提取结果。

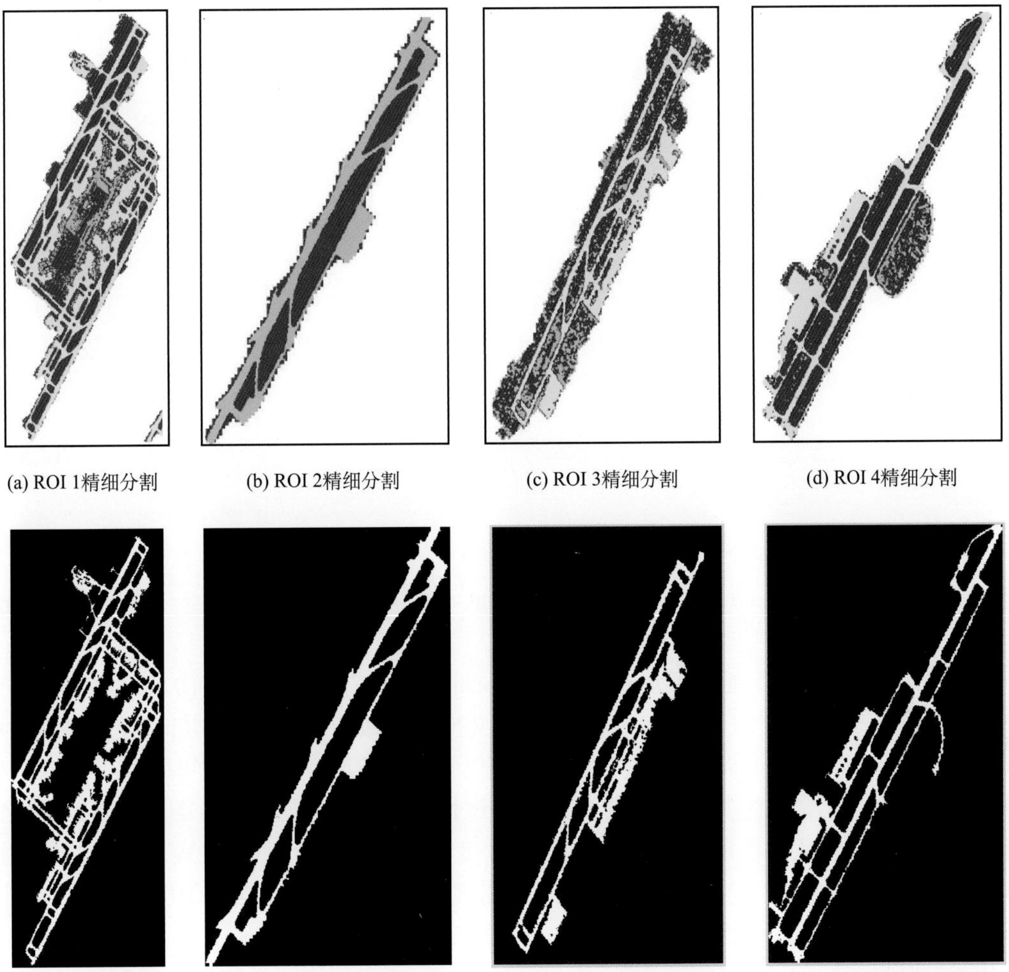

(a) ROI 1精细分割　(b) ROI 2精细分割　(c) ROI 3精细分割　(d) ROI 4精细分割

(e) ROI 1提取结果　(f) ROI 2提取结果　(g) ROI 3提取结果　(h) ROI 4提取结果

图 7.21　机场 ROI 精细分割提取结果[22]

7.4.3　机场跑道提取及 ROI 辨识

本小节对 7.4.2 节中精细分割提取到的疑似跑道区域进行分析，并提取机场跑道参数。

1. 跑道提取

传统的 Hough 变换检测直线进行跑道提取的方法对图像细节要求较高，检测结果严重依赖于边缘检测的结果，对于城市等边缘较多的区域虚警率高，且该方法经常受到道路、桥梁等其他拥有直线结构目标的干扰，其运算复杂度也较高。本小节利用精细分割的跑道区域，针对机场跑道的特点，采用一种不依赖于检测平行直线的跑道检测方法。

设 ROI 沿 n 度方向的投影函数为 P_n，将 ROI 二值图沿逆时针方向旋转 n 度后像素点 (i,j) 的值为 $f_{ij}\in\{0,1\}$（$1\leqslant i\leqslant M, 1\leqslant j\leqslant N$，$M$ 为图像的行数，N 为图像的列数），则投影函数值为

$$P_n(j)=\sum_{i=1}^{M}f_{ij} \tag{7.58}$$

由于机场跑道表现为狭长区域，定义机场跑道方向为主方向，ROI 二值图像沿主方向的投影在跑道位置必然出现较尖锐的峰值，因此投影函数能量较集中，熵值较小。设像素点非零个数为

$$S=\sum_{i=1}^{M}\sum_{j=1}^{N}f_{ij} \tag{7.59}$$

定义：

$$E_n=-\sum_{j=1}^{N}\frac{P_n(j)}{S}\ln\left(\frac{P_n(j)}{S}\right) \tag{7.60}$$

为 ROI 旋转 n 度后的竖直投影熵（entropy of projection, EP）。沿主方向的 EP 必为 360°方向中的极小值点，设为 $E_{m_1},E_{m_2},\cdots,E_{m_l}$。定义投影函数的最大峰值与峰值宽度的比为峰值宽度比（ratio of peak and width, RPW），峰值宽度指下降到峰值一半时两点之间对应的宽度。可以预见，沿主方向的投影函数在跑道位置会出现投影峰值，且其 RPW 相比其他方向的投影较大，因此若沿 $\{m_1,m_2,\cdots,m_l\}$ 度方向的投影函数中 RPW 最大的方向为 m_{g}，则 m_{g} 即主方向。为提高运算精度和计算速度，在计算 EP 时，可将 ROI 在 $[0°,360°]$ 每隔 2° 进行逆时针旋转而得到投影函数，计算 EP 极小值点 $m_i(i=1,2,\cdots,l)$ 方向投影的 RPW 时，则可将 ROI 在 $[(m_i-2)°,(m_i+2)°]$ 每隔 0.05° 进行逆时针旋转，得到投影函数 RPW 最大的方向即主方向。

将 ROI 旋转至主方向，此时跑道方向为竖直方向，对于其沿主方向的投影函数曲线进行滤波，去掉曲线毛刺，跑道位置在投影曲线上必为峰值点。求出投影曲线每个峰值点对应的峰值宽度 W，大致可认为该宽度为疑似跑道宽度，沿峰值点位置和沿竖直方向搜索，得到疑似跑道长度 L。W 和 L 均为像素意义下的值，可根据图像分辨率计算出跑道实际的长宽值。设跑道的四个顶点的坐标分别为 (x_1,y_1)、(x_2,y_2)、(x_3,y_3) 和 (x_4,y_4)，如图 7.22 所示。

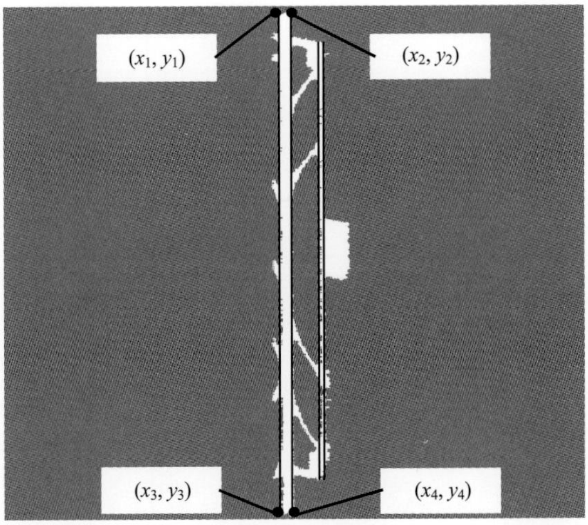

图 7.22　跑道的 4 个顶点

顶点在未旋转的 ROI 上对应的坐标则为

$$\begin{bmatrix} xr_i \\ yr_i \end{bmatrix} = \begin{bmatrix} x_i \\ y_i \end{bmatrix} \begin{bmatrix} \cos m_g & \sin m_g \\ -\sin m_g & \cos m_g \end{bmatrix}, \ i = 1,2,3,4 \tag{7.61}$$

式中，m_g 为主方向。于是，跑道实际宽度为

$$W_r = \sqrt{[(xr_1 - xr_2) \times R_x]^2 + [(yr_1 - yr_2) \times R_y]^2} \tag{7.62}$$

跑道实际长度为

$$L_r = \sqrt{[(xr_1 - xr_3) \times R_x]^2 + [(yr_1 - yr_3) \times R_y]^2} \tag{7.63}$$

目前，世界上机场跑道宽度一般在 160 m 以下，长度一般在 800 m 以上，因此可认为 W_r 大于 160m 且 L_r 小于 800m 的目标不是跑道。另外，由于机场跑道一般都贯穿机场区域，因此对于像素长度 $L = |y_1 - y_3|$ 小于区域长度 2/3 的目标也认为不是跑道。

跑道的检测过程如图 7.23 所示。由跑道检测结果可知，对于不同类型、形状各异的

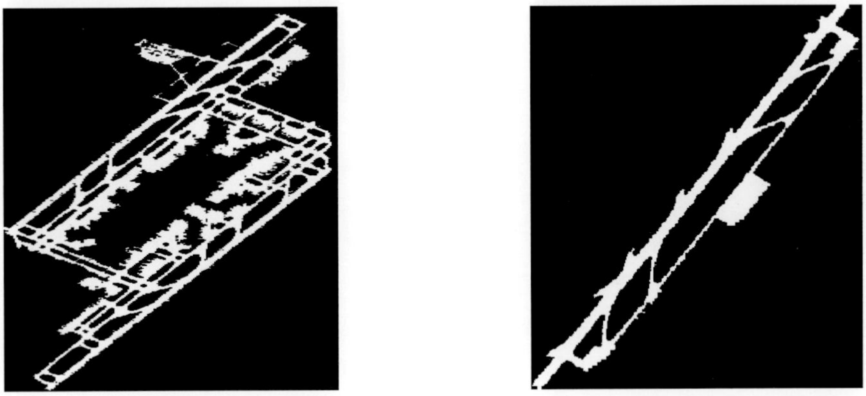

(a) 机场ROI 1　　(b) 机场ROI 2

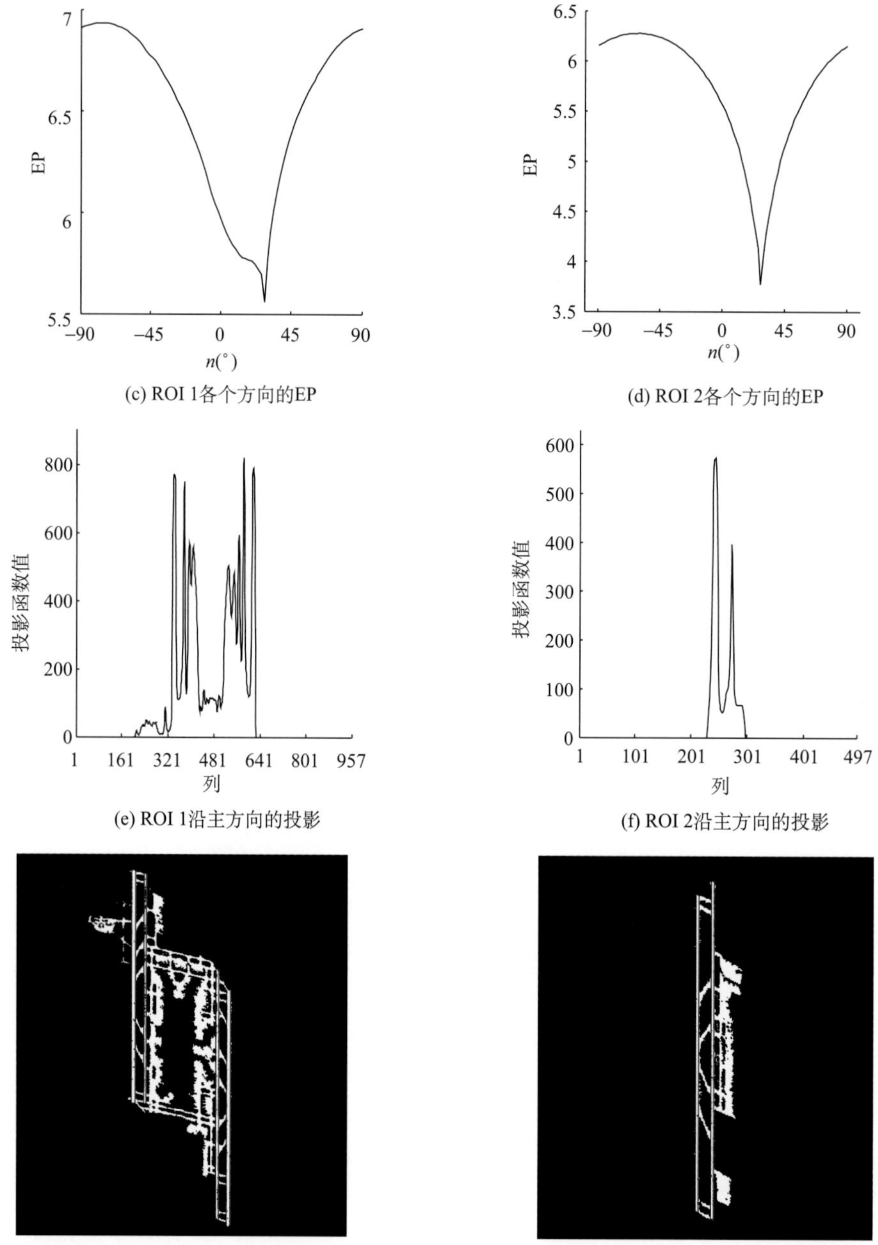

(c) ROI 1各个方向的EP　　(d) ROI 2各个方向的EP

(e) ROI 1沿主方向的投影　　(f) ROI 2沿主方向的投影

(g) ROI 1跑道检测结果　　(h) ROI 2跑道检测结果

图 7.23　跑道检测过程[22]

机场，基于 EP 和 RPW 确定主方向，并根据主方向投影峰值特征来检测跑道的方法，都能准确定位主跑道，鲁棒性较好，并且能够较好地估计跑道长度和宽度。在 SAR 图像中，跑道由于斑点噪声易出现断裂，本节方法在跑道出现断裂时也能不受影响地检测到整条跑道。实验表明，相对于传统的基于 Hough 变换检测平行直线的方法，此检测方法能够有效排除具有直线特征的道路、农田以及同样为狭长暗区域的河流等目标，其运算复杂度较低，且具有更好的稳定性。

2. ROI 辨识

根据 7.4.2 节得到的 ROI 二值图像，可以估算其面积和长宽比特征，将面积和长宽比不符合要求的 ROI 剔除，最后根据 ROI 有无跑道判别其是否为机场目标。具体来说，可根据下述特征进行 ROI 辨识。

(1) 面积：由式(7.59)得到 ROI 非零像素个数为 S，设图像方位向分辨率为 R_y，距离向分辨率为 R_x，则 ROI 面积为 $A = SR_yR_x$。

(2) 长宽比：机场停机坪及跑道区域一般是一个长宽比比较大的类似矩形区域，据此设定长宽比小于 2 的 ROI 不是机场目标。区域长度定义为与该区域具有相同标准二阶中心矩的椭圆的长轴长度，区域宽度为该椭圆的短轴长度。

(3) 跑道特征：根据 ROI 是否检测到跑道判别其是否为机场目标，跑道的检测方法见 7.4.3.1 节。

该方法中的 ROI 辨识能够有效排除具有直线特征的道路、农田以及同样为狭长暗区域的河流等目标，同时能够检测出各种形状的机场目标。特别需要指出的是，文献[25]用二叉决策树根据长宽比、形状复杂度、对比度和欧拉数四个特征来判别机场，该方法不能检测出单跑道机场，文献[26]是基于机场沿跑道方向的投影呈双峰分布的假设，定义了一系列参数作为机场特征，未考虑到单通道和多跑道机场的情况，而本节方法在各种情况下都能至少检测到一条机场跑道，从而定位机场目标。

7.4.4 实 验 验 证

利用 2 幅 TerraSAR-X 和 6 幅 Radarsat-2 实测全极化 SAR 图像数据对本节介绍的机场目标检测方法进行验证。图 7.24 给出了 8 幅实测全极化 SAR 数据的 Freeman 分解伪彩色图，机场检测结果用白色方框标注，其中方框内的白色线条标注了检测到的机场跑道位置。表 7.2 给出了具体的机场检测结果。

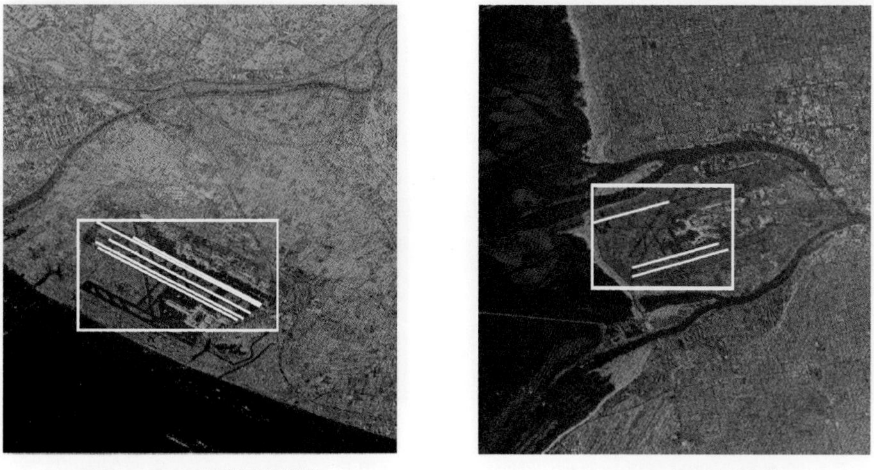

(a) TerraSAR-X巴塞罗那地区　(b) TerraSAR-X温哥华地区

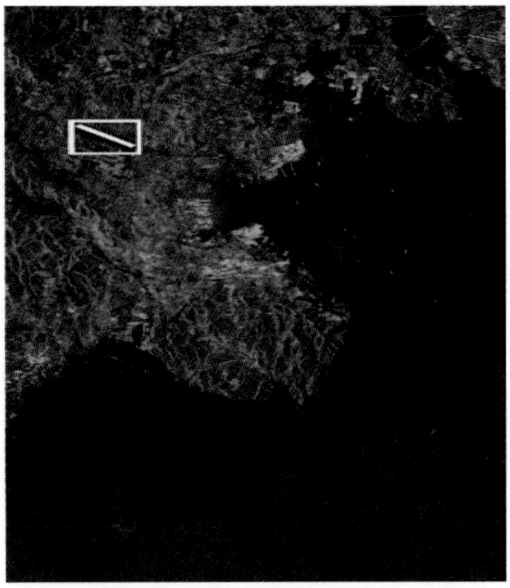

(c) Radarsat-2大连地区

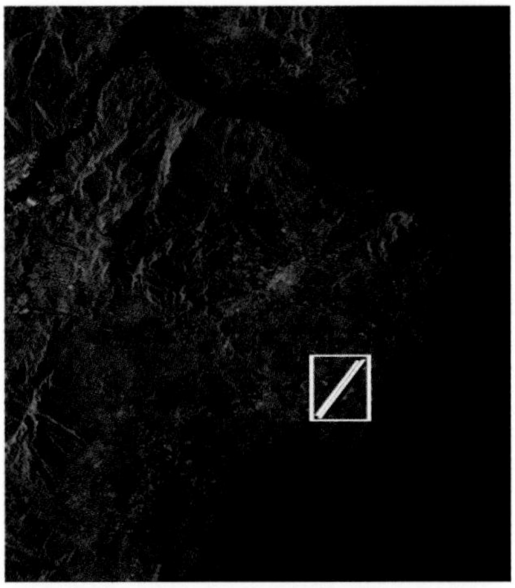

(d) Radarsat-2福建地区

(e) Radarsat-2新加坡地区

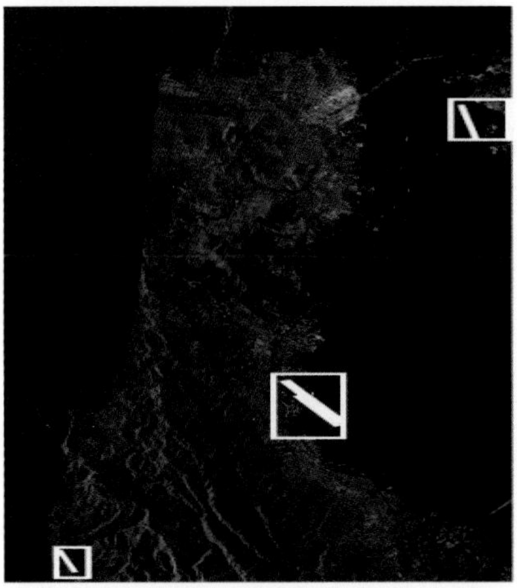

(f) Radarsat-2旧金山地区

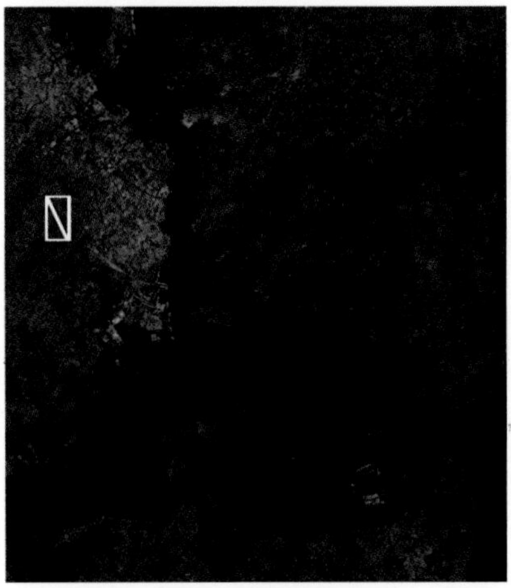

(g) Radarsat-2湛江地区

(h) Radarsat-2阎良地区

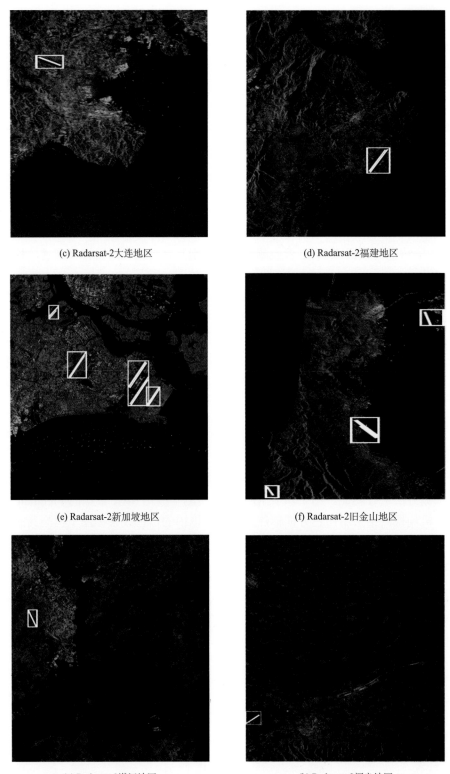

图 7.24　实测全极化 SAR 图像机场检测结果显示在 Freeman 分解图上[22]

表 7.2 实测全极化 SAR 图像机场检测结果[22]

机场地点	分辨率	像素数量	目标数	检测数	虚警数	错检数
巴塞罗那	2.1m× 6.6m	4950× 4861	1	1	0	0
温哥华	2.2m× 6.6m	5343× 4927	1	1	0	0
大连	5.3m× 12.7m	5491× 2156	1	1	0	0
福建	4.8m× 8.8m	6140× 3332	1	1	0	0
新加坡	4.8m× 6.4m	6161× 4256	4	4	0	0
旧金山	4.8m× 9.8m	7208× 2623	3	3	0	0
湛江	5.0m× 7.0m	5937× 3920	1	1	0	0
阎良	4.8m× 7.4m	6171× 3716	1	1	0	0

由实验结果可以看出，该方法能够有效地在大范围复杂场景下检测出机场目标，并能够有效地排除河流、道路等虚假目标，且对于每个机场至少能检测到一条机场跑道。

7.4.5 小　　结

本节介绍一种大范围复杂场景下极化 SAR 图像的机场目标检测方法，首先利用基于 Freeman 分解的 FCM 聚类算法对机场 ROI 进行粗提取，利用 $\mathcal{L}$-LS 方法对 ROI 进行精细分割，基于二值分割图像的竖直投影熵确定跑道主方向，根据分割图像沿主方向的投影峰值特征进行跑道提取；最后根据 ROI 的面积、长宽比和跑道等特征进行 ROI 辨识，进而识别机场目标。该方法受噪声和其他目标干扰较小，具有更强的适用性和更准确的检测结果，在军事和民用上具有较大意义。另外，该方法还可以较准确地提取跑道长宽等参数，这得益于对 ROI 的精确分割。

7.5 港口与桥梁检测

在精确的海岸线提取的基础上，海岸带固定目标可以通过提取目标轮廓，分析其几何结构特征，进而实现检测。港口区域内的突堤码头和防波堤等建筑在海岸线上形成显著的特征点和平行线等特征，通过提取海岸线上特征点密集和具有平行直线的区域，可实现部分港口的检测。在 SAR 图像中，通过提取海岸线几何特征实现目标检测存在的主要问题为：一方面，SAR 图像强相干斑噪声以及强散射建筑多次散射形成的干扰使得目标的轮廓特征变得模糊；另一方面，目标形态和种类的多样性使得目标的几何特征缺乏稳定性。本节将介绍基于岸线特征点合并和基于平行曲线特征的港口检测，以及基于水域跟踪的桥梁检测[27]。

7.5.1 基于岸线特征点的港口检测

港口目标的显著特点是港区突堤、防波堤等建筑在海岸线上形成具有一定几何结构特征的地形。现有港口检测方法都通过提取港区岸线轮廓特有的几何结构特征实现检测。

图 7.25 为新加坡海岸地区若干港口区域的极化 SAR 数据 Pauli 分解图，观测可发现港口形态各异，部分港口轮廓模糊无法分辨。通过统计不同 SAR 图像港口区域轮廓特征发现，这些形态各异、轮廓模糊的港口所具有的唯一特征是其轮廓线相比非港口区域岸线更加凹凸不平，而这些凹凸不平的轮廓线会形成较密集的特征点，因此本小节介绍一种合并海岸线轮廓特征点的港口检测方法[28]。

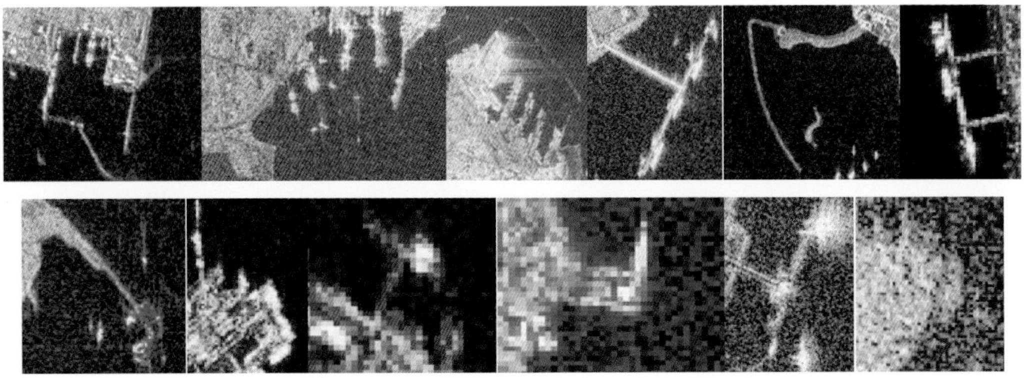

图 7.25　新加坡沿岸分布的港口区域的极化 SAR 数据 Pauli 分解图[27]

1. 岸线特征点提取

在精确的海岸线检测的基础上，实现海岸线数字曲线的特征点检测方法包括基于角点检测和基于曲线分裂归并的方法。

1) 基于角点检测的岸线特征点提取[29-32]

岸线特征点为曲线上具有较高曲率值的角点，通过寻找与相邻像素连线夹角形成极值的点可实现角点的检测。假设待检测的数字曲线表示为 $C_0=\{p_i=(x_i,y_i),i=1,\cdots,n\}$，Rosenfeld 和 Johnston[29]提出数字曲线的角点检测算法如下：

(1) 定义曲线上点 p_i 的 $\vec{k}$ 矢量为

$$\begin{aligned}\vec{a}_{ik}&=\left(x_i-x_{i+k},y_i-y_{i+k}\right)\\ \vec{b}_{ik}&=\left(x_i-x_{i-k},y_i-y_{i-k}\right)\end{aligned}\tag{7.64}$$

p_i 点处两 $\vec{k}$ 矢量夹角的余弦值 $c_{ik}=(\vec{a}_{ik}\cdot\vec{b}_{ik})/|\vec{a}_{ik}||\vec{b}_{ik}|$。

(2) 根据曲线长度 n 选择因子值 m，对曲线上每一点 p_i，计算 m 个余弦值 $\{c_{ik},k=1,\cdots,m\}$；

(3) 对于点 p_i，从 $\{c_{ik},k=1,\cdots,m\}$ 中找出满足关系式的最大的 h 值 $c_{im}<c_{im-1}<\cdots<c_{ih}\geqslant c_{ih-1}$，记为 h_i；

(4) 对于点 p_i，若对于所有 $|i-j|\leqslant h_i/2$ 的 j，满足 $c_{ih_i}\geqslant c_{jh_j}$，则判为角点。

2) 基于曲线分裂归并的岸线特征点提取

光滑的数字曲线在特征点处折断，通过对数字曲线分段近似，可实现这些特征点的检测。数字曲线分段近似常用的算法为 Douglas-Peucker (D-P) 算法[33]，该算法的基本思想是使得相邻两特征点间的曲线上，各点到两特征点直连线的距离都小于设定的容限。如图 7.26 所示，若曲线的有序点集合为$\{O_i, i=1,2,\cdots,M\}$，D-P 算法首先将起始点O_1和终止点O_M标记为特征点，分别计算O_i各点距直连线段O_1O_M的距离，将离直线O_1O_M距离最远的点O_k标记为特征点，并根据O_k将O_1O_M分裂为O_1O_k和O_kO_M这 2 段；然后按相同的方式分别分裂O_1O_k和O_kO_M，并标记出相应的特征点，设定距离容限ε，采用 D-P 算法递归迭代，直至各分裂小段上点离对应的直线段距离都小于ε为止。

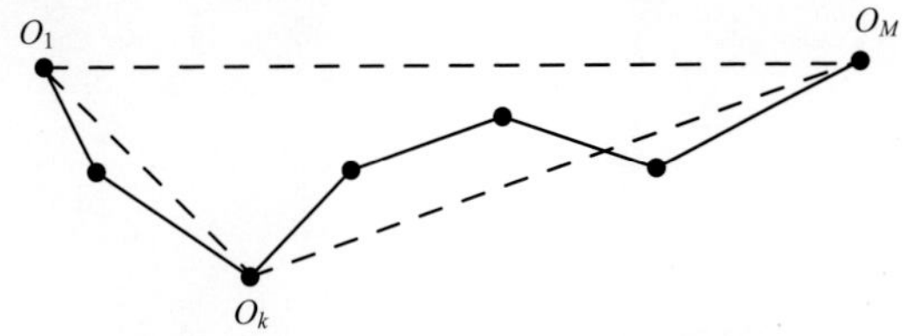

图 7.26 曲线分裂归并示意图[27]

2. 岸线特征点合并

对于通过角点度量或曲线分裂归并方法提取的海岸线特征点，通过对特征点进行合并，并计算各归并特征点集合特征点数目进而实现港口检测。若海岸线的特征点有序集合为$\{P_i, i=1,2,\cdots,n\}$，特征点对距离矩阵为$\boldsymbol{A}=\left[a_{ij}\right]_{n\times n}$，$a_{ij}$为特征点$i$和特征点$j$之间的距离。在设定的距离阈值$\eta_{\mathrm{T}}$下，基于点对点距离的特征点合并算法，依次合并$a_{ij}<\eta_{\mathrm{T}}$的点。具体算法描述如下。

步骤 1：初始化，设置已合并点集$\boldsymbol{P}^{(0)}=\left\{U_1^{(0)},U_2^{(0)},\cdots,U_{p_0}^{(0)}\right\}$为$\varnothing$，未合并点集$\boldsymbol{Q}^{(0)}=\left\{V_1^{(0)},V_2^{(0)},\cdots,V_{q_0}^{(0)}\right\}$为$\{P_1,P_2,\cdots,P_n\}$，已合并集合数目为 0，置$k=1$。

步骤 2：从未完成合并点集$\boldsymbol{Q}^{(k)}$中取出$V_1^{(k)}$送入$\{\boldsymbol{S}_k\}$，$\boldsymbol{Q}^{(k)}=\left\{V_2^{(k)},V_3^{(k)},\cdots,V_{q_k}^{(k)}\right\}$，开始合并点集$\{\boldsymbol{S}_k\}$，置$i=2$。

步骤 3：对$\boldsymbol{Q}^{(k)}$中点$V_i^{(k)}$，计算$V_i^{(k)}$与点集$\{\boldsymbol{S}_k\}$的距离d_{temp}。若$d_{\mathrm{temp}}<\eta_{\mathrm{T}}$，则$\{\boldsymbol{S}_k\}=\{\boldsymbol{S}_k\}\cup\left\{V_i^{(k)}\right\}$，$\boldsymbol{Q}^{(k)}=\boldsymbol{Q}^{(k)}/\left\{V_i^{(k)}\right\}$，置$V_i^{(k)}$与$\{\boldsymbol{S}_k\}$中各点距离为 0，并重置集合$\{\boldsymbol{S}_1\},\{\boldsymbol{S}_2\},\cdots,\{\boldsymbol{S}_{k-1}\}$及$\boldsymbol{Q}^{(k)}$中各点与$\{\boldsymbol{S}_k\}$的距离；否则，$i$值加 1，继续执行步骤 3，直至$i>q_k$。

步骤 4：$\boldsymbol{P}^{(k)}=\left\{\{\boldsymbol{S}_1\},\{\boldsymbol{S}_2\},\cdots,\{\boldsymbol{S}_k\}\right\}$，若$\boldsymbol{Q}^{(k)}\neq\varnothing$，则$k$值加 1，跳至步骤 2；否则

输出 $\boldsymbol{P}^{(k)}$，结束点集合并。其中，$U_i^{(k)},i=1,2,\cdots,p_k$，$V_i^{(k)},i=1,2,\cdots,q_k$ 分别表示第 k 次迭代 $\boldsymbol{P}^{(k)}$ 和 $\boldsymbol{Q}^{(k)}$ 中的点，p_k,q_k 分别为 $\boldsymbol{P}^{(k)}$ 和 $\boldsymbol{Q}^{(k)}$ 中点数目。

点对点的特征点合并算法在港口特征点距离偏大情况下无法实现港口检测。图 7.27(a)为港口区域对应极化 SAR 数据 Pauli 伪彩图；图 7.27(b)为海陆分割的结果，其中*号标记的点为海岸线特征点，框选区域为某港口区域。从框选区域中的特征点可以发现，点 A 与点 D 的距离 d_{AD} 很小，但点 A 与点 B 的距离 d_{AB} 偏大，实现特征点距离合并算法时，d_{AB} 会超过距离阈值，从而将港口轮廓合并为多个小区域，若港口仅仅包含一个长条形的突堤，合并的小区域会因为特征点过少(少于 3 个)而漏检。

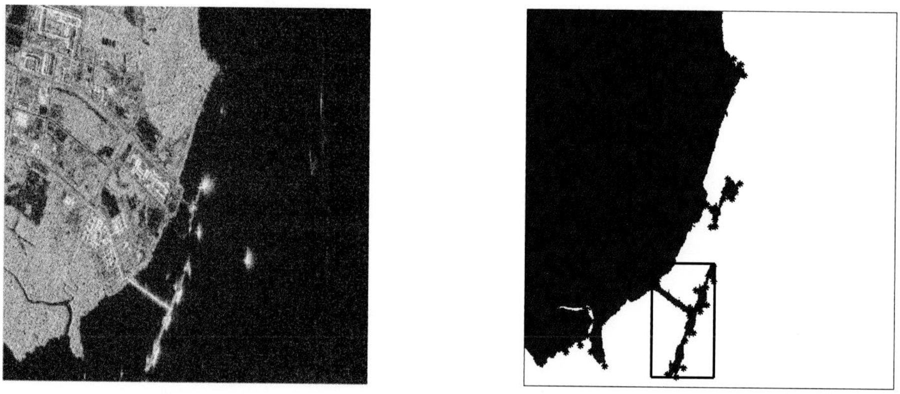

(a) span图　　(b) 算法问题示意图

图 7.27　点对点特征点合并算法问题[27]

从图 7.27 可知，一般实际的小型港口轮廓至少存在一对距离较近的特征点，特别对于仅仅包含一个长条形突堤的港口图像，其起始特征点和终止特征点的距离等于长条形突堤的宽度。也就是说，对于港口轮廓的特征点合并，若 2 个特征点距离过小，则以这 2 个特征点为起始点和终止点的轮廓线上的所有特征点应为同一个港口区域的特征点。基于此思想，本书介绍一种适用于港口检测的特征点合并算法。若海岸线的特征点有序集合为 $\{P_i,i=1,2,\cdots,n\}$，在设定的距离阈值 η_{T} 下，具体算法描述如下。

步骤 1：设置已合并点集 $\boldsymbol{P}^{(0)}=\left\{U_1^{(0)},U_2^{(0)},\cdots,U_{p_0}^{(0)}\right\}$ 为 $\varnothing$，未合并点集 $\boldsymbol{Q}^{(0)}=\left\{V_1^{(0)},V_2^{(0)},\cdots,V_{q_0}^{(0)}\right\}$ 为 $\{P_1,P_2,\cdots,P_n\}$，已合并集合数目为 0，置 $k=1$。

步骤 2：从未完成合并点集 $\boldsymbol{Q}^{(k)}$ 中取出 $V_1^{(k)}$ 送入 $\{\boldsymbol{S}_k\}$，$\boldsymbol{Q}^{(k)}=\left\{V_2^{(k)},V_3^{(k)},\cdots,V_{q_k}^{(k)}\right\}$，开始合并点集 $\{\boldsymbol{S}_k\}$，置 i=2。

步骤 3：对 $\boldsymbol{Q}^{(k)}$ 中点 $V_j^{(k)},i\leqslant j\leqslant q_k$，分别计算 $V_j^{(k)}$ 与点集 $\{\boldsymbol{S}_k\}$ 的距离 $d_{\mathrm{temp_j}}$，找出满足 $d_{\mathrm{temp_j}}<\eta_{\mathrm{T}}$ 的最大 j 值 $I_{\max}$，并将所有 $i\leqslant j\leqslant I_{\max}$ 的点 $V_j^{(k)}$ 合并入 $\{\boldsymbol{S}_k\}$ 中，即 $\{\boldsymbol{S}_k\}=\{\boldsymbol{S}_k\}\cup\left\{V_i^{(k)},V_{i+1}^{(k)},\cdots,V_{I_{\max}}^{(k)}\right\}$，$\boldsymbol{Q}^{(k)}=\boldsymbol{Q}^{(k)}/\left\{V_i^{(k)},V_{i+1}^{(k)},\cdots,V_{I_{\max}}^{(k)}\right\}$，置 $\{V_i^{(k)},V_{i+1}^{(k)},$

$\cdots,V_{I_{\max}}^{(k)}\}$ 与 $\{\boldsymbol{S}_k\}$ 中各点距离为 0，重置集合 $\{\boldsymbol{S}_1\},\{\boldsymbol{S}_2\},\cdots,\{\boldsymbol{S}_{k-1}\}$ 及 $\boldsymbol{Q}^{(k)}$ 各点与 $\{\boldsymbol{S}_k\}$ 的距离；置 $i=I_{\max}+1$，若 $i\leqslant q_k$，继续执行步骤 3。

步骤 4：$\boldsymbol{P}^{(k)}=\{\{\boldsymbol{S}_1\},\{\boldsymbol{S}_2\},\cdots,\{\boldsymbol{S}_k\}\}$，若 $\boldsymbol{Q}^{(k)}\neq\varnothing$，则 k 值加 1，跳至步骤 2；否则输出 $\boldsymbol{P}^{(k)}$，结束点集合并。

部分图像海岸线轮廓为闭合曲线，若轮廓起始特征点和终止特征点距离小于 η_{T}，直接按照以上算法进行点集合并会将所有特征点合并为一个港口区域。图 7.28(a)为海陆二值图，黑色部分为陆地区域，白色部分为海面区域，*号标记为特征点。图 7.28(b)为其海岸线右上角区域局部放大图，其中 A 和 B 分别为起始和终止特征点。因此，修改算法步骤 3，对 $\boldsymbol{Q}^{(k)}$ 中点 $V_j^{(k)}\left(i\leqslant j\leqslant q_k\right)$，计算 $V_i^{(k)}$ 与 $\{\boldsymbol{S}_k\}$ 距离 d_i，设置距离上限 d_{upper}，若某 $d_i>d_{\text{upper}}$，则认为后续特征点与当前合并集合距离过大，不可能属于同一港口区域，直接跳出步骤 3，结束 $\{\boldsymbol{S}_k\}$ 的合并。

(a) 闭合海岸轮廓　　　(b) 距离过近情况

图 7.28　闭合海岸轮廓线起始与终止特征点距离过近情况[27]

此外，对于闭合海岸线轮廓，在按顺序实现特征点合并情况下，若起始点集 $\{\boldsymbol{S}_1\}$ 与终止点集 $\{\boldsymbol{S}_k\}$ 距离小于 η_{T}，则认为 $\{\boldsymbol{S}_k\}$ 与 $\{\boldsymbol{S}_1\}$ 为同一区域，将 $\{\boldsymbol{S}_k\}$ 合并至 $\{\boldsymbol{S}_1\}$ 中。

在特征点合并后，根据经验规则，特征点集合中点的数目大于 3 个则可判为港口区域。

3. 实验验证

使用 2012 年 3 月 23 日拍摄的湛江部分海岸区域和 2013 年 1 月 19 日拍摄的新加坡部分海岸区域 Radarsat-2 极化 SAR 图像进行实验，图像像素大小为 4.73m×4.80m，大小分别为 1700 像素×1200 像素和 1000 像素×1000 像素。

根据图像分辨率和实际港口区域大小，D-P 算法误差容限设为 10 个像素单位，距离合并算法门限设定为 30 个像素单位，上限设为 150 个像素单位。图 7.29 为新加坡部分海岸区域港口检测结果，其中图 7.29(a)为极化 SAR 图像对应的 Pauli 伪彩图像；图 7.29(b)为使用水平集算法海陆分割二值图，其中*号标记的点为由分裂归并算法提取的海岸线特征点；图 7.29(c)为采用本小节算法得到的港口区域检测结果，图 7.29(d)为 Google Earth 获得的光学图像。

从图 7.29 检测结果和光学图像对比可知，图像中的 3 个港口区域都实现了正确检测。但图 7.29(c)左下角区域被错误检测为港口区域，通过光学图像发现，导致错误检测的原因是该区域轮廓与实际天然港口轮廓基本相似，若仅仅基于轮廓几何特征进行港口检测将无法区分该区域是否为港口。

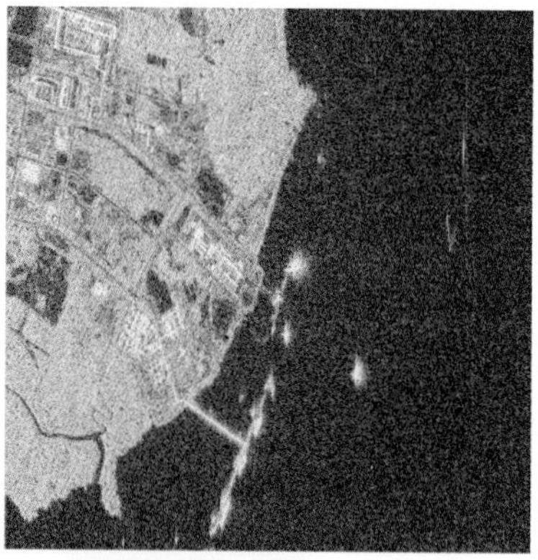

(a) Pauli伪彩图

(b) 分割图及特征点

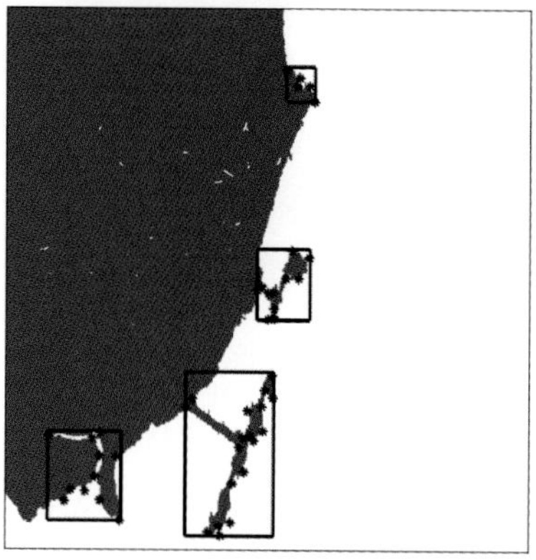

(c) 检测结果

(d) 光学图像

图 7.29　新加坡部分海岸区域港口检测结果[27]

图 7.30 为湛江部分海岸区域港口检测结果，其中图 7.30(a)为极化 SAR 图像对应的 Pauli 伪彩图；图 7.30(b)为使用水平集算法得到的海陆分割二值图(仅保留最大海域海岸线)，其中*号标记的点为由分裂归并算法提取的海岸线特征点；图 7.30(c)为采用本小节算法得到的港口区域检测结果，图 7.30(d)为 Google Earth 获得的光学图像。

对图 7.30 的检测结果和光学图像对比发现，该算法实现了沿岸 17 个港口中 16 个港口的正确检测[图 7.30(c)框选区域]，漏检港口数为 1 个[图 7.30(c)框选区域 5]，错误检测港口数目为 3 个[图 7.30(c)框选区域 1、7 和 12]，总体检测率为 94.1%，虚警率为 15.5%。

通过观察对比 SAR 图像和光学图像，漏检的原因主要是对应港口过小，使用 D-P 算法近似表示海岸线时忽略了该区域的特征点。而错误检测一方面是沿岸的一些类似港口的建筑导致，如图 7.30(c)框选区域 1，另一方面是沿岸一些天然内陷和凸起的区域所致，如图 7.30(c)框选区域 12。

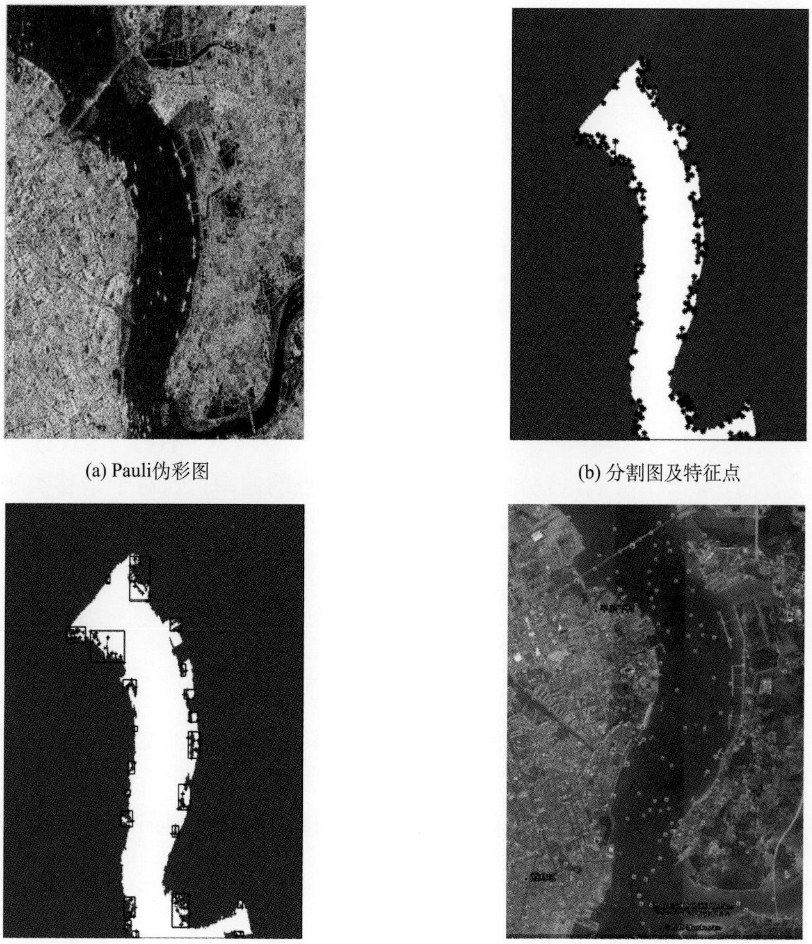

(a) Pauli伪彩图　(b) 分割图及特征点

(c) 检测结果　(d) 光学图像

图 7.30　湛江部分海岸区域港口检测结果[27]

7.5.2　基于平行曲线特征的港口检测

对于一般港口区域而言，港区突堤、防波堤等建筑两侧表现出稳定的平行曲线特征，而由于 SAR 图像的噪声以及强散射体散射干扰，这种平行曲线特征变得模糊，本节介绍一种近似平行曲线度量准则来度量这种平行性，从而实现具有平行曲线特征的港口检测。

1. 平行曲线模型

文献[34]建立了三种类型平行曲线模型，包括平移类平行曲线、道路类平行曲线和相似类平行曲线。对于港口突堤和防波堤平行曲线，仅仅考虑前两类即可。如图 7.31 所示，其中图 7.31 (a) 为平移类平行曲线，图 7.31 (b) 为道路类平行曲线，图 7.31 (c) 为实际具有平行曲线特征的港口光学图像。

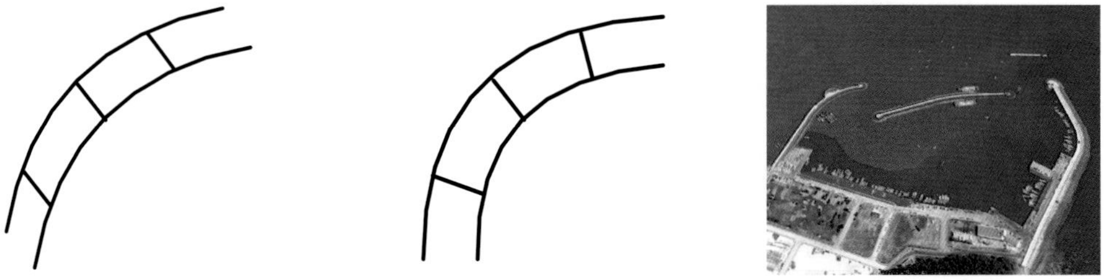

(a) 平移类平行曲线　(b) 道路类平行曲线　(c) 港口切片

图 7.31　平行曲线模型[27]

假设 C_1,C_2 分别为平行曲线两边，其参数方程分别表示为 $C_1(s)=\left[x_1(s),y_1(s)\right]$ 和 $C_2(s)=\left[x_2(s),y_2(s)\right]$，$s\in\left[0,T\right]$，$C_1$ 和 C_2 上的点一一对应，$\theta_1(s)$ 和 $\theta_2(s)$ 别为 C_1、C_2 各点的切线方向，$\kappa_1(s)$ 和 $\kappa_2(s)$ 分别为 C_1、C_2 上各点的曲率，则对于平移类平行曲线和道路类平行曲线满足以下基本关系：

$$\begin{aligned}&\theta_1(s)=\theta_2(s)\\&\kappa_1(s)=\kappa_2(s)\\&\left\|C_1(s)-C_2(s)\right\|=\text{const}\end{aligned}\tag{7.65}$$

由于 SAR 图像噪声和港区停泊船只的影响，港口突堤和防波堤两侧曲线仅仅具有近似平行特性，严格按照平行曲线模型，式(7.65)无法实现港区平行曲线检测。因此，定义近似平行曲线准则进行 SAR 图像港区近似平行曲线的检测，描述如下。

2. 平行曲线提取算法

连续光滑的平行曲线由一系列分段平行直线组成。假设曲线 C_1 和 C_2 分别表示为直线段集合 $\left\{L_i,i=1,2,\cdots,n\right\}$ 和 $\left\{S_i,i=1,2,\cdots,n\right\}$，若 C_1 和 C_2 为平行曲线，则其直线段集合上任一对直线段 L_i 和 S_i 相互平行且直线段对上各对应点距离为定值。

基于近似平行曲线的检测的步骤可分为三步：首先，将曲线分段为若干段接近直线的曲线段；然后，分别判断各段曲线的直线平行性及端点的距离；最后，连接平行分段曲线确定平行曲线。

数字曲线分段算法与 7.5.1 节算法一致，将曲线始末点初始化为特征点，通过迭代分裂，使得相邻两特征点间的曲线上各点到两特征点直连线的距离都小于设定的容限。

严格的直线段平行判定准则与平行曲线准则相比，无须判断每一点的切线方向和曲率相同，只需比较两直线段的斜率即可。而各距离点为定值条件也可以仅仅通过端点距离相等判断。若直线段 L_i 和 S_i 上的点集分别为 $\left\{P_x,x=1,\cdots,N_L\right\}$ 和 $\left\{Q_y,y=1,\cdots,N_S\right\}$，方

向向量分别为 n_L 和 n_S，则直线段判定准则为

(1) 方向向量夹角小于阈值 1，即 $\cos(n_L, n_S) > T_1$；

(2) 端点距离差值小于阈值 2，即 $\left\| P_1Q_1 \right| - \left| P_{N_L}Q_{N_S} \right\| < T_2$。

SAR 图像港口轮廓线存在毛刺，由 DP 算法分段的各段曲线仅仅具有近似平行特征，而部分平行直线段端点距离可能过大。因此，判断分段曲线的平行性首先需判断该段曲线的直线性，然后采用近似的平行准则判断其平行性。

分段曲线的直线性采用基于链码的直线段判定准则进行判定，对于分段曲线 R_i，若其链码为 $\{r_z, z=1,\cdots,N_R\}$，则将 R_i 按中点分为两小段，分别统计两段的链码方向直方图 $f(x)$ 和 $g(x)$，根据两段曲线的主方向 $a_{f\max}$、$b_{g\max}$ 和次主方向 $a_{f\sec}$、$b_{g\sec}$ 及对应出现频数判断。若两段主方向相同 $a_{f\max}=b_{g\max}$ 或主方向和次主方向交替 $a_{f\max}=b_{g\sec}$ 且 $a_{f\sec}=b_{g\max}$，并且主方向和次主方向的频数与 $\left(a_{f\max}+a_{f\sec}+b_{g\max}+b_{g\sec}\right)/N_R > \text{th}_1$ 以及频数差 $2(a_{f\max}+a_{f\sec}-b_{g\max}-b_{g\sec})/N_R > \text{th}_2$ 满足设定的阈值条件，则判定为直线段。其中，$\text{th}_i\,(i=1,2)$ 为设定的阈值。

对于判定为直线段的两分段曲线 L_i 和 S_i，其近似平行的判定准则如下。

(1) 最小二乘拟合 L_i 和 S_i 的直线方程，确定方向向量 n_L 和 n_S，若 n_L 和 n_S 夹角满足 $\langle n_L, n_S\rangle < th_3$。

(2) 对 L_i 上每一点 P_x，由方向向量 n_L 确定经过 P_x 且与 n_L 垂直的直线与 S_i 的交点 O_x，由此确定 S_i 上与 P_x 对应的点 Q_y，Q_y 为 S_i 上各点与 O_x 距离最小的点，计算 P_x 和 Q_y 距离 d_x。统计 $\{d_x, x=1,\cdots,N_L\}$ 平均值 $\bar{d}$，$\{d_x\}$ 中与 $\bar{d}$ 差值小于阈值 th_4 的点比例超过 th_5。

(3) 对 S_i 上每一点 P_y，由方向向量 n_S 确定经过 P_y 且与 n_S 垂直的直线与 L_i 的交点 O_y，由此确定 L_i 上与 P_y 对应的点 Q_x，Q_x 为 L_i 上各点与 O_y 距离最小的点，计算 P_y 和 Q_x 距离 d_y。计算 $\{d_y, y=1,\cdots,N_S\}$ 平均值 $\bar{d}$，$\{d_y\}$ 中与 $\bar{d}$ 差值小于阈值 th_4 的点比例超过 th_5。

提取出平行的分段曲线后，实现平行曲线检测的最后一步是进行分段曲线的连接。实际上，港区平行曲线连接性已十分完好，因此仅仅通过平行曲线端点的近距离特性进行连接处理，对于平行分段曲线 $\{L_i, S_i\}$ 和 $\{L_j, S_j\}$，根据端点距离确定出 $\{L_i, S_i\}$ 和 $\{L_j, S_j\}$ 距离近的端点对 (U_1, V_1) 和 (U_2, V_2)，若 $d(U_1, V_1)$ 和 $d(U_2, V_2)$ 小于设定的阈值 th_6，且 $d(U_1, V_1)$ 和 $d(U_2, V_2)$ 差值小于阈值 th_7，则根据端点 (U_1, V_1) 和 (U_2, V_2) 连接两分段曲线。

3. 海岸线平行曲线检测及港口检测

对于海陆二值分割图，通过连通域判断该算法确定各连通水域，由二值图边界跟踪算法[35]得到各陆地区域海岸线 $\{\text{Coastline}_k, k=1,\cdots,M\}$，根据近似平行曲线检测准则可得到如下海岸线平行曲线检测流程。

(1) **海岸线分段**：对岸线 Coastline_k，由 DP 算法在设定的距离容限 ε 下将海岸线分段，若分裂的特征点集合为 $\{C_i, i=1,\cdots,N_C\}$，各段岸线表示为 $C_jC_{j+1}, j=1,\cdots,N_C-1$。

(2) **搜索窗区域确定**：在设定的平行线最大宽度 $W_{\max}$ 下，依次确定各段岸线的搜索

窗区域。对于岸线段 C_jC_{j+1}，确定 C_jC_{j+1} 中点 S_j 和其切线方向 τ_j 及法向方向 υ_j。根据 S_j 和 τ_j，由 $W_{\max}$ 确定 C_jC_{j+1} 搜索窗区域 Win_j 左右侧边界线，根据 υ_j 和 C_jC_{j+1} 始末端点确定搜索窗区域上下侧边界线。

(3) **近似平行直线判断**：根据上一节平行直线段判定准则，依次在各段岸线搜索窗区域中检测平行直线对。对于岸线段 C_jC_{j+1} 和其搜索窗区域 Win_j，从搜索窗区域 Win_j 中找出所有连通的曲线段，根据链码直线段判定准则确定候选曲线段，然后根据平行直线段判定准则检测出所有与 C_jC_{j+1} 平行的曲线段。

(4) **平行曲线连接**：根据连接处理准则进行平行曲线连接处理。

根据海岸地形的特性，按以上算法提取出海岸线平行曲线，还包含一些内陷水域分支两侧平行曲线和一些跨越水域的平行曲线，这些平行曲线构成虚警。这些虚警可通过平行曲线内部是否包含水域确定，由于封闭曲线内部区域确定的复杂性，可以采用简便的判定方法代替。对于平行曲线对 $\{L_i, S_i\}$，分别连接 L_i 和 S_i 上 1/4、2/4、3/4 位置处的点，并分别得到经过这三条线段的像素 $\{l_j, j=1,2,3\}$，分别统计 l_j 上水域像素的比例，若 l_1、l_2、l_3 上水域像素的比例都小于设定的阈值 th_8，则判定为非虚警目标。

部分港口区域包含多对平行线，由检测的平行曲线实现港口区域的检测还需按距离进行平行曲线对合并。若检测出的平行曲线分别为 $\{\mathrm{Curve}_h, h=1,2,\cdots,N_{\mathrm{cur}}\}$，分别计算两两曲线对的距离，得到距离矩阵 $\{D_{ij}\}_{h\times h}$，然后按照点点距离合并准则在设定的距离阈值 th_9 下进行合并，由此得到最终的港口检测结果。

4. 实验验证

使用 2013 年由 Radarsat-2 传感器获取的新加坡地区 C 波段单视极化 SAR 数据进行实验验证，图像像素大小为 4.73m×4.80m，大小为 6161×4256。图 7.32(a) 为其对应的 Pauli 伪彩图。图 7.32(b) 为采用分层水平集分割方法[36]对 HV 通道提取的海岸线检测结果，其中红线为提取的海岸线，白圈标记区域为提取海岸线中存在偏差的区域。

对于提取的海岸线结果，为了保证曲线分段结果接近直线距离容限，ε 设置为[5,10]个像素单元。在进行平行直线搜索时，$W_{\max}$ 由突堤的最大宽度和图像的分辨率确定，对于光学图像，th_1 取值范围为 $[0.8,1)$，th_2 取值范围为 $(0,0.1]$，而在 SAR 图像中由于噪声影响，$\mathrm{th}_1 \in [0.5,1)$，$\mathrm{th}_2 \in (0,0.2]$。在提取近似平行曲线时，$\mathrm{th}_3$ 取值范围为 $(0°,15°]$，th_4 取值 $[0,10]$，而 th_5 取值 $[0.7,1)$。在进行平行曲线连接时，为了保证平行曲线的连接，th_6 和 th_7 设置为 $[5,20]$ 像素。在进行平行曲线归并和虚警移除时，th_8 取值范围为 $(0,0.3]$，th_9 由港口突堤之间最大距离和图像分辨率决定，如果实际中两突堤最大距离为 W_{J}，图像分辨率为 $R_x \times R_y$，则 th_9 设置为 $W_{\mathrm{J}} \Big/ \sqrt{\left(R_x^2 + R_y^2\right)/2}$。

图 7.33 显示了新加坡地区港口检测结果，图 7.33(a) 中白色矩形框标记区域为根据 Google 地图绘制的该地区港口的真实分布图，其中 1～5 号和 9～21 号为真实港口，而 6～9 号为具有平行曲线特征的陆地区域。实验中 ε 取值为 5，参考图像分辨率和港口大小搜索窗口宽度 $W_{\max}$ 设置为 60 个像素单元。进行平行直线段判定时，设定阈值分别为 $\mathrm{th}_1 = 0.5$，

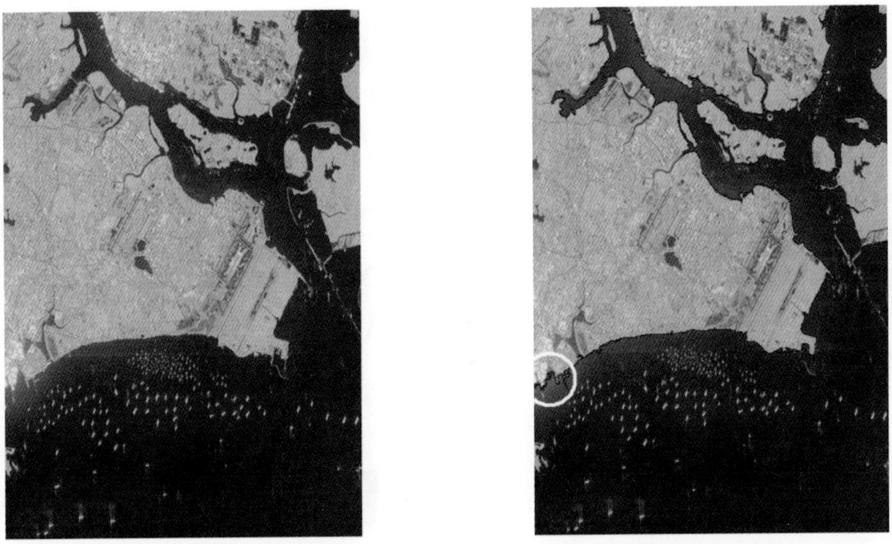

(a) Pauli伪彩图　　(b) 海岸线检测结果

图 7.32　极化 SAR 数据及海岸线检测结果[27]

$th_2 = 0.2$，$th_3 = 10°$，$th_4 = 5$，$th_5 = 0.7$。进行分段平行曲线连接时，$th_6 = 20$，$th_7 = 10$。图 7.33(b) 中红线和绿线为所有检测出的平行曲线段，从图 7.33(b) 中可发现，部分支流水域两侧近距离平行曲线也被检测出来，如图红线标出平行曲线组。进行平行曲线合并时，设定阈值为 $th_8 = 0.3$，$th_9 = 100$，图 7.33(c) 为合并后港口区域检测结果，其中检测出的平行曲线用绿线标记出，而最终确定的港口区域用红线框出。图 7.33(d) 为各检测区域的切片图，其中从左至右，从上至下依次对应图 7.33(c) 中 1～18 号标记区域。观测图 7.33(d) 可发现部分港口区域的平行曲线特征并不明显，但采用本小节方法能实现这些近似平行曲线的检测。

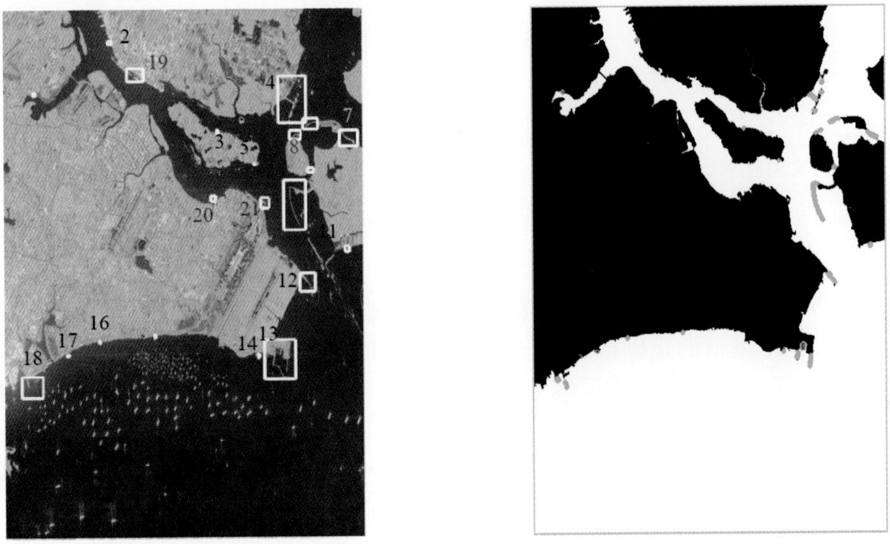

(a) 港口的真实分布　　(b) 检测出的平行曲线

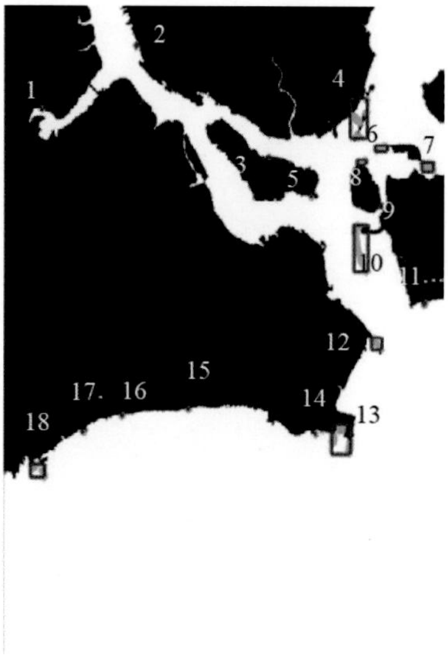

(c) 港口检测结果

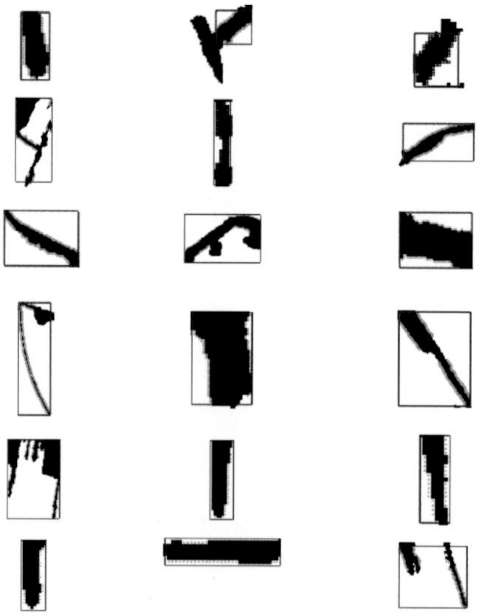

(d) 检测区域切片图

(e) 文献[37]方法检测结果

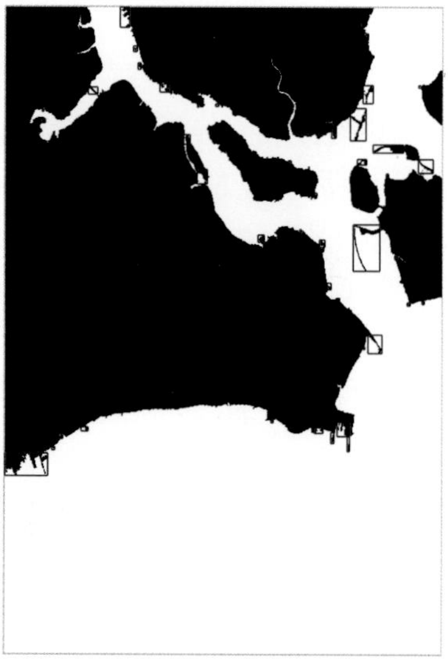

(f) 文献[38]方法检测结果

图 7.33　新加坡地区港口检测结果[27]

对比图 7.33(a)中港口的真实分布，从图 7.33(c)可发现本小节方法实现了 1～5 号和 10～18 号共 14 个港口的正确检测，6～9 号为检测的虚警目标，19～21 为未检测的港口。对于漏检的 19 号港口区域，该区域港口分布密集，且周围建筑强散射体密集，导致岸线分割时轮廓线融为一团，平行曲线特征丢失。而对于 20 号和 21 号港口区域，由于一些船只停靠在港区，船只轮廓与港口轮廓融为一团，平行曲线特征丢失。而 6～9 号区域为自然地形天然形成的长条形区域，平行曲线特征明显，与一般港区轮廓相似，无法从基于轮廓特征的检测方法中排除。图 7.33(e)和图 7.33(f)显示最优参数设置下，由陈琪等[37]

和 Zhao 等[38]提出的基于突堤扫描港口检测方法结果，其中红框标记区域为检测的港口。观测图 7.33(e)可知，陈琪等的方法实现了 11 个港口的正确检测，但检测出了 15 个虚警。观测图 7.33(f)可知，Zhao 等的方法实现了 15 个港口的正确检测，但同样检测出了 15 个虚警。将这两种方法检测结果与本小节方法检测结果对比可知，这两种基于突堤扫描的方法能够实现一些不具有平行曲线特征的港口(20～21 号)的检测，但漏检了两个具有平行曲线特征的港口(15～16 号)，同时将大量天然凹凸地形区域错误的检测为港口。由于平行曲线特征的独特性和稳健性，本节方法的虚警数目远远小于基于突堤扫描港口检测方法的虚警数目。此外，从正确检测出的 14 个港口区域可以发现，1、3、5 和 14～17 等极小型港口区域都被正确检测，可见本节方法具有较好的检测效果。

7.5.3　基于水域跟踪的桥梁检测

桥梁横跨于水域之上，两侧水域相距一个桥梁宽度距离。利用这个特性，在精确的水域提取下，只需找出连接水域之间的小陆地区域即可实现桥梁检测。由于大部分桥梁位于狭窄的水域分支之上，受图像分辨率限制和沿岸地物散射干扰，精确提取这些狭窄的水域十分困难，而这些狭窄水域支流的特点是局部支流之间距离近且流向一致，通过支流跟踪归并能实现小支流区域的精确提取。因此，本小节介绍一种基于水域跟踪的极化 SAR 图像桥梁检测方法，首先通过水域分支扫描和跟踪提取狭窄的水域分支，然后确定水域之间近距离区域，从而实现桥梁检测。

1. 水域跟踪算法

1) 水域分割图初步处理

在利用水平集分割算法实现水陆初步分割后，由于实际中水域和陆地区域分布复杂，初步分割结果中会存在一些面积很小的水域和陆地区域，陆地区域内部若有大面积湖泊或者低散射裸地区域，分割的陆地区域内部还会存在一些面积较大的水域区域。在桥梁并非十分密集的条件下，这些区域与桥梁无关，因此需要先对水陆分割图作初步处理，去除这些与桥梁检测无关的水域。

对于分割水域和陆地区域中面积极小的区域，可根据图像分辨率和极小水域分支面积设定合理的小面积阈值进行筛选。考虑到检测桥梁位于主要海面或河流分支之上，对于陆地区域内部大面积水域，可首先确定大面积的主体水域。然后以主体水域为起始点，根据各水域轮廓之间的距离进行水域合并，距离阈值可根据图像分辨率和桥梁宽度确定。由此确定主体水域 $\{mw_i\}(i=1,\cdots,m)$ 和其他分支 $\{bw1_i\}(i=1,\cdots,n_1)$。

2) 水域分支扫描与跟踪

桥梁分为两类：一类是横跨于支流水域之上的小桥，另一类是跨海大桥。为实现这两类桥梁检测，需要连接各水域分支并将被跨海大桥中断的主体水域按距离归并。

第一步进行分支水域连接，分支水域的特点是面积狭窄，水域两侧均为陆地区域。

经过水域初步处理的分支水域中$\{\mathrm{bw1}_i\}$存在大量与桥梁检测无关的区域，根据分支水域狭窄的特点，首先计算各分支区域长宽比，然后进行分支水域的进一步筛选，得到分支水域$\{\mathrm{bw2}_i\}$ $(i=1,\cdots,n_2)$。若区域周长为P，则长度L和宽度W计算公式为

$$L=\left(P+\sqrt{P^2-16S}\right)/4$$
$$W=\left(P-\sqrt{P^2-16S}\right)/4 \tag{7.66}$$

分支水域从主体水域出发，因此为进行分支水域连接，需扫描出主体水域各分支部分。对水域像素沿一确定方向两侧扫描，若两侧均存在陆地像素，则判断该像素为支流像素。考虑到实际分支水域流向的不确定性，以像素为中心确定扫描窗口，分别沿窗口水平、垂直、斜对角线方向进行扫描。若水平垂直和对角线两对正交方向，有一对正交方向同时扫描为水域像素，则判定为分支水域像素。图 7.34 为主体水域支流扫描示意图。沿岸地形凹凸不平的地势会形成类似支流的小面积区域，对于由两对正交方向扫描的支流像素，在合理的支流长宽比和面积阈值下进行支流虚警区域的剔除。先确定出扫描出支流像素各连通部分，然后计算各连通区域长度和宽度，计算公式同式(7.66)。

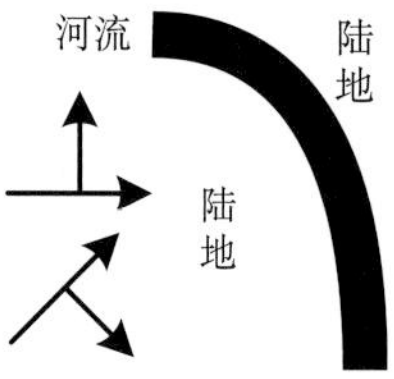

图 7.34　主体水域支流扫描示意图

若对主体水域扫描出的各分支部分为$\{\mathrm{bw3}_i\}$ $(i=1,\cdots,n_3)$，则实现分支水域连接的最后一步是沿主体水域扫描出的各分支进行对应支流水域跟踪。对于两个分支区域，首先由形态学处理确定支流骨架[35]，然后判断各骨架端点及方向，若两分支存在距离近且方向接近端点，则判断两区域为同一支流。若支流骨架上点为$\{x_i\}(i=1,\cdots,m)$，置i=1，支流端点及方向确定算法如下。

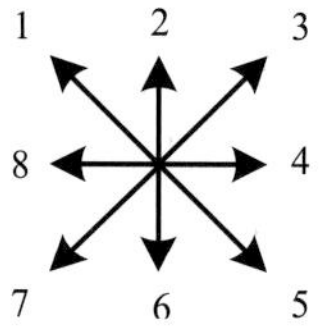

图 7.35　支流边界点方向示意图

步骤1：对于点 x_i，确定其 8 邻域边界点集合$\{y_j\}(j=1,\cdots,8)$和对应方向$\{d_j\}(j=1,\cdots,8)$（方向定义如图 7.35 所示）。

步骤 2：判断边界点集中是否存在骨架点。若不存在，则该点为孤立点，输出该点的坐标和方向，$i=i+1$，跳至步骤 1；否则确定边界点中的骨架点集合$\{z_k\}(k=1,\cdots,n)$及对应的方向$\{p_k\}(k=1,\cdots,n)$，置$k=1$，执行步骤 3。

步骤3：对于点z_k，计算与p_k反方向位置$\mathrm{mod}\left(p_k+\{4,5,6\},9\right)+1$构成集合$\{q_l\}(l=1,2,3)$，若集合$\{q_l\}$与集合$\{p_k\}$无交集，则$k=k+1$，重复步骤 3 直至$k>n$；否则点$x_i$为非边界点，$i=i+1$，跳至步骤 5。

步骤 4：若$k>n$，则点x_i为边界点，输出该点的坐标和方向，$i=i+1$，跳至步骤 5。

步骤 5：若$i\leqslant m$，则重复步骤 1～步骤 4；否则，所有骨架点端点判断完毕。

部分主体水域被大型跨海大桥中断，因此在确定主体水域及其分支的情况下，还需对被桥梁中断主体水域进行归并，并进行其支流判断和跟踪。在设定的距离阈值和面积

阈值下，确定被中断主体水域部分，然后按主体水域相同处理步骤扫描其支流及进行支流跟踪。

根据以上描述，水域跟踪算法总结如下。

步骤 1：水陆分割图初步处理。对于水平集分割获得的水陆分割图 B，标记出所有连通区域，在设定的面积阈值 A_1 下，将小面积水域和陆地区域去除，在设定的面积门限 A_2 下，确定主体水域并对所有连通水域按距离门限 D_1 进行归并，由此得到所有与桥梁相关的连通水域 $\{\text{cw}_n\}(n=1,\cdots,N_1)$，其中主体水域为 $\{\text{mw}_i\}(i=1,\cdots,N_2)$，非主体水域为 $\{\text{umw}_t\}(t=1,\cdots,N_3)$。计算 $\{\text{umw}_t\}$ 各区域长宽比，在长宽比门限 Lw 下进行分支水域筛选 $\{\text{umbw}_l\}$ $(l=1,...,N_4)$，根据支流端点及方向确定算法，分别计算非主体分支水域 umbw_l 的所有端点 $\{p_{l_k}\}(k=1,\cdots,N_5)$ 和对应方向 $\{u_{l_k}\}(k=1,\cdots,N_6)$。

步骤 2：主体水域分支扫描。置 $i=1$，对确定的主体水域 mw_i，在设定的窗口半径 r_1 下进行水平垂直和对角线两对正交基的水域扫描，并计算扫描出的各疑似支流面积和长宽比，在设定的面积门限 A_3 和长宽比门限 Lw 下，确定出主体水域各支流 $\{\text{bw}_{i,j}\}(j=1,\cdots,N_7)$。

步骤 3：主体水域 mw_i 支流水域跟踪。置 $j=1$，根据前述支流端点算法计算支流 $\text{bw}_{i,j}$ 的所有端点 $\{q_{j_k}\}(k=1,\cdots,N_8)$ 和对应方向 $\{v_{j_k}\}(k=1,\cdots,N_9)$，以 $\text{bw}_{i,j}$ 端点和方向为种子，对非主体分支水域 $\{\text{umbw}_l\}$ 按端点距离和方向进行归并，距离门限为 D_1，方向门限为 F_1； $j=j+1$,若 $j\leqslant N_7$，则重复步骤 3 直至 mw_i 的所有分支跟踪完成。

步骤 4：主体水域 mw_i 中断部分处理：在设定的面积门限 A_4 及距离门限 D_1 下，从 $\{\text{umw}_t\}$ 中搜索被跨海大桥中断的非支流水域 $\{\text{ubw}_s\}(s=1,\cdots,N_{10})$，依次对各 ubw_s 按步骤 3 进行支流水域跟踪。

步骤 5：$i=i+1$，若 $i\leqslant N_2$，则重复步骤 2 至步骤 4。

2. 基于岸线特征点的桥梁检测

对上一节得到的水域跟踪结果，通过内边界跟踪算法[35]，可得到每个连通水域的边界有序点集表示。对于给定的水域 A 和 B 的轮廓点集 $\{x_i\}$ 和 $\{y_j\}$，为得到各水域距离较小的区域，可直接计算 $\{x_i\}$ 与 $\{y_j\}$ 各点距离，并标记出距离小于设定阈值 D_W 的点，将所有标记点合并可确定出桥梁感兴趣区域，其中阈值 D_W 的设定同样取决于桥梁的宽度和图像分辨率。但直接对所有边界点计算距离，一方面在水域狭窄情况下，会将除桥梁轮廓外陆地边界点标记出来，由此确定的感兴趣区域过大。图 7.36(a) 为一地区局部水陆分割二值图，其中灰色部分为陆地，白色部分为水域，黑线框出区域为依据边界距离检测出的感兴趣区域，可以发现左右两个桥梁由于长度很短，在设定的阈值下，部分靠近桥梁的陆地边界也被划分为桥梁区域。因此，考虑一种改进思路，一般桥梁与周围陆地区域构成近 90° 夹角，桥梁与水域轮廓交界端点会形成显著特征点。若仅仅比较两水域轮廓特征点距离，并由距离小的特征点集合确定出桥梁端点，则由桥梁端点提取其包围陆地区域可实现对桥体的精确识别。

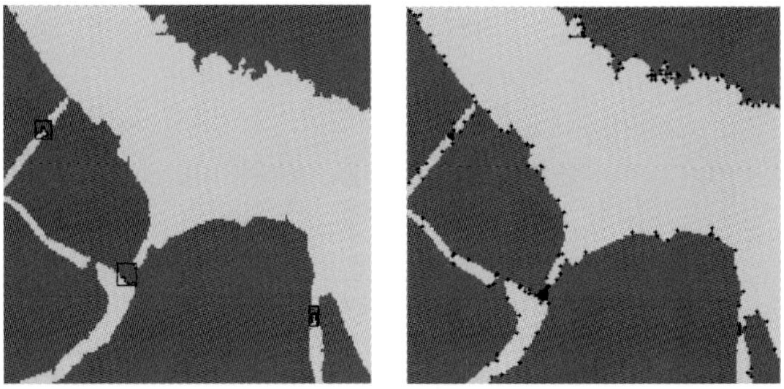

(a) 像素合并　　(b) 特征点合并

图 7.36　边界像素和特征点合并确定桥体区域对比[27]

具体计算时，首先通过数字曲线分裂归并算法检测水域轮廓边界特征点。若水域 A 和 B 的边界特征点为$\{u_x\}$ $(x=1,\cdots,m_x)$和$\{v_y\}$ $(y=1,\cdots,m_y)$，分别计算$\{u_x\}$和$\{v_y\}$之间各特征点的距离，标记出距离小于 D_W 的特征点对。若标记出的两水域特征点对分别为$\{p_j\}$和$\{q_j\}$ $(j=1,\cdots,n)$，根据$\{p_j\}$和$\{q_j\}$坐标关系确定水域桥梁端点，进而确定端点包围的陆地区域。若$\{p_i\}$和$\{q_i\}$对应端点分别为(o_1,o_2)和(o_3,o_4)，首先根据四个端点坐标最大最小值确定矩形区域，然后根据矢量叉积确定(o_1,o_2,o_3,o_4)组成的四边形包围陆地区域，方法如下：

(1) 若 $o_1=o_2$ 且 $o_3=o_4$，则 o_1 与 o_3 直线连接的陆地区域判为桥梁；

(2) 若 $o_1\neq o_2$ 且 $o_3=o_4$，则对于矩形区域陆域像素点 s，若

$$(o_1o_2\times o_1s)*(o_1s\times o_1o_3)>0$$

$$(o_2o_3\times o_2s)*(o_2s\times o_2o_1)>0$$

$$(o_3o_1\times o_3s)*(o_3s\times o_3o_2)>0$$

则，s 处于(o_1,o_2,o_3)包围三角形内部；

(3) 若 $o_1\neq o_2$ 且 $o_3\neq o_4$，则对于矩形区域陆域像素点 s，若

$$(o_1o_2\times o_1s)*(o_1s\times o_1o_4)>0$$

$$(o_2o_3\times o_2s)*(o_2s\times o_2o_1)>0$$

$$(o_3o_4\times o_3s)*(o_3s\times o_3o_2)>0$$

$$(o_4o_1\times o_4s)*(o_4s\times o_4o_3)>0$$

则 s 处于(o_1,o_2,o_3,o_4)包围的四边形内部。其中，$\times$代表向量叉积，$*$代表向量点积。设 $\vec{a}=(a_x,a_y)$，$\vec{b}=(b_x,b_y)$，则 $\vec{a}\times\vec{b}=a_xb_y-a_yb_x$。

因为两水域之间可能同时有两个或多个桥梁交接，因此为检测出各桥梁部分，需根据桥梁长度设定阈值 D_L，将标记出的特征点对$\{p_i\}$和$\{q_i\}$合并。若合并后两水域对应

集合分别为$\{\{S_1\},\cdots,\{S_N\}\}$和$\{\{W_1\},\cdots,\{W_N\}\}$，其中$\{S_i\}$与$\{W_i\}$组成一个疑似桥梁区域的特征点对，分别由各特征点对$\{S_i\}$和$\{W_i\}$确定桥梁端点，并根据端点确定各疑似桥梁区域。如图 7.36(b)为通过曲线特征点距离合并确定的疑似桥梁区域示例，其中黑色*标记点为水域轮廓特征点，黑色“•”标记区为检测的桥体区。

3. 实验验证

使用 Radarsat-2 新加坡地区和海南陵水地区单视极化 SAR 数据进行实验，新加坡数据大小为 6161×4256，像素大小为 4.73m×4.80m，湛江地区数据大小为 5937×3920，分辨率为 4.73m×4.80m。首先使用 1000×1000 局部区域实验呈现本小节方法的流程，然后对原始图像进行检测，通过 Google Earth 地图绘制沿岸桥梁的真实分布情况，计算本小节方法检测性能。图 7.37 为新加坡地区和海南陵水地区的 span 图和桥梁的分布情况，其中黑线框出区域为各个桥梁。

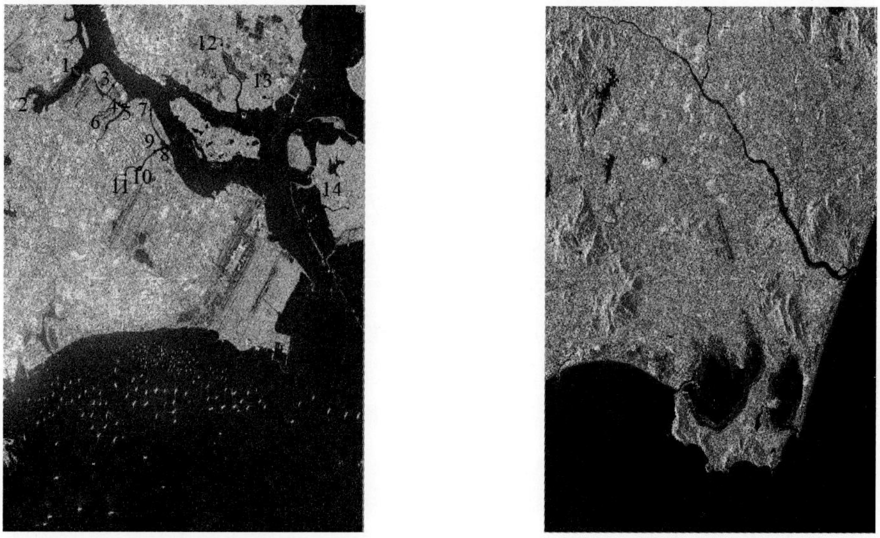

(a) 新加坡地区桥梁分布　　(b) 陵水地区桥梁分布

图 7.37　新加坡地区和海南陵水地区的 span 图和桥梁的分布示意图[27]

观察图 7.37(a)可以发现，新加坡地区沿岸地形复杂，桥梁分布于多个形状各异的支流之中，既存在跨海大桥，又存在面积极小的小桥，狭窄的河流分支使得小桥的检测十分困难。通过图 7.37(b)可以发现，陵水区域桥梁分布于主海面的一个分支之中，该分支宽度随着向陆地区域的延伸逐步减少，分支中央分布的浅滩增加了水域跟踪的难度。

1) 参数设置

对于单视数据，假设图像分辨率为$R_x \times R_y$，与桥梁相关水域最小面积为S_1，桥梁最大长度为L_b，最大宽度为W_b，则对水陆分割图进行初始处理时，小面积水域阈值A_1取

为 $S_1/(R_x \cdot R_y)$，距离阈值 D_1 取为 $W_b/\sqrt{(R_x^2+R_y^2)/2}$。若单个水域面积占总水域面积 A_{water} 的比例 ρ_{mw} 超过 0.2，则认为该水域为主体水域，即 $A_2=\rho_{mw}A_{water}$。若分支水域最大宽度为 W_{bw}，则进行主体水域分支扫描时，扫描半径 r_1 为 $W_{bw}/2\sqrt{(R_x^2+R_y^2)/2}$。若设定扫描水域最小面积为 S_2，则面积阈值 A_3 为 $S_2/(R_x \cdot R_y)$，由于水域分支通常长度远大于宽度，因此长宽比阈值 L_w 设为 10。分支水域跟踪时距离阈值同样取决于桥梁宽度，其设为 D_1，同一分支两个被桥梁中断部分方向差异为 4，因此进行分支水域归并时，容许方向差异 F_1 为 3 或 4 或 5。主体水域中断部分最小面积为 S_3，则中断处理是面积阈值 A_4 为 $S_3/(R_x \cdot R_y)$，距离门限同样为 D_1。进行基于岸线特征点的桥体确定时，特征点归并距离门限 D_W 同样为 D_1，而同一分支的特征点分离距离门限 D_L 为 $L_b/\sqrt{(R_x^2+R_y^2)/2}$。实验中，假设图像分辨率为 $5\text{m}\times 5\text{m}$，与桥梁相关小面积水域面积 S_1 至少为 10000 m^2，桥梁最大长度 L_b 为 1000 m，最大宽度 W_b 为 150 m，分支水域最大宽度为 W_{bw} 为 600 m，主体水域分支最小面积 S_2 为 $2S_1$，被跨海大桥中断水域最小面积为 $9S_1$，通过以上数据则可分别计算各门限取值。

2) 局部区域检测结果

使用新加坡局部区域多视数据呈现本小节方法计算流程。多视平均窗口大小为 3×3，对应的等效分辨率为 $15\text{m}\times 15\text{m}$。图 7.38 为本小节方法中间及最终检测结果。其中，图 7.38(a) 为 span 图，桥梁分布于主海面的多个分支之中。图 7.38(b) 为水平集算法得到的水陆分割结果，从观测结果可以发现，海面区域内部存在多个面积较小的陆地区域，而陆地区域内部则存在多个面积较小的水域。图 7.38(c) 为经过小面积剔除和水域按距离归并后的分割结果，可以发现图中与桥梁检测无关的大部分水域均被移除。图 7.38(d) 为主海面区域水域扫描结果，从图中可知，经过两对正交基水域扫描能够较好地实现主体水域分支的扫描。图 7.38(e) 为经过水域分支跟踪和主体水域中断处理后的水陆分割结果，主体水域各个狭窄分支均实现了正确跟踪，而被跨海大桥中断的水域也得到保留。图 7.38(f) 为基于岸线特征点的桥梁检测结果，其中黑色区域为识别的桥梁。对比图 7.37(a) 中桥梁真实分布情况可知，本小节方法实现了对桥梁的正确检测，而桥体部分也得到了正确识别。

3) 原始图像检测结果

图 7.39 为新加坡地区原始单视数据桥梁检测结果，其中黑色区域为识别的桥体部分，与图 7.37(a) 对比可以发现，对于真实分布的 14 个桥梁，本小节方法实现了 12 个桥梁的检测，检测率为 85.7%，虚警数目为 1，虚警率为 7.69%。漏检目标产生的原因是桥梁面积过小，如图 7.39(b) 中 L1 和 L2 目标(对应 11 号和 14 号桥梁)，两侧水域跟踪时方向差异大于 45°，导致桥梁一侧分支水域未能正确跟踪。虚警目标出现在沿岸潮湿裸地区域，如图 7.39(b) 中 F1 目标，部分裸地散射强度与水域接近，使得该区域岸线复杂，从而使得海面和潮湿裸地之间陆地区域被错误地判断为桥梁。

(a) span图

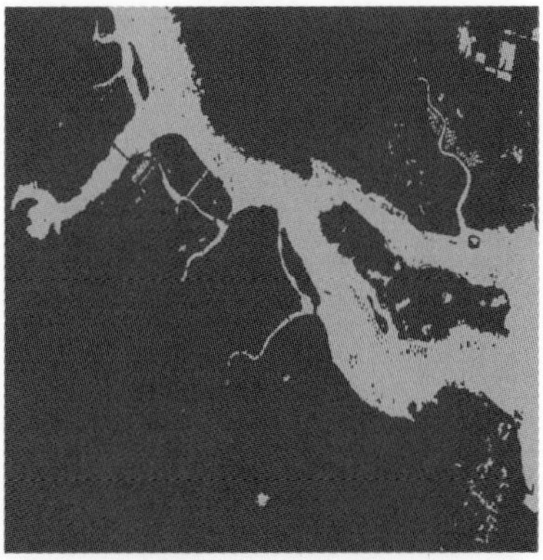

(b) 水平集方法水陆分割结果

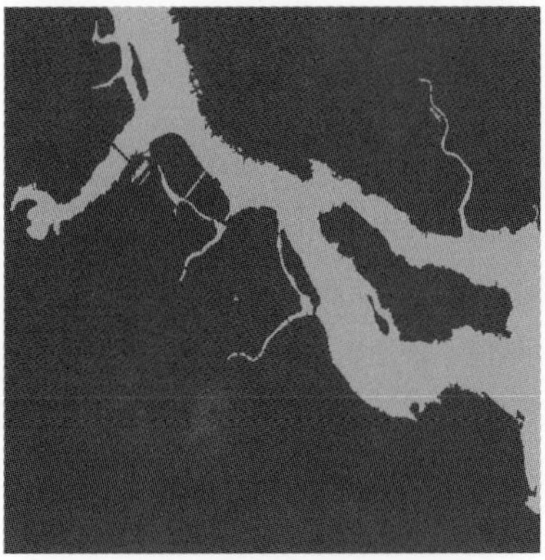

(c) 水陆分割结果初步处理

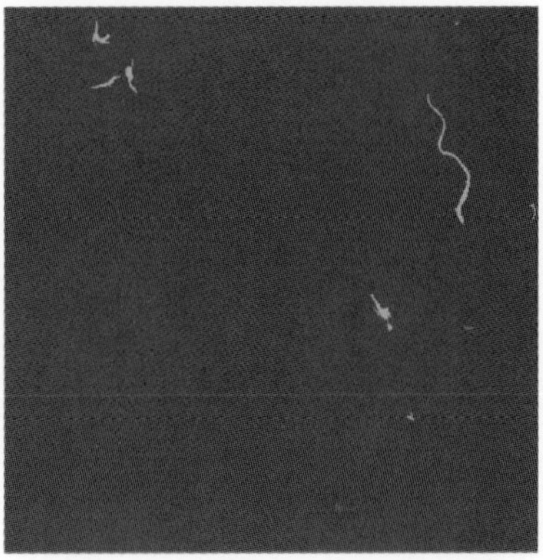

(d) 主体水域分支扫描处理结果

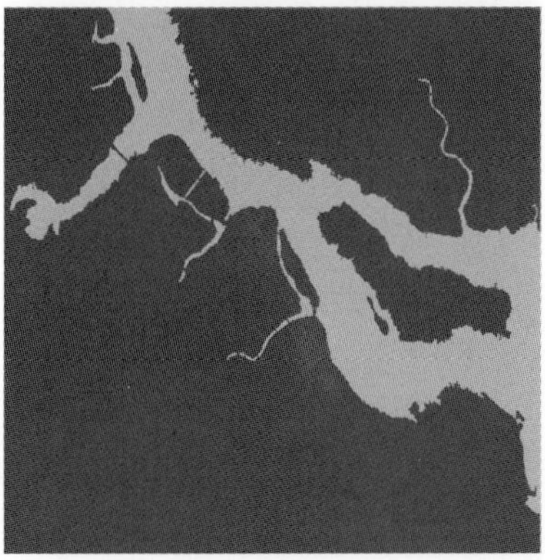

(e) 分支水域跟踪结果

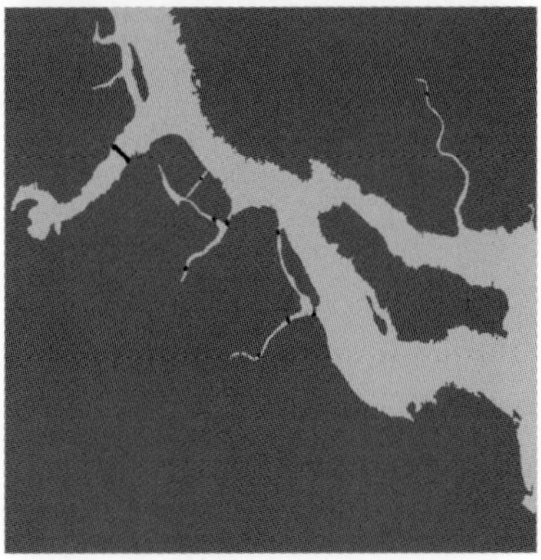

(f) 桥梁检测及桥体确定结果

图 7.38　新加坡局部区域采用本书方法检测桥梁中间及最终结果[27]

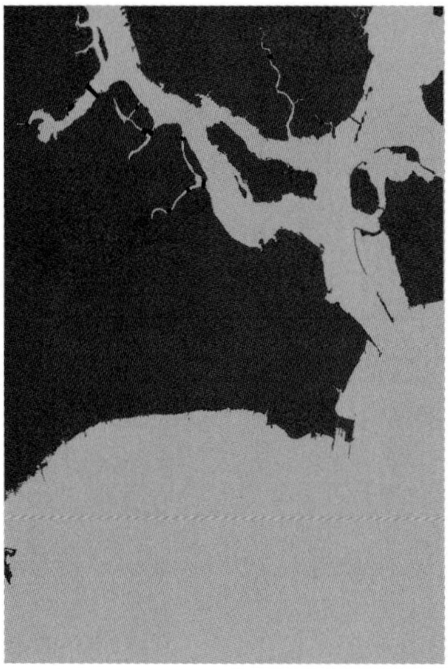

(a) 水域跟踪结果

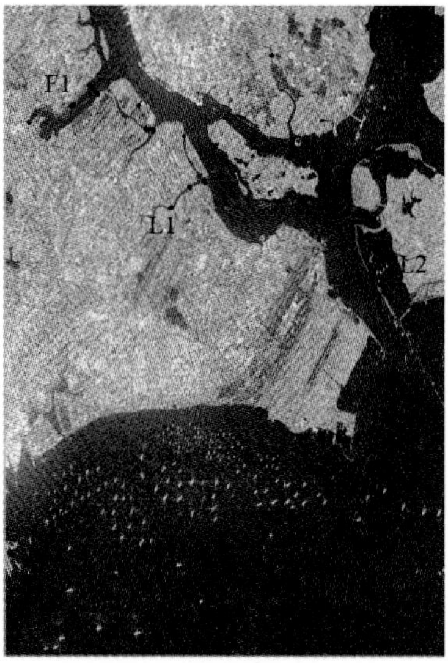

(b) 桥梁检测结果

图 7.39　新加坡地区桥梁检测结果[27]

图 7.40 为海南陵水区域原始单视数据桥梁检测结果，与图 7.37(b) 对比可以发现，对于真实分布的 4 个桥梁，本小节方法都实现了正确检测，检测率为 100%。但检测出了两个虚警目标，虚警 F1 产生的原因是该处狭窄河流水面较浅，散射强度接近陆地区域低散射区域，导致水陆分割时错误地分割出了类似桥梁的陆地区域。而虚警 F2 产生的原因是该处浅滩过宽且沿岸分布多个养殖水塘，水塘周围高散射强度区域被错误地检测为桥梁。

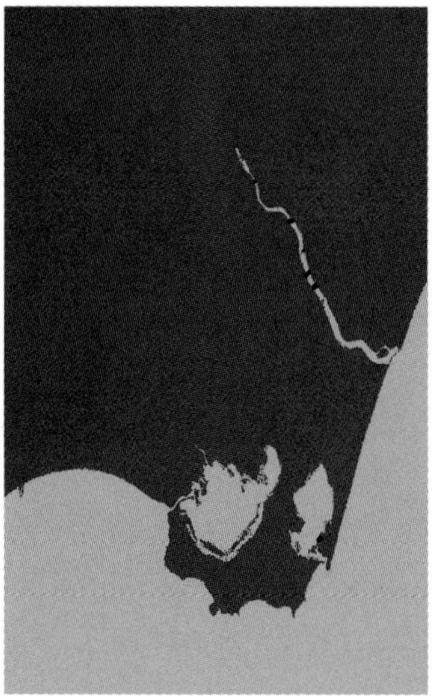

(a) 水域跟踪结果

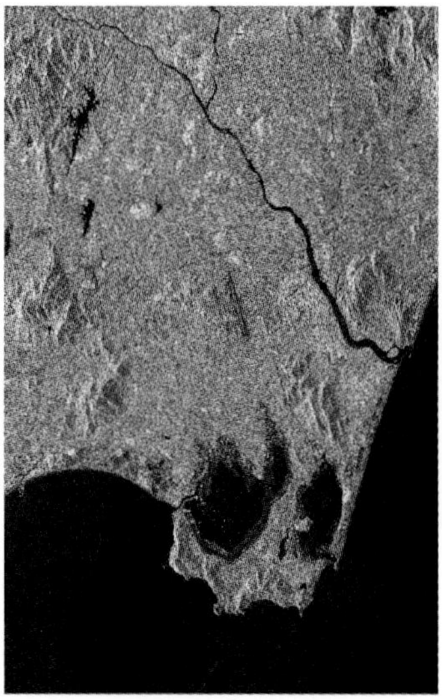

(b) 桥梁检测结果

图 7.40　海南陵水区域桥梁检测结果[27]

7.5.4 小　　结

本节分析了 SAR 图像中基于海岸线几何结构特征的固定目标检测的难点，介绍了基于岸线特征点合并的港口检测、基于平行曲线特征的港口检测和基于水域跟踪的桥梁检测方法。

利用小型港口轮廓区域特征点比非港口区域密集的特性，在使用数字曲线分裂归并算法实现海岸线特征点提取的基础上，通过合并近距离特征点及对应的轮廓段实现港口区域的确定。

港区轮廓稳定的特征是突堤和防波堤两侧的近似平行曲线特征，严格的平行曲线准则不适用于 SAR 图像港区轮廓的平行曲线检测，因此使用分段平行直线建模平行曲线。依次用分裂归并算法进行曲线分段，用链码直线准则判断各段曲线的直线性，基于方向和距离的近似平行直线准则判断分段曲线的平行性，最后基于距离准则进行平行曲线段连接，从而简单实效地解决了受噪声和船只影响的港区平行曲线检测问题。

从桥梁横跨水域之上两侧水域距离近的特性出发，使用水域扫描和跟踪实现了与桥梁检测相关的各个水域分支的连通，通过提取水域轮廓线特征点，并按特征点距离确定桥梁端点，实现了桥体区域的检测。

7.6 道 路 检 测

7.6.1 引　　言

多年来，研究人员提出了多种在 SAR 图像中提取道路的方法。例如，动态规划[39]、遗传算法[40]、形态学特征[41]和线性特征提取[42]等方法均被用于 SAR 图像中的道路检测。跟踪方法是另一种思路，可以使用启发式搜索在一幅图像中找到最小代价路径[43]。Bayes 理论也被广泛应用于道路检测之中。Tupin 等[44]提出了一种基于 Markov 随机场的准全自动检测算法。最近，受到 Snake 方法[45]的启示，Chen 等[46]实现了在 Bayes 框架下利用粒子滤波跟踪连续道路段的方法。粒子滤波算法[47,48]是一种基于重要性抽样和 Bayes 理论的序贯的 Monte Carlo 方法，其处理非线性非高斯问题的能力使它能够在系统建模不准确时具有较强的鲁棒性。

处于不同波段的 SAR 图像能够提供不同的频谱信息，这是由发射电磁波的波长和穿透性决定的。适当的融合方法能够结合不同图像所携带的互补信息，并利用它们以减少不确定性，提高对图像信息的理解。为了更加准确地提取道路，本节介绍一种在多波段 SAR 图像中基于粒子滤波算法来联合检测道路的方法，其将局部检测过程和融合过程有机地结合到道路跟踪过程中。也就是说，每幅图像中道路的局部线性特征被反映在相应的粒子权重中，再根据各波段 SAR 图像的局部均匀性，利用基于最大似然准则的融合处理来决定最优的粒子权重及最终的粒子传播方向。

7.6.2　分段曲线道路模型

先前多数方法都将道路曲线建模为分段直线模型。然而，由于 SAR 图像中固有斑点噪声的存在，采用分段曲线模型[46]可以更加准确地描述实际道路曲线。采用三阶多项式对每一小段道路进行拟合：

$$y_k(x) = a_0 + a_1 x + a_2 x^2 + a_3 x^3 \tag{7.67}$$

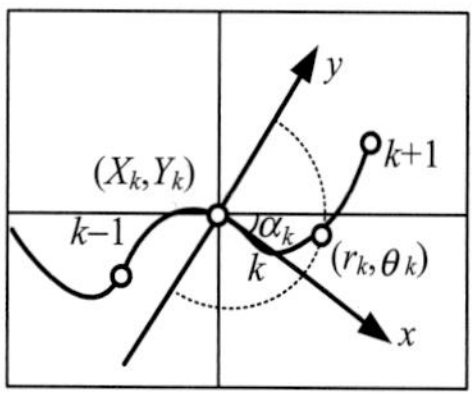

图 7.41　分段曲线道路模型

式中，k 为相应道路段的序号。

如图 7.41 所示，当前道路段所在的相对坐标系由前一段的终点决定。也就是说，第 k 个坐标系的原点[定义为 (X_k, Y_k)]及其 x 轴方向(定义为 α_k)分别由第 k–1 段的终点和终点切线方向决定。

为了确保相邻段的平滑连接，式(7.67)在相接处的一阶导数应限制为 0：

$$y_k(x)\big|_{x=0} = 0, \quad y_k'(x)\big|_{x=0} = 0 \tag{7.68}$$

再令式(7.67)在原点处的二阶导数为

$$y_k''(x)\big|_{x=0} = c_k \tag{7.69}$$

该参数控制第 k 段道路的平滑度。这样，式(7.67)可以表示为

$$y_k(x) = \frac{c_k}{2}x^2 + \left(\frac{\tan\theta_k}{r_k^2\cos^2\theta_k} - \frac{c_k}{2r_k\cos\theta_k}\right)x^3 \tag{7.70}$$

其中，(r_k, θ_k) 表示第 k 段道路末端的相对极坐标位置。

假如将 r_k 定义为各段道路的长度，并且令其为常数 r(也就是说，每段道路为固定长度)，那么第 k 段道路可以由以下参数完全决定：

$$\boldsymbol{s}_k = (X_k, Y_k, \alpha_k, \theta_k, c_k)^{\mathrm{T}} \tag{7.71}$$

式中，$\boldsymbol{s}_k$ 为状态向量。

第 k 段的相对坐标系是基于第 k–1 段道路的，相当于 $\boldsymbol{s}_k$ 控制着一段道路如何由前一段生长而成。因此，一幅图像中的道路提取问题等价于利用假定的道路周边区域像素点 $\boldsymbol{z}_k$ 来递归地估计上述状态向量 $\boldsymbol{s}_k$。基于以上表述，图像中的道路提取问题可以纳入 Bayes 跟踪框架下来解决，这将在 7.6.3 节介绍。

7.6.3　Bayes 跟踪框架及粒子滤波

1. Bayes 跟踪框架

一个典型的跟踪问题就是要通过观测值 $\boldsymbol{z}_{1:k} = \{\boldsymbol{z}_1, \boldsymbol{z}_2, \cdots, \boldsymbol{z}_k\}$ 来估计给定系统的隐含状态值 $\boldsymbol{s}_k$。考虑由如下状态方程和观测方程定义的动态系统：

$$\boldsymbol{s}_k = f_k\left(\boldsymbol{s}_{k-1}, u_k\right) \tag{7.72}$$

$$\boldsymbol{z}_k = h_k\left(s_k, v_k\right) \tag{7.73}$$

式中，$f_k(\cdot)$ 为状态转移方程；$h_k(\cdot)$ 为观测方程；u_k 与 v_k 均为噪声向量。此外，应当注意的是，方程 f_k 和 h_k 并没有做线性假设，但状态方程假定了 $\boldsymbol{s}_k$ 的一阶 Markov 特性。

利用 $f_k(\cdot)$、$h_k(\cdot)$ 与 u_k、v_k 的概率分布，可以计算出概率密度函数 $p(\boldsymbol{s}_k \mid \boldsymbol{s}_{k-1})$ 与 $p(\boldsymbol{z}_k \mid s_k)$，前者表征了状态向量随时间的演变，后者则表征了观测向量与状态向量的关系。从 Bayes 的观点来看，跟踪问题就是通过给定观察数据 $\boldsymbol{z}_{1:k}$ 来递归地计算 $\boldsymbol{s}_k$ 的置信，因此 Bayes 滤波的基本原理是利用下列公式递归地确定概率密度函数(PDF) $p(\mathrm{s}_k \mid \boldsymbol{z}_{1:k})$：

$$p(s_k \mid \boldsymbol{z}_{1:k-1}) = \int p(s_k \mid s_{k-1}) p(s_{k-1} \mid \boldsymbol{z}_{1:k-1}) \mathrm{d}s_{k-1} \tag{7.74}$$

$$p(\mathrm{s}_k \mid \boldsymbol{z}_{1:k}) = \frac{p(\boldsymbol{z}_k \mid s_k, \boldsymbol{z}_{1:k-1}) p(s_k \mid \boldsymbol{z}_{1:k-1})}{p(\boldsymbol{z}_k \mid \boldsymbol{z}_{1:k-1})} \approx \alpha p(\boldsymbol{z}_k \mid s_k) p(s_k \mid \boldsymbol{z}_{1:k-1}) \tag{7.75}$$

式中，α 为与 $\boldsymbol{z}_{1:k}$ 和 $\boldsymbol{s}_k$ 无关的常数。与 Kalman 滤波类似，式(7.74)代表 Bayes 滤波的一步预测过程，式(7.75)则代表状态更新过程。

由式(7.74)可知，Bayes 滤波需要在整个状态空间中积分，但这在实际中并不可行。在线性模型和高斯噪声的情况下，Bayes 滤波可以通过 Kalman 滤波解析并递归地估计状态向量的均值和协方差矩阵来完成。但对于绝大多数图像，特别是在 SAR 图像的处理中，高斯线性假设并不成立，此时基于局部线性化的传统方法又存在精度不高、算法不收敛的问题。因此，后验概率分布的计算在实际应用中很难实现。不过，利用 Monte Carlo 方法模拟实现 Bayes 滤波可以比较好地解决这个问题[49]。

2. 粒子滤波

粒子滤波[47,48]是一种通过 Monte Carlo 方法模拟实现 Bayes 滤波的技术。其核心思想是利用一组带权重的离散随机样本来近似地构造分布函数，这些样本被称为粒子。例如，对于给定的分布函数 $p(\boldsymbol{s})$，用粒子集 $\chi = \{\boldsymbol{s}_i, w_i\}_{i=1}^{M}$ 来对它进行近似，如图 7.42 所示。

$$p(\boldsymbol{s}) \approx \sum_{i=1}^{M} w_i \delta(\boldsymbol{s} - \boldsymbol{s}_i) \tag{7.76}$$

式中，$\boldsymbol{s}_i$ 和 w_i 为粒子与相应的权重；M 为用于近似的粒子数；$\delta(\cdot)$ 为 Dirac 函数。

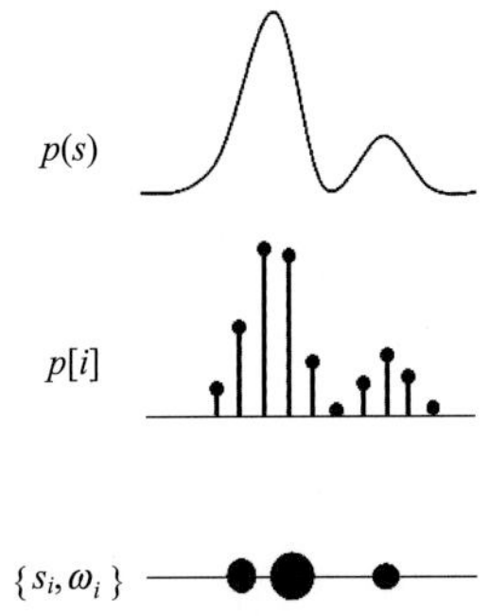

图 7.42　粒子滤波中粒子的示意图

基于离散粒子对 PDF 的近似，粒子滤波的过程如图 7.43 所示。其主要有四个步骤：①粒子初始化；②权重计算；③粒子重采样；④粒子传播。通过数次迭代后，粒子的分布状况将反映系统的概率统计分布。

粒子滤波算法通过每个时刻的粒子集对状态进行估计，利用粒子滤波进行 SAR 图像中道路检测的具体算法将在下面介绍。

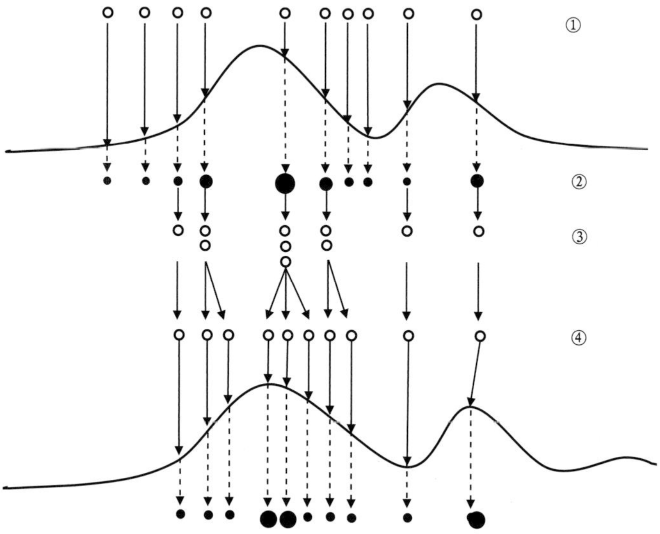

图 7.43　粒子滤波的过程

7.6.4　基于粒子滤波的道路联合检测

如上所述，图像中的道路提取可以通过跟踪的方法实现。另外，基于 Bayes 理论和 Monte Carlo 方法而实现的粒子滤波算法可以很好地解决非线性非高斯问题。本节将详细介绍基于粒子滤波的道路联合检测算法。

1. 状态和观测模型

基于分段曲线道路模型和式(7.71)中定义的状态向量可知，跟踪系统中的状态变化关键在于相对坐标系的变换，而且这是由前一个状态决定的。因此，状态的更新可以通过如下非线性方程表示：

$$\begin{pmatrix} X_k \\ Y_k \\ \alpha_k \\ \theta_k \\ c_k \end{pmatrix} = \begin{pmatrix} X_{k-1} + \gamma_{k-1}\cos\alpha_{k-1} - y_{k-1}(\gamma_{k-1})\sin\alpha_{k-1} \\ Y_{k-1} + \gamma_{k-1}\sin\alpha_{k-1} + y_{k-1}(\gamma_{k-1})\cos\alpha_{k-1} \\ \alpha_{k-1} + \arctan\left[y'_{k-1}(\gamma_{k-1})\right] \\ \Delta\theta \\ \Delta c \end{pmatrix} \tag{7.77}$$

式中，$y_{k-1}(\cdot)$ 在式(7.70)中定义；$y'_{k-1}(\cdot)$ 表示求一阶导数；$\gamma_{k-1} = r\cos\theta_{k-1}$，表示第 k–1 段道路沿 x 方向的终点位置。在这个相对坐标系中，一段道路的形状完全由 θ_k 和 c_k 这两个参数决定，它们分别受随机扰动 $\Delta\theta$ 和 Δc 影响。

观测轮廓可以定义为图像中道路周边区域像素点的坐标，这样观测值 $\boldsymbol{z}_k$ 可以模型化为

$$z_k = \begin{Bmatrix} X_k + x_k \cos\alpha_k - [y_k(x_k) \pm \delta]\sin\alpha_k \\ Y_k + x_k \cos\alpha_k + [y_k(x_k) \pm \delta]\sin\alpha_k \end{Bmatrix} \tag{7.78}$$

式中，$x_k(0 \leqslant x_k \leqslant r\cos\theta_k)$为第$k$段道路沿$x$方向的取值范围；$\delta$为预定义的沿道路坐标点的偏移，如图7.44所示。

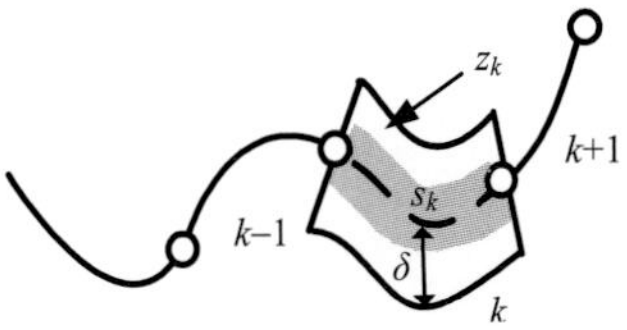

图7.44 道路的观测模型

2. 联合检测中的粒子权重

在粒子滤波算法中，粒子权重用于衡量各粒子对真值的近似程度。它不仅反映了该粒子对于待估计状态的贡献，还会影响到下一时刻粒子的扩散，即权重大的粒子将以更大的概率扩散。在道路检测过程中，一个特定的粒子状态代表了图像中一个特定位置与方向的曲线段；粒子对应的权重反映出该曲线段属于一段道路的可能性的大小。因此，粒子权重的计算准则是道路跟踪性能的关键[49]。根据观测模型，可以利用均值比(ROA)检测器[44]来定义粒子权重，以反映SAR图像中道路的可能性。

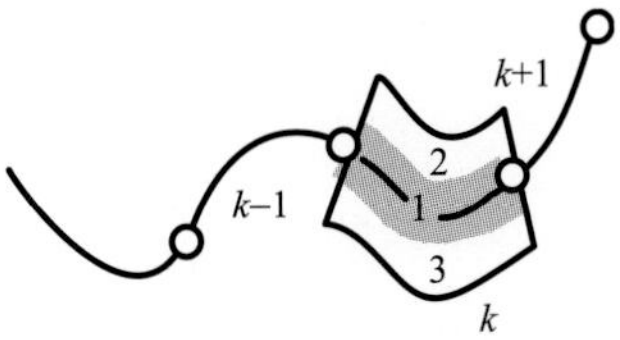

图7.45 粒子权重计算

对于第k段道路，如图7.45所示，记中心区域为1，其两边观测范围内的区域分别为2和3，则某个粒子$\boldsymbol{s}$的ROA检测器可定义为

$$r(\boldsymbol{s}) = \frac{2\mu_1}{\mu_2 + \mu_3} \tag{7.79}$$

式中，$\mu_j(j=1,2,3)$为对应区域强度的均值。在SAR图像中，由于道路地区属于平面一次散射，因此道路区域通常比其相邻区域的回波功率要低，体现在图像上就是灰度值较小。因此，可以利用式(7.80)将ROA响应映射为粒子权重：

$$w = \frac{1}{\sqrt{2\pi}\sigma} \mathrm{e}^{-\frac{r(s)^2}{2\sigma^2}} \tag{7.80}$$

式中，σ为归一化因子。由式(7.80)可见，ROA响应值越小，则权重w越大，该线段属于道路的可能性就越大。

对于多波段SAR图像，各图像中的每个粒子都可以得到这样一个权重，基于统计最优的融合技术可被用于结合粒子权重，以提高道路检测的精确度。在这里，可以利用不同波段SAR图像中道路区域的局部均匀性，根据最大似然准则(ML)得到最优粒子权重。

已有学者证明，SAR图像的斑点噪声经对数变换后统计上非常接近于高斯分布[50]。而且，对数变换将SAR图像的乘性噪声模型转换为加性噪声模型。因此，对于一块均匀的道路区域，可以假设对数变换后的综合噪声近似于均值为0、方差为σ的加性高斯白噪声(AWGN)，其中参数σ可以通过观测的道路区域像素灰度值的方差来估计。

假设有N个波段的已配准的SAR图像用于道路检测，那么一个粒子有N个权重，记为$w_n(n=1,2,\cdots,N)$。对于各波段的SAR图像，令$\sigma_n(n=1,2,\cdots,N)$为粒子代表的道路曲线地区的噪声标准差。假设不同波段的加性高斯白噪声相互统计独立，那么基于最大似然准则，最优粒子权重可最终表示为[51]

$$\hat{w}=\sum_{n=1}^{N}\lambda_n w_n \tag{7.81}$$

其中，

$$\lambda_n=\frac{1/\sigma_n^2}{\sum_{j=1}^{N}1/\sigma_j^2},\quad n=1,2,\cdots,N \tag{7.82}$$

3. 基于粒子滤波的联合检测算法

多波段 SAR 图像的道路提取框架基于粒子滤波和联合检测技术，其中，本地检测过程和融合过程能够有机地结合在一起。详细的检测算法包括如下步骤。

(1) 初始化：自动或手动选取道路跟踪的起始点，然后随机选取 M 个粒子 $\boldsymbol{s}_0^i$，并使其权重 $\hat{w}_0^i=1/M$，其中 $i=1,2,\cdots,M$。

给定第 k–1 段道路的粒子集 $\left\{\boldsymbol{s}_{k-1}^i,\hat{w}_{k-1}^i\right\}_{i=1}^M$，那么处理第 k 段的步骤如下。

(2) 重采样：根据当前粒子集构造累积的概率密度函数，并依此累积概率用轮盘赌方法对 M 个粒子重新采样，得到 $\left\{\hat{\boldsymbol{s}}_{k-1}^i\right\}_{i=1}^M$。

(3) 粒子传播：根据式(7.77)描述的状态模型更新各粒子，以产生新的粒子 $\left\{\boldsymbol{s}_k^i\right\}_{i=1}^M$。在状态更新过程中，道路段的控制参数 θ_k 和 c_k 均服从零均值的均匀分布。

(4) 权重计算：

首先，在各 SAR 图像中，根据式(7.80)对每一个粒子计算新的权重，得到 $w_{k,n}^i(i=1,2,\cdots,M;n=1,2,\cdots,N)$；

其次，对于每一个 n，将权重值映射到[0, 1]区间：

$$w_{k,n}^i=\frac{w_{k,n}^i-\min\limits_i\left(w_{k,n}^i\right)}{\max\limits_i\left(w_{k,n}^i\right)-\min\limits_i\left(w_{k,n}^i\right)} \tag{7.83}$$

再次，对于每一个 i，根据式(7.81)，基于最小方差准则融合 $w_{k,n}^i(n=1,2,\cdots,N)$，从而得到最优权重 $\hat{w}_k^i$。

最后，将权重归一化以与 PDF 相称，构造出新的粒子集 $\left\{\boldsymbol{s}_k^i,\hat{w}_k^i\right\}_{i=1}^M$：

$$\hat{w}_k^i=\frac{\hat{w}_k^i}{\sum\limits_{j=1}^{M}\hat{w}_k^j}(i=1,2,\cdots,M) \tag{7.84}$$

(5) 选取最大权重的粒子作为第 k 段道路的状态估计向量；对于下一段道路，从步骤(2)开始重复以上过程。

4. 起始点选取和终止准则

对应于普通跟踪问题中的系统初始状态确定(如 Kalman 滤波中的系统初始状态的均

值与协方差矩阵)，在上述道路跟踪过程中，需要将相对坐标系的初始化位置(X_0, Y_0)及其x轴方向α_0作为起始条件。对于半自动检测，起始点可由人工选取。对于全自动检测，起始点将从最可能出现道路的区域选取，规则如下[49]。

(1)利用线性的ROA算子计算全图中的响应。应注意，由于ROA算子具有方向性，对于图像中的各像素点，需要计算出各个方向的响应，然后挑选出最大值。

(2)在 ROA 算子作用区域内，选取响应值最大且超过r_{th}的像素点作为道路检测的起始点，其中r_{th}为预定义的阈值。

实际应用中，可以选取较大的ROA算子作用区域和较高的阈值r_{th}，以避免过多的虚警，提高算法效率。

为了判别目标跟踪丢失或跟踪完毕等情况，需要确定中止规则以免对道路无休止地跟踪。对于一个粒子滤波器，当发生下面两种情况中的任意一种时，跟踪过程停止。

(1)最大的粒子权重小于w_{th}，或者道路已连续跟踪超过L_{th}段，其中w_{th}和L_{th}为预定义的阈值；

(2)当前道路的估计位置超出了图像的范围。

7.6.5　实验与分析

为了评估本章提出的方法，利用美国NASA/JPL机载AIRSAR系统获得的已配准多波段SAR数据进行了两组实验。在实验中，为了得到更加精确的结果，使用人工选取的初始点，在极化SAR数据的总功率图中进行道路检测，从而验证算法的有效性，并且将联合检测的实验结果与单次检测进行比较。

1. 实验1：单条道路的检测

该实验采用了位于美国西海岸的俄勒冈海岸高速公路的C波段和P波段SAR数据。两幅图像数据的像素分辨率均为500×450，其总功率图如图7.46所示。在这两幅图中，道路均被噪声和杂波严重污染。特别是在P波段SAR图像中，方框内存在的背景干扰将导致对道路的误判。

本次实验中，预先设定如下参数：分段曲线道路模型中，每段道路为固定长度r=10个像素点；道路的观测模型中，道路宽度为1个像素点，观测范围δ=5个像素点；粒子滤波过程中，粒子个数M=100，随机角度扰动$\Delta\theta$服从$\left[-\pi/10, \pi/10\right]$的均匀分布，随机曲率扰动$\Delta c$服从$\left[-0.1, 0.1\right]$的均匀分布；粒子滤波器在连续跟踪$L_{\text{th}}$=60个道路段后自动终止。

由于粒子的传播具有一定的随机性，因此在整个算法的执行过程中，粒子滤波器有可能完整跟踪整条道路从而成功提取道路，也有可能跟丢道路造成检测失败。将单次和联合检测分别用于道路提取。图7.47(a)显示了基于联合检测的道路精确提取结果，而图7.47(b)和图7.47(c)分别显示在C波段和P波段图像的某单次检测中，由于噪声和杂波的影响，粒子滤波器跟踪出现误差，没有完整检测出道路。

为了对算法进行数值评估，我们进行了3组、每组50次完全随机的试验，精确提取道路的概率，见表 7.3。通过联合检测准确提取道路的概率高达 96.7%，相比之下，在 C 和 P 波段图像中进行单次检测的概率分别为 70.7%和 46.7%。这正是因为在高纹理区域，如果仅使用一幅图像，易造成对道路段的误检。然而，通过融合各图像信息，联合检测能够利用多源信息，极大地提高检测精度。

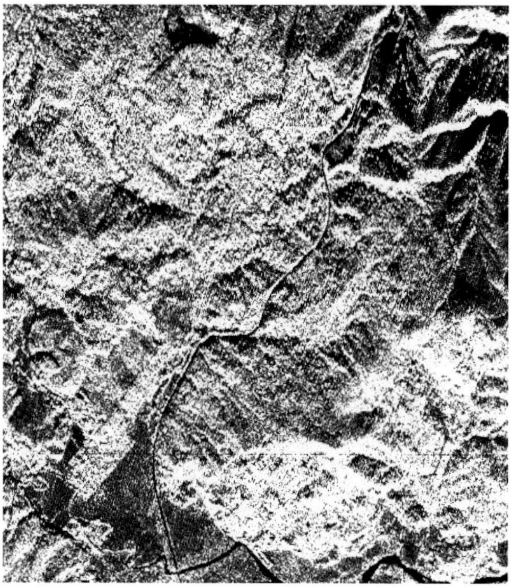

(a) C波段总功率图

(b) P波段总功率图

图 7.46 美国西海岸高速公路的多波段 SAR 图像

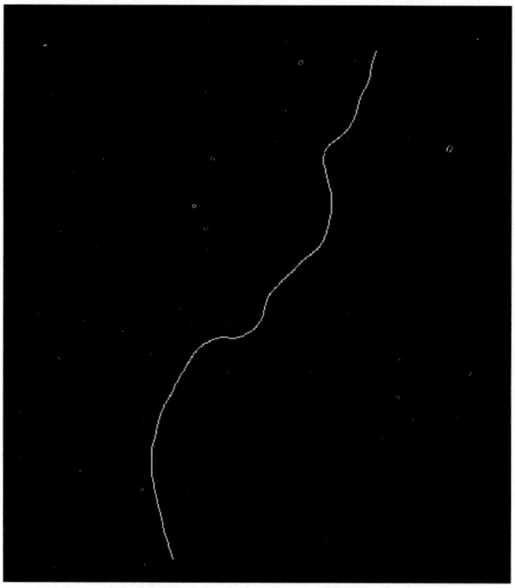

(a) 联合检测的道路提取结果

(b) C波段单次检测时某次道路提取失败

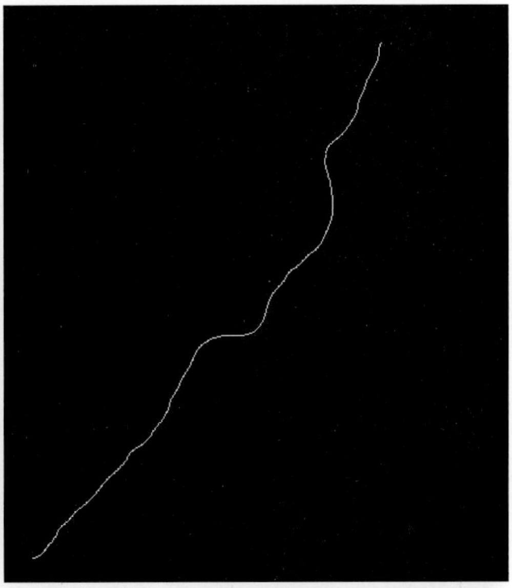

(c) P波段单次检测时某次道路提取失败

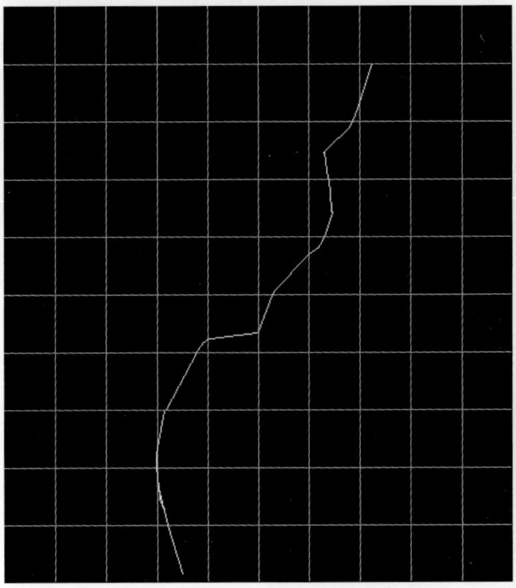

(d) C波段Hough变换的道路提取结果

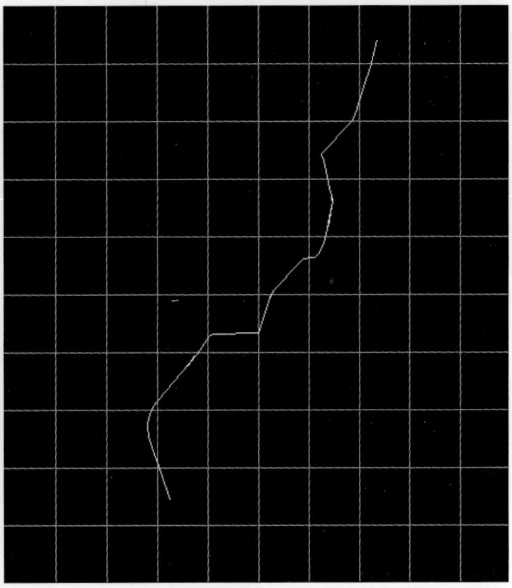

(e) P波段Hough变换的道路提取结果

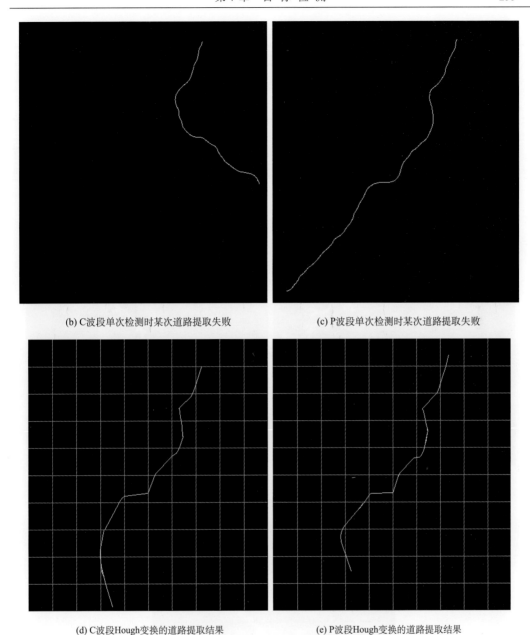

图 7.47　多波段 SAR 图像中的道路提取[52]

另外，传统的 Hough 变换被用于 SAR 图像中的道路检测，其大致步骤是：首先对 SAR 图像进行边缘提取并二值化(这里使用 Prewitt 算子)；然后进行分块 Hough 变换(这里分为 10×10 块)，并人工去除干扰线段，保留属于道路的直线段；最后采用三次多项式的曲线拟合，连接各直线段成为最终的道路。图 7.47(d)和图 7.47(e)分别为 C 波段和 P 波段 SAR 图像中基于 Hough 变换的道路检测结果。图像显示，虽然进行了人工干预，但道路提取仍然不够精确，这是由于 Hough 变换将道路模型化为直线段的缘故。特别是 P 波段图像中，由于严重的杂波干扰，部分道路没有检测出来，造成检测结果错误。

表 7.3　道路检测概率对比[52]

	精确提取道路次数(每组 50 次随机实验)			平均检测概率/%
联合检测	48	49	48	96.7
C 波段图像单次检测	33	37	36	70.7
P 波段图像单次检测	22	25	23	46.7

图 7.48(a)和图 7.48(b)分别描述了 C 波段和 P 波段单次检测在道路跟踪过程中所有粒子的分布情况，严重的背景干扰造成对道路的误判。图中粒子分布显得较分散，并造

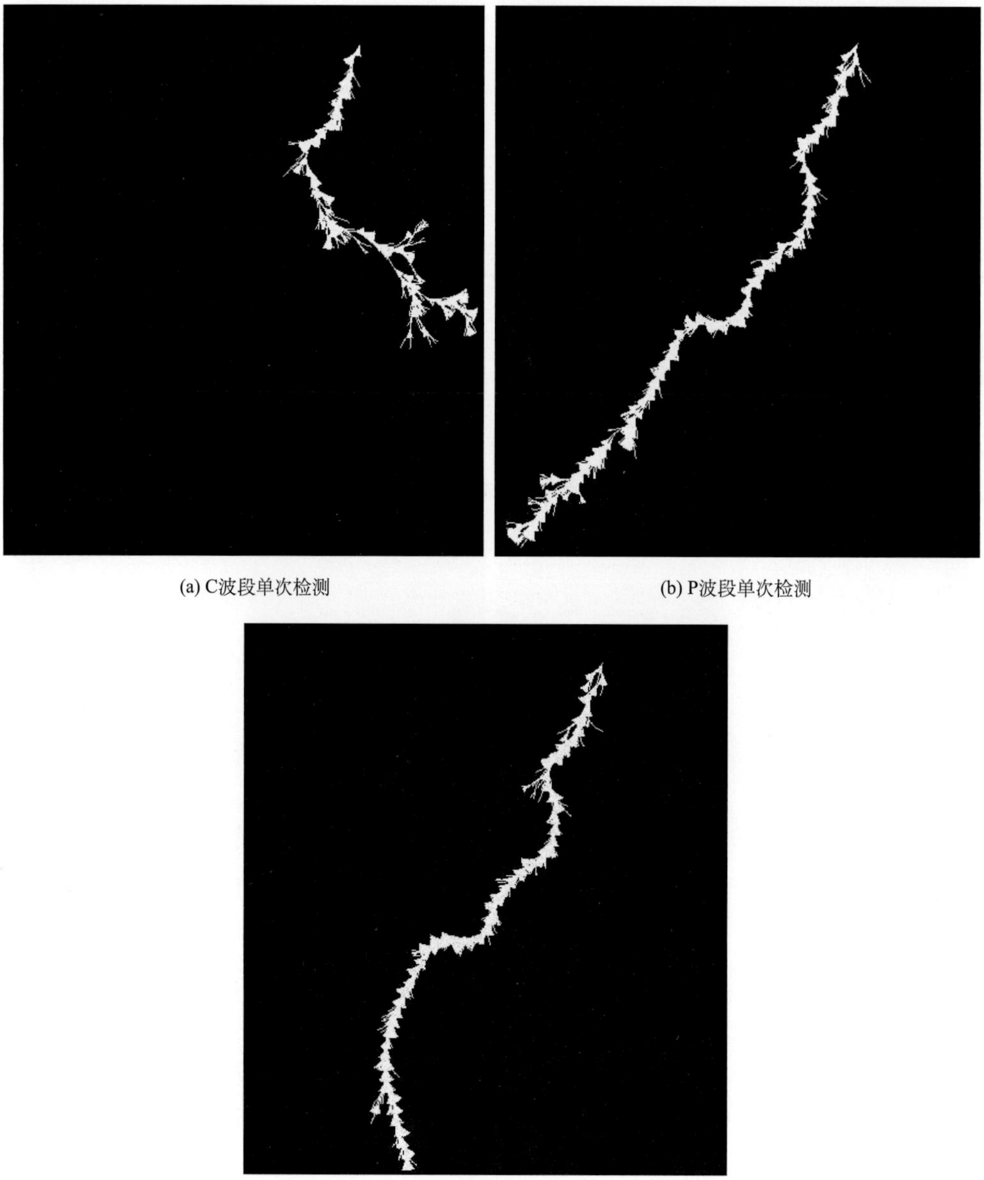

(a) C波段单次检测　　(b) P波段单次检测

(c) 联合检测

图 7.48　粒子滤波过程中粒子的分布情况[52]

成最终道路跟踪错误。而图 7.48(c)表示联合检测过程中粒子分布情况，显示粒子均集中在真实道路段附近，因此能够较好地抑制误判概率。

如果将粒子分布区域看作随机搜索范围的话，在信杂比高的区域，道路清晰可见，此时粒子滤波器的搜索范围变小以避免误判；而在信杂比低的区域，道路位置不易判断，此时搜索范围扩大，粒子滤波器“努力”寻找下一段道路的位置。由此可以看出，基于粒子滤波的道路检测算法具有自适应的调节搜索范围的能力，相对于 Hough 变换方法，具有更好的精度与鲁棒性。

2. 实验 2：道路网的检测

本次实验采用位于美国东海岸的大洋高速公路的 C 波段和 L 波段 SAR 数据进行多条道路的检测。两幅图像数据的像素分辨率均为 320×420，其总功率图如图 7.49(a)和图 7.49(b)所示。在这两幅图中，有些道路段被噪声污染，有些则被背景杂波所干扰。通过融合不同图像中的道路信息，联合检测同样能够用于道路网的提取。

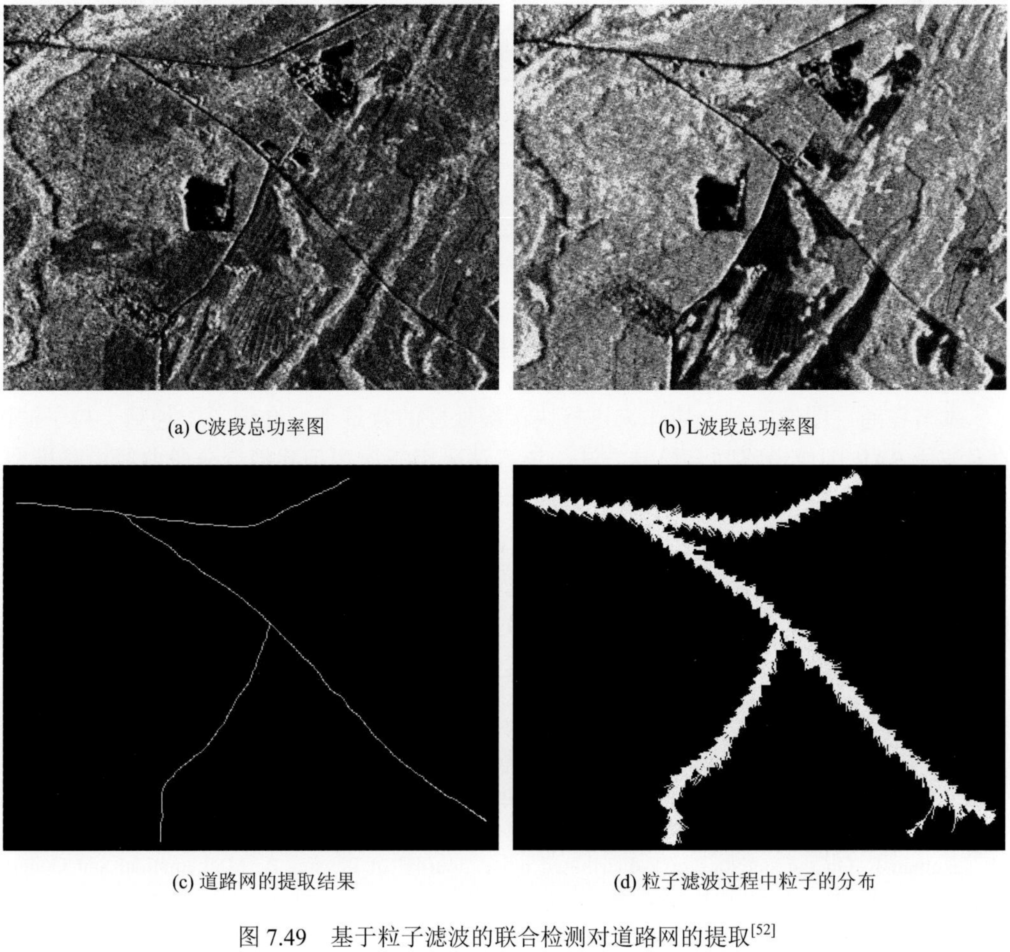

(a) C波段总功率图　(b) L波段总功率图

(c) 道路网的提取结果　(d) 粒子滤波过程中粒子的分布

图 7.49　基于粒子滤波的联合检测对道路网的提取[52]

本次实验中，预先设定的参数与实验一基本相同：道路固定长度 r=10，观测范围 δ=5，粒子个数 M=100，角度扰动 $\Delta\theta \sim U[-\pi/10, \pi/10]$，曲率扰动 $\Delta c \sim U[-0.1, 0.1]$，粒子滤波器在连续跟踪 L_{th}=50 个道路段后或到达图像边界处便自动终止。

从不同起始点开始的多个粒子滤波器被用于跟踪整个道路网。当一个粒子滤波器正在跟踪的道路段非常接近另一个滤波器已经估计过的道路段时，前一个滤波器将终止或改变其搜索方向，以避免同一道路段被 2 个滤波器跟踪。基于联合检测的道路网提取结果如图 7.49(c)所示，而图 7.49(d)显示了其跟踪过程中所有粒子的分布情况。实验结果证明了该方法对道路网检测的有效性。

同样，我们进行了 3 组、每组 50 次完全随机的试验，精确提取道路网的概率见表 7.4。通过联合检测准确提取整个道路网的概率高达 99.3%，仅有一次检测失败。相比之下，在 C 和 L 波段图像中进行单次检测的检测概率分别为 86.0%和 73.3%。这是由于 C 波段图像中，上半部分道路受到噪声的影响；而 L 波段图像中，下半部分道路受到杂波的干扰，因此两幅图像单独检测时容易失误。检测结果表明，联合检测方法能够融合各方面信息，以增强对目标的理解。

表 7.4　道路网检测概率对比[52]

	精确提取道路次数(每组 50 次随机实验)			平均检测概率(%)
联合检测	50	50	49	99.3
C 波段图像单次检测	43	44	42	86.0
L 波段图像单次检测	38	37	35	73.3

7.6.6　小　　结

本节在通过图像的融合协作来进行决策级处理的背景下，介绍了一种基于粒子滤波的多波段 SAR 图像道路联合检测方法。该方法采用三次多项式拟合分段曲线道路模型，在 Bayes 跟踪框架下进行粒子滤波。其间，每幅图像中道路的局部线性特征被反映在相应的粒子权重中，再根据图像的局部均匀性，基于最大似然准则，融合各波段 SAR 图像中的粒子权重，并根据融合后的最优粒子权重估计道路的状态参数及粒子的传播方向。通过与单次检测的对比实验，证明了利用多通道数据的联合检测能够提高道路的提取精度和检测概率。此外，该方法还可以用于道路网的提取。

参 考 文 献

[1] Goodman J W. Some fundamental properties of speckle*. JOSA, 1976, 66(11): 1145–1150.
[2] 高伟. 极化合成孔径雷达图像非均匀区域的目标检测与分类研究. 清华大学博士学位论文, 2016.
[3] Jakeman E. On the statistics of k-distributed noise. Journal of Physics A: Mathematical and General, 1980, 13(1): 31.
[4] Goldstein G B. False-alarm regulation in log-normal and weibull clutter. IEEE Transactions on Aerospace and Electronic Systems, 1973, 9: 84-92.

[5] Blacknell D. Target detection in correlated SAR clutter. IEE Proceedings of Radar, Sonar and Navigation, 2000, 147: 9-16.
[6] Banerjee A, Burlina P, Chellappa R. Adaptive target detection in foliage-penetrating SAR images using alpha-stable models. IEEE Transactions on Image Processing, 1999, 8: 1823-1831.
[7] Nikias C L, Shao M. Signal Processing with Alpha-Stable Distribution and Application NewYork: John Wiley&Sons, Inc. , 1995.
[8] Duda R O, Hart P E, Stork D G. Pattern Classfication. 2 Edition. New York: John Wiley & Sons, 2001.
[9] Wasserman L. All of Nonparametric Statistics. Berlin: Springer, 2005.
[10] Gade M, Alpers W. Imaging of biogenic and anthropogenic ocean surface films by the multifrequency/multipolarization SIR-C/X-SAR. J. Geophysical Research, 1998, 103(C9): 18851-18866.
[11] Nunziata F, Gambardella A, Migliaccio M. On the Mueller scattering matrix for SAR sea oil slick observation. IEEE Geos. Remote Sens. Letters, 2008, 5: 6951-6954.
[12] Migliaccio M, Gambardella A, Tranfaglia M. SAR polarimetry to observe oil spills. IEEE Trans. Geos. Remote Sens. , 2007, 45(2): 506-510.
[13] Migliaccio M, Nunziata F, Gambardella A. On the co-polarized phase difference for oil spill observation. International Journal of Remote Sensing, 2009, 30: 6, 1587-1602.
[14] Migliaccio M, Nunziata M, Gambardella F, et al. Polarimetric signature for oil spill observation. UA/EU-Baltic International Symposium, 2008.
[15] Yin J, Yang J, Zhou Z-S, et al. The extended-Bragg scattering model-based method for ship and oil-spill observation using compact polarimetric SAR. IEEE J. Sel. Top. Appl. Earth Obs. Remote Sens. , 2015, 8(8): 3760-3772.
[16] Cloude S R. Polarisation: Applications in Remote Sensing. Oxford: Oxford University Press, 2009.
[17] 张宏稷. 基于极化 SAR 图像的舰船检测研究. 清华大学博士学位论文, 2013.
[18] An W, Cui Y, Yang J. Three-component model-based decomposition for polarimetric SAR data. IEEE Transactions on Geoscience and Remote Sensing, 48(6): 2732-2739.
[19] Yang J, Peng Y, Lin S. Similarity between two scattering matrices. Electronics Letters, 2001, 37(3): 193-194.
[20] Cover T M, Thomas J A. Elements of Information Theory. 2nd Ed. New York, USA: John Wiley & Sons, 2006.
[21] Yang J, Yamaguchi Y, Boerner W M, et al. Numerical methods for solving the optimal problem of contrast enhancement. IEEE Transactions on Geoscience and Remote Sensing, 2000, 38(2): 965-971.
[22] 晋瑞锦. 极化 SAR 图像特征提取与机场检测技术研究. 清华大学博士学位论文, 2017.
[23] Jin R, Yin J, Zhou W, et al. Level set segmentation algorithm for high-resolution polarimetric SAR images based on a heterogeneous clutter model. IEEE Journal of Selected Topics in Applied Earth Observations and Remote Sensing, 2017, 10(10): 4565-4579.
[24] Chuang K S, Tzeng H L, Chen S, et al. Fuzzy c-means clustering with spatial information for image segmentation. Computerized Medical Imaging and Graphics, 2006, 30(1): 9-15.
[25] 张立平, 张红, 王超, 等. 大场景高分辨率 SAR 图像中机场快速检测方法. 中国图象图形学报, 2010, 15(7): 1112-1120.
[26] Zhang S, Lin Y, Zhang X, et al. Airport automatic detection in large space-borne SAR imagery. Journal of Systems Engineering and Electronics, 2010, 21(3): 390-396.
[27] 刘春. 极化 SAR 图像海岸带固定目标检测. 清华大学博士学位论文, 2016.
[28] 刘春, 殷君君, 杨健. 基于岸线特征点合并的极化 SAR 图像小型港口检测. 清华大学学报（自然

科学版), 2015, 55(8): 849-853.

[29] Rosenfeld A, Johnston E. Angle detection on digital curves. IEEE Transactions on Computers, 1973, 100(9): 875-878.

[30] Rosenfeld A, Weszka J S. An improved method of angle detection on digital curves. IEEE Transactions on Computers, 1975, 24(9): 940-941.

[31] Freeman H, Davis L S. A corner-finding algorithm for chain-coded curves. IEEE Transactions on Computers, 1977, 26(3): 297-303.

[32] The C H, Chin R T. On the detection of dominant points on digital curves. IEEE Transactions on Pattern Analysis and Machine Intelligence, 1989, 11(8): 859-872.

[33] Douglas D H, Peucker T K. Algorithms for the reduction of the number of points required to represent a digitized line or its caricature. Cartographica: The International Journal for Geographic Information and Geovisualization, 1973, 10(2): 112-122.

[34] Wong W H, Ip H H S. On the detection of parallel curves: models and representations. International Journal of Pattern Recognition and Artificial Intelligence, 1996, 10(07): 813-827.

[35] Sonka M, Hlavac V, Boyle R. Image Processing, Analysis, and Machine Vision. Toronto: Cengage Learning, 2014.

[36] Liu C, Yang J, Yin J, et al. Coastline detection in SAR images using a hierarchical level set segmentation. IEEE J. Sel. Topics Appl. Earth Observ. Remote Sens, 2016, 9(11): 4908-4920.

[37] 陈琪, 陆军, 赵凌君, 等. 基于特征的 SAR 遥感图像港口检测方法. 电子与信息学报, 2010, 32 (6): 2873-2878.

[38] Zhao H, Li W, Yu N, et al. Harbor detection in remote sensing images based on feature fusion. 5th International Congress on Image and Signal Processing, 2012.

[39] Samadani R, Vesecky J F. Finding curvilinear features in speckled images. IEEE Transactions on Geoscience and Remote Sensing, 1990, 28(4): 669-673.

[40] Jeon B, Jang J, Hong K. Road detection in spaceborne SAR images using a genetic algorithm. IEEE Transactions on Geoscience and Remote Sensing, 2002, 40(1): 22-29.

[41] Zhu C, Shi W, Pesaresi M, et al. The recognition of road network from high-resolution satellite remotely sensed data using image morphological characteristics. International Journal of Remote Sensing, 2005, 26(24): 5493-5508.

[42] Gamba P, dell'Aaqua F, Lisini G. Improving urban road extraction in high-resolution images exploiting directional filtering, perceptual grouping, and simple topological concepts. IEEE Geoscience and Remote Sensing Letters, 2006, 3(3): 387-391.

[43] Geman D, Jedynak B. An active testing model for tracking roads in satellite images. IEEE Transactions on Pattern Analysis and Machine Intelligence, 1996, 18(1): 1-14.

[44] Tupin F, Maitre H, Margin J F, et al. Detection of linear features in sar images: application to road network extraction. IEEE Transactions on Geoscience and Remote Sensing, 1998, 36(2): 434-453.

[45] Bentabet L, Jodouin S, Ziou D, et al. Road vectors update using SAR imagery: a snake-based method. IEEE Transactions on Geoscience and Remote Sensing, 2003, 41(8): 1785-1803.

[46] Chen Y L, Yang Q, Gu Y T, et al. Detection of roads in SAR images using particle filter// Proceedings of ICIP'06, Atlanta, USA, 2006: 2337-2340.

[47] Liu J S, Chen R. Sequential Monte Carlo methods for dynamic systems. Journal of the American Statistical Association, 1998, 93(443): 1032-1044.

[48] Doucet A, Freitas A, Gordon N. Sequential Monte Carlo Methods in Practice. New York, USA: Springer, 2001.

[49] 陈亦伦. 基于极化 SAR 图像的目标检测算法研究. 清华大学硕士学位论文, 2007.
[50] Xie H, Pierce L E, Ulaby F T. Statistical properties of logarithmically transformed speckle. IEEE Transactions on Geoscience and Remote Sensing, 2002, 40(3): 721-727.
[51] Kay S M. Fundamentals of Statistical Signal Processing: Estimation Theory. New Jersey, USA: Prentice-Hall, 1993.
[52] 邓启明. 极化合成孔径雷达图像融合及应用研究. 清华大学博士学位论文, 2010.

第 8 章　紧缩极化 SAR 数据重建及特征提取

8.1　引　　言

紧缩极化 SAR 是一种特殊的双极化成像模式，利用相干天线对后向散射电磁波进行接收，得到的是 Jones 矢量，如式(8.1)所示。紧缩极化 SAR 的数据处理方式包含两种：一种是利用紧缩混合极化数据对正交线极化基下的多极化数据进行重建，通常将重建后的数据称为伪全极化 SAR 数据；另一种是直接应用紧缩极化 SAR 数据进行散射特征提取。

$$\vec{E}_r = \frac{1}{\sqrt{2}}\begin{pmatrix} S_{\mathrm{HH}} & S_{\mathrm{VH}} \\ S_{\mathrm{HV}} & S_{\mathrm{VV}} \end{pmatrix}\vec{E}_i \quad 其中 \quad \vec{E}_i = \left\{ \begin{bmatrix} 1 \\ 0 \end{bmatrix} \begin{bmatrix} 0 \\ 1 \end{bmatrix} \begin{bmatrix} 1 \\ \pm j \end{bmatrix}_{j\to \mathrm{left}}^{-j\to \mathrm{right}} \begin{bmatrix} 1 \\ 1 \end{bmatrix} \right\} \tag{8.1}$$

紧缩极化与传统双极化观测模式的最大不同在于发射波极化方式的不同，图 8.1 示意了紧缩极化 SAR 观测模式的一般图解，图 8.2 给出了两种紧缩极化模式发射天线的极化方式，它们分别对应于线极化方式发射和圆极化方式发射。根据电磁波和散射体之间的交互作用可知，极化天线接收的信号是目标散射矩阵 $\boldsymbol{S}$ 在入射波 $\vec{E}_i$ 上的投影。根据发射天线的不同极化状态，可以将双极化 SAR 观测模式分为传统双极化模式，以及紧缩双极化模式[1-5]。式(8.1)中例举了线极化基不同双极化模式下雷达测量到的 Jones 矢量，其中前两种发射波分别对应于 HH/HV 和 VH/VV 传统双极化模式，后两种发射波分别对应于圆极化紧缩模式和线性 π/4 紧缩极化模式。

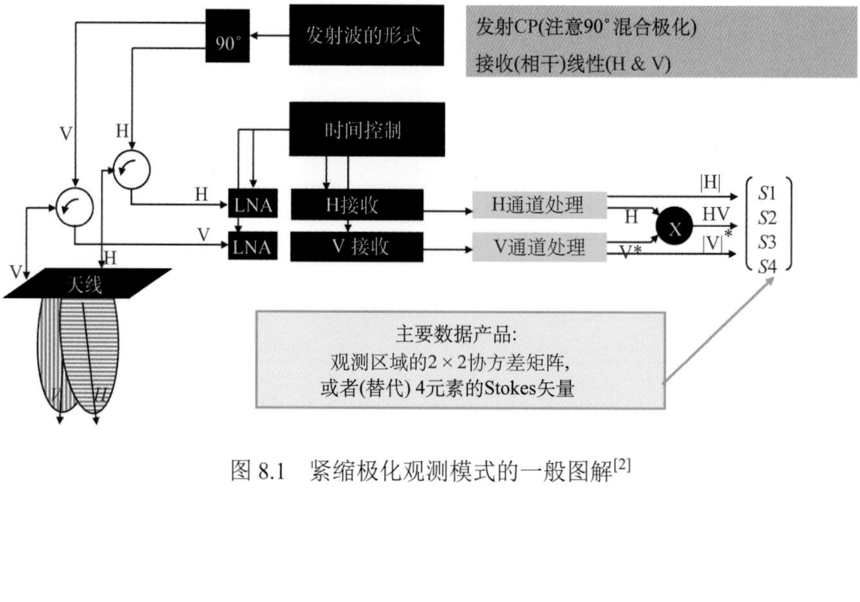

图 8.1　紧缩极化观测模式的一般图解[2]

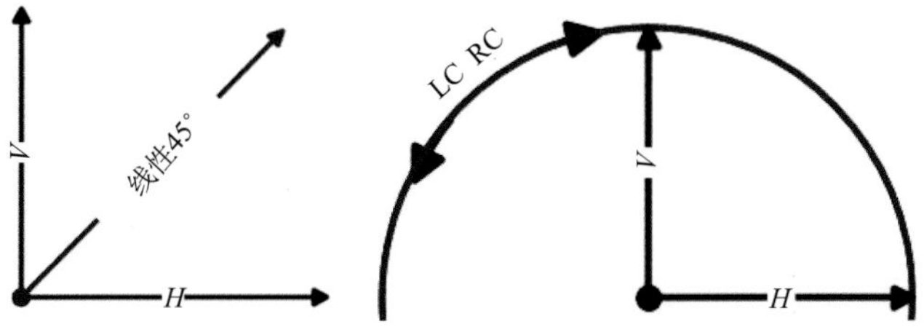

图 8.2　紧缩极化发射波的两种不同模式

根据雷达收发天线的极化模式不同，一般认为一共有三种紧缩极化 SAR 模式[6]：分别是线性 π/4 模式(45°线极化发射，水平和垂直线极化模式接收)，CTLR 模式(左旋或右旋圆极化模式发射，线极化模式接收)，DCP 模式(左旋或右旋圆极化模式发射，正交圆极化模式接收)。三种紧缩极化模式对应的 Jones 矢量分别为

$$\begin{pmatrix} E_1 \\ E_2 \end{pmatrix} = \frac{1}{\sqrt{2}} \begin{pmatrix} S_{\mathrm{HH}} & S_{\mathrm{VH}} \\ S_{\mathrm{HV}} & S_{\mathrm{VV}} \end{pmatrix} \vec{E}_i \Rightarrow \begin{cases} \vec{k}_{\pi/4} = \dfrac{1}{\sqrt{2}} \left[S_{\mathrm{HH}} + S_{\mathrm{HV}} \quad S_{\mathrm{VV}} + S_{\mathrm{HV}} \right]^{\mathrm{T}} \\ \vec{k}_{\mathrm{CTLR}} = \dfrac{1}{\sqrt{2}} \left[S_{\mathrm{HH}} \pm jS_{\mathrm{HV}} \quad S_{\mathrm{HV}} \pm jS_{\mathrm{VV}} \right]^{\mathrm{T}} \\ \vec{k}_{\mathrm{DCP}} = \dfrac{1}{2} \left[S_{\mathrm{HH}} - S_{\mathrm{VV}} + j2S_{\mathrm{HV}} \quad j(S_{\mathrm{HH}} + S_{\mathrm{VV}}) \right]^{\mathrm{T}} \end{cases} \tag{8.2}$$

式中，CTLR 模式的–号表示右旋圆极化波发射，+号表示左旋圆极化波发射；DCP 模式采用左旋圆极化方式发射。双极化模式测量到的是电磁波的极化矢量，用 Stokes 矢量描述其平均后向散射状态。Stokes 矢量与极化波的散射相干矩阵 $\boldsymbol{C}_{\mathrm{CP}}$ 两者等价：

$$\boldsymbol{C}_{\mathrm{CP}} = \left\langle \begin{bmatrix} E_1 E_1^* & E_1 E_2^* \\ E_2 E_1^* & E_2 E_2^* \end{bmatrix} \right\rangle = \frac{1}{2} \begin{bmatrix} g_0 + g_1 & g_2 - jg_3 \\ g_2 + jg_3 & g_0 - g_1 \end{bmatrix} \tag{8.3}$$

其中，Stokes 矢量 $\vec{g} = [g_0 \quad g_1 \quad g_2 \quad g_3]^{\mathrm{T}}$，也可以写为

$$\vec{g}_E = \begin{bmatrix} g_0 \\ g_1 \\ g_2 \\ g_3 \end{bmatrix} = \left\langle \begin{bmatrix} |E_x|^2 + |E_y|^2 \\ |E_x|^2 - |E_y|^2 \\ 2\,\mathrm{Re}\left(E_x E_y^*\right) \\ -2\,\mathrm{Im}\left(E_x E_y^*\right) \end{bmatrix} \right\rangle \tag{8.4}$$

依据电磁波椭圆基之间的转换关系，如果不考虑系统畸变因素的影响，DCP 模式和 CTLR 模式提供的目标信息量是(标称)相同的。若假设 CTLR 模式下的 Stokes 矢量为 $\vec{g}_{\mathrm{CTLR}} = [g_0 \quad g_1 \quad g_2 \quad g_3]^{\mathrm{T}}$，则 DCP 模式测量到的 Stokes 矢量为 $\vec{g}_{\mathrm{DCP}} = [g_0 \quad g_3 \quad g_2 \quad g_1]^{\mathrm{T}}$。因此，本章在讨论紧缩极化对海面目标特性的描述中仅考虑 π/4 模式和 CTLR 模式。依据后向散射原理，接收到的电磁波的 Stokes 矢量可以表示为 Kennaugh 矩阵和发射波 Stokes 矢量的乘积，即

$$\vec{g}_{\text{rec}}=\begin{bmatrix}g_0\\g_1\\g_2\\g_3\end{bmatrix}=\begin{bmatrix}k_{11}&k_{12}&k_{13}&k_{14}\\k_{21}&k_{22}&k_{23}&k_{24}\\k_{31}&k_{32}&k_{33}&k_{34}\\k_{41}&k_{42}&k_{43}&k_{44}\end{bmatrix}\begin{bmatrix}1\\\cos 2\phi\cos 2\tau\\\sin 2\phi\cos 2\tau\\\sin 2\tau\end{bmatrix}\tag{8.5}$$

目标的后向散射系数与 Huynen 参数一一对应，结合式(8.2)和式(8.3)得到紧缩极化 π/4 模式和 CTLR 模式的 Stokes 矢量：

$$\vec{g}_{\pi/4}=\begin{bmatrix}A_0+B_0+H\\C+E\\A_0-B+H\\-D-F\end{bmatrix},\quad \vec{g}_{\text{CTLR}}=\begin{bmatrix}A_0+B_0+F\\C+G\\D+H\\-A_0+B_0+F\end{bmatrix}\tag{8.6}$$

其中，$\{A_0,B_0,B,C,H,F,E,G,D\}$ 为 Huynen 参数。

本章主要介绍内容如下：在紧缩极化 SAR 目标特征提取中，首先，介绍经典的紧缩极化 SAR 目标特征参数提取方法；然后，针对紧缩极化 SAR 海面目标监测问题，分析不同紧缩极化模式对海面 Bragg 散射过程的描述性能；最后，基于目标的反射对称性假设，介绍一种新紧缩极化对海面 Bragg 散射过程以及散射相干性进行描述的方法[7]。在基于紧缩极化 SAR 数据的伪全极化 SAR 数据重建方法中，基于 π/4 模型，将介绍基于反射对称性假设的重建方法[8]以及基于非反射对称性假设的重建方法[9]。

8.2　经典的紧缩极化 SAR 特征提取技术

本节主要介绍经典的 m-δ 分解、紧缩极化 H/α 分解和基于模型的三成分分解。

8.2.1　m-δ 分解技术

从波的 Stokes 矢量中可以得到一系列参数描述接收波的极化状态。利用散射波的极化度 DoP(degree of polarization)和 Jones 矢量的相对相位 δ，分析紧缩极化 SAR 目标的散射机制，即 m-δ 分解[1]。将极化度 DoP 用 m 代替，以下是 m-δ 分解的具体形式：

$$\begin{bmatrix}V_{\text{R}}\\V_{\text{G}}\\V_{\text{B}}\end{bmatrix}=\sqrt{S_0}\begin{bmatrix}\sqrt{m\dfrac{1-\sin\delta}{2}}\\\sqrt{1-m}\\\sqrt{m\dfrac{1+\sin\delta}{2}}\end{bmatrix}\tag{8.7}$$

其中，

$$m=\frac{\sqrt{{g_1}^2+{g_2}^2+{g_3}^2}}{g_0}=\left(1-\frac{4\det\left(\boldsymbol{C}_{\mathrm{CP}}\right)}{\mathrm{Tr}^2\left(\boldsymbol{C}_{\mathrm{CP}}\right)}\right)$$

$$\delta=\arctan\left(\frac{g_3}{g_2}\right)$$

以此得到的散射成分 V_{R}、V_{G} 和 V_{B} 分别对应于目标的二次散射、体散射和一次散射过程。V_{G} 与自然散射体的去极化性有关系，主要发生在体散射占主导的森林地区。相对相位 δ 可以鉴别目标的一次散射或者二次散射成分：当二次散射成分占主导时，$\delta<0$，因此 $V_{\mathrm{R}}>V_{\mathrm{B}}$；当一次散射成分占主导时，$\delta>0$，因此 $V_{\mathrm{R}}<V_{\mathrm{B}}$。

8.2.2　紧缩极化 H/α 分解技术

类似于全极化的 Cloude-Pottier 分解，文献[10]中定义了紧缩极化的特征值分解技术。在全极化 Cloude-Pottier 分解中，α 角表征了目标的平均散射机理。当散射体只有一种散射成分占主导时，全极化的 α 角与紧缩极化的 α 角近似；当散射成分比较复杂时，如森林地区，全极化的 α 角不能从紧缩极化的 α 角中正确恢复出来。对于紧缩极化 α 角的分析，先从确定性的对称散射体开始。秩为 1 的对称散射相干矩阵 $\boldsymbol{T}$ 可以简单表示为

$$\boldsymbol{T}=m_{\mathrm{s}}\begin{bmatrix}\cos^2\alpha_{\mathrm{s}} & \cos\alpha_{\mathrm{s}}\sin\alpha_{\mathrm{s}}\mathrm{e}^{j\phi} & 0\\ \cos\alpha_{\mathrm{s}}\sin\alpha_{\mathrm{s}}\mathrm{e}^{-j\phi} & \sin^2\alpha_{\mathrm{s}} & 0\\ 0 & 0 & 0\end{bmatrix}\Rightarrow \boldsymbol{g}_{\mathrm{s}}=\frac{m_{\mathrm{s}}}{2}\begin{bmatrix}1\\ \sin 2\alpha_{\mathrm{s}}\cos\phi\\ -\sin 2\alpha_{\mathrm{s}}\sin\phi\\ -\cos 2\alpha_{\mathrm{s}}\end{bmatrix}\tag{8.8}$$

式中，g_{s} 为与之对应的左旋 CTLR 模式的 Stokes 矢量。从式(8.8)中可以得到目标参数 α_{s} 和 ϕ 的形式，如式(8.9)所示：

$$\alpha_{\mathrm{s}}=\frac{1}{2}\tan^{-1}\left(\frac{\sqrt{g_1^2+g_2^2}}{-g_3}\right),\ \phi=\arg\left(g_1-jg_2\right)\tag{8.9}$$

当 α_{s} 接近于 0° 时，目标的散射机制以粗糙平面散射(一次散射)为主。对于体散射的描述，在紧缩极化 SAR 中通常考虑它的去极化度 m，也可以用散射波的熵 H_{w} 描述。将紧缩极化相关矩阵 $\boldsymbol{C}_{\mathrm{CTLR}}$ 进行特征值分解，可以得到 H_{w} 和 m 的表达式：

$$\begin{cases}\boldsymbol{C}_{\mathrm{CTLR}}=\dfrac{1}{\lambda_1+\lambda_2}\boldsymbol{U}_2\begin{bmatrix}p_1 & 0\\ 0 & p_2\end{bmatrix}\boldsymbol{U}_2^{\mathrm{H}}\\ p_1=\dfrac{\lambda_1}{\lambda_1+\lambda_2},p_2=\dfrac{\lambda_2}{\lambda_1+\lambda_2}\end{cases}\rightarrow\begin{cases}H_{\mathrm{w}}=-\sum\limits_{i=1}^{2}p_i\log_2 p_i\\ m=\dfrac{p_1-p_2}{p_1+p_2}\end{cases}\tag{8.10}$$

式(8.7)和式(8.10)中定义的 m 等价。从上式可知，对于相干极化接收的双极化 SAR 模式，散射波的熵 H_{w} 和极化度 m 表示的信息量相同。对于完全极化波 $H_{\mathrm{w}}=0$，$m=1$；对于完全随机的后向散射波(接收到的能量与极化无关)，$H_{\mathrm{w}}=1$，$m=0$。因此，可以利用 $H_{\mathrm{w}}/\alpha_{\mathrm{s}}$ 表示紧缩极化 CTLR 模式的特征值分解参数。

8.2.3 紧缩极化模型分解技术

本节介绍的内容仍是以 CTLR 模型为基础，以左旋圆极化方式发射为例。在基于模型的特征提取技术中，先考虑最为复杂的体散射模型。对于具有方位向对称性的随机体散射模型，其散射相干矩阵[10,11]和 Stokes 矢量可以分别表示为

$$T_{\text{vol}} = m_{\text{v}} \begin{bmatrix} F_{\text{p}} & 0 & 0 \\ 0 & 1 & 0 \\ 0 & 0 & 1 \end{bmatrix} \Rightarrow g_{\text{vol}} = \frac{m_{\text{v}}}{2} \begin{bmatrix} 2 + F_{\text{p}} \\ 0 \\ 0 \\ 2 - F_{\text{p}} \end{bmatrix} \tag{8.11}$$

式中，$F_{\text{p}} \geqslant 1$，为体散射粒子的形状以及介电常数的函数。根据 F_{p} 取值的不同，可以将式(8.11)看成是完全极化波和噪声的相加。当 $F_{\text{p}}=2$ 时，式(8.11)对应的是 Freeman 三成分分解的体散射模型[11]。

依据式(8.11)和式(8.8)，将后向散射波分解为一个体散射过程和一个确定性散射过程的相加。此处考虑一种特殊的体散射模型，当 $F_{\text{p}}=2$ 时，认为体散射过程是完全非极化的，得到 CTLR 模式在左旋极化方式下的分解模型：

$$g_{\text{CTLR}} = 2m_{\text{v}} \begin{bmatrix} 1 \\ 0 \\ 0 \\ 0 \end{bmatrix} + \frac{m_{\text{s}}}{2} \begin{bmatrix} 1 \\ \sin 2\alpha_{\text{s}} \cos\phi \\ -\sin 2\alpha_{\text{s}} \sin\phi \\ -\cos 2\alpha_{\text{s}} \end{bmatrix} \to \begin{cases} m_{\text{v}} = \dfrac{g_0(1-m)}{2} \\ m_{\text{s}} = 2g_0 m \end{cases} \tag{8.12}$$

式中，m_{s} 表示确定性的散射过程。依据式(8.8)，将此确定性的散射过程分解为两种散射成分：一次散射 P_{s} 和二次散射 P_{d}。当 $\cos 2\alpha_{\text{s}} = 1$ 时，表示此确定性的散射成分为一次散射过程；当 $\cos 2\alpha_{\text{s}} = 0$ 时，表示此确定性的散射成分向二次散射过程偏移。用 $\cos 2\alpha_{\text{s}}$ 衡量一次散射和二次散射成分之间的比值，可以得到紧缩极化 CTLR 模式下的三成分分解表示形式[10]：

$$\begin{bmatrix} P_{\text{s}} \\ P_{\text{v}} \\ P_{\text{d}} \end{bmatrix} = \begin{bmatrix} \dfrac{g_0 m(1+\cos 2\alpha_{\text{s}})}{2} \\ g_0(1-m) \\ \dfrac{g_0 m(1-\cos 2\alpha_{\text{s}})}{2} \end{bmatrix} \tag{8.13}$$

式中，P_{s}、P_{d} 和 P_{v} 分别表示一次散射过程、二次散射过程和体散射过程的分解能量。对比式(8.7)和式(8.13)可以看出，此紧缩极化三成分分解是 m-δ 分解的一种改进。

8.2.4 分解技术的对比

选取 C 波段 Rasarsat-2 旧金山全极化数据示例各种分解技术对目标极化散射特性的描述能力。图 8.3 是该数据全极化模式的 Pauli 基分解图。该数据中包含几种典型的地物，

分别是海面、森林、城市，以及近 45° 旋转城市区域，它们对应的散射机制分别是一次散射、体散射、二次散射，以及旋转二面角散射。

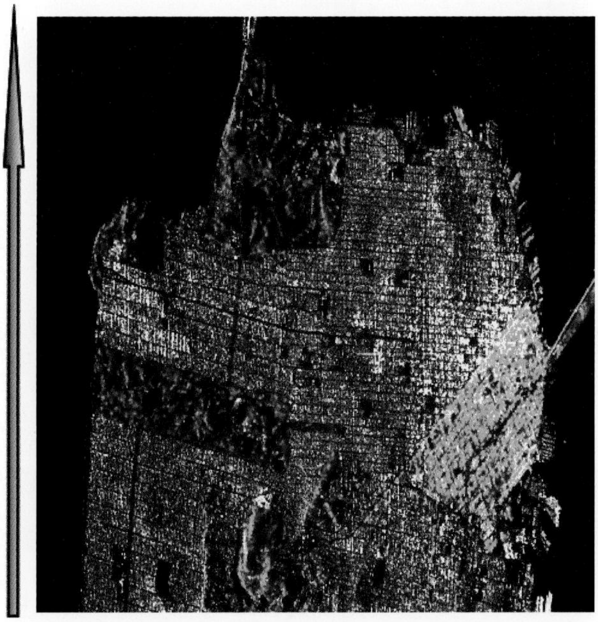

图 8.3　全极化模式 Pauli 基分解图

利用此全极化 SAR 数据合成左旋圆极化 CTLR 模式的数据，之后应用三种紧缩极化分解技术，得到的结果如图 8.4 和图 8.5 所示。其中，图 8.4(a)和图 8.4(b)分别是 $m\text{-}\delta$

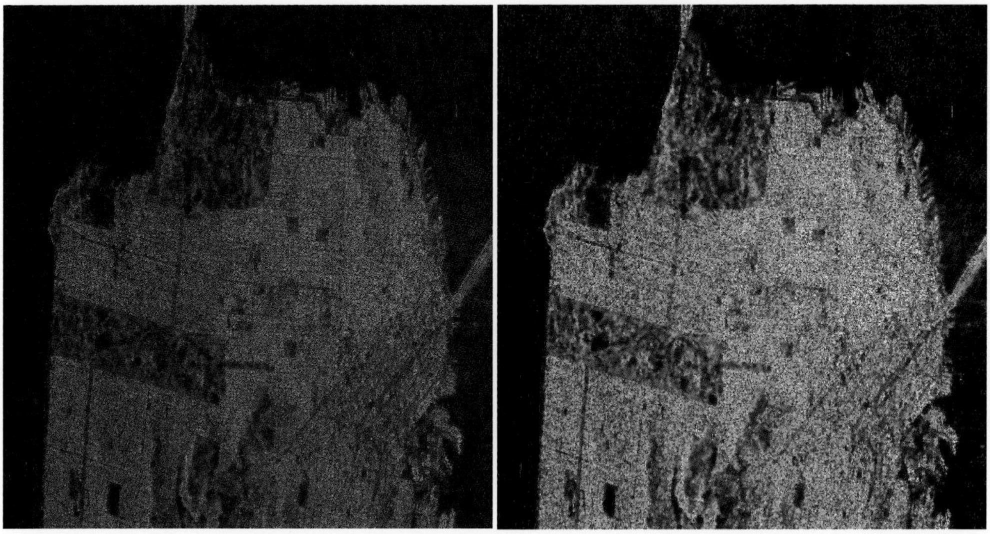

(a)　(b)

图 8.4　$m\text{-}\delta$ 分解(a)和紧缩极化三成分分解(b)

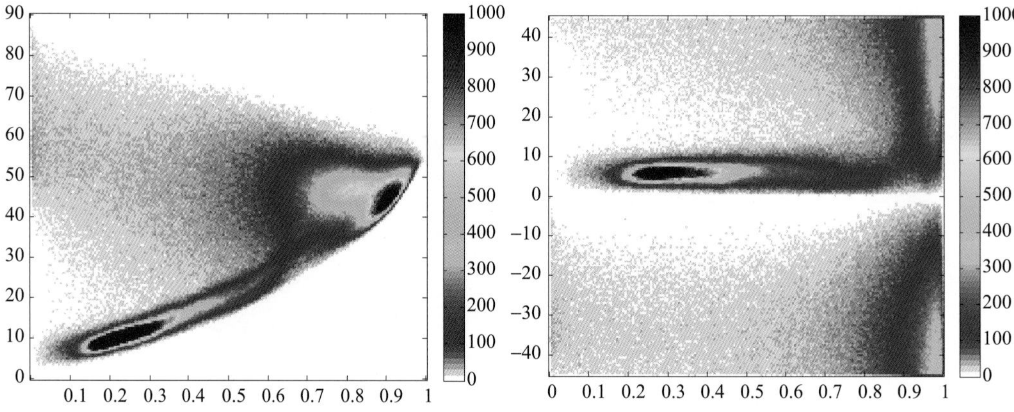

(a)　　(b)

图 8.5　全极化模式 H/α 分布平面(a)和紧缩极化模式 H_w/α_s 分布平面(b)

分解和紧缩极化三成分分解结果。对比可以看出，m-δ 分解技术对海面粗糙表面散射机制的描述效果不是很好，即散射波的相对相位参数 δ 受噪声影响较大。紧缩极化三成分分解技术对海面一次散射过程描述效果较好，但是它对城市区域二次散射和森林区域体散射的区分度较小。

图 8.5(a)和图 8.5(b)分别是全极化模式 H/α 分布平面和紧缩极化模式 H_w/α_s 分布平面。从两图的对比中可以看出，紧缩极化模式的去极化度高，即散射波的熵 H_w 较大。全极化数据中有两个主要的散射中心，分别是低熵的一次散射过程和高熵的体散射过程。而紧缩极化数据中只有一个散射中心，而且散射点分布不集中。这说明紧缩极化 α_s 角可以正确分析单一的散射机制，但是对多次散射过程描述效果差。

8.3　紧缩极化 SAR 对海面 Bragg 散射的特征描述

从 8.2 节的介绍中可以看出，紧缩极化 m-δ 分解、特征值分解和三成分分解中，重要的极化参数有两个：分别是极化度 m 和极化 α_s 角。极化度 m 描述的是散射体的去极化特性，而极化 α_s 角在一定程度上仅对一次散射过程的描述效果较好，两者均不能区分目标不同的散射机制。本节基于海上溢油和舰船的检测问题，介绍三个紧缩极化参数，用以区分目标的不同散射特性。

在中低海况下，当雷达波束入射角范围为 $20^\circ \sim 60^\circ$，一般认为，海面的散射机制可以被建模成由 Bragg 共振产生的漫散射模型[12]。本节内容从对粗糙表面 Bragg 散射模型的分析开始。

8.3.1　Bragg 散射模型及其在溢油检测中的应用

1. X-Bragg 散射模型

Bragg 模型的共极化比是入射角和相对介电常数的函数，Bragg 模型主要被应用在

SPM 模型以及 Muhleman 模型中，这类基于一阶 Bragg 散射的模型很适合描述海洋以及粗糙地表。在雷达波束入射角已知的情况下，相对介电常数越大，共极化比 S_{VV}/S_{HH} 的值越大，共极化比与表面粗糙度无关。对于海面溢油检测问题，共极化比[13]是极化 SAR 溢油检测中常用的方法。以 2010 年 6 月 22 日 L-波段 UAVSAR 墨西哥湾溢油数据为例，验证共极化比在极化 SAR 海面油膜检测中的应用，结果如图 8.6 所示。

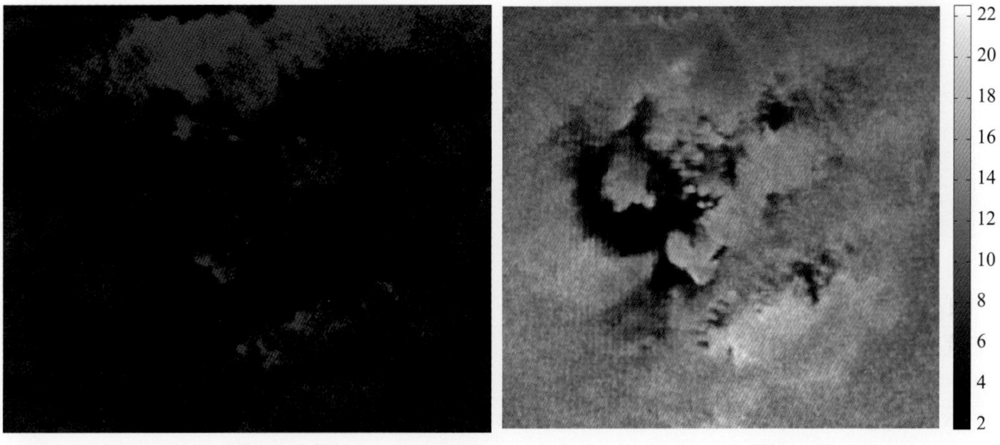

图 8.6　(a) 墨西哥湾漏油数据 Pauli 分解图；(b) 共极化比对油膜检测的结果

海面油膜由于改变了海洋表面的张力，对 Bragg 共振波有衰减作用。因此，溢油的散射特性与海洋表面的散射特性有很大的不同。根据这个理论，Migliaccio 等[12]、Shirvany 等[14]和 Velotto 和 Migliaccio[15]等分别发展了依据目标极化特性的海面油膜检测方法，并以此来区分油膜和油膜类似物。油膜类似物是指在海面 SAR 图像上具有低后向散射特性的非油膜区域。除了介质的相对介电常数，介质表面粗糙度也是对介质描述的一个重要物理量。2001 年，Hajnsek[16]发现粗糙表面中一次散射与二次散射之间的相关系数只与表面粗超度有关，与地表介电特性以及入射角均没有关系。油膜由于衰减了海洋表面的重力毛细波，因此相对于海面其粗糙度较小。一次散射与二次散射之间的相关系数为

$$r_{(HH+VV)(HH-VV)^*} = \frac{\left|\left\langle S_{HH} + S_{VV}\right\rangle\left\langle S_{HH} - S_{VV}\right\rangle^*\right|}{\sqrt{\left\langle\left|S_{HH} + S_{VV}\right|^2\right\rangle\left\langle\left|S_{HH} - S_{VV}\right|^2\right\rangle}} \tag{8.14}$$

图 8.7 为$1-r_{(HH+VV)(HH-VV)^*}$的图像，以及图中线条(第 327 行)所在行的值。从图 8.7 中可以看出，相较于海面，海面溢油的相关系数较低。

图 8.6 和图 8.7 分别示意了 Bragg 模型的共极化比和一次-二次散射相关系数在海面溢油检测中的应用。实际地表的散射特性比较复杂，Bragg 理论模型中没有极化交叉极化项，其适用范围较小。为了使该散射模型能够适应于较大的表面粗糙度范围，2003 年 Hajnsek 等[17]发展了 X-Bragg 模型。下面分析 X-Bragg 模型对目标散射机理的描述及其

在海面溢油检测中的应用。

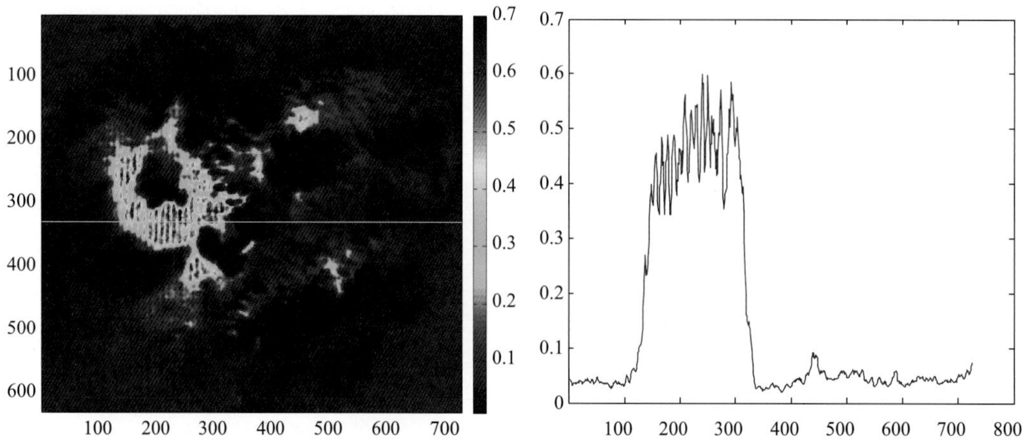

图 8.7 $1-r_{(\mathrm{HH+VV})(\mathrm{HH-VV})^*}$ 的值

X-Bragg 模型包含两项内容，分别是 Bragg 系数项以及由旋转对称扰动引起的表面去极化项。为了将介电常数以及地表粗糙度分开，可以将此模型用特征值分解得到的 H、α、A 表示。将一个散射矩阵 $\boldsymbol{S}$ 以 Pauli 矢量的形式表示，对于对于 SPM 模型，有

$$\boldsymbol{S}=\begin{bmatrix} S_{\mathrm{HH}} & S_{\mathrm{HV}} \\ S_{\mathrm{VH}} & S_{\mathrm{VV}} \end{bmatrix} \Rightarrow \begin{cases} \vec{k}_{\mathrm{p}}=\dfrac{1}{\sqrt{2}}\left[S_{\mathrm{HH}}+S_{\mathrm{VV}} \quad S_{\mathrm{HH}}-S_{\mathrm{VV}} \quad 2S_{\mathrm{HV}}\right]^{\mathrm{T}} \\ \quad =m_{\mathrm{s}}\left[R_{\mathrm{HH}}+R_{\mathrm{VV}} \quad R_{\mathrm{HH}}-R_{\mathrm{VV}} \quad 0\right]^{\mathrm{T}} \\ \quad =m_{\mathrm{s}}\left[\cos\alpha\exp(j\phi_1) \quad \sin\alpha\exp(j\phi_2) \quad 0\right]^{\mathrm{T}} \end{cases} \tag{8.15}$$

式中，R_{HH} 和 R_{VV} 为 Bragg 散射系数，则 Bragg 平面的散射相关矩阵的三个非对角分量中 $T_{13}=0$，$T_{23}=0$。而一次散射以及二次散射的相干系数项[式(8.14)]只与地表的粗糙度有关系。现在考虑 Bragg 平面的 α 角，可以认为：

$$\alpha=\arccos\left(\frac{\left|R_{\mathrm{HH}}+R_{\mathrm{VV}}\right|}{\sqrt{\left|R_{\mathrm{HH}}+R_{\mathrm{VV}}\right|^2+\left|R_{\mathrm{HH}}-R_{\mathrm{VV}}\right|^2}}\right) \tag{8.16}$$

从式(8.16)中可以看出，Bragg 平面的平均散射机制 α 角与共极化比($S_{\mathrm{VV}}/S_{\mathrm{HH}}$, SPM 模型)类似，都独立于物体表面的粗糙度项 m_{s}，是地表介电常数以及入射角的函数。

在 SPM 模型的应用中，最主要的限制是表面粗糙度满足 $ks<0.3$，并且其不能描述由地表粗糙度引起的交叉极化通道的去极化效应。因此，拓展 Bragg 模型的适用范围需要重新引入表面粗糙度的描述量。将表面建模成具有反射对称性的去极化目标，其去极化特性由粗糙表面的随机旋转扰动引起。绕着雷达视线，将 Bragg 散射相干矩阵 $\boldsymbol{T}_0$ 旋转 β 角，则有

$$\boldsymbol{T}(\beta)=\begin{bmatrix}1 & 0 & 0\\ 0 & \cos 2\beta & \sin 2\beta\\ 0 & -\sin 2\beta & \cos 2\beta\end{bmatrix}\boldsymbol{T}_0\begin{bmatrix}1 & 0 & 0\\ 0 & \cos 2\beta & -\sin 2\beta\\ 0 & \sin 2\beta & \cos 2\beta\end{bmatrix}=\boldsymbol{Q}(-2\beta)\boldsymbol{T}_0\boldsymbol{Q}(2\beta) \tag{8.17}$$

式中，$\boldsymbol{Q}(-2\beta)$为旋转矩阵。假设随机扰动的角度β服从给定的分布$P(\beta)$，则

$$\boldsymbol{T}=\int_0^{2\pi}\boldsymbol{T}(\beta)P(\beta)\mathrm{d}\beta \tag{8.18}$$

若$P(\beta)$服从宽度为$2\beta_1$的均匀分布，即$P(\beta)=1/(2\beta_1)$，$|\beta|\leqslant\beta_1$，则粗糙表面的平均散射相干矩阵为

$$\boldsymbol{T}=\begin{bmatrix}C_1 & C_2\sin c(2\beta_1) & 0\\ C_2\sin c(2\beta_1) & C_3[1+\sin c(4\beta_1)] & 0\\ 0 & 0 & C_3[1-\sin c(4\beta_1)]\end{bmatrix} \tag{8.19}$$

式中，C_1, C_2, C_3为 Bragg 散射系数：

$$\begin{aligned}C_1 &= |R_{\mathrm{HH}}+R_{\mathrm{VV}}|^2\\ C_2 &= (R_{\mathrm{HH}}+R_{\mathrm{VV}})(R_{\mathrm{HH}}-R_{\mathrm{VV}})^*\\ C_3 &= |R_{\mathrm{HH}}-R_{\mathrm{VV}}|^2/2\end{aligned} \tag{8.20}$$

式(8.19)表示了由去极化过程描述的 X-Bragg 模型，同时，共极化通道相干系数可以表述为

$$r_{(\mathrm{HH+VV})(\mathrm{HH-VV})^*}=\left|\frac{T_{12}}{\sqrt{T_{11}T_{22}}}\right|=\frac{\sin c(2\beta_1)}{\sqrt{[1+\sin c(4\beta_1)]/2}}\leqslant 1 \tag{8.21}$$

从上述可以看出，对于粗糙表面散射模型，β_1描述了地表粗糙度，同时决定了交叉极化通道能量以及目标散射相干系数的大小。对于标准 Bragg 散射过程(即 $\beta_1=0$)，一次-二次散射的相干系数为 1，交叉极化通道的能量为 0。随着β_1的增大(表面粗糙度的增加)，HV 通道能量增加，散射相干系数$r_{(\mathrm{HH+VV})(\mathrm{HH-VV})^*}$从 1 减小到 0。若在 Bragg 模型中仅考虑实相对介电常数ε，则有

$$C=T_{12}=\left(|R_{\mathrm{HH}}|^2-|R_{\mathrm{VV}}|^2\right)\sin c(2\beta_1)<0 \tag{8.22}$$

式中，C为 Huynen 参数。$C<0$可以看成是 Bragg 散射的最粗糙判据。

在 X-Bragg 模型中，$r_{(\mathrm{HH+VV})(\mathrm{HH-VV})^*}$只与介质表面粗糙度有关系，而$\dfrac{T_{22}+T_{33}}{T_{11}}=\left\langle\dfrac{|R_{\mathrm{HH}}-R_{\mathrm{VV}}|^2}{|R_{\mathrm{HH}}+R_{\mathrm{VV}}|^2}\right\rangle=\left\langle\dfrac{|S_{\mathrm{HH}}-S_{\mathrm{VV}}|^2}{|S_{\mathrm{HH}}+S_{\mathrm{VV}}|^2}\right\rangle$只与介电常数以及入射角有关而独立于地表粗糙度，与共极化比直接相关。因此，X-Bragg 模型也可以将地表粗糙度与介电常数分开进行估计[17]。4.5 节介绍了共极化参数α_{B}：

$$\alpha_{\mathrm{B}} = \arctan\left(\frac{T_{22}+T_{33}}{T_{11}}\right) \quad 其中 \quad \alpha_{\mathrm{B}} \in \left[0, \frac{\pi}{2}\right] \tag{8.23}$$

在海洋表面散射特性的描述中，α_{B} 表示目标的散射机理离 Bragg 散射的距离。

2. Cloude-Pottier 分解对 X-Bragg 模型的解释

利用 Cloude-Pottier 的分解参数 $H/\alpha/A$ 对 X-Bragg 散射模型的解释如下，设粗糙表面的散射符合 X-Bragg 模型，则有

(1) 反熵 A 只与地表粗糙度有关，与介电常数 ε 和局部入射角 θ 无关。

(2) α 角随着介电常数的增大而增大，随着入射角的增大而增大；当粗糙度增大时，α 趋于 60°。

(3) 极化熵 H 随着粗糙度的增大而增大，随着入射角的增大而增大。

所以利用 H、A 和 α 的联合检测，可以对地表粗糙度以及介电常数进行反演。反熵 A 衡量的是两个次要反射特性之间的差异程度，两个次要的散射过程差异度越大，反熵越大；反之越小。反熵 A 在地表散射中应用效果较好，但其受噪声的影响比较大，在对海洋表面粗糙度的区分中易受到噪声的影响。本节测试数据的反熵如图 8.8 所示。虽然 A 受到噪声的影响较大，但是从图 8.8 仍旧可以看出，此测试区域的 A 都小于 0.5，说明此海域或者散射成分较为单一，或者散射机制很复杂。

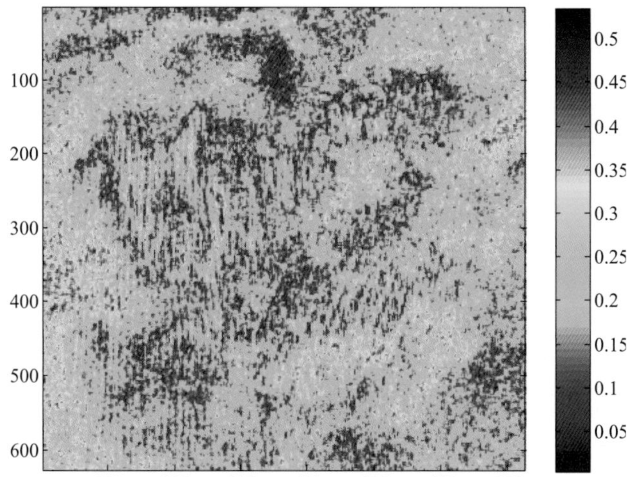

图 8.8 反熵 A

我们需要寻求另一个旋转不变量，用以区分海洋表面海浪波大尺度的调制(大尺度粗糙度)以及 Bragg 波小尺度的粗糙度。在 X-Bragg 模型中，圆极化相关系数可以看成是反熵 A 的近似。圆极化相关系数表示为

$$r_{\mathrm{LLRR}^*}=\frac{\left|\left\langle S_{\mathrm{LL}}S_{\mathrm{RR}}^*\right\rangle\right|}{\sqrt{\left\langle\left|S_{\mathrm{LL}}\right|^2\right\rangle\left\langle\left|S_{\mathrm{RR}}\right|^2\right\rangle}} \tag{8.24}$$

1997 年，Mattia 证明圆极化相关系数与地表介电常数无关，只与表面粗糙度有关，这一结论在很大范围内都适用，且圆极化相关系数与方位向地形起伏相互独立[18]，所以圆极化相关系数可以被看成是地表粗糙度的鲁棒检验量，$1-r_{\mathrm{LLRR}^*}$ 与地表粗超度成正比。根据电磁波在不同极化基之间的酉变换关系：

$$\begin{bmatrix} S_{\mathrm{LL}} \\ S_{\mathrm{LR}} \\ S_{\mathrm{RR}} \end{bmatrix}=\frac{1}{\sqrt{2}}\begin{bmatrix} 0 & 1 & j \\ 1 & 0 & 0 \\ 0 & 1 & -j \end{bmatrix}\vec{k}_{\mathrm{p}},\quad \text{其中}\quad \vec{k}_{\mathrm{p}}=\frac{1}{\sqrt{2}}\begin{bmatrix} S_{\mathrm{HH}}+S_{\mathrm{VV}} \\ S_{\mathrm{HH}}-S_{\mathrm{VV}} \\ 2S_{\mathrm{HV}} \end{bmatrix} \tag{8.25}$$

可得到 r_{LLRR^*} 的 Huynen 参数表示形式：

$$\begin{aligned} r_{\mathrm{LLRR}^*}&=\frac{\left|\dfrac{T_{22}-T_{33}}{2}+j\,\mathrm{Re}\left(T_{23}\right)\right|}{\sqrt{\left(\dfrac{T_{22}+T_{33}}{2}+\mathrm{Im}\left(T_{23}\right)\right)\left(\dfrac{T_{22}+T_{33}}{2}-\mathrm{Im}\left(T_{23}\right)\right)}} \\ &=\frac{\left|B+jE\right|}{\sqrt{\left(B_0+F\right)\left(B_0-F\right)}} \end{aligned} \tag{8.26}$$

由于 $\left|B+jE\right|$、B_0 和 F 都是旋转不变量，因此 r_{LLRR^*} 也是旋转不变量，其可以作为一个稳定的特征量分析目标的散射特性。对于满足反射对称性的散射体，有如下关系：

$$\left\langle S_{\mathrm{HH}}S_{\mathrm{HV}}^*\right\rangle\approx\left\langle S_{\mathrm{VV}}S_{\mathrm{HV}}^*\right\rangle\approx 0 \tag{8.27}$$

海洋表面的散射满足反射对称性假设，因此对于海面可以将 r_{LLRR^*} 看成是反熵 A 的近似用于分析海洋表面的粗糙尺度。图 8.9 给出了 $1-r_{\mathrm{LLRR}^*}$ 的粗糙尺度检测结果。如同

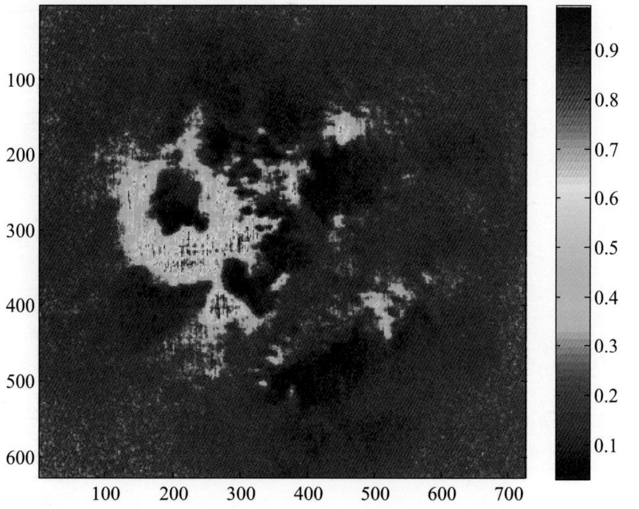

图 8.9　$1-r_{\mathrm{LLRR}^*}$ 的值

一次-二次散射相关系数一样，油膜区域的圆极化基散射相关系数小(油膜表面光滑，具有大尺度粗糙度)，而海面的散射相关系数大(具有 Bragg 小尺度粗糙度)。

假设本节测试数据的海域符合 X-Bragg 散射模型，利用 $H/\alpha/r_{\mathrm{LLRR}^*}$ 对此测试数据进行分析。图 8.10 为极化熵 H 及极化角 α 的示意图及其分析结果。油膜表面的散射机制比较复杂，所以 H 值较大。α 角是介电常数 ε 以及雷达波束入射角 θ 的函数，在中低海况下，海面以一次散射为主，α 角小于 42.5°，在油污表面随着 Bragg 波共振的衰减，α 角增大。图 8.10(c)为测试数据第 70 行、第 327 行和第 500 行的 H/α 二维分布图，从中可以看出只有第 327 行数据(有油膜)所在的海洋表面具有高 H 以及高 α 角的特性。利用 Cloude-Pottier 的 H/α 二维分布平面对海面油膜进行分类，最终结果如图 8.10(d)所示。结合圆极化相干系数 r_{LLRR^*} 以及 H/α 分类图，得到最终的分析结果如图 8.11 所示，红色

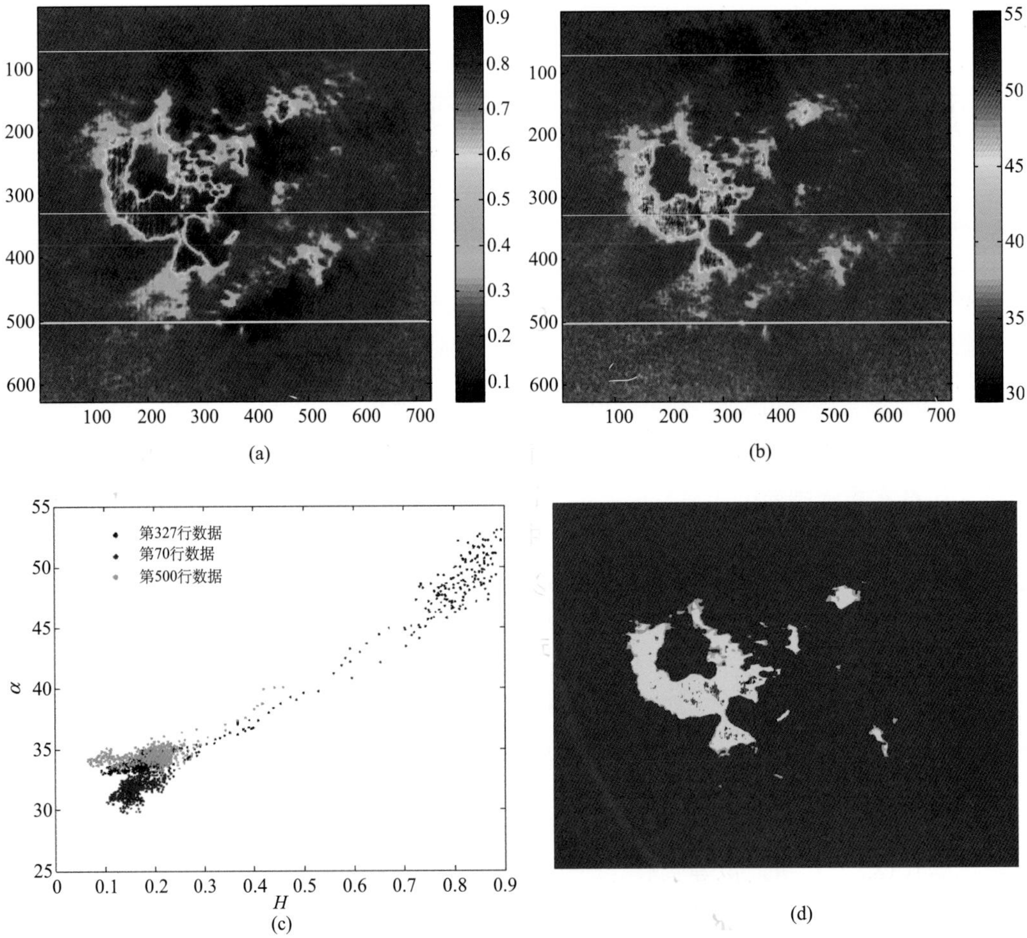

图 8.10　极化熵 H(a)、极化角 α(b)、第 70、第 327、第 500 行数据的 H/α 分布图(c)及 H/α 分类结果(d)

区域表示 $r_{\mathrm{LLRR}^*}>0.5$，是海水和油膜相互邻接的混合区域，绿色区域表示 $r_{\mathrm{LLRR}^*}<0.5$，是油膜主要存在的区域。从对 X-Bragg 散射模型的 H/α 分解中也可以看出，海面油膜的散射不是 Bragg 散射过程。

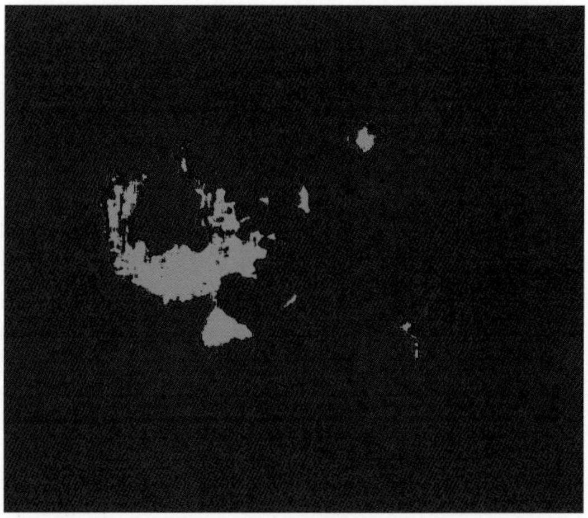

图 8.11　$H/\alpha/r_{\mathrm{LLRR}^*}$ 的海面油膜联合检测结果

8.3.2　紧缩极化 SAR 目标散射新参数

1. 目标物理散射机制

利用 X-Bragg 模型描述粗糙表面的散射可以得到全极化模式中的式(8.21)～式(8.23)的表达式。分析两种紧缩极化模式，π/4 模式和 CTLR 模式，对 X-Bragg 散射模型的描述。从紧缩极化的 Stokes 矢量中，见式(8.6)，可以观察到对于 π/4 模式，B_0+B 项（即 $T_{22}=\left\langle\left|S_{\mathrm{HH}}-S_{\mathrm{VV}}\right|^2/0.5\right\rangle$）可以精确恢复；对于 CTLR 模式，$2A_0$ 项（即 $T_{11}=\left\langle\left|S_{\mathrm{HH}}+S_{\mathrm{VV}}\right|^2/0.5\right\rangle$）可以精确恢复。式(8.23)中用来描述目标物理散射特性的 α_{B} 只与 B_0 和 A_0 有关系，而 π/4 模型中 B_0 和 A_0 都不能精确恢复，因此紧缩极化 π/4 模式不能分析海面的 Bragg 散射特性。CTLR 模式可以恢复 B_0+F 和 A_0 项，对于海洋表面螺旋体散射分量 F 的值很小，可以忽略，即 $B_0 \approx B_0+F$。因此，紧缩极化 CTLR 模型可以分析粗糙平面的 Bragg 散射过程，此时 α_{B} 变成 $\alpha_{\mathrm{CTLR}}=\left(B_0+F\right)/A_0$。类似地，Bragg 散射的最粗糙判据式(8.22)可以近似等于 $C_{\mathrm{CTLR}}=C+G$。由于海洋表面的散射满足反射对称性假设，此时式(8.6)中的 CTLR 模式 Stokes 矢量变为 $\vec{g}_{\mathrm{CTLR}}=\left[A_0+B_0 \quad C \quad D \quad -A_0+B_0\right]^{\mathrm{T}}$。所以在反射对称条件下，CTLR 模式的两个参数 α_{CTLR} 和 C_{CTLR} 可以近似地等于全极化中相应的参数，用 Stokes 参数给出：

$$\alpha_{\text{CTLR}} = \arctan\left(\frac{g_0 + g_3}{g_0 - g_3}\right) \tag{8.28}$$
$$C_{\text{CTLR}} = g_1 < 0$$

一次-二次散射相干系数 $r_{(\text{HH+VV})(\text{HH-VV})^*}$ 一方面在地表散射中表征了表面散射的粗糙程度，另一方面它也表征了散射体的散射相干性。对于海面舰船等人工金属目标(如石油平台、浮标等)的散射相干性要高于海面，而油膜表面由于其非确定性的散射机制，其散射相干性要低于海面。一般可以用不同极化通道之间的相关系数衡量目标的散射相干性，将 $r_{(\text{HH+VV})(\text{HH-VV})^*}$ 重新写出，见式(8.29)。对于紧缩极化模式，在反射对称条件下可以得到另一个参数 r_{CTLR} 具有与 $r_{(\text{HH+VV})(\text{HH-VV})^*}$ 类似的表达形式，如下所示：

$$r_{(\text{HH+VV})(\text{HH-VV})^*} = \sqrt{\frac{C^2 + D^2}{2A_0 \cdot (B_0 + B)}}$$
$$r_{\text{CTLR}} = \sqrt{\frac{C^2 + D^2}{2A_0 \cdot 2B_0}} \tag{8.29}$$

$r_{(\text{HH+VV})(\text{HH-VV})^*}$ 和 r_{CTLR} 之间的区别是交叉极化通道的能量 $B_0–B$[即 $B_0–B=2B_0–(B_0+B)$]，在基于模型的分解技术中，$B_0–B$ 决定了体散射成分。当体散射不是观测场景的主要散射过程(如海洋环境)时，r_{CTLR}和$r_{(\text{HH+VV})(\text{HH-VV})^*}$ 可以认为近似相等。相对于海洋表面，油膜区域的 r_{CTLR} 低，而舰船目标的 r_{CTLR} 高。

以上是在反射对称条件下对 r_{CTLR} 的分析，下面在一般情况下对 r_{CTLR} 进行理论推导。

2. 散射相干系数

对于式(8.19)的 X-Bragg 散射，CTLR 模式部分极化波的 Stokes 矢量可以表示为

$$\bar{g}_{\text{CTLR}}^{\text{surface}} = \begin{bmatrix} A_0 + B_0 & C \cdot \text{sinc}(2\beta_1) & D \cdot \text{sinc}(2\beta_1) & -A_0 + B_0 \end{bmatrix}^{\text{T}} \tag{8.30}$$

对于完全极化波，$\beta_1=0$，此时极化度 DoP=1；对于部分极化波，$\beta_1\neq0$，这是典型的 X-Bragg 散射的情况，DoP＜1。从式(8.30)可以观察到，Bragg 散射的去极化扰动 β_1 仅与 g_1 和 g_2 有关，因此式(8.30)可以看成是一个完全极化波(即 $\beta_1=0$，DoP=1)被一个与粗糙度相关的参数 $\text{sinc}(2\beta_1)$ 影响的结果。令 $r_{\text{CTLR}} = \text{sinc}(2\beta_1)$，则能够得到 X-Bragg 模型下散射相干系数的表达式：

$$\begin{aligned}\bar{g}_{\text{CTLR}}^{\text{surface}} &= \begin{bmatrix} g_0 & g_1 & g_2 & g_3 \end{bmatrix}^{\text{T}} \\ &= \begin{bmatrix} g_{p0} & g_{p1} \cdot r_{\text{CTLR}} & g_{p2} \cdot r_{\text{CTLR}} & g_{p3} \end{bmatrix}^{\text{T}}\end{aligned} \rightarrow r_{\text{CTLR}} = \sqrt{\frac{g_1^2 + g_2^2}{g_0^2 - g_3^2}} \tag{8.31}$$

式中，$g_{p0}^2 = g_{p1}^2 + g_{p2}^2 + g_{p3}^2$ 表示完全极化波。$r_{\text{CTLR}} \in$[0，1]与极化度 DoP 在一定程度上相互联系。一个较小的 r_{CTLR} 通常对应于较小的 DoP，表明散射体具有较大的去极化度。在海洋表面散射特性的分析中，r_{CTLR}和 DoP 体现了不同的去极化特性：DoP 表示了后向散射波的极化程度，而 r_{CTLR} 表示了目标散射的一致性程度。

对于一般自然地物的随机散射过程，去极化效应是由后向散射波的随机非相干叠加引起的。在全极化 SAR 中，此随机去极化散射相干矩阵可以被建模成大量确定性散射体关于某旋转角度的随机旋转平均[19]。下面考察在一般地物散射情况下，紧缩极化 SAR 中目标的散射相干性。

设一个确定性目标的散射相干矩阵为 $\boldsymbol{T}_0$，其绕着雷达视线方向旋转角度 θ 后的散射相干矩阵如式(8.17)所示。根据目标的旋转理论[20]，散射相干矩阵中的元素 A_0、B_0 和 F 具有旋转不变性。根据式(8.6)中紧缩极化 CTLR 模型和散射相干矩阵中元素之间的对应关系，可以得到 CTLR 模型 Stokes 矢量对于任意旋转角度 θ 的一般表达形式：

$$\boldsymbol{T}(\theta) \Rightarrow \vec{g}_{\mathrm{CTLR}}(\theta) = \begin{bmatrix} g_0 \\ g_1 \\ g_2 \\ g_3 \end{bmatrix} = \begin{bmatrix} A_0 + B_0 + F \\ g_{\mathrm{inv1}}(\theta) \\ g_{\mathrm{inv2}}(\theta) \\ -A_0 + B_0 + F \end{bmatrix} \tag{8.32}$$

其中，Stokes 参数 g_1 和 g_2 表示为

$$\begin{bmatrix} g_{\mathrm{inv1}}(\theta) \\ g_{\mathrm{inv2}}(\theta) \end{bmatrix} = \begin{bmatrix} \cos\theta & \sin\theta \\ -\sin\theta & \cos\theta \end{bmatrix} \begin{bmatrix} C+G \\ D+H \end{bmatrix} \tag{8.33}$$

从中可知，g_0、g_3 和 $\sqrt{g_1^2+g_2^2}$ 都是旋转不变量。若令 $g_{\mathrm{inv}} = \sqrt{g_{\mathrm{inv1}}^2(\theta) + g_{\mathrm{inv2}}^2(\theta)}$，并且 $g_{\mathrm{inv1}} = g_{\mathrm{inv}}\cos\theta'$，$g_{\mathrm{inv2}} = g_{\mathrm{inv}}\sin\theta'$，其中 θ' 与旋转角度 θ 有关，则对于一个完全极化波，有 $g_0^2 = g_{\mathrm{inv}}^2 + g_3^2$，此时对应于最大的极化度 DoP=1。对于自然散射的部分极化波，可以假设散射体 $\vec{g}_{\mathrm{CTLR}}$ 关于 θ' 有一个随机扰动，利用后向散射波的统计平均衡量随机散射目标的去极化效应，设 $P(\theta')$ 服从均匀分布 $\theta' \in [-\theta_1', \theta_1']$。因为 g_0 和 g_3 独立于 θ'，所以目标旋转积分后，g_0 和 g_3 的值不变。对于 g_1 和 g_2，旋转积分后 $\sqrt{g_1^2+g_2^2}$ 的值变小，并且随着旋转角度分布宽度 $\Delta\theta'$ 的增大而进一步减小，其中 $\Delta\theta' = 2\theta_1'$。对于部分极化波，有

$$\begin{aligned} &\sqrt{g_1^2+g_2^2} \\ &= \sqrt{\left(\int_{-\theta_1'}^{\theta_1'} g_{\mathrm{inv1}} P(\theta')\mathrm{d}\theta'\right)^2 + \left(\int_{-\theta_1'}^{\theta_1'} g_{\mathrm{inv2}} P(\theta')\mathrm{d}\theta'\right)^2} \\ &= g_{\mathrm{inv}} \cdot \sqrt{2(1-\cos\Delta\theta')} / \Delta\theta' = g_{\mathrm{inv}} \cdot \mathrm{sinc}\,\theta_1' \end{aligned} \tag{8.34}$$

因为我们是从确定性的单一散射机制开始分析，即 $g_0^2 = g_{\mathrm{inv}}^2 + g_3^2$，因此若令 $r_{\mathrm{CTLR}} = \mathrm{sinc}\,\theta_1'$，则对于一般的自然散射情况，可以得到 r_{CTLR} 的表述形式也与式(8.31)中的表达形式相同。因此，r_{CTLR} 衡量了紧缩极化目标的散射相干性。

8.3.3　紧缩极化参数在溢油和舰船检测中的应用

本节介绍了紧缩极化 CTLR 模式的三个参数，其物理意义及在海洋目标检测中的作

用如下。

(1) C_{CTLR}：表征 Bragg 散射共极化通道之间的强度关系，可以用于区分油膜和海面低风速区域，是 Bragg 散射过程的粗糙判据。

(2) α_{CTLR}：表征了目标的物理散射机制，即表征散射距离 Bragg 散射的程度，$\alpha_{\mathrm{CTLR}} \in [0, \pi/2]$，可以用于区分海面、油膜和舰船等不同的物理散射机制。

(3) r_{CTLR}：衡量了目标的散射相干性，可以用于区分海面和舰船。当体散射不是散射过程的主要成分时，可以认为 $r_{\mathrm{CTLR}} \approx r_{(\mathrm{HH+VV})(\mathrm{HH-VV})^*}$。

这三个参数是在反射对称条件下，全极化 SAR 模式中的 Huynen 参数 C，共极化比参数 α_{B}，以及一次-二次散射相关系数 $r_{(\mathrm{HH+VV})(\mathrm{HH-VV})^*}$ 的近似。

下面进行有效性验证：

(1) 验证这三个参数与全极化 SAR 数据中相应参数的一致性程度；

(2) 验证这三个参数在海面溢油和舰船检测中的有效性，即能够正确检测出海面舰船目标，且能够区分油膜和油膜类似物。这里主要考虑两种油膜类似物：海面低风速区域与拟生物膜区域。

1) 紧缩极化与全极化参数的对应关系验证

此实验部分的数据选择图 8.3 所示的 Radarsat-2 C 波段旧金山地区的数据。图 8.12 给出了 $C_{\mathrm{CTLR}} < 0$ 和 $C < 0$ 的二值图。从图 8.12 中可以看出，海面区域符合 Bragg 散射过程，这两个参数对 Bragg 散射过程的判断几乎一致。图 8.13 给出了 α_{CTLR} 和 α_{B} 的二维分布图，图中若同一个像素点的这两个值完全相同，则 $(\alpha_{\mathrm{B}},\ \alpha_{\mathrm{CTLR}})$ 点应该分布在对角线上；若散射点离对角线距离越远，则说明此处的 α_{CTLR} 和 α_{B} 的差异越大。从图 8.13 中可以看出，对于体散射过程，即 $\alpha_{\mathrm{B}} \in [35°, 63.4°]$ 时，紧缩极化参数 α_{CTLR} 和全极化参数 α_{B} 差异较大。图 8.14 给出了 r_{CTLR} 和 $r_{(\mathrm{HH+VV})(\mathrm{HH-VV})^*}$ 的二维分布图。从图 8.14 中可以看出，对于散射相干的目标，两者之间的差异较小，而对于散射过程比较复杂的区域[即 $r_{(\mathrm{HH+VV})(\mathrm{HH-VV})^*}$ 较小的区域]，两者之间的差异较大。虽然存在差异，但对应参数之间仍具有较高的一致性程度，α_{CTLR} 和 r_{CTLR} 均能正确反映目标的散射特征。图 8.12～图 8.14 利用全极化 SAR 数据验证了本节介绍参数的有效性。

2) 紧缩极化参数在溢油和舰船检测中的应用

海洋表面的散射满足目标的反射对称性条件，并且体散射成分不占主导。为验证本节介绍的紧缩极化参数在溢油和舰船检测中的应用性能，我们选取了 4 组全极化 SAR 数据，其中包含了机载和星载数据，测试目标有油膜、生物膜(油醇)、舰船目标和近陆海面的低风速区域。所选取的 4 组数据的总功率(span)图如图 8.15 所示，从左到右的数据分别是 2010 年 6 月 22 日墨西哥湾 L 波段 UAVSAR 漏油数据、2011 年 8 月 19 日 C 波段 Radarsat-2 蓬莱 19-3 油田溢油数据、2012 年 4 月 17 日 C 波段 Radarsat-2 大连港口附近区域数据，以及 1994 年 10 月 1 日 C 波段 SIR-C/X-SAR 的实验油醇(OLA)数据。在进

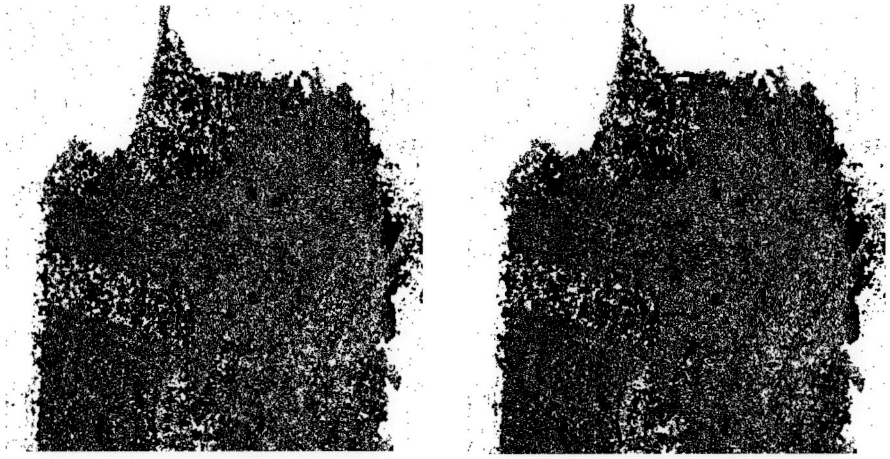

(a) C_{CTLR}<0　　(b) C<0

图 8.12　二值图

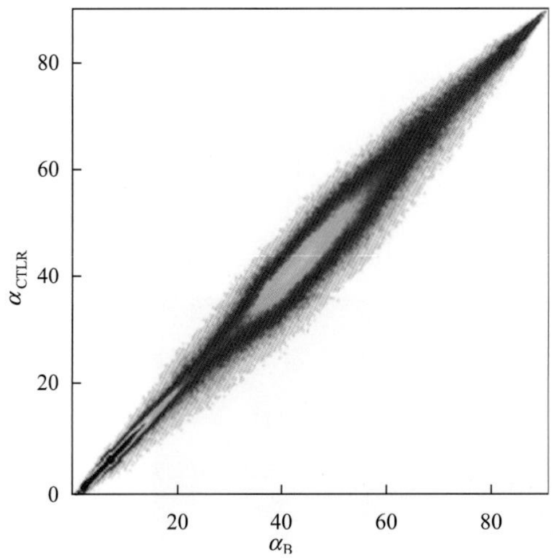

图 8.13　α_{CTLR} 和 α_B 的二维分布图

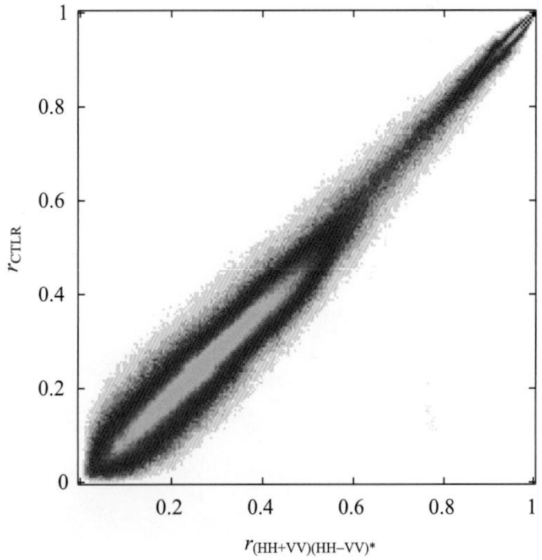

图 8.14　r_{CTLR} 和 $r_{(HH+VV)(HH-VV)^*}$ 的二维分布图

行数据处理之前，由于 Radarsat-2 的精细全极化数据是单视复数据(single look complex, SLC)格式，因此需要对测试数据进行滤波。所选择应用的滤波方法是基于 Gamma 分布的几何滤波器[21]。测试数据如图 8.15 所示，图像分别包含 627×726、510×575、1089×649 和 372×300 个像素点。

图 8.16 从上到下分别给出了 $C_{CTLR}<0$ 的二值图，$\tan(\alpha_{CTLR})$ 和 r_{CTLR} 的结果。此处用 $\tan(\alpha_{CTLR})$ 是为了更好地显示目标间的对比度。先用 $C_{CTLR}<0$ 确定适合进行油膜检测的区域，从第一行数据中可以看出，舰船目标和海面低风速区域都被去除，说明这两种目标的散射机制都不满足 Bragg 散射的最粗糙判据。由此也可以说明，图 8.15(c)数据中具有低后向散射能量的区域不是油膜区域。之后利用 $\tan(\alpha_{CTLR})$ 确定目标的散射距离海面 Bragg 散射的程度。从图 8.16(b)中可以看出，油膜、低风速区域和舰船目标均可以从

海面中被鉴别出来。虽然单分子表面生物膜(油醇)也具有低后向散射特性，但由于分子膜层较薄，其散射机制符合 Bragg 散射，这也与其他文献中的研究结果相符[12]。最后利用 r_{CTLR} 考察海洋表面的散射相干性，从图 8.16(c)中可以看出，油膜具有较低的散射相干性，而舰船目标的散射相干性最大。较低的 r_{CTLR} 表明，此区域的散射过程复杂、去极化程度高，或者区域表面更加平滑。利用 r_{CTLR} 可以鉴别出海面的拟生物膜区域，拟生物膜的散射相干性相较于周围海域低，说明此单分子表面生物膜对海洋表面的 Bragg 共振波产生了衰减，因此拟生物膜表面较为平滑。一般来讲，舰船目标的 r_{CTLR} 要高于周围的海域，在高分辨率的极化 SAR 图像中，这种现象是满足的；但是对于低分辨的极化 SAR 图像，由于舰船的几何结构比较复杂，此时一个像素点包含了较多的散射机制，因此舰船目标的 r_{CTLR} 要低于周围海域。但无论哪种情况，r_{CTLR} 都可以将舰船目标检测出来。

最后，给出紧缩极化 CTLR 模式的极化度作为对比，如图 8.17 所示。极化度是衡量电磁波去极化特性的经典参数，文献[14]中研究了极化度对海面溢油和舰船目标检测的性能。从图 8.17 中可以看出，极化度虽然可以同时将溢油、舰船和低风速区域从海面中区分出来，但是它不能区分目标间的不同散射机制，而且对拟生物膜区域的鉴别力较小。

总结如下：

(1)本节介绍的三个紧缩极化参数是反射对称条件的全极化中相应参数的近似。进一步地，当体散射不是散射过程的主要成分时，r_{CTLR} 和 $r_{(\mathrm{HH+VV})(\mathrm{HH-VV})^*}$ 近似相等。

(2)在检测性能上，α_{CTLR} 和极化度 DoP 的应用效果近似，但 α_{CTLR} 对舰船和海面具有更大的区分度，可以区分一次散射、体散射以及二次散射过程。

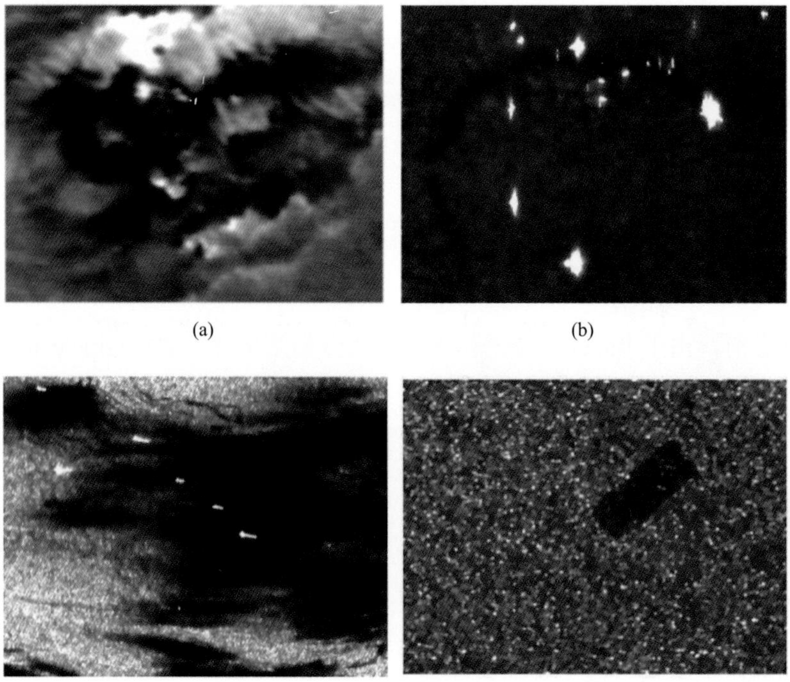

(a)　(b)　(c)　(d)

图 8.15　测试数据的 span 图

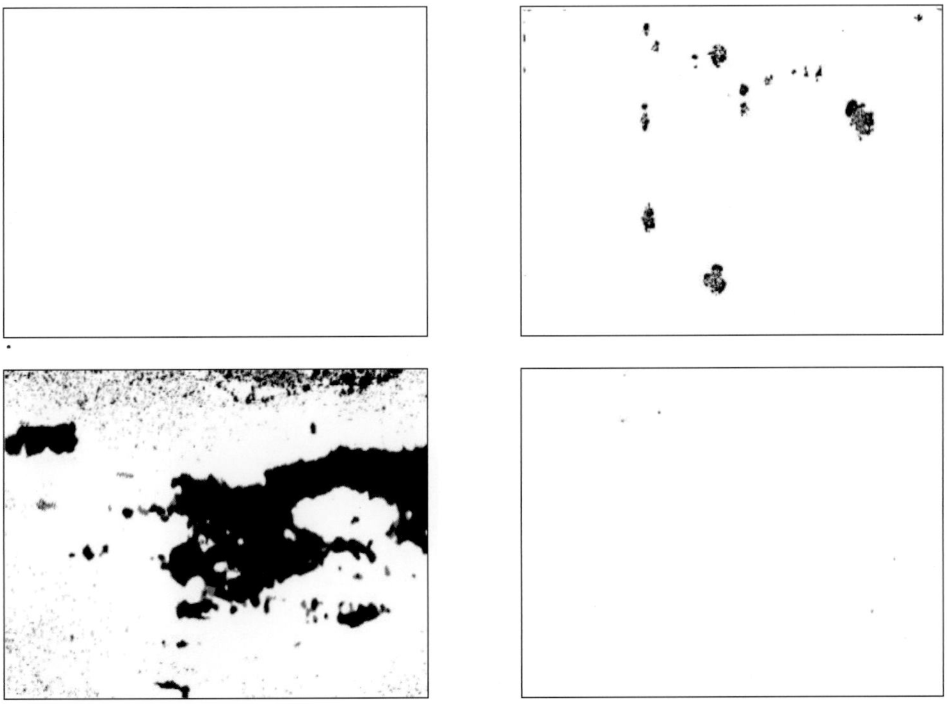

(a)

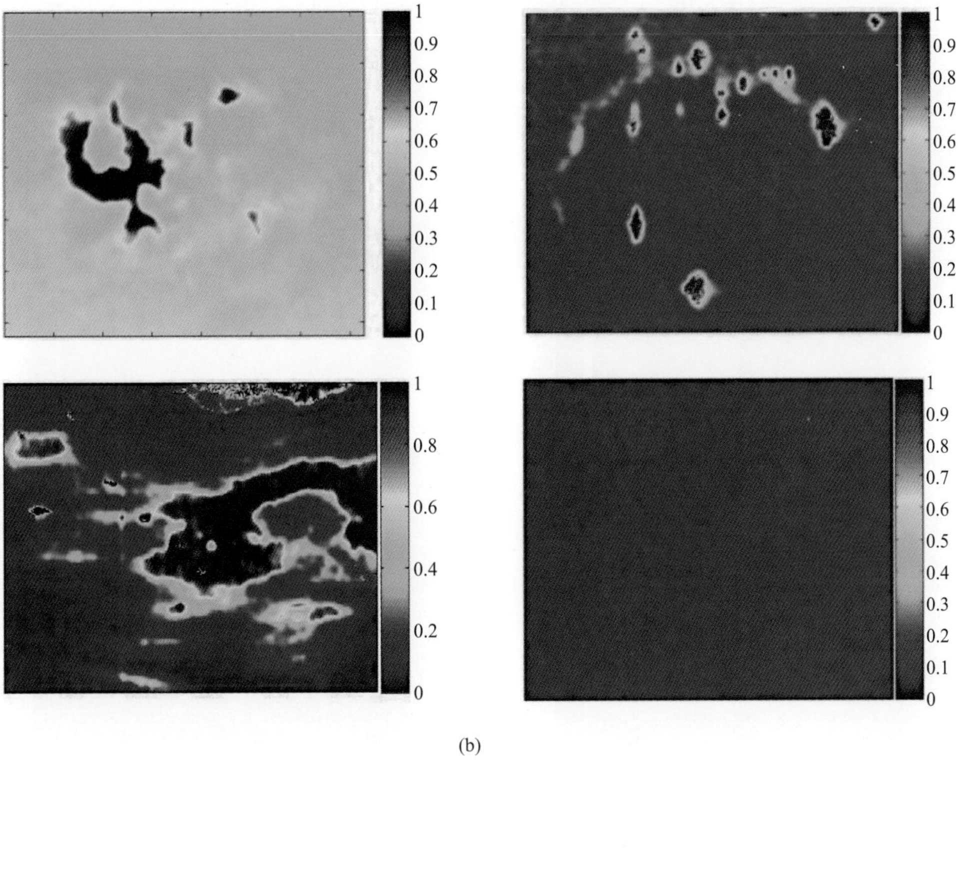
1
0.9
0.8
0.7
0.6
0.5
0.4
0.3
0.2
0.1
0
1
0.9
0.8
0.7
0.6
0.5
0.4
0.3
0.2
0.1
0
1
0.8
0.6
0.4
0.2
0
1
0.9
0.8
0.7
0.6
0.5
0.4
0.3
0.2
0.1
0

(b)

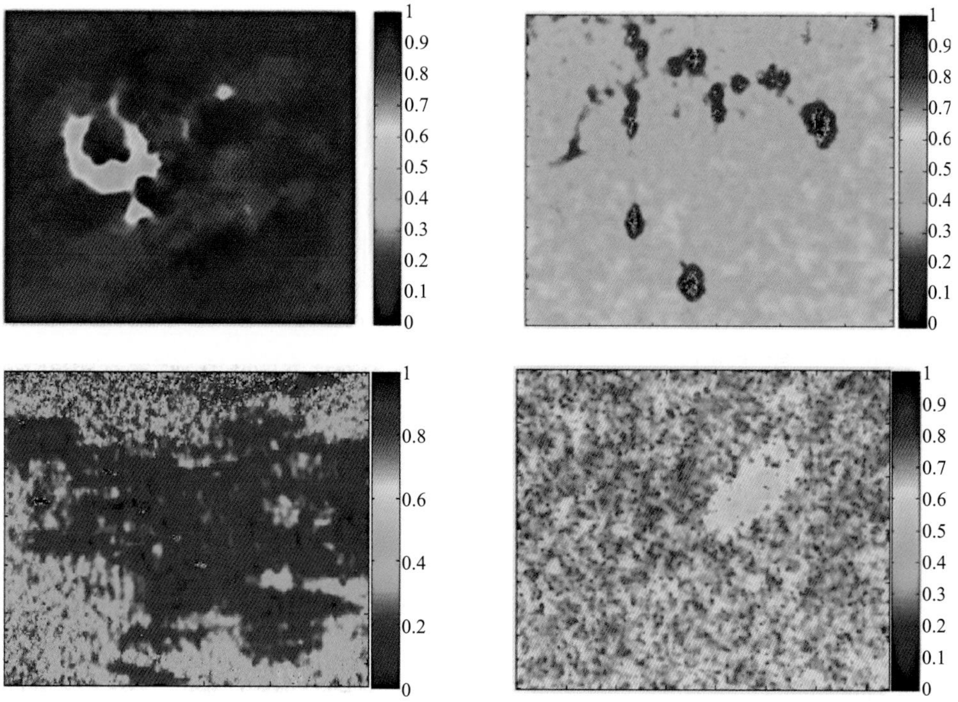

(c)

图 8.16　$C_{\mathrm{CTLR}}<0$ (a) 、 $\tan(\alpha_{\mathrm{CTLR}})$ (b) 和 r_{CTLR} (c)

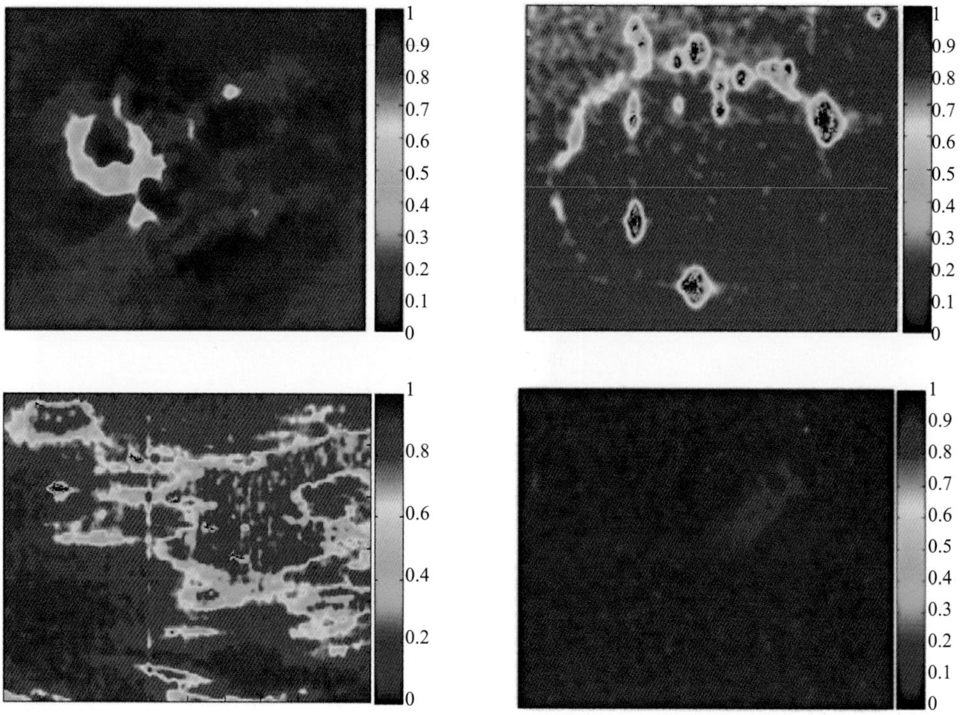

图 8.17　极化度 DoP 图

(3) 本节介绍的三个紧缩极化参数联合应用能够区分海面、舰船、油膜和油膜类似物(单分子表面拟生物膜 OLA 和海面低风速区域)。

(4) 以上实验利用全极化 SAR 数据和 DoP 验证了这三个紧缩极化参数(r_{CTLR}、α_{CTLR}、C_{CTLR})对海面非 Bragg 散射鉴别的有效性。

(5) 本节介绍的三个参数计算简单，可以用于对海面舰船和溢油的实时监测。

紧缩极化模式具有大的成像带宽，CTLR 模式可以有效地保持目标重要的极化特征，因此在广阔的海洋区域目标监测中具有很大的应用潜力。

8.4 基于四成分分解的紧缩极化 SAR 数据重建方法

8.4.1 研 究 现 状

紧缩极化 SAR 的 $\pi/4$ 模型和 CTLR 模型的协方差矩阵 $\boldsymbol{C}_2$ 如式(8.35)所示，其中，CTLR 模式应用右旋圆极化方式进行发射。从中可以看出，紧缩极化协方差矩阵由三个部分组成：共极化通道部分，由 S_{HH} 和 S_{VV} 组成；交叉极化通道部分，由 S_{HV} 组成；最后一部分由共极化通道和交叉极化通道相关系数项组成。对比全极化散射相干矩阵式(4.1)和紧缩极化散射相干矩阵式(8.35)可知，全极化 SAR 数据提供了目标的 9 维信息，而紧缩极化 SAR 提供了目标的 4 维信息。为了从紧缩极化 SAR 数据中对全极化信息进行重建，需要一些假设条件以降低全极化数据的维数。基于紧缩极化 SAR 的数据重建技术需要目标像素点满足两个基本假设条件[6,22,23]：反射对称性假设和极化数据外推模型。

$$
\boldsymbol{C}_2=\langle\vec{k}\vec{k}^{\text{H}}\rangle=\frac{1}{N}\sum_{i=1}^{N}\vec{k}_i\vec{k}_i^{\text{H}}=\begin{bmatrix}C_{11} & C_{12}\\ C_{12}^* & C_{22}\end{bmatrix}
$$

$$
\Rightarrow
$$

$$
\boldsymbol{C}_{\pi/4}=\frac{1}{2}\left(\begin{aligned}&\left\langle\begin{bmatrix}|S_{\text{HH}}|^2 & S_{\text{HH}}S_{\text{VV}}^*\\ S_{\text{VV}}S_{\text{HH}}^* & |S_{\text{VV}}|^2\end{bmatrix}\right\rangle+\left\langle|S_{\text{HV}}|^2\right\rangle\begin{bmatrix}1 & 1\\ 1 & 1\end{bmatrix}\\ &+\left\langle\begin{bmatrix}2\operatorname{Re}\left(S_{\text{HH}}S_{\text{HV}}^*\right) & S_{\text{HH}}S_{\text{HV}}^*+S_{\text{HV}}S_{\text{VV}}^*\\ S_{\text{HV}}S_{\text{HH}}^*+S_{\text{VV}}S_{\text{HV}}^* & 2\operatorname{Re}\left(S_{\text{VV}}S_{\text{HV}}^*\right)\end{bmatrix}\right\rangle\end{aligned}\right) \tag{8.35}
$$

$$
\boldsymbol{C}_{\text{CTLR}}=\frac{1}{2}\left(\begin{aligned}&\left\langle\begin{bmatrix}|S_{\text{HH}}|^2 & jS_{\text{HH}}S_{\text{VV}}^*\\ -jS_{\text{VV}}S_{\text{HH}}^* & |S_{\text{VV}}|^2\end{bmatrix}\right\rangle+\left\langle|S_{\text{HV}}|^2\right\rangle\begin{bmatrix}1 & -j\\ j & 1\end{bmatrix}\\ &+\left\langle\begin{bmatrix}-2\operatorname{Im}\left(S_{\text{HH}}S_{\text{HV}}^*\right) & S_{\text{HH}}S_{\text{HV}}^*+S_{\text{HV}}S_{\text{VV}}^*\\ S_{\text{HV}}S_{\text{HH}}^*+S_{\text{VV}}S_{\text{HV}}^* & 2\operatorname{Im}\left(S_{\text{VV}}S_{\text{HV}}^*\right)\end{bmatrix}\right\rangle\end{aligned}\right)
$$

反射对称性假设要求后向散射矩阵中共极化通道和交叉极化通道相关系数为 0，即 $\langle S_{\text{HH}}S_{\text{HV}}^*\rangle\approx\langle S_{\text{VV}}S_{\text{HV}}^*\rangle\approx 0$。在此条件下，全极化相关矩阵 $\boldsymbol{T}$ 中仅剩下 5 个未知量，即

$\langle|S_{\mathrm{HH}}|^2\rangle$、$\langle|S_{\mathrm{VV}}|^2\rangle$、$\langle|S_{\mathrm{HV}}|^2\rangle$、$\mathrm{Re}\left(S_{\mathrm{HH}}S_{\mathrm{VV}}^*\right)$和$\mathrm{Im}\left(S_{\mathrm{HH}}S_{\mathrm{VV}}^*\right)$，而对应于紧缩极化，其协方差矩阵$\boldsymbol{C}_{\pi/4}$和$\boldsymbol{C}_{\mathrm{CTLR}}$中的最后一部分也可认为近似为 0。这样对于全极化模式的 5 个未知数，可以从紧缩极化协方差矩阵中得到 4 个方程。因此，还需要一个方程进行求解，由此引入目标的数据外推模型，用以联系共极化通道和交叉极化通道之间的关系。

目前，基于紧缩极化模式的全极化数据重建主要有三种方法，分别为 2005 年的 Souyris 方法[22]，2009 年的 Nord 方法[6]，和 2012 年的 Collins 方法[23]，这三种方法的区别在于不同的数据外推模型。

Souyris 方法的数据外推模型是在两种极限模式下得到的，即认为目标的后向散射过程是完全极化的或者完全非极化的[24-27]：

(1) 对于完全极化的后向散射过程，共极化通道系数之间是完全相关的，而交叉极化通道的能量为 0，即 $\rho=\langle S_{\mathrm{HH}}S_{\mathrm{VV}}^*\rangle/\sqrt{\langle|S_{\mathrm{HH}}|^2\rangle\langle|S_{\mathrm{VV}}|^2\rangle}=1$ 而 $\langle|S_{\mathrm{HV}}|^2\rangle=0$；

(2) 对于完全非相干的后向散射过程，共极化通道之间的相关系数为 0，而接收的能量在三个通道之间均匀分布，即 $\rho=0$ 而 $2\langle|S_{\mathrm{HV}}|^2\rangle=\langle|S_{\mathrm{HH}}|^2\rangle=\langle|S_{\mathrm{VV}}|^2\rangle$。因此，得到的极化数据外推模型为

$$\frac{\left\langle|S_{\mathrm{HV}}|^2\right\rangle}{\left\langle|S_{\mathrm{HH}}|^2\right\rangle+\left\langle|S_{\mathrm{VV}}|^2\right\rangle}=\frac{1}{4}\left(1-|\rho|\right) \tag{8.36}$$

Souyris 模型可以很好地满足具有方位向对称特性的体散射模型，如式(8.37)所示：

$$C_{\mathrm{vol}}=\begin{bmatrix}1 & 0 & b\\ 0 & 1-b & 0\\ b^* & 0 & 1\end{bmatrix};\ b\in[0\ \ 1] \tag{8.37}$$

因此，Souyris 模型对体散射过程的重建效果较好，但其对一次散射或者二次散射过程占主导的地方，如城市地区的重建效果不好。

Nord 等[6]于 2009 年比较了不同紧缩极化模式的伪全极化数据重建效果，并提出了一种新的数据重建模型，如式(8.38)所示：

$$\frac{\left\langle|S_{\mathrm{HV}}|^2\right\rangle}{\left(\left\langle|S_{\mathrm{HH}}|^2\right\rangle+\left\langle|S_{\mathrm{VV}}|^2\right\rangle\right)}=\frac{1-|\rho|}{N},\quad \text{其中}\quad N=\frac{\left\langle|S_{\mathrm{HH}}-S_{\mathrm{VV}}|^2\right\rangle}{\left\langle|S_{\mathrm{HV}}|^2\right\rangle} \tag{8.38}$$

式中，N 的值需要在数值迭代过程中不断更新。Nord 的模型由于采用了可变比例常数 N 的方法对全极化数据进行重建，因此具有较好的重建效果[6]。但是 Nord 模型对于初始 N 值比较敏感，Nord 在初始迭代时选用的是 Souyris 模型中的比值 4。Souyris 和 Nord 的模型可以应用于一般地物的全极化数据重建中，数据外推模型以及应用没有针对性[28]。但实际上，不同传感器所获取的数据由于成像模式以及成像场景的不同而在数据上略有差异。2012 年，Collins 依据 Radarsat-2 全极化精细模式在 2008 年和 2009 年各获取 15 帧和 18 帧海面数据，利用线性回归的方法提出了一个经验 N 模型，用于检测基于重建数

据的海上目标，其主要是针对海冰和舰船目标的检测。

Collins 依据雷达波束的不同入射角，提出了一个基于观测数据的常数 N 模型，利用线性回归的方法，常数 N 模型是入射角 θ 的函数：

$$\bar{N} = b_1 + b_2 \exp\left(-\theta^{b_3}\right), \quad 其中 \begin{cases} b_1 = 6.52 \\ b_2 = 18305.73 \\ b_3 = 0.6 \end{cases} \tag{8.39}$$

该模型主要应用于海上目标检测中。

从式(8.36)、式(8.38)和式(8.39)中可以看出，这三种数据重建方法的基本过程一致，它们的区别为对应于不同的 N 值。以线性 π/4 紧缩极化模式为例，全极化数据重建的过程如式(8.40)和式(8.41)所示。

初始化：

$$\begin{aligned} \rho_{(0)} &= \frac{C_{12}}{\sqrt{C_{11}C_{22}}} \\ \left\langle \left|S_{\mathrm{HV}}\right|^2 \right\rangle_{(0)} &= \frac{C_{11}+C_{22}}{2} \frac{1-\left|\rho_{(0)}\right|}{N/2+\left(1-\left|\rho_{(0)}\right|\right)} \end{aligned} \tag{8.40}$$

迭代：

$$\begin{aligned} \rho_{(i+1)} &= \frac{C_{12}-\left\langle \left|S_{\mathrm{HV}}\right|^2 \right\rangle_{(i)}}{\sqrt{\left(C_{11}-\left\langle \left|S_{\mathrm{HV}}\right|^2 \right\rangle_{(i)}\right)\left(C_{22}-\left\langle \left|S_{\mathrm{HV}}\right|^2 \right\rangle_{(i)}\right)}} \\ \left\langle \left|S_{\mathrm{HV}}\right|^2 \right\rangle_{(i+1)} &= \frac{C_{11}+C_{22}}{2} \frac{1-\left|\rho_{(i+1)}\right|}{N/2+\left(1-\left|\rho_{(i+1)}\right|\right)} \end{aligned} \tag{8.41}$$

式中，i 为迭代次数。当迭代过程收敛或者 $\left|\rho_i\right|>1$ 时，则终止迭代过程。对于 Souyris 模型，N 取值为 4；对于 Nord 模型，N 初始值设为 4，其后的 N 值利用式(8.38)更新；对于 Collins 模型，当对应海洋环境的 Radarsat-2 数据时(或者未来的 Radarsat 星座群数据时)，可以依据卫星观测模式的入射角计算不同的 N 值进行重建。假设数值在第 n 次迭代时收敛，设收敛的 $\left|S_{\mathrm{HV}}\right|^2$ 项结果为 $X_{(n)}$，则得到的伪全极化散射相关矩阵为

$$\boldsymbol{C}_{\pi/4\text{-FP}} = \begin{bmatrix} C_{11}-X_{(n)} & 0 & C_{12}-X_{(n)} \\ 0 & 2X_{(n)} & 0 \\ C_{12}^{*}-X_{(n)} & 0 & C_{22}-X_{(n)} \end{bmatrix} \tag{8.42}$$

从以上数据重建方法中可以看出，现有的重建模型都是基于反射对称性假设，即认为紧缩极化协方差矩阵中的最后一部分近似为 0。对于自然地物的随机散射过程，其与反射对称性假设的符合一致度较好，但是当散射过程以人工目标的二次散射过程或者旋转二面角散射过程为主时，反射对称性假设与实际地物的反射机制存在较大的差异。反射对称性和旋转对称性是两种独立的散射机制，其中 $\mathrm{Im}\left(T_{23}\right)$ 表征了目标的非反射对称

性，此分量对应于标准散射机制中的螺旋体散射分量，也是目标散射过程中的一种重要散射成分。另外，从式(8.35)中的C_{12}项也可以看出，反射对称性假设影响了对$\left\langle S_{\mathrm{HH}}S_{\mathrm{VV}}^{*}\right\rangle$相位的估计。因此，为了从紧缩极化中提取更多的正交全极化目标信息以及提高数据的重建精度，式(8.43)给出了一个新的重建目标，可以适应更一般的散射情况。

$$C_{\pi/4}\approx\frac{1}{2}\left(\left\langle\begin{bmatrix}\left|S_{\mathrm{HH}}\right|^{2} & S_{\mathrm{HH}}S_{\mathrm{VV}}^{*}\\ S_{\mathrm{VV}}S_{\mathrm{HH}}^{*} & \left|S_{\mathrm{VV}}\right|^{2}\end{bmatrix}\right\rangle+\left\langle\left|S_{\mathrm{HV}}\right|^{2}\right\rangle\begin{bmatrix}1 & 1\\ 1 & 1\end{bmatrix}+\left\langle\begin{bmatrix}0 & jF\\ -jF & 0\end{bmatrix}\right\rangle\right)\tag{8.43}$$

其中

$$F=\mathrm{Im}\left(S_{\mathrm{HH}}S_{\mathrm{HV}}^{*}+S_{\mathrm{HV}}S_{\mathrm{VV}}^{*}\right)$$

其中，$F=\mathrm{Im}\left\langle\left(S_{\mathrm{HH}}-S_{\mathrm{VV}}\right)S_{\mathrm{HV}}^{*}\right\rangle=\mathrm{Im}\left\langle S_{\mathrm{HH}}S_{\mathrm{HV}}^{*}+S_{\mathrm{HV}}S_{\mathrm{VV}}^{*}\right\rangle$，表示螺旋体散射分量。由此，新的重建目标是$\left\langle\left|S_{\mathrm{HH}}\right|^{2}\right\rangle$、$\left\langle\left|S_{\mathrm{VV}}\right|^{2}\right\rangle$、$\left\langle\left|S_{\mathrm{HV}}\right|^{2}\right\rangle$、$\mathrm{Re}\left(\left\langle S_{\mathrm{HH}}S_{\mathrm{VV}}^{*}\right\rangle\right)$、$\mathrm{Im}\left(\left\langle S_{\mathrm{HH}}S_{\mathrm{VV}}^{*}\right\rangle\right)$和$F$ 6个未知量，而从式(8.43)中仅能得到4个方程，因此除了极化数据外推模型之外，还缺少一个关系式用以对F进行估计。

螺旋体散射分量是四成分分解中的重要成分[29-31]，因此本节将介绍一种基于四成分分解的伪全极化数据重建方法。该方法从四成分分解模型中寻求了一个额外的关系式用以联系螺旋体散射分量和体散射成分，并且考虑到了不同物理散射模型的相位关系，给出了基于四种散射成分平均功率的极化数据外推模型。

8.4.2　简化的四成分分解方法

目标分解技术的目的是将散射相干矩阵分解为几种独立确定的散射成分，以此简化对目标特征信息的提取，每种分解成分对应一种简单的物理散射机制[32]。四成分分解是将散射相干/关矩阵分解为四种简单的散射成分，包括一次散射分量、二次散射分量、体散射分量以及螺旋体散射分量。其中，螺旋体散射分量用以适应反射对称性假设不满足的地区(如城市地区)，使得目标分解更具有一般性。

1. Yamaguchi 四成分分解

对多视的极化SAR数据，Yamaguchi在2005年提出的基于模型的四成分分解技术，如下所示：

$$\boldsymbol{T}=f_{\mathrm{s}}\boldsymbol{T}_{\mathrm{surface}}+f_{\mathrm{d}}\boldsymbol{T}_{\mathrm{double}}+f_{\mathrm{v}}\left\langle\boldsymbol{T}\right\rangle_{\mathrm{volume}}+f_{\mathrm{c}}\boldsymbol{T}_{\mathrm{helix}}\tag{8.44}$$

式中，f_{s}、f_{d}、f_{v}和f_{c}分别为四种散射成分的系数，它们正比于各个分量的功率，且为非负。根据不同的散射机理，一次散射分量$\boldsymbol{T}_{\mathrm{surface}}$、二次散射分量$\boldsymbol{T}_{\mathrm{double}}$以及螺旋体散射分量$\boldsymbol{T}_{\mathrm{helix}}$的散射相干矩阵模型分别为

$$\boldsymbol{T}_{\text{surface}}=\begin{bmatrix}1 & \beta^* & 0\\ \beta & |\beta|^2 & 0\\ 0 & 0 & 0\end{bmatrix},\quad \boldsymbol{T}_{\text{helix}}=\begin{bmatrix}0 & 0 & 0\\ 0 & 1 & \pm j\\ 0 & \mp j & 1\end{bmatrix},\quad \boldsymbol{T}_{\text{double}}=\begin{bmatrix}|\alpha|^2 & \alpha & 0\\ \alpha^* & 1 & 0\\ 0 & 0 & 0\end{bmatrix} \tag{8.45}$$

$$|\beta|<1 \qquad\qquad |\alpha|<1$$

它们都是确定性的物理散射模型。体散射分量有三个模型，不同模型之间的选择依据两个共极化通道之间的能量比 $10\cdot\log\left(\left\langle|S_{\text{VV}}|^2\right\rangle/\left\langle|S_{\text{HH}}|^2\right\rangle\right)$ 来决定：

$$10\cdot\log\frac{|S_{\text{VV}}|^2}{|S_{\text{HH}}|^2}\quad \text{————}\overset{-2\text{dB}}{|}\text{————}\overset{2\text{dB}}{|}\text{————}$$

$$\langle \boldsymbol{T}\rangle_{\text{volume}}=\frac{1}{30}\begin{bmatrix}15 & 5 & 0\\ 5 & 7 & 0\\ 5 & 0 & 8\end{bmatrix}\qquad \frac{1}{4}\begin{bmatrix}2 & 0 & 0\\ 0 & 1 & 0\\ 0 & 0 & 1\end{bmatrix}\qquad \frac{1}{30}\begin{bmatrix}15 & -5 & 0\\ -5 & 7 & 0\\ 0 & 0 & 8\end{bmatrix} \tag{8.46}$$

其中，中间的模型是 Freeman 三成分分解的体散射模型。从式(8.45)和式(8.46)中可以看出，体散射成分能量和螺旋体散射成分能量仅与 $\left\langle|S_{\text{HV}}|^2\right\rangle$ 项有关。当四成分分解方法被应用到实际的极化 SAR 数据中时，有时会产生如下问题：

(1) $f_{\text{v}}<0$；

(2) $f_{\text{s}}<0$ 或 $f_{\text{d}}<0$。

第一个问题产生的原因是因为相干矩阵中螺旋体散射分量过大，这种情况主要发生在城市地区；第二个问题产生的主要原因是分解中体散射分量过大，这也是分解中产生负功率的主要原因。功率限制方法可以克服负功率的产生[31]，这种基于功率的分解方法的主要原则是：如果分解得到的功率小于 0，则令该成分分量为 0，并且使分解得到的各个分量的总和等于散射相干矩阵的总功率 span 。

基于这三种体散射模型的分解会使分解到的各部分能量之间的关系比较复杂。对于不同的散射体，螺旋体散射和体散射分量之间由于选择不同的体散射模型而存在多种关系。本节的主要目的是进行多极化 SAR 数据重建。因此，本节中将采用一种简单的体散射模型进行四成分分解[33]，以得到体散射和螺旋体散射分量之间的确定关系。

2. 简化的四成分分解

式(8.37)中的体散射模型具有一般性，与之对应的散射相干矩阵的表达式为

$$\boldsymbol{T}_{\text{vol}}=\begin{bmatrix}1+b & 0 & 0\\ 0 & 1-b & 0\\ 0 & 0 & 1-b\end{bmatrix}\quad 其中\quad b\in[0,1] \tag{8.47}$$

式中，b 为与随机粒子的形状和介电特性有关的常数。当 $b=1/3$ 时，对应的是典型的 Freeman 体散射模型；当 $b=0$ 时，目标的后向散射具有最大的自由度，因此，取此时的散射相干矩阵为改进的四成分分解方法的体散射模型。选择该模型的主要原因如下。

(1) 式(8.46)中的三种体散射模型对应的极化熵分别为 0.87、0.9464、0.87，而 $b=0$ 时式(8.47)体散射模型对应的极化熵为 1，代表了完全随机的散射状态，它不能描述任何一种确定的散射过程；而且，$b=0$ 时共极化通道和交叉极化通道之间的相关系数为 0，表明后向散射波是完全非极化的随机散射。

(2) $b=0$ 时，由四成分分解得到的体散射分量能量达到最小，可以最大限度地提取确定性散射过程的能量信息；而且，由此可以得到一个简单的体散射分量和螺旋体散射分量关系式。

将式(8.44)中的 $\langle \boldsymbol{T}\rangle_{\text{volume}}$ 用式(8.47)中的 $\boldsymbol{T}_{\text{vol}}$ 代替，取 $b=0$。通过比较式(8.44)两端的系数，能够直接得到螺旋体散射和体散射成分的功率关系，如下所示：

$$\begin{aligned} f_{\mathrm{c}} &= \mathrm{Im}\left|\left\langle \left(S_{\mathrm{HH}}-S_{\mathrm{VV}}\right) S_{\mathrm{HV}}^{*}\right\rangle\right|, \quad P_{\mathrm{c}}=2 f_{\mathrm{c}} \\ f_{\mathrm{v}} &= 2\left\langle \left|S_{\mathrm{HV}}\right|^{2}\right\rangle - f_{\mathrm{c}}, \quad P_{\mathrm{v}}=3 f_{\mathrm{v}} \end{aligned} \tag{8.48}$$

式中，P_{v} 和 P_{c} 分别为分解的体散射成分功率和螺旋体散射成分功率。该简化的四成分分解流程如图 8.18 所示。其中，P_{s} 和 P_{d} 分别代表分解的一次散射成分功率和二次散射成分功率。在分解过程中要注意以下两点。

(1) 如果螺旋体散射分量 f_{c} 大于 T_{33}，会使 f_{v} 小于 0。由于 F 具有旋转不变性，这就是说，在散射相干矩阵中，螺旋体散射分量是一个常数。因此，在分解中认为，如果 $f_{\mathrm{v}}<0$，则 $P_{\mathrm{v}}=0$。事实上，这种现象主要发生在城市地区或者两种具有不同散射类型的地物交会处。

(2) 当 $|T_{12}|^2>AB$ 时，原四成分分解方法会产生负的 P_{s} 或者 P_{d}。这里依据分解总功率不变的方法，认为当 $|T_{12}|^2>AB$ 时，只有一次散射分量或只有二次散射分量，散射分量的判决取决于 T_{11} 和 $T_{22}-f_{\mathrm{c}}$ 的大小；当 $|T_{12}|^2<AB$ 时，则认为一次散射分量与二次散射分量同时存在，其中一种散射成分占主要地位，这部分的分解原则与原四成分分解方法相同。

8.4.3　紧缩极化 π/4 模式的四成分分解参数估计

四成分分解假设了目标的散射相干矩阵完全由四种散射模型组成，为利用四成分分解方法从紧缩极化 SAR 数据中估计全极化信息，还需要考虑基于紧缩极化模式的四成分分解方法。对应于式(8.45)和式(8.47)中的散射相干矩阵，依据式(8.35)，将其合成紧缩极化协方差矩阵的形式，其中体散射模型中的 $b=0$。在 π/4 模式下，四种散射成分的紧缩极化协方差矩阵可以表示为

$$\begin{aligned} \boldsymbol{C}_{\pi/4\text{-s}} &= \begin{bmatrix} |\beta|^2 & \beta \\ \beta^* & 1 \end{bmatrix}, \quad \boldsymbol{C}_{\pi/4\text{-d}} = \begin{bmatrix} |\alpha|^2 & \alpha \\ \alpha^* & 1 \end{bmatrix} \\ \boldsymbol{C}_{\pi/4\text{-c}} &= \begin{bmatrix} 1 & \pm j \\ \mp j & 1 \end{bmatrix}, \quad \langle \boldsymbol{C}\rangle_{\pi/4\text{-v}} = \begin{bmatrix} 1.5 & 0.5 \\ 0.5 & 1.5 \end{bmatrix} \end{aligned} \tag{8.49}$$

上述四种散射成分分别对应于一次散射、二次散射、螺旋体散射和体散射模型。进行模型变换的一个限制条件是，要使得相互联系的模型总功率相等，即 $\mathrm{span}(\boldsymbol{C}_{\pi/4\text{-c}})=\mathrm{span}(\boldsymbol{T}_{\text{helix}})$，以及 $\mathrm{span}(\boldsymbol{C}_{\pi/4\text{-v}})=\mathrm{span}(\boldsymbol{T}_{\text{vol}})$。将 π/4 模式的协方差矩阵扩展如下：

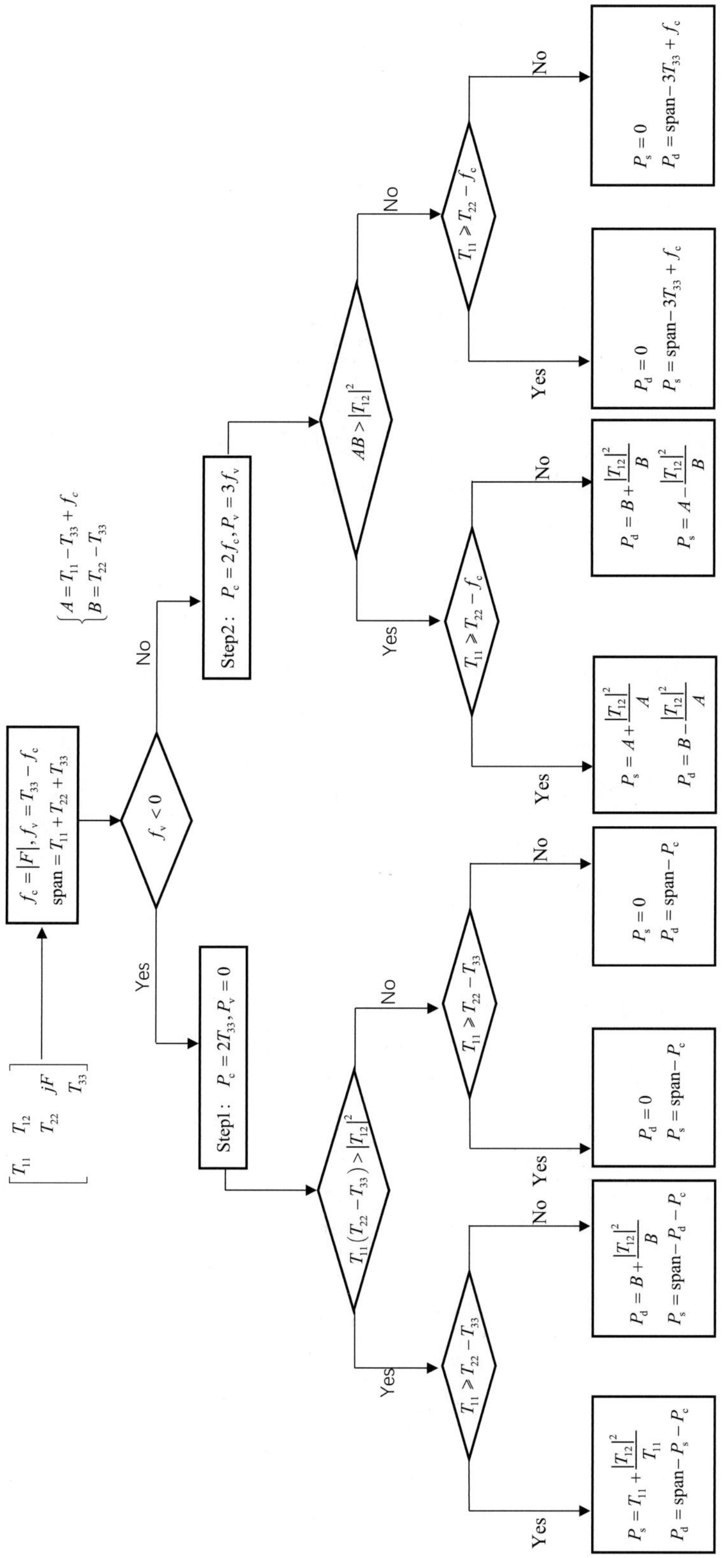

图 8.18　简化的四成分分解流程图

$$\boldsymbol{C}_{\pi/4} = f_{\rm s}\boldsymbol{C}_{\pi/4\text{-s}} + f_{\rm d}\boldsymbol{C}_{\pi/4\text{-d}} + f_{\rm c}\boldsymbol{C}_{\pi/4\text{-c}} + f_{\rm v}\left\langle \boldsymbol{C}\right\rangle_{\pi/4\text{-v}} \tag{8.50}$$

式中，$f_{\rm s}$、$f_{\rm d}$、$f_{\rm c}$、$f_{\rm v}$ 分别为各散射成分的分解系数。对比式(8.50)左右两端的散射系数，可以得到如下关系：

$$\begin{aligned} f_{\rm s} + f_{\rm d} + f_{\rm c} + 1.5 f_{\rm v} &= C_{11} \\ |\beta|^2 f_{\rm s} + |\alpha|^2 f_{\rm d} + f_{\rm c} + 1.5 f_{\rm v} &= C_{22} \\ \beta f_{\rm s} + \alpha f_{\rm d} \pm j f_{\rm c} + 0.5 f_{\rm v} &= C_{12} \end{aligned} \tag{8.51}$$

式中，C_{11}、C_{22} 和 C_{12} 为紧缩极化散射相干矩阵的元素。

由式(8.48)，我们已经知道了 $f_{\rm c}$ 和 $f_{\rm v}$ 之间的关系。假设 $f_{\rm c}$ 和 $f_{\rm v}$ 的值已经知道，这样对应于 4 个未知量 α、β、$f_{\rm s}$、$f_{\rm d}$，可以用式(8.51)中的三个方程对其求解。采取与文献[34]中类似的方法确定像素点的主要散射成分：当 $\mathrm{Re}(C_{12}) > 0$ 时，认为以一次散射过程为主，令 $\alpha = -1$；当 $\mathrm{Re}(C_{12}) < 0$ 时，认为以二次散射过程为主，令 $\beta = 1$。由此可以得到一次散射过程和二次散射过程的能量，即 $P_{\rm s}$ 和 $P_{\rm d}$，如下所示：

$$\begin{cases} \text{if} \quad \beta = 1 \\ P_{\rm s} = \dfrac{2A}{B - 2\mathrm{real}(C_{12})} \end{cases} \quad \text{or} \quad \begin{cases} \text{if} \quad \alpha = -1 \\ P_{\rm d} = \dfrac{2A}{B - 2 f_{\rm v} + 2\mathrm{real}(C_{12})} \end{cases}$$

其中 (8.52)

$$\begin{aligned} A &= \left(C_{11} - f_{\rm c} - \frac{3}{2} f_{\rm v}\right)\left(C_{22} - f_{\rm c} - \frac{3}{2} f_{\rm v}\right) - \left(\mathrm{Re}(C_{12}) - \frac{1}{2} f_{\rm v}\right)^2 \\ B &= C_{11} + C_{22} - 2 f_{\rm c} - 2 f_{\rm v} \end{aligned}$$

在 Freeman 三成分分解中，对像素点是以一次散射过程为主还是以二次散射过程为主的判定是依据 $\mathrm{Re}\left(\left\langle S_{\rm HH} S_{\rm VV}^{*}\right\rangle\right)$ 的符号进行判断的。在本节介绍的 π/4 模式下，对此的判定用 $\mathrm{Re}(C_{12})$ 代替。应用若干全极化 SAR 数据对此判定方法进行验证，其方法如下：在全极化模式下，用 $P_{\rm s} - P_{\rm d} > 0$ 检测以一次散射过程为主的区域；在紧缩极化模式中，用 $\mathrm{Re}(C_{12}) > 0$ 检测以一次散射过程为主的区域。通过比较两个检测结果，发现仅有不超过 5%的区域存在差异。因此，在紧缩极化 π/4 模型中，用 $\mathrm{Re}(C_{12})$ 确定像素点的主要散射机制是有效的。注意：在式(8.51)中有 6 个未知数而仅对应于 3 个方程，因此若没有其他附加条件，不能对紧缩极化 SAR 数据进行四成分分解。

8.4.4　数据重建方法

回顾 8.4.1 节中的基于紧缩极化数据的重建方法，对应于新的重建目标式(8.43)，有 6 个未知数而仅能得到 4 个方程。从简化的四成分分解方法中又得到了螺旋体散射成分和体散射成分之间的关系，见式(8.48)。因此，我们还需要极化数据外推模型对未知参数进行估计。在 8.4.1 节中介绍了三种极化数据外推模型，它们具有统一的形式，如式(8.38)所示。其中，将共极化通道之间的相关系数 ρ 取绝对值，并没有考虑共极化通道相关系数实部是负数的情况。

$$\rho=\frac{\left\langle S_{\mathrm{HH}}S_{\mathrm{VV}}^{*}\right\rangle}{\sqrt{\left\langle\left|S_{\mathrm{HH}}\right|^{2}\right\rangle\left\langle\left|S_{\mathrm{VV}}\right|^{2}\right\rangle}} \tag{8.53}$$

本节中，我们考虑目标像素点的后向散射矩阵完全由一次散射、二次散射、螺旋体散射和体散射成分贡献，则对应于式(8.45)和式(8.47)中的散射模型，分别计算数据外推模型式(8.38)两端的主要部分，见表 8.1。

表 8.1　不同散射模型的共极化交叉极化比和共极化通道相关系数

一次散射模型 $\boldsymbol{T}_{\mathrm{surface}}$	$\dfrac{\left\langle\left\|S_{\mathrm{HV}}\right\|^{2}\right\rangle}{\left(\left\langle\left\|S_{\mathrm{HH}}\right\|^{2}\right\rangle+\left\langle\left\|S_{\mathrm{VV}}\right\|^{2}\right\rangle\right)}=0$	$\rho=1$
二次散射模型 $\boldsymbol{T}_{\mathrm{double}}$	$\dfrac{\left\langle\left\|S_{\mathrm{HV}}\right\|^{2}\right\rangle}{\left(\left\langle\left\|S_{\mathrm{HH}}\right\|^{2}\right\rangle+\left\langle\left\|S_{\mathrm{VV}}\right\|^{2}\right\rangle\right)}=0$	$\rho=-1$
体散射模型 $\boldsymbol{T}_{\mathrm{vol}}$	$\dfrac{\left\langle\left\|S_{\mathrm{HV}}\right\|^{2}\right\rangle}{\left(\left\langle\left\|S_{\mathrm{HH}}\right\|^{2}\right\rangle+\left\langle\left\|S_{\mathrm{VV}}\right\|^{2}\right\rangle\right)}=\dfrac{1-b}{4}$	$\rho=b$
螺旋体散射模型 $\boldsymbol{T}_{\mathrm{helix}}$	$\dfrac{\left\langle\left\|S_{\mathrm{HV}}\right\|^{2}\right\rangle}{\left(\left\langle\left\|S_{\mathrm{HH}}\right\|^{2}\right\rangle+\left\langle\left\|S_{\mathrm{VV}}\right\|^{2}\right\rangle\right)}=\dfrac{1}{2}$	$\rho=-1$

依据各模型的分解功率，可以建立一个依据功率加权的平均极化数据外推模型。设各成分的分解功率分别为 P_{s}、P_{d}、P_{v} 和 P_{c}，则可以得到如下关系：

$$\begin{aligned}
&\boldsymbol{T}_{\mathrm{surface}}+\boldsymbol{T}_{\mathrm{double}}+\boldsymbol{T}_{\mathrm{vol}}\Rightarrow\begin{cases}\dfrac{\left\langle\left|S_{\mathrm{HV}}\right|^{2}\right\rangle}{\left\langle\left|S_{\mathrm{HH}}\right|^{2}\right\rangle+\left\langle\left|S_{\mathrm{VV}}\right|^{2}\right\rangle}=\dfrac{1-b}{4}\dfrac{P_{\mathrm{v}}}{\mathrm{span}}\\[2ex]\dfrac{1-|\rho|}{4}=\dfrac{1-|b|}{4}\dfrac{P_{\mathrm{v}}}{\mathrm{span}}\end{cases}\\
&\boldsymbol{T}_{\mathrm{surface}}+\boldsymbol{T}_{\mathrm{double}}+\boldsymbol{T}_{\mathrm{vol}}+\boldsymbol{T}_{\mathrm{helix}}\Rightarrow\begin{cases}\dfrac{\left\langle\left|S_{\mathrm{HV}}\right|^{2}\right\rangle}{\left\langle\left|S_{\mathrm{HH}}\right|^{2}\right\rangle+\left\langle\left|S_{\mathrm{VV}}\right|^{2}\right\rangle}=\dfrac{1-b}{4}\dfrac{P_{\mathrm{v}}}{\mathrm{span}}+\dfrac{1}{2}\dfrac{P_{\mathrm{c}}}{\mathrm{span}}\\[2ex]\rho=\dfrac{P_{\mathrm{s}}}{\mathrm{span}}-\dfrac{P_{\mathrm{d}}}{\mathrm{span}}+b\dfrac{P_{\mathrm{v}}}{\mathrm{span}}-\dfrac{P_{\mathrm{c}}}{\mathrm{span}}\end{cases}
\end{aligned} \tag{8.54}$$

从式(8.54)中的上半部分可以看出，Souyris 数据外推模型也可以被理解为功率加权的平均模型，但是他只用到了一次散射、二次散射和体散射三种成分的平均加权，且没有考虑到模型共极化通道间的相关性(即 ρ 是正相关或负相关)。若考虑四种散射成分，令 $b=0$，可将 ρ 表示成 $1-\rho=\left(2P_{\mathrm{d}}+2P_{\mathrm{c}}+P_{\mathrm{v}}\right)/\mathrm{span}$ 的形式。对于自然地物的随机散射，ρ 是复数，因此在数据重建模型中需要用 $|\rho|$ 代替，同时还要考虑 ρ 的正负，则可得到另

一种功率平均的重建模型，如下所示：

$$\frac{\left\langle |S_{\mathrm{HV}}|^2 \right\rangle}{\left\langle |S_{\mathrm{HH}}|^2 \right\rangle + \left\langle |S_{\mathrm{VV}}|^2 \right\rangle} = \frac{1 - \mathrm{sgn}\left(\mathrm{Re}\left\langle S_{\mathrm{HH}} S_{\mathrm{VV}}^* \right\rangle\right)|\rho|}{4} \left(\frac{2P_{\mathrm{c}} + P_{\mathrm{v}}}{2P_{\mathrm{d}} + 2P_{\mathrm{c}} + P_{\mathrm{v}}} \right) \tag{8.55}$$

式中，$\mathrm{sgn}(x)$为符号函数，即若$x \geqslant 0$，则$\mathrm{sgn}(x) = 1$；否则$\mathrm{sgn}(x) = -1$。从式(8.55)中可以看出，该改进的数据外推模型相较于 Souyris 模型在等式的右端乘以一个小于 1 的系数。从基于紧缩极化数据重建的研究结果中可知[28]，数据外推模型等式左边部分常常恒小于等式的右半部分，因此在外推模型的右半部分乘以一个小于 1 的系数会提高多极化数据的重建精度。

利用德国航空太空中心(DLR) L 波段 E-SAR 在 Oberpfaffenhofen 地区获取的全极化 SAR 数据对提出模型的有效性进行验证，测试数据的 Pauli 分解图如图 8.19 所示，并与 Souyris 模型和 Nord 模型进行比较，结果如图 8.20 所示。由于所提出的模型具有应用上的一般性，因此不与经验 Collins 模型进行比较，该模型仅适用于海面区域。图 8.20 的横轴和纵轴分别表示了各自模型等式的左半部分和右半部分，若模型与 SAR 实测数据相吻合，则像素点应该严格分布在图像的对角线上；点的分布与对角线距离越远，说明数据重建模型与实际地物的散射机制误差越大。

图 8.19　E-SAR Oberfaffenhofen 数据的 Pauli 基图像

从式(8.55)中可知，若利用此模型对多极化数据进行重建，还需要知道$2P_{\mathrm{c}} + P_{\mathrm{v}}$和$2P_{\mathrm{d}} + 2P_{\mathrm{c}} + P_{\mathrm{v}}$的估计值。8.4.3 节已给出了基于紧缩极化 SAR 数据的四成分分解方法，结合式(8.48)和式(8.51)，假设在螺旋体散射分量f_{c}已知的条件下，可以得到π/4 模式的四成分分解结果，即式(8.52)。因此，可以将对$2P_{\mathrm{c}} + P_{\mathrm{v}}$和$2P_{\mathrm{d}} + 2P_{\mathrm{c}} + P_{\mathrm{v}}$的估计融合到伪

全极化数据重建的数值迭代求解过程中。对正交多极化数据进行重建，过程如下。

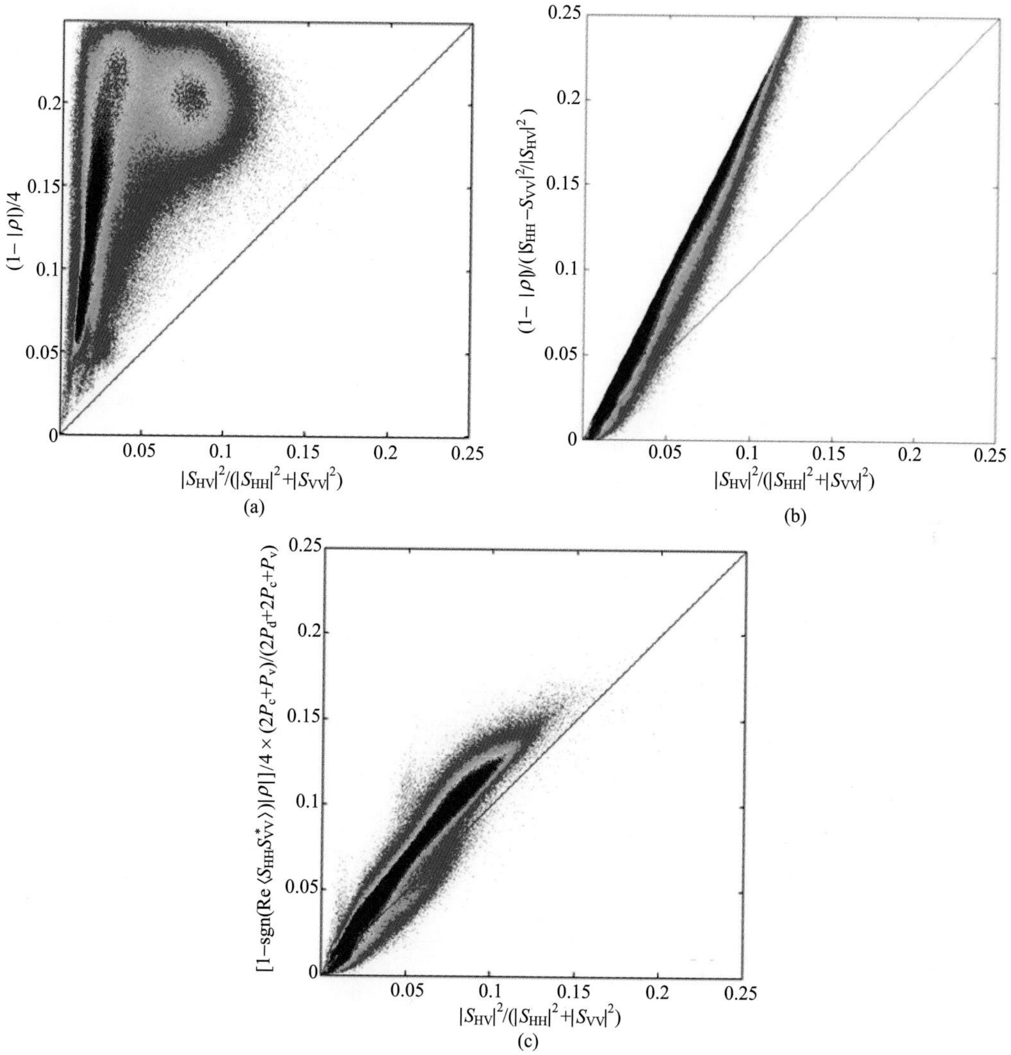

图 8.20　极化状态数据外推模型

(a) Souyris 模型；(b) Nord 模型；(c) 基于四成分分解的模型

初始化：

$$
\begin{cases} f_{c(0)} = \left|F_{(0)}\right| = 0 \\ \rho_{(0)} = \dfrac{C_{12}}{\sqrt{C_{11}C_{22}}} \end{cases} \Rightarrow \begin{cases} X_{(0)} = \dfrac{C_{11}+C_{22}}{2}\left(\dfrac{1-\left|\rho_{(0)}\right|}{3-\left|\rho_{(0)}\right|}\right) \\ \left\langle S_{\mathrm{HH}}S_{\mathrm{VV}}^{*}\right\rangle_{(0)} = \rho_{(0)}\sqrt{\left(C_{11}-X_{(0)}\right)\left(C_{22}-X_{(0)}\right)} \\ f_{c(0)} = \left|F_{(0)}\right| = \left|\mathrm{Im}\left(C_{12}-\left\langle S_{\mathrm{HH}}S_{\mathrm{VV}}^{*}\right\rangle_{(0)}\right)\right| \\ f_{v(0)} = 2X - f_{c(0)} \end{cases} \tag{8.56}
$$

迭代：

$$
\begin{cases}
\text{if} \quad \mathrm{Re}(C_{12} \geqslant 0) \quad w = \dfrac{4f_{\mathrm{c}} + 3f_{\mathrm{v}}}{2P_{\mathrm{d}} + 4f_{\mathrm{c}} + 3f_{\mathrm{v}}} \\
\text{else} \quad \text{if} \quad \mathrm{Re}(C_{12} < 0) \quad w = \dfrac{4f_{\mathrm{c}} + 3f_{\mathrm{v}}}{2\mathrm{span} - 3f_{\mathrm{v}} - 2P_{\mathrm{s}}}
\end{cases}
$$

$$
\Rightarrow \begin{cases}
\rho_{(i+1)} = \dfrac{C_{12} - X_{(i)} - jF_{(i)}}{\sqrt{\left(C_{11} - X_{(i)}\right)\left(C_{22} - X_{(i)}\right)}} \\
X_{(i+1)} = \dfrac{C_{11} + C_{22}}{2} \dfrac{\left(1 - \mathrm{sgn}\left\langle \mathrm{Re}(C_{12})\right\rangle \left|\rho_{(i+1)}\right|\right) \cdot w}{2 + (1 - \mathrm{sgn}\left\langle \mathrm{Re}(C_{12})\right\rangle \left|\rho_{(i+1)}\right|) \cdot w} \\
\left\langle S_{\mathrm{HH}} S_{\mathrm{VV}}^{*} \right\rangle_{(i+1)} = \rho_{(i+1)} \sqrt{\left(C_{11} - X_{(i+1)}\right)\left(C_{22} - X_{(i+1)}\right)} \\
f_{\mathrm{c}(i+1)} = \left|F_{(i+1)}\right| = \left|\mathrm{Im}\left(C_{12} - \left\langle S_{\mathrm{HH}} S_{\mathrm{VV}}^{*} \right\rangle_{(i+1)} \right)\right| \\
f_{\mathrm{v}(i+1)} = 2X_{(i+1)} - f_{\mathrm{c}(i+1)}
\end{cases}
\tag{8.57}
$$

式中，$X = \left\langle \left|S_{\mathrm{HV}}\right|^2 \right\rangle$；span=$C_{11}$+$C_{22}$；$i$ 为迭代的次数。在此数值求解过程中，为了方便表示，也为了使紧缩极化协方差矩阵的总功率与全极化散射相干矩阵的总功率近似相等，省却了式(8.35)中的系数$1/2$。假设在第 n 次迭代时得到的迭代终止结果为 F^n 和 X^n，则重建的正交多极化散射相干矩阵如下：

$$
\boldsymbol{T}_{\pi/4\text{-FP}} = \begin{bmatrix}
\dfrac{C_{11} + C_{22} + 2\mathrm{Re}(C_{12}) - 4X^n}{2} & \dfrac{C_{11} - C_{22} - j2\left[\mathrm{Im}(C_{12}) - F^n\right]}{2} & 0 \\
\dfrac{C_{11} - C_{22} + j2\left[\mathrm{Im}(C_{12}) - F^n\right]}{2} & \dfrac{C_{11} + C_{22} - 2\mathrm{Re}(C_{12})}{2} & jF^n \\
0 & -jF^n & 2X^n
\end{bmatrix}
\tag{8.58}
$$

由散射相干矩阵和散射相关矩阵之间的酉变换关系可以得到多极化数据重建的散射相关矩阵的表达形式：

$$
\boldsymbol{C}_{\pi/4\text{-FP}} = \boldsymbol{U}_3^{\mathrm{T}} \boldsymbol{T}_{\pi/4\text{-FP}} \boldsymbol{U}_3
\tag{8.59}
$$

其中，

$$
\boldsymbol{U}_3 = \frac{1}{\sqrt{2}} \begin{bmatrix} 1 & 0 & 1 \\ 1 & 0 & -1 \\ 0 & \sqrt{2} & 0 \end{bmatrix}
$$

散射相关矩阵 $\boldsymbol{C}_{\pi/4\text{-FP}}$ 的表达形式直接与雷达测量值对应。

8.4.5　实 验 验 证

为验证紧缩极化 SAR 数据的重建性能，本实验选用 2 组测试数据，分别为 L 波段 E-SAR 在德国 Oberfaffenhofen 地区的全极化 SAR 数据，该数据包含了 1300×1200 个像素点，以及 AirSAR L 波段在旧金山地区获取的全极化 SAR 数据，该数据包含了 900×700 个像素点。这两幅图像中分别包含了几种典型的地物类型，如机场、城市、农田、森林、裸地和海洋。分别选取几种典型的地物区域用于重建效果评价，选取的区域已在图 8.21 中标出，见序号 1～5。图 8.21 给出了所应用数据的 Pauli 分解图。紧缩极化数据由全极化数据合成产生。在进行数据处理之前，对这两幅图像均用 3×3 的平滑窗进行平滑。

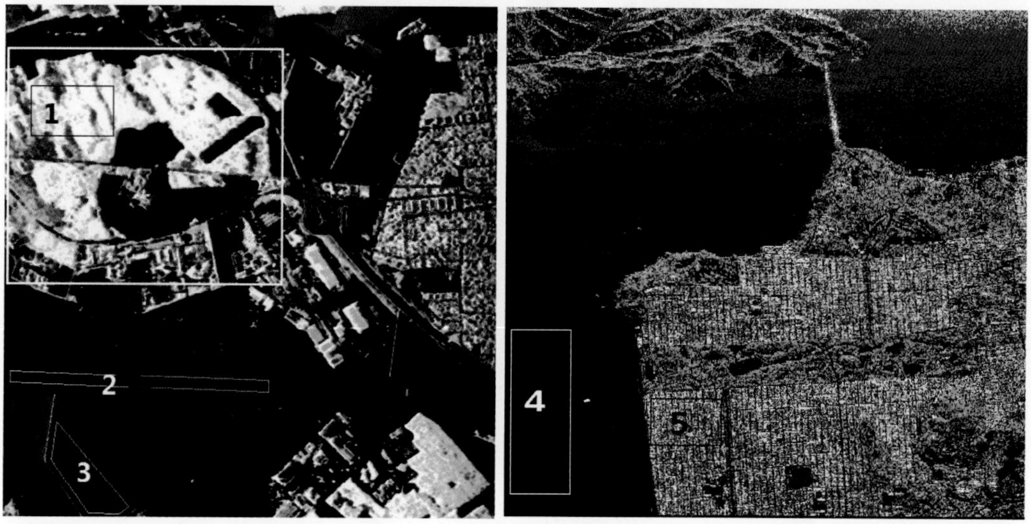

(a)　　(b)

图 8.21　Pauli 基分解图

(a) E-SAR 数据；(b) AirSAR 数据

考察重建方法对全局图像的重建性能，以 E-SAR 数据为例。图 8.22 给出了 Souyris 重建方法和基于四成分分解重建方法的重建结果。将重建结果与图 8.21 原始数据进行比较，可以看出，从整体上重建数据可以正确显示地物类别。图 8.23 给出了各个通道重建数据与真实全极化数据的二维分布图，其中横坐标表示真实全极化 SAR 数据，纵坐标表示重建的数据。

表 8.2 给出了重建结果相对误差的众数和标准差。以 HH 通道重建数据为例，重建数据的相对误差定义为

$$\left(\left\langle\left|S_{\mathrm{HH}}\right|^2\right\rangle_{\mathrm{CP}}-\left\langle\left|S_{\mathrm{HH}}\right|^2\right\rangle_{\mathrm{FP}}\right)\Big/\left\langle\left|S_{\mathrm{HH}}\right|^2\right\rangle_{\mathrm{FP}}$$

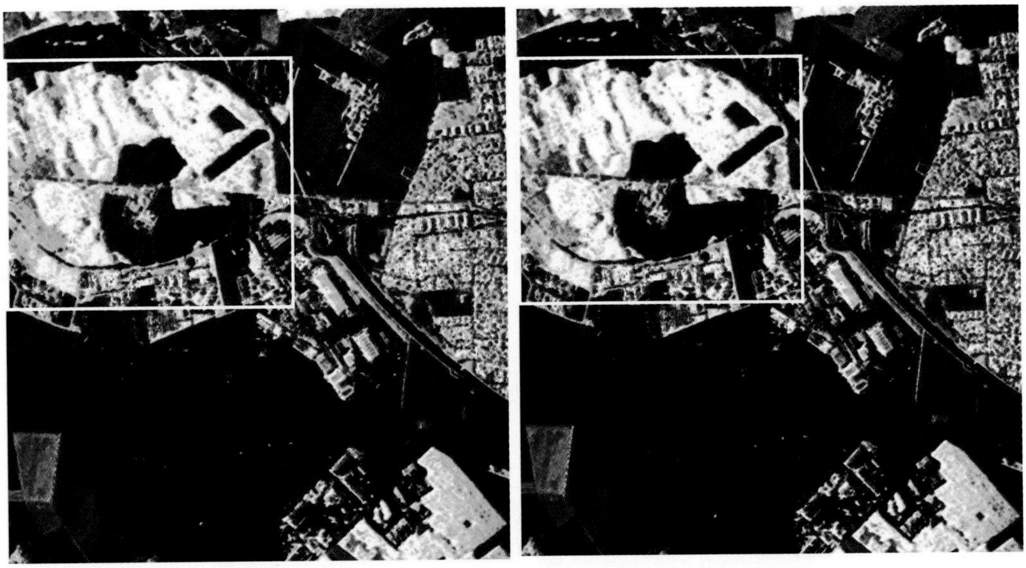

(a)　　(b)

图 8.22　重建数据的 Pauli 基分解图

(a) Souyris 方法；(b) 基于四成分分解的重建方法

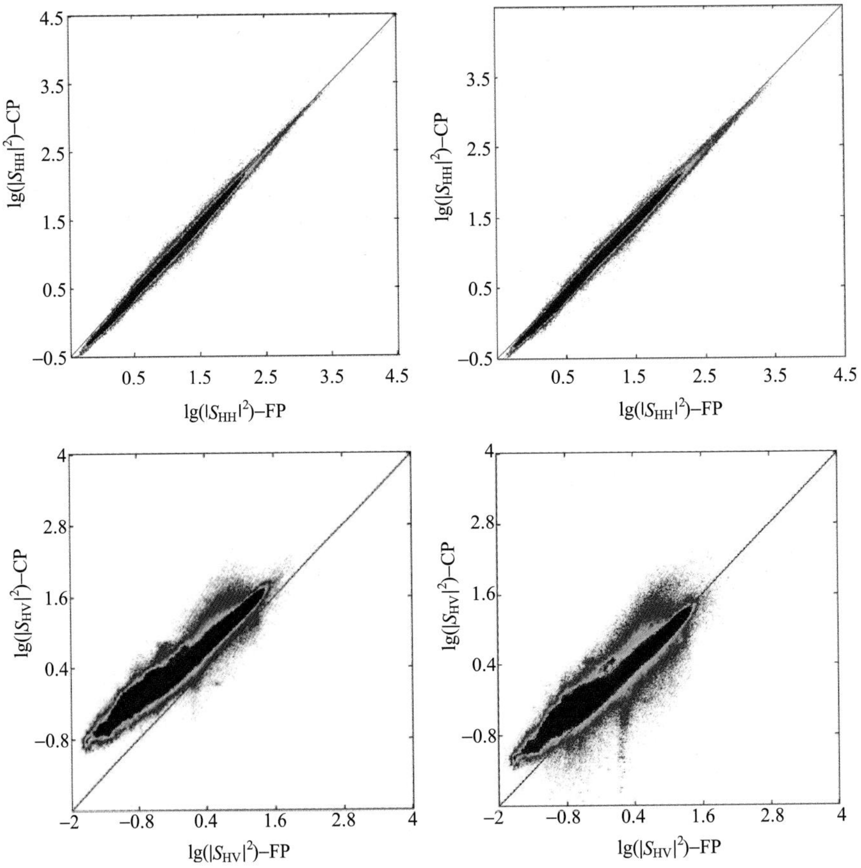

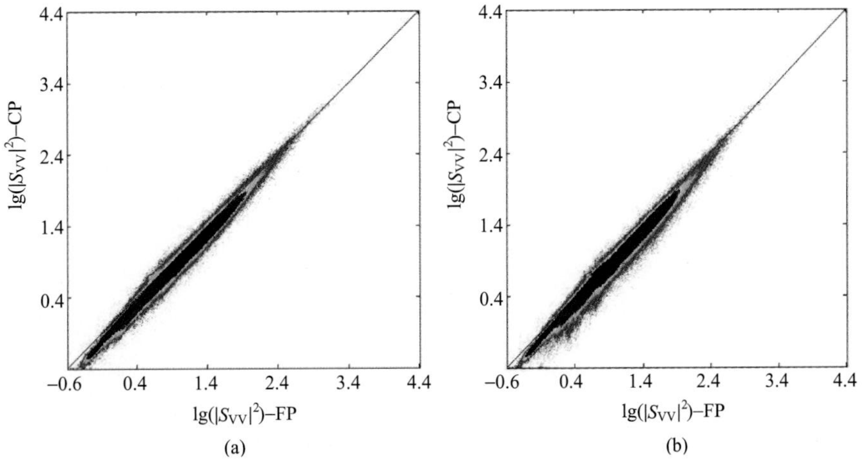

图 8.23　重建数值与真实数值的二维分布图

(a) Souyris 方法的结果；(b) 基于四成分分解的重建结果

表 8.2 中的 Dataset1 代表 Oberpfaffenhofen 地区的数据，Dataset2 代表旧金山地区的数据，相位重建误差的单位是度(°)。表 8.2 显示基于四成分分解的方法和 Souyris 方法都高估了交叉极化通道的能量，但基于四成分分解的方法对相位 $\mathrm{angle}\left(\left\langle S_{HH}S_{VV}^*\right\rangle\right)$ 的重建效果较好一些。

表 8.2　重建数据相对误差的众数(mode)和标准差(std.)

相对误差		Souyris 方法			
		$\left\langle \lvert S_{HH}\rvert^2\right\rangle$	$\left\langle \lvert S_{VV}\rvert^2\right\rangle$	$\left\langle \lvert S_{HV}\rvert^2\right\rangle$	$\mathrm{angle}\left(\left\langle S_{HH}S_{VV}^*\right\rangle\right)$
Dataset1	众数	−0.176 9	−0.188 2	0.993 8	0.163 3
	标准差	0.090 4	0.115 8	2.011 9	1.814 7
Dataset2	众数	0.143 4	0.065 2	0.00 8	0.020 0
	标准差	0.247 4	0.219 0	1.270 6	1.056 3
相对误差		基于四成分分解的方法			
		$\left\langle \lvert S_{HH}\rvert^2\right\rangle$	$\left\langle \lvert S_{VV}\rvert^2\right\rangle$	$\left\langle \lvert S_{HV}\rvert^2\right\rangle$	$\mathrm{angle}\left(\left\langle S_{HH}S_{VV}^*\right\rangle\right)$
Dataset1	众数	−0.160 1	−0.155 0	0.855 0	0.057 6
	标准差	0.093 5	0.116 5	2.014 8	1.053 4
Dataset2	众数	0.140 2	−0.010 8	0.004 0	0.029 8
	标准差	0.233 0	0.205 4	1.351 2	0.990 6

5 种典型的地物散射类型已经在图 8.21 中用序号 1～5 标出，分别表示森林、裸地、农田、海洋和城市区域。对这 5 个区域的数据重建效果评价在表 8.3 中给出。

从表 8.3 中可以看出，基于四成分分解的重建方法对具有弱后向散射能量的 $\left\langle \lvert S_{HV}\rvert^2\right\rangle$ 通道和共极化通道相位差 $\mathrm{angle}\left(\left\langle S_{HH}S_{VV}^*\right\rangle\right)$ 具有稳定较优的重建性能。这是因为该方法提取

了螺旋体散射分量成分 $F=\mathrm{Im}\left\langle S_{\mathrm{HH}}S_{\mathrm{HV}}^{*}+S_{\mathrm{HV}}S_{\mathrm{VV}}^{*}\right\rangle$，从而在一定程度上弥补了相位信息的失真。但该方法仍对交叉极化通道 $\left\langle\left|S_{\mathrm{HV}}\right|^{2}\right\rangle$ 的重建精度不高。

表 8.3　典型地物的重建效果评价

Souyris 方法	森林		裸地		农田		城市		海洋	
	众数	标准差	众数	标准差	众数	标准差	众数	标准差	众数	标准差
$\left\langle\left\|S_{\mathrm{HH}}\right\|^{2}\right\rangle$	−0.144	0.060	−0.198	0.036	−0.195	0.040	0.207	0.211	0.095	0.089
$\left\langle\left\|S_{\mathrm{VV}}\right\|^{2}\right\rangle$	−0.261	0.086	−0.244	0.053	−0.163	0.054	−0.287	0.145	0.037	0.045
$\left\langle\left\|S_{\mathrm{HV}}\right\|^{2}\right\rangle$	1.062	0.414	6.535	1.328	3.840	0.959	−0.967	1.562	−0.072	1.066
$\mathrm{angle}\left(\left\langle S_{\mathrm{HH}}S_{\mathrm{VV}}^{*}\right\rangle\right)$	0.342	2.050	0.601	3.856	0.296	0.653	−0.042	2.121	0.234	1.633
基于四成分分解的方法	森林		裸地		农田		城市		海洋	
	众数	标准差	众数	标准差	众数	标准差	众数	标准差	众数	标准差
$\left\langle\left\|S_{\mathrm{HH}}\right\|^{2}\right\rangle$	−0.112	0.071	−0.175	0.031	−0.171	0.045	0.197	0.200	0.099	0.080
$\left\langle\left\|S_{\mathrm{VV}}\right\|^{2}\right\rangle$	−0.231	0.117	−0.207	0.048	−0.159	0.053	−0.141	0.035	0.036	0.045
$\left\langle\left\|S_{\mathrm{HV}}\right\|^{2}\right\rangle$	0.702	0.412	5.694	1.180	2.930	0.911	0.526	1.361	−0.126	0.979
$\mathrm{angle}\left(\left\langle S_{\mathrm{HH}}S_{\mathrm{VV}}^{*}\right\rangle\right)$	0.264	1.842	0.220	1.385	0.114	0.638	0.047	1.219	0.060	1.499

误差分析：$\left\langle\left|S_{\mathrm{HV}}\right|^{2}\right\rangle$ 的重建精度在整个多极化数据重建中具有重要的意义，它的重建精度主要受到反射对称假设的影响。如式(8.35)所示，基于反射对称性假设条件被近似认为 0 的两部分雷达测量值 $\mathrm{Re}\left\langle S_{\mathrm{HH}}S_{\mathrm{HV}}^{*}\right\rangle$ 和 $\mathrm{Re}\left\langle S_{\mathrm{HV}}S_{\mathrm{VV}}^{*}\right\rangle$，在数据重建中实际上被叠加到了交叉极化通道中，而由此引起了交叉极化通道数据的重建误差。以 Oberpfaffenhofen 地区的数据为例，考察反射对称性假设与实测雷达数据的吻合程度，得到 $\mathrm{Re}\left\langle S_{\mathrm{HH}}S_{\mathrm{HV}}^{*}\right\rangle$、$\mathrm{Re}\left\langle S_{\mathrm{HV}}S_{\mathrm{VV}}^{*}\right\rangle$ 和 $\left\langle\left|S_{\mathrm{HV}}\right|^{2}\right\rangle$ 三者的关系如下：

$$\mathrm{mean}\left(\frac{\left\langle\left|S_{\mathrm{HV}}\right|^{2}\right\rangle}{\mathrm{Re}\left(\left\langle S_{\mathrm{HH}}S_{\mathrm{HV}}^{*}\right\rangle\right)+\left(\mathrm{Re}\left(\left\langle S_{\mathrm{HV}}S_{\mathrm{VV}}^{*}\right\rangle\right)\right)}\right)=-4.3256$$

这意味着对于此测试数据，即使重建过程没有任何偏差，由反射对称性假设被忽略的部分对 $\left\langle\left|S_{\mathrm{HV}}\right|^{2}\right\rangle$ 的重建精度也会至少引起 18%的重建误差。

8.4.6　小　　结

本节依据简化的四成分分解方法，给出了螺旋体散射分量和体散射分量之间的简单关系，并依此介绍了基于四成分分解的 π/4 模式紧缩极化 SAR 数据重建方法。该方法考虑到了目标的非反射对称性，引入了具有旋转不变性的螺旋体散射分量，以提高对极化相位信息的重建精度，并给出了基于功率平均的极化状态数据外推模型。相较于 Souyris 模型和 Nord 模型，该模型更加符合地物的实际散射机制。

基于紧缩极化 SAR 的伪全极化数据重建方法的重建精度在定量参数反演中的应用性能有限，但重建结果可满足极化 SAR 对地观测的一般应用性能需求，如地物分类、舰船检测、溢油检测和海冰检测等。

8.5　基于三成分分解的紧缩极化 SAR 数据重建方法

前面一共讲述了 4 种利用紧缩极化 SAR 数据进行伪全极化 SAR 数据重建的方法，其中 8.4.1 节介绍的三种方法[6,22,23]是基于反射对称性假设的方法，8.4 节其余部分主要介绍了一种基于反射非对称性的伪全极化 SAR 数据重建方法，本节将介绍另一种基于反射对称性假设的伪全极化 SAR 数据重建方法[9]用于海洋监测。海洋约占了全球面积的 71%，在绝大多数海况情况下，海面表面散射满足反射对称性假设；自然地物的散射一般情况下也满足反射对称性假设；此外，对于中低分辨率的极化 SAR 数据，森林区域的反射也满足反射对称性假设。可见，基于反射对称性假设的极化 SAR 数据处理方法是一类非常重要的方法。本节以 π/4 紧缩极化 SAR 海洋监测应用为研究背景，针对反射对称性假设，介绍一种基于三成分分解的紧缩极化 SAR 数据重建方法。

该方法以三成分分解为研究背景。首先，在全极化数据三成分分解的基础上，研究了功率加权模型；其次，利用紧缩极化 SAR 数据进行三成分分解，给出了数据重建模型中的参数估计公式；最后，采用基于迭代的方法进行伪全极化 SAR 数据重建。

8.5.1　三成分分解方法及数据重建模型

一次散射、二次散射和体散射模型的散射相关矩阵具有如下形式：

$$\boldsymbol{C}_{\mathrm{s}}=\begin{bmatrix}|\beta|^2 & 0 & \beta\\ 0 & 0 & 0\\ \beta^* & 0 & 1\end{bmatrix},\quad \boldsymbol{C}_{\mathrm{d}}=\begin{bmatrix}|\alpha|^2 & 0 & \alpha\\ 0 & 0 & 0\\ \alpha^* & 0 & 1\end{bmatrix},$$
$$\boldsymbol{C}_{\mathrm{v}}=\begin{bmatrix}1 & 0 & b\\ 0 & 1-b & 0\\ b & 0 & 1\end{bmatrix}, b\in[0,1) \tag{8.60}$$

式中，β 和 α 为模型参数，$\arg(\beta)\approx 0$ 且 $\arg(\alpha)\approx \pm\pi$。注意，式(8.60)中的 β 和 α 与式(8.45)中的参数取值范围不同。对于散射相关矩阵 $\boldsymbol{C}$，三成分分解可以写成如下的形式：

$$\boldsymbol{C}=f_{\mathrm{s}}\boldsymbol{C}_{\mathrm{s}}+f_{\mathrm{d}}\boldsymbol{C}_{\mathrm{d}}+f_{\mathrm{v}}\boldsymbol{C}_{\mathrm{v}} \tag{8.61}$$

式中，f_{s}、f_{d} 和 f_{v} 分别为一次散射、二次散射和体散射过程的分解系数。令分解后成分总功率不变，则分解后各成分的功率为

$$
\begin{aligned}
&P_{\mathrm{s}}=f_{\mathrm{s}}\left(1+|\beta|^{2}\right)\\
&P_{\mathrm{d}}=f_{\mathrm{d}}\left(1+|\alpha|^{2}\right)\\
&P_{\mathrm{v}}=3f_{\mathrm{v}}=6\left\langle\left|S_{\mathrm{HV}}\right|^{2}\right\rangle\\
&\mathrm{span}=\left\langle\left|S_{\mathrm{HH}}\right|^{2}\right\rangle+2\left\langle\left|S_{\mathrm{HV}}\right|^{2}\right\rangle+\left\langle\left|S_{\mathrm{VV}}\right|^{2}\right\rangle=P_{\mathrm{s}}+P_{\mathrm{d}}+P_{\mathrm{v}}
\end{aligned}
\tag{8.62}
$$

对比三成分分解式(8.61)两端系数，可以得到具有 5 个未知数的 4 个复数方程，因此我们需要额外的判断，方法如下：当 $\mathrm{Re}\left(\left\langle S_{\mathrm{HH}}S_{\mathrm{VV}}^{*}\right\rangle\right)>0$ 时，判定一次散射过程为主，令 $\alpha=-1$；当 $\mathrm{Re}\left(\left\langle S_{\mathrm{HH}}S_{\mathrm{VV}}^{*}\right\rangle\right)<0$ 时，判定二次散射过程为主，令 $\beta=1$。其中，$\mathrm{Re}(\cdots)$ 表示取复数的实部。

目前有不同的三成分分解方法，主要集中在体散射模型 $\boldsymbol{C}_{\mathrm{v}}$ 的改进上。式(8.60)中给出的 $\boldsymbol{C}_{\mathrm{v}}$ 具有一般性，具有方位向对称的特点，式(8.47)是该模型的散射相干矩阵形式。在最原始的 Freeman 三成分分解中，$b=1/3$。上一小节基于四成分分解的紧缩极化 SAR 数据重建方法研究中，取 $b=0$，但是并没有分析 b 对重建模型的影响，本节将给出 b 对重建模型的影响分析。

表 8.1 给出了四种主要散射模型的极化通道比 $\dfrac{\left\langle\left|S_{\mathrm{HV}}\right|^{2}\right\rangle}{\left\langle\left|S_{\mathrm{HH}}\right|^{2}\right\rangle+\left\langle\left|S_{\mathrm{VV}}\right|^{2}\right\rangle}$ 和共极化相关系数 ρ 的值，根据各模型的分解功率，可以建立一个基于功率加权的数据重建模型。在不考虑共极化通道相位差的情况下，Souyris 模型也可以看成是一种功率加权模型；在考虑共极化通道相位差的情况下，下面介绍一种新的数据重建模型。假设目标后向散射能量完全由 P_{s}、P_{d} 和 P_{v} 贡献，由表 8.1 可以得到如下关系：

$$
\boldsymbol{C}_{\mathrm{s}}+\boldsymbol{C}_{\mathrm{d}}+\boldsymbol{C}_{\mathrm{v}}\Rightarrow\begin{cases}\dfrac{\left\langle\left|S_{\mathrm{HV}}\right|^{2}\right\rangle}{\left\langle\left|S_{\mathrm{HH}}\right|^{2}\right\rangle+\left\langle\left|S_{\mathrm{VV}}\right|^{2}\right\rangle}=\dfrac{1-b}{4}\dfrac{P_{\mathrm{v}}}{\mathrm{span}}\\[2ex]\dfrac{1-\rho}{4}=\dfrac{2P_{\mathrm{d}}+(1-b)P_{\mathrm{v}}}{4\mathrm{span}}\end{cases}
\tag{8.63}
$$

注意：$\boldsymbol{C}_{\mathrm{s}}$、$\boldsymbol{C}_{\mathrm{d}}$ 和 $\boldsymbol{C}_{\mathrm{v}}$ 与式(8.45)和式(8.47)中的散射相干矩阵形式的 $\boldsymbol{T}_{\mathrm{surface}}$、$\boldsymbol{T}_{\mathrm{double}}$ 和 $\boldsymbol{T}_{\mathrm{vol}}$ 具有一一对应关系。

对于自然散射地物，ρ 是一个复数，所以 $|\rho|$ 仍旧用在重建模型中；对于标准的三面角散射过程，$\rho=1$；对于标准的二面角散射过程，$\rho=-1$。考虑到对于自然地物，一次散射过程为主时，共极化通道正相关(共极化通道相位差趋于 0)；二次散射过程为主时，共极化通道负相关(共极化通道相位差趋于 $\pm\pi$)。为了保持这种相位特性，将 $\mathrm{Re}\left(\left\langle S_{\mathrm{HH}}S_{\mathrm{VV}}^{*}\right\rangle\right)$ 的符号引入重建模型中，得到基于三成分分解的数据重建模型，如下所示：

$$\frac{\left\langle\left|S_{\mathrm{HV}}\right|^2\right\rangle}{\left\langle\left|S_{\mathrm{HH}}\right|^2\right\rangle+\left\langle\left|S_{\mathrm{VV}}\right|^2\right\rangle}=\frac{1-\operatorname{sgn}\left(\operatorname{Re}\left(\left\langle S_{\mathrm{HH}}S_{\mathrm{HV}}^*\right\rangle\right)\right)|\rho|}{4}\frac{(1-b)P_{\mathrm{v}}}{2P_{\mathrm{d}}+(1-b)P_{\mathrm{v}}} \tag{8.64}$$

式中，$\operatorname{sgn}(\cdots)$表示符号函数。适宜的参数 b 会使得式(8.64)左右两边尽可能相等。当 b 在 $[0,1)$ 变化时，各分解成分能量的比例也发生相应的变化。采用一幅 L 波段 ALOS/PALSAR 海洋区域的数据验证模型式(8.64)的正确性，并用多项式函数进行曲线拟合，结果如图 8.24(a)所示。从中可以看出，在 $b=0$ 的情况下，拟合曲线更接近图像对角线，表明 $b=0$ 时式(8.64)左右两边具有最小误差。同时注意，为了满足分解能量为正值，需要满足条件：$b<\dfrac{\operatorname{span}-6\left\langle\left|S_{\mathrm{HV}}\right|^2\right\rangle}{\operatorname{span}-2\left\langle\left|S_{\mathrm{HV}}\right|^2\right\rangle}$。

进一步分析 b 对重建模型的影响，图 8.24(a)所示区间 $[0,0.25]\times[0,0.25]$ 为有效数据点分布的区间，随着 b 值的增大，落在此区间的有效点数逐渐减少，如图 8.24(b)所示。因此，为了满足式(8.64)中所示的重建模型的有效性，使得重建模型对绝大多数数据点有效、可靠，选用 $b=0$。因此，基于三成分分解的紧缩极化 SAR 数据重建模型为

$$\frac{\left\langle\left|S_{\mathrm{HV}}\right|^2\right\rangle}{\left\langle\left|S_{\mathrm{HH}}\right|^2\right\rangle+\left\langle\left|S_{\mathrm{VV}}\right|^2\right\rangle}=\frac{1-sg\cdot|\rho|}{4}\frac{P_{\mathrm{v}}}{2P_{\mathrm{d}}+P_{\mathrm{v}}} \tag{8.65}$$

其中，$sg=\operatorname{sgn}\left(\operatorname{Re}\left\langle S_{\mathrm{HH}}S_{\mathrm{VV}}^*\right\rangle\right)$。图 8.25 给出了模型比较，从中可以看出本节介绍的方法与实际数据的吻合程度较好。

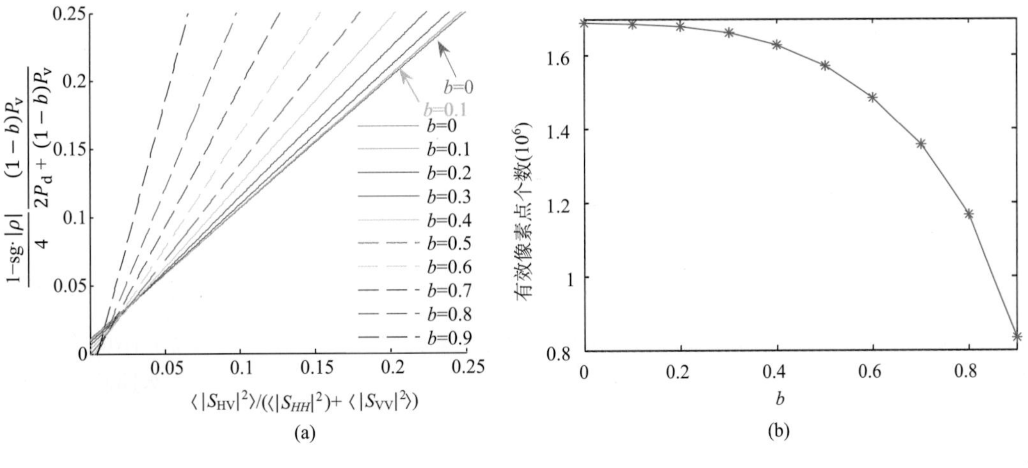

图 8.24　参数 b 对重建模型的影响，重建模型的一阶多项式拟合(a)；参数 b 对有效点数的影响(b)

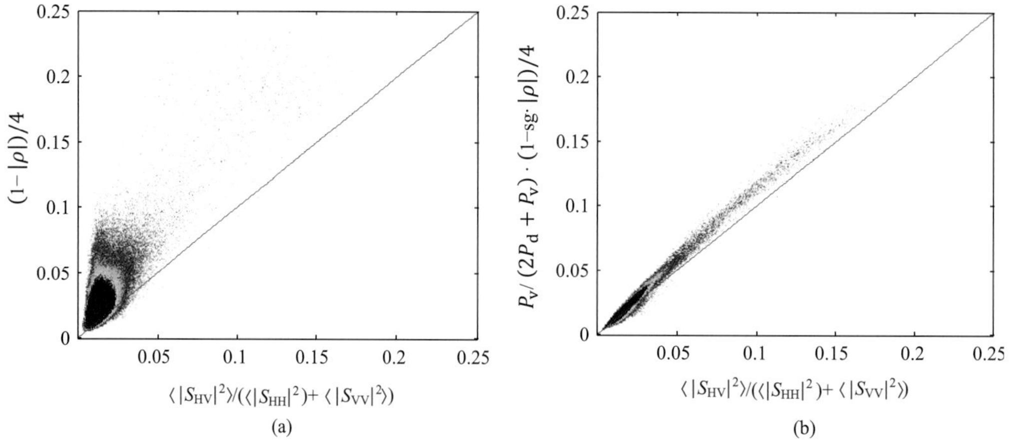

图 8.25　重建模型比较

(a) Souyris 的模型；(b) 提出的模型

8.5.2　紧缩极化 π/4 模式的三成分分解参数估计

式(8.65)中的参数需要从紧缩极化 SAR 数据中近似，这些参数包括 $\mathrm{sgn}\left[\mathrm{Re}\left(\left\langle S_{\mathrm{HH}}S_{\mathrm{VV}}^{*}\right\rangle\right)\right]$，$P_{\mathrm{d}}$ 和 P_{v}。对于 π/4 紧缩极化 SAR 模型，如式(8.35)给出的散射相关矩阵，注意到当假设满足反射对称性情况时，$\mathrm{Re}\left(\left\langle S_{\mathrm{HH}}S_{\mathrm{VV}}^{*}\right\rangle\right)$ 的值仅受到 $\left\langle\left|S_{\mathrm{HV}}\right|^{2}\right\rangle$ 的影响。在海洋观测场景中，一般情况下，共极化通道相关性往往较高，共极化通道强度远大于交叉极化通道强度[12]。因此，我们用 $\mathrm{Re}\left(C_{12}\right)$ 的符号确定后向散射过程是以一次散射过程为主还是以二次散射过程为主。应用 ALOS-1/PALSAR 全极化 SAR 数据 ALPSRP031440190 进行验证，该数据有 18 432×1088 个像素点，主要观测场景为海岸区域，包含海洋、草地和部分山地等区域。通过验证 $\mathrm{Re}\left(C_{12}\right)>0$ 和 $\mathrm{Re}\left(\left\langle S_{\mathrm{HH}}S_{\mathrm{VV}}^{*}\right\rangle\right)>0$ 的一致性，发现一致程度高达 96.7%，这也与 8.4.3 中的验证结果相符。

应用式(8.49)中的 $\boldsymbol{C}_{\pi/4\text{-s}}$、$\boldsymbol{C}_{\pi/4\text{-d}}$ 和 $\langle\boldsymbol{C}\rangle_{\pi/4\text{-v}}$，紧缩极化协方差矩阵可以分解为

$$\boldsymbol{C}_{\pi/4}=f_{\mathrm{sc}}\boldsymbol{C}_{\pi/4\text{-s}}+f_{\mathrm{dc}}\boldsymbol{C}_{\pi/4\text{-d}}+f_{\mathrm{vc}}\left\langle\boldsymbol{C}\right\rangle_{\pi/4\text{-v}}\tag{8.66}$$

式中，f_{sc}、f_{dc} 和 f_{vc} 为各成分的功率系数。从式(8.66)中可以得到 3 个等式，但却有 5 个未知数。从全极化 SAR 数据的三成分分解结果中可以看到[式(8.62)]，$f_{\mathrm{v}}=2\left\langle\left|S_{\mathrm{HV}}\right|^{2}\right\rangle$。目标全极化后向散射能量是紧缩极化后向散射能量的 2 倍，因此，设置 $f_{\mathrm{vc}}=\left\langle\left|S_{\mathrm{HV}}\right|^{2}\right\rangle$，依据体散射模型，有 $P_{\mathrm{vc}}=3f_{\mathrm{vc}}=3\left\langle\left|S_{\mathrm{HV}}\right|^{2}\right\rangle$。$\left\langle\left|S_{\mathrm{HV}}\right|^{2}\right\rangle$ 是数据重建中最主要的估计量，则式(8.66)的分解参数都可以写成 $\left\langle\left|S_{\mathrm{HV}}\right|^{2}\right\rangle$ 的函数，具体分解方法如下。

(1) 当 $\mathrm{Re}\left(C_{12}\right)$ 是正数时，认为后向散射以一次散射过程为主，令 $\alpha=-1$；

(2) 当 $\mathrm{Re}\left(C_{12}\right)$ 是负数时，认为后向散射以二次散射过程为主，令 $\beta=1$；

(3)最终，一次散射过程的能量 P_{sc} 和二次散射过程的能量 P_{dc} 可以表示为如下形式：

$$\begin{cases} \text{if } \operatorname{Re}(C_{12})>0, \quad \alpha=-1 \\ P_{\mathrm{dc}}=2\dfrac{XY-|Z|^2}{X+Y+2\operatorname{Re}(Z)} \\ P_{\mathrm{sc}}=\operatorname{span}_{\mathrm{c}}-P_{\mathrm{dc}}-P_{\mathrm{vc}} \end{cases} \quad \text{or} \quad \begin{cases} \text{if } \operatorname{Re}(C_{12})<0, \quad \beta=1 \\ P_{\mathrm{sc}}=2\dfrac{XY-|Z|^2}{X+Y-2\operatorname{Re}(Z)} \\ P_{\mathrm{dc}}=\operatorname{span}_{\mathrm{c}}-P_{\mathrm{sc}}-P_{\mathrm{vc}} \end{cases} \tag{8.67}$$

其中，

$$\begin{cases} X=C_{11}-1.5f_{\mathrm{vc}} \\ Y=C_{22}-1.5f_{\mathrm{vc}} \\ Z=C_{12}-0.5f_{\mathrm{vc}} \\ P_{\mathrm{vc}}=3\left\langle |S_{\mathrm{HV}}|^2 \right\rangle \\ \operatorname{span}_{\mathrm{c}}=C_{11}+C_{22} \end{cases}$$

注意，这种分解方式服务于本节的紧缩极化 SAR 的数据重建模型，它与文献[2, 3]中的紧缩极化 SAR 目标分解方法是不同的。

8.5.3　数据重建流程

数据重建仍旧采用迭代的方法求解该非线性方程组，迭代过程如下。

初始化：

$$\begin{aligned} & N_{(0)}=4 \\ & \rho_{(0)}=\frac{C_{12}}{\sqrt{C_{11}C_{22}}} \\ & f_{\mathrm{vc}(0)}=(C_{11}+C_{22})\frac{1-sg\cdot|\rho_{(0)}|}{N_{(0)}/2+1-sg\cdot|\rho_{(0)}|} \end{aligned} \tag{8.68}$$

迭代：

$$X=C_{11}-1.5f_{\mathrm{vc}(i)}, \quad Y=C_{22}-1.5f_{\mathrm{vc}(i)}, \quad Z=C_{12}-0.5f_{\mathrm{vc}(i)}$$

$$\begin{cases} \text{if } \operatorname{Re}(C_{12})>0 \\ P_{\mathrm{dc}(i)}=2\dfrac{XY-|Z|^2}{X+Y+2\operatorname{Re}(Z)} \\ N_{(i+1)}=4\dfrac{2P_{\mathrm{dc}(i)}+3f_{\mathrm{vc}(i)}}{3f_{\mathrm{vc}(i)}} \end{cases} \quad \text{or} \quad \begin{cases} \text{if } \operatorname{Re}(C_{12})<0 \\ P_{\mathrm{sc}(i)}=2\dfrac{XY-|Z|^2}{X+Y-2\operatorname{Re}(Z)} \\ N_{(i+1)}=4\dfrac{2\operatorname{span}_c-2P_{\mathrm{sc}(i)}-3f_{\mathrm{vc}(i)}}{3f_{\mathrm{vc}(i)}} \end{cases} \tag{8.69}$$

$$\rho_{(i+1)}=\frac{C_{12}-f_{\mathrm{vc}(i)}/2}{\sqrt{\left(C_{11}-f_{\mathrm{vc}(i)}/2\right)\left(C_{22}-f_{\mathrm{vc}(i)}/2\right)}}$$

$$f_{\mathrm{vc}(i+1)} = \left(C_{11}+C_{22}\right)\frac{1-sg\cdot\left|\rho_{(i+1)}\right|}{N_{(i+1)}\Big/2+1-sg\cdot\left|\rho_{(i+1)}\right|}$$

式中，$sg=\mathrm{sgn}\left[\mathrm{Re}\left(C_{12}\right)\right]$；$i=0,1,2,\cdots$ 表示迭代次数。假设在第 n 次迭代时得到的迭代终止结果为 f_{vc}^{n}，令 $\hat{X}=f_{\mathrm{vc}}^{n}$，则重建的伪全极化散射协方差矩阵如下：

$$\boldsymbol{C}_{\pi/4\text{-FP}} = \begin{bmatrix} 2C_{11}-\hat{X} & 0 & 2C_{12}-\hat{X} \\ 0 & 2\hat{X} & 0 \\ 2C_{12}^{*}-\hat{X} & 0 & 2C_{22}-\hat{X} \end{bmatrix} \tag{8.70}$$

式中，$\hat{X}=\left\langle\left|S_{\mathrm{HV}}\right|^{2}\right\rangle$。

8.6 小　　结

本章介绍了紧缩极化 SAR 数据处理的两种方式：直接进行特征提取和基于紧缩极化 SAR 数据的伪全极化 SAR 数据重建方法。在紧缩极化 SAR 目标特征提取中，除了常见的紧缩极化目标分解方法外，还介绍了我们提出的基于 CTLR 模型的两个紧缩极化特征新参数，即 α_{CTLR} 和 r_{CTLR}，这两个参数分别用于描述目标的物理散射特性和散射相干性。实验证明，这两个参数在地面目标散射特征描述中也具有较好的应用效果。在紧缩极化 SAR 数据重建方面，首先，回顾了当前典型的 3 种数据重建方法；之后，应对不同的观测场景，我们分别提出基于四成分分解的紧缩极化 SAR 数据重建方法和基于三成分分解的紧缩极化 SAR 数据重建方法。这两种方法由于考虑到了共极化通道的相关性，在模型中引入了对一次散射过程和二次散射过程的预判，因此这两种方法的数据重建模型与实际数据具有较好的吻合效果。

参 考 文 献

[1] Raney R K . Hybrid-polarity SAR architecture. GRS, Nov. 2007, 45(11): 3397-3404.

[2] Charbonneau F J, Brisco B, Raney R K, et al. Compact polarimetry overview and applications assessment. Can. J. Remote Sensing, 2010, 36(2): 298-315.

[3] Cloude S R, Goodenough D G, Chen H. Compact decomposition theory. IEEE Geoscience and Remote Sensing Letters, 2012, 9(1): 28-32.

[4] Shirvany R, Chabert M, Tourneret J-Y. Ship and oil-spill detection using the degree of polarization in linear and hybrid/compact dual-pol SAR. IEEE Journal of Selected Topics in Applied Earth Observations and Remote Sensing, 2012,5(3): 885-892.

[5] Shirvany R, Chabert M, Tourneret J-Y. Estimation of the degree of polarization for hybrid/compact and linear dual-pol SAR intensity images: principles and applications. IEEE Transactions on Geoscience and Remote Sensing, 2013, 51(1): 539-551.

[6] Nord M, Ainsworth T, Lee J-S, et al. Comparison of compact polarimetric synthetic aperture radar modes. IEEE Trans. Geosci. Remote Sens., 2009, 47(1): 174-188.

[7] Yin J, Yang J, Zhou Z-S, et al. The extended-Bragg scattering model-based method for ship and oil-spill

observation using compact polarimetric SAR. IEEE J. Sel. Top. Appl. Earth Obs. Remote Sens., 2015, 8(8): 3760-3772.

[8] Yin J, Yang J. Multi-polarization reconstruction from compact polarimetry based on modified four-component scattering decomposition. Journal of System Engineering and Electronics, 2014, 25(3): 399-410.

[9] Yin J, Moon W M, Yang J. Model-based pseudo quad-pol reconstruction from compact polarimetry and its application to oil-spill observation. Journal of Sensors, 2015,: 1-8.

[10] Cloude S R, Goodenough D G, Chen H. Compact decomposition theory. IEEE Geoscience and Remote Sensing Letters, 2012, 9(1): 28-32.

[11] Freeman A. Fitting a two-component scattering model to polarimetric SAR data from forests. IEEE Trans. Geosci. Remote Sens., 2007,45(8): 2583- 2592.

[12] Migliaccio M, Gambardella A, Nunziata F, et al. The PALSAR polarimetric mode for sea oil slick observation. IEEE Transactions on Geoscience and Remote Sensing, 2009, 47(12): 4032-4041.

[13] Gade M, Alpers W. Imaging of biogenic and anthropogenic ocean surface films by the multifrequency/ multipolarization SIR-C/X-SAR. J. Geophysical Research, 1998, 103(C9): 18851-18866.

[14] Shirvany R, Chabert M, Tourneret J-Y. Ship and oil-spill detection using the degree of polarization in linear and hybrid/compact dual-pol SAR. IEEE Journal of Selected Topics in Applied Earth Observations and Remote Sensing, 2012, 5(3): 885-892.

[15] Velotto D, Migliaccio M. Dual-polarized TerraSAR-X data for oil-spill observation. IEEE Transactions on Geoscience and Remote Sensing, 2011, 49(12): 4751-4762.

[16] Hajnsek I. Inversion of Surface Parameters Using Polarimetric SAR. Doctoral Thesis, FSU, Jena, 2001.

[17] Hajnsek I, Pottier E, Cloude S R. Inversion of surface parameters from polarimetric SAR. IEEE Transactions on Geoscience and Remote Sensing, 2003, 41(4): 727-744.

[18] Schuler D L, Lee J-S, Kasilingam D, et al. Surface roughness and slope measurements using polarimetric SAR data. IEEE Transactions on Geoscience and Remote Sensing, 2002, 40 (3): 687-698.

[19] Cloude S R. Polarisation: applications in remote sensing. Oxford: Oxford University Press, USA, 2009.

[20] An W, Cui Y, Yang J. Three-component model-based decomposition for polarimetric SAR data. IEEE Trans. on Geosci. Remote Sensing, 2010, 48(6): 2732-2739.

[21] Aubert G, Aujol J F. A variational approach to remove multiplicative noise. SIAM J. on Applied Mathematics, 2008, 68(4): 925-946.

[22] Souyris J-C, Imbo P, Fjørtoft R, et al. Compact polarimetry based on symmetry properties of geophysical media: π/4 mode. IEEE Trans. Geosci. Remote Sens., 2005, 43(3): 634-646.

[23] Collins M J, Denbina M, Atteia G. On the reconstruction of quad-pol SAR data from compact polarimetry data for ocean target detection. IEEE Trans. Geosci. Remote Sensing, 2013, 51(1): 591-600.

[24] Dubois-Fernandez P C, Souyris J C, Angelliaume A, et al. The compact polarimetry alternative for spaceborne SAR at low frequency. IEEE Trans. Geosci. Remote Sensing, 2008, 46(10): 3208-3222.

[25] Reigber A, Neumann M, Ferro-Famil L, et al. Multi-baseline coherence optimization in partial and compact polarimetric modes. In Proc. IGASS,2008, 597-600.

[26] Williams M L . Potential for surface parameter estimation using compact polarimetric SAR. IEEE Geosci. Remote Sensing Letters, 2008, 5(3): 471-473.

[27] Souyris J C, Stacy N, Ainsworth T, et al. SAR Compact Polarimetry for Earth Observation and Planetology: Concept and Challenges, a study case at P band. In Proc. POLINSAR 2007, Frascati, Italy, Jan. 2007.

[28] Brisco F B, McNairn H, Shang J, et al. Compact Polarimetry: Multi-Thematic Evaluation. In Proc.

POLINSAR 2009 Workshop, January 2009.

[29] Yamaguchi Y, Yajima Y, Yamada H. A four-component decomposition of POLSAR images based on the coherency matrix. IEEE Geosci. Remote Sens. Lett., 2006, 3(3): 292-296.

[30] Yamaguchi Y, Moriyama T, Ishido M, et al. Four-component scattering model for polarimetric SAR image decomposition. IEEE Trans. Geosci. Remote Sens., 2005, 43(8): 1699-1706.

[31] Yajima Y, Yamaguchi Y, Sato R, et al. POLSAR image analysis of wetlands using a modified four-component scattering power decomposition. IEEE Trans. Geosci. Remote Sens., 2008, 46(6): 1667-1673.

[32] Cloude S R, Pottier E. A review of target decomposition theorems in radar polarimetry. IEEE Trans. Geosci. Remote Sens., 1996, 34(2): 498-518.

[33] 殷君君, 安文涛, 杨健, 等. 一种改进的极化 SAR 图像四成分分解方法. 信息与电子工程, 2011, 9(2): 127-132.

[34] Freeman A, Durden S L. A three-component scattering model for polarimetric SAR. IEEE Trans. Geosci. Remote Sens., 1998, 36(3): 963-973.

作 者 简 介

杨　健　　1965年生，分别在西北工业大学和日本新潟大学获得学士、硕士和博士学位，2000年回国在清华大学电子工程系工作至今，2002年升为教授，2003年被批准为博士生导师，现为清华大学二级教授。

长期从事极化理论和极化SAR应用的研究，曾提出了雷达目标的共零点、等功率曲线、等相位曲线、散射矩阵的旋转周期和准周期、广义相对最优极化、目标的相似性参数等多个概念，建立了关于最优极化和相对最优极化的新模型并给出相应的求解方法，给出了新的目标分解方法，提出了一系列基于极化SAR的目标检测和目标分类算法。先后主持完成了多项课题研究，其中包括5项国家自然科学基金(含一项重大项目)，已发表论文300多篇，其中有100多篇论文被SCI索引。研究成果受到了美国Boerner教授、美国Mott教授、美国Lee博士、法国Pottier教授、日本山口芳雄教授、中国科学院电子学研究所杨汝良研究员等众多学者的好评。

曾参与我国两颗卫星搭载合成孔径雷达的系统参数设计的论证，并为我国高分三号卫星的主用户等(国家海洋局、民政部国家减灾中心)研制了多个软件插件；参与了我国某重要型号的导弹精确制导的研究工作，提供了多种核心算法。

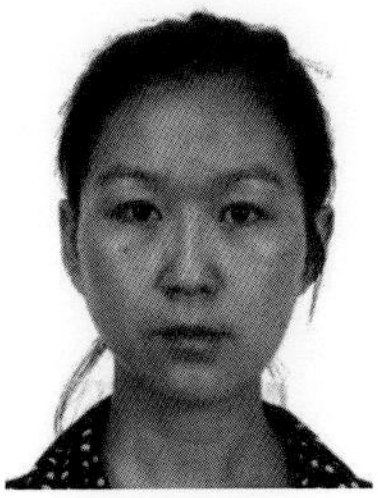

殷君君　　1983年生，2007年毕业于北京理工大学并获得学士学位，2013年毕业于清华大学并获得博士学位，2014～2015年加拿大Manitoba大学做博士后，2015年到北京科技大学工作，2016年升为副教授。

长期从事极化SAR的应用基础理论研究，在目标极化特征提取和散射机制识别、紧缩极化SAR目标特征参数提取、基于紧缩极化SAR数据的目标多极化信息重建、图像分类和分割、舰船检测、杂波统计建模等方面取得了一系列成果，提出了广义双极化数据描述算子规范，提出了基于极化比的全极化和广义双极化目标分解理论。共发表论文50多篇，获授多项发明专利，先后多次获得国内外会议优秀论文奖和青年科学家奖，主持各类科研项目10余项。